[제5판]

최신 잡초방제학 원론

김길웅 · 신동현 · 이인중

경북대학교출판부

최신 잡초방제학 원론

초판 1쇄 1988년 9월 25일 | **제5판 8쇄** 2025년 6월 27일
지은이 김길웅, 신동현, 이인중 | **펴낸이** 허영우 | **펴낸 곳** 경북대학교출판부
출판등록 1973년 10월 10일 ㉿97호 | **주소** 대구광역시 북구 대학로 80
전화 053-950-3830 | **팩스** 053-953-4692 | **E-mail** press@knu.ac.kr
Homepage www.knupress.com
ISBN 978-89-7180-568-8 93520

제5판 발간에 즈음하여

『최신 잡초방제학 원론』의 초판을 1988년에, 개정판을 1998년에, 전면개정판을 2003년에, 개정증보판을 2007년에 출간한 후 2021년에 다시 개정증보판을 출간하게 되었다. 이는 모두 애독자 여러분의 덕분으로, 깊은 감사를 드린다.

세계 인구는 지속적으로 증가하여 2050년에는 90억 명에 이를 것이며, 세계 식량안보 수준은 계속 낮아질 것으로 전망된다. 또한 기후변화로 인한 작물의 재배한계지가 바뀌고 작물의 생산에도 큰 영향을 미칠 것으로 보인다. 모든 국가가 자국의 식량안보를 확보하기 위해서는 우선 작물의 생산성을 높이고 고품질의 작물을 재배하여야 한다. 제초제를 비롯한 농약의 사용은 작물재배에 필수적인 농작업이 되었으나, 최근 농약의 사용에 대한 부정적인 시각과 오·남용으로 인한 환경과 가축 및 인체에 미치는 부정적인 영향이 크게 부각되고 있다. 안전하고 인체에 무해한 제초제를 개발하는 것도 중요하지만 기존의 제초제를 효율적이면서도 안전하게 사용할 수 있는 방안을 강구하는 것이 시급한 과제이다. 잡초방제와 제초제에 대한 올바른 이해와 지식이 그 어느 때보다 절실히 필요한 시점이다.

제4차 산업혁명 시대를 맞이하여 작물재배에도 많은 변화가 예상된다. 사물인터넷을 활용한 Big Data 수집과 CPS(Cyber Physical System)에 의한 최적화기술 개발로 정밀농업기술 개발이 가능해질 것이다. 드론을 활용한 제초제 살포, 무인방제기 활용 등으로 보다 안전하고 효율적인 잡초관리 작업이 가능해지리라 생각한다. 이 책이 고품질 농산물의 생산기술 개발과 안전하고 친환경적으로 농산물을 생산하는 데 조금이나마 기여할 수 있기를 바란다.

이번 제5판에는 농촌진흥청 농약생물활성전문위원회 위원장으로 활동하고 있는 경북대학교 이인중 교수가 집필에 참여하여 최근 개발되어 시판되고 있는 제초제를 모두 수록하였고, 농가에서 사용하고 있는 제초제를 중심으로 경작지별 방제법을 보완하여 잡초방제의 실용서로 잘 활용할 수 있게 하였다. 그 밖에 모든 부분에 새로운 정보를 추가하고 보완하였다.

개정판 출간을 위하여 원고의 정리, 교정 및 편집, 마무리 작업을 도와준 식물자원개발연구실 대학원생 박용성, 박재정과 작물생리학연구실 연구원 박은정의 헌신적인 노고에 감사한다. 끝으로 개정판을 출간해 준 경북대학교출판부 및 편집진들의 노고에 감사한다.

2021년 6월 30일

저자를 대표하여 김길웅 씀

제4판 발간에 즈음하여

『최신 잡초방제학 원론』의 초판을 1988년에, 개정판을 1998년에, 전면개정판을 2003년에 출간한 후 4년 만인 2007년에 이렇게 다시 개정증보판을 출간하게 되었다. 이는 모두 애독자 여러분의 덕분으로, 깊은 감사를 드린다.

식량자급률이 30%에 불과하며 그나마 자급되는 쌀조차 관세화 유예로 전면개방은 안 되었지만 매년 엄청난 물량이 들어오게 되어 있고 거기다가 미국과의 FTA 체결 관계로 뜨거운 논쟁 가운데 있어서 우리 농업은 총체적 위기에 직면하고 있다. 이러한 농촌의 위기는 농업 관련 종사자들만의 노력으로 해결할 수 있는 문제가 아니고 국가적 시각에서 조명하며 범국가적으로 해결하여야 할 과제라고 생각된다.

농업 없는 농촌, 농촌 없는 국토란 상상할 수 없고, 우리의 먹거리를 외국에다 맡길 수는 더욱 없다. 우리 땅에서 제철에 난 농산물을 먹어야 우리의 건강을 지킬 수 있다. 우리 국민 모두가 이 현실을 직시하고 우리 농산물을 애용하려는 국민의식을 가질 때 위기는 오히려 기회가 되어 극복될 수 있을 것으로 믿어진다. 한편으로 우리 연구자들은 고품질의 농산물을 생산할 수 있는 기술을 개발하고, 생산자인 농업경영인은 신선하고 청결한 농산물을 환경친화적으로 생산하여 소비자들이 믿고 애용할 수 있도록 해야 한다. 이러한 측면에서 이 책이 생산비를 절감하고 경쟁력 있는 친환경농산물을 생산하는 데 조금이나마 기여할 수 있게 되길 바란다.

이번 제4판에는 환경친화적 잡초방제법을 첨가하였고 생명공학기술을 이용한 생명공학작물 육성 및 이용에 관한 내용을 보완하였으며 급증하는 잔디의 수요에 맞춰 골프장을 포함한 잔디밭 잡초방제에 관한 내용도 대폭 추가하였다. 그 밖에 모든 부분에 새로운 정보를 많이 추가하고 보완하였다.

개정판 출간을 위하여 원고의 정리, 교정 및 편집, 마무리 작업을 도와준 제자 장지영, 이후원

군과 식물약리학연구실 학생 전원의 헌신적인 노고에 감사한다. 그리고 지난번 개정판 출판 시에 자료 제공 및 원고 작성에 도움을 준 과채류 시험장의 최충돈 장장과 본 대학 이인중 박사께 감사한다. 끝으로 개정판을 출간해 준 경북대학교출판부 및 편집진들의 노고에 감사한다.

2007년 1월 31일

저자 씀

초판 머리말

잡초와 처음 인연을 맺게 된 것은 20여 년 전인 1960년대 후반이다. 그때만 해도 농업이 우리나라의 유일한 산업이었고 농촌 노동력이 풍부하였으므로 잡초는 손으로 뽑아 버리면 되는 식물로 여겨졌다. 그러나 1970년대로 접어들면서 사정이 바뀌었다. 급격한 산업화로 농촌 노동인구가 도시나 산업장으로 많이 이동하여 농촌 노동력이 크게 감소되었다. 나아가 경제적인 윤택과 함께 문화수준의 향상은 인간이 인간답게 살려고 하는 욕구를 분출시켰고 농작업 중에서 가장 하기 싫어하는 김매기(풀뽑기) 작업을 대신할 수 있는 방안을 요구하기에 이르렀다. 이와 때를 같이하여 1970년대 후반부터 농과대학의 강좌 속에 잡초학 또는 잡초방제학이 학과목으로 등장하게 되었으나 순수 잡초학 전문가는 몇 되지 않는 상태였다.

제2차 세계대전 후 2,4-D의 개발은 잡초방제법에 획기적인 변화를 일으켰고 그 이후로 많은 종류의 제초제가 개발·보급되어 제초제는 농기계와 더불어 농작업 생력화(省力化)의 필수요인이 되었다. 우리나라에도 최근 제초제 사용의 급증과 농약 안전사용의 문제가 크게 부각되고 있는 실정이어서 잡초학 또는 잡초방제의 원리를 설명해 주는 지침서가 시급히 요구되는 실정이다.

많은 연구가 수행되어 본인의 자료가 충분히 집적된 후 집필하는 것이 순서이나 시간의 유한성과 연구의 무한성을 고려해 볼 때 지난 20년간의 경험을 토대로 『잡초방제학원론』이란 지침서를 이 시기에 써야 한다는 집념을 갖게 되었다. 내용이 쉬우면서 알아보기도 쉬운 지침서를 만들려고 최선을 다하였으나 과제의 선정이나 내용면에서 미흡한 점이 있을 줄로 안다.

그러나 그간에 강의한 자료와 연구결과를 토대로 가급적 사실에 접근하여 원론적인 것을 설명하는 데 중점을 두었고 지난 2년여 동안에 수정을 거듭하면서 부족한 부분은 참고문헌을 통해 보완하여 오늘에 이르렀다. 동료 연구자들의 연구결과를 일일이 인용하지 못한 점을 아쉽게 생각한다. 미진한 부분이나 부족한 점에 대하여 많은 질책을 바라고 개정판 출판시에 보완하기로 하겠다.

이 보잘것없는 책자가 농학도의 길잡이가 되고 농민들에게 따뜻한 안내서가 되었으면 하는 바람이 간절하다. 오늘이 있기까지 지도, 격려 및 도움을 주신 모든 분께 심심한 감사를 드리고 특히 이 책을 출간해 준 경북대학교출판부에 감사드린다. 잡초학의 입문과 더불어 고락을 함께해 오며 묵묵히 뒷바라지해 준 가족에게 감사한다.

끝으로 삼복의 땀방울에 젖으면서도 원고의 정리, 몇 차례의 교정과 마무리 작업을 도와준 제자 신동현 박사와 김상호 조교를 비롯한 잡초방제연구실생 전원의 헌신적인 노고에 깊은 감사의 뜻을 전한다.

1988년 9월

저자 씀

차례

제3장 _ 잡초생물학

제4장 _ 잡초의 군락형성 및 천이

제5장 _ 잡초와 작물의 경합

1 서론

1.1 농경지와 작물생산

(1) 경지면적과 농업인구

우리나라 농경지 면적의 변화 추이는 표 1-1과 같이 1970년을 정점으로 점차 감소하고 있으며, 2019년 현재 논이 83만 ㏊, 밭(과수원 포함)이 75만 1천 ㏊로 전체 경지면적은 158만 1천 ㏊이다. 농가 호당 경지면적은 약 1.57㏊로 여전히 영세한 편이다. 고도의 산업사회로 접어들기 시작한 1980년까지는 농촌인구가 1천만 명을 상회하여 총인구 대비 28%를 차지하였고, 50세 이상 노령층은 20%에 지나지 않아서 농촌 노동력이 풍부하였다. 그러나 2019년 현재 농가 수는 100만 7천 호에 불과하며 농촌인구는 전체 인구의 4.3%에 해당하는 약 224만 명으로, 1990년에 비해 약 445만 명이 감소했다. 2019년에는 50세 이상의 노령층 비율도 78%에 달하여 농촌 노동력의 양적·질적 저하 현상이 점차 심화되고 있음을 알 수 있다(표 1-2).

[표 1-1] 농경지 면적의 변화[1)]

연 도	농경지(천 ㏊)			호당 경지면적 (㏊)
	논	밭	계	
1960	1,206	819	2,025	0.86
1965	1,286	970	2,256	0.90
1970	1,284	1,033	2,317	0.92
1975	1,277	963	2,240	0.94
1980	1,307	889	2,196	1.01
1985	1,325	819	2,144	1.11
1990	1,244	865	2,109	1.19
1995	1,206	779	1,985	1.32
2000	1,149	740	1,889	1.37
2005	1,105	719	1,824	1.43
2010	984	731	1,715	1.46
2015	908	771	1,679	1.54
2019	830	751	1,581	1.57

1) 농림업 주요 통계(농림부 2020년)

[표 1-2] 농촌 인구의 변화[1)]

구 분	연 도											
	1960	1970	1980	1985	1990	1995	2000	2001	2005	2010	2015	2019
농촌인구 (백만 명)	14.6	14.4	10.8	8.5	6.7	4.8	4.03	3.93	3.43	3.063	2.569	2.245
농가 수 (백만 호)	2.52	2.49	2.16	1.93	1.77	1.50	1.384	1.354	1.273	1.177	1.089	1.007
농촌인구 비율(%)	52	45	28	21	16	11	8.7	8.3	7.1	6.3	5.0	4.3
50세 이상 비율(%)	15	16	20	26	35	45	49.8	52.4	56.9	61.0	67.5	78.0

1) 농림업 주요 통계(농림부 2020년)

(2) 작물생산량 및 소비량

쌀, 맥류, 두류 등 주곡작물의 생산량을 보면 표 1-3과 같은데, 해방 당시인 1945년의 쌀 생산량은 200만 톤 미만이었으나 품종개량 및 재배기술 개발에 힘입어 1985년에는 약 563만 톤(3,900만 석)을 생산하여 쌀의 자급을 이루었다. 그 후로 생산량이 감소하는 추세여서 주곡의 안정적인 공급과 생산기반의 확충이 시급하며, 맥류와 두류도 생산량이 감소하여 2019년 현재 약 15.2만 톤과 12.5만 톤에 불과하다. 부족한 양은 수입에 의존하고 있는 실정이다.

[표 1-3] 주곡작물의 연도별 생산량 증감 추이[1)] (단위: 천 ton)

연 도	쌀	맥 류	두 류
1945	1,990	347	138
1955	2,234	785	178
1965	3,501	1,657	200
1975	4,669	1,806	349
1985	5,626	584	275
1990	5,606	417	271
1995	4,695	291	189
2000	5,291	163	134
2005	4,768	192	183
2010	4,295	120	119
2015	4,327	102	119
2019	3,744	152	125

1) 농림업 주요 통계(농림부 2020년)

식량의 자급도는 쌀의 경우 2005년에는 자급되고 있지만 콩은 7.1%이고, 밀은 0.4%, 옥수수는 3%이다. 전체적인 식량 자급도는 1970년에 70%였으나 1980년에는 39.7%, 1990년에는 45.6%,

2019년에는 21%로 낮아지고 있어 이에 대한 대응책이 요구되고 있다(표 1-4).

농·축산물의 소비량은 사회·경제적 여건의 변화에 따라 달라지고 있는데, 경제성장과 더불어 식생활의 양상이 점차 변화되고 있다(표 1-5). 쌀의 1인당 연간 소비량을 보면 1970년에 136.4㎏이었으나 2019년에는 59.2㎏으로 감소하였으며, 보리쌀의 소비량은 2019년 1.4㎏에 불과하다. 반면 콩, 쇠고기, 우유, 과일 등의 소비는 급증하고 있다.

[표 1-4] 전체 식량의 자급도[1)]

구 분	연도별 자급도(%)								
	1970	1980	1990	1995	2000	2005	2010	2015	2019
쌀	93.1	95.1	108.3	93.6	102.9	101.7	104.6	101.0	92.1
보리	106.3	57.6	97.4	67.0	46.9	64.5	24.7	21.9	47.7
옥수수	18.9	5.9	0.9	1.1	0.9	3.0	0.9	0.8	0.7
밀	15.4	4.8	0.05	0.3	0.1	0.4	0.9	0.7	0.5
콩	86.1	35.1	20.1	9.9	6.4	7.1	10.1	9.4	6.6
식량자급도 (전체)	70.0	39.7	45.6	34.4	31.4	39.8	27.6	23.9	21.0

1) 농림업 주요 통계(농림부 2020년)

[표 1-5] 연도별 농·축산물 소비량의 증감 추이[1)]

(㎏/1인/1년)

구 분	연 도								
	1970	1980	1990	1995	2000	2005	2010	2015	2019
쌀	136.4	132.4	119.6	106.5	93.6	80.7	72.8	62.9	59.2
보리	37.3	13.9	1.6	1.5	1.6	1.1	1.3	1.3	1.4
콩	5.3	8.0	8.3	9.0	8.5	9.0	8.3	8.2	6.3
쇠고기	1.2	2.6	4.1	6.7	8.5	6.5	8.8	10.7	13.0
우유	1.6	10.8	42.8	47.8	59.2	62.7	64.2	75.7	81.8
과일	13.1	22.3	41.8	55.4	58.4	62.6	57.6	59.8	56.6
채소류	-[2)]	120.3	132.6	158.5	164.8	-	147.3	158.1	152.8

1) 농림업 주요 통계(농림부 2020년)
2) - : 자료 없음

(3) 식량증산의 주요 요인

현재 지구상의 인구는 66억 명을 넘어서고 있으며 21세기 중반까지는 최소한 90억 명에 이를 것으로 추산하고 있다. 지구는 유한하며 환경오염과 생태계 파괴에 따른 지구환경의 변화는 21세기에 인류의 생존을 위협할 정도로 심각하다. 전 세계의 경지면적은 약 15억 ㏊로, 21세기 말에는 인구가 현재의 배로 증가할 것으로 추정되기 때문에 식량생산도 크게 증대되어야 한다.

식량생산의 증대방안으로 환경요인을 제외하면 첫째 품종개발, 둘째 재배법 개선, 셋째 경지면적의 확대, 넷째 작물보호 기술의 향상을 들 수 있다. 경지면적은 간척사업과 개간사업을 통하여 약간은 확대되겠지만 거의 한정되어 있으며, 품종개발과 재배법 개선은 직접 생산성을 증대시키는 방안이고, 작물보호는 증대된 생산을 지켜 주는 역할을 하기 때문에 작물보호의 실패는 세 가지 증대요인의 의미를 상실하게 되는 것인 만큼 작물보호의 중요성이 강조되고 있다.

일반적으로 잡초에 의한 수량감소율은 12%, 병과 해충에 의한 감소율은 각각 12%, 11% 정도로 알려져 있다. 품질저하까지 포함하면 절반에 가까운 수량이 작물보호기술의 미흡으로 손실되고 있다는 사실을 명심하여야 할 것이다.

(4) 농기계화와 제초제 사용

산업화가 되기 이전인 농경시대에는 풍부한 노동력을 바탕으로 경운, 정지, 파종, 수확, 탈곡, 건조, 조제 등 농작업의 전체 과정을 인력으로 해결할 수 있었지만, 현재와 같은 개방화 시대에 국제경쟁력을 높이기 위해서는 노동생산성을 증대시켜야 한다. 노동생산성 증대방법은 농작업의 기계화와 제초작업에 인력 대신 제초제를 사용하는 것이다.

[표 1-6] 농가 보유 농기계 수[1)]

연 도	경운기	트랙터	이앙기	바인더	콤바인	동력방제기
1965	1,111	-[2)]	-	-	-	-
1970	11,884	61	-	-	-	45,008
1975	85,722	564	16	-	56	137,698
1980	289,779	2,664	11,061	13,652	1,211	330,663
1985	588,962	12,389	42,138	25,538	11,667	517,530
1990	756,489	41,203	138,405	55,575	43,594	680,034
1995	868,870	100,412	248,009	66,960	72,268	682,675
2000	939,219	191,631	341,978	72,315	86,982	600,061
2005	819,684	227,873	332,893	60,008	86,825	584,132
2010	698,145	264,834	276,310	-	81,004	-
2015	598,279	282,860	213,405	-	78,984	-
2019	544,005	298,680	184,122	-	74,087	-

1) 농림업 주요 통계(농림부 2020년)
2) - : 자료 없음

표 1-6은 우리나라 농촌에서 사용하고 있는 대표적인 농기계의 보유 현황을 연도별로 나타낸 것으로, 경운기는 2005년에 약 82만 대가 보급되어 1965년에 비하여 800배 증가하였으며, 트랙터는 1970년에 61대에 불과하였으나 2019년에 29만 대 이상이 보급되어 4,700배 이상 증가하였다.

이앙기는 1975년에 16대에 불과하던 것이 2005년에는 약 33만 대로 엄청나게 증가하여 직파재배 필지를 제외하고는 거의 이앙기로 이앙을 하고 있다. 수확 기계인 바인더와 콤바인의 보급도 크게 증가하여 곡류의 수확은 대부분 기계화되고 있으며, 분무기도 점차 대형화되어 동력방제기를 사용하고 있어서 방제효율이 향상되고 있다. 농산물 수입 개방화와 농촌 노동력의 노령화 등의 대안으로, 생산비 절감 차원에서 이러한 농작업의 기계화에 더욱 박차를 가할 것으로 전망된다.

농경지 잡초방제의 생력화는 제초제 사용이 주가 되고 있다. 제초제를 사용하기 이전에는 농작업의 과정 중 잡초방제에 많은 노동력이 투입되었으나 제초제의 값이 싸고 처리가 용이하여 제초제 사용이 급증하게 되었다. 우리나라에서 제초제 사용의 초창기인 1966년에 실물량으로 123톤에 불과하던 제초제 소모량이 2003년에는 성분량으로 4,430톤이 출하되어 주요 농작물 재배에 제초제 사용이 필수적으로 되었다.

[표 1-7] 세계와 우리나라의 농약 사용량 (단위: 톤)

종류	세계(2018)[1]		한국(2018)[1]	
	사용량(톤)	비율(%)	사용량(톤)	비율(%)
제초제	1,216,330	56.53	5,924	34.49
살충제	400,266	18.60	5,674	33.04
살균제	530,095	24.64	5,576	32.47
기타	5,010	0.23	-[2]	-
계	2,151,701	100	17,174	100

1) Food and Argriculture Orgnization of United Nations (2018)
2) - : 자료 없음

표 1-7은 2018년도에 주요 농작물 재배에 사용한 농약량을 표시한 것으로 전 세계적으로 보면 215만 톤 상당의 농약이 사용되었으며, 이 중에서 제초제가 56.5%로 사용량이 가장 많고, 다음으로 살균제, 살충제 순이었다. 우리나라의 농약 사용량은 2018년에 1만 7천 톤 정도이며 제초제의 사용이 가장 많다. 농촌 노동력 부족과 노임 상승으로 제초작업의 생력화가 불가피하여 제초제 사용은 꾸준히 증가할 것으로 예상된다.

(5) 생력재배법과 잡초방제

농작업의 기계화와 제초제 사용으로 노동력은 적게 투입하고 생산성은 향상시킬 수 있는데, 이와 같은 재배법을 생력재배(省力栽培, labor-saving technology)라 한다. 이처럼 제초제는 생력재배법의 필수요인이며 노동생산성 향상과 경제적 작물생산에 없어서는 안 될 중요한 요소로 간주된다. 농업이 선진화될수록 잡초는 생력재배법의 개념으로 방제되어야 하므로 잡초방제는 농업생산에 중요한 역할을 할 것이다.

(6) 제초제 사용의 이점

제초제 사용량이 증가하여 농작업의 필수적인 재배수단이 된 데는 아래와 같은 장점이 있기 때문이다.

① 생산비 절감
② 단위면적당 수량성 증대
③ 노동경합 문제 해결
④ 기계화를 용이하게 함
⑤ 수확작업을 용이하게 하며 깨끗한 상품을 생산하고, 가공을 용이하게 함
⑥ 병충의 서식처를 제거함으로써 병충 발생을 감소시킴
⑦ 유독(有毒, toxic) 잡초를 제거함으로써 인축(인간 및 가축)에 대한 피해를 감소시켜 줌

이러한 이점에도 불구하고 제초제 사용의 양적인 팽창은 환경오염을 유발하여 생태계를 파괴하거나 제초제가 농산물에 잔류함으로써 인축에 미칠 피해도 염려가 된다. 그러나 제초제의 특성을 올바르게 이해하여 적종의 제초제를 선택하고 적기에 적량을 안전하게 사용한다면 문제는 없을 것이다. 제초제는 농기계화와 더불어 노동생산성을 향상시키는 데 꼭 필요하다.

1.2 농업과 잡초

(1) 잡초의 특성

잡초의 기원이나 존재 이유에 대해서는 제2장에서 상세히 설명하겠지만 일반적으로 잡초는 환경에 잘 적응하는 아래와 같은 특성을 지니고 있어서 농업을 영위하는 곳에는 잡초가 존재하게 된다(Zimdahl, 1993; Ross · Lembi, 1999).

① 가벼운 종자를 많이 생산하여 먼 거리까지 이동 가능하다.

② 불량한 조건하에서도 발아 및 생장할 수 있다.
③ 영양소 및 수분에 대한 강한 경합력을 갖고 있다.
④ 유묘기에 생식생장을 할 수 있다. Redroot pigweed는 20㎝ 내외의 초장에서 개화하여 종자를 맺는다.
⑤ 개화 후에 성숙이 빠르다. 카나다엉겅퀴(*Cirsium arvense* (L.) Scop)는 개화 2주째에 성숙한다.
⑥ 유성(有性) 또는 영양번식(營養繁殖, vegetative reproduction)을 할 수 있다.
⑦ 대부분의 잡초종의 종자 또는 지하경(地下莖, underground organs)에 휴면(休眠, dormancy)이 있다.
⑧ 자가·타가(自家·他家, self or cross) 또는 겸용(兼用, compatible), 수분(受粉, pollination) 및 수정(受精, fertilization)이 가능하다.

(2) 절정식생 또는 극상

자연상태에서 식물의 군집(群集, community)은 절정식생(絶頂植生 또는 極相, climax vegetation)으로 계승해 가는 특성을 갖고 있다. 일정한 환경조건(기상, 온도, 강수량, 토양)하에서 식물은 다양한 군집을 형성하고 있어서 인간이 작물재배 활동을 중단하면 인간에게 유익하지 못한 식생(植生, vegetation)으로 자연계승(自然繼承, natural succession)하여 절정식생에 이른다(그림 1-1).

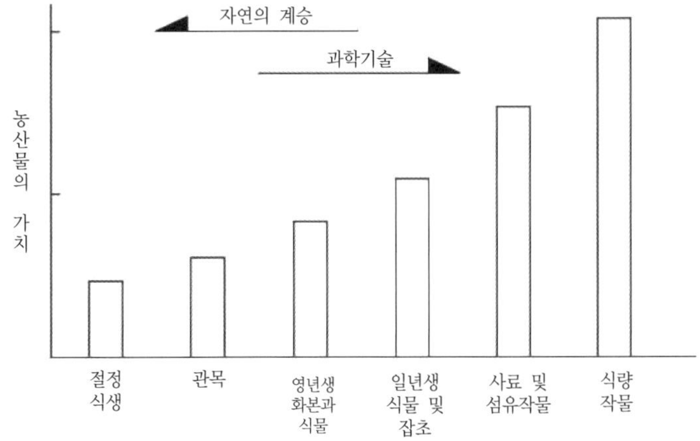

[그림 1-1] 과학기술 및 자연의 계승과 식생구성(Muzik, 1970)

반면에 인간 위주로 개량한, 식량적 가치가 높은 작물일수록 인간의 도움 없이는 야생식물이나 잡초와의 경합에서 살아남을 수 없을 만큼 연약하다. 그리하여 작물로서 가치가 높은 식용, 섬유,

사료, 원예작물 등을 생산하기 위하여 인간이 자연과 끊임없이 투쟁을 하는 것이 바로 과학적인 재배법의 개발이다. 이와 같은 과학기술의 개발이 바로 잡초방제기술(雜草防除技術, weed control technology)이며 여기에 잡초방제의 중요성과 필요성이 인정된다.

절정식생화의 경향을 보면 고지대일수록 수목류(樹木類)가 우점하는 방향으로, 저지대이고 평야일수록 화본과(禾本科, grass)가 우점하는 방향으로 식생이 되며, 북쪽을 향한 경사지 등에는 관목(灌木, shrubbery), 건성(乾性, arid)지대에는 화본과가 우점하는 방향으로 천이(遷移, shift)되어 간다고 한다.

이처럼 잡초는 농업의 시작과 더불어 인류에게 가장 큰 골칫거리로 존재하였을 것이다. 작물의 품종이 인간의 목적을 충족하는 방향으로 개발되면 될수록 자연환경에 대한 적응력은 저하될 것이고, 반대로 잡초는 자연에 너무나 잘 적응·진화해 온 것이므로 작물생산을 극대화하기 위하여는 잡초를 방제하지 않으면 안 된다.

(3) 잡초로 인한 손실

잡초가 존재함으로써 예상되는 피해(被害, damage) 또는 손실(損失, loss)은 다음과 같다.

① 작물의 수량 감소
② 병·곤충의 서식처 역할
③ 농작물의 품질 저하
④ 농작업의 방해
⑤ 관개수로 및 운하 등의 물 이용 저하
⑥ 인축에 유해

(4) 잡초의 유익성

잡초가 존재함으로써 유익한 점도 생각해 볼 수 있는데, 다음과 같은 이점을 들 수 있다.

1) 토양침식 방지

우리나라 밭의 대부분은 경사가 있으며 경사지의 토양은 6~8월에 연강수량의 약 80%의 강우가 내리는 조건에 놓이게 된다. 그 결과 경사지의 표토가 강우에 유실될 확률이 높을 뿐만 아니라 실제로 표토의 상당한 토양이 유실되는 것으로 알려져 있다. 따라서 특히 콩과식물과 화본과식물을 조합하여 토양을 피복하면서 작물을 재배하는 것이 중요하다. 피복작물로는 사료작물을 재배하거나 잡초를 방치하다가 작물 재배 시에 지상부는 고사시키면서 지하부는 고사시키지 않는 Paraquat와 같은 비선택성 제초제를 처리한 후 작물의 점파 또는 조파가 가능하다.

이리하여 작물이 자란 후에 초지작물이 서서히 자라도록 하여 지표면을 완전히 피복재배하는 초생 관리법으로서, 제초제를 가급적 적게 사용하며 경운·정지를 최소화할 수 있는 최소경운정지(最小耕耘整地, minimum tillage)라는 새로운 잡초관리(雜草管理, weed management)방제법이 대두되고 있다. 이 방제법은 토양침식(土壤浸蝕, soil erosion)을 방지하고 토양을 보존하면서 작물을 재배하는 새로운 방법이다.

2) 잡초의 자원 식물화

잡초는 사료작물, 구황식물(救荒植物) 및 약료작물로 이용 가능하며, 또한 토양이나 기상조건을 암시하거나 지하광물의 존재를 암시하는 표식식물로도 이용할 수 있다. 즉 잡초의 자원화(資源化, resources)가 가능하다.

3) 내성식물 육성을 위한 자원

일반적으로 잡초는 재해(災害, calamity)에 강해서 한발이나 저온 등에 견디어 내는 힘이 크므로 내성작물을 육성하는 데 유전자원으로 활용이 가능하다. 한편, 대부분의 잡초가 C_4 광합성을 하므로 이들 자원을 C_3 작물에 유전공학적으로 이전시키는 데 필요한 육종 소재로 이용할 수 있다.

4) 토양물리환경 개선

잡초의 발생은 토양미생물에 좋은 미세환경(微細環境, micro environment)을 부여해 주며 여러 가지 영양소를 제공해 주고 토양 영양분의 평형을 유지하는 역할을 해 주기도 한다.

1.3 잡초방제의 내력

(1) 세계의 잡초방제 역사 및 연구조직

잡초방제학은 지난 100만 년보다 제2차 세계대전 후 60여 년 동안에 더 많은 발전과 기술 축적을 이룩하였다. 유기제초제의 시초인 2,4-D(2,4-dichlorophenoxyacetic acid)가 1941년 합성된 이래 잡초의 선택적 방제가 가능해졌고, 수백 종의 새로운 제초제가 합성·개발·보급되었다.

Klingman(1982)이 제시한 현대의 잡초방제학에 기여한 인물과 업적을 약술하고자 한다.

① 1859~1887: Julius Sachs(독일)가 뿌리와 꽃을 구성하는 미량의 물질이 식물체 내를 상하로 이동하며, 이러한 화학물질의 전달은 베고니아와 호박의 개화작용과 관련이 있다고 한 생장조절물질(生長調節物質, growth regulators)의 전이에 대한 논문을 최초로 보고하였다.
② 1900: Charles Darwin(영국)은 진화설로 유명하지만 1900년에 『식물체의 운동력(*Power of Movement in Plants*)』이란 책에서 초엽의 선단부에서 생장조절물질이 생산되는 현상을 확인·제시하였다.
③ 1908: Bolley(미국)는 무기화합물(無機化合物, inorganic ompounds)인 소금, 황산철, 황산구리, 비산염을 사용하면 밀의 잡초를 효과적으로 방제할 수 있다고 하였다.
④ 1941: R. Pokorny(미국)가 처음으로 유기물질을 이용한 2,4-D의 화학적인 합성을 발표하였다.
⑤ 1942: P. W. Zimmerman과 A. E. Hitchcock(미국) 등은 2,4-D가 생장조절물질로 효과가 있음을 처음으로 보고하였다.
⑥ 1944: P. C. Marth와 J. W. Mitchell(미국)은 2,4-D가 잔디밭의 민들레, 질경이 및 여타의 광엽잡초를 선택적으로 방제할 수 있음을 입증하였다.
⑦ 1945: W. G. Templeman(영국)은 선택적 잡초방제를 위한 잡초발생 전 토양처리법의 원칙을 확립하였다. 이후에 많은 회사에서 다양한 신제품을 개발하여 오늘에 이르게 되었다.
⑧ 2002: 2002년 미국잡초학회에서 출간된 『제초제 핸드북(*Herbicide Handbook*)』 8쇄에는 231종의 제초제가 소개되어 있다.

잡초 및 잡초 관련 분야의 연구조직, 특히 학회의 발족 및 활동을 살펴보면 다음과 같다.

① 1951: 미국의 지역잡초방제 연합회가 결성되어 학술지 *Weed*를 출간하였고, 1956년에 미국잡초학회(Weed Science Society of America)가 창립되어 학회지 *Weed*를 발간하다가 *Weed Science*로 개칭하여 출간하였으며 현재(2021) 제69권을 발간하였다. 최근에 *Weed Technology*도 연중 4회 발간하고 있다.
② 1961: 유럽잡초학회가 결성되어 학회지 *Weed Research*를 1년에 6회 출간하고 있다. 현재(2021)까지 모두 61권이 발간되었다.
③ 1967: 아시아-태평양 연안 지역에 위치한 국가의 전문가들이 하와이에 모여 아시아-태평양잡초학회(Asian-Pacific Weed Science Society)를 결성하여 2년마다 돌아가면서 본 학회를 개최하고 있다. 제1차를 하와이, 2차를 필리핀, 3차를 말레이시아, 4차를 뉴질랜드, 5차를 일본, 6차를

인도네시아, 7차를 호주, 8차를 인도, 9차를 필리핀, 10차(1985)를 태국에서 개최하였고, 11차(1987)를 대만, 12차(1989)를 한국, 13차(1991)를 인도네시아, 14차(1993)를 호주, 15차(1995)를 일본, 16차(1997)를 말레이시아, 17차(1999)를 태국, 18차(2001)를 중국, 19차(2003)를 필리핀, 20차(2005)를 베트남, 21차(2007)를 스리랑카, 22차(2009)를 파키스탄, 23차(2011)를 호주, 24차(2013)를 인도네시아, 25차(2015)를 인도, 26차(2017)를 일본, 27차(2019)를 말레이시아에서 개최하였다. 28차(2021)는 태국에서 개최할 예정이다. 현재까지 27권의 보고서(報告書, proceedings)를 출간하여 이 지역의 잡초 및 방제법 개발에 크게 공헌하고 있다.

④ 1968: 미국 국립학술원에 의하여 동·식물방제학원리(動·植物防除學原理)의 제2부로서 잡초방제학(雜草防除學, Weed Science)이 등록번호 1597호로 출간됨에 따라 학문적 분과로서의 중요성이 인식되게 되었다.

⑤ 1970 및 1982, 1996: UN의 FAO(食糧農業機構, Food & Agriculture Organization)에 의해 두 차례 국제잡초방제회의가 개최되었으며 세계의 잡초방제를 위하여 노력하고 있다. 최근에는 최소경운(最小耕耘, minimum tillage) 또는 식생관리(植生管理, vegetation management)란 측면에서 잡초의 방제보다 잡초를 어떻게 적절히 관리(管理)할 수 있는가에 더 많은 관심을 보이고 있다. 1996년에 FAO에 의해 『수도작의 잡초관리(*Weed Management in Rice*)』란 학술서가 B. A. Auld와 K. U. Kim(김길웅)의 편집으로 발간되었다. 이 책자는 수도작의 잡초관리에 좋은 지침서가 되고 있다. 또 2003년에 FAO에 의해 『개도국의 잡초관리(*Weed Management for Developing Countries*)』란 책자의 증보판이 발간되어 개도국 잡초관리에 중요한 지침서로 이용되고 있다.

⑥ 1976: 국제잡초학회(國際雜草學會, International Weed Science Society)가 결성되어 미국의 오레곤 대학에 본부를 두고 잡초방제 분야의 정보를 수집·교환하고 있다. 국제잡초학회에서는 1년에 2회 Newsletter를 발간하고 있다. 국제잡초학회의 제1차 국제학술회의는 1992년에 오스트레일리아에서, 제2차는 1996년에 덴마크에서, 제3차는 2000년에 브라질에서, 제4차는 2004년에 남아프리카공화국에서, 제5차는 2008년에 캐나다에서, 제6차는 2012년에 중국에서, 제7차는 2016년에 체코에서, 제8차는 2022년에 태국에서 개최될 예정이다.

⑦ 1980~1992: ASPAC의 식량비료센터(Food and Fertilizer Center) 주관으로 극동 및 동남아시아의 잡초전문가가 1980년에 일본, 1983년에 한국, 1992년에 일본에서 이 지역의 잡초방제 문제에 관하여 세미나를 개최하고 값진 보고서를 발간하였다.

⑧ 1981: 국제미작연구소(國際米作研究所, International Rice Research Institute)와 국제잡초학회가 공동 주관하여 '수도작의 잡초방제'란 제목으로 1981년 세계 27개국으로부터 전문가를 초청하여 세미나를 개최하고 『수도작의 잡초방제(*Weed Control in Rice*)』란 학술보고서를 출간하였다. 1996년에는 국제미작연구소(IRRI)와 스텐포드대학이 공동으로 『아시아지역 수도작의 제초제(*Herbicides in Asian Rice*)』란 책자를 발간하였다. 이 책자들은 아시아의 잡초 문제 및 제초제 사용 등에 대한 좋은 지침서가 되고 있다.

⑨ 1962년에 일본잡초학회(日本雜草學會, Japan Weed Science Society)가 결성되어 2001년에 40주년 기념 논문발표대회를 개최하였다. 『잡초연구(雜草硏究, *Weed Research*)』란 학술지를 연 4회 출간하고 있으며 2021년 현재 제61권을 발간 중에 있다. 일본잡초학회가 중심이 되어 한국잡초학회 등 아시아의 여러 잡초학회와 공동으로 『잡초생물학 및 관리(*Weed Biology & Management*)』라는 영문 학회지를 2001년부터 연 2회 발간하고 있으며 2021년도에 제21권을 발간할 예정이다.

⑩ 1992년 FAO 후원으로 아시아-태평양 지역 잡초관리를 위한 운영위원회가 구성되어 2년마다 서로 다른 지역을 돌며 소규모 워크숍 및 훈련과정을 개최하여 지역 현안 해결을 돕고 있다. 또 연 2회 Newsletter를 발간하여 이 지역 33개국 130여 회원에게 무료로 공급해 주고 있으며 2002년 10월에 21호를 발간하였다. 경북대학교 농업생명과학대학 농학과 식물약리(잡초방제)연구실의 김길웅 교수가 위원회의 Secretary를 맡아 Newsletter를 편집·발간한 바 있다. 2001년 제18차 아시아-태평양잡초학회 학술대회가 중국 북경에서 개최되기 하루 전에 FAO의 후원으로 '수도작의 피 관리(Echinochloa Control in Rice)'에 대한 워크숍을 개최한 후 Proceeding이 출간되었고, 2005년에 제20차 아시아-태평양잡초학회 학술대회가 베트남의 호치민시에서 개최되기 하루 전에 FAO와 LG화학의 후원으로 '방동사니과 잡초관리(Management of Sedge Weeds in Rice)'란 주제로 아시아 지역 잡초 전문가들의 워크숍이 개최된 후 경북대학교의 후원으로 Proceeding이 출간되어 방동사니과 잡초관리의 중요한 지침서가 되고 있다.

⑪ 1996년에 제1차 세계 Allelopathy 학술대회가 스페인에서 개최되었고, 2차는 1999년에 캐나다에서, 3차는 2002년 일본에서, 4차는 2005년 호주에서, 5차는 2008년 미국에서, 6차는 2011년 중국에서, 7차는 2014년 스페인에서, 8차는 2017년 프랑스에서 개최되었다. 제9차 학술대회는 2021년 호주에서 개최될 예정이다. Allelopathy는 잡초 분야의 새로운 영역으로 대두되고 있으며 많은 연구와 관심이 모아지고 있다. 그 밖에도 아시아 대부분의 국가 및 유럽, 중남미, 아프리카 등지에서도 국가별 또는 지역별 잡초방제학회가 결성되어 있다.

(2) 우리나라의 잡초방제 역사

우리나라는 농경이 정착된 지 꽤 오래된 것처럼 작물의 재배역사 또한 긴 편이다. 정확한 사기(史記)를 찾기는 힘들지만 1429년 『농사직설(農事直設)』에 "수도작은 제초효과가 인정되지만 한발의 위험이 크기 때문에 금지되어 있다."라고 기록되어 있고, 1435년 『세종실록(世宗實錄)』에는 "토전

(土田)이 적은 경우에는 묘종법(苗種法)을 금해도 무방하나 토전이 많은 농가는 이를 금할 수 없다."라고 되어 있으며, 숙종조(1700년 전후) 기록에는 "직파법보다 이앙법(移秧法)을 쓰면 제초노동을 크게 줄여 주어 좋지 않은가."라고 되어 있다.

밭작물에 있어서도 논과 마찬가지로 제초효과를 위하여 한전농법(旱田農法)에서 차츰 개선되었으며 『농사직설』에 "척박한 땅에 채두(菜豆)를 키워 갈아엎어 줌으로써 잡초와 해충이 줄어든다."라고 하였다. 1676년에 박세당(朴世堂)은 "중경제초가 토양을 부드럽게 한다."라고 역설하였고, 박제가(朴齊家)는 『진북학의(進北學議)』를 통하여 산파(散播)에서 대전조파법(代田條播法)으로 개선할 것을 강조하였으며, 박지원(朴趾源)은 『과농소초(課農小抄)』에서 호미를 사용한 농기구에 의한 제초법을 주장한 바 있다. 이리하여 산파에서 조파하는 형태로 농법이 개선되고 18~19세기를 거치면서 동물 등에 쟁기나 호미 등을 부착시켜 제초하는 방법으로 개선되지 않았나 추측된다.

20세기에 들어와서 농사기술에 많은 변화가 있었으나 1970년대 이전에는 잡초방제 측면에서는 이렇다 할 변화나 발전을 볼 수 없었다. 또한 잡초방제학을 전공한 전문가도 극소수였으며, 대개 재배학을 전공하는 연구자들이 단편적으로 연구를 수행해 왔으므로 이렇다 할 진전이나 발전이 없었다. 1970년에 한국작물학회에서 제초제 및 생장조절제의 이용에 관한 심포지움을, 1971년에는 잡초방제 연구간담회를, 1975년에는 미국 AID의 후원사업인 작물개량사업의 일환으로 잡초방제 시험·수행을 위한 세미나를, 1978년에는 '잡초방제의 현황과 진로'라는 심포지움을 개최하였다.

한국잡초학회(韓國雜草學會)는 1981년에 결성되어 학술지인 『한국잡초학회지』를 연 4회 발간하고 있다. 1986년에는 한국잡초학회 주관으로 제초제 사용에 관한 세미나와 생장조절제와 제초제 이용에 관한 국제 심포지움을 개최한 바 있다. 1991년에 학회 창립 10주년 기념행사로 심포지움을 개최하였고 2001년 4월에는 20주년 기념행사로 전북 무주에서 '제초제 저항성 잡초 관리 방안'에 대한 심포지움을 개최함과 동시에 처음으로 잡초 관련 『잡초학 용어집』을 발간하였고, 학회 발전을 위하여 도와준 12개 산업체에 감사패를 전달하는 뜻깊은 행사가 있었다.

경북대학교 농업과학기술연구소 주관으로 1985년에 농약 안전사용 세미나를 개최하였고 1987년에는 잡초방제 실험실습 세미나를 개최하여 『잡초방제학 실험』이란 실험가이드 책자를 출간하기에 이르렀다. 잡초방제학이 대학의 정규과정으로 편성되어 강좌가 개설된 것은 1970년대 후반이다. 1980년대 중반이 되면서 전문인이 다소 늘어났으나 아직도 미흡한 실정이다.

한국잡초학회는 2012년부터 한국잔디학회와 공동으로 영문학회지인 *Weed & Turfgrass Science*를 매년 4회 발간하고 있다.

1.4 잡초방제학의 영역

잡초방제학이란 인간이 농업을 영위하는 데 해(害, injury)를 주는 식물, 즉 잡초를 경제적으로 방제하는 분야를 연구하는 학문으로서 사실은 잡초과학(雜草科學, weed science) 또는 잡초학(雜草學)의 범주에 속하나 잡초는 방제되어야 하는 식물이므로 잡초의 방제를 강조하는 의미에서 이 책에서는 잡초방제학을 잡초과학과 동일한 개념으로 취급하였음을 미리 밝힌다. 잡초과학은 응용과학으로서 여러 가지 기초학문 분야의 기반 위에서 이해될 수 있다.

잡초를 효과적으로 방제하는 것은 잡초의 생물적 특성을 이해하지 않고서는 불가능하므로 우선 잡초생물학(雜草生物學, weed biology)을 연구하여야 한다. 잡초생물학이란 잡초의 발아부터 성숙에 이르기까지의 전 과정에서 잡초를 하나의 생물로 간주하여 연구하는 것이며 이것은 식물학(植物學, botany), 식물분류학(植物分類學, plant taxonomy), 해부 및 형태학(解剖 및 形態學, anatomy and morphology), 식물생리학(植物生理學, plant physiology)과 깊게 연관되어 있다.

또 잡초방제에 사용되는 제초제의 합성이나 제 특성을 이해하려면 화학(化學, chemistry), 특히 유기화학(有機化學, organic chemistry)의 기초가 있어야 한다.

제초제가 식물에 처리될 때 식물체 내의 흡수 및 이행이나, 제 기능을 이해하기 위하여 식물생리학(植物生理學, plant physiology)과 체내의 대사와 관련해서 생화학(生化學, biochemistry)의 이해가 필요하며, 처리한 제초제의 토양 내 이동·흡착·잔류에 미치는 영향과 관련해서는 토양학(土壤學, soil science), 특히 토양미생물학(土壤微生物學, soil microbiology)의 이해가 요청된다.

뿐만 아니라 이들 제초제가 환경, 특히 생태계(生態系, ecosystem)에 미치는 영향을 이해하기 위하여 환경과학(環境科學, environmental science) 또는 생태학(生態學, ecology)의 이해도 필요하다.

이상에서 언급한 것처럼 잡초과학은 농경지란 기반 위에서 잡초와 작물의 존재하에 제초제라는 화학물질로 경제적으로 잡초를 방제하는 분야를 이해하는 학문으로 보면 연관된 분야가 매우 넓다.

잡초과학, 즉 잡초방제학을 이해하고 연구하는 데 가장 필수적인 분야로 식물생리학, 생화학, 유기화학을 들 수 있고 덧붙여서 잡초의 분류와 관련된 식물분류학, 환경과 제초제와 상호관련의 생태학 및 토양 내의 잔류 등을 위한 토양미생물학 등을 들 수 있다.

최근에 첨단연구분야로 대두된 생물공학(生物工學, biotechnology)은 어느 한 학문분야에만 국한된 것이 아니고 모든 분야에서 새로운 과학기술을 개발하는 데 요청되는 학문으로 간주된다.

잡초과학과 연관하여 생물공학을 이해하기 위해서는 제14장을 참조해 주기 바라며 여기서 간단히 언급하면 제초제 내성식물(除草劑耐性植物, herbicide resistant plant)의 개발·육성은 유전공학기술(遺傳工學技術, genetic engineering)의 이용으로 가능하며 유전자 변형식물을 육성하기 위해서는 우선 조직배양(組織培養, tissue culture), 분자생물학(分子生物學, molecular biology), 생화학(生化學, biochemistry), 미생물학(微生物學, microbiology)의 기초가 있어야 한다. 잡초학(雜草學, weed science)을 이해하는 데 이처럼 많은 분야가 서로 연관되어 있다.

Gressel(2002)에 의해 『잡초방제의 분자생물학(*Mobecular Biology of Weed Control*)』이란 책자가 발간되어 잡초방제 분야에 대한 분자생물학적 접근의 필요성이 한층 더 강조되고 있다.

참고문헌

1. 농림업 주요 통계. 2020. 농림부.
2. Agriculture Monitor. 2005.
3. Vencil, W.K. et al. ed. 2002. Herbicide Handbook. 8th ed. Weed Sci. Soc. of America. Lawrence, KS 66044-8897, U.S.A.
4. Auld, B.A. and K.U. Kim. 1996. Weed Management in Rice. FAO Plant Protection and Protection Paper 139. Rome, Italy. pp.1-272.
5. Gressel J. 2002. Molecular Biology of Weed control. Taylor & Francis, London and New York, U.S.A. pp.1-11.
6. 김길웅. 1987. 생물공학을 이용한 제초제의 개발 현황과 전망. 농약과 식물보호, 농약공업협회, 1월호, pp.38-45.
7. Klingman, G.C. and F.M. Ashton. 1982. Weed Science : Principles and Practice, 2nd ed. John Wiley & Sons. Inc., New York, U.S.A. pp.11-12.
8. Muzik, T.J. 1970. Weed Biology and Control. McGraw-Hill Book Company, New York, U.S.A. pp.4-5.
9. Naylor, R. ed. 1996. Herbicides in Asian rice : transition in weed management. Palo Alto(California) : Institute for International studies, Stanford Univ. and Manila(Philippines) : International Rice Research Institute. pp.1-270.
10. Ross, M.A. and C.A. Lembi. 1999. Applied Weed Science. Prentice-Hall, Inc. Simon & Schuster/A Viacom Company, Upper Saddle River, NJ. U.S.A. pp.1-23.
11. Zimdahl. R.L. 1993. Fundamentals of Weed Science. Academic Press, Inc. San Diego, California. U.S.A. pp.16-17.

2 잡초의 정의·분류 및 분포

2.1 잡초의 정의

어떤 식물체의 한 종(種, species)이 집단적으로 인간의 활동, 건강 또는 기쁨 등에 부정적으로 작용하거나 방해작용을 할 때 그 식물체를 잡초(雜草, weed)로 간주하는데, 잡초란 용어는 과학적인 개념보다 공적(公的)인 특성을 가지고 있어서 매우 포괄적이고 광범위한 개념을 지니고 있다.

또, 잡초란 용어는 인간의 활동을 방해하며 보기에 좋지 못하고 바람직스럽지 못한 것을 의미하고 있어서, 학자들의 관점에 따라 잡초의 정의가 달라질 수 있다. 어쨌든, 어떤 식물 또는 식생(植生, vegetation)이 인간의 목적이나 필요조건 등을 방해할 때 잡초로 정의할 수 있고 더 나아가 인간이 농경지에서 농업을 영위하는 경제행위에 직간접으로 피해를 주어 생산을 감소시키고, 농경지의 경제적 가치를 저하시키는 작물 이외의 식물이라고 정의하기도 한다. 이상의 여러 정의를 종합해 보면 잡초란 인간에게 유익하지 못한 식물로 요약할 수 있다.

일반적으로 잡초는 다음과 같은 성질을 지닌 것으로 정의되고 있다.

① 제자리에 발생하지 않는 식물
② 인간이 원하지 않거나 바라지 않는 식물
③ 인간과 경합적이거나 인간의 활동을 방해하는 식물
④ 작물적 가치가 평가되지 않는 식물
⑤ 경지나 생활지 주변에서 자생하는 초본성 식물(草本性植物, herbs)

위와 같은 정의는 어떤 식물이든 간에 어느 한 시점에서 잡초로 간주될 수 있다는 점을 내포한다. 즉 보리밭의 양파, 양파밭의 보리는 작물이 잡초로 취급될 수 있음을 의미한다. 그러나 상당히 많은 잡초는 주로 작물이 재배되는 곳에서만 발생하는데, 그 예로서 피와 물달개비는 거의 99%가 벼를 재배하는 논에서만 발생한다고 한다. 또 피자식물 200,000여 종 가운데 30,000여 종은 특수한 작물이나 특수한 조건하에서만 발생한다고 한다.

2.2 잡초의 기원

King(1966)은 세계의 야생식물을 12지역구계로 나누고, 인간의 의도에 맞도록 이용되어 온 재배식물(栽培植物, anthrophytes)과 자연적으로 발생하여 경작지를 침입하는 야생식물(野生植物, spontaneous apophytes), 크게 두 부류로 대별한다. 현재의 잡초는 복잡한 자연의 야생식물군으로부터 기원(起源, origin)하여 인류의 역사 이전부터 또는 이후에 빙하(氷河, glacier)로 인한 자연식물군의 붕괴 및 교란 등 복잡다단한 환경변동 과정 중에 어떤 지역에서 살아남은 생존경쟁력이 강한 식물이다. 현존하는 재배작물과 더불어 진화된 것 같으며 어느 면에서는 현재 작물의 선조(先祖, ancestor)일 수도 있다.

이리하여 잡초는 자연적 교란 또는 붕괴에 오랫동안 적응해 온 야생식물(野生植物, wild plants)로부터 유래하였으며 새로운 부류의 잡초는 농업의 발전과 더불어 진화해 온 것으로 간주된다. 그리고 Muzik(1970)는 야생상태나 경작지 등 어디에서나 발생하는 양면성잡초(兩面性雜草, facultative weed)와 경작지에서만 발생하는 절대성잡초(絶對性雜草, obligate weed)로 구분하고 야생상태나 인간이 농업을 영위하는 경작지 모두에 발생 가능한 야생양파(allium), 베치(vetch) 등은 양면성잡초에 속하며 경작지에 국한하여 출현하는 야생무(*Raphanus raphariskrum*)는 절대성잡초에 속한다고 하였다. 竹松(1982)은 잡초를 야생상태에서 발생하는 일반잡초와 농경지에만 주로 발생하는 농경지잡초로 구분한 바 있다.

笠原(1971)은 식물을 산야초(山野草), 마을식물(人里植物), 경지잡초(耕地雜草), 작물(作物)로 구분했다(그림 2-1). 산야초란 산이나 들에 자생하는 식물로서 인간의 인위적인 조작이 행해지지 않는 장소에 생육하는 야생식물을 의미한다. 작물은 인간이 생활을 유지하기 위하여 선발하여 재배하는 식물로서 인간의 보호 없이는 생육할 수 없는 식물군(植物群)이다.

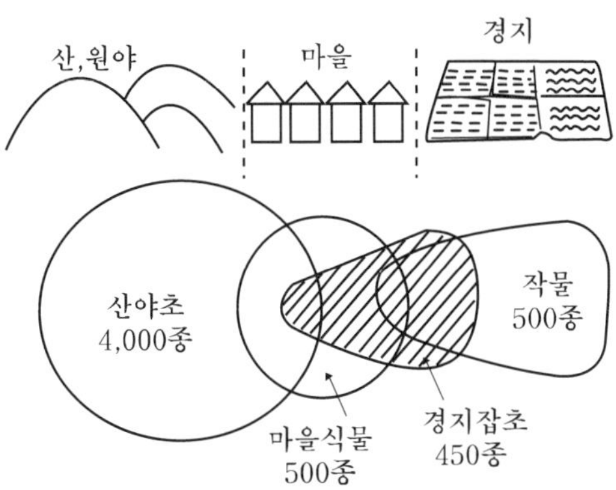

[그림 2-1] 일본의 산야초, 마을식물, 경지잡초 및 작물의 생육지와 종수
(草薙 등, 1994; 원저자 笠原, 1971)

산야초와 작물 중간에 위치한 것이 마을식물과 경지잡초이다. 마을식물은 인간이 생활하는 주변, 특히 도로, 가로, 제방, 농로 등에 발생한다. 경지잡초는 경운, 정지, 시비, 제초제 처리, 중경 등 경종조작이 빈번히 가해지는 곳에 적응한 식물군이다. 마을식물은 인간의 인위적 조작이 가해지는 곳에서도 생육하지만 경지잡초와는 내용이나 정도에 차이가 있다. 광의로 마을식물과 경지잡초를 잡초로 부르고 있으며 일본에 발생하는 식물의 종수는 산야초가 4,000종, 마을식물이 500종, 경지잡초가 450종, 작물이 500종에 이른다고 했다.

2.3 잡초의 존재 이유

1731년경 작물을 줄로 심는 경종법의 개발은 잡초방제 면에서 동물이나 기계 등을 이용하여 방제할 수 있는 여러 가지 이점을 제공하였으나, 한편으로는 줄로 재배함으로써 작물 사이에 많은 공간이 남게 되어 잡초가 번식할 수 있는 공간을 부여하게 되었다.

또 현대농업에서는 대체로 연중 단작(單作, mono-culture)으로 작물을 재배하기 때문에 주어진 환경(주로 토양조건)을 작물이 제대로 이용하지 못함으로써 잡초의 침입이나 발생이 가능하다. 그 밖에도 아래와 같은 특성(特性, characteristics) 때문에 잡초는 농작물을 재배하는 한 골칫거리가 될 것으로 보인다.

① 가볍고 많은 잡초종자를 생산하여 먼 거리까지 이동이 가능하다.
② 불량한 환경조건에 잘 적응하여 발아력을 유지한다.
③ 작물 재배 시 공간이 많아 잡초 발생이 용이하다.
④ 유성생식 또는 영양번식이 가능하며 휴면성을 가지고 있으므로 오랜 기간 생명력을 유지할 수 있다.
⑤ 자가·타가 또는 겸용의 수분·수정이 가능하여 후대를 아주 잘 만들 수 있는 생존 메커니즘을 가지고 있으며 자연환경에 적응하는 방향으로 진화해 왔다.

2.4 잡초의 분류

잡초는 그 형태, 습성, 적응성이 다양하기 때문에 어느 한 기준으로 분류하기란 매우 어렵다. 잡초방제의 연구에 있어서 가장 많이, 그리고 보편적으로 사용되는 분류방법은 식물분류학적 분류(植物分類學的分類, taxonomic classification)법, 형태학적 분류(形態學的分類, morphological classification)법, 생활형(生活型, life cycle)에 따른 분류법 등 세 종류가 있다. 형태학적 특성에 따라서는 화본과류, 광엽류, 방동사니과류로 나뉘고, 생활형에 따라서는 일년생, 월년생, 다년생으로 구분할 수 있다. 즉 화본과 일년생·다년생, 광엽 일년생·다년생 및 방동사니과 일년생·다년생 등으로 분류하거나 역으로 일년생 화본과류·광엽류·방동사니과류 또는 다년생 화본과류·광엽류·방동사니과류로 구분한다. 그 특성을 좀 더 상세히 설명하면 다음과 같다.

(1) 식물분류학적인 분류

Linne(1753)는 식물을 분류할 때의 기본단위인 종(種, species)이 대체로 같은 유전형질을 나타내는 개체군의 포괄집단이라고 제창하였다. 종은 학명(學名, scientific name)으로 표시할 때에는 Linne가 제창한 이명법(二名法, binomial nomenclature)을 사용하고 있는데, 이것은 속명(屬名, generic name), 종명(種名, species) 및 명명자(命名者)의 이름을 함께 쓰는 방법이다.

논에 많이 발생하는 피 종류의 하나인 돌피의 학명은 *Echinochloa crus-galli* (L.) Beauv. var. *praticola* Ohwi이다. 여기서 속명은 *Echinochloa*이고, 종명은 *crus-galli*이다. 종은 다시 변종(變種, variety) 또는 아종(亞種, subspecies)으로 세분할 수 있는데 변종명이 *praticola*이며 변종의 명명자가 Ohwi이다. 이와 같이 변종까지 넣어 명기하는 것을 삼명법(三名法, trinomial nomenclature)이라고 한다. 그 밖에도 잡초는 일반명(주로 英名)을 갖고 있는데, 같은 일반명을 서로 다른 식물에 사용하는 경우도 있기 때문에 표준화된 일반명을 사용하는 것이 중요하다.

(예) 피의 식물분류학적 분류

문(門, phylum)	유관속식물(維管束植物, Tracheophyta)
강(綱, class)	피자식물(被子植物, Angiospermae)
목(目, order)	단자엽류(單子葉類, Monocotyledoneae)
과(科, family)	화본과(禾本科, Poaceae)
속(屬, genus)	피속(*Echinochloa*)
종(種, species)	*crus-galli* 종
변종(變種, variety)	*praticola*

Holm(1978)은 약 25만 종의 식물종 가운데 잡초로 문제를 일으키는 식물종은 약 200종이라고 했다. 이들을 분류한 것을 보면 화본과 국화과, 방동사니과, 마디풀과에 속하는 잡초가 전체의 43%이고 비름과, 십자화과, 콩과, 메꽃과, 대극과, 명아주과, 아욱과, 가지과를 합한 총 12개 과의 잡초

종수는 전체의 68%를 점유하여 대부분의 잡초는 이들 12개 과에 속한다고 볼 수 있다(표 2-1). 기타 47개 과에는 각 과마다 1종, 2종 또는 3종 이내로 분포하고 있으며 32%가 기타에 속한다.

[표 2-1] 주요 잡초종(개화식물)의 식물분류학적 분포(Holm, 1978)

구분(과)	종수	점유율(%)	
화본과(Poaceae)	44	43	68
국화과(Asteraceae)	32		
방동사니과(Cyperaceae)	12		
마디풀과(Polygonaceae)	8		
비름과(Amaranthaceae)	7		
십자화과(Brassicaceae)	7		
콩과(Leguminosae)	6		
메꽃과(Convolvulaceae)	5		
대극과(Euphorbiaceae)	5		
명아주과(Chenopodiaceae)	4		
아욱과(Malvaceae)	4		
가지과(Solanaceae)	3		
기타[1](47과)	1~3		32

1) 기타 47개 과는 1, 2종 또는 3종 내외의 종(種)

(2) 생활형에 따른 분류

1) 일년생

일년생(一年生, annual)은 1년 이내에 한 세대의 생활사(生活史, life cycle)를 끝마치는 식물을 의미한다. 일반적으로 방제가 쉬운 잡초로 생각하고 있으나, 종자는 대개 휴면(休眠, dormancy)하고 발아 후의 생육이 빠르기 때문에 실제 다년생 잡초보다 방제하는 데 비용이 많이 든다. 일년생 잡초는 포장에서의 발생시기에 따라 하계(夏季) 및 동계(冬季)잡초로 구분한다. 하계 일년생은 봄에 발아하여 여름 동안에 성장하고 가을에 결실한 다음 말라 죽는다(예: 바랭이, 피, 쇠비름). 동계 일년생은 가을 또는 겨울에 발아하여 겨울을 지나서 봄에 생장하고 봄이나 초여름에 결실하고 말라 죽는다(예: 뚝새풀, 냉이).

2) 월년생

월년생(越年生, biennial) 식물은 1년 이상 생존하지만 2년 이상 생존하지는 못한다. 월년생과 동계 일년생 잡초의 구별에 어려움이 있으나 동계 일년생은 햇수로 두 해에 걸쳐 생존하나 두 계절을 넘기지 못하는 것이 대부분이다. 월년생에 속하는 잡초도 비교적 방제가 어려우며 엉겅퀴, 야생당근, 현삼속잡초 등이 이 부류에 속한다.

3) 다년생

다년생(多年生, perennial)은 2년 이상 또는 무한정 생존 가능한 식물이다. 종자로도 번식이 가능하나 대부분 영양기관에 의하여 번식하며 단순형(單純型)과 포복형(匍匐型)이 있다. 단순형이란 종자로 번식하나 상처가 나면 상처부위에서 새로운 개체가 나올 수 있다. 민들레, 질경이, 창질경이 등이 단순형에 속한다. 포복형이란 덩이줄기(塊莖, tuber), 땅속줄기(地下莖, rhizome), 알줄기(球莖, corm), 흡지(吸枝, sucker) 등에 의하여 영양번식된다(그림 2-2). 애기수영은 종자로도 번식 가능하다. 지하번식기관에 의해서만 주로 번식되는 다년생 잡초로는 올방개, 가래, 올미, 벗풀 등의 논잡초를 들 수 있다. 이들은 일단 전파되면 방제가 곤란한 잡초들이다.

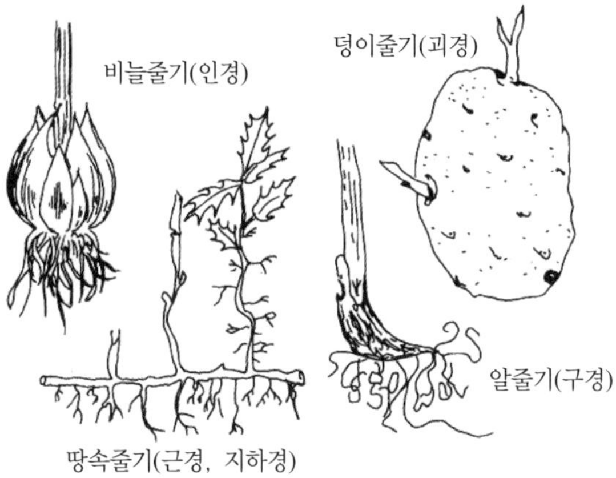

[그림 2-2] 다년생 잡초의 지하번식기관

(3) 형태적 특성에 따른 분류

1) 화본과류 잡초

화본과류 잡초는 화본과류(禾本科類, grasses)에 속하는 잡초를 의미하며 모양이 작은 것에서부터 직립형, 굴곡형, 포복하는 일년생 및 다년생들로 되어 있다. 줄기(稈, culm)에는 잘 구분될 수 있는 마디(節, node)와 마디사이(節間, internode)가 있고, 잎은 마디로부터 두 줄로 교호(交互)로 나 있으며 잎은 줄기를 둘러싸서 보호하는 잎집(葉鞘, leaf sheath)과 잎몸(葉身, leaf blade)으로 나누어지는데 잎몸은 좁고 길다란 잎을 가지며 잎맥(葉脈, leaf vein)이 평행한 것이 특징이다.

잎집과 잎몸의 이음새에는 막이 있고 털이 밖으로 생장한 모습의 잎혀(葉舌, ligule)가 있다. 소수(小穗)에 꽃이 피고 종자가 달린다. 예를 들면 피, 바랭이, 뚝새풀, 강아지풀 등이 이 부류에 속한다. 일본에서는 이 부류를 벼과류로 분류하고 있다. 한편 벼와 피는 그림 2-3과 같이 벼에는 잎혀가 있는 데 반하여 피에는 없다는 점으로 구별할 수 있다. 그림 2-4의 오른쪽이 화본과 잡초이다.

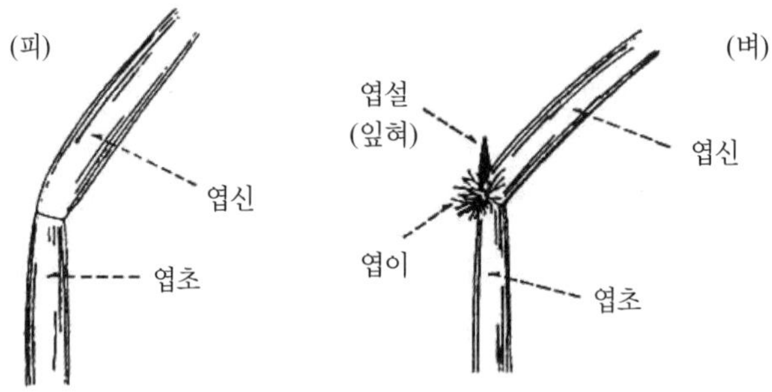

[그림 2-3] 피와 벼의 형태적 차이점

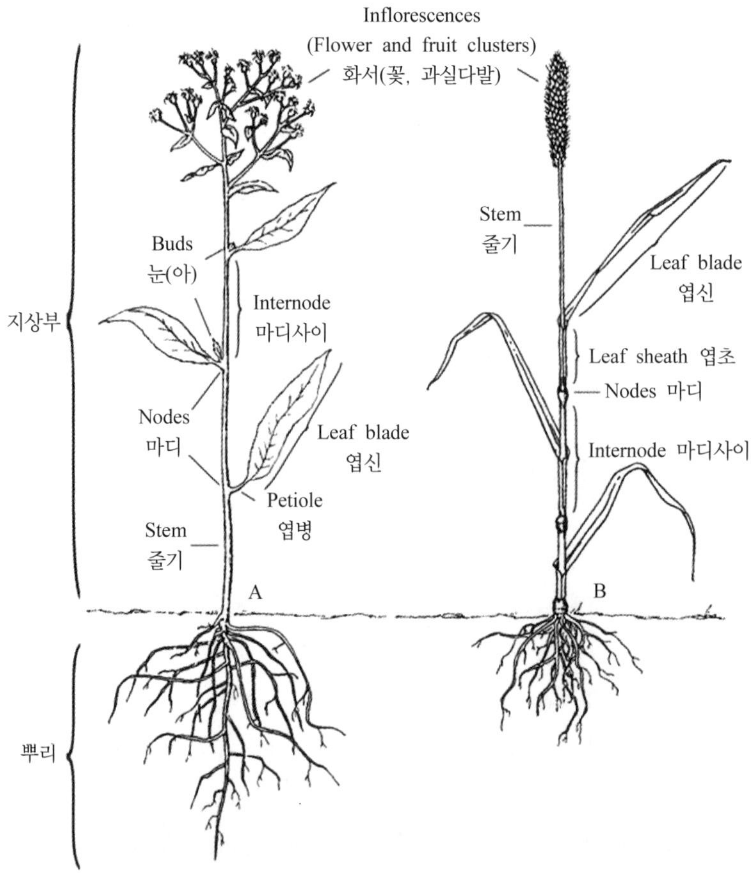

[그림 2-4] 광엽과·화본과 잡초의 주요기관(Ross and Lembi, 1999)
A: 광엽식물, B: 화본과 식물

2) 방동사니과류 잡초

방동사니과(莎草科, sedges)에 속하는 잡초들은 화본과와 비슷한 점이 있으나 습지나 물 속에서 자라고 특히 줄기가 삼각형 모양을 한 것이 광엽류나 화본과류와 구별된다. 잎은 좁고 능선(稜線)이 있으며 끝이 뾰족하고 소수에 작은 꽃이 달린다. 예를 들면 너도방동사니, 참방동사니, 향부자, 올방개, 매자기, 올챙이고랭이 등이 방동사니류에 속한다. 그러나 올방개와 올챙이고랭이의 줄기는 원통형이며 올방개는 속이 비어 있는 것이 특징이다. 그림 2-5는 방동사니과 잡초인 너도방동사니의 형태적 특성을 보여 준다.

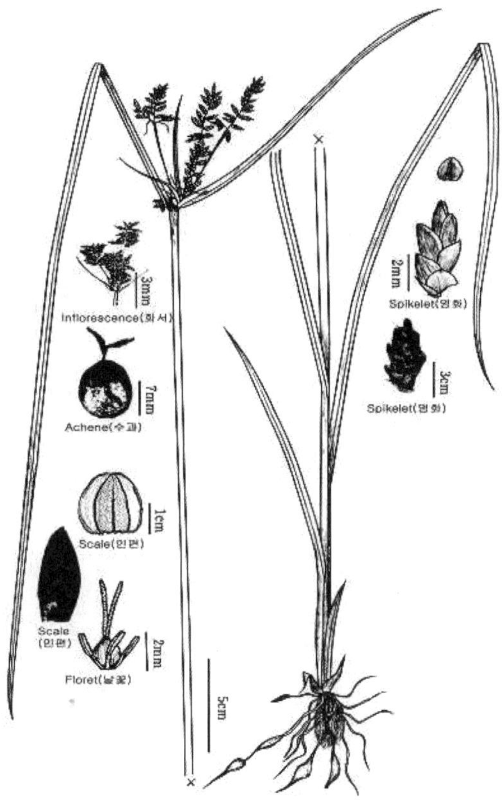

[그림 2-5] 방동사니과 잡초(너도방동사니)의 주요기관(이, 1980)

3) 광엽류 잡초

광엽(廣葉, broad leaves)류 잡초란 화본과류나 방동사니과류에 속하지 않는 식물로서, 잎은 둥글고 크며 평평하고 엽맥이 그물처럼 얽혀 있는 것이 특징이다. 물달개비, 비름, 가래, 망초, 토끼풀 등 많은 잡초가 이 범주에 속한다. 그림 2-4의 왼쪽이 광엽류 잡초이다.

(4) 기타

그 밖에도 잡초는 발생지나 시기, 토양수분 적응성, 초장, 생장형 및 번식법 등에 따라 다음과 같이 정리·분류된다(植木 등, 1972).

1) 발생지에 따른 분류

① 논잡초: 논에서 주로 발생하는 잡초

② 밭잡초: 밭에서 주로 발생하는 잡초

③ 과원잡초: 과원에서 주로 발생하는 잡초

2) 발생시기에 따른 분류

① 하계잡초: 봄에 발생하여 가을에 결실하는 잡초

② 동계잡초: 가을에 발생하여 월동 후에 결실하는 잡초

3) 토양수분 적응성에 따른 분류

① 수생잡초: 담수상태에서 주로 발생하는 잡초

② 습생잡초: 습윤한 상태에서 주로 발생하는 잡초

③ 건생잡초: 밭상태의 수분 조건에서 주로 발생하는 잡초

4) 초장의 크기에 따른 분류

① 극대: 80㎝ 이상

② 대: 60~80㎝

③ 중: 40~60㎝

④ 소: 20~40㎝

⑤ 극소: 20㎝ 이하

5) 생장형에 따른 분류

沼田 등(1978)은 생장형에 따라 다음과 같이 잡초를 분류하였다(그림 2-6).

① 직립형(直立型, straight type): 명아주, 가막사리

② 포복형(匍匐型, creeping type): 장군덩이, 선피막이

③ 총생형(叢生型, bunch type): 뚝새풀, 고래억새

④ 분지형(分枝型, branch type): 애기땅빈대, 광대나물

⑤ 만경형(蔓莖型, vine type): 메꽃, 환삼덩굴

⑥ 로세트형(rosette type): 민들레, 질경이

⑦ 위(僞)로세트형(pseudorosette type): 로세트형과 유사함

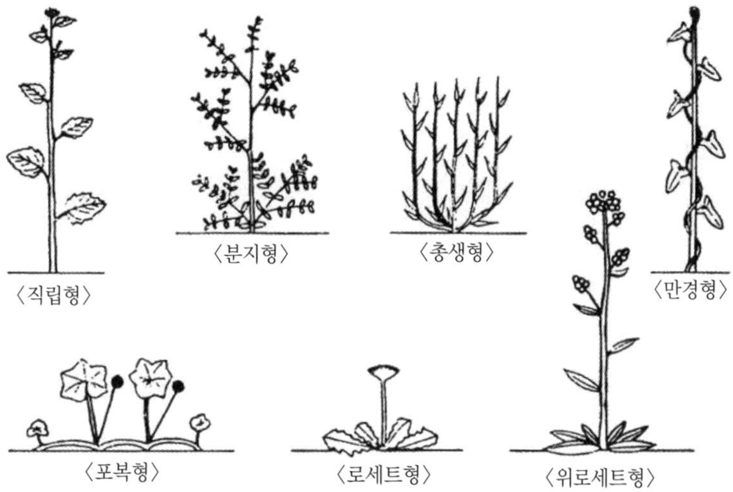

[그림 2-6] 잡초의 생장형(자료: 한국의 논잡초, 1978)

6) 번식법에 따른 분류

沼田 등(1978)은 잡초의 번식방법에 따라 다음과 같이 구분하였다.

① 종자번식(種子繁殖, seed propagation) 잡초

② 영양번식(營養繁殖, vegetative propagation) 잡초

③ 종자·영양번식(種子·營養繁殖, seed or vegetative propagation) 잡초

그 밖에도 번식자(繁殖者)의 산포기관형(散布器官型)에 따라 비산형(飛散型), 부착형(附着型), 산발형(散發型), 유발형(誘發型), 생식체전파형(生殖體傳播型)으로 구분하고 종자의 휴면성 정도에 따라 분류하기도 하나 잡초방제상 그렇게 중요한 것은 아니다.

2.5 잡초의 발생실태

(1) 세계

세계적으로 알려진 25만여 종의 식물 가운데 2~3천 종이 잡초로 인식되고 이 가운데 약 200종(전체 식물의 0.08%)이 세계 농업의 주요 잡초로 인식되고 있다(Holm 등, 1977, 1978, 1997). Holm 등(1977)은 이들 200여 종이 식량작물에 잡초로 인한 피해의 90%를 유발한다고 보고한 바 있고 한 작물에는 대략 25종의 잡초가 발생하여 피해를 준다고 했다.

전 세계적으로 가장 문제가 되는 세계 10종의 잡초는 표 2-2와 같으며 그중 우리나라에서 발생되는 것은 피, 왕바랭이, 향부자, 우산잔디, 띠 등이다. 세계의 논에서 가장 문제되는 잡초는 표 2-3과 같으며, 그 가운데 피, 물달개비, 알방동사니, 향부자, 왕바랭이, 참방동사니, 바람하늘지기 등 7종이 우리나라에서도 발생하고 있다. 지역이나 재배방법에 별로 관계없이 논에 발생하는 우점잡초는 다소 유사한 것으로 보인다. 열대지방에서는 밭상태의 벼 재배가 많으므로 우리나라 논에서 볼 수 없는 왕바랭이, 향부자 등이 문제 잡초로 대두되고 있음을 알 수 있다. 가까운 일본은 우리나라와 인접해 있지만 위도상의 범위가 넓기 때문에 세계의 문제 잡초종이 우리나라보다 많이 발생되고 있다.

[표 2-2] 세계에서 가장 문제되는 잡초(Holm 등, 1977)

학 명	영 명	한국명	비 고
Cyperus rotundus	Purple nutsedge	향부자	우리나라 남해안에 발생하며 약용으로 쓰임
Cynodon dactylon	Bermudagrass	우산잔디	해안을 따라 강원도 낙산사 근처까지 자라는 다년초
Echinochloa crus-galli	Barnyardgrass	피류	우리나라 전역에 발생
Echinochloa colona	Junglerice	-	열대지방에 발생하는 피류
Eleusine indica	Goosegrass	왕바랭이	우리나라에 발생하나 그렇게 문제가 안 됨
Sorghum halepense	Johnsongrass	-	-
Eichhornia crassipes	Water hyacinth	부레옥잠	관상용으로 수조 등에 심는 다년초
Imperata cylindrica	Cogongrass, Lalang swordgrass	띠	우리나라 전역의 밭에 발생하는 다년생 잡초
Lantana camara	Lantana	-	-
Panicum maximum	Guineagrass	-	-

[표 2-3] 세계의 논에서 가장 문제되는 잡초(Smith, 1983)

학 명	영 명	한국명	비 고
Echinochloa crus-galli	Barnyardgrass	피류	우리나라 논에 많이 발생함
Echinochloa colona	Junglerice	-	열대지방에 발생하는 피류
Cyperus difformis	Small flower	알방동사니	우리나라 논에 많이 발생함
Cyperus rotundus	Purple nutsedge	향부자	우리나라 밭에 발생함
Cyperus iria	Rice flatsedge	참방동사니	우리나라 밭에 발생함
Eleusine indica	Goosegrass	왕바랭이	우리나라 밭에 발생함
Fimbristylis littoralis	Autumn rush	바람하늘지기	유사종이 우리나라 밭에 발생함
Ischaeman rugosum	-	-	-
Monochoria vaginalis	Pickerelweed	물달개비	우리나라 논에 많이 발생함
Sphenochlea zeylanica	-	-	-

(2) 우리나라

우리나라의 논·밭에 발생하는 잡초종은 92과 453종이며 27과 92종이 논에서, 65과 300여 종이 밭에서 발생하고, 17과 61종이 논·밭에서 발생한다고 보고되었다. 생활형 면에서 보면 일년생은 화본과가 30종, 방동사니과가 19종, 광엽이 105종으로 총 154종이고, 월년생은 화본과 12종, 방동사니과 1종, 광엽 59종으로 총 72종이며, 다년생은 화본과 35종, 방동사니과 31종, 광엽 161종으로 총 227종이다. 형태적 특성으로 보면 화본과류가 전체의 17%, 방동사니과류가 11%인 데 비해 광엽은 72%로서 훨씬 많이 발생하고 있음을 알 수 있다(표 2-4).

[표 2-4] 우리나라 논밭에 발생하는 잡초 종수(국립농업자재검소, 1972)

경작지	일년생				월년생				다년생				총 계
	G*	S*	B*	계	G	S	B	계	G	S	B	계	
논	5	9	16	30	3	-	-	3	4	22	33	59	92
밭	21	1	71	93	8	-	51	59	26	3	119	148	300
논·밭	4	9	18	31	1	1	8	10	5	6	9	20	61
총 계	30	19	105	154	12	1	59	72	35	31	161	227	453

*G: 화본과, S: 방동사니과, B: 광엽잡초

1) 논잡초

우리나라 논에서 발생하는 주요 잡초는 표 2-5와 같으며 발생 정도를 보면 화본과류의 피, 방동사니과류의 알방동사니, 참방동사니, 너도방동사니, 올챙이고랭이, 올방개, 광엽류의 물달개비, 여뀌바늘, 마디꽃, 가래, 올미 밭뚝외풀, 개구리밥 등이 많이 발생하고 있다. 문제의 우점잡초는 피, 물달개비, 올방개, 벗풀, 올미, 올챙이고랭이, 가래, 너도방동사니 등이다.

[표 2-5] 우리나라 논에 발생하는 주요 잡초

구 분	잡초명	학 명	발생정도[1]	생활사[2]
화본과	강피(Gangpi)	*Echinochloa oryzicola* Vasing	+++	a
	돌피(Dolpi)	*Echinochola crus-galli* (L.) Beauv. var. *praticola* Ohwi	++	a
	물피(Mulpi)	*Echinochloa crus-galli* (L.) Beauv. var. *crus-galli*	+++	a
	나도겨풀(Nadogyeopul)	*Leersia japonica* Makino	+	p
	드렁새(Dreongsae)	*Leptochloa chinensis* (L.) Nees	+	p
	잡초성 벼	*Orysa sativa* L.	+	a
	줄(Jul)	*Zizania latifolia* Turcz	+	p
사초과	알방동사니(Albangdongsani)	*Cyperus difformis* L.	++	a
	참방동사니 (Chambangdongsani)	*Cyperus iria* L.	++	a
	너도방동사니 (Neodobangdongsani)	*Cyperus serotinus* Rottb.	+++	p
	바늘골(Baneulgol)	*Eleocharis congesta* D. Don	+	a
	올방개(Olbanggae)	*Eleocharis kuroguwai* Ohwi	+++	p
	쇠털골(Soiteolgol)	*Eleocharis acicularis* Roem. et Schult.	+	p
	바람하늘지기 (Baramhhaneuljigi)	*Fimbristylis miliacea* (L.) Vahl	++	a
	올챙이고랭이 (Olchengigoraengi)	*Scirpus juncoides* Roxb. var. *hotarui* Ohwi	+++	a
	매자기(Maejagi)	*Scirpus maritimus* L.	+	p
	물고랭이(Mulgoraengi)	*Scirpus nipponicus* Makino	+	p
	새섬매자기(seaseommaejagi)	*Scirpus planiculmis* Fr. Schm.	+	p
광엽잡초	사마귀풀(Samagwipul)	*Aneilema kaisak* Hassk	++	a
	자기풀(Jagipul)	*Aeschynomene indica* L.	+	a
	미국 가막사리 (Migukgamaksari)	*Bidens frodonsa* L.	+	a
	가막사리(Gamaksari)	*Bidens tripartia* L.		
	중대가리풀(Jungdaegaripul)	*Centipeda minima* Braun et Aschers.	+	a
	한련초(Hanryeoncho)	*Eclipta prostrata* L.	++	a
	물별(Mulbyeol)	*Elatine triandra* Schk. *pedcellata* Krylov	++	a
	큰고추풀(Keungochupul)	*Gratiola japonica* Miq.	+	a

구 분	잡초명	학 명	발생정도[1)]	생활사[2)]
광엽잡초	좀개구리밥(Jomgaeguribab)	*Lemna aeguinoctialis* Welw.	+	p
	미국외풀(Miguk woipul)	*Lindernia dubia* (L.) Pennel var. *dubia*	+	a
	논뚝외풀(Nonddugwoipul)	*Lindernia micrantha* D. Don	+	a
	밭뚝외풀(Batddukoipul)	*Lindernia procumbens* (Krock.) Borbas	+++	a
	수염가래꽃(Suyeomgaraeggot)	*Lobelia chinensis* Lour.	+	p
	여뀌바늘(Yeoggwibaneul)	*Ludwigia prostrata* Roxb.	+++	a
	네가래(Negarae)	*Marsilea quadrifolia* L.	+	a
	물옥잠(Mulogjam)	*Monochoria korsakowi* Regel et Maack	+	a
	물달개비(Muldalgaebi)	*Monochoria vaginalis* Presl.	+++	a
	물수세미(Mulsusaemi)	*Myriopnhyllum verticillatum* L.	+	p
	여뀌(Yeoggwi)	*Persicaria hydropiper* Spach	+	a
	가래(Garae)	*Potamogeton distinctus* Benn.	++	p
	마디꽃(Madiggot)	*Rotala indica (Willd.)* Koehne. *var. uligineosa (miq.)* Koehne	+	a
	보풀(Bopul)	*Sagittaria aginashi* Makino.	+	p
	올미(Olmi)	*Sagittaria pygmaea* Miq.	+++	p
	벗풀(Beospul)	*Sagittaria trifolia* L.	++	p
	생이가래(Saengigarae)	*Salvinia natans* All.	++	a
	개구리밥(Gaeguribab)	*Spirodela polyrhiza* (L.) Schleiden	+++	p

1) 발생정도 +++: 다, ++: 중, +: 소
2) a: annual(일년생), p: perennial(다년생)

2) 밭잡초

밭에서 발생하는 주요 잡초는 표 2-6과 같으며 밭은 크게 하계(夏季) 작물포장과 동계(冬季) 작물포장으로 나누어 생각할 수 있다.

[표 2-6] 우리나라의 밭에 발생하는 주요 잡초

구 분	잡 초 명	학 명	발생정도[1)]	생활사[2)]
화본과	뚝새풀(Duksaepul)	*Alopecurus aequalis* Sobol.var. *amurensis* (Kom.) Ohwi	+++	b
	메귀리(Megwiri)	*Avena fatua* L.	+	b
	바랭이(Baraengi)	*Digitaria ciliaris* (Retz.) Koeler	+++	a
	좀바랭이(Jombaraengi)	*Digitaria timorensis* (Kunth) Balansa	+	a
	돌피(Dolpi)	*Echinochloa crus-galli* (L.) *Beauv* var. *praticola* Ohwi	+	a
	왕바랭이(Wangbaraengi)	*Eleusine indica* (L.) Gaertner	+	a
	띠(Ddi)	*Imperata cylinadrica* (L.) P. Beauv.	+	p
	개기장(Gaegijang)	*Panicum bisulcatum* Thumb.	++	a
	강아지풀(Gangajipul)	*Setaria viridis* (L.) P. Beauv.	+++	a
사초과	참방동사니(Chambangdongsani)	*Cyperus iria* L.	+	a
	금방동사니(Geumbangdongsani)	*Cyperus microiria* Steud.	+++	a
	향부자(Hyangnuja)	*Cyperus rotundus* L.	+	p
	바람하늘지기(Baramhaneuljigi)	*Fimbristylis miliacea* (L.) Vahl	++	a

구 분	잡 초 명	학 명	발생정도[1)]	생활사[2)]
광엽잡초	자기풀(Jagipul)	*Aeschynome indica* L.	+	a
	어저귀(Eojeogwi)	*Abutilon theophrasti* Medic.	+	a
	깨풀(Gagaepul)	*Acalypha australis* L.	+++	a
	개비름(Gaebireum)	*Amaranthus lividus* L.	+	a
	털비름(Teolbireum)	*Amaranthus retroflexus* L.	+	a
	쑥(Ssuk)	*Artemisia princeps* Pampan.	++	p
	가막사리(Gamaksari)	*Bidens tripartita* L.	+	a
	메꽃(Meggot)	*Calystegia japonica* Choisy.	+++	p
	냉이(Naengi)	*Capsella bursa-pastoris* (L.) Medicus	+++	b
	중대가리풀(Jungdaegaripul)	*Centipeda minima* (L.) A. Braun et Aschers.	+	a
	조뱅이(Jobaengi)	*Cephalonoplos segetum* (Bunge) Kitamura	+++	p
	명아주(Myeongaju)	*Chenopodium album* L. var. *centrorubrum* Makino	+++	a
	좀명아주(Jommyeongaju)	*Chenopodium serotinum* L.	+	a
	닭의장풀(Dalkijangpul)	*Commelina communis* L.	+	a
	망초(Mangcho)	*Erigeron canadensis* L.	++	b
	개망초(Gaemangcho)	*Erigeron annuus* (L.) Pers.	+	a
	쇠뜨기(Soiddeugi)	*Equisetum arvense* L.	++	p
	애기땅빈대(Aegiddangbindae)	*Euphorbia supina* Rafin. ex Boiss.	++	a
	갈퀴덩굴(Gwalkwideonggul)	*Galium spurium* L.	++	p
	씀바귀(Sseumbagwi)	*Ixeris dentata* (Thunb.) Nakai	+	p
	광대나물(Gwangdaenamul)	*Lamium amplexicaule* L.	+	b
	다닥냉이(Dadagnaengi)	*Lepidium apetalum* Wild.	+	b
	밭뚝외풀(Batddukoipul)	*Lindernia procumbens* (Krock.) Borbas	+	a
	괭이밥(Gwaengibab)	*Oxalis corniculata* L.	+	p
	개여뀌(Gaeyeogwi)	*Persicaria longiseta* (De Bruyn) Kitag.	+	a
	여뀌(Yeoggwi)	*Persicaria hydropiper* Spach	+++	a
	반하(Banha)	*Pinellia ternata* (Thunb.) Makino et Breit.	+	p
	마디풀(Madipul)	*Polygonum aviculare* L.	+	a
	쇠비름(Soibireum)	*Portulaca oleracea* L.	+++	a
	속속이풀(Soksokipul)	*Rorippa islandica* (Oed.) Borb.	+	b
	참소리쟁이(Chamsorijaengi)	*Rumex japonicus* Houtt.	+	p
	까마중(Ggamajung)	*Solanum nigrum* L.	+	a
	벼룩나물(Byeoruknamul)	*Stellaria alsine* Grimm var. *undulata* (Thunb.) Ohwi	+	b
	쇠별꽃(Soibyeolggot)	*Stellaria aquatica* (L.) Scop.	+	b,p
	별꽃(Byeolggot)	*Stellaria media* (L.) Villars	++	b
	토끼풀(Toggipul)	*Trifolium repens* L.	+	p
	고들빼기(Godeulbbaegi)	*Youngia sonchifolia* (Bunge) Maxim.	+	b
	도꼬마리(Doggomari)	*Xanthium strumarium* L.	+	a

1) 발생정도 +++: 다, ++: 중, +: 소, 학명은 한국잡초학회용어집 참조(2001)
2) a: annual(일년생), b: biennial(월년생) or winter annual, p: perennial(다년생)

① 하계 작물포장

하계(夏季) 작물포장의 잡초는 봄이나 초여름에 발생하여 여름에 최고생장을 한 후 가을에 결실하며 주로 하(夏)작물의 재배 시에 발생한다. 온대지방의 발생잡초는 특히 이 부류에 속하는 것이 많다.

이러한 잡초들의 종자는 겨울을 지나면서 자연적으로 휴면타파되어 봄이나 초여름에 발생하고 고온다습한 온대몬순기후에 잘 적응한다. 콩을 포함한 하작물에 가장 많이 발생하는 잡초는 바랭이, 쇠비름, 피, 깨풀 등이고, 다음으로 개비름이며 다년생 잡초로는 메꽃, 쑥 등을 들 수 있다.

일반적으로 바랭이가 우점하는 곳에서는 쇠비름이나 깨풀 등의 발생이 억제되다가 바랭이가 제초제로 방제되면 깨풀이나 쇠비름 등이 많이 발생하므로 이들을 방제하여야 한다.

② 동계 작물포장

전국 맥류포장에 발생하고 있는 잡초를 맥류의 재배상태에 따라 전작지(田作地)와 답리작지(畓裏作地)로 나누어 조사한 잡초종을 보면(표 2-7), 전작지나 답리작지에서 화본과는 뚝새풀과 메귀리 2종이고, 광엽잡초는 전작지에서 35종, 답리작지에서 27종이었다. 전작지의 경우, 월동 전에는 별꽃이 43% 이상, 뚝새풀이 17%, 그다음으로 벼룩나물, 벼룩이자리, 광대나물, 냉이 등이 많이 발생하였고, 월동 후에는 뚝새풀이 30% 이상, 별꽃이 15% 정도, 냉이가 13%로 우점 발생하였으며 그다음으로 벼룩나물, 갈퀴덩굴, 개망초, 광대나물, 벼룩이자리 등이 많이 발생하였다.

[표 2-7] 우리나라 맥류포장의 주요 잡초종 및 생태형(하 등, 1983)

구 분	잡초명	학 명	생활사[1]
화본과 잡초	뚝새풀	*Alopecurus aequalis Sobol.* var. *amurensis* (Kom.) Ohwi	b
	메귀리	*Avena fatua* L.	b
광엽 일년생 잡초	명아주	*Chenopodium album* L. var. *centrorubrum* Makino	a
	여뀌	*Persicaria hydropiper* Spach	a
광엽 월년생 잡초	벼룩이자리	*Arenaria serpyllifolia* L.	b
	냉이	*Capsella bursa-pastoris* (L.) Medicus	b
	황새냉이	*Cardamine flexuosa* With.	b
	점나도나물	*Cerastium holosteoides* Fries var. *hallaisanense*(Nakai) Mizushima	b
	꽃다지	*Draba nemorosa* L.	b
	개망초	*Erigeron annuus* (L.) Pers.	b
	광대나물	*Lamium amplexicaule* L.	b
	개꽃	*Matricaria maritima* L.	b
	누운주름잎	*Mazus miquelii* Makino	b
	별꽃	*Stellarida media* Villars	b
	벼룩나물	*Stellaria alsine* (Grimm) var. *undulata* Ohwi	b
	보리뺑이	*Youngia japonica* (L.) DC.	b
광엽 다년생 잡초	쑥	*Artemisia princeps* Pampan.	p
	미나리	*Oenanthe javanica* Bl. DC.	p
	괭이밥	*Oxalis corniculata* L.	p
	반하	*Pinellia ternata* (Thunb.) Makino et Breit	p
	조뱅이	*Cephalonoplos segetum* (Bunge) Kitamura	p
	갈퀴덩굴	*Galium spurium* L.	p

1) a: annual(일년생), b: biennial(월년생) or winter annual, p: perennial(다년생)

답리작의 경우, 월동 전에는 뚝새풀, 벼룩나물, 벼룩이자리, 별꽃, 냉이 순으로 우점하였고, 월동 후에는 뚝새풀이 전체의 50%이고 벼룩나물이 38% 정도이며 그다음으로 냉이, 별꽃, 반하, 누운주름잎, 황새냉이, 명아주 등이 극소수 발생한다고 하였다(하 등, 1983). 최근에 답리작 면적이 감소되고 시설재배가 많아져서 발생량의 수치 그 자체는 별 의미가 없다.

이상으로 맥류포장의 최우점잡초는 전작지에서는 별꽃과 뚝새풀, 답리작지는 뚝새풀과 벼룩나물로 나타났다. 답리작지보다 전작지에서 잡초의 발생이 많으며, 남부로 갈수록 발생량이 많아지고 월년생(동계월년생 포함) 잡초가 40% 이상으로 가장 많아서 작물의 생장특성과 일치하였다.

3) 과수원 잡초

평지의 과수원에서는 전작지의 밭잡초와 유사한 잡초가 많이 발생하나, 경사지의 과수원에서는 전작지에서 발생하는 잡초를 비롯하여 비농경지에서 발생하는 잡초들까지 발생하므로 잡초의 종류가 다양하다.

[표 2-8] 과수원에 발생하는 잡초(김, 1982)

조사시기	잡초명[1]	학 명	생활사[2]	구분[3]
봄	개비름	*Amaranthus lividus* L.	a	B
	쑥	*Artemisia princeps* Pampan.	p	B
	애기메꽃	*Calystegia hederacea* Wall.	p	B
	냉이	*Capsella bursa-pastoris* (L.) Medicus	b	B
	명아주	*Chenopodium album* L. var. *centrorubrum* Makino	a	B
	좀명아주	*Chenopodium serotinum* L.	a	B
	조뱅이	*Cephalonoplos segetum* (Bunge) Kitamura	p	B
	바랭이	*Digitaria ciliaris* (Retz.) Koeler	a	G
	피류	*Echinochloa crus-galli*	a	G
	선씀바귀	*Ixeris chinensis* (Thunb.) Nakai var. *strigosa* (Lev. et Van.) Ohwi	p	B
	봄여뀌	*Persicaria vulgaris* Webb et Moq.	a	B
	마디풀	*Polygonum aviculare* L.	a	B
	쇠비름	*Portulaca oleracea* L.	a	B
	강아지풀	*Setaria viridis* (L.) P. Beauv.	a	G
	민들레	*Taraxacum mongolicum* Hand.-Mazz.	p	B
	토끼풀	*Trifolium repens* L.	p	B
여름	깨풀	*Acalypha australis* L.	a	B
	개비름	*Amaranthus lividus* L.	a	B
	쑥	*Artemisia princeps* Pampan.	p	B
	애기메꽃	*Calystegia hederacea* Wall.	p	B
	조뱅이	*Cephalonoplos segetum* (Bunge) Kitamura	p	B
	좀명아주	*Chenopodium serotinum* L.	a	B

조사시기	잡초명[1)]	학 명	생활사[2)]	구분[3)]
여름	바랭이	*Digitaria ciliaris* (Retz.) Koeler	a	G
	선씀바귀	*Ixeris chinensis* (Thunb.) Nakai var. *strigosa* (Lev. et Vnt.) Ohwi	p	B
	참억새	*Miscanthus sinensis* Anderss.	p	G
	봄여뀌	*Persicaria vulgaris* Webb et Moq.	a	B
	마디풀	*Polygonum aviculare* L.	a	B
	쇠비름	*Portulaca oleracea* L.	a	B
	강아지풀	*Setaria viridis* (L.) Beauv.	a	G
	민들레	*Taraxacum mongolicum* Hand.-Mazz.	p	B
가을	깨풀	*Acalypha australis* L.	a	B
	개비름	*Amaranthus lividus* L.	a	B
	바랭이	*Digitaria ciliaris* (Retz.) Koeler	a	G
	한련초	*Eclipta prostrata* L.	a	B
	쇠비름	*Portulaca oleracea* L.	a	B
	속속이풀	*Rorippa islandica* (Oed.) Borb.	b	B

1) 순서는 각 조사시기별 학명의 알파벳 순서임
2) a: annual(일년생), b: biennial(월년생), p: perennial(다년생)
3) B: 광엽잡초, G: 화본과

김 등(1982)이 발생시기별로 조사한 과수원 잡초를 보면(표 2-8) 5월에는 애기메꽃, 쑥, 선씀바귀, 조뱅이, 냉이, 강아지풀 등이 우점하고 바랭이, 명아주, 토끼풀, 쇠비름, 마디풀, 좀명아주, 여뀌, 피, 민들레 순으로 발생하였으며, 7월에는 바랭이를 필두로 하여 강아지풀, 비름, 쇠비름, 여뀌, 깨풀, 쑥, 참억새 등이 우점하였다. 9월에도 여전히 바랭이, 비름, 쇠비름, 깨풀 등이 많았으며 뚜껑별꽃, 한련초 등이 새로 발생하였다. 밭에서 발생하는 대부분의 잡초가 과수원에서도 발생하였다. 최근 강(2002)이 보고한 우리나라의 작물과 잡초에서도 상기와 유사한 잡초종이 보고되었다.

4) 잔디밭 잡초

잔디밭에 발생하는 잡초는 전작지, 과수원 및 비농경지 등에서 발생하는 잡초로 구성된다. 김 등(1981)이 잔디밭에 발생하는 우점잡초를 조사한 것을 보면 표 2-9와 같으며, 40여 종의 잡초를 조사한 가운데 우점 또는 문제의 잡초로 간주된 것은 꽃다지, 망초, 바랭이, 토끼풀, 방동사니 등이며, 이들은 2회 이상의 조사에서 전체 조사된 잡초의 50%에 달하는 잡초수 및 건물중을 차지하였다. 이 가운데 꽃다지와 망초는 봄에 많이 발생하였고, 바랭이 및 방동사니류는 주로 여름에 문제가 되었으며, 토끼풀은 4월부터 10월 서리가 내리기 전까지 줄곧 발생하였다. 그 밖에도 새포아풀, 별꽃, 왕바랭이, 피, 서양민들레, 다닥냉이, 싸리, 애기수영 등도 비교적 많이 발생하였으며, 별꽃, 서양민들레, 쑥 등은 주로 봄에, 피, 왕바랭이 등은 늦봄에서 여름까지, 싸리 등은 여름에서 초가을까지 많이 발생하였다. 기타 많은 잡초가 조사되었으나 발생빈도나 발생량이 적었다.

[표 2-9] 잔디밭에 발생하는 잡초(김 등, 1981)

분 류	잡초종	학 명	발생정도[1]	생활사[2]
사초과	방동사니	*Cyperus amuricus* Maxim.	+++	a
	참방동사니	*Cyperus iria* L.	+	a
	방동사니 대가리	*Cyperus sanguinolentus* Vahl	+	a
화본과	바랭이	*Digitaria ciliaris* (Retz.) Koeler.	+++	a
	피류	*Echinochloa crus-galli*	++	a
	왕바랭이	*Eleusine indica* (L.) Gaertner	++	a
	그령	*Eragrostis ferruginea* (Thunb.) P. Beauv.	+	p
	김의털	*Festuca ovina* L.	+	p
	띠	*Imperata cylindrica* (L.) P. Beauv	+	p
	개기장	*Panicum bisculcatum* Thunb.	+	a
	참새피	*Paspalum thunbergii* Kunth ex Steud.	+	p
	새포아풀	*Poa annua* L.	++	a,b
광엽	쑥	*Artemisia princeps* Pampan.	++	p
	냉이	*Capsella bursa-pastoris* (L.) Medicus	+	b
	차풀	*Cassia nomame* (Sieb.) Honda	+	a
	명아주	*Chenopodium album* L. var. *centrorubrum* Makino	+	a
	꽃다지	*Draba nemorosa* L.	+	b
	망초	*Erigeron canadensis* L.	+++	b
	큰땅빈대	*Euphorbia maculata* L.	+++	p
	갈퀴덩굴	*Galium spurium* L.	+	p
	좀고추나물	*Hypericum laxum* (Blume) Koidz.	+	a,p
	비수리	*Lespedeza cuneata* (Dum. d. Cours.) G. Don	+	p
	잔개자리	*Medicago lupulina* L.	++	b
	괭이밥	*Oxalis corniculata* L.	+	p
	창질경이	*Plantago lanceolata* L.	+	p
	왕질경이	*Plantago major* L. var. *japonica* (Fr. et Sav.) Miyabe	+	p
	마디풀	*Polygonum aviculare* L.	+	a
	쇠비름	*Portulaca oleracea* L.	+	a
	애기수영	*Rumex acetocella* L.	+	p
	소리쟁이	*Rumex crispus* L.	+	p
	별꽃	*Stellaria media* Villars	++	b
	흰민들레	*Taraxacum coreanum* Nakai	+	p
	서양민들레	*Taraxacum officinale* Weber ex Wiggers	++	p
	토끼풀	*Trifolium repens* L.	+++	p
	선개불알풀	*Veronica arvensis* L.	+	a,b
	문모초	*Veronica peregrina* L.	+	a,b
	제비꽃	*Viola mandshurica* W. Becker	+	p

1) 발생정도 +++: 다, ++: 중, +: 소
2) a: annual(일년생), b: biennial(월년생), p: perennial(다년생)

5) 비농경지 잡초

습지에서 발생하는 잡초를 제외한 밭에서 발생하는 대다수의 잡초는 밭상태의 비농경지 어디서든지 발생할 수 있을 것으로 추정된다. 아직 이 분야에 대한 상세한 조사·보고는 없으나 발생한다고 보고된 것을 소개하면 다음과 같다.

봄·여름에 주로 발생하는 일년생 잡초로는 바랭이, 왕바랭이, 강아지풀, 개비름, 쇠비름, 개여뀌, 매듭풀, 돼지풀, 명아주, 닭의장풀 등이 있고, 월년생 잡초로는 새포아풀, 개망초, 갈퀴덩굴, 광대나물, 달맞이꽃, 냉이, 별꽃 등이 있다. 다년생 잡초로는 참억새, 띠, 갈대, 미역취, 쑥, 참소리쟁이, 쇠뜨기, 드렁새, 줄 등을 들 수 있다(김, 1983; 강, 2002).

6) 외래잡초

잡초 중에는 오래전부터 국내에 자생하는 재래잡초(在來雜草, native weeds)와 외국에서만 발생하는 해외잡초(海外雜草, foreign weeds)가 있다. 양자 사이에는 국내에 들어와서 이미 정착 야생화하였다고 보는 귀화잡초(歸化雜草, naturalized weeds)와 외국에서 유입되었으나 아직 야생화하지 않은 외래잡초(外來雜草, exotic weeds)가 있다. 잡초의 귀화 정도는 모호하기 때문에 귀화잡초를 넓은 의미의 외래잡초에 포함시키는 것이 일반적이다(이, 1995; 오 등, 2002).

우리나라의 경우 개항(開港) 이전에는 국내 식물상에 관한 기록이 없는 관계로 외래종의 구분이 불가능하며, 1911년『조선식물』(中井)을 기준으로 하였을 때 개항 이후 잡초로 분류 가능한 식물은 총 255종이고 농촌진흥청 농업과학기술원에서 새로 발견한 미기록 외래잡초 22종을 합하면 277종에 이른다고 이(1995)는 보고하였다(그림 2-7). 그러나 새로 발견은 했으나 분류·동정이 되지 않은 잡초를 포함하면 외래잡초의 총수는 더 많을 것으로 추정된다.

최근 오 등(2002)이 보고한 외래잡초의 유입시기는 1911년의『조선식물』(中井), 1949년의『조선식물명집』(조선생물학회), 1963년의『한국식물명감』(이춘녕 등), 1982년의『한국식물자원명감』(안학수)의 외래잡초종과 1982년의『한국식물도감』(이창복), 1995년의『귀화식물원색도감』(박수현) 및 1982년 이후에 학술잡지에 보고된 자료를 근거로 하였다. 오 등(2002)은 우리나라의 외래잡초는 315종에 이른다고 했다.

위의 보고서 등을 종합하면 1910년 이전에는 소리쟁이, 흰명아주, 닭의덩굴, 토끼풀 등 54종이 유입되었으며, 1911년부터 1945년 사이에는 비름, 개망초, 흰독말풀, 서양민들레 등 46종이 유입되었으므로 그때까지의 외래잡초는 총 100종이 된다. 그 후 1960년까지는 한국전쟁을 거쳤음에도 불구하고 국제간에 경제교류가 비교적 적었던 관계로 돼지풀, 잠자리새, 독보리, 자주달개비 등 16종만이 새로 들어왔었다(그림 2-7).

1960년 이후에는 산업화와 함께 무역량이 크게 늘어남에 따라 미국자리공, 미국가막사리, 서양메꽃, 갯드렁새 등 64종이 들어왔다. 1980년 이후에는 농산물 수입급증과 활발한 국제교류로 인하여 큰 참새피, 시리아수수새, 미국질경이, 흰무늬엉겅퀴, 털물참새피, 노랑토끼풀, 페루꽈리, 유럽개미자리, 둥근가시가지 등 135종이 2001년 현재까지 유입되었다. 따라서 최근 20년 동안 매년 6종 이상이 유입되었다고 볼 수 있다. 외래잡초 315종 중에는 국화과, 화본과, 십자화과, 콩과잡초의 4과 잡초가

167종으로 53%를 차지하고 그중에서도 국화과와 화본과 잡초가 116종이나 된다(그림 2-7; 이, 1995; 오 등, 2002).

외래잡초를 원산지별로 분류해 보면 유럽원산이 122종(전체의 39%)으로 가장 많고 그 다음이 북미원산이며(71종, 23%), 남미 원산이 31종으로 10%, 아시아 원산이 35종으로 11%, 그 밖에 호주와 아프리카 원산이 9종으로 조사되었다(오 등, 2002).

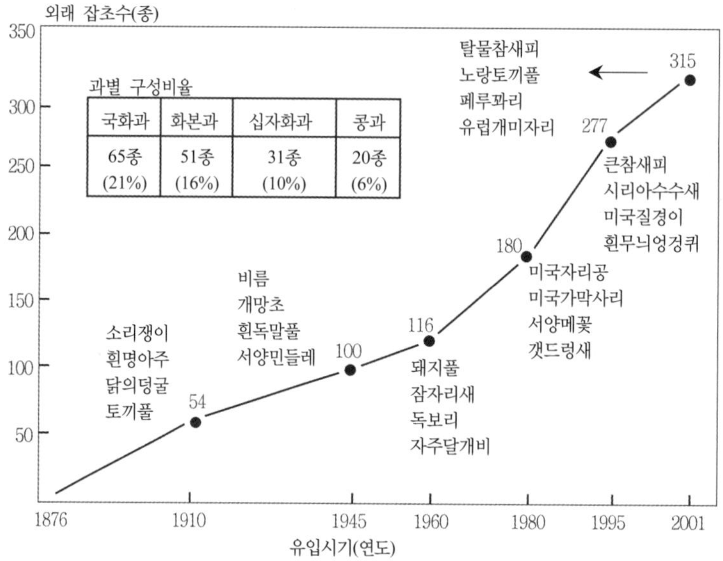

[그림 2-7] 외래잡초의 증가와 유입시기별 주요 잡종(이, 1995; 오 등, 2002)

우리나라에서 문제가 되는 주요 외래잡초는 표 2-10과 같다.

[표 2-10] 우리나라 농작물에 문제되는 주요 외래잡초(오 등, 2002)

작 물	잡 초 명
콩(4)	*Amaranthus hybridus, Bidens frondosa, Chenopodium album, Polygonum orientale*
옥수수(10)	*Abutilon theophrasti, Amaranthus hybridus, Ambrosia trifida, Chenopodium album, Datura stramonium, Polygonum orientale, Rumex obtusifolius, Solanum carolinense, Xanthium italicum, Xanthium strumarium*
목초지(19)	*Abutilon theophrasti, Amaranthus spinosus, Anthemis arvensis, Carduus crispus, Crassocephalum crepidioides, Datura stramonium, Erechtites hieracifolia, Hyochaeris radicata, Lamium purpureum, Malva neglecta, Rumex acetosella, Rumex obtusifolius, Solanum carolinense, Sonchus asper, Sonchus oleraceus, Tagetes minuta, Veronica persica, Xanthium italicum, Xanthium strumarium*
논(2)	*Bidens frondosa, Diplachne fusca*(간척지)

2.6 문제 잡초의 특성

문제 잡초(問題雜草, problem weeds)는 경합력이 특히 강하고 끈질기게 생존하는 습성을 갖고 있어서 방제가 쉽지 않으며, 발생밀도가 낮음에도 수량에 크게 영향을 미친다. 문제 잡초의 주요 특성을 요약하면 다음과 같다.

① 광합성 효율이 높고 생장이 빠르다. 옥수수와 사탕수수를 제외한 주요 식용작물은 C_3형 광합성을 하나 문제 잡초는 대개 C_4형 광합성을 하는데, C_4형이 C_3형에 비해 경합적 측면에서 많은 장점이 있다.

② 종자 또는 영양번식을 하며 생식력이 높다. 문제 잡초는 종자 또는 지하번식기관 등으로 번식할 수 있으며 많은 종자를 생산한다.

③ 불량한 환경조건에 잘 적응하며 한발이나 과습의 조건을 견뎌 낼 수 있는 메커니즘을 갖고 있는 것도 있다. 바랭이는 한발이 심하면 수축할 수 있는 뿌리를 형성하여 지상부의 생장을 억제시키다가 조건이 호전되면 다시 생장을 시작한다. 쇠비름은 습한 조건하에서는 잎의 소엽이 완전히 펴지나 건조한 상태에서는 태양에 적게 노출하기 위하여 위쪽으로 기울어지게 하여 잎을 완전히 펴지 않는다.

④ 휴면성을 갖고 있으며 불량 조건하에서는 휴면상태에 들어간다. 피, 뚝새풀은 휴면성을 갖고 있으며 휴면상태에서 깨어난 종자도 환경이 불량하면 2차 휴면에 들어간다. 이와 같이 휴면은 불량한 조건을 극복할 수 있는 일종의 메커니즘이 된다.

⑤ 어린 시기에도 생식생장을 할 수 있고 성숙도 빠르다.

이처럼 문제 잡초는 불량한 환경에 잘 적응하며 휴면성을 갖고 있고 번식력이 강하여, 발생하게 되면 밀도가 낮은 상태에서도 큰 피해를 준다. 이들은 현존하는 방제법으로 잘 방제가 되지 않으므로 더욱 문제가 된다.

참고문헌

1. Black, C.C. 1973. Photosynthetic carbon fixation in relation to net CO_2 uptake. Annual Review of Plant Physiology 24: 253-286.
2. Ennis, W.B. Jr. 1967. Crop losses due to weeds. Proc. FAD Symposium, pp.127-145.
3. Holm, L.G., D.L. Plucknett, J.V. Pancho and J.P. Herberger. 1977. The World's Worst Weeds. The Univ. Press of Hawaii, Honolulu, p.609.
4. Holm, L.G. 1978. Some characteristics of weed problems in two worlds. Proc. West. Soc. Weed Sci. pp.3-12.

5. Holm, L., J. Doll., E. Holm, J. Pancho and J.P. Herberger. 1997. World Weeds, Natural History and Distribution, John Wiley and Sons, New York, U.S.A.
6. 하용웅·남윤일·박무언·조장환. 1983. 전국맥류재배포장의 잡초발생분포조사. 한국잡초학회지 3(2): 120-128.
7. 강병화. 2002. 우리나라의 작물과 잡초. 고려대학교 야생초본 식물자원종자은행발간. pp.184-191.
8. 김길웅. 1983. 비농경지의 특성과 잡초. 농약과 식물보호, 농약공업협회, 2월호, pp.7-14.
9. 김길웅·김달웅. 1981. 한국야생 잔디의 재배확립을 위한 연구. 제1보. 주요 잡초조사 및 방제법연구. 한국잡초학회지1(1): 78-83.
10. 김길웅·변종영·구자옥·신동현. 1982. 과수원의 주요 잡초 및 Oxyfluorfen의 방제효과. 한국잡초학회지 2(1): 57-62.
11. King, L.V. 1966. Weed of the World: Biology and Control. Interscience Pub.
12. 한국산잡초목록. 1972. 국립농업자재검사소.
13. 한국의 논잡초. 1978. 농촌진흥청, p.115.
14. Muzik, T.J. 1970. Weed Biology and Control. McGraw-Hill, Inc. pp.2-3.
15. 沼田眞·吉澤長人. 1978. 신판 일본원색잡초도감. 전국농촌교육협회.
16. Smith R.J. Jr. 1983. Weeds of major economic importance in rice and yield losses due to weed competition. In: Weed Control in Rice. IRRI/IWSS, pp.19-36.
17. 植木邦和·松中昭一. 1972. 잡초방제대요. 양현당(일본), 제2판.
18. 竹松哲夫. 1982. 제초제연구총람. 박우사(일본), 제1판 제1쇄, pp.23-27.
19. 草薙得一·近内誠登·芝山秀次郎, 1994. 雜草の 種類と 分類, 雜草管理 Handbook 朝倉書店, pp.7-14.
20. 이한규. 1995. 외래잡초의 문제점과 유입확산방제대책. 식물보호연구(호남식물보호연구회) 9: 16-31.
21. 오세문·김창석·문병철·이인용. 2002. 국내 외래잡초의 유입정보 및 발생현황. 한국잡초학회지. 22(3): 280-295.
22. 오용자. 2000. 한국산 사초과 식물. 성신여자대학교 출판부. 서울. p.67.
23. 잡초학회용어집. 2001. 한국잡초학회 발간. pp.111-148.
24. Ross, M.A. and C.A. Lembi. 1999. Applied Weed Science. Prentice-Hall, Inc. Simon & Schuster/A Viacom Company, Upper Saddle River, NJ. U.S.A. p.25.

3 잡초생물학

3.1 잡초생물학

잡초는 인간에게 유용하지 못하기 때문에 방제 대상이 되는 식물이다. 잡초를 효과적으로 방제하기 위해서는 잡초의 생물적 특성(特性, characteristic)을 충분히 이해하는 것이 매우 중요하다. 경제적 가치가 높은 농작물을 생산하려면 작물 자체를 이해하는 것 못지않게 잡초를 하나의 생물로 간주하여 체계적으로 연구하여야 하는데, 이러한 분야의 연구를 잡초생물학(雜草生物學, weed biology)이라 한다.

효과적이고 합리적인 방제법은 잡초의 휴면성, 발아성, 생육, 생장, 번식, 전파 등 생활사(生活史, life cycle)를 정확히 이해하는 데에서 확립될 수 있다.

3.2 종자 풀

토양은 많은 수의 종자군(種子群, seed population)을 함유하고 있는데, 이를 종자은행(種子銀行, seed bank), 종자 풀(seed pool) 또는 종자저장고(種子貯藏庫)라고 부른다. 토양은 종자 풀로서 다양한 종(種, species)의 종자를 많이 함유하고 있으며 환경조건이나 식생(植生, vegetation)의 종류에 따라 종자 함유량이 다르고 토양 내에서 종자가 상당 기간 생존한다.

토양 속의 종자 함유량과, 발아하여 식물체화하는 수(數)와 양(量) 간에 직접적인 상관관계는 없다고 하나, 종자 함유량이 많을수록 발생할 수 있는 잡초수는 많을 것이다. 농경지에는 평균적으로 1㎡당 7,620~40,000개의 식물종자가 함유되어 있으며 그 가운데서 잡초종자가 우점한다고 한다 (Silvertown, 1982).

그림 3-1은 종자 풀 또는 종자은행의 동태를 모델로 제시한 것이다. 이는 토양 속에 유입된 종자가 종자 풀 속에서 어떤 경로를 거치는지를 나타낸 것으로, 종자 풀에 유입된 종자의 동태는 직접적으로 다른 생물, 특히 쥐 등의 먹이로 이용되기도 하나, 대부분이 휴면상태로 종자 풀에 존재하다가 어떤 환경적 자극(저온, 변온, 빛)이 주어지면 휴면성이 상실되어 발아할 수 있는 상태가 된다.

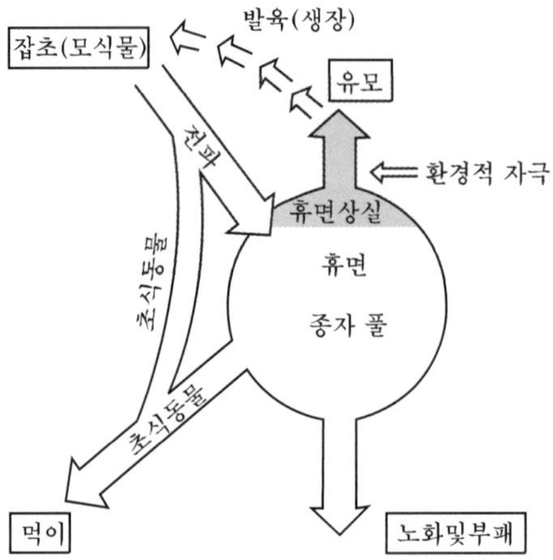

[그림 3-1] 토양 내 종자집단의 동태(Egley 등, 1985)

발아 조건이 충족되면 종자는 생장하게 되고 다시 종자를 전파하는 모식물이 된다. 종자 풀 및 환경과 접해 있는 면을 환경체(environmental sieve)라고 하며 이 면을 통과하는 것만이 유묘로 성장하게 된다. 매년 상당히 많은 양의 종자가 노화하거나 부패하여 생명력을 잃게 된다.

토양 내 종자 풀의 동태를 이해하는 것은 합리적이고 종합적인 방제법을 확립하는 데 매우 중요하며, 종자를 전파하는 모식물을 관리하는 것도 잡초의 발생을 줄이는 데 중요한 역할을 한다.

3.3 종자의 휴면

(1) 종자의 휴면

논에 발생하는 주요 잡초의 종자휴면성(種子休眠性, seed dormancy)은 표 3-1과 같다. 갓 채취한 종자의 발아력은 매우 저조하였다. 빛이 있는 상태에서 바람하늘지기는 58.3%, 마디꽃은 36.7%, 뱥뚝외풀은 30.0%, 알방동사니는 6.7%의 발아율을 보였고, 빛이 없는 상태에서는 여뀌 및 여뀌바늘이 5.0%의 발아율을 보인 것 외에는 전혀 발아되지 않아 대부분의 논잡초는 어떤 형태로든 휴면성을 갖고 있는 것으로 판단된다. 한편 갓 채취한 밭잡초의 발아력은 표 3-2와 같다. 암상태에서는 망초 90%, 참소리쟁이 5%만 발아하였다. 빛의 조사로 망초와 참소리쟁이 외에 쇠비름과 깨풀이 1.7%의 발아율을 보임으로써 조사한 15종 중 12~13종이 명암에 관계없이 결실 후에는 휴면하고 있음을 알 수 있다(李 등, 1985, 1986).

[표 3-1] 갓 채취한 주요 논잡초의 발아율(이 등, 1986)

분 류	학명(한국명)	발아율(%)	
		광상태[1]	암상태[1]
화본과	*Echinochloa crus-galli*(피류)	0.0a	0.0a
사초과	*Cyperus difformis* L.(알방동사니)	6.7a	0.0a
	Cyperus iria L.(참방동사니)	0.0a	0.0a
	Fimbristylis miliacea L.(바람하늘지기)	58.3a	0.0a
	Kyllinga brevifolia Rottb. var. *leiolepis* T. Koyama(파대가리)	0.0a	0.0a
	Scirpus juncoides Roxb. var. *hotarui* Ohwi(올챙이고랭이)	0.0a	0.0a
광엽잡초	*Aneilema keisak* Hassk.(사마귀풀)	0.0a	0.0a
	Dopatrium junceum(Roxb.) Hamilt.(등에풀)	0.0a	0.0a
	Lindernia procumbens (Krock.) Borvas(밭뚝외풀)	30.0b	0.0a
	Ludwigia prostrata Roxb.(여뀌바늘)	0.0a	5.0b
	Persicaria hydropiper Spach.(여뀌)	0.0a	5.0b
	Persicaria thunbergii (Sieb. & Zucc.) H. Grosss(고마리)	0.0a	0.0a
	Rotala indica(Willd.) var. *uliginosa* (Miq.) Koehne(마디꽃)	36.7b	0.0a

1) 조도 3,000lux의 광상태 및 암상태로 25℃의 항온실에서 실험이 수행되었으며, 실험자료는 치상 후 42일째 조사하였음. 종으로 같은 문자로 표시된 평균치들은 던컨의 다중검정법에 의하여 5% 수준에서 유의성이 없음.

[표 3-2] 갓 채취한 주요 밭잡초의 발아율(이 등, 1985)

분 류	학명(한국명)	발아율(%)	
		광상태[1]	암상태[1]
화본과	*Digitaria ciliares* (Retz Koeler) (바랭이)	0.0[2]	0.0[2]
	Echinochloa crus-galli(피류)	0.0	0.0
	Eleusine indica (L.) Gaertner(왕바랭이)	0.0	0.0
	Setaria viridis (L.) Beauv.(강아지풀)	0.0	0.0
광엽잡초	*Acalypha australis* L.(깨풀)	1.7	0.0
	Amaranthus mangostanus L.(비름)	0.0	0.0
	Chenopodium album L. var. *certrorubrum* Makino(명아주)	0.0	0.0
	Chenopodium serotirum L.(좀명아주)	0.0	0.0
	Commelina communis L.(닭의장풀)	0.0	0.0
	Erigeron canadensis L.(망초)	91.7	90.0
	Oxalis corniculata L.(괭이밥)	0.0	0.0
	Persicaria hydropiper Spach(여뀌)	0.0	0.0
	Polygonum aviculare L.(마디풀)	0.0	0.0
	Portulaca oleracea L.(쇠비름)	1.7	0.0
	Rumex japonicus Houtt(참소리쟁이)	20.0	5.0
	L.S.D. 5%	5.5	4.9

1) 조도: 3,000lux, 온도: 25℃(광·암상태)
2) 발아율: 치상 후 30일째, 60개 종자의 평균치

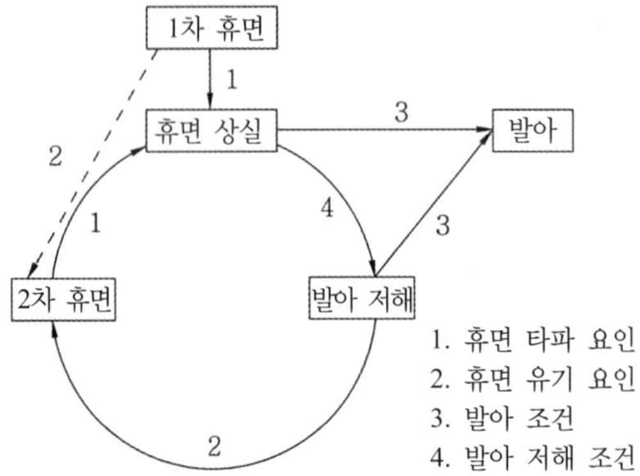

[그림 3-2] 종자의 휴면동태(Egley 등, 1985)

휴면(休眠, dormancy)이란 종자 또는 영양기관이 발아하는 데 필요한 조건이 적합함에도 불구하고 발아하지 못하는 것으로 정의된다. 휴면은 유전적으로 지배되나 유전자 발현은 환경요인의 영향을 받으며, 일부의 휴면은 식물체가 성숙하는 동안에 생성되는 것으로 밝혀져 있다. 성숙 즉시 휴면하게 되는 것을 1차 휴면(一次休眠, primary dormancy) 또는 내적·유전적 휴면(內的·遺傳的休眠, innate dormancy)이라 하고, 성숙 후 일정시간이 경과하여 휴면하는 것을 2차 휴면(二次休眠, secondary dormancy)이라 한다. 원천적으로 휴면하지 않는 종자나 1차 휴면이 타파된 종자가 발아하는 데 필요한 조건이 부적합하면 2차 휴면에 들어가게 된다(그림 3-2). 포장상태의 종자 풀에 있는 휴면 중인 잡초종자의 휴면이 파괴된 후 다시 휴면상태에 들어가기도 한다. 예를 들면 하계잡초는 가을에 결실한 종자가 토양에 묻혀 대부분 1차 휴면상태에서 겨울을 지내다가 휴면이 파괴되어 발아되나, 일부는 봄, 여름에 다시 2차 휴면에 들어가는 경우도 있다. 2차 휴면을 거친 종자는 겨울에 저온의 영향으로 다시 휴면성이 파괴되는 등 매년 유사한 사이클을 반복하고 있다.

휴면의 생물학적인 원인은 무엇이며 어떠한 메커니즘에 의하여 휴면이 타파되고 발아하게 되는 것일까? 종자의 휴면성은 종(種, species)의 보존에 필요하며 종자가 접하고 있는 외적 환경자극(環境刺戟, environmental stimulus)에 반응을 하지 않는 것을 의미한다. 휴면의 원인과 타파 방법은 다음과 같다.

(2) 휴면의 원인

휴면의 원인은 크게 세 가지 유형으로 대별할 수 있다.

1) 종피에 기인한 휴면

많은 잡초종자의 휴면은 종피(種皮, seed coat) 또는 배(胚, embryo)를 싸고 있는 피복물질(종피,

과피, 배유)에 기인한다. 배를 덮고 있는 외형물질이 투수성을 억제, 공기의 투과를 억제, 빛의 투과를 억제, 배가 돌출하는 데 기계적 장해, 배로부터 억제 물질이 상실되지 못하도록 하여 발아를 방해한다. 어떤 종자의 휴면은 이상의 조건 중 하나 또는 몇 개의 복합적 요인에 기인하는 것으로 알려져 있다.

① 물의 투수성 방해: 종피가 너무 단단하여 물의 투수를 방해하는 종자는 물에 침적되었을 때 생기는 압력(1㎠당 72㎏(psi) 이상의 압력)을 견뎌 낼 수 있어서 종자의 휴면이 유기된다. 종자의 수명이 긴 것이나 문제의 잡초는 대부분 물의 투수를 방해하는 종피에 기인한 휴면으로 알려져 있다. 콩과, 명아주과, 가지과 등의 잡초들이 이런 종류의 휴면을 한다. 이와 같은 종자휴면은 상처를 주거나 강한 산(酸, acid)을 처리하여 종피를 파괴하는 파상법(破傷法, scarification)으로 휴면을 타파할 수 있다. 종자가 불투수성을 나타내다가 투수성을 나타내는 생리학적인 과정은 정확히 파악되지 않지만 종피의 리그닌(lignin)화가 물의 불투수성과 관련이 있다고 보고되고 있다.

물의 불투수성은 발육 중에 있는 종피의 팔리세이드층(palisade; 둘러싼 층)의 페놀물질로부터 효소 퍼옥시다제(peroxidase)가 촉매하여 리그닌을 형성하므로 생긴다고 한다. 종피를 통한 물의 투수에 장해를 나타내는 메커니즘은 현재까지 정확하게 구명되어 있지는 않다. 다만 종자 표면의 각피(角皮, cuticle) 및 납(臘, wax), 피복물질이나 종피 내의 각피가 원인일 것으로 여겨지나 수분투수 장해를 설명할 수 있는 명확한 증거는 없는 실정이다.

② 종피의 가스교환 방해: 잘 발육된 종피는 종자의 배(胚, embryo)로 산소가 확산되는 것을 억제한다. 그러나 종피가 상처를 받거나 제거되면 배가 발아하는 데 필요한 높은 산소의 농도에 놓이게 된다. 종피는 페놀물질을 함유하고 있으며 이것이 산화되어 종피로 확산되는 산소와 결합하여 배에 도달되는 산소의 농도를 제한하여 발아를 지연시킨다고 한다. 그러나 산소가 없는 상태에서도 발아하는 잡초종자가 있는 것으로 보아 산소의 공급제한이나 결핍만으로는 휴면성을 설명하기가 어렵다.

물에 종자가 침종되면 물 자체가 산소의 확산을 저해한다. 예를 들면 25℃의 물에 용해된 산소의 농도는 2.8%에 불과하므로 배의 발아에 필요한 최저 산소농도보다 더 낮은 농도가 된다. 한편으로 배가 호흡으로 발생시킨 탄산가스를 외부로 확산시키지 못하여 발아가 억제되는 것도 생각해 볼 수 있으나 이 부분은 앞으로 더 연구·검토되어야 할 분야이다.

③ 배의 생장에 대한 기계적 장해: 종피는 배를 피복하고 있어서, 첫째로 배를 환경저해로부터 보호하고, 둘째로 발아시간을 조절하는 이중(二重, dual) 작용을 해 주고 있다. 유근 주변에 있는 종피를 자르거나 구멍을 내는 것이 종피의 다른 어떤 부분을 파괴(破壞, rupture)하는 것보다 발아에 효과가 크다고 한다. 이는 유근 신장의 기계적 장해를 와해시켜 발아를 촉진할 수 있기 때문이다.

2) 배의 불완전 또는 미숙

발육이 불완전하거나 미숙(未熟, immaturity)한 배는 외관상으로는 발육이 완전한 것 같으나 발아가 되지 않으며, 이들 종자를 후숙(後熟, afterripening)시키면 대개 발아하게 된다.

3) 종자휴면의 내적 조절

① 생장조절물질: 종자휴면과 발아에 생장조절제가 영향을 미친다고 하는 것은 발아억제물질과 촉진물질의 평형설(平衡說, balance theory)에 기인한 것으로, 종자 내에 생성된 생장촉진물질의 함량과 밀접한 관계를 갖고 있다. 표 3-3에서 보는 것과 같이 휴면타파 또는 발아를 촉진시키는 데에는 많은 화학물질이 관여하고 있음을 알 수 있다. Khan 등(1969)이 제시한 종자의 휴면과 발아에 대한 생장조절제의 상호작용효과를 보면 그림 3-3과 같다. 생장촉진제인 GA와 Cytokinin이 종자 내에 함께 함유되어 있으면 억제물질의 존재에 관계없이 발아가 되고, GA만 존재하고 Cytokinin이나 억제물질인 ABA 등이 존재하지 않으면 발아된다고 하였다. 종자가 휴면상태로 존재하는 것은 GA와 억제물질은 있으나 Cytokinin이 함유되어 있지 않을 때, GA나 Cytokinin이 함유되어 있지 않고 억제물질만 존재할 때, GA가 존재하지 않고 Cytokinin이나 억제물질 중 어느 한쪽이나 양쪽 다 존재할 때라고 하는 생장조절제의 평형설이 제창되었다. 일반적으로 GA, Ethylene은 발아를 촉진시키나 Cytokinin의 경우는 불분명하다. 종자의 성숙 중에 GA, Cytokinin, ABA 등이 생성되며 성숙 및 발아 중에 이들 함량의 변화가 있으나 이 변화가 꼭 휴면타파와 관계가 있는 것은 아니라고 알려져 있다.

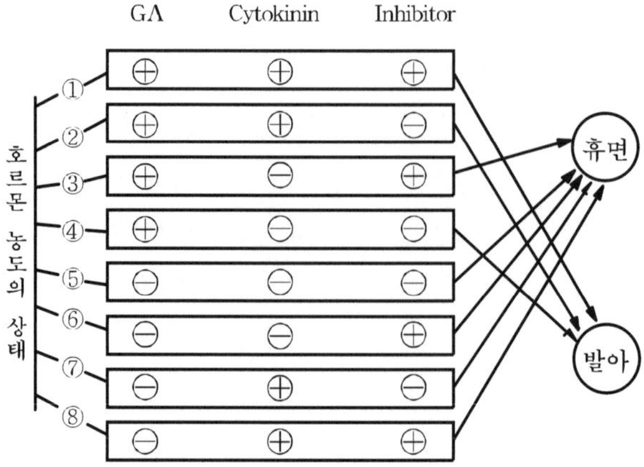

[그림 3-3] 호르몬의 선택적 기능을 나타내는 휴면 및 발아의 모형(Khan 등, 1969)
⊕: 효과적 ⊖: 비효과적

[표 3-3] 종자의 휴면타파 및 발아를 촉진시키는 화학물질(Egley 등, 1985)

◎ 생장조절물질	◎ 질소화합물
Cytokinins	Hydroxylamine
Ethylene	Nitrate
Gibberellins	Nitrite
◎ 천연물질	Thiourea
Cotylenin	◎ Sulfhydryl 화합물
Cotylenol	2-Mercaptoethanol
Fusicoccin	2,3-Dimercaptopropanol
Strigol	Dithiothreitol
◎ 호흡억제물질	◎ 기타
Azide	Acetone
Cyanide	Carbon dioxide
Carbon monoxide	Chloroform
Dinitrophenol	Dimethylglyoxime
Hydrogen sulfide	Ethanol
Hydroxylamine	Ethyl ether
Iodoacetate	Hydroxyquinoline
L-and D-Chloramphenicol	Methanol
Malonate	Methylene blue
Sodium fluoride	Phenols
◎ 산화성물질	
Hypochlorite	
Oxygen	

그리고 종자 내에 생장조절물질의 작용점이 종자의 전 조직에 있는 것이 아니고 특정한 세포에만 있으므로 발아촉진제나 억제제가 생장조절제의 작용점에 놓여 있을 때만 효과를 나타낼 것이다.

② 기타 화학물질: ABA 외의 발아억제물질로는 배(胚)나 배 주위의 조직에 존재하는 페놀류 및 불포화 락톤류(lactons)를 들 수 있다. 최근에 세포막의 주요 구성성분인 지방산(C_6~C_{10})류가 종자휴면 및 발아에 영향을 미친다고 보고된 것은 매우 흥미롭다. 또 종자가 토양에 매장되어 있을 때 산소 부족으로 인하여 생성된 휘발성의 억제물질(아세트알데하이드)이나 여타 물질이 발아를 억제시킨다고 한다.

지하경으로 번식되며 우리나라 논에서 문제가 되는 다년생 잡초인 올미나 너도방동사니는 휴면성을 갖고 있지 않으나 올방개, 벗풀, 가래 등은 휴면성을 갖고 있는 것으로 보고되고 있으며, 그 가운데 올방개나 매자기 등은 괴경의 정점에 있는 눈(芽, bud)이 먼저 발아해야 여타의 눈이 발아되는데, 김 등(1974)의 보고에 의하면 Cytokinin의 일종인 BA를 매자기의 괴경에 처리하면 1~7개의 눈이 동시에 발아되어 정점우세(頂點優勢, apical dominance) 현상이 타파된다고 한다.

(3) 휴면의 타파법

종자의 휴면타파법(休眠打破法, dormancy breaking)을 살펴보면 종피에 기인한 휴면은 주로 파상법

(破傷法, scarification)이나 산(酸) 처리로, 종자배의 미숙 또는 불완전에 기인한 것은 종자의 후숙(後熟, afterripening)으로, 생장억제물질에 의한 것은 저온습윤처리(低溫濕潤處理, stratification), 변온(變溫, alternating temperature), 생장촉진제(生長促進劑, growth promoter) 등의 처리로 타파할 수 있다.

3.4 종자의 수명

Thompson과 Grime(1979)은 종자 풀의 형태를 잠정적형(暫定的型, transient type)과 장기형(長期型, persistent type)으로 대별하였는데, 잠정적형의 종자 풀은 종자가 1년 동안만 생존하는 것을 의미하고, 장기형은 종자가 생성된 후 1년 동안은 1차 또는 2차 휴면 때문에 발아하지 않고 종자의 수명이 1년 이상인 종자 풀을 의미한다. 장기형 종자 풀의 종자는 대체로 깊이 묻혀 있으며 종자의 수명이 20년 이상인 것도 있어서 잡초 발생·전파의 주요 원인이 된다.

토양조건은 종자의 수명에 많은 영향을 미치며 발아에 양호한 조건은 종자를 발아시키므로 토양 속에 생존하는 종자의 수를 적게 한다. 특히 토양경운은 공기유통을 좋게 하고 많은 종자를 빛에 노출시켜 발아를 촉진한다. 그러므로 농경지에 잡초의 종자를 첨가하지 않으면 매년 약 25%의 종자가 종자 풀에서 소멸되는 것으로 알려져 있다.

경운되지 않은 토양에서의 종자수명에 관한 연구를 보면 겹달맞이꽃(*Oenothera biennis*), 우단담배풀류(*Verbascum blattaria*), 소리쟁이는 80년 후에도 생명력을 갖고 있었으며, 명아주와 기는미나리아재비(*Ranunculus repens*)는 20년, 화본과 잡초인 피, 강아지풀 등은 13년 이상의 생명력을 가진다고 하였다.

일년생 화본과 잡초인 피는 우리나라 겨울의 저온을 거치면 휴면이 타파되나 기온이 피의 발아에 필요한 최저온도 15℃까지 상승하지 않거나 여름에 담수조건이 되면 2차 휴면에 들어가서 밭상태에서는 1년, 담수상태에서는 8년 이상 생명력을 가진다고 한다. 다년생 잡초인 너도방동사니의 생명력은 1년 반, 올미와 가래는 2~3년, 올방개는 5~6년이라고 한다. 종자의 수명은 잡초의 종류, 성숙 정도 및 환경조건에 따라 엄청난 차이가 있다. 예를 들면 만주의 호수의 차가운 물속 진흙에서 발견된 연꽃의 수명이 1040±20년 정도라고 보고된 것으로 보아 식물의 종자는 토양 내에서 상당기간 생존할 수 있음을 알 수 있다.

종자 내의 대사는 10~18%의 적은 수분 함량에서도 일어난다고 하며 휴면하고 있는 종자도 세포의 구성물질(DNA, 효소, 세포막)을 대치시키거나 손상된 막을 치유할 수 있는 능력이 있기 때문에 오랫동안 종자의 생명력을 가지게 된다는 가설을 제시한 바 있어서 이 분야도 더 많은 연구·검토가 필요하다.

3.5 종자의 발아

(1) 종자의 발아단계

생장억제 또는 촉진물질의 불평형 때문에 종자 풀에서 휴면하고 있는 종자의 발아는 4단계로 나눠 볼 수 있다. ① 생장 중에는 촉진물질의 작용이 우세하다가 성숙기에 억제물질이 증가되어 휴면에 들어가는 휴면유기기(休眠誘起期, dormancy induction phase), ② 억제물질의 작용이 우세하여 휴면이 지속되는 휴면유지기(休眠維持期, dormancy maintenance phase), ③ 휴면타파에 필요한 자극(저온, 빛)을 받음으로써 휴면타파를 개시하는 발아유도기(發芽誘導期, triggering phase)(단, 휴면타파에 필요한 자극은 일시적이며, 계속적으로 필요한 것은 아니다), ④ 마지막으로, 발아되는 발아기(發芽期, germination phase)인데 이 시기에는 GA와 같은 생장촉진조절물질이 계속적으로 필요하다.

(2) 발아와 환경요인

발아에 영향을 미치는 환경요인으로는 빛, 온도, 산소, 수분, 영양소, 토양 pH 및 기타의 토양요인을 들 수 있다.

1) 빛

많은 잡초종자의 발아에는 빛이 필요하며, 고등식물 종자의 광형태형성(photomorphogenesis)을 지배하는 유일한 색소체인 피토크롬(phytochrome)이 빛에 반응을 나타내는 부분으로 알려져 있다. 피토크롬은 분자량이 120KDa인 두 개의 동일한 폴리펩티드의 동질이합체(homodimer)이다. 각각의 폴리펩티드는 크로모포어(chromophore)라고 불리는 보결원자단을 갖고 있으며 이는 폴리펩티드의 시스테인(cystein) 잔기에 유황(s)으로 연결되어 있다(그림 3-5). 이 크로모포아는 열린 사슬인 테트라피롤(tetrapyrrole)로서, 홍조류와 난조류의 광합성 색소인 피코빌린(phycobilin)과 유사하다. 이 크로모포아가 피토크롬 반응을 일으키는 빛을 흡수한다(Salisbury and Ross, 1992). 피토크롬이 적색광(Pr, 660㎚)을 흡수하는 형태로 있을 때는 발아에 영향을 미치지 못하거나 발아를 억제하지만 적외선광(Pfr, 730㎚)을 흡수하는 형태가 되면 발아를 유기시킨다고 한다(그림 3-4).

그리고 적색광은 Pr→Pfr의 전환을 촉진하고 적외선광은 Pfr→Pr의 전환을 촉진한다. 종자가 광에 노출된 곳에서 적색광과 적외선의 교체횟수와는 관계없이 최종으로 조사(照射, illumination)된 빛 파장에 의하여 발아율이 결정된다. 예를 들어 마지막으로 조사된 빛이 적색광이면 발아가 유기된다.

한편 식생으로 인하여 그늘이 지게 되면 엽록소가 적색광을 강하게 흡수하게 되어 많은 종자의 발아가 억제된다고 한다. 크로모포아의 구조는 그림 3-5와 같다.

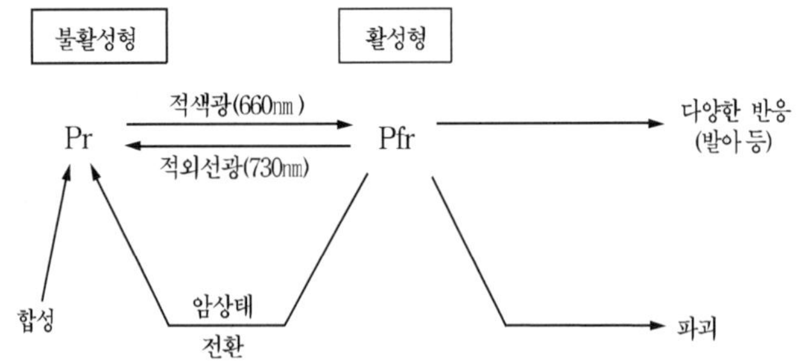

[그림 3-4] 피토크롬(phytochrome)과 종자발아

피토크롬이 어떻게 발아를 유도하는가에 대한 정확한 메커니즘은 알려져 있지 않지만 일차적인 작용은 세포수준의 막(cellular membranes)과 직접적인 상호작용을 함으로써 발아를 유기시키는 것으로 생각되고 있다. 피토크롬이 Pfr형태로 전환된 후 수 시간 내에 발아가 유도되는 것으로 알려져 있다. 피토크롬이 발아를 유도하는 것은 종피의 억제력을 능가하는 배축의 확장력을 증대시키므로 생겨나는 것으로 입증되고 있다. 종피를 제거하면 빛의 효과가 소멸된다. 배가 종피나 그 밖에 종피를 싸고 있는 구조물질들의 억제력을 극복하기 위하여는 세포벽이 느슨해서 Osmoticum이 형성되어야 하고 그다음으로 저장물질이 이동할 수 있게 되어야 할 것이다(Egley 등, 1985). 발아에 필요한 광의 요구도는 식물의 종에 따라 다른데, 발아에 빛을 필요로 하는 호광성 잡초는 표 3-4와 같으며 야생식물의 대다수가 호광성 발아를 한다.

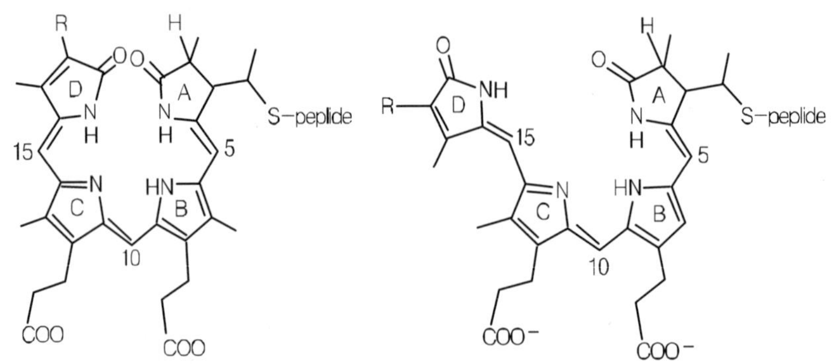

[그림 3-5] 크로모포아의 구조: Pr(좌), Pfr(우)

[표 3-4] 광·암발아 잡초종

광발아 잡초		암발아 잡초	
Amaranthus lividus	(개비름)	*Capsella bursa-pastoris*	(냉이)
Amaranthus mangostanus	(비름)	*Datura stramonium*	(독말풀)
Avena fatua	(메귀리)	*Lamium amplexicaule*	(광대나물)
Cyperus iria	(참방동사니)	*Linnaea borealis*	(린네풀)
Cyperus rotundus	(향부자)	*Stellaria media*	(별꽃)
Digitaria ciliaris	(바랭이)		
Echinochloa oryzicola	(강피)		
Eleusine indica	(왕바랭이)		
Iris pseudoacorus	(노랑꽃창포)		
Juncus tenuis	(길골풀)		
Portulaca oleracea	(쇠비름)		
Rumex crispus	(소리쟁이)		
Rumex japonicus	(참소리쟁이)		
Suaeda maritima	(해홍나물)		
Veronica arvensis	(선개불알풀)		

2) 산소

식물의 생장에 관련된 대사작용은 고농도의 산소를 요구하며 혐기성 상태에서는 생장이 잘 되지 못한다. 종자의 휴면타파나 발아유도에 필요한 산소의 요구도는 불확실하다. 왜냐하면 혐기성 상태나 산소의 함량이 감소된 상태에서 잡초종자의 발아가 촉진되는 경우가 있기 때문이다. 식물종 가운데 24과 43속이 물속에서 발아가 가능하다고 하며, 토끼풀(*Trifolium repens*)은 산소가 완전히 고갈된 물속에서도 발아가 된다고 한다. 그러나 고농도의 산소조건에서 발아가 촉진된다고 하는 것은 대개 종피의 불투과성 때문에 발아가 방해되다가 산소농도가 증가하면서 발아를 촉진시킨 것으로 추정된다.

Kennedy 등(1980)에 의하면 피는 호기성이나 혐기성의 양쪽 조건에서 발아가 잘된다고 한다. 피는 혐기성 상태에서 주로 해당작용(解糖作用, glycolysis)을 통해 대사하며 부분적으로 TCA cycle을 작동시키나 산화적 인산화작용은 거의 하지 않는다고 한다. 이와 같이 피가 밭상태나 물속의 양쪽 조건하에서 발아할 수 있는 능력을 가졌다는 것은 의심할 것 없이 그것이 어떤 조건에서든 발생할 수 있으며, 심각한 피해를 줄 수 있다는 사실을 말해 주고 있다.

3) 온도

잡초종자가 휴면이 파괴된 상태에 있다고 하더라도 이들이 발아하는 데 필요한 주요온도(主要溫度, cardinal temperature), 즉 최고, 최적, 최저온도 범위는 종류에 따라 다르다. 대체로 잡초종자의 발아 최적온도는 15~30℃ 범위이다. 발생시기에 따라서 최저온도 범위는 서로 다르며 동계잡초는 비교적 낮으나 하계잡초는 다소 높다. 표 3-5는 주요 잡초의 발아온도범위를 나타낸 것이다. 일반적으로 잡초의 발아 최저온도는 0~15℃이고, 최고온도는 25~45℃이다(Kusanagi, 1981).

[표 3-5] 주요 논잡초의 발아온도(Kusanagi, 1981)

잡 초 명	학 명	번식기관	온도(℃)			자 료 인 용
			최소	최적	최대	
피류	*Echinochloa crus-galli*	종자	10~15	30~35	40~45	Arai et al.(1962)
올챙이고랭이	*Scirpus juncoides*	종자	10	약 35	약 45	Ishikura et al.(1975)
쇠털골	*Elecocharis acicularis* var. *longiseta*	근경	약 5	30~35	40~45	Shimojima(1967)
올미	*Sagittaria pygmaea*	괴경	10	25~30	30~45	Kojima et al.(1972)
너도방동사니	*Cyperus serotinus*	괴경	10	30	40~45	Yamagishi(1974)

4) 무기영양소 및 pH

질산(NO_3)이나 아질산(NO_2)을 제외하고 토양 속에 있는 여타 무기영양소나 토양의 화학적 특성이 발아에 어떠한 영향을 미치는가에 대해서는 거의 알려진 바가 없다. Ca^{2+}나 Mn^{2+}는 식물의 종에 따라 종자의 발아를 촉진 또는 억제하거나 아무런 영향을 미치지 않는 것으로 보고되어 있으나, 고농도의 Ca^{2+}, Mn^{2+} 및 Zn^{2+} 이온은 삼투압에 의해서 종자의 발아를 억제하는 경우도 있다고 보고된다. 그러나 정상적인 토양 pH 범위 내에서는 pH가 발아에 영향을 미치지 않는 것으로 알려져 있다(Egley 등, 1985).

5) 발생심도와 출아

일년생 논잡초 종자는 대개 써레질 10일 전후에 발생하나 다년생의 지하경 발생분포를 보면, 가래는 심도 15~20㎝, 올방개는 10~20㎝, 벗풀은 5~15㎝ 전후, 너도방동사니는 10㎝ 이내, 올미는 0~5㎝의 표토에 주로 생성된다(그림 3-6). 토양 내의 발생심도에 따른 출아(出芽, emergence) 시기를 보면 휴면이 없는 너도방동사니의 출아기간은 써레질 후 5~25일이나, 발생심도가 가장 깊은 올방개는 15~60일 정도로 출아폭이 길고 불균일하기 때문에 효과적으로 방제하기 어렵다(그림 3-7).

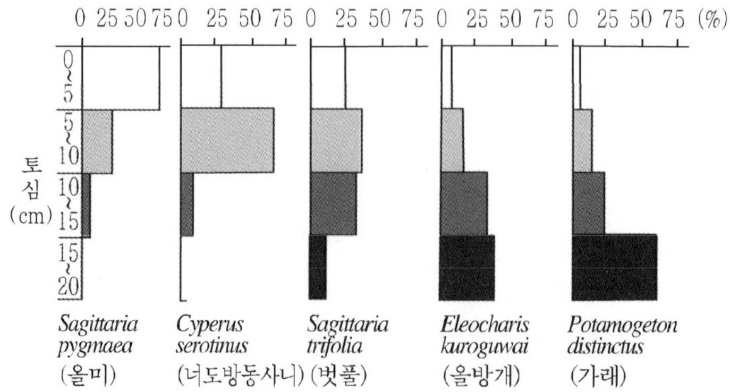

[그림 3-6] 주요 다년생 잡초의 지하경 형성 위치

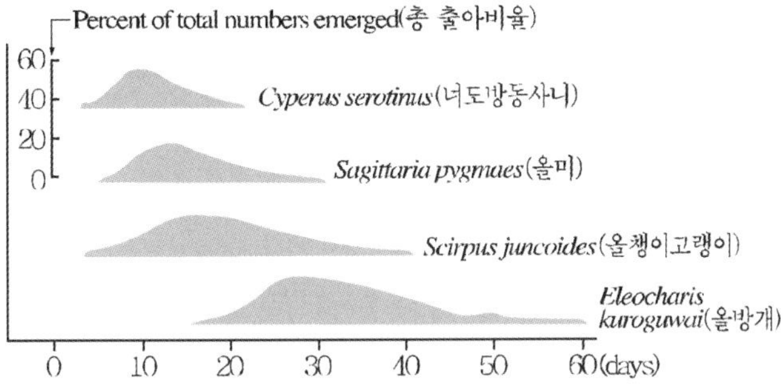

[그림 3-7] 다년생 지하경의 출아에 걸리는 시간(Kusanagi, 1981)

3.6 생육 및 생장

식물의 생장형태는 그림 3-8과 같이 a(지수함수적, 指數函數的, exponential function)와 b(대수함수적, 代數函數的, logarithmic function) 범위 내에 있으며 잡초의 생장은 대체로 대수함수적인 형(S-型)의 생장을 나타낸다. 바랭이를 4월 1일에 시작하여 15일 간격으로 9월 16일까지 파종했을 때, 5월 15일까지의 파종기에서는 완만한 Sigmoid(S-型) 생장곡선을 나타내나 파종시기가 늦어질수록 가파른 생장곡선을 나타내며 전체의 건물중은 발생시기가 늦어질수록 크게 감소되고 있다(그림 3-9).

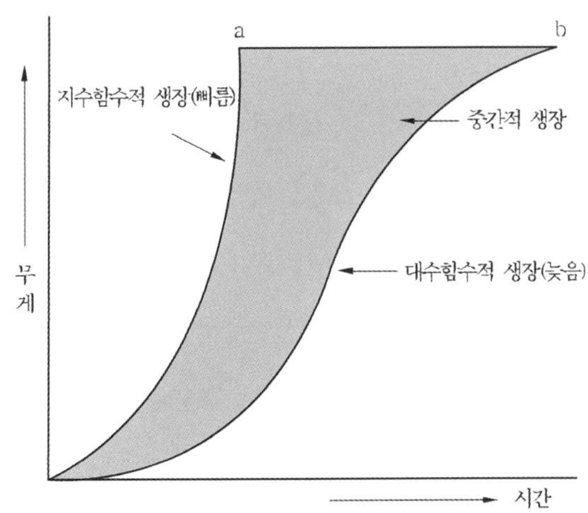

[그림 3-8] 지수함수적 및 대수함수적 생장곡선

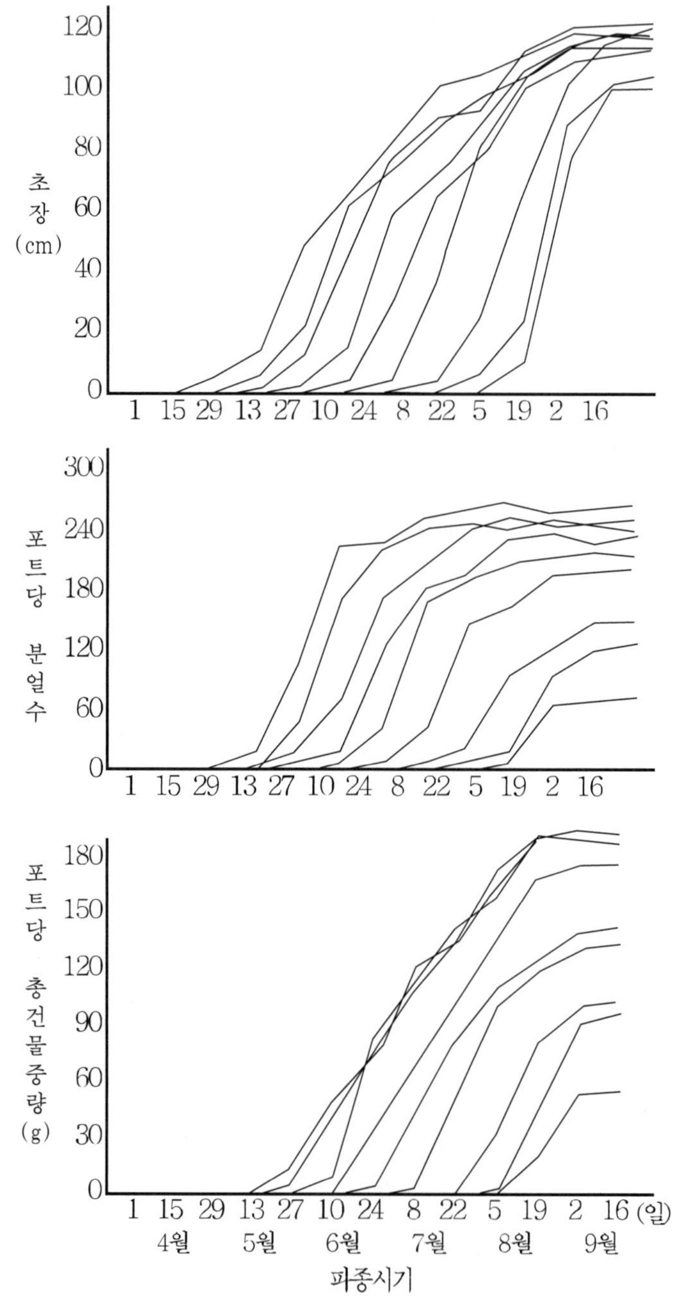

[그림 3-9] 파종시기가 바랭이의 초장, 분얼 및 건물중에 미치는 영향(신 등, 1983)

3.7 종자 생성 및 지하경 번식

잡초는 유성 또는 무성번식을 하며 일년생은 종자번식, 다년생은 종자 또는 영양번식을 한다.

(1) 지하경에 의한 번식

Radosevich 등(1984)은 영양번식의 유형을 다음과 같이 구분하였다.

1) 근경(根莖=뿌리줄기, rhizomes)

부정근과 줄기를 내는 지하경으로서 화본과의 개밀류(*Agropyron repens*), 방동사니과의 향부자(*Cyperus rotundus*) 및 국화과 등에서 볼 수 있다.

2) 괴경(塊莖=덩이줄기, tubers)

근경의 끝부분이 비대하게 생장한 것으로서 저장조직과 측아를 생성시키며 방동사니과의 향부자(*Cyperus rotundus*)나 올방개(*Eleocharis Kuroguwai*), 다년초인 뚱단지(*Helianthus tuberosus*) 등에서 볼 수 있다.

3) 인경(鱗莖=비늘줄기, bulbs)

줄기와 다육질의 인편엽으로 구성된 지하의 변형된 눈들을 갖고 있으며 잎에 양분을 저장하는 백합과인 야생파류에서 볼 수 있다.

4) 아경(芽莖, stolons)과 포복경(匍匐莖=덩굴줄기, runners)

지표면을 따라 자라는 길고 가느다란 줄기를 말하는데, 부정근이나 신초를 발생시키며 다년생 잡초인 우산잔디(*Cynodon dactylon*)가 이 범주에 속한다.

5) 구경(球莖, corms)

잎의 기부가 하나 이상의 층으로 덮여 크고 수직으로 형성된 지하경의 일종이며 다년생 잡초인 미나리아제비가 이 부류에 속한다.

6) 뿌리(根, roots)와 줄기(莖, stems)

수평으로 길게 뻗는 뿌리에서 줄기를 내는 다년초인 엉겅퀴류, 메꽃 등과, 가지의 선단부 근처에서

부정근이나 신초를 내는 다년생 덩굴식물인 Rubus, 줄기의 기부나 나무의 그루터기에서 싹을 내는 다년초인 서양민들레 등이 뿌리나 줄기로 번식된다.

7) 절편(切片, fragment)

절단된 잎이나 줄기는 라멧(ramet)을 형성하여 새로운 식물체를 형성·번식시키는데, 쇠비름(*Portulaca oleracea*)과 같은 일년생 잡초에서 볼 수 있다.

그림 3-10은 다년생 잡초인 향부자의 지하경을 나타낸 것으로 여러 종의 번식 기관을 포함하고 있는 것을 볼 수 있다.

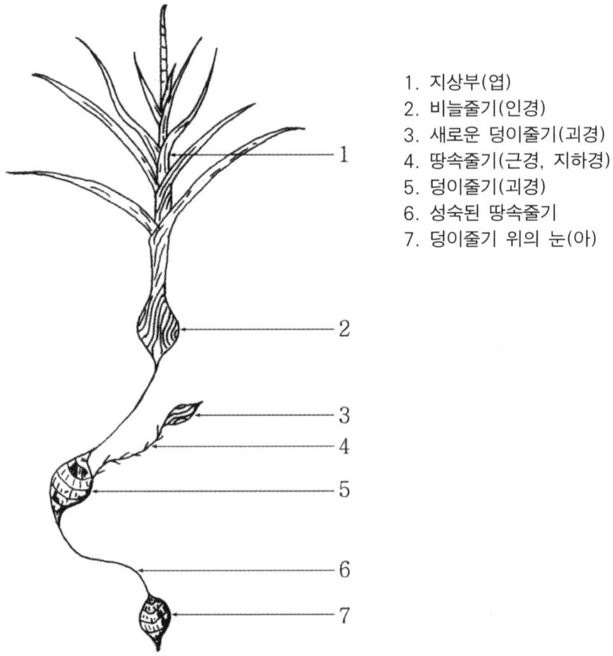

[그림 3-10] 향부자의 외형(Muzik, 1970)

(2) 종자 및 지하경 형성

논잡초 한 개체가 생산하는 종자량은 대개 수천에서 수만 개에 이른다(표 3-6). 박 등(1987)은 물달개비의 종자량은 화경수, 화경당 삭과수, 삭과당 종자수에 의하여 결정된다고 하였으며, 작물의 생산이 수량구성요소에 의하여 영향을 받는 것과 같은 양상을 나타낸다고 했다.

종(種, species) 간에는 종자생산량은 물론 천립중에도 현저한 차이가 있어서 가벼운 종자는 바람이나 관개수 등을 따라 쉽게 이동해 갈 수 있다.

[표 3-6] 잡초 한 개체당 생산하는 종자수 및 천립중(Kusanagi, 1981)

잡 초	한 개체당 종자수	천립중(mg)
Cyperus difformis(알방동사니)	5,100	23.0
Cyperus iria(참방동사니)	1,930	113.0
Dopatrium junceum(등에풀)	3,921	2.3
Echinochloa oryzicola(강피)	2,730	3,910.0
Eclipta prostrata(한련초)	884	810.0
Leptochloa chinensis(드렁새)	42,480	75.0
Lindernia procumbens(밭뚝외풀)	3,881	5.5
Monochoria vaginalis(물달개비)	2,848	128.0
Rotala indica(마디꽃)	2,805	14.0

[표 3-7] 온대지방의 논에 발생하는 주요 다년생 잡초(Kim, 1983)

분 류	잡초명	학 명	번 식	생장형[1)]
화본과	나도겨풀	*Leersia japonica* Makino	근경, 종자	r
사초과	너도방동사니	*Cyperus serotinus* Rottb.	동아, 괴경, 종자	e
	올방개	*Eleocharis kuroguwai* Ohwi	괴경	r
	쇠털골	*Eleocharis acicularis* Roem. et Schult	근경, 종자	t
	올챙이고랭이	*Scirpus juncoides* Roxb. var. *hotarui* Ohwi	동아, 종자	t
	새섬매자기	*Scirpus planiculmis* Fr. Schm.	동아, 괴경	e
광 엽	택 사	*Alisma canaliculatum* A. Br. et Bouche	괴경, 종자	r
	수염가래꽃	*Lobelia chinensis* Lour.	근경, 종자	p,b
	미나리	*Oenanthe javanica* L. DC.	근경, 종자	p,b
	가 래	*Potamogeton distinctus* Benn.	근경, 종자	r,b
	올 미	*Sagittaria pygmaea* Miq.	괴경, 종자	r
	벗 풀	*Sagittaria trifolia* L.	괴경, 종자	r

1) e: 직립형, p: 평복형, r: 로세트형, b: 분지형, t: 터속형

온대지방에 발생하는 주요 다년생 논잡초의 번식방법은 표 3-7과 같으며 우리나라에 발생하는 다년생잡초는 일본이나 중국의 논에서도 동일하게 발생하나 우점도는 지역별로 차이가 있는 것으로 추정된다. 논 다년생 잡초의 지하경 형성은 일장에 크게 영향을 받으며 대체로 단일조건하에서 촉진되나 가장 문제가 되는 올미의 발생은 일장에 관계없이 심은 후 60일이 지나면 지하경이 형성된다고 한다(그림 3-11). 올방개, 너도방동사니, 벗풀, 가래 등은 파종기가 빠를수록 지하경 형성에 걸리는 시간이 길며 파종기가 늦을수록 괴경 형성에 걸리는 시간이 짧다.

올미의 괴경수는 최고 1㎡에 3,000~4,000개, 가래는 최저 200~500개가 생성된다고 한다. 또 괴경 형성에는 Cytokinin이 촉진작용을 나타내며, 김 등(1984, 1985, 1986)은 향부자, 올방개, 너도방동사니 등의 괴경 형성이 BA에 의하여 30% 정도 증가되어 괴경 형성에 Cytokinin이 중요한 역할을 하는 것으로 보고했다.

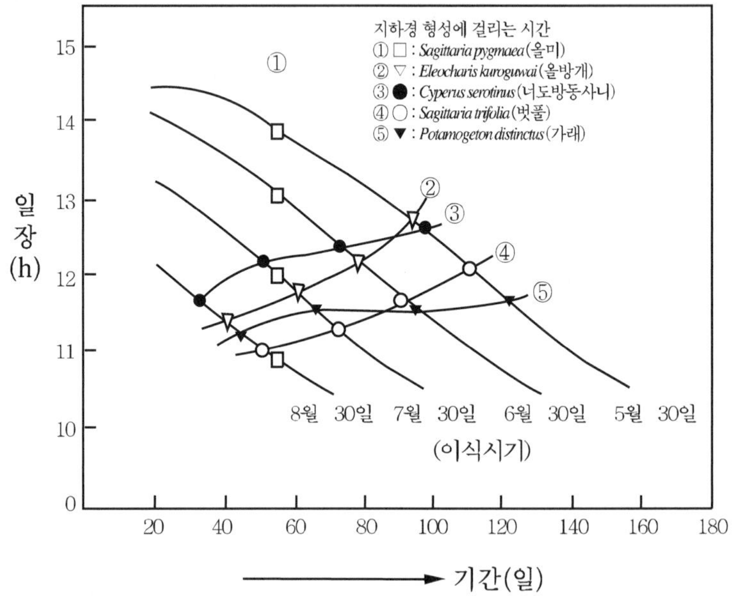

[그림 3-11] 일장 및 이식시기가 지하경 형성에 미치는 영향(Kusanagi, 1981)

3.8 잡초의 전파

잡초는 종자로 전파되는 것이 보편적이나 영양번식(營養繁殖, vegetative propagation)기관으로도 전파되는 경우가 있다. 잡초의 전파 매체로서는 ① 사람, ② 동물, ③ 바람, ④ 물, ⑤ 기계류, ⑥ 곡물 수출입 및 기타 등으로 대별할 수 있으나 사람이 가장 중요한 매체이다. 특히 전쟁지에 말먹이나 흙에 붙어 가거나, 음식 등을 통해서 사람의 이동과 더불어 전파된다고 볼 수 있다. 십자군이 아시아를 침범했을 때 유럽의 잡초종을 전파시켰고 북·남미로 이주한 유럽인들이 유럽의 잡초를 이 지역으로 전파시켰다고 믿어진다. 최근에 빈번한 국제관계로 식량이나 사료 등의 도입을 통해서도 많은 잡초가 전파되고 있다. 1910년 이후 2001년까지 약 315종의 외래잡초가 우리나라에 유입된 것으로 보고되었다.

한편으로 잡초종자는 스스로 전파되기에 알맞은 특성을 지니고 있다. 예를 들면 민들레의 종자는 낙하산 같은 깃털을 갖거나 솜털로 덮여 있어서 바람에 의해 먼 거리까지 날린다. 또 도깨비바늘, 메귀리, 도꼬마리 등의 종자들은 낚시 모양의 돌기 또는 비늘 모양의 가시 등이 있어 사람이나 동물에 쉽게 부착되어 이동한다. 대부분의 잡초종자는 탈립성이 강하여 성숙 시에 쉽게 탈립되고 휴면성을 갖고 있어 일정기간 동안 발아가 되지 않는다. 그 밖에도 토양에 흩어져 있는 종자들은 관개수에 의해 먼 거리까지 쉽게 이동된다.

참고문헌

1. Egley, G.H. and S.O. Duke. 1985. Physiology of weed seed dormancy and germination. In: Weed Physiology Vol. I. S.O. Duke ed., CRC Press, Inc. Florida, pp. 29, 51, 52.
2. Kennedy, R.A., S.C.H. Barrett, D. Vanderzee and M.E. Rumpho. 1980. Germination and seedling growth under anaerobic conditions in *Echinochloa crus-galli* (barnyardgrass). Plant Cell Environ. 3: 243.
3. Khan, A.A. and E.C. Waters, Jr. 1969. Life Sci. 8: 729-736.
4. 김건우·김길웅. 1986. 생장조절제가 다년생잡초 너도방도사니(*Cyperus serotinus* Rottb.)의 괴경형성에 미치는 영향. 한국잡초학회지 6(1): 18-24.
5. Kim, K.U. 1983. Control of perennial weeds in rice in temperate zones. In: Weed Control in Rice. IRRI/IWSS, pp.243-254.
6. 김길웅·권순태. 1985. 올방개(*Eleocharis kuroguwai* Ohwi)의 맹아 및 괴경형성에 관한 연구. 한국잡초학회지 5(1): 43-49.
7. Kim, K.U. and H. Nakayama. 1984. Effect of growth regulator on tuberization of purple nutsedge. Weed Research, Japan 29(1): 55-60.
8. Kim, K.U. and S.K. De Datta. 1974. An approach to eradicate *Scirpus maritimus in* flooded rice. Paper presented at the 5th Annual Convention of the Pest Control Council of the Philippines, Davao, May 8-10, 1974.
9. Kusanagi, T. 1975. Weed damage of rice plants. Nosangyoson Bunka Kyokai, Tokyo, Nogyo Gijutsu Taikei Ⅲ: 373-393.
10. Kusanagi, T. 1981. Ecological aspects of weeds on paddy field. In: Weeds and Weed Control in Asia. ASPAC-FFTC 20: 67-88.
11. 이재호·정창국·우선욱·김길웅. 1986. 논·밭잡초종자의 휴면에 관한 연구. 경북대학교농업과학기술연구소보 3: 79-86.
12. 이재호. 1985. 밭잡초종자의 발아에 관한 연구. 경북대학교 대학원 석사학위 논문. pp.1-28.
13. Muzik, T.J. 1970. Weed Dispersal, Weed Biology and Control. McGraw-Hill Book Company, p.31.
14. 박광호·김길웅. 1987. 물달개비(*Monochoria vaginalis* Presl.)의 지방수집종간 생리생태적 특성. 한국잡초학회지 7: 3-11.
15. Silvertown, J.W. 1982. Introduction to Plant Population Ecology, pp. 15-39.
16. 신동현·김길웅. 1983. 바랭이의 생태적 특성에 관한 연구. 한국잡초학회지 3(1): 29-38.
17. Thompson, K and J.P. Grime. 1979. Seasonal variation in the seed banks of herbaceous species in ten contrasting habitats. J. Ecol. 67: 893.
18. Radosevich, S.R. and J.S. Holt. 1984. Weed Ecology. A Wiley-Interscience Pub. pp.47-50.
19. Salisbury, F.B. and C.W. Ross. 1992. Plant Physiology Wadsworth Publishing Company, Belmont, California. pp.440-443.

4 잡초의 군락형성 및 천이

4.1 잡초생태학

생태학(生態學, ecology)이라는 말은 희랍어의 '집' 또는 '생활의 장'을 의미하는 'Oikos'에서 유래된 것으로, 문자 그대로 '생활의 장'에 있어서 생물의 연구를 지칭하며 생물 또는 생물군과 환경의 관계에 대한 연구, 즉 생물과 환경 간의 상호관계의 과학이라고 정의되어 있다(Odum, 1971).

잡초생태학(雜草生態學, weed ecology)은 식물생태학의 한 부분으로, 잡초가 생존하는 장소를 둘러싼 광범위한 환경조건에서 잡초와 작물 간의 상호관계 속에 야기되는 생물적 행태(生物的行態)를 연구하는 것이 그 핵심이라 하겠다.

4.2 군집 및 생태계

일정한 환경하에서 식물종들은 하나의 집단을 이루며 살고 있다. 어떤 한 식물종의 개체가 모여 개체군(個體群, population)을 만들며 여러 종의 개체군이 공존하여 집단을 이루고 있는 것을 군집(群集, community) 또는 군락(群落)이라 한다. 식물군집의 생물적 요인인 식물과 무생물적 요인인 환경(물질, 에너지 등)과의 상호작용 관계에 있는 상태를 생태계(生態系, ecosystem)라 한다. 농경지라는 특수 조건하에서 잡초종이 다양한 수준 및 방식으로 잡초군집(雜草群集, weed community) 또는 잡초군락(雜草群落)을 형성하고, 여기에서 재배되는 작물과 환경과의 상호작용을 다루는 것을 농생태계(農生態系, agroecosystem)라 한다.

자연군집 내에서 개체군을 이루는 개체들의 수평분포 유형을 보면 ① 무작위분포(無作爲分布, random distribution), ② 집중분포(集中分布, clumped distribution), ③ 규칙분포(規則分布, uniform distribution) 형태를 나타내며(그림 4-1) 그 밖에 개체가 군체(群體, colony)로 초집중(超集中)하는 경우도 있다. 농생태계는 농업기술이 인위적인 파괴 행위를 가하여 종(種)의 분포양식을 복잡하게 하므로 자연군집과는 상당히 다른 군락을 형성하는 것으로 알려져 있다.

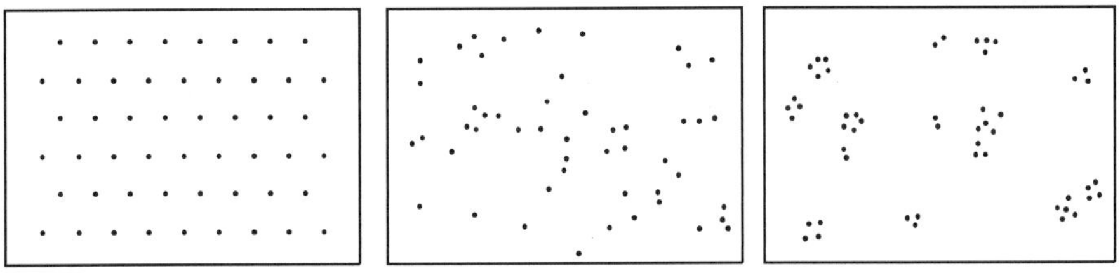

[그림 4-1] 군집 내의 개체군 분포

4.3 개체군의 생장형

개체군의 생장형(生長型, growth type)에는 J형(J-shaped growth form)과 S형(S-shaped or sigmoid growth form)이 있으며, J형은 밀도가 지수함수적 즉 복리적으로 증가하고(그림 4-2) 환경저항 또는 다른 환경요인이 다소라도 제한적으로 작용하면 생장이 급격히 정지하는 형을 의미한다(그림 4-2).

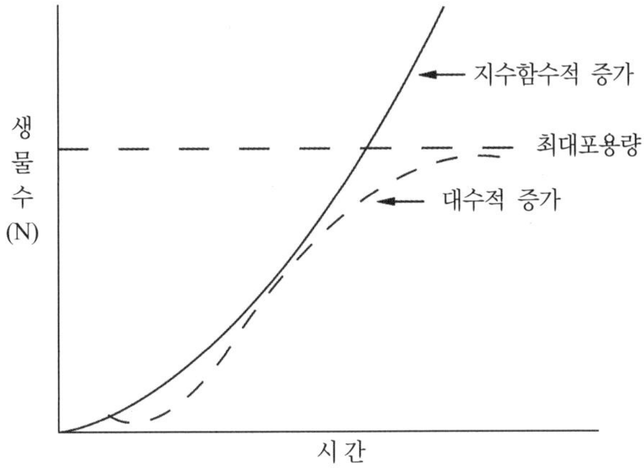

[그림 4-2] 경시적 개체군 증가(Barbour 등, 1980)

환경이 제한적으로 작용하지 않는다면 J형의 생장은 지수함수식(dN/dt=rN)으로 나타낼 수 있다. 이 공식은 시간당 어떤 생물개체수의 평균변화율(△N/△t)에서 △t가 0으로 접근할 때 특정한 순간의 변화율을 의미한다. 시간당 어떤 생물개체수의 순간변화율(dN/dt)은 고유성장률(固有成長率, specific growth rate)을 나타내는 r에 개체수(N)를 곱한 것과 같다.

S형은 대수적 증가를 보이는 것을 의미하는데 개체군이 처음에 서서히 증가하고 그다음에 빠르게

증가하다가 생장이 더 이상 증가하지 않고 유지되는 현상을 보인다. 개체군의 생장이 어느 한계 이상 증가되지 못하는 상한선을 최대포용한계(最大包容限界, carrying capacity)라 하고 K로 나타낸다. 이것을 공식으로 나타내면 다음과 같다.

$$\frac{dN}{dt}=rN\,\frac{K-N}{K}$$

여기서 $\frac{dN}{dt}$은 개체수 N이 환경 최대포용량(K)에 접근함으로써 개체군의 생장이 감소할 것임을 나타내며, N=K이면 개체군은 환경 최대포용량으로 안정화됨을 의미한다.

4.4 잡초군락(군집)의 우점 및 다양화

(1) 군락의 우점 및 다양성

자연군집에서는 일반적으로 개체수가 많은 소수의 우점종과, 개체수는 적으나 다수를 차지하는 희소종이 혼합되어 존재하는 것이 보통이다. 한편 소수의 우점종이 각 영양단계의 에너지 흐름을 담당하고 영양단계나 군집 전체의 종다양성(種多樣性, species diversity)을 결정하는 것은 대체로 다수를 구성하는 희소종이다. 개개종의 중요값(개체수, 생체량, 생산력 등)과 종(種, species)수의 비율을 종다양성지수(種多樣性指數, species diversity index)라고 한다. 종수와 개체수 간의 수적·양적인 관계는 그림 4-3과 같이 오목형을 보인다.

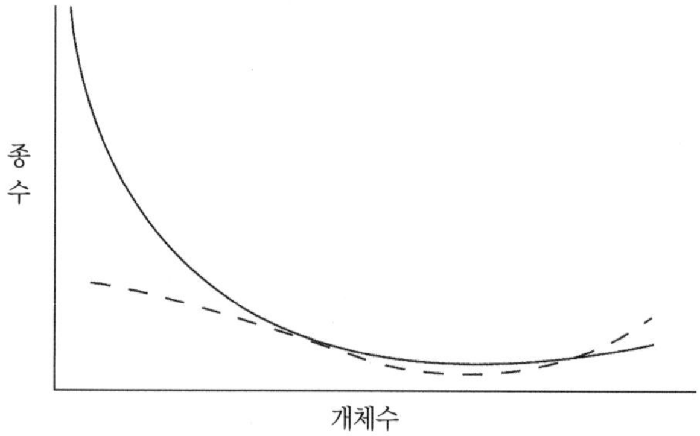

[그림 4-3] 종수와 개체수와의 관계(Odum, 1971)

외부에서 압력이 가해지면 우점종의 종수가 감소되고 소수에 불과하던 희소종(이때 보통종은 외압에 대해서 내성이거나 특별히 적응하고 있는 것임)이 증가되어 우점화하므로 그림 4-3의 곡선이 평탄화되는 경향을 보인다. 이처럼 어떤 군집 내의 식생의 종수 및 개체수는 항시 우점-다양화를 반복한다고 한다.

종의 다양성은 물리·화학적 제한요인에 의해 크게 영향을 받기 쉬운 생태계에서는 낮고, 생물적으로 지배된 생태계에서는 높은 경향을 보인다고 한다.

(2) 우점도지수 및 유사성계수

종의 다양화에 대응하는 우점화는 우점도지수식으로 산출될 수 있다. 우점도지수를 산출하기 위해서는 먼저 중요값을 구하여야 한다.

1) 중요값(importance value)

개개종의 중요값은 개개종의 개체수, 생체량 및 생산량 수치를 사용하여 전체 종들을 합산한 값에 대한 백분비로 표시함으로써 상대적 개체수나 상대적 건물중으로 나타낼 수 있다.

예) A초종의 건물중으로 본 중요값 = $\frac{\text{군집 내의 초종별 건물중}}{\text{군집 내의 잡초의 총 건물중}} \times 100(\%)$

예) A초종의 개체수로 본 중요값 = $\frac{\text{군집 내의 초종별 개체수}}{\text{군집 내의 잡초의 총 개체수}} \times 100(\%)$

2) Simpson의 우점도지수(dominance index)

군집의 우점도지수는 다음과 같이 Simpson의 공식으로 표현할 수 있다.

$$C=\Sigma(n_i/N)^2$$

이 식에서 C=우점도지수, n_i=개개의 종이 갖는 중요값, N=각각의 중요값의 합을 나타낸다. C는 우점도를 측정하는 지수로서 C값이 클수록 소수종의 개체가 우점하는 반면에 C값이 작을수록 종간(種間)의 개체수가 균일하게 분포되어 있다는 뜻이 된다. Simpson의 다양화지수(Ds)는 1-C로 표시된다. 예를 들어 설명하면 표 4-1은 질소시비 수준별 논잡초 A, B군집의 초종별 1㎡당 중량으로부터 중요값(I.V.)을 산출하고 다시 Simpson의 우점도지수를 산출하였는데, A군집은 질소시비량이 1ha당

160㎏일 때 우점도지수 0.74로 물달개비가 크게 우점한다. 그러나 질소를 처리하지 않았을 때는 0.45로 특정 잡초의 우점화 경향이 낮았다. B군집에서도 비슷한 경향을 보였다.

[표 4-1] 질소시비 수준별 논잡초 군집의 초종별 중량, 중요값 및 우점도지수

군 집	초 종	건물중(g/㎡)		I.V.	
		질소(kg/ha)		질소(kg/ha)	
		0	160	0	160
A	피 물달개비 방동사니	6 30 14	4 34 2	12 60 28	10 85 5
	Simpson's index	-	-	0.45	0.74
B	피 물달개비 방동사니	4 32 14	0.8 50 0.2	8 64 28	1.6 98 0.4
	Simpson's index	-	-	0.49	0.96

(예 1) A군집의 질소 1ha당 160㎏ 처리 시의 I.V.(중요값)는?

$$I.V.=\frac{\text{군집 내의 각 초종의 중량}}{\text{군집 내의 전 초종의 중량}}\times100$$

(1) 피= $\frac{4}{4+34+2}\times100=10$

(2) 물달개비= $\frac{34}{4+34+2}\times100=85$

(3) 방동사니= $\frac{2}{4+34+2}\times100=5$

(예 2) 이 군집의 Simpson 우점도지수는?

Simpson 우점도지수(C)= $\Sigma(n_i/N)^2$

$=(10/100)^2+(85/100)^2+(5/100)^2$

$=0.74$

(예 3) 이 군집의 Simpson의 다양화지수(Ds)는?

Ds=1-C=1-0.74=0.26

표 4-2는 가상적인 잡초의 군집으로서, 군집 A와 C의 경우는 종수 및 개체수가 각각 10종에 100개체로 동일하나 A의 우점도지수는 0.09로 아주 낮아 10개종이 고르게 분포함을 나타내고, C군집은 n_1의 종이 특히 많아서 우점도지수는 0.83으로 매우 높아 특정 초종이 우점하므로 A군집과 판이한 양상을 나타낸다. 우점도지수가 클수록 다양화지수는 낮다.

[표 4-2] 가상적인 잡초군집과 우점도

종 수	군 집				
	A	B	C	D	E
n_1	10	29	91	100	20
n_2	10	19	1	100	20
n_3	10	14	1	100	20
n_4	10	11	1	100	20
n_5	10	9	1	100	20
n_6	10	7	1	100	-
n_7	10	5	1	100	-
n_8	10	3	1	100	-
n_9	10	2	1	100	-
n_{10}	10	1	1	100	-
• 종수	10	10	10	10	5
• 개체수	100	100	100	1000	100
• Simpson 우점도지수(λ)*	0.09	0.16	0.83	0.10	0.19
• Simpson 다양화지수(Ds)	0.91	0.84	0.17	0.90	0.81

* $\lambda = \frac{\Sigma n_i(n_i-1)}{N(N-1)}$, n_i: 각 종의 개체수, N: 각 군집의 전 개체수

3) 유사성계수

각 군집의 유사성계수(類似性係數, similarity coeffecient)는 중요값을 이용하여 산출할 수 있으며 두 개의 군락 간 유사성 정도는 다음 공식에 의하여 표현될 수 있다.

$$S=\frac{2W}{a+b}\times 100$$

W는 두 군집에 공존하는 종(種) 가운데 중요값이 낮은 것들을 합한 것이고 a는 첫 번째 군집의 모든 종(種)의 중요값을 합계한 것이며(대체로 100), b는 두 번째 군집의 모든 종(種)의 중요값을 합한 것이다(대체로 100).

표 4-3은 군집 A·B의 초종 간 유사성을 나타내는 것으로 A·B군집에 공통적으로 발생하는 잡초종은 n_1, n_3 및 n_4이며, 이들을 유사성계수(similarity coefficient)를 산출하는 공식에 대입하면 S=56%(예 1)로 나타난다. 이는 두 군집이 56% 정도 유사하고 44% 정도 유사하지 않음을 의미한다.

[표 4-3] 군집의 유사성

종수(n_i)	군 집*		두 군집의 공통발생초종
	A	B	
n_1	42	34	* *
n_2	21	-	-
n_3	18	14	* *
n_4	19	8	* *
n_5	-	28	-
n_6	-	16	-
계	100.0	100.0	

*수치는 중요값(I.V.) * *: 공통발생초종

(예 1) 유사성계수(coefficient of similarity)

$$S= \frac{2W}{a+b}\times100= \frac{2\times(34+14+8)}{100+100}\times100=56(\%)$$

(예 2) 비유사성계수(dissimilarity coefficient)

D=100-S=44(%)

4) 비유사성계수

비유사성계수(非類似性係數, dissimilarity coefficient)는 1 또는 100%에서 유사성계수(S)를 뺀 값으로, 다음과 같이 산출할 수 있다.

$$D(\text{비유사성계수})=1(\text{또는 } 100\%)-S$$

(3) 2차원적 분류법(Two-dimensional ordination)

포장에서 효과적인 제초제 선발 및 제초제의 체계적 혼합처리 방법과, 2개 또는 2개 이상의 제초제를 혼합 처리할 경우 가장 합리적인 처리방법의 예상을 위해 Two-dimensional ordination 분석법을 이용하여 제초제 및 잡초군집을 분류한다. Two-dimensional ordination 분석법은 잡초종의 우점도(SDR; summed dominance ratio), 유사성계수(S; similarity coefficient), 비유사성계수(D; dissimilarity coefficient) 등으로부터 X좌표, Y좌표 등을 구하여 2차원 축(two-dimension)의 좌표로 나타낸다.

1) 잡초종의 우점도(Summed dominance ratio)

개개종의 우점도(SDR)는 상대적 개체수와 상대적 건물중을 합하여 2로 나눈 값이다. 상대적 개체수나 상대적 건물중은 전 개체종들에 대해 개개종이 차지하는 값을 백분비로 나타낸 것이다.

$$\text{SDR}=\frac{\text{상대적 개체수}+\text{상대적 건물중}}{2}$$

$$\text{상대적 개체수}=\frac{\text{초종별 개체수}}{\text{발생한 잡초의 총 개체수}}\times 100$$

$$\text{상대적 건물중}=\frac{\text{초종별 건물중}}{\text{발생한 잡초의 총 건물중}}\times 100$$

표 4-4와 표 4-5는 제초제 AA, BB, CC, DD, EE, FF를 처리했을 때 가상적으로 발생한 잡초들의 개체수와 건물중을 나타낸 것이다. 위의 개체수와 건물중을 이용하여 SDR을 구한다. 예를 들어 AA의 제초제 처리구에서 초종 n_1의 개체수는 5개, n_1 건물중은 3g이고, AA 제초제 처리구에 발생한 잡초의 총 개체수는 140개이고 총 건물중은 99g이다. 위의 공식에 적용하면

$$n_1\text{초종의 상대적 개체수}=\frac{5}{140}\times 100=3.57,\ n_1\text{초종의 상대적 건물중}=\frac{3}{99}\times 100=3.03\text{으로}$$

$$\text{SDR}=\frac{3.57+3.03}{2}=3.3$$

이다. 위와 같은 방법으로 모든 제초제 처리구의 발생 잡초들에 대한 SDR(개개종의 우점도)을 구하면 표 4-6과 같으며 이 SDR값을 이용하여 비교하고자 하는 두 종류의 제초제 간 유사성계수를 구할 수 있다.

[표 4-4] 가상적인 제초제의 처리별 발생 잡초의 개체수(개)

제초제 \ 잡초종	n_1	n_2	n_3	n_4	n_5	n_6	합
AA	5	42	0	13	65	15	140
BB	35	70	0	35	7	15	162
CC	14	21	10	0	45	31	121
DD	40	0	31	83	21	7	182
EE	0	17	41	0	8	24	90
FF	32	5	55	20	15	43	170

[표 4-5] 가상적인 제초제의 처리별 발생 잡초의 건물중(g)

제초제 \ 잡초종	n_1	n_2	n_3	n_4	n_5	n_6	합
AA	3	31	0	8	46	11	99
BB	21	54	0	23	3	10	111
CC	5	13	7	0	35	35	95
DD	29	0	17	57	15	18	136
EE	0	14	43	0	5	28	90
FF	16	1	57	14	11	33	132

[표 4-6] 제초제별 잡초종의 SDR(우점도)

제초제 \ 잡초종	n_1	n_2	n_3	n_4	n_5	n_6	합
AA	3.30	30.66	0	8.68	46.45	10.91	100
BB	20.26	45.93	0	21.16	3.51	9.13	100
CC	8.42	15.52	7.82	0	37.02	31.23	100
DD	21.65	0	14.77	43.76	11.28	8.54	100
EE	0	17.22	46.67	0	7.22	28.89	100
FF	15.47	1.85	37.77	11.19	8.58	25.15	100

2) 유사성계수

각 제초제의 유사성계수(S; similarity coefficient)는 SDR을 이용하여 산출할 수 있으며 비교하고자 하는 두 제초제 간의 유사성 정도는 다음 공식에 의해 산출될 수 있다.

$$S=\frac{2W}{a+b}\times 100$$

W: 비교하는 두 제초제 처리구에서 발생한 잡초종 중 낮은 SDR의 합
a: 비교하는 두 제초제 처리구 중 첫 번째 처리구의 SDR의 합(대체로 100)
b: 비교하는 두 제초제 처리구 중 비교 처리구의 SDR의 합(대체로 100)

예를 들어 AA 제초제 처리구와 BB 제초제 처리구를 비교하여 유사성계수를 구하면 다음과 같다.

$$S=\frac{2\times(3.3+30.66+0+8.68+3.51+9.13)}{100+100}\times 100=55(\%)$$

위와 같은 방법으로 비교 가능한 모든 제초제 처리구를 비교하여 유사성계수를 구하면 표 4-7과 같이 대칭으로 나타낼 수 있다.

[표 4-7] 제초제별 처리구의 유사성계수

제초제	AA	BB	CC	DD	EE	FF	합
AA		55	67	32	35	33	222
BB	55		72	53	30	41	251
CC	67	72		36	59	52	286
DD	32	53	36		31	59	211
EE	35	30	59	31		72	227
FF	33	41	52	59	72		257

3) 비유사성계수

표 4-7은 각 제초제 처리구 AA, BB, CC, DD, EE, FF의 비교 가능한 모든 제초제 처리구를 비교하여 나타낸 유사성계수로, AA 제초제 처리구와 BB 제초제 처리구는 55% 정도 유사하고 45% 정도 유사하지 않음을 나타낸다.

비유사성계수(dissimilarity coefficient)는 100에서 유사성계수를 뺀 값으로 나타내는데 다음과 같이 계산한다.

$$D=100-S(S: \text{유사성계수})$$

표 4-7의 유사성계수를 가지고 비유사성계수를 구하면 표 4-8과 같다.

이렇게 얻어진 비유사성계수는 Two-dimensional diagram의 X, Y좌표를 결정하는 데 이용된다. 2차원 축에서 X, Y좌표를 구하는 방법은 다음과 같이 공식화할 수 있다.

$$X\text{좌표} = \frac{(L)^2+(DA)^2-(DB)^2}{2L}$$

L: 비유사성계수의 합이 최대인 제초제 처리구(가)와 비유사성이 가장 큰 제초제 처리구(나) 간의 비유사성계수

DA: (가)제초제 처리구와 비교 제초제 처리구 간의 비유사성계수

DB: (나)제초제 처리구와 비교 제초제 처리구 간의 비유사성계수

표 4-8의 비유사성계수를 이용하여 L값을 구하면 비유사성계수의 합이 가장 큰 제초제 처리구는 289로 DD 제초제 처리구(가)가 되고 DD 제초제 처리구와 AA, BB, CC, EE, FF 제초제 처리구 간의 비유사성계수를 비교해 볼 때, 가장 큰 비유사성계수값은 EE 제초제 처리구(나)의 69가 된다. 이때 69는 L값이 되고, DA는 비유사성계수의 합이 최대인 DD 제초제 처리구와 비교 제초제 처리구 간의 비유사성계수, 즉 DD와 AA의 비유사성계수는 68, BB는 47, CC는 64, EE는 69, FF는 41이 되고, DB는 EE 제초제 처리구로서 EE 제초제 처리구와 비교 제초제 처리구 간의 비유사성계수, 즉 EE와 AA는 65, BB는 70, CC는 41, DD는 69, FF는 28이 된다. 이러한 계산으로 X좌표를 만드는 기본값으로 위의 식에 대입하여 X좌표를 구하면 표 4-9와 같다.

[표 4-8] 비유사성계수

제초제	AA	BB	CC	DD	EE	FF	합
AA		45	33	68	65	67	278
BB	45		28	47	70	59	249
CC	33	28		64	41	48	214
DD	68	47	64		69	41	289
EE	65	70	41	69		28	273
FF	67	59	48	41	28		243

[표 4-9] X좌표

	L	DA	DB	X좌표
AA	69	68	65	37.4
BB	69	47	70	15.0
CC	69	64	41	52.0
DD	69	0	69	0.0
EE	69	69	0	69.0
FF	69	41	28	41.0

위 표 4-9의 X좌표를 가지고 Y좌표를 구한다. 먼저 부적합계수(e: poorness of fit)를 구하면 X좌표를 구하는 것과 동일한 방법으로 Y좌표를 구하는데 그 공식은 다음과 같다.

$$e=\sqrt{DA^2-X^2}$$

$$Y=\frac{(L')^2+(DA')^2-(DB')^2}{2L'}$$

e: 각 제초제 처리구의 부적합계수

X: X 좌표값

L′: 부적합계수(e)가 가장 큰 제초제 처리구(가′)와 비유사성계수가 가장 큰 제초제 처리구(나′)의 비유사성계수

DA′: (가′)제초제 처리구와 비교 제초제 처리구 간의 비유사성계수

DB′: (나′)제초제 처리구와 비교 제초제 처리구 간의 비유사성계수

예를 들어 AA 제초제 처리구의 Y좌표값을 구하기 위하여 먼저 부적합계수값을 구해야 한다. AA 제초제 처리구의 DA는 68이고 X좌표는 37.4이므로, 이것으로부터 부적합계수(e) 57을 산출할 수 있다($e=\sqrt{68^2-37.4^2}$). 위와 같은 방법으로 BB, CC, DD, EE, FF 제초제 처리구의 부적합계수를

모두 구하여 그 가운데 가장 큰 값을 나타내는 제초제 처리구가 AA 제초제 처리구임을 알 수 있다. AA 제초제 처리구와 각각의 제초제 처리구의 비유사성계수를 비교해 보면 가장 큰 값은 DD 제초제 처리구의 68로 L′가 되며, DA′는 AA 제초제 처리구와 비교 제초제 간의 비유사성계수의 값으로 하고, DB′는 DD 제초제 처리구와 비교 제초제 간의 비유사성계수값이 된다. 이러한 수치를 가지고 Y축을 구하는 공식에 대입하면 표 4-10과 같이 Y좌표값이 구해진다.

[표 4-10] Y좌표

	L′	DA′	DB′	Y좌표
AA	68	0	68	0
BB	68	45	47	32.6
CC	68	33	64	11.9
DD	68	68	0	68.0
EE	68	65	69	30.1
FF	68	67	41	54.6

예를 들어 AA 제초제 처리구의 Y좌표는 $\frac{(68)^2+(0)^2-(68)^2}{2 \times 68}=0$이 된다. 위와 같은 방법으로 표 4-9와 표 4-10에서 구해진 X, Y좌표를 2차원축 상에 나타내면 그림 4-4와 같다.

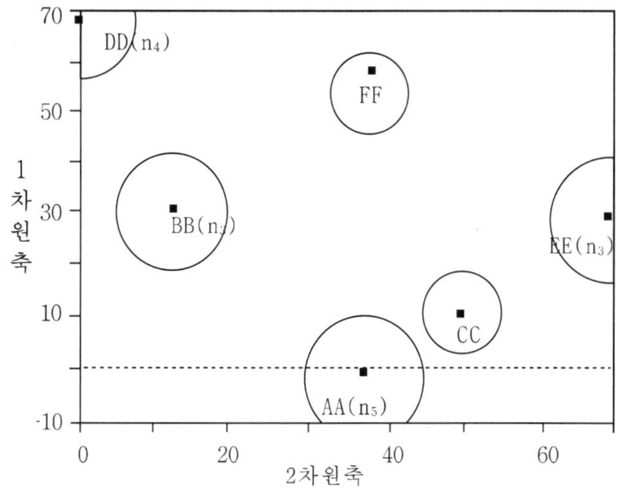

[그림 4-4] Two-dimensional ordination 분석법에 의한 제초제와 잡초군락의 분류

그림 4-4에서 각 제초제 간의 거리가 멀수록 제초제 간의 비유사성이 커지는지의 상관을 검정하는 방법은 다음과 같다.

$$S=\sqrt{Dx^2 - Dy^2}$$

DX^2 = X축에서의 무작위로 선정한 두 제초제 처리구 간의 거리차

DY^2 = Y축에서의 무작위로 선정한 두 제초제 처리구 간의 거리차

위 식에서 구한 제초제 처리구 간의 직접거리(S)는 비교 가능한 모든 제초제 처리구를 비교하면 15개의 거리값이 나오는데, 이 15개의 두 제초제 처리구 간의 거리와 두 제초제 처리구 간의 거리에 대응하는 비유사성계수를 가지고 상관값인 r을 다음과 같은 공식으로 구하여 제초제 처리구 간의 거리와 비유사성계수 간의 유의성을 알 수 있다.

$$r= \frac{\Sigma_{x \cdot y}}{\Sigma_x^2 \cdot \Sigma_y^2}$$

여기서 x, y는 두 제초제 간의 직접거리와 두 제초제 간의 비유사성계수가 된다.

그림 4-4에서 원 직경은 잡초 형태군락이 나타내는 잡초종의 우점도에 따라 결정되는데 표 4-6에서 40% 이상의 SDR을 가진 잡초종을 군집 내에 포함시켰을 경우 AA, BB, DD, EE 등 4개의 제초제 군락은 큰 원형으로 분류되고, 40% 이하의 SDR을 가진 CC와 FF 제초제 처리구는 작은 원형으로 구분된다. 포장에서 우점잡초 발생양상에 따라 알맞은 제초제를 조합하여 체계처리할 수 있게 된다. 만약 포장에서 n_3, n_5 잡초종의 우점도가 높다면 AA와 EE 제초제를 제외한 다른 제초제와 체계처리함으로써 우점초종인 n_3, n_5를 동시에 방제할 수 있음을 쉽게 알 수 있다.

4.5 잡초군집의 천이

(1) 천이의 개념

어떤 식물군집(植物群集, plant community)의 종조성(種造成)은 흔히 시간 경과에 따라 변화하게 되는데 이 과정을 천이(遷移, succession)라고 한다.

미시적 환경[微視的環境, micro environment: 물체(암석, 수목 등), 물질(유기물, 무기물) 또는 지형에 의해서도 달라지는 미세한 영역의 환경]이 비교적 일정하게 지속될 경우에는 종의 조성 변화가 매우 완만하거나 정지하기도 한다. 천이의 최후 단계를 절정식생 또는 극상(極相, climax)이라 하며 흔히 일정한 종의 조성을 나타내는 군집으로 알려지곤 한다.

미시적 환경에 대응되는 거시적 환경(巨視的環境, macro environment)은 광도, 습도, 풍속, 온도와

같은 기후와 토양 등의 여러 측면을 포함하는 특정지역의 광범위한 환경을 뜻하며, 서로 유사한 용어로 포괄적으로 표현되기도 하나 식물이 직접 반응하는 것은 미시적 환경이므로 잡초종(雜草種)들도 이런 맥락에서 이해하여야 할 것이다.

군집의 천이를 경시적으로 보면 처음에 선구기(先驅期, pioneer stage), 초기(初期, early stage) 및 중기(中期, intermediate serial stage)를 거치면서 천이된다. 천이는 크게 1차 천이(一次遷移, primary succession)와 2차 천이(二次遷移, secondary succession)로 나눌 수 있는데, 1차 천이는 침적토나 암석의 풍화물로 덮힌 호수와 같이 전혀 식생이 없었던 곳에 이뤄지는 식물 정착성의 변화과정을 의미하며, 2차 천이는 과도한 파괴 후에 야기되는 변화 현상으로 물리적 환경의 일면이 식물의 집락화(集落化, crowding)를 허용하는 데서 일어난다(Radosevich 등, 1984). 2차 천이는 농경지에서 볼 수 있는 천이로 우리가 관심을 가져야 하는 과정이다.

Gause가 제창한 경합적 배타원리(競合的背他原理, competitive exclusion principle)에 따르면 직접 경합하는 종들은 같은 생태적 지위(生態的地位, ecological niche)에 있는 한 영구히 공존할 수가 없으며 어느 한 종은 소멸된다고 한다. 따라서 극상(極相, climax)단계의 군집은 종간(種間)에 경합을 하기보다는 서로 보합하는 상호작용과 생태적 지위의 분화를 보이며 체계화된다고 Whittaker(1970)는 제창했다.

이러한 견지에서 볼 때 종들이 다른 종으로 천이되어 가는 원리는 어쨌든 선점종(先占種)이 후점종(後占種)의 발생이나 발육을 조장했을 것이라는 가설을 성립시킨다. 최근까지도 이와 같은 가설은 상당히 설득력 있는 것으로 알려져 있다. 그러나 어느 한 종이 일단 우점하게 되면 상당한 방해나 억제를 받지 않는 한 우점위치를 잃지 않는 경우가 많다고 한다.

선점종은 일반적으로 경합력이 크고 다른 유형의 식생으로 변모하지 않는 성질이 있다. 산에 벌채하거나 심한 산불이 일어난 뒤에 선구종이나 중기단계의 관목류가 곧 발생하여 군체(群體, colony)를 이루게 되면 1세기 이상이나 그 지역을 점유한다고 한다. 이런 경우는 경합으로 자원고갈 상태가 되거나 나무의 생장을 억제하는 어떤 요인의 발생이 급격한 천이를 방지하는 것으로 추정되고 있다(Radosevich 등, 1984).

이와 마찬가지로 농경지 상태에 있어서도 흔히 일년생 초본성 잡초종의 우점은 계속 일년생이 그 지역을 계승하므로 다년생의 정착을 지연시킨다고 한다. 아마도 다년생 잡초는 주로 영양번식(營養繁殖, vegetative reproduction)을 하며 영양번식으로 얻어진 유묘의 경합능력이 낮아서 종자로부터 발아하여 입묘(立苗)되는 일년생 잡초와 경합하는 데 어려움이 있는 것 같다(Radosevich 등, 1984). 그러나 다년생이 일단 정착하면 군집 내의 일년생을 곧 잘 대치해 가는 경향이 있어서 우리나라 논잡초가 왜 다년생화하는지를 이해할 수 있다.

(2) 초종의 천이 요인

농경지에 발생하는 잡초군집의 구성변화에 관여하는 주요 요인은 ① 답전윤환, 작부체계, 재배법 등 경지 이용형태의 변화, ② 토지기반정비에 의한 입지조건의 변화, ③ 경종조작법, 재배관리 특히 경운정지나 제초법의 변화이다(草薙 등, 1994). 이 가운데서 가장 중요한 요인은 제초법의 변화 즉 제초제의 사용이다. 1965~2001년 동안 우리나라 논의 잡초 초종변화를 보면 표 4-11과 같으며 피, 물달개비 등은 사용한 제초제의 종류나 재배법에 관계없이 계속적으로 우점현상을 보였다. 또 1960년대에 손으로 제초하던 시기에는 일년생 잡초가 주로 발생하였고, 거의 문제가 되지 않던 다년생 잡초(올방개, 벗풀, 너도방동사니 등)가 제초제를 많이 사용하기 시작한 1980년대부터 증가하기 시작하여 1990년대 후반인 현재에도 우점하는 주요 잡초종이다(표 4-11).

[표 4-11] 우리나라 우점 논잡초의 변화 1965~2001(Kim, 2000; 박 등, 2002)

초 종	우점잡초[1]					생활사
	1965	1971	1981	1990	2001	
Echinochloa crus-galli	+++++	++	+	++	+++	일년생
Monochoria vaginalis	+++++	+++	++++	+++	+++	〃
Rotala indica	++	+++++	++	++	+	〃
Persicaria hydropiper	-	-	-	-	++	〃
Ludwigia procumbens	-	+	+	+	+	〃
Lindernia procumbens	-	+	-	-	++	〃
Bidens tripartia	-	-	-	-	+	〃
Aneilema kaisak	-	+	+	+	++	〃
Cyperus difformis	-	++	-	+	+	〃
Cyperus iria	-	-	-	-	-	〃
Sagittaria pygmaea	-	-	+++	+++	++	다년생
Sagittaria trifolia	-	+	++	+++	+++	〃
Potamogeton distinctus	-	+	++	++	+	〃
Eleocharis kuroguwai	-	+	+	+++	+++	〃
Cyperus serotinus	-	+	++	++	+	〃
Eleocharis acicularis	-	++++	-	-	-	〃
Scirpus juncoides	+	+	+	+	++	〃

1) 발생정도 -: 발생하나 미미함, +: 5% 이하, ++: 6~10%, +++: 11~20%, ++++: 21~30%, +++++: 31% 이상

최근 우리나라 논잡초 군락형은 피, 물달개비, 가막사리, 여뀌바늘, 사마귀풀, 여뀌 등의 일년생과, 올방개, 벗풀, 올챙이고랭이 등의 다년생이 서로 공존하며 우점하는 군락형이 되어 있는 것으로 보고되고 있다(박 등, 2002).

다년생 잡초가 증가하는 요인은 그림 4-5와 같이 설명할 수가 있으며 그 가운데서 ① 잡초방제법의

변화, 특히 동일 제초제의 연용, ② 손 제초의 감소, ③ 경운·정지법의 변화(추경 및 춘경의 감소, 경운·정지법의 변천), ④ 재배시기의 변동(조기이식 및 답리작의 감소, 조숙, 다수성, 단간·직립형 품종 도입), ⑤ 시비량의 증가, ⑥ 물관리의 변동, ⑦ 기타 재배법의 변천 등이 주요한 요인으로 간주되고 있다. 이 중에서도 동일 제초제의 연용처리가 논잡초 초종변화의 가장 직접적인 요인으로 간주된다.

제초제 저항성 잡초의 발현에 대하여는 제14장을 참조하기 바란다.

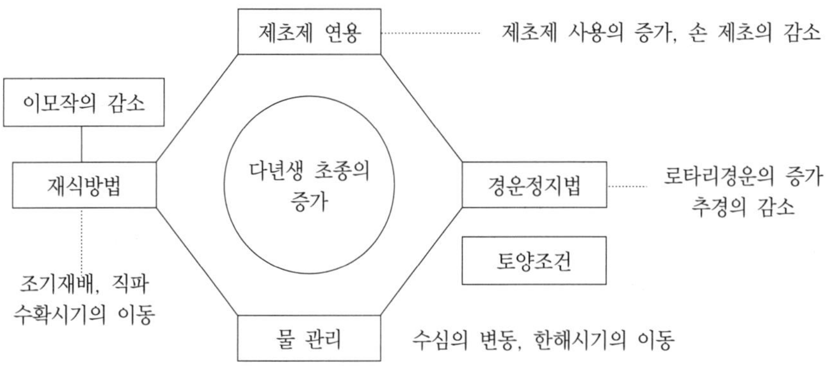

[그림 4-5] 논의 다년생 잡초의 증가요인(Takematsu, 1975)

참고문헌

1. Barbour, M.G., J.H. Burk and W.D. Pitts. 1980. Terrestrial Plant Ecology. Benjamin Cummings Menlo Park, CA, U.S.A.
2. Kim, Kil-Ung. 1996. Ecological forces influencing weed competition and herbicide resistance. Naylor R. ed. 1996. Herbicides in Asian Rice: transition in weed management. Palo Alto(California) Institute for International Studies, Stanford University and Manila(Philippines): International Rice Research Institute.
3. Kim, Kil-Ung. 2004. Weed biodiversity of paddy fields in Korea. In: Plant Evolutionary Genetics and the Biology of Weeds. eds. B.A. School et al. Endemicspecies Research Institute. Ch-Chi, Taiwan. pp.229-243.
4. Odum, E.P. 1971. Fundamentals of Ecology. W.B. Saunders Company, pp.1-7, 148-154.
5. 박재읍 외 9인. 2002. 최근 논잡초 발생 특성 및 군락 변동. 한국잡초학회지 22(3): 272-279.
6. Simpson, E.H. 1949. Measurement of diversity. Nature 163: 688.
7. Radosevich, S.R. and S.H. Jodie. 1984. Weed Ecology. A Wiley-Interscience Pub., pp.12-14.
8. 竹松哲夫·近內誠登. 1975. 木田に あける 除草劑適用方法, 水田除草の 論理と 實除. 博友社(日本), pp.428-430.
9. Whittaker, R.H. 1970. Communities and Ecosystems, Macmillan, London.
10. Zimdahl, R.L. 1993. Fundamentals of Weed Science. Academic Press, Inc. New York. pp.334-338.
11. 草薙得一·近內誠登·芝山秀次郎. 1994. 천이·식생변화 잡초관리 Handbook. 조창서점(日本), pp.62-63.

5 잡초와 작물의 경합

5.1 경합

경합(競合, competition)이란 일정한 환경조건에서 한 종류 이상의 생물이 동일한 자원을 동시에 요구하는 현상을 의미하며, 작물생육에 필요한 요소(특히 양분, 수분, 빛, 이산화탄소)의 공급이 수요에 미치지 못할 때 일어나는 현상이다.

간섭(干涉 또는 妨害, interference)이란 일반적으로 식물 상호 간의 생장에 영향을 미치는 부정적인 효과로 정의되고 있다. 경합은 간섭의 가장 중요한 요소이며 서로 간에 필요한 요소를 경합하는 상태이다. 알레로파시(allelopathy)란 간섭의 한 종류이며 "어떤 식물이 분비하는 화학물질이 다른 식물의 발아 및 생장에 영향"을 미치는 현상을 의미한다. 따라서 간섭은 경합과 알레로파시의 복합작용으로 일어나며 간섭의 결과는 작물의 양이나 질에 영향을 미치는 경합보다 포괄적인 의미를 갖는다. 자연상태에서 경합과 알레로파시를 구분하기는 대단히 어렵다.

5.2 경합의 종류

(1) 종간경합

종간경합(種間競合, interspecific competition)이란 이종식물체(異種植物體) 간의 경합을 의미한다. 예를 들면 작물과 잡초, 잡초 초종 간, 식물 종류 간 경합을 뜻한다(예: 피와 벼 간의 경합).

(2) 종내경합

종내경합(種內競合, intraspecific competition)이란 동일 초종의 개체 간에 일어나는 경합을 의미한다. 예를 들면 벼와 벼, 피와 피 간의 경합으로서 동일종 내의 밀도에 직접적인 영향을 받는다.

5.3 경합의 양상

작물과 잡초 간의 경합에서 작물이 받는 피해 정도는 작물 및 잡초의 종류, 밀도, 분포, 생육시기, 환경조건에 따라 상이하다. 경합의 양상을 요약하면 그림 5-1과 같다.

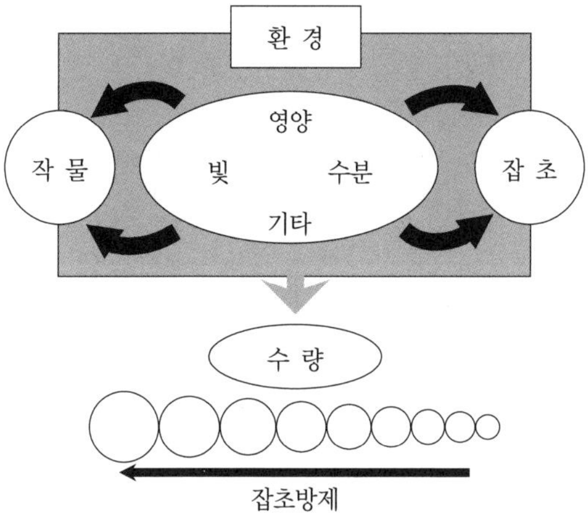

[그림 5-1] 작물과 잡초 간의 경합

일년생 작물과 잡초 간의 경합의 영향은 당해연도에 국한되지만 영년생 작물의 경우에는 여러 해 동안 영향을 미친다. 일반적으로 작물의 피해는 잡초의 밀도에 비례하여 증가한다. 잡초는 대체로 작물과의 경합에서 유리한 생태적 특성을 지니고 있다. 대부분의 문제 잡초는 발아 및 초기 생장의 속도가 빠르고 건물중 생산이 매우 효율적인 C_4광합성 사이클을 갖고 있으며, 한편으로 종자나 지하경은 휴면을 갖고 있어 번식력이 매우 왕성하다(표 5-1).

[표 5-1] 세계 10대 작물 및 10대 문제 잡초와 광합성회로(Matsunaka, 1983)

작 물		광합성 회로	잡 초	광합성 회로
밀	*Triticum* spp.	○	*Cyperus rotundus*(향부자)	●
벼	*Oryza sativa* and *O. glaberrima*	○	*Cynodon dactylon*(우산잔디)	●
옥수수	*Zea mays*	●	*Echinochloa crus-galli*(피류)	●
감 자	*Solanum tuberosum*	○	*Echinochloa colona*(Jungle rice)	●
보 리	*Hordeum vulgare*	○	*Eleusine indica*(왕바랭이)	●
고구마	*Ipomoea batatas*	○	*Sorghum halepense*(Johnsongrass)	●
카사바	*Manihot esculenta*	○	*Eichhornia crassipes*(부레옥잠)	○
포 도	*Vitis* spp. and *Muscadinia* spp.	○	*Imperata cylindrica*(띠)	●
콩	*Glycine max*	○	*Lantana camara*(Lantana)	-
귀 리	*Avena sativa*	○	*Panicum maximum*(Guineagrass)	●

광합성 회로: ○= C_3식물, ●= C_4식물

[표 5-2] C_3, C_4 및 CAM 광합성 식물의 특성(Salisbury, 1992)

기 준	특 성		
	C_3식물	C_4식물	CAM[1] 식물
•엽구조	엽록체가 풍부한 엽육세포	엽록체를 가지며 잘 발달된 유관속세포	엽육 내의 엽록체 및 큰 액포
•최대생장률 (㎎ dry wt/d㎡ per day)	0.5~2.0	4~5	0.015~0.018
•최대광합성률 (㎎ CO_2/d㎡ per hour)	15~40	40~80	1~4
•광합성의 최적온도(℃)	15~25	30~45	~35*
•광포화(lux)	20,000~50,000	100,000 이상	낮음
•CO_2 보상점(ppm)	30~70	0~10	0~5(암상태)
•광호흡	높음	아주 낮음	낮음
•Warburg 효과	있음	없음	있음
•요수량(g water/g dry wt)	400~950	250~350	50~55
•CO_2 고정 : ATP : NADPH	1 : 3 : 2	1 : 5 : 2	
•나트륨	요구하지 않음	요구함	

1) CAM: Crassulacean acid metabolism
* 저온분포는 광범위함

세계 주요작물과 문제 잡초를 광합성 측면에서 보면 작물은 대개가 C_3광합성 회로를 갖고 있으며 광합성 능력이 낮고 비효율적이다(표 5-1, 5-2). 문제 잡초는 C_4광합성 회로를 갖고 있어서 광합성 능력이 높고 불량한 환경조건(과습, 한발, 불량토양)에서도 적응력이 강하며 내성이 커서 작물보다 경합력이 강한 것이 많다.

5.4 작물과 잡초의 최대경합

작물과 잡초의 최대경합기는 작물의 파종 또는 이식부터 전 생육기간의 1/4~1/3 시기(예: 생육기간이 100일이면 파종 또는 이식부터 25~33일 내)이다. 작물의 경우 생육초기에는 잡초와의 경합에 매우 민감하다. 따라서 이 기간 동안에 발생한 잡초를 방제하지 않는다면 작물의 수량이 현저히 감소한다. 그러나 여기 제시한 경합한계기는 작물의 종류, 생육기간, 재배시기에 따라 달라질 수 있다.

[표 5-3] 작물의 수량감소를 방지하기 위한 무잡초 상태 유지기간 및 작물경합내성 시작기(Zimdahl, 1980)

작 물	무잡초 유지기간(주)[1](weed-free)	경합내성 시작기(주)[2]
벼(논)	3	6
콩	3	8~9
옥수수	3	6
면화	6	8
땅콩	3~4	6~8
감자	6	9

1) 작물의 파종 또는 이식 후 지정된 기간 동안 잡초가 없는 상태로 유지하여야 되는 기간
예) 벼의 경우 직파나 이식 후 3주까지 잡초가 없는 상태로 유지해야 함.
2) 작물의 파종 또는 이식 후 지정된 기간 이후부터 잡초가 발생하여도 작물이 내성을 지니는 기간
예) 벼의 경우 직파나 이식 후 6주경부터는 잡초가 발생하여도 수량 손실이 발생하지 않음.

표 5-3은 작물의 수량감소를 방지하기 위하여 파종이나 이식 후부터 일정기간 잡초가 없는 상태로 유지하여야 하는 기간(무잡초 유지기간)과 잡초가 발생하더라도 작물이 내성(잡초가 작물의 수량에 영향을 미치지 못함)을 나타내는 기간을 제시한 것이다. 벼의 경우 직파 또는 이식 후부터 3주간 무잡초 상태로 유지하기만 하면 6주 후부터는 잡초가 발생하더라도 벼가 내성을 나타낸다는 의미이다.

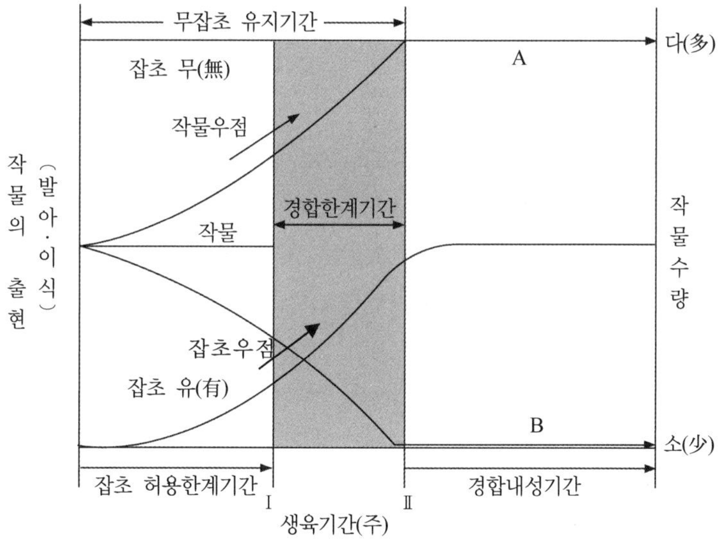

[그림 5-2] 작물과 잡초의 경합한계기간 및 방제시기(Nieto 등, 1968)

1) II기까지 잡초가 없는 상태로 유지하면 무잡초 유지기간 후에 발생하는 잡초는 작물수량에 손실을 주지 않고 작물수량은 A처럼 증가됨
2) I기까지 잡초가 존재하면 II기와 I기 사이에 경합이 크게 증가하므로 II-I기(음영 부분)에 잡초를 반드시 방제하여야 하는 경합한계기간임. 만약 방제하지 않으면 작물수량은 B처럼 감소됨.

그림 5-2는 표 5-3의 자료를 종합하여 그림으로 나타낸 것이다. 이는 무잡초(無雜草, weed-free)유지기간까지 잡초를 잘 방제하면 작물이 우점하므로 그 이후에 잡초가 발생하더라도 작물수량에

손실이 없으나, 작물의 출현과 동시에 방임하여 잡초가 존재하면 작물이 경합에 내성을 지니는 시기(Ⅱ) 전과 무잡초 유지기간(Ⅰ) 후의 기간에 경합이 크게 증대되므로, 잡초를 꼭 방제하여야 작물의 수량감소를 최소화할 수 있음을 잘 보여 준다. 그림 5-2의 음영 부분이 경합한계기간으로, 이 시기에 잡초를 방임하면 수량에 엄청난 손실을 가져온다.

잡초와 작물 간의 경합을 좀 더 단순하게 표현하면, 작물의 수량에 유의한 수준의 손실을 주지 않는 정도로 잡초의 밀도를 유지하거나 작물의 수량손실을 막기 위해 무잡초 상태로 유지하여 작물이 항상 우점하도록 하는 것이 가장 바람직하다. 이상적인 잡초의 방제시기는 허용한계기의 개시기이며 작물에 발생한 잡초가 수량에 영향을 미치지 않도록 충분히 방제해야 한다.

일반적으로 작물이 초관(草冠, canopy)을 형성하면 잡초에 대한 경합력이 강해져서 그 이후에는 방제하지 않아도 되므로, 초관 형성 시기를 잡초와 작물의 경합한계기로 볼 수 있다. 그러나 작물 가운데 양파나 마늘 등은 생육 후반기까지도 토양 전면을 피복할 초관을 형성치 못하므로 방제기간이 길어야 한다.

5.5 잡초의 밀도와 수량

(1) 잡초의 밀도와 수량

그림 5-3은 잡초밀도와 작물수량 손실과의 관계를 나타낸 그래프이다. 곡선 (1)은 잡초의 밀도가 증가하면 작물수량이 어느 수준까지 급격히 감소되다가 점차 감소율이 둔화됨을 잘 보여 준다. 이는 잡초와 작물 간의 경합에서 가장 보편적으로 나타나는 현상이다. 잡초의 밀도와 수량 간에 직선적인 감소를 보이는 곡선 (2)는 실제로 나타나지 않으며, 몇몇 연구사에서 곡선 (3)과 같이 S-형을 보이는 경우도 있다고 알려졌으나 실험적 증거는 없는 상태이다(Auld 등, 1987).

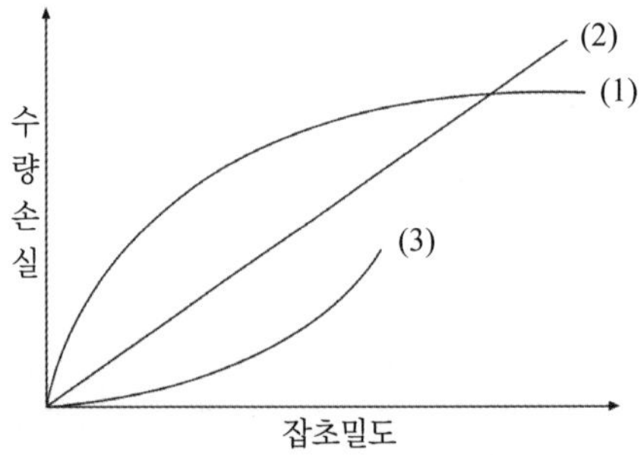

[그림 5-3] 잡초밀도와 작물수량과의 관계(Auld 등, 1987)

(2) 잡초의 허용한계밀도

잡초가 한 포기라도 보이면 방제하는 것이 작물생장에 유리하겠으나 이는 경제적이지 않다. 그러므로 어느 정도의 밀도가 되었을 때 잡초를 방제해야 하느냐가 매우 중요하다. 곤충에서처럼 벼 한 포기당 벼멸구가 5마리가 되면 방제하여야 하는 한계수준(밀도) 개념을 잡초방제에 도입하기란 매우 어려우나 이 개념을 도입하는 것이 타당성 있는 듯하다. 잡초의 밀도가 증가하면 작물의 수량이 감소되는데, 잡초가 어느 밀도 이상으로 존재하면 작물의 수량이 현저히 감소되는 수준까지의 밀도를 허용한계밀도(許容限界密度, critical threshold level)라고 한다.

허용한계밀도보다 더 높은 수준으로 잡초가 존재함으로써 생긴 작물의 피해와, 허용한계밀도 이하로 줄이기 위해 사용되는 비용이 같을 때, 잡초를 방제하지 않고서 다소의 경제적 손실을 감수해야 하는 경우가 있다. 이와 같이 방제 비용과 방제함으로써 얻어진 수량 증가가 같아질 때의 잡초의 밀도를 경제한계밀도(經濟限界密度, economic threshold level)라고 한다. 한계밀도 개념을 잘 활용하여 가장 경제적인 방법으로 방제하는 것이 잡초방제기술 개발의 목표이기도 하다.

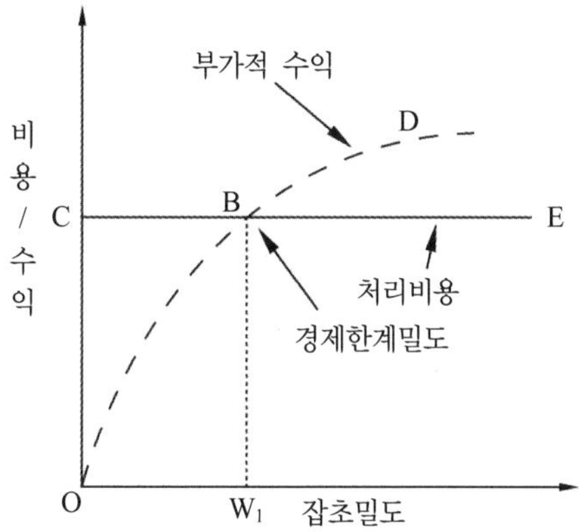

[그림 5-4] 잡초밀도의 허용한계와 부가적 수익(Auld 등, 1987)

그림 5-4는 경제한계밀도를 나타내는 것으로, 곡선 OBD는 잡초방제로 얻어지는 부가적인 수익을 의미하며 직선 CBE는 잡초방제에 드는 비용을 뜻한다. 잡초의 밀도 W_1이 경제한계밀도이다. 잡초가 이 밀도보다 높게 발생하면 방제비용이 늘어나 수익이 줄어드는 반면에 이 밀도보다 낮게 발생하면 방제비용이 줄어들어 수익이 늘어나는 것을 의미한다(Auld 등 1987).

논에서 발생하는 잡초 초종 가운데에 화본과 잡초는 광엽이나 여타 잡초종에 비하여 벼와 유사한 생장습성을 갖고 있어서 벼에 심한 피해를 주고 있다. 피의 밀도가 1㎡당 11개일 때 벼 수량이 25% 감소되며(표 5-4), 피의 건물중이 1㎡당 250g에서 1,500g으로 증가될 때 벼 수량의 감소율은 20%에서

85%로 증가되었다(표 5-5). 이 결과에서는 피의 밀도증가와 수량감소 간에는 직선관계를 보이지 않으나, 포장상태에서 잡초밀도와 수량감소 간에는 직선관계가 있음을 알 수 있다(Smith, 1981).

[표 5-4] 피의 밀도가 직파벼의 수량에 미치는 영향(Smith, 1968)

잡초밀도(개체수/㎡)	수량감소율(%)
11	25
54	49
269	79

[표 5-5] 이앙벼와 피 간의 경합으로 예상되는 수량감소(Smith, 1981)

잡초의 건물중(g/㎡)	수량감소율(%)
250	20
500	40
750	57
1,000	68
1,250	80
1,500	85

잡초허용한계밀도는 작물의 종류에 따라 상이하나 벼의 경우는 1㎡당 10~20g, 감자 25g, 육도 40~50g이라고 보고된 바 있다. 또한 경합기간이 길면 길수록 수량의 감소는 크다. 벼를 직파한 후 20일부터 전 생육기간 동안 경합시켰을 때 벼의 수량은 9%에서 79%까지 감소되었다(표 5-6).

[표 5-6] 피와의 경합기간이 직파벼의 수량에 미치는 영향(Smith, 1968)

경합기간(일수)	수량감소(%)
20	9
40	20
50	35
60	40
전 생육기간	79

재식방법에 있어서는 손이앙답보다 기계이앙답에서 경합이 훨씬 크다. 그 이유는 기계이앙답은 ① 중묘(3~4엽기)를 이앙하므로 어리고, ② 토양이 굳도록 기다려야 하므로 써레질부터 이앙까지의 기간이 길어 잡초가 많이 발생할 수 있기 때문이다. 써레질 후 5~6주간 경합시켰을 때 벼의 수량이 손이앙답에서는 27%, 기계이앙답에서는 85%가 감소되어 이앙법과 벼의 수량 간에 밀접한 관계가 있음을 보게 된다(Smith, 1981).

5.6 경합에 관여하는 주요 요인

(1) 영양분의 경합

작물과 잡초의 경합에서 가장 중요한 요인은 영양소(營養素, nutrients)이며, 특히 필수원소에서 심한 경합을 한다. 잡초는 높은 시비수준이나 비옥한 토양에서 작물의 수량을 더 크게 감소시키는데 이것은 잡초가 작물보다 영양분의 흡수·이용력이 높아 경합에서 유리하기 때문이다.

영양소 가운데 작물과 잡초가 가장 많이 요구하는 것은 질소(N), 인산(P), 칼륨(K)이다. 그 가운데에서도 질소에 대한 경합이 가장 크며 질소 흡수가 부족할 경우 경합초기에 제일 먼저 나온 잎들은 황화현상을 보인다. 기타 다른 영양소도 경합이 진전됨에 따라 작물에 결핍증상이 발현된다.

(2) 수분의 경합

작물생산에 결정적으로 중요한 요인은 수분이다. 연중 강우량이나 강우양상이 작부형태를 결정지으며, 잡초의 생육에도 크게 영향을 미친다. 표 5-7은 작물과 잡초 건물중 1㎏을 생산하는 데 필요한 요수량(要水量, water requirement)으로서, 작물보다 잡초가 더 많은 수분을 요구한다고 한다. 또 토양의 건·습 정도에 따라 잡초와 작물의 경합력에 차이가 있으며 습한 토양에서 왕성한 생장을 하는 작물은 수분이 결핍되면 잡초와의 경합에서 불리한 상황에 놓인다. 습한 토양에서 다소 생장이 불량한 작물은 토양이 건조해지면 경합력이 강해진다. 잡초 간에도 요수량에 따라 건·습 정도에 대한 경합 반응이 달라진다. 바랭이는 습한 토양에서 생장이 왕성하며 건조한 상태에서는 불리하나, 강아지풀은 건조한 상태에서 바랭이보다 훨씬 유리하게 생장한다. 한편 수분이 부족할 때에는 작물 뿌리의 분포나 발달이 직근계(直根系, tap root system)이거나 땅속 깊이 넓게 분포한 것이 경합에 훨씬 유리하다.

[표 5-7] 작물과 잡초의 수분요구량(Robbins 등, 1972)

구 분	공시식물	건물중 1㎏의 생산에 필요한 수분(㎏)
작 물	조	250
	옥수수	330
	밀	490
	보리	500
	귀리	560
잡 초	비름	240
	흰명아주	720
	돼지풀	900

(3) 광의 경합

광합성을 하는 모든 식물은 태양으로부터 에너지를 얻는다. 만약 잡초와 작물이 경합하여 잡초가 번무하게 되면 차광(遮光, light interception)되어 작물의 수광량이 제한되므로 수량이 크게 감소한다. 수광률이나 차광의 정도는 작물의 초형, 특히 초장·분얼력 등에 의한 엽면적지수(葉面積指數, leaf area index, LAI) 또는 단위면적당 잎의 면적과 투광률(投光率, light transmission ratio, LTR), 즉 초관 위의 광도에 대한 토양 표면의 광도로 표시할 수 있다. 작물의 초형에 따른 광의 경합력은 직립형이며 중·장간의 초장에 다분얼성을 가진 작물이 유리하고 잎의 수광태세는 화본과보다 광엽이 유리하나 잎이 포개지면 오히려 불리하다. 이리하여 초장이 크고 생장이 빠른 옥수수나 고구마와 같이 광합성 기능이 왕성하고 초관을 빨리 형성하여 토양을 빨리 피복하는 작물은 잡초와의 경합에서 유리하므로 피해가 적다.

(4) 알레로파시

알레로파시(allelopathy)란 "어떤 식물체에서 생성된 물질이 분비되어 다른 식물의 발아와 생장에 영향"을 미치는 현상을 의미하며 우리나라에서는 상호대립억제작용(相互對立抑制作用), 일본에서는 타감작용(他感作用), 중국에서는 화감작용(化感作用) 등으로 불리기도 한다. 그림 5-5는 환경스트레스에 의하여 나타나는 알레로파시 현상을 설명하는 것이다. UV, 상처 및 병원균 등이 식물체를 공격하면 식물체에서는 이러한 스트레스를 이겨 내는 방어물질이 생성되는데, 페놀류, 터펜류, 긴 사슬의 지방산 및 단순산 등이 그것이다. 이런 물질이 식물체 밖으로 분비되거나 이들 식물체가 썩으면서 나오는 물질 등이 발아하거나 생장 중에 있는 다른 식물에 영향을 미치는 현상이 바로 알레로파시이다. 알레로파시에 관여하는 화학물질은 페닐프로파노이드(phenylpropanoid)나 터페노이드(terpenoid)의 생합성 경로를 통하여 많이 생성되는 것으로 알려져 있고, 알레로파시 현상을 나타내는 작물의 육성에 대한 연구가 전 세계적으로 진행되고 있다.

Rice(1984)에 의하면 약 75종의 잡초가 다른 식물의 생장에 직간접으로 영향을 미치는 알레로파시 작용을 발휘한다고 보고하고 있다(표 5-8). 알레로파시 작용을 발휘하는 물질 및 작물개발에 대해서는 제14장을 참조해 주기 바란다. 이와 같이 식물과 식물 간의 알레로파시 작용도 광의의 경합 요인으로 간주할 수 있다.

[표 5-8] 알레로파시 작용을 발휘하는 잡초종(Rice, 1984)

잡초명			
학 명	한국명	학 명	한국명
Agrostemma githago	선홍초	*Euphorbia corollata*	-
Amaranthus dubius	-	*Euphorbia esula*	흰대극
Amaranthus retroflexus	털비름	*Euphorbia supina*	애기땅빈대
Ambrosia artemisiifolia	돼지풀	*Galium mollugo*	-
Ambrosia cumanensis	-	*Helianthus annuus*	해바라기
Ambrosia psilostachya	-	*Indigofera cordifolia*	-
Ambrosia trifida	단풍잎돼지풀	*Iva xznthifolia*	-
Antennaria microphylla	-	*Lactuca scariola*	-
Antennaria neglecta	-	*Lepidium virginicum*	콩다닥냉이
Artemisia absinthium	-	*Leptochloa filiformis*	-
Berteroa incana	-	*Lolium multiflorum*	-
Boerhavia diffusa	-	*Lychnis alba*	-
Bromus japonicus	참새귀리	*Oenothera biennis*	-
Calluna vulgaris	-	*Panicum dichotomiflorum*	미국개기장
Camelina alyssum	-	*Parthenium hysterophorus*	-
Camelina sativa	-	*Plantago purshii*	-
Celosia argentea	개맨드라미	*Polygonum aviculare*	마디풀
Cenchrus biflorus	-	*Polygonum orientale*	-
Cenchrus pauciflorus	-	*Polygonum pennsylvanicum*	-
Centaurea diffusa,	-	*Polygonum persicaria*	-
C. maculosa, C. repens	-	*Portulaca oleracea*	쇠비름
Cirsuium discolor	-	*Rumex crispus*	소리쟁이
Citrullis colocynthis	-	*Salsoli kali*	-
Cirullis lanatus	-	*Saladora oleoides*	-
Cucumis callosus	-	*Schinus molle*	-
Cynodon dactylon	우산잔디	*Setaria viridis*	강아지풀
Daboecia polifolia	-	*Solanum surattense*	-
Digera arvensis	-	*Tagetes patula*	만수국
Eleusine indica	왕바랭이	*Trichodesma amplexicaule*	-
Erica spp.	-	*Xanthium pennsylvanicum*	-

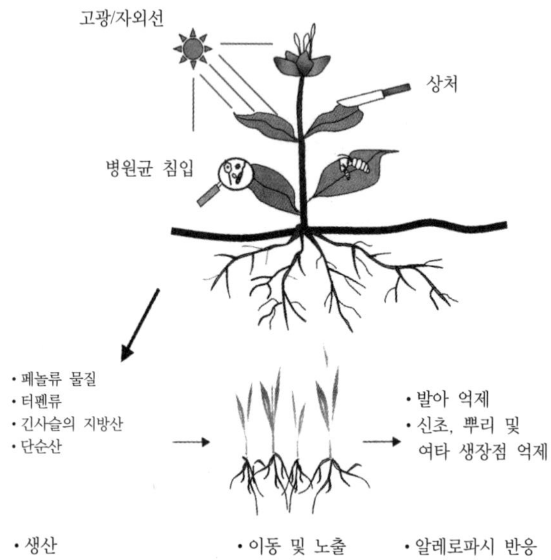

[그림 5-5] 알레로파시 관련 물질의 유도 생성

(5) 기타

이산화탄소(CO_2), 산소(O_2) 및 수분(受粉)·수정(受精)에 있어서도 잡초가 작물에 불리한 영향을 미칠 것이라는 보고가 있으나 앞에서 언급한 네 가지 요소보다 훨씬 경미한 경합인자로 간주된다. 그 밖에 열(熱, heat)이 작물과 잡초 간의 경합에 어떤 영향을 미치는지는 정확히 알 수 없으나 식물 간 반응에 차이가 있을 것으로 추정된다.

5.7 잡초에 대한 작물의 경합력

(1) 잡초종, 밀도 및 경합기간

작물에 대한 잡초의 경합력은 초종 간에 상이한 반응을 보이는데, 이앙벼인 경우 경합한계기인 이앙 후 40일 이내에 1㎡당 피는 20개체, 물달개비는 100개체가 존재할 때 수량이 크게 감소된다고 한다. 피는 벼와 형태적으로 유사하기 때문에 광이나 영양분에 대해, 키가 작고 뿌리가 표면에 얕게 발생한 물달개비보다 경합력이 크다.

표 5-9는 잡초의 밀도가 작물의 수량에 미치는 영향에 대하여 Zimdahl(1980)이 작물별로 한 잡초의 밀도를 달리하여 상가적(相加的, additive) 방법으로 경합시험을 설계한 후 작물의 수량감소에

미친 영향을 종합한 것이다. 수량감소율은 작물과 잡초종에 따라 상이하였다. 그림 5-6은 작물수량과 잡초밀도와의 관계를 나타낸 것으로 밀도가 증가할수록 수량이 크게 감소한다.

[표 5-9] 잡초밀도와 작물의 수량(Zimdahl, 1980)

작물명	잡 초 명	잡초밀도(개체수/㎡)	무처리 대비 수량감소율(%)
벼	피류(*Echinochloa crus-glli*)	10.90	57
		54.50	80
		272.50	95
밀	메귀리(*Avena fatua*)	84.60	22
		193.30	39
	강아지풀(*Setaria viridis*)	721.00	20
		1,575.00	35
콩	갓류(*Brassica kaber*)	3.28	30
		6.56	26
		13.12	42
		26.24	50
		52.48	51
	도꼬마리류(*Xanthium pennsylvanicum*)	13.50	10
		27.00	28
		53.10	43
		106.30	52
옥수수	가을강아지풀(*Setaria faberi*)	1.64	4
		3.28	7
		9.84	9
		19.68	12
		39.36	16
		177.12	24
사탕무	댑싸리(*Kochia scoparia*)	0.13	14
		0.33	26
		0.66	44
		1.64	67
		3.28	79
면화	시다(*Sida spinosa*)	6.56	27
		13.12	40
		39.36	41

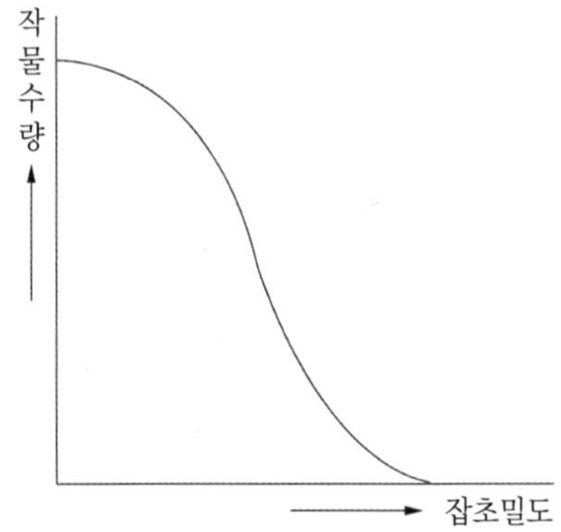

[그림 5-6] 잡초밀도 증가가 작물수량에 미치는 영향

(2) 작물의 품종

작물의 품종, 초형, 생장속도와 숙기는 잡초와의 경합에 영향을 끼친다. 옥수수는 조생종이 중·만생종보다 강아지풀에 대해 유리한 경합을 한다. 이는 생장속도가 빠른 조숙종은 초관의 형성이 빠르므로 잡초의 생육을 억제할 수 있기 때문이다. 최근에 육성되고 있는 다수성 신품종은 대개가 단간형이나 잡초와의 경합력을 고려할 때 초형(草型, plant type)은 직립, 중간형이 유리할 것으로 판단된다.

(3) 재배법

작물에 유리한 경합력을 제공하기 위해서는 작물이 토양 표면을 먼저 점유하도록 밀식재배하는 것이 잡초에 대한 경합력을 증대시킨다. 대부분의 잡초는 작물보다 비료를 더 효과적으로 이용하는 경우가 많으나 시비(施肥, fertilization)함으로써 작물에 유리한 조건을 부여하는 경우도 있다. 제초를 하지 않은 상태에서 시비하면 오히려 잡초에 유리하지만, 적절히 방제하고 시비를 하면 작물의 생장을 촉진시켜 초관을 빨리 형성시킴으로써 경합에 유리해지며 전부 기비(基肥, basal application)로 하느냐 추비(追肥, top dressing)로 나눠서 하느냐, 조파(條播, sowing in row)하느냐에 따라 잡초의 발생이 달라진다. 일반적으로 경운을 잘한 후 산파하면 잡초가 발생하기 전에 작물이 발아·생장함으로써 잡초의 발생을 억제시킬 수 있으나, 조파하면 잡초가 발생할 수 있는 공간이 많아서 잡초의 발생을 조장하므로 경합이 심해진다.

5.8 경합과 작물의 손실 예측

(1) 작물의 손실

앞에서 이미 상세히 설명한 것처럼 잡초가 존재하면 작물의 수량은 직간접적으로 감소된다. 수량감소의 정도는 잡초의 종류와 작물종류 및 초형에 따라 상이하고, 생육초기부터 잡초방제가 되지 않아 작물과 잡초가 경합하게 되면 수량감소는 증대될 것으로 보인다. 이러한 측면에서 잡초와 작물의 경합으로 인한 손실을 예측해 보는 것은 매우 유익한데, 경합지수(競合指數, competition index)로 손실의 예측이 가능하다.

(2) 경합지수

Dew(1972)는 작물의 수량과 잡초밀도 사이의 관계를 다음의 단순회귀식(單純回歸式, simple regression equation)으로 표현하였다.

$$y=a+bx \cdots\cdots\cdots (1)$$

여기서 y는 작물수량, x는 잡초밀도, a는 y축의 절편(상수, 무잡초구의 수량), 그리고 b는 x에 대한 y의 회귀계수(回歸係數, regression coefficient)이다. 여기에 적용되는 b값은 항상 음수를 나타내기 때문에 단순회귀식은 다음과 같이 변형될 수 있다.

$$y=a-bx \cdots\cdots\cdots (2)$$

수량 y는 영(零)보다 작을 수 없기 때문에 잡초의 밀도가 불변이거나 양수라는 전제하에서 a가 영(零)에 가까워짐에 따라 b값 또한 영(零)에 접근될 수밖에 없다. 따라서 주어진 값 x는 불변의 양수(陽數)로 남게 된다는 사실을 확인할 수 있다(공식 2). b에 대한 a의 관계 또한 도식으로 표현될 수 있으며 이 경우 그래프는 원점(原點, origin)을 지나지 않을 수 없기 때문에 이 선의 단순회귀직선계수(b_1)는 $b_1=b/a$로 표현되며(Dew, 1972), 이는 실제로 위의 회귀선상에서 x절편의 역수가 된다.

Dew(1972)는 회귀계수 b_1을 각 잡초와 작물의 경합에 대하여 표현할 수 있는 유일한 경합지수로 간주하고, 상기의 공식 $b_1=b/a$식을 이용하여 보리에 대한 메귀리의 경합지수는 0.023, 밀에 대한 지수는 0.034, 아마에 대한 지수는 0.06을 산출했다. 이들 경합지수로 알 수 있는 것은 보리에 대한 메귀리의 경합지수가 제일 낮아 보리가 가장 경합적인 작물인 데 반하여 아마가 가장 경합력이 낮은 작물이라는 점이다.

Dew(1972)는 잡초와 작물의 개체군 및 출현일자가 알려질 경우, 경합지수 b_1은 잡초에 의한 작물의 손실을 예측할 수 있다고 설명했다.

작물의 손실량 L(loss)은 다음과 같이 표현할 수 있다.

$$L = ab_1\sqrt{x} \cdots\cdots\cdots (3)$$

여기서 b_1은 계산된 경합지수, a는 무잡초구의 수량, x는 잡초의 평균밀도를 나타낸다. Dew(1972)는 상기의 공식으로 메귀리와 경합한 밀의 수량 손실을 예측하는 방식을 가상적으로 설명하였다. 밀 출현 직후 1㎡당 45개체의 메귀리가 발생하여 밀을 270g/㎡(40bushel/acre) 수확했다고 가정할 때 공식 3에 의거하여 다음과 같이 1㎡당 61g의 밀감소량을 산출할 수 있다.

$$L = 270 \cdot (0.034) \cdot \sqrt{45} \fallingdotseq 61\text{g/m}^2$$

잡초를 방제하는 데 투여한 생산비는 무방제 시 예측되는 잠재적 수량감소량을 산출함으로써 추정할 수 있다.

참고문헌

1. Auld, B.A. Meng, K.M. and C.A. Tisdell. 1987. Weed Control Economics. Academic Press Inc.(London) LTD. pp.49-58.
2. Dew, D.A. 1972. An index of competition for estimating crop loss due to weeds Can. J. Plant Sci. 52: 921-927.
3. Matsunaka, S. 1983. Evolution of rice weed control practice and research: World Perspective. In: Weed Control in Rice, IRRI/IWSS, pp.5-17.
4. Nieto, H.J., M.A. Brondo and J.T. Gonzalez. 1968. Critical periods of the crop growth cycle for competition from weeds, Pest Artic. C. 14: 159-166.
5. Rice, E.L. 1984. Allelopathy. Academic Press, New York, pp.29-30.
6. Robbins, W.W., A.S. Crafts and R.N. Raynor. 1972. Weed Control. McGraw-Hill, New York, USA.
7. Salisbury F.B. and C.W. Ross. 1992. Plant Physiology. Wadworth Publishing Company. CA. pp.253-263.
8. Smith, R.J. Jr. 1968. Weed competition in rice. Weed Sci. 16: 252-254.
9. Smith, R.J. Jr. 1981. Weeds of major economic importance in rice and yield losses due to weed competition. In: Weed Control in Rice, IRRR/IWSS, pp.19-36.
10. Zimdahl, R.L. 1980. Weed Crop Competition: A Review. International Plant Protection Center, Corvallis, Oregon, U.S.A.

6 잡초의 방제법

6.1 방제법의 변천

(1) 세계

농업의 역사는 B.C. 1만 년경부터 시작되었고 그때부터 인간은 작물을 재배하기 시작하였다. 잡초는 아마 농업의 시작과 더불어 문제시되었을 것이며 손으로 주로 방제하면서 손 이외의 방법 등이 보조적으로 사용되다가, 1960년대 이후 선·중진국에서는 손이 아닌 제초제를 사용하는 방제법으로 발달하였다. 그 과정을 개괄적으로 살펴보면 표 6-1과 같다.

[표 6-1] 잡초방제법의 변천(김, 1985)

연 대	방제법							비 고
	주 법	보조법						
		원시적 연장	호 미	쟁 기	동 물	트랙터	제초제	
B.C. 8000	손 제초	+	-	-	-	-	-	
B.C. 6000	손 제초	+	-	-	-	-	-	
B.C. 1000	손 제초	+	+	+	+	-	-	
A.D. 1731	손 제초	-	+	+	+	-	-	△
A.D. 1920	손 제초	-	+	+	+	+	-	△
A.D. 1947	손 제초	-	+	+	+	+	+	△
A.D. 1985	손 제초[1)]	-	+	+	++	±	±	△
	제초제[2)]	-	-	-	-	++	++	△
A.D. 2000	손 제초[1)]	-	+	+	++	±	+±	△
	제초제[2)]	-	-	-	-	+++	+++	△

+: 사용됨, +++: 아주 많이 사용됨, -: 사용되지 않음, △: 작물을 줄로 재배함.
1) 후진국 잡초방제, 2) 선진국 잡초방제

1944년 2,4-D가 합성되어 1947년 상업적으로 사용되면서부터 잡초방제법에 획기적인 변화가 일어났다. 최근 60여 년 동안에 많은 제초제가 개발·보급되어 전 세계에서 사용되고 있다.

(2) 우리나라

제2차 세계대전 후 우리나라 논잡초 방제법의 변천(變遷, changes) 과정을 살펴보면 표 6-2와 같다. 1965년까지만 해도 사람의 손을 중심으로 호미, 로타리 제초기, 소나 말에 부착된 쟁기의 사용 등이 주종을 이루었고, 1970년대를 기점으로 제초제 사용이 중요한 방제법으로 대두되었다. 2005년의 제초제 사용량을 면적으로 환산하면 논에서는 1.5~2회, 밭에서는 1회 정도 제초제를 사용하게 되었다. 재배면적은 감소되더라도 단위면적당 사용량은 감소되지 않을 것으로 추정된다. 1980년부터는 제초제 사용이 잡초방제법의 주종이 되었고 손 제초는 보조 역할을 하는 형태로 전환되었다.

[표 6-2] 2000년대의 잡초방제법의 변천 추정(김, 1985)

연 대	방제법 및 방제횟수[1]				제초제[2]
	1회	2회	3회	4회	
1950	1) H	H(R)	H(R)		
	2) R	H	H	H	.
	3) R	R	H		
1960	1) H	H(R)	H		
	2) H(R)	HC		H	+
	3) HC	H(R)	H		
1970	1) H(R)	H(R)	H		
	2) H(R)	HC		H	++
	3) HC	H	H		
1980	1) HC	H		H	+++
	2) HC	HC			
1990	1) HC	H			++++
	2) HC	HC			
2000	1) HC	HC			++++

1) H: 손 제초, R: 로타리 제초기, HC: 제초제, —: 강제적, ····: 조건적
2) +: 극소, ++: 소, +++: 중, ++++: 다

2000년대의 잡초방제법을 예상해 보면 논에서는 주로 제초제 사용이 계속되어 가장 중요한 방제법이 될 것이고, 밭작물에 있어서도 제초제를 주로 사용하면서 인력이 보조 역할을 하는 양상으로 변할 것이라 예상된다(표 6-3). 또 친환경농산물 생산 면적이 3% 정도이며 앞으로 다소 증가할 것으로 사료되나 제초제에 의존하는 화학적 방제법이 금후에도 계속 사용될 것으로 추정된다.

[표 6-3] 2000년대 잡초방제법의 변천 추정(김, 1985)

연 도	논	밭
1970	인력(+제초제)[1)]	인력(+인력)
1985	제초제(+인력, 제초제)	제초제+인력(+인력)
2000	제초제(+제초제)	제초제(+인력)
2015	제초제(기타)	제초제(기타)

1) ( )는 보조수단, 인력은 손 제초를 의미한다. 기타는 제초제 외의 생물적·물리적 방법 첨가

6.2 잡초방제법

농작물을 재배하는 곳에 목적하는 작물 이외의 식물을 제거하는 것이 잡초방제인데, 앞에서 언급된 것처럼 잡초방제는 사람의 손을 수단으로 하는 방법에서 출발하여 제초제를 사용하는 현재의 방제법에까지 이르게 되었다. 재배되는 작물의 종류 및 발생한 잡초의 종류·밀도 등에 따라서 작물의 손실량에는 상당한 차이가 있으나 방제를 게을리하거나 제대로 방제하지 못한 경우는 수확량에 있어서 10~60%의 손실을 나타낼 것으로 추정되므로 작물 생산에 잡초방제가 중요한 역할을 한다고 볼 수 있다. 이처럼 잡초에 의한 작물 손실이 크게 나타남에도 불구하고 잡초는 작물과의 유사성 때문에 곤충이나 병에 의한 피해에 비하여 대수롭지 않게 취급하고 방제를 게을리하는 경우가 많다.

농작물 생산 측면에서 잡초의 발생을 대수롭지 않게 취급하는 것은 위험한 생각이다. 잡초의 발생은 직간접적으로 엄청난 수확감소를 초래할 뿐만 아니라 그대로 방치해 두면 이듬해의 잡초 발생원이 된다는 점을 간과하지 말고 발생한 잡초는 어쨌든 방제하여야 한다.

방제법은 크게 다음과 같이 나누어 볼 수 있다.

① 예방적 방제법
② 손(인력)과 기계적 방제법
③ 물리적 방제법
④ 경종적 방제법
⑤ 생물학적 방제법
⑥ 화학적 방제법
⑦ 종합적 방제법

어느 한 가지 방법으로 잡초를 100% 방제하기란 매우 어려우므로 방제비용이 가장 적게 들며

가장 효과적인 여러 가지 방제법들을 조합처리하는 것이 바람직하다.

(1) 예방적 방제법

예방적 방제법(豫防的防除法, preventive control method)이란 잡초의 유입이나 전파를 막는 데 사용되는 모든 방법을 의미한다. 잡초는 대체로 종자나 지하경 등의 다양한 방법으로 번식되며 번식원(종자, 포자, 지하경)이 토양 속에 다량 존재하므로 번식원을 감소시키는 방법은 이듬해의 잡초 발생을 억제하는 데 매우 중요하다. 잡초의 번식원은 먼 거리까지 쉽게 이동이 가능하므로 번식원을 차단하거나 방제하는 것이 예방적 방제법으로 효과적이다. 잡초 발생을 예방하기 위하여 다음 사항에 유의하여야 한다.

① 논두렁, 수로, 저수지 등을 깨끗이 하지 않으면 관개수 등을 통하여 번식원이 이동하여 다른 장소에서 잡초가 발생할 가능성이 높다.
② 작물종자에 섞여 전파되는 경우도 있으므로 잡초 전파를 막기 위해 종자법 또는 잡초법 등을 엄격히 적용하여 잡초종자가 들어 있지 않은 깨끗한 종자를 씨종자로 사용하는 것이 바람직하다.
③ 잡초는 동물이나 농기구 등에 부착되어 전파되기도 하므로 잡초가 성숙단계에 있을 때 동물이나 농기구에 부착되지 않도록 하여야 한다.
④ 잡초의 번식원은 퇴비 등에 의해서도 전파 가능하므로 종자가 맺히지 않거나 종자가 없는 상태의 풀로 퇴비를 만드는 것이 좋다.

주변환경을 청결하게 함으로써 인간이나 동물의 병을 예방할 수 있듯이 농경지 주변 특히 논두렁, 수로 및 농로 등을 깨끗이 하면 잡초 발생원을 최대로 억제시킬 수 있고 발생을 감소시킬 수 있다.

(2) 손(인력)과 기계적 방제법

기계적 방제법(機械的防除法, mechanical control method)이란 기계를 사용하여 잡초를 방제하는 것을 의미하며 편의상 손과 호미에 의한 방법도 기계적 방제법에 포함하였다.

1) 손과 호미

손으로 제초하는 방법은 인간이 가장 오랫동안 사용해 온 방법이다. 일년생 잡초는 손으로 쉽게 제거할 수 있으나 다년생 잡초는 지하부분이 많아서 손으로 뽑아 내기가 쉽지 않다. 노임이 싼 후진국이나 개도국에서는 손 제초가 농작물 잡초방제의 가장 중요한 수단으로 이용되고 있다. 호미를 사용하여 손으로 제초하는 방법은 오랫동안 인류가 사용해 온 제초법으로, 현재에도 정원이나 소면적인 잡초방제를 위하여 많이 이용되고 있으며, 노임이 비싸지 않은 곳에서 많이 사용하는 방제법이다.

2) 경운·정지

경운·정지(耕耘·整地, plowing and harrowing) 또는 중경(中耕, cultivation or uphilling)하면 토양이 교반됨으로써 잡초가 방제된다. 밭작물의 중경·배토는 휴간(畦間)잡초뿐만 아니라 포기와 포기 사이의 잡초도 잘 방제할 수 있다. 이리하여 논, 밭을 잘 경운·정지하면 일단 발생한 많은 잡초를 흙에 묻히게 할 수 있어서 잡초의 생육을 차단시킬 수 있고, 또 잡초 발생 초기에 중경·배토하면 상당한 잡초방제 효과를 기대할 수 있다. 이 방법은 특히 조파(條播, sowing in row)하는 콩, 옥수수, 면화 등의 밭작물에 많이 응용되고 있다. 그러나 토양 속에 묻혀 있는 종자나 지하경을 지상부로 올라오게 하여 발생을 촉진하는 기회를 제공하는 단점도 없지 않다.

3) 중경

중경(中耕, cultivation or uphilling)은 땅을 갈아 주거나 배토해 주므로 방제 효과가 있다. 중경은 잡초를 ① 묻어 버리는 효과, ② 근계(根系)를 파괴해 버리는 효과가 있다. 묻어 버리는 방법으로는 콩밭을 배토하는 방법이 있는데, 이것은 발생한 잡초를 묻어 버리는 것으로 일년생 잡초에는 아주 유효하나 지하경으로 번식하는 다년생 잡초에는 효과가 적다. 뿌리를 파괴하는 기구로는 칼, 써레, 회전식 호미, 쟁기, 잡초뽑이 등이 사용되며 잡초의 뿌리가 재생되기 전에 빨리 말라 죽도록 조직을 완전히 말리거나 파괴해 버린다.

4) 춘·추경

춘·추경(春·秋耕, spring and autumn plowing)이란 봄이나 가을에 논밭을 한 번 경운하는 것을 의미하며, 춘·추경함으로써 잡초종자 또는 지하경을 동건사(冬乾死)시킬 수 있어 잡초 발생을 크게 억제할 수 있다(표 6-4). 춘·추경은 잡초의 발생 억제는 물론 곤충 및 병의 서식처가 되고 있는 그루터기 또는 잡초의 잔해를 제거함으로써 병·해충 방제에도 크게 기여하고 토양의 물리적 성질도 좋게 한다. 그러나 경사지의 토양은 풍식(風蝕)이나 수식(水蝕) 등에 의한 토양 침식의 피해를 받게 되어 표토를 유실시킬 우려가 있는 단점도 있다.

[표 6-4] 경운심도 및 Bentazon(제초제)의 가래 방제효과[1] (김, 1976)

경운심도	잡초건물중(g/㎡)[4]					총 계	총 건물중 지수	수 량[5]	
	화본과	사초과	광엽잡초 기 타	광엽잡초 가 래	광엽잡초 건물중지수			현 미	지 수
1. 추경 10㎝	10.0	2.6	5.9	17.1	99	35.6	106	519a	87
2. 추경 20㎝	3.9	3.1	7.7	6.4	37	21.1	63	530ab	88
3. 춘경 10㎝	2.3	5.9	7.1	26.5	153	41.8	125	550abc	92
4. 춘경 20㎝	1.6	4.1	9.5	21.5	124	36.7	110	545abc	91
5. 추경 10㎝ + 보리짚 250㎏/10a[2]	9.0	4.3	2.9	6.3	36	19.5	58	604cd	101
6. 춘경10㎝ + Bentazon 3㎏/10a	1.7	1.9	8.4	-	-	12.0	36	627d	104
7. 손제초(2회)[3]	0.2	0.7	1.3	12.5	72	14.7	44	600cd	100
8. 무처리	0.2	9.3	6.7	1.3	100	33.5	100	525a	87

1) 이식 후 40일째에 조사함, 2) 최종 써레질 시 보리짚이 혼합됨, 3) 손 제초는 이식 후 15, 30일째에 행함,
4) 이식 후 40일째에 조사함, 5) 종으로 같은 문자로 표시된 평균치들은 던컨의 다중검정에 의해 5% 수준에서 유의성이 없음.

5) 예취

예취(刈取, mowing)란 베는 것을 의미하며 잡초를 베는 것은 키가 작은 잡초에는 별로 효과가 없으나 키가 큰 잡초에는 매우 효과적이다. 잡초를 예취함으로써 경합을 직접적으로 감소시킨다. 예취는 통상 개화기 전후에 실시하는데, 종자생산을 못 하게 하므로 일년생 잡초 발생원을 방제하여 이듬해 잡초 발생을 크게 줄일 수 있다. 예취는 낫이나 동력 예취기로 하게 되며 최근에는 주로 동력 예취기로 하고 있다. 다년생 잡초는 1년에 2~3회 예취하면 경합에 의한 직접적인 손실을 줄이고 종자생산뿐만 아니라 지하 영양기관의 생성을 방지할 수 있다. 잡초의 최적 예취기는 늦은 봄이나 초여름, 잎의 완전 전개기와 개화기의 중간이 좋다. 특히 잔디밭이나 도로변 및 운동장 주변 등에 발생한 잡초는 수시로 예취함으로써 경관을 좋게 할 수 있다.

(3) 물리적 방제법

물리적 방제법이란 기계를 사용하지 않는 비기계적 방제법(非機械的防除法, non-mechanical control method)으로서, 잡초를 방제하기 위해 제초제나 생물을 사용하지 않는 방법을 의미하며 다음과 같은 유형이 있다.

1) 소각

소각(燒却, flaming)이란 잡초를 태움으로써 방제하는 것을 의미한다. 태우기는 논두렁, 관·배수로의 주변이나 둑, 도로, 철로변, 잔디밭과 그 밖의 유휴지(遊休地) 등 필요 없는 식물이나 침엽수림

등에 있는 덤불과 관엽식물 등을 제거하기 위하여 늦가을이나 이른 봄에 행해지는 방법으로서, 잡초방제는 물론 병·해충의 서식처(棲息處, reservoir)나 월동 병·해충을 방제하는 이중의 효과가 있다. 그러나 소각 시 기존 식생(植生, vegetation)에 피해가 가지 않도록 각별한 주의를 요한다.

2) 솔라리제이션

토양에 피복한 피복물이 토양온도를 높이고 잡초종자의 발아를 억제시켜 잡초가 죽게 되는 현상을 솔라리제이션(solarization)이라 한다. 투명하거나 불투명한 폴리에틸렌 필름을 토양 표면에 피복하면 종자나 종묘가 열로 인해 치사되는 온도 이상으로 온도가 상승한다. 솔라리제이션은 플라스틱을 습한 토양 표면 위에 올려 놓고 태양복사열을 모이게 하는 것인데, 습기가 많고 온도가 높으며 강한 복사열이 있을 때 토양온도를 크게 상승시키므로 효과적이다. 토양수분은 토양열전도도를 높여서 종자가 고온에 민감한 반응을 보이게 한다.

이스라엘에서 서로 다른 종류의 플라스틱을 사용하여 4주 동안 시험한 결과, 투명한 플라스틱 밑에서는 약 2주 반 만에 토양온도가 40℃를 능가하나 45℃에는 미치지 못하였고, UV를 흡수하는 투명플라스틱은 토양온도를 50℃ 이상 올렸다고 한다(Zimdahl, 1993). 솔라리제이션 후 플라스틱을 제거하자 1주째에 잡초 발생이 97%나 감소되었다고 한다. 우리나라 밭작물에 많이 이용되는 플라스틱 필름 피복은 잡초방제에 큰 효과가 있다고 생각된다.

3) 피복

포장상태에서 작물과 잡초와의 주된 경합의 하나가 빛(光)이므로 초기생육이 빠르며 잎이 넓고 키가 큰 작물을 재배하여 피복(被覆, covering)해 버리면 잡초가 발생하여도 제대로 생육할 수 없어서 경합에 매우 유리한 조건을 만들어 준다. 그 밖에도 마늘밭에 왕겨, 나무껍질, 나뭇잎, 짚을 피복하는 것은 보온뿐만 아니라 잡초 발생을 크게 억제시키는 좋은 방법이며 최근에 고추, 담배, 땅콩 등의 비닐피복재배 또한 수분을 유지시키는 장점 외에 잡초 발생을 크게 억제시키는 좋은 방법이 되고 있다. 비닐의 종류도 검정색이 흰색보다 잡초방제 면에서 효과적이나 작물생산에는 투명비닐이 유리하다고 한다. 최근 과수원에서는 일정한 크기의 매트를 만들어 얼마 동안 덮어 두었다가 다른 곳으로 옮기는 방법으로 잡초를 방제하고 있다. 농촌진흥청에서는 밭작물을 대체로 투명비닐 피복재배하도록 권장하고 있는 실정이다.

4) 극초단파

극초단파(極超短波, ultra high frequency; UHF) 파장은 식물과 종자에 선택적으로 유해하다. UHF 파장은 열에 의한 효과가 유해한 영향을 발휘하는 주된 원인이 된다. 종자의 수분함유량과 전자기(electromagnetic)에너지에 대한 감수성 간에는 직선적 상관관계가 있고, 장파는 종자의 휴면성을 파괴시킨다고 한다. UHF 파장을 이용한 잡초방제법이 상업화되어 있고 목화의 잡초방제나 수생상태의 잡초를 방제하는 데 이용되고 있다. UHF의 작용기작은 이미 발생한 잡초에 UHF 처리 시 전류가 발생해 식물체 내 용액을 끓게 하여 세포벽을 파열시킴으로써 식물체를 죽게 한다. UHF는 화본과보다는 광엽잡초에 유효하다고 한다(Zimdahl, 1993).

5) 담수, 배수

담수(湛水, flooding)란 물을 깊이 대어 잡초 발생을 억제시키는 방법이다. 이 방법이 잡초방제법으로 사용된 것은 벼 재배로부터 유래되었으며 발아 또는 출아(出芽, emergence)하는 잡초의 발생을 억제시키는 방법이다. 벼 이식 후 수심 5㎝로 2~3주간 담수하면 일년생 잡초의 발생을 크게 억제시킬 수 있다. 물 깊이를 20㎝ 정도로 3~8주간 유지하면 잡초 발생을 거의 대부분 억제시킬 수 있으며 특히 다년생 잡초의 방지에 유효하다.

수생조건에만 생육되는 잡초는 배수(排水, draining)함으로써 생육을 지연 또는 억제시킬 수 있다. 담수나 배수는 잡초방제를 위하여 주요 농작물에 실용화하기는 어려운 점도 있지만 이용 가능할 때에 사용하면 매우 효과적인 방제법이 된다.

(4) 경종적 방제법

경종적 방제법(耕種的防除法, cultural control method)이란 일명 생태적 방제법(生態的防除法, ecological control method)이라고도 하며 경운(耕耘), 정지(整地)를 잘하여 잡초가 발생할 수 있는 소지를 최대한 줄이고, 윤작 또는 재식밀도의 조정, 피복작물의 재배, 작물의 초기 생장이 빠른 품종 선택, 적절한 시비법 등으로 작물에 유리한 생장이 되도록 작물의 경합력을 증대시키는 방법을 말한다. 편의상 춘·추경, 중경, 경운, 정지도 경종적 방제법에 포함될 수 있으나 이들 방법은 주로 기계에 의하여 행하여지므로 기계적 방법으로 분류하였다.

1) 작물 경합력 증대

경종적 방제법이란 작물의 능력을 최대로 발휘하게 하여 작물이 잡초와의 경합에서 이기게 하는 방법을 의미한다(알팔파나 건초작물이 재배되고 있을 때는 경지가 경운되어 있지 않으므로 일년생 잡초의 발생을 어렵게 한다). 초기생장이 빠른 품종의 선택, 재식밀도의 조정 등으로 작물의 경합력을 증대시키고 재배작물 사이에 간작으로 다른 작물을 재배하게 되면 잡초가 발생할 수 있는 공간을 최소화할 수 있고 경지 이용률을 최대화할 수 있는 이점이 있다.

이러한 간작의 효과 정도는 선정된 주 작물과 간작으로 이용되는 작물의 종류, 밀도 및 입체적 공간 점유정도에 따라 결정된다. 따라서 간작만으로 효과적인 잡초방제가 되는 것은 아니다. 옥수수밭에 클로버를 재배하면 동반작물(companion crop)로서 잡초의 생육을 억제시키는 효과가 있다고 한다(Vrabel et. al., 1980). 동반작물재배는 간작과 유사한데, 동반작물이 살아 있는 피복물이 됨으로써 잡초의 발생을 억제할 수 있다. 옥수수밭에 베치와 같은 콩과식물을 재배하면 동반작물에 질소를 공급해 주는 장점도 있고 동시에 잡초 발생을 못 하게 하는 이점이 있으나 동반작물과 경합적이 될 수 있는 가능성이 문제가 된다(Monaco 등, 2002).

2) 윤작

작물에 따라서는 그것과 비슷한 습성을 가진 잡초가 많이 발생하는 경우가 있다. 이럴 경우 윤작을 고려해 볼 수 있다. 예를 들어 콩과작물을 재배하다가 화본과작물로 윤작(輪作, crop rotation)하면 재배법의 차이로 말미암아 잡초가 적응할 시간적 여유가 없으므로 잡초의 발생, 생육을 크게 억제시킬 수 있는 장점이 있다. 일반적으로 간작기에 경합력이 강한 작물을 선택하여 작물의 발아 및 생육 최적조건에 파종하거나 파종량을 다소 늘려 작물의 밀도를 증가시키면 잡초가 발생할 공간이 적어져서 작물에 유리한 조건이 형성된다. 논에 2년 연속으로 벼를 재배하다가 1년 정도 콩을 재배하게 되면 벼나 콩을 단작으로 연속 재배할 때보다 잡초의 발생률이 현저히 낮았다(김 등, 1995).

3) 비옥도 조정

현재까지 토양 비옥도가 잡초 발생에 어떻게 영향을 미치는가에 대한 정확한 보고는 없지만 비옥도(肥沃度, fertility)에 따라 발생하는 잡초의 종류나 양에 차이가 있을 것으로 사료되며 이 부분에 대해서도 많은 연구가 이루어져야 할 것으로 생각된다.

(5) 생물학적 방제법

생물학적 방제법(生物學的防除法, biological control method)이란 기생하는 곤충 및 식물병원균, 어류나 가축 등의 생물들을 이용하여 다른 생물의 개체군 밀도를 저하시키는 잡초방제법을 말한다(Huffaker, 1964). 어떠한 생물종의 증식이 조정되지 않고 계속된다면 순식간에 지구를 덮을 수 있을 것이다. 자연생태계에서 동식물의 평형상태가 유지되는 것은 부분적으로 생물학적 조정에 의한 것으로 판단된다.

생물학적 잡초방제의 목적은 도입된 천적이 작물에 피해를 주지 않으며 대상하는 잡초의 개체군을 경제한계 피해수준(經濟限界被害水準, economic injury level) 이하로 감소시키기 위해서인데,

이러한 목적을 충족시키는 천적의 발견은 매우 어려우며 우리나라에서는 현재까지 이 분야에 대한 이렇다 할 연구 결과가 없다. 선진국에서는 20세기 초부터 이 분야에 대하여 많은 연구를 해 왔다. 미국이나 호주에서는 목초지나 수로 등 한 종류의 잡초가 우점 발생한 곳에 병균이나 곤충을 이용한 생물학적 잡초방제법을 실시하여 성공을 거둔 사례가 보고되고 있다. 생물학적 방제용으로 도입되는 생물, 즉 천적이 구비하여야 할 조건은 다음과 같다.

① 대상 잡초에만 피해를 주고, 잡초가 없어지면 천적 자체도 소멸될 것
② 천적 자신의 기생식물에는 피해를 주지 않을 것
③ 환경에 잘 적응하며 잡초의 적응지역에 적응할 수 있을 것
④ 비산 또는 분산하는 능력이 크고 숙주인 잡초에 잘 이동할 것
⑤ 인공적으로 배양 또는 증식이 용이하며 생식력이 강할 것

일반적으로 생물학적 방제법이 화학적 방제법보다 이용 면에서 중요한 역할을 못 하고 있지만 환경보존 측면에서 매우 중요한 방제방법이 될 수 있다.

생물학적 방제법을 연구하기 위하여 ① 잡초의 분포 및 생태적 특성, ② 잡초에 서식 가능한 생물의 동정, ③ 가장 적절한 천적을 선발하여 증식하는 법, ④ 잡초군락 및 작물에 미치는 효과 등을 먼저 구명하여야 할 것이다. 생물학적 방제법과 화학적 방제법의 차이를 비교해 보면 표 6-5와 같다. 생물학적 방제법은 방법이 간단하고 비용이 적게 들며 환경에 잔류할 가능성이 없는 장점이 있으나, 살초작용이 빠르지 못한 점과 여러 초종이 공존하는 군락 등에서는 방제가 불가능하다는 단점이 있다. 이리하여 방제용의 생물을 실용화하는 데 어려운 점이 많다. 생물학적 방제의 예를 몇 가지 들면 다음과 같다.

[표 6-5] 생물학적 방제법과 화학적 방제법의 장단점 비교(김, 1985)

방제법	장 점	단 점
화학적	1. 일정한 지역에 처리 가함 2. 살초작용이 빠름	1. 재배기마다 처리하여야 함 2. 환경에 잔류할 가능성이 있음 3. 방제비용이 다소 많이 듦
생물학적	1. 방제비용이 적게 듦 2. 환경에 잔류할 가능성이 없음 3. 방제법이 간단함	1. 살초작용이 아주 늦음 2. 잡초군락의 여러 초종의 방제는 불가능함

1) 식물병원균을 이용한 잡초방제

Templeton(1982)은 54종의 잡초에 침입 가능한 곰팡이, 박테리아, 바이러스, 선충 등 83종의 식물병

원균(植物病院菌, plant pathogens)을 제시하고 그 가운데 71종이 곰팡이며 곰팡이가 생물학적 방제 병원균으로 사용될 전망이 높다고 했다(표 6-6). 곰팡이 가운데도 *Deuteromycetes, Basidiomycetes*가 가장 많이 연구되고 있다고 한다.

[표 6-6] 생물학적 방제에 이용된 병원균(Templeton, 1982)

구 분	종 수
곰팡이	71
박테리아	3
선충	3
바이러스	6
계	83

곰팡이를 이용한 특정 잡초의 방제 사례가 많은데, 몇 가지 소개하면 *Ageratina riparia*(pamakani 잡초)는 Caribbean 지역으로부터 도입된 *Cercosporella ageratina* 병원균에 의하여 성공적으로 방제되었고, 세계적으로 문제되고 있는 수생잡초인 부레옥잠(water hyacinth)은 *Cercospora rodmanii* 병원균으로, 논 또는 밭에 발생하는 자귀풀(joint vetch)은 *Colletotrichun gloeosporioide* 접종으로 방제가 가능하다고 한다.

그 밖에 식물병원균 특히 곰팡이로 잡초를 억제시킨 예도 많다. 그림 6-1은 잡초, 병원균 및 환경과의 상호작용을 나타낸 것으로, 병원균이 특정 잡초에만 선택적으로 작용하는 데는 환경의 영향이 크다는 사실을 보여 준다. 이것이 병원균을 이용한 생물학적 방제법의 적용을 어렵게 한다. 이 분야에 대해서는 Charudattan과 Walker(1982)가 편집한 『식물병원균을 이용한 생물학적 잡초방제』란 책자를 참조하기 바란다.

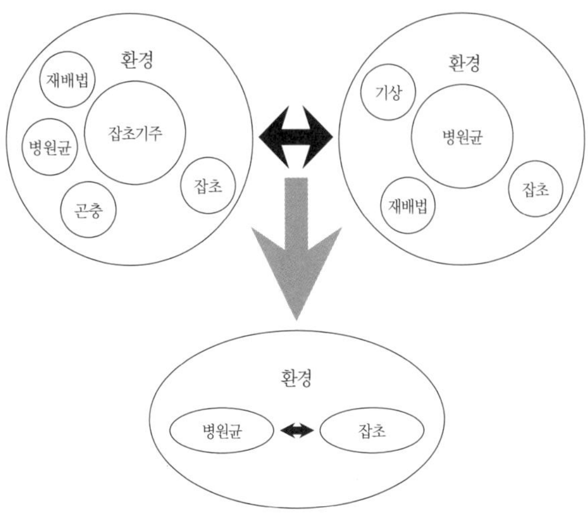

[그림 6-1] 환경과 잡초 및 병원균과의 상호작용체제(Shrum, 1982)

우리나라에서 식물병원균을 이용한 생물학적 잡초방제법 연구결과를 보면 백엽고병균에 뚝새풀, 강아지풀 및 나도겨풀 등이 감수성을 보였고(김 등, 1981), *Epicoccosorus mematosporus*는 올방개를 선택적으로 방제하였다고 보고된 바 있다(홍 등, 1991). 올방개에 대한 *E. mematosporus*의 효과는 표 6-7과 같으며 1.0×10^6 농도에서 90% 이상 방제하였다.

[표 6-7] 올방개에 대한 *Epicoccosorus mematosporus*의 방제효과[1)] (홍 등, 1991)

처리농도	감염 식물체(%)	방제율(%)[2)]
1.2×10^3	36.7a	15.4a
1.0×10^4	68.6b	53.6b
1.1×10^5	91.1c	83.5c
1.0×10^6	96.7c	90.1c
0.8×10^7	96.1c	92.3c

1) 온실조건에서 올방개 28day-old에 접종, 상대습도 90~95%
2) 접종 후 20일째 조사, DMRT 5%

2) 곤충을 이용한 잡초방제

곤충(昆蟲, insect)을 이용한 생물학적 잡초방제법의 성공사례는 호주의 선인장속(*Opuntia* spp.) 방제에서 볼 수 있다. 특히 선인장속은 서반구에서 기원하여 인간에 의해 여러 지역으로 전파되었으며 인간 및 가축의 식량, 사막에서는 물의 공급원 등으로 사용되었으나 전파된 지역에 따라 문제 잡초로 변하기도 했다. 그 예로 1925년 호주에서 약 600만 에이커(약 240,000㏊)에 전파되었는데, 반 이상의 면적이 사람이나 가축 등이 들어갈 수 없을 정도로 우점하게 되었다. 이 잡초의 방제법을 구명하기 위하여 연구원들이 미국, 멕시코, 아르헨티나 등에 파견되어 선인장속만 침해하고 다른 식물에는 피해가 없는 곤충을 찾으려 노력했다. 그러한 가운데 50여 종의 곤충 중 12종의 유효한 곤충을 발견하였으며 그중에서 아르헨티나에서 도입한 좀벌레의 일종(*Cactoblastis cactorum*)이 가장 효과적임을 입증하게 되었다.

이 좀벌레의 유충은 선인장속 식물체의 지상부나 지하부에 구멍을 뚫는데, 이 구멍을 통해 세균이나 곤충의 침입이 용이하게 되어 선인장속이 완전히 파괴되었다. 좀벌레를 도입한 지 5년 만에 선인장속이 전멸될 정도로 좀벌레의 밀도가 증가되었으나 선인장이란 숙주(宿主, host)가 없어짐에 따라 좀벌레의 밀도도 급격히 감소되었다. 그러나 몇 년 만에 선인장속이 또 증가하자 좀벌레의 밀도도 함께 증가하여 선인장속을 문제가 되지 않는 밀도로 유지시킬 수 있었다. 이후 이러한 증감의 반복은 '자연계의 균형(均衡, balance)' 상태에 도달할 때까지 계속하여 일어났고 수만 정보의 밭이 정상적인 생산을 할 수 있게 되었다고 한다(Muzik, 1970).

그 밖에도 미국 서부 목초지의 유독 잡초인 고추나물속(*Hypericum perforatum*) 방제에 무구풍뎅이(*Chysolina hyperici*)가 사용되었고, 월년생 국화과 잡초인 Ragwort (*Senecio jacobaea*)를 방제하기 위하여 Cinmarbarmoth (*Thyree jacobaea*)가, Canada thistle 방제에 Flea beetle (*Haltica carduorum*) 등이 사용되었으며 그 밖에 많은 예가 보고되어 있다.

3) 어류 및 동물을 이용한 잡초방제

어류(fishes)를 이용한 생물학적 방제법의 연구로 일본에서 Tadpole shrimp (*Triopus* sp., 일종의 붕어)가 논잡초 방제를 위하여 사용 가능하다고 제시된 바 있다(Matsunaka, 1975). 1㎡당 20~30마리의 붕어로 논잡초의 방제가 가능하며 이앙된 벼에는 피해를 주지 않는다고 보고되었다. 이 붕어류는 갓 발아한 연약한 식물을 먹이로 하기 때문에 직파벼에는 사용이 불가능하고, 붕어류가 농약에 쉽게 피해를 받으며 다년생 잡초는 공격하지 못한다는 단점이 있다. 최근에 무농약 재배 벼농사의 일환으로 논에 오리를 서식시키는 방제법이 소개되고 있으나 경제성을 검토해야 할 것이다. 오리농법 부문을 참조하기 바란다.

4) 우렁이를 이용한 잡초방제

왕우렁이를 이용한 잡초방제는 수면과 수면 아래 있는 수초, 연한 풀을 먹는 왕우렁이의 먹이습성을 이용한 방법이다.

왕우렁이는 남아메리카 아마존강 유역의 얕은 호수나 늪지에서 서식하는 패류의 일종으로 우리나라의 논, 하천, 저수지 등에 자생하는 우렁이, 일명 논고동과 형태가 유사하며 배다리로 이동하는 연체동물이다(한, 2006).

왕우렁이는 토종우렁이와 형태는 비슷하지만 실제로는 전혀 다른 종류이다. 왕우렁이는 알로 번식하는데 폐호흡을 하면서 물속 밑바닥을 배다리로 기어 다니거나, 수면에 누워서 떠다니며 물속의 수초, 연한 풀을 잘 먹는다고 한다. 우리나라에는 1980년대에 식용으로 도입되었고, 1990년 초부터 논농사에 이용되면서 친환경 쌀 생산을 위하여 빠르게 보급되고 있다(한, 2006).

우렁이를 이용하여 효과적으로 잡초를 방제하기 위해서는 이앙 전 평탄하게 정지작업을 잘하여야 한다. 물이 얕으면 제초효과가 없고 물이 너무 깊으면 모가 물에 잠기어 왕우렁이가 모를 먹어 버리는 피해가 발생하기 때문이다. 종자우렁이를 방사하는 시기는 이앙 후 5~7일째가 가장 효과적이라고 한다. 이 시기에는 벼의 뿌리가 활착되고 키가 자라 수면 위로 나오게 되어 우렁이에 의한 피해가 적다. 모 포기가 잠기지 않을 정도로 가급적 깊게 수심을 유지(3cm 이하는 제초 불가)해야 효과적인 방제가 가능하다고 한다. 10a당 방사할 종자우렁이 양은 5kg 정도가 적합하다고 한다(한, 2006).

표 6-8는 우렁이 투입시기와 투입량에 따른 제초효과를 나타낸 것으로, 이앙 후 5~7일째 5kg 방사하면 90% 이상의 방제효과를 얻은 것으로 보고되었다(한, 2006). 그러나 발생 초종에 따라

방제효과는 달라질 수 있다고 본다. 예를 들면 피가 우점 발생한다거나 발생이 늦은 다년생 잡초인 올방개 등이 우점하게 되면 방제효과가 크게 떨어질 수 있다. 왕우렁이 농법은 친환경농법 중에서 잡초방제효과가 가장 크다고 알려져 있으나, 동남아 지역에서는 왕우렁이가 해충으로 분류되어 있다는 점, 우리나라에서도 월동의 우려가 있고 직파재배에서는 출아하는 벼를 가해하는 문제점이 대두되고 있어서 추후 더 많은 연구가 필요할 것으로 사료된다.

[표 6-8] 우렁이 투입시기별 제초효과(이앙 35일 후)(한, 2006)

구 분	넣지 않은 논	이앙 직후	5~7일 후	15일 후
잡초발생량(g/m^2)	64.8	2.6	0.9	19.8
제초효과(%)	0.0	96.0	98.6	69.4

5) 오리농법

1990년대부터 오리농법은 꾸준하게 확대되어 왔으며 현재 친환경농법으로 많이 사용되고 있으나 오리의 부산물이 환경에 과부담이 되어 환경친화성이 떨어진다는 의견이 있다. 그 밖에도 재배 연수가 오래될수록 오리의 폐사율이 높아진다는 점, 밥맛이 떨어지고 오리 관리를 위한 노동력이 가중된다는 점, 벼 재배 후 오리 처리 등이 문제점으로 대두되고 있다(이, 2006).

오리농법은 벼를 이앙한 후에 오리를 방사하여 잡초를 먹게 하는 방법이다. 잡초는 벼 생육 초기에 방제하여야 한다. 최근에 어린모 기계이앙재배를 주로 하고 있으므로 오리의 투입은 벼에도 피해를 줄 수 있기 때문에 유의하여야 하고 우리가 바라는 만큼의 잡초방제가 되지 않기 때문에 이 방법만으로는 방제가 어렵다고 생각된다.

(6) 환경친화적 방제법

오리나 왕우렁이 농법도 환경친화적 방법이나 이들은 상기의 생물학적 방제법에 이미 기술하였으므로 본 난에서는 쌀겨농법과 알레로파시 이용법을 소개하고자 한다.

1) 쌀겨농법

쌀겨농법은 최근에 재배면적이 점증하고 있는 친환경농법이다. 이 농법은 쌀겨에 함유된 아브시식산(abscisic acid: ABA) 물질이 종자의 휴면을 유도해 발아를 억제시키는 작용을 이용하는 것이다. 이 쌀겨를 논에 살포하였을 때 잡초의 발아를 억제함과 동시에 쌀겨가 부식되는 과정에서 주위의 산소를 빼앗아 토양을 환원상태로 만들어 잡초의 발생을 억제시키는 것으로 알려져 있다(이, 2006).

특히 쌀겨를 살포하였을 때 논의 물이 붉은색을 띠는 이유는 공중 질소를 고정하는 광합성세균이 증식하였기 때문이라고 한다. 쌀겨 혹은 유기물을 표층에 시용한 논에서는 표토의 입자가 크림같이 고와지며 끈적끈적한 층이 생기고 이 층에서는 호기성 미생물의 활동이 왕성해진다(이, 2006).

쌀겨의 살포가 잡초를 억제하는 원리로는 첫째로 물 표면에 끈적끈적한 층을 만들어 햇빛을 차단하여 광발아 잡초의 발아를 억제시키고, 둘째로 쌀겨가 미생물에 의해 분해되면서 물속 표토의 산소를 이용해 급격히 환원상태가 되므로 발아 시 산소 요구도가 높은 피와 같은 잡초의 방제에 효과가 있으며, 셋째로 혐기상태에서 발생되는 잡초는 쌀겨 분해 시 발생되는 유기산에 의해 발아가 억제되는 것이다.

여러 연구기관 또는 연구자들의 결과를 종합할 때 쌀겨는 1~2회 정도 사용하는 것이 벼 생육, 잡초방제, 미질 등에 유리하다. 단 1회만 처리할 경우에는 중모 이앙 시 이앙 후 4~5일이 적기이다. 2회 살포할 경우 1차 살포는 본답준비 기간인 논갈이 직전에 처리하여 담수 후 15일 내외로 충분한 분해기간을 주는 것이 좋으며, 2차 살포는 모낸 후 4~5일경이 비교적 안전한 처리시기로 알려져 있다(김, 2006).

쌀겨의 시용량은 10a당 1회 처리 시(모낸 후 4~5일경)에는 200kg이 적당한 양으로 알려져 있다. 2회 처리 시는 총 300kg을 2회로 나누어 1차로 200kg/10a를 이앙 전에 살포하고, 2차로 100kg/10a를 이앙 후 4~5일에 처리하는 것이 효과적이라고 한다.

쌀겨에는 질소, 인산칼리와 마그네슘이 다량 함유되어 있으므로 쌀겨농법은 화학비료를 사용하지 않고 벼농사를 지을 수 있는 친환경농법이다. 쌀겨 살포 시 유의 사항은 어린모를 이앙해서는 안 되며 중모 이상을 이식해야 하고, 이앙 후 수심을 5cm 이상 유지해야 한다는 점이다. 쌀겨 시용 시 일반 잡초에 79~80% 정도의 효과가 있다고 보고되었다. 후기 잡초의 발생 가능성이 있다는 점 등을 고려할 때 경제성을 따지게 되면 시용하기가 어렵다.

2) 식물체에 의한 알레로파시 작용

많은 식물은 다른 식물의 생육을 억제하는 물질을 생성하여 토양에 배출한다고 한다. 이와 같이 어떤 식물의 체내에서 생산되어 외부로 배출된 물질이 다른 식물의 발아나 생육을 억제시키는 식물체 상호 간의 작용을 식물체에 의한 알레로파시 작용 또는 상호대립억제작용(相互對立抑制作用, allelopathy)이라고 한다. 식물에 의한 알레로파시 작용은 호밀, 귀리, 담배, 오이, 수수 등의 작물에도 존재하는 것으로 밝혀졌으며, 잡초인 개밀속, 존슨그래스, 메귀리, 엉겅퀴, 향부자, 방동사니속, 어저귀속, 비름속 등에서도 존재한다고 밝혀졌다(Rice, 1984). 곽 등(1984) 및 권 등(1985)은 보리, 밀, 호밀의 추출물이 가래의 맹아를 초기에 촉진하다가 45일 후에 생장을 크게 억제시키고, 밀과 호밀의 수용성 추출물은 명아주나 참비름의 발아를 완전히 억제시키는 식물 상호 간 알레로파시 작용이 존재한다고 보고했다(표 6-9).

[표 6-9] 밀짚 및 호밀짚의 수용성 추출액이 밭잡초의 발아에 미치는 영향(권 등, 1985)

추출 작물명	잡초명	쇠비름 (*P. oleracea*)		바랭이 (*D. ciliaris*)		참비름 (*A. retroflexus*)		명아주 (*C. album*)	
	농 도	3DAT[1]	5DAT	3DAT	5DAT	3DAT	5DAT	3DAT	5DAT
	무처리 (발아율: %)	56.6	90.0	50.0	91.7	53.3	76.7	16.7	70.7
		무처리에 대한 비율(%)							
밀	희석하지 않음	35.3	51.9	56.6	54.5	0.0	0.0	29.9	57.1
	1/2 희석	113.0	104.0	96.0	100.0	66.0	51.0	40.1	66.7
호밀	희석하지 않음	10.6	13.0	0.0	1.8	0.0	0.0	0.0	0.0
	1/2 희석	43.0	37.0	4.0	3.0	0.0	0.0	0.0	9.6

1) DAT: 처리 후 경과일수

(7) 화학적 방제법

제초제(除草劑, herbicide)를 사용한 화학적 방제법(化學的防除法, chemical control method)은 잡초방제법의 변천에서 언급된 것처럼 1940년대에 2,4-D가 개발된 이래로 급속히 발달하여 현재에 이르렀다. 표 6-5에서 언급된 것처럼 제초제의 사용은 살초작용이 빠르고 일정한 지역에 손쉽게 처리할 수 있다는 장점이 있으나 환경 잔류가능성과 재배할 때마다 처리하여야 하는 단점도 있다. 농업의 전반적인 측면에서 제초제의 개발과 사용은 경제적·사회적 측면에서 획기적인 변화를 가져왔다. 선진국에서는 농촌 노임보다 훨씬 비용이 싸서 경제적이며 우리나라에서도 노임과 제초제 사용에 의한 경비를 비교해 보면 제초제 사용이 훨씬 경제적임을 알 수 있다. 노임이 비교적 싼 후진국에서도 제초제가 사용되고 있는 것은 농작업 중에서도 가장 하기 싫은 제초작업을 제초제가 대신하고 있기 때문이다. 제초제는 ① 효능이 좋고, ② 값이 싸고, ③ 안정성이 높아야 하는데, 이와 같은 제초제를 새로 개발하는 데는 수천만 불의 비용이 들며 성공확률은 1/20,000밖에 되지 않기 때문에 후진국에서는 개발이 불가능하다. 제초제는 사용시기에 따라 다음과 같이 나눈다.

1) 파종전처리

파종전처리(播種前處理, preplanting treatment)란 작물을 파종하거나 재식하기 전에 처리하는 것으로서 토양소독제도 이 범주에 속한다. 제초제를 파종전(재식전)토양혼화처리(播種前土壤混化處理, preplanting soil-incorporation)하면 발아하는 잡초의 방제에 매우 유효하다. 토양처리형 제초제로는 Oxadiazon, Trifluralin 등을 들 수 있으며 작물종자는 이들 제초제에 대하여 진성저항성을 갖고 있어야 한다.

2) 발아전처리

발아전처리(發芽前處理, preemergence treatment)란 작물과 잡초가 모두 출현하기 전이나 잡초가 출현하기 전에 처리하는 것을 의미한다. 이리하여 작물과 잡초에 대한 발아전처리, 작물에 대한 발아전처리, 또는 잡초에 대한 발아전처리를 하고자 할 때에는 적당한 처리시기를 결정하여야 한다. 이앙된 벼의 경우 초기에 처리하는 대부분의 제초제가 이 범주에 속하며 그 시기는 써레질로부터 이식 후 7일까지이다.

3) 발아후처리

발아후처리(發芽後處理, postemergence treatment)란 작물이 발아하거나 이식된 후, 잡초가 발생한 상태에서 처리하는 것으로서 일명 경엽처리(莖葉處理, foliar treatment)라고도 하는데 주로 경엽에 효과가 큰 제초제가 이 범주에 속한다. 예를 들면 광엽잡초를 선택적으로 방제하기 위하여 2,4-D를 화본과작물(논, 목초지) 재배지에 사용하는 경우가 바로 발아후처리에 해당된다. 때로는 작물의 최고생장기 등에 중경, 배토한 후 이랑에 있는 잡초를 방제하기 위하여 처리하는 것도 이 범주에 속한다.

한편으로 제초제의 처리구역에 따라 다음과 같이 구분할 수 있다.

① 전면처리(全面處理, broadcast treatment): 전체면적에 일괄적으로 처리하는 것

② 대상처리(帶狀處理, band treatment): 이랑이나 이랑 사이에 제초제를 처리하는 것을 의미하며 이랑 사이의 잡초를 방제하기 위하여 제초제 외에 트랙터나 쟁기 등으로 중경함으로써 잡초방제 비용을 절감한다.

③ 점처리(點處理, spot treatment): 제한된 면적에 처리하는 것을 의미한다. 특정한 잡초의 만연을 방지할 목적으로 사용된다. 발아전처리나 발아후처리를 할 때 균일하게 방제가 되지 않고 부분적으로 발생한 잡초는 전 면적에 살포할 필요가 없으며 비선택성 제초제 Paraquat, Glyphosate, Glufosinate, Sulfosate 등을 국부적으로 사용하면 효과적으로 방제할 수 있고 경제적이다.

(8) 종합적 방제법

1) 종합적 방제법

종합적 잡초방제법(綜合的雜草防除法, integrated weed management, IWM)이란 주어진 잡초를 방제하기 위하여 앞에서 언급한 방제법을 2종 이상 혼합하여 사용하는 것을 말한다.

잡초의 개체군 또는 군락을 효과적으로 방제하기 위하여는 한 가지 방법으로 소기의 목적을

달성할 수 없다. 따라서 제초제에만 의존하지 말고 예방적·경종적·물리적·기계적·생물학적 방제법 중의 하나 또는 둘 이상을 제초제와 혼합하여 사용하면서 작물의 전 생육기간을 종합적으로 관리할 때 효과적인 방제를 기대할 수 있다.

그림 6-2는 종합적 방제법의 구성요소를 나타낸 것이다. 작물의 품종이 초기 성장력이 빨라 건물중 생산이 높고, 초관을 빨리 형성시키는 경합력을 갖고 있으며, 알레로파시 형질까지 가진 품종을 육성할 수 있으면 제초제 처리량을 대폭 줄일 수 있을 것이다. 앞으로 이 부문에 대한 많은 연구가 수행되길 기대해 본다. 농약과 비료의 사용을 대폭 줄이는 정밀농업으로 가는 것이 친환경농법의 기본이 될 것이다.

종합적 방제의 의미는 해충의 생물학적 방제를 주장한 곤충학자들에 의해서 시작되었는데, 곤충뿐만 아니라 병이나 잡초에도 이 개념이 통용되고 있다.

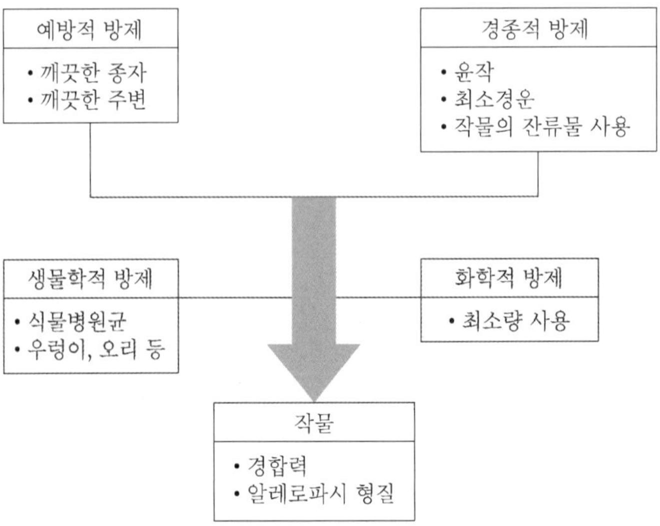

[그림 6-2] 종합적 방제법의 구성요소

2) 잡초방제체계

최근 잡초방제체계(雜草防除體系, weed control system)란 용어가 많이 사용되고 있는데 이것은 제초제와 제초제에 의한 체계, 제초제 이외의 방법과 제초제와의 체계 등을 들 수 있다. 특히 논에서 일년생과 다년생이 혼합된 군락에서 어느 한 방법으로 방제를 잘하기란 매우 어렵다. 왜냐하면 일년생의 경우는 써레질로부터 대개 10일을 전후하여 발생되나 다년생인 올방개의 경우는 출아(出芽, emergence) 폭이 20~60일 정도이므로 발아전처리, 즉 이식 후 5일째 제초제를 처리하는 것으로, 불균일하고 장기간에 걸쳐서 발생하는 올방개와 같은 잡초를 방제하기가 힘들다(제3장 그림 3-7).

그러므로 2회째 처리로 후기처리체계를 도입함으로써 효과적인 방제가 가능하다. 또 논에서 추경 또는 춘경을 하고 벼를 이앙한 후 제초제 1회 처리로써 다년생을 효과적으로 방제할 수 있는 체계는 표 6-10와 같으며 이와 같은 처리체계는 종합적 방제법의 범주에 속할 수도 있다. 여하튼 발생한 잡초의 초종 및 토양 등을 고려하여 적절한 방제체계를 선택하여 사용하여야 할 것이다. 농약을 적게 사용하여 환경에 피해를 주지 않고 가장 비용이 적게 드는 경제적인 방법으로 잡초를 방제하는 것이 이상적이며 바람직한 종합적 방제의 목표가 될 수 있다.

[표 6-10] 가상적 논잡초의 종합적 방제체계(김, 1983)

처리 / 방제체계	제초제 처리시기				잡초군락형
	추·춘경[1]	초기[2]	초·중기[3]	후기[4]	
Ⅰ[5]	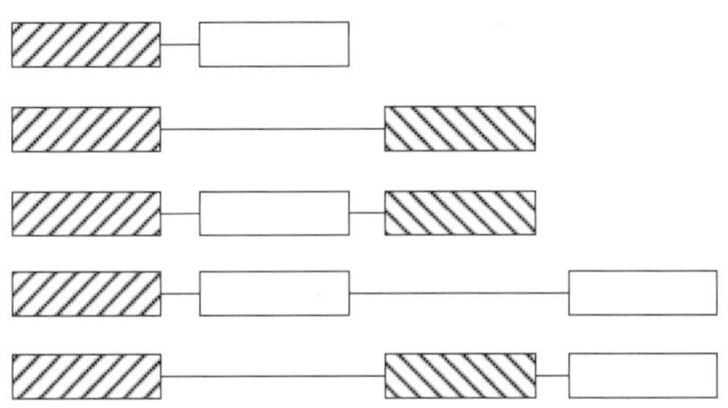				• 일년생·다년생 (일년생 다소 우점)
Ⅱ[5]					• 일년생·다년생 (다년생 다소 우점)
Ⅲ[6]					• 일년생·다년생
Ⅳ[6]					• 일년생·다년생
Ⅴ[6]					• 일년생·다년생 (다년생 우점)
제초제	단제 또는 혼합제	단제 또는 혼합제	단제 또는 혼합제	단제 또는 혼합제	

1) 벼 수확 후나 봄에 20㎝ 심도로 춘·추경함
2) 벼 이앙 전 2일에서 벼 이앙 후 7일
3) 단제는 이앙 후 8일에서 20일, 혼합제는 이앙 후 15일에서 30일
4) 유효분얼기 말에서 유수형성기 이전
5) 일년생 및 다년생 잡초 군락형(일년생 다소 우점), 일년생 및 다년생 잡초 군락형(다년생 다소 우점)
6) 일년생 및 다년생 우점

3) 식생관리법

잡초관리법(雜草管理法, weed management)은 어떤 유용한 식물의 식생, 특히 유용한 목초로 경작지의 표면을 전부 피복하여 재배하면서 경운, 정지나 잡초방제 목적으로 토양을 갈지 않고 이 목초의 생장을 조정하면서 작물을 생산하는 방법을 의미하는 일명 식생관리법(植生管理法, vegetation management)과 같은 의미로 사용된다. 예를 들면, 오차드그래스를 목초로 심어 놓고 콩을 재배하고자 하면 6월에 오차드그래스를 1차 수확하거나 비선택성 제초제 Paraquat로 지상부만 건사시킨 후 지하부를 남겨 놓은 상태에서 콩을 점파 또는 줄로 심으면 그 포장은 콩과 목초가 함께 자라게 되고 질소 영양소의 균형은 물론 잡초가 발생할 수 있는 공간이 없어진다. 이리하여 생산비를 절감하고 장기적 안목에서 토양의 침식(浸蝕, erosion)이 방지되며 토양수분을 유지할

수 있어서 작물 및 목초의 생산을 증가시키는 좋은 방법이 된다.

특히 우리나라는 경사지의 밭이 많고 밭이나 과수원에 토양침식방지나 수분을 보지(保持, maintenance)하기 위하여 풀을 재배하는 것이 바람직하나 이 분야에 대한 이렇다 할 연구 보고가 없는 실정이다. 한편으로 방제가 용이한 잡초군락을 유지함으로써, 방제가 어려운 잡초가 침입하여 우점하지 못하도록 잡초를 관리하는 것도 잡초관리법에 속한다.

4) 최소경운정지법

우리나라와 같이 경사가 심한 토지에서는 밭작물 재배 시 전면을 경운, 정지하여 토양을 유실시키는 것보다는 토양 표면에 목초나 기타 유익한 잡초류의 식생을 보존하면서 최소로 경운하고 작물을 재배하는 것이 토양침식 방지, 토양비옥도 보존, 수분 보존, 잡초방제 효과 등 장점이 많다. 금후 최소경운정지법(最少耕耘整地法, minimum tillage)을 동원한 관리법이 잡초방제법으로 크게 활용될 것으로 예상된다. 최소경운정지법은 현재 미국 등 선진국에서 실용화되고 있다.

참고문헌

1. Charudattan, R. and H.L. Walker, 1982. Biological Control of Weeds with Plant Pathogens. John Wiley & Sons, Inc. New York, pp.35-37, 119.
2. Huffaker, C.B. 1964. Fundamentals of Biological Weed Control, In: Biological Control of Insect Pests and Weeds. P. Debach, ed. Reihold Publishing Corporation, pp.631-649.
3. Hong Y.K., J.C. Kim, K.L. Ryu and S.C. Kim. 1991. Research Report of Youngnam Crop Experiment Station. Rural Development Administration, Milyang, Korea pp.938-946.
4. 권순태·김길웅. 1985. 맥류작물(밀, 호밀) 잔여물로부터 동정된 Phenolic Compounds가 잡초의 발아 및 생육에 미치는 영향. 한국잡초학회지 5(2): 121-130.
5. 김길웅. 1983. 우리나라 논의 다년생잡초 방제에 대하여 한농계간 (8): 12-15.
6. 김길웅. 1985. 잡초방제와 제초제의 안전사용. 농약안전사용세미나 보고서, 경북대학교 농업과학기술연구소, pp.77-139.
7. 김길웅·최현옥. 1976. 답다년생잡초방제에 관한 연구. 한국작물학회지 21(1): 20-23.
8. 김길웅·신동현·박상조·정종우·여명환. 1995. 답전윤환재배지에서의 잡초발생동태. 한국잡초학회지 15(4): 305-312
9. Kim, K.U., S.Y. Jeh, J.K. Sohn and S.K. Lee. 1981. Paddy weeds serving as the possible reservoirs for rice bacterial leaf blight. Korean Journal of Crop Science 26(1): 40-44.
10. 곽상수·김길웅. 1984. 보리 잔여물속에 함유된 주요 phenolic acids가 논잡초발아에 미치는 영향. 한국잡초학회지 4(1): 39-51.
11. 권순태·김길웅. 1985. 맥류작물(밀·호밀)의 잔여물로부터 동정된 Phenolic Compounds가 잡초의 발아 및 생육에 미치는 영향. 한국잡초학회지 5(2): 121-130.
12. Matsunaka, S. 1975. Tadpole shrimp. A biological tool of weed control in transplanted rice fields. Proc. 5th Asian-Pacific Weed Sci. Soc. Conf. pp.439-443.
13. Monaco, J.J., S.C. Weller, F.M. Ashton. 2002. Weed Science: Principle and Practice. John Wiley & Sons, Inc. New York, U.S.A. p.54.
14. Muzik, T.J. 1970. Weed Biology and Control. McGraw-Hill Book Company, New York, pp.4-31.

15. Rice, E.L. 1984. Allelopathy. Academic Press, Inc. pp.350-356.
16. Shrum, R.D. 1982. Creating Epiphytotics. In: Biological Control of Weeds with Plant Pathogens, Charudattan et al. ed. A Wiley-Interscience Publication. John Wiley and Sons, New York. pp.113-136.
17. Templeton, G.E. 1982. Status of weed control with plant pathogens. In: Biological Control of Weeds with Plant Pathogens, R. Charudattan et al. ed. A Wiley- Interscience, John Wiley and Sons, New York, pp.29-44.
18. Vrabel, T.E., P.L. Miuotti and R.D. Sweet. 1980. Seed legumes as living mulches in sweet corn, Proc. Northeastern Weed Sci. Soc. 34: 171-175.
19. Zimdahl, R.L. 1993. Fundamentals of Weed Science. Academic Press, Inc. San Diego, California, pp.16-17.

7 제초제

7.1 일반적 특성

제초제는 화학구조에 따라 여러 계열로 구분하나 때론 구분하기 힘든 화합물도 있다. 제초제는 대부분이 유기화합물질로 구성되어 있기 때문에 제초제의 화학구조나 특성을 이해하기 위해서는 유기화학(有機化學, organic chemistry) 분야에 대한 기초지식이 필요하다.

유기화합물로 된 제초제를 이해하는 데 도움이 되는 유기화학의 기초에 대하여 몇 가지를 설명하고자 한다.

(1) 유기화합물

유기화합물(有機化合物, organic compounds)이란 탄소원자를 하나 이상 함유하고 있는 화학물질을 의미한다. 하나의 탄소원자는 4개의 다른 원자와 전자를 공유하여 서로 간에 결합할 수 있고 탄소원자끼리 결합된 사슬(chain)을 만드는데, 이 사슬은 측쇄(側鎖, branched), 무측쇄(無側鎖, unbarnched) 또는 환(環, ring)구조를 하고 있다.

일반적으로 제초제를 구성하고 있는 유기화합물은 십여 개의 화학원소 원자들로 구성되어 있다. 그중 가장 보편적으로 함유되어 있는 원소는 탄소(C), 수소(H), 산소(O)이고 여기에 질소(N), 유황(S), 인(P)과 할로겐족(F, Cl, Br, I)이 결합하여 다양한 제초제가 만들어진다. 때로는 금속원소인 철(Fe), 마그네슘(Mg), 코발트(Co) 등이 함유되기도 하나 일반적인 것은 아니다. 흔히 사용되는 유기제초제는 이들 금속원소를 제외한 여타의 원소들로 구성되어 있다.

(2) 탄화수소화합물

탄화수소화합물(炭火水素化合物, cabonhydrogen compounds)이란 탄소와 수소만을 포함한 유기화합물을 의미하며 이들은 포화(飽和, saturated)와 불포화(不飽和, unsaturated) 탄화수소화합물로 대별할 수 있다. 포화 탄화수소화합물은 탄소와 탄소 간의 결합이 단순한 공유결합(共有結合, covalent bone)으로 되어 있으나, 불포화 탄화수소화합물은 탄소와 탄소의 결합 간에 하나 또는 하나 이상의 2중결합(二重結合, double bonds) 또는 3중결합(三重結合, triple bonds)이 들어 있는 화합물을 의미한다.

이들의 명명법은 포화 탄화수소화합물을 알칸(alkanes)이라 부르고, 2중결합이 들어 있는 불포화 탄화수소화합물을 알켄(alkenes) 또는 올레핀(olefines), 3중결합이 들어 있을 때 알킨(alkynes) 또는 아세틸렌(acetylenes)이라 부른다. 포화든 불포화든 간에 탄화수소화합물이 무측쇄(無側鎖, open-chain)이면 알리파틱(aliphatic) 화합물, 사이클 모양이면 알리사이클릭(alicyclic) 화합물이라 불린다. 알켄형으로 6개의 탄소가 벤젠 모양의 환(環, ring)구조로 된 것을 방향족 화합물(芳香族化合物, aromatic compounds)이라 한다. 대부분의 유기제초제의 기본 골격을 이루는 요소는 무측쇄인 알리파틱 화합물과 환구조를 한 방향족 화합물이다.

(3) 알리파틱 화합물

포화 탄화수소화합물 중 탄소(炭素, carbon)원자 하나를 갖는 것을 메탄(methane), 두 개 갖는 것을 에탄(ethane), 세 개 갖는 것을 프로판(propane), 네 개 갖는 것을 부탄(butane) 등으로 부르는데, 이들은 -ane을 접미사로 갖는다는 공통점이 있다. -ane 대신에 -yl이 붙게 되면 반응물질이 된다. 2중결합이 들어 있는 알켄류(alkenes)나 3중결합이 들어 있는 알킨류(alkynes)도 수소를 하나 제거했을 때는 알칸류(alkanes)와 유사하게 명명한다. 알칸류(alkanes)의 구조는 그림 7-1과 같다.

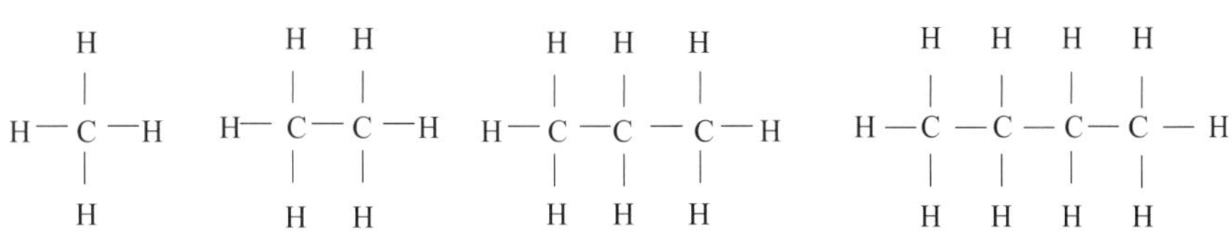

Mathane Ethane Propane Butane

[그림 7-1] 알칸류의 구조

알리파틱 탄화수소화합물은 탄소원자의 연쇄적 결합을 근간으로 하여 끝에서부터 연속적으로 치환된 화합물을 명명한다(그림 7-2).

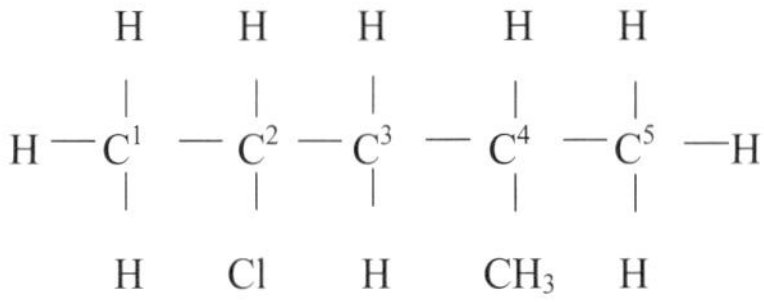

2-chloro, 4-methyl pentane

[그림 7-2] 알리파틱 탄화수소화합물의 치환

카르복실기(-COOH)가 함유된 알카노익 화합물(alkanoic compounds)은 카르복실기의 탄소원자를 1번으로 명명하거나 카르복실기 다음부터 α(알파, alpha), β(베타, beta), γ(감마, gamma) 등의 희랍어로 명명하기도 한다(그림 7-3).

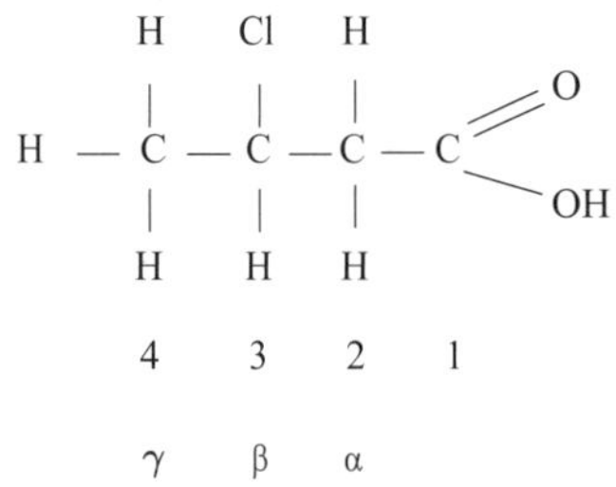

3-chloro-n-butyric-acid 또는
β-chloro-n-butyric-acid

[그림 7-3] 알리파틱 탄화수소화합물의 치환

(4) 벤젠

벤젠환(benzene ring)은 유기화합물로 합성된 제초제를 구성하는 가장 기본이 되는 구성요소이며 화학구조(化學構造, chemical structure)는 그림 7-4와 같다.

벤젠환을 가진 유기화합물의 제초작용은 벤젠환에 치환된 물질에 의해 나타나는 것이지 벤젠환을 구성하고 있는 2중결합 때문에 생기는 것은 아니다. 벤젠환구조(C_6H_6)에서 수소원자 하나가 제거된 것을 페닐환(phenyl ring) 또는 페닐기(phenyl group)라 하며 편의상 페닐환에 치환된 물질의 위치를 동정(同定, identification)하기 위하여 벤젠환의 탄소에 번호를 붙여서 표시한다.

만약 벤젠환에 두 개의 수소원자가 두 개의 다른 화학물질로 치환되었을 때 ortho(o)-, meta(m)- 또는 para(p)-라는 접두어를 붙여 명명하는데, ortho-는 두 개의 화합물이 서로 인접하여 치환된 것, meta-는 하나 건너 치환된 것, para-는 치환된 물질이 맞은편에 존재하는 것을 의미한다(그림 7-5).

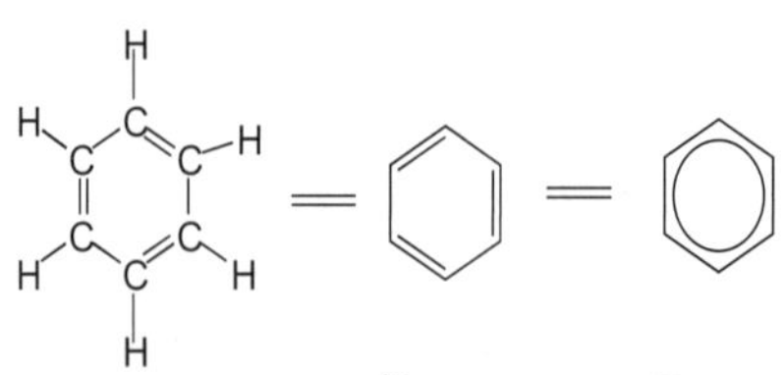

Benzene (a) Benzene (b) Benzene (c)

[그림 7-4] 벤젠(benzene)의 화학구조

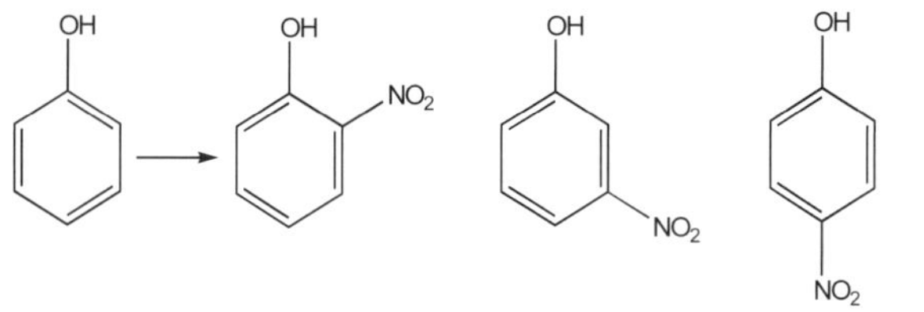

phenol ortho−nitrophenol meta−nitrophenol para−nitrophenol

[그림 7-5] 페놀(phenol) 화합물

(5) 반응기

반응기(反應基, radicals)는 유기제초제의 치환물질(置換物質, substituents)로서 주요 반응기는 표 7-1과 같다.

[표 7-1] 제초제에 치환되는 반응기 또는 반응물질

$-OH$	hydroxyl	$-CH_2CH_3$	ethyl
$-CH_3$	methyl	$-CH_2CH_2CH_3$	n-propyl
$-NH_2$	amino	$-CH_3CHCH_3$	isopropyl
$-NO_2$	nitro	$-CH_2CH_2CH_2CH_3$	n-butyl
$-OCH_3$	methoxyl	$-COOH$	carboxyl
$-SCH_3$	methylthio	$-CONH_2$	amide
$-CN$	nitrile, cyanide		
Br: bromine	Cl: chlorine	F: fluorine	
N: nitrogen	O: oxygen	H: hydrogen	
S: sulfur	C: carbon		

(6) 제초제의 분류

제초제로 분류된 화합물은 세계적으로 250종이 넘는다. 2020년 현재 우리나라에 등록된 제초제는 단제와 혼합제를 포함하여 총 454품목이며 이들 제초제는 다음과 같이 분류할 수 있다.

1) 화학물질에 따른 분류

제초제는 그것을 구성하고 있는 물질이 유기화합물이냐 무기화합물이냐에 따라 유기제초제(有機除草劑, organic herbicide)와 무기제초제(無機除草劑, inorganic herbicide)로 구별할 수 있으며, 1944년

2,4-D가 개발된 이래 현재 사용하고 있는 대부분의 제초제는 유기화합물(有機化合物, organic compounds)로 구성된 유기제초제이다.

2) 화학구조에 따른 분류

화학구조에 따른 분류는 제초제를 구성하고 있는 화학물질의 이화학적 성질, 작용특성, 작용기구 등이 비슷한 것을 같은 계열로 분류하는 것으로서, 일반적으로 가장 많이 사용되는 방법이다. 그러나 제초제의 명명은 복잡하여 자세히 설명할 수가 없을 정도로 변수가 많다. 예를 들면 2,6-dinitroaniline을 골격으로 한 제초제는 벤젠환에 치환하는 물질에 따라 서로 다르게 명명되며, 치환된 아미노기는 Acetophenone, Aniline, Cumidine, Phenylenediamine, Sulfanilamide, *p*-toluidine, Toluene, Xylidine 등의 여러 종류로 명명되기도 한다.

우리나라에서 사용하는 제초제의 화학구조별 특성은 7.2절에 설명되어 있다.

3) 이행에 따른 분류

제초제는 식물체에 처리했을 때 식물체의 접촉부위에서만 살초력을 발휘하는 접촉형 제초제(接觸型除草劑, contact herbicide)와, 접촉된 부위로부터 식물체 내에 흡수되어 다른 부위로 이행되는 이행형 제초제(移行型除草劑, translocating herbicide)로 나눌 수 있다.

이행형 제초제는 토양에 처리한 경우 뿌리로부터 흡수되어 수분이나 영양분과 더불어 지상부로 이행되며 체내 이행은 증산작용(蒸散作用, transpiration)에 영향을 받는다. 그리고 경엽(莖葉, foliar part)에 처리한 제초제는 상하 또는 좌우로 이행이 가능한데 대체로 광합성(光合成, photosynthesis)에 의해 생성된 동화양분(同化養分, photosynthate)과 함께 식물체 내의 작용점(作用點, site of action)으로 이행하여 작용특성(作用特性, mode of action)을 발휘하고 감수성(感受性, susceptibility) 식물을 고사시킨다. 경엽에 처리한 2,4-D는 동화양분과 함께 식물체의 생장점으로 이행하여 생장을 직접 억제하거나 균형을 잃게 하여 고사(枯死, killing)시킨다. 토양에 처리한 Triazine계 제초제는 지상부로 이행하여 광합성을 억제해 감수성 식물을 고사시킨다.

접촉형 제초제는 접촉된 부위의 세포에 직접 작용함으로써 살초효과를 발휘한다. 비선택성 제초제(非選擇性除草劑, nonselective herbicide)로, 경엽에 처리하였을 때 2~3시간 내에 살초성을 발휘하는 Paraquat는 접촉형 제초제의 좋은 예이다.

호르몬형 제초제는 식물체 내를 잘 이행할 수 있기 때문에 이행형이라고 한다. 식물체 내에 있는 수종의 천연호르몬에 불균형을 초래하여 정상적인 생리작용을 억제함으로써 식물체를 고사시키게 되는데, 페녹시(phenoxy)계의 제초제가 이 계열에 속한다.

4) 처리방법에 따른 분류

제초제는 처리장소 또는 부위에 따라 분류되기도 하며, 토양에 처리하는 토양처리 제초제(土壤處理除草劑, soil treated herbicide)와 지상부의 경엽에 처리하는 경엽처리 제초제(莖葉處理除草劑, foliar treated herbicide)로 나눌 수 있다. 작물 또는 잡초의 발생 전이나 작물의 파종 또는 이식전처리 제초제(播種 또는 移植前處理除草劑, preemergence herbicide)와 잡초발생후처리 제초제(發生後處理除草劑, postemergence herbicide) 중 발생 후에 처리하는 제초제는 경엽에 처리하는 것이 대부분이다.

우리나라 논에서 이앙 전 2일에서 이앙 후 7일 사이에 처리하는 제초제를 초기처리 제초제(初期處理除草劑, early applied herbicide), 이앙 후 8~20일에 처리하는 제초제를 중기처리 제초제(中期處理除草劑, mid-time applied herbicide), 이앙 20일 이후에 처리하는 제초제를 후기처리 제초제(後期處理除草劑, late applied herbicide)라고 한다. 우리나라는 이앙 5~20일 전후에 살포하는 초·중기처리 제초제가 대부분이며 후기처리 제초제는 금후에 더 많이 개발 보급되어야 할 것이다. 작물별 방제법의 상세한 내용은 논잡초 방제(제15장)에서 논하고자 한다.

5) 선택성 유무에 따른 분류

제초제는 대부분 그 자체가 독성을 발휘하는 독성물질(毒性物質, toxic substance)이므로 처리시기를 고려하여 적정량을 살포하여야 한다. 잡초방제를 목적으로 처리할 때 작물에는 피해가 없고 잡초만 고사되는 경우, 즉 2,4-D를 처리했을 때 화본과(禾本科, grass)인 벼는 약해가 없으나 광엽잡초(廣葉雜草, broadleaf weed)만 고사되는 경우에 제초제에 대한 선택성(選擇性, selectivity)이 있다고 한다.

비선택성 제초제(非選擇性除草劑, nonselective herbicide)란 식물의 종(種, species) 간에 독성발휘 정도의 차가 아주 근소한 것을 의미한다. Bialaphos, Glyphosate, Glufosinate, Paraquat, Sulfosate 등은 비선택성 제초제로서 개간지, 비농경지, 과수원 등에 발생하는 모든 잡초의 방제에 큰 효과를 보이는 제초제들이다.

7.2 페녹시카르복실계 제초제

(1) 구조적 특성

페녹시카르복실계(phenoxycarboxyl group) 제초제의 분자구조는 산소원자 하나가 벤젠환에 결합되어 있는 수소원자를 치환하고, 하나 또는 하나 이상의 탄소를 포함한 지방족 산류가 산소원자와 결합하고 산소원자와 카르복실기와는 간접적으로 결합되어 있으며, 벤젠환에는 여러 가지 치환기가 a, b, c 위치에 치환된다. 페녹시카르복실계 제초제의 주요 골격은 다음과 같다(그림 7-6).

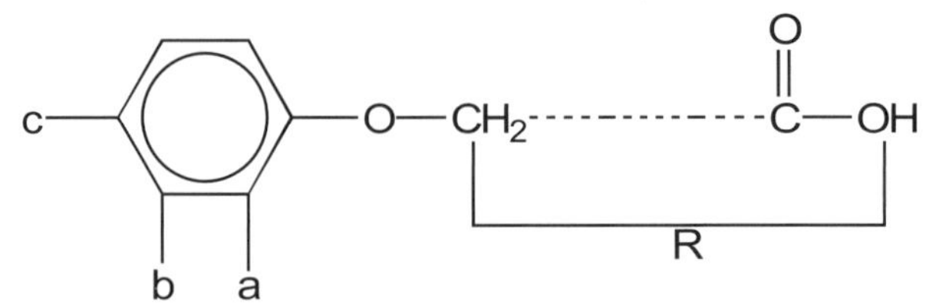

[그림 7-6] 페녹시카르복실계(phenoxycarboxyl group) 제초제의 구조

페녹시카르복실계 제초제 서로 간에는 벤젠환에 치환된 물질의 종류, 산소원자에 결합되어 있는 지방족 산류의 탄소수 등에 의해 구별된다.

2,4-D의 화학명은 2,4-dichlorophenoxyacetic acid이다. 여기서 ① phen은 페닐환을 의미하고, ② oxy는 페닐환에 결합되어 있는 산소원자를 나타내며 페닐환 1번 위치에 결합되어 있고, ③ dichloro는 염소원자가 두 개라는 뜻이며, ④ 2,4는 페닐환의 2번과 4번 위치에 염소원자가 결합되어 있음을 나타내고, ⑤ acetic acid는 산소원자에 결합한 초산측쇄가 있음을 나타낸다.

(2) 이용형태

페녹시카르복실계 제초제의 경우 원래의 형태인 산(酸, acid) 형태로 사용되는 경우는 아주 드물다. 특별히 방제가 힘든 잡초방제 시에는 2,4-D 산과 2,4-D 에스테르형을 혼용하여 유제(乳劑, emulsifiable concentrates)로 만들어 사용하는 경우가 있으나 주로 염(鹽, salts) 또는 에스테르 형태로 사용한다.

1) 염류형

염류형은 페녹시카르복실계 제초제의 일반적인 제형(製型, formulation)이다. 염류로 사용되는 것으로는 아민염(amine salts), 소다염(sodium salts), 암모늄염(ammonium salts) 등이 있고 간혹 포타슘염(potassium salts)이나 리티움염(lithium salts)도 사용되나 이 가운데 가장 많이 사용되는 것은 아민염이다.

아민염류에는 디메틸아민(dimethylamine), 트리메틸아민(trimethylamine), 디에탄올아민(diethanolamine), 트리메탄올아민(trimethanolamine) 등이 있고, 메틸·에틸과 결합된 아민염류가 있다.

아민염은 페녹시카르복실계 제초제의 암모니아-알코올 유도체이다. 암모니아-알코올기는 양이온을 띠며 카르복실기의 수소원자와 치환된다. 그리고 암모니아에 있는 수소원자 하나와 에탄올(C_2H_5OH)이 치환되면 에탄올아민이 되고 수소원자 두 개가 에탄올과 치환되면 디에탄올아민이 된다. 메틸($-CH_3$)과 에틸($-CH_2CH_3$)반응기는 암모니아의 수소원자와 치환이 가능하다(그림 7-7).

페녹시카르복실계 제초제의 아민염은 물에 용해가 잘 되어 순용액을 만든다. 아민의 제형은 여타 염류형과 마찬가지로 물에서 해리가 되며 센물 등에 많이 함유되어 있는 칼슘(Ca^{2+})이나 마그네슘(Mg^{2+})이온과 해리 제초제의 음이온 부분과 결합하여 침전물이 생성되므로 제초제의 유효성분량이 감소되고 분무막이 차단되거나 노즐에 찌꺼기가 끼게 된다. 그러나 아민염은 소다염이나 암모늄염의 제형보다는 센물의 영향을 적게 받는다고 한다.

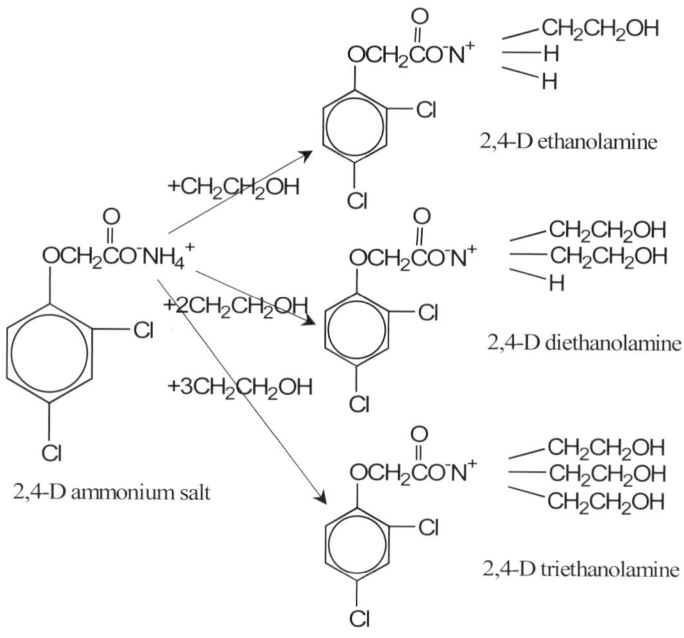

[그림 7-7] 2,4-D 염류형

페녹시카르복실계 제초제를 염의 형태로 제형화하였을 때의 장점은 물에 쉽게 용해된다는 것과 비휘발성이라는 것이다. 잎에 처리했을 때 물에 쉽게 씻겨 내려간다는 단점이 있으나 6시간 정도만 잎에 부착되어 있으면 살초효과를 발휘한다고 한다.

2) 에스테르형

페녹시카르복실계 제초제의 에스테르(ester)형은 모체의 카르복실기(-COOH)의 수산기가 알코올의 수산기에 있는 수소와 결합하여 물 한 분자를 형성하고 에스테르형의 제초제로 만들어진다.

에스테르형 제초제는 이온화(ionization)되지 않으므로 물에 해리되지 않고, 또 센물에 들어 있는 칼슘(Ca^{2+})이나 마그네슘(Mg^{2+})과 결합하여 침전물을 만들지 않는다.

페녹시카르복실계 에스테르형 제초제의 사슬(chain)이 에틸에서 부틸까지 짧을수록 휘발성이 높고 비산할 가능성도 높아진다. 이 경우 직접 처리하지 않은 주변의 감수성 작물에 피해를 줄 우려가 있으므로 살포 시 유의하여야 한다. 에스테르형의 사슬이 길수록 휘발성이 낮다. 2,4-D 에스테르형의 R은 다음과 같이 치환되어 만들어진다(그림 7-8).

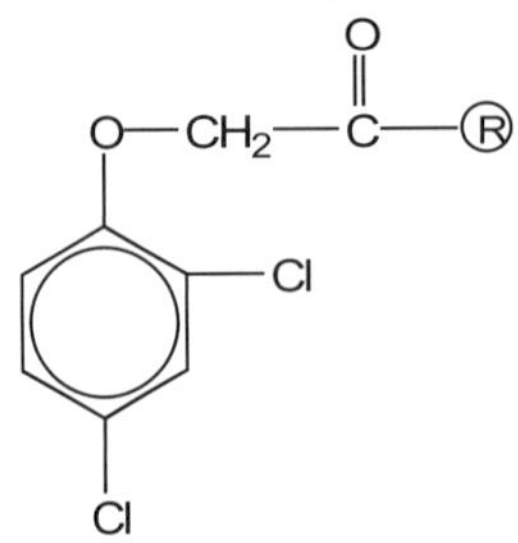

[그림 7-8] 2,4-D 에스테르형의 기본구조

① 사슬이 짧은 것(휘발성이 높은 것)

R → $-O-CH_3$	메틸에스테르 (methyl ester)
R → $-O-CH_2CH_3$	에틸에스테르 (ethyl ester)
R → $-O-CH(CH_3)-CH_3$ (즉 $-O-C(H)(CH_3)_2$)	이소프로필에스테르 (isopropyl ester)
R → $-O-CH_2CH_2CH_2CH_3$	n-부틸에스테르 (n-butyl ester)

② 사슬이 긴 것(휘발성이 낮은 것)

R→ $-O-CH_2CH_2-O-CH_2CH_2CH_2CH_3$	부톡시에탄올에스테르 (butoxyethanol ester)
R → $-O-CH_2CH_2CH_2CH_2CH_2CH(CH_3)CH_3$	이소옥틸에스테르 (isooctyl ester)

위에서 예시된 것처럼 두 개 이상의 알코올이 결합되면 긴 사슬 모양의 에테르(-C-O-C-)형 에스테르가 된다. 에스테르의 제형이 아민(amine)형보다 식물체 내 투과가 빠르므로 빗물 등에 의한 살초효과 상실의 위험은 적으나 휘발성이 문제다.

(3) 일반적 특성

① 페녹시카르복실계 제초제는 잡초 발생 후에 처리하는 제초제로서, 광엽식물의 뿌리와 경엽을 통해 흡수된다.
② 광합성 산물이나 증산류와 함께 이동하는 이행형 호르몬형 제초제이다.
③ 이 계열의 제초제는 식물의 분열조직(생장점)에 집적된다.
④ 일년생 및 다년생 광엽잡초가 감수성을 띤다.
⑤ 작용기작은 핵산대사 방해와 이상세포 증식에 의한 광합성산물의 이동방해 등을 들 수 있다.
⑥ 염 또는 에스테르 형태로 처리한 이들 제초제는 최종적으로 식물체 내에서 산(酸, acid) 형태로 변하여 식물체에 독성을 발휘한다.
⑦ 토양 내 미생물에 의해서 쉽게 분해되며, 따뜻하고 습윤한 토양일 경우 잔효기간은 1~4주간이다.
⑧ 이 계열의 제초제는 적량을 사용하면 독성이 낮아 인축에 해가 적다.

(4) 예외적 특성

① 대부분의 페녹시카르복실계 제초제는 식물체 내에서 쉽게 분해되나 2,4,5-T는 분해가 잘 안 되며 2,4,5-T나 Silvex는 이행성이 있기 때문에 수목류와 같이 뿌리가 깊게 박힌 나무 등을 방제하는 데 사용된다.
② 2,4-DB나 MCPB 그 자체는 살초성이 없으나 감수성 식물에서는 베타산화(β-oxidation) 작용에 의해 2,4-D 형태로 전환됨으로써 살초성을 발휘한다.

(5) 페녹시카르복실계 제초제의 종류

페녹시카르복실계 제초제는 현재 10여 종이 개발되어 있다. 그 가운데 대표적인 몇 가지를 소개하면 다음과 같다(그림 7-9, 표 7-2).

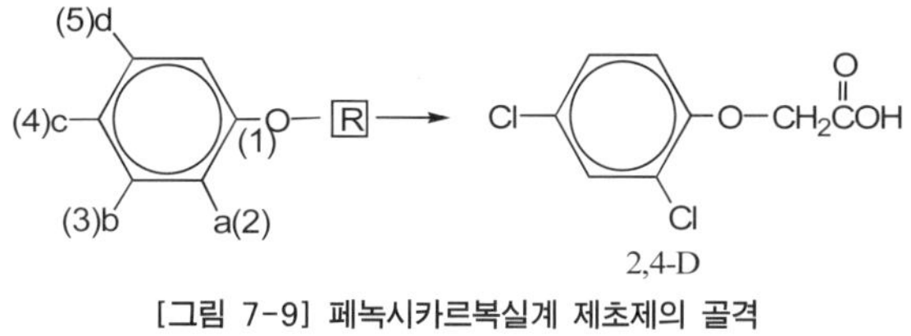

[그림 7-9] 페녹시카르복실계 제초제의 골격

[표 7-2] 페녹시카르복실계 제초제의 종류 및 구조

일반명	R	a(2)	b(3)	c(4)	d(5)
2,4-D	$-CH_2COOH$	Cl	-	Cl	-
2,4-DB	$-CH_2CH_2CH_2COOH$	Cl	-	Cl	-
2,4,5-T	$-CH_2COOH$	Cl	-	Cl	Cl
Dichlorprop	CH_3 / -CHCOOH	Cl	-	Cl	-
MCPA(MCP)	$-CH_2COOH$	$-CH_3$	-	Cl	-
MCPB	$-(CH_2)_3COOH$	$-CH_3$	-	Cl	-
Mecoprop(MCPP)	CH_3 / -CH-COOH	$-CH_3$	-	Cl	-
Silvex(2,4,5-TP)	CH_3 / -CHCOOH	Cl	-	Cl	Cl

1) 2,4-D

2,4-D[(2,4-dichlorophenoxy)acetic acid]는 Pokerney(1941)에 의해 합성되었으며, 무색으로 냄새가 나지 않는 결정체 형태를 띠고 있다. 물에 40ppm밖에 녹지 않기 때문에 아민염, 무기염(Na, Ca, NH_4)이나 에스테르형으로 만들어 사용한다. 유기용매인 에탄올에 60%, 아세톤에 45%가량 용해된다. 분자식은 $C_8H_6Cl_2O_3$이고 분자량은 221이며, 융점은 135~138℃, 증기압(1㎜Hg=133.322mPa, 0℃)은 1.4×10^{-7}㎜Hg(25℃)이다. 쥐에 대한 급성경구독성 LD_{50}은 375㎎/㎏, 잉어에 대한 어독성 TLm(48시간)은 50ppm이다.

2,4-D는 식물호르몬의 활성을 나타내며 모든 부분에서 흡수되어 식물체 내로의 자유로운 이행이 가능하고 생장점 등의 세포분열조직에 집적되어 세포분열에 이상을 일으킨다. 그 밖에 동화작용억제, 호흡증진, IAA의 생성억제 및 앞의 일반적 특성에서 언급한 살초작용을 갖고 있다. 이들 제초제는 고온에서는 작용력이 강하나 저온, 특히 15℃ 이하에서는 약하므로 처리 시 주의를 요한다.

우리나라에서 벼의 일년생 광엽잡초를 방제하기 위하여 사용하고 있는 2,4-D류의 경우 유효분얼이 끝날 때부터 유수형성기 이전까지 2,4-D 아민염 40%(액제)를 10a당 70㎖의 비율로 물 100ℓ에 희석하여 살포하면 된다. 혼합제로 글리포세이트·이사디액제가 등록되어 있으며, 사과밭의 일년생 및 다년생 잡초 방제에 사용한다(부록 참조).

2) 2,4-D ethylester

2,4-D 에틸에스테르의 상품명은 수중 2,4-D(이사디 수화제)로서 물에 대한 용해도는 2,4-D 아민염보다 훨씬 낮은 22ppm(20℃)이며 벤젠, 아세톤 등의 유기용매에는 잘 녹는다.

분자량은 249.1, 융점은 137~140℃, 증기압은 161℃에서 10㎜Hg로서 2,4-D 아민염보다 훨씬 높고, 급성경구독성은 2,4-D 아민염과 유사하며 잉어에 대한 어독성 TLm(48시간)은 1ppm이다. 기타 작용특성은 2,4-D와 유사하다.

에스테르형의 제초제는 물에서 분리가 되지 않아 센물에 함유된 Ca^{++} 및 Mg^{++}이온과 결합하지 않으므로 침전물을 만들지 않는다는 장점이 있다.

2,4-D 에틸에스테르는 현재 이사피수화제(18%)로 고시되어 있으며, 논에 발생하는 일년생 광엽잡초를 방제하기 위하여 유효분얼이 끝날 때부터 유수형성기 이전까지 사용된다. 휘발성이 높기 때문에 주위의 광엽식물에 약해가 나지 않도록 주의하여야 한다.

3) MCPA(일명 MCP)

MCPA[(4-chloro-2-methylphenoxy)acetic acid]는 일명 MCP라고도 하며 벤젠환 2번 위치(meta)의 염소기(-Cl)가 메틸기(-CH_3)로 바뀐 것 외에는 화학구조상 2,4-D와 큰 차이가 없다. 따라서 그 작용성은 2,4-D와 거의 유사하다.

분자식은 $C_9H_9ClO_3$이고 분자량은 200.6, 융점은 118~119℃, 증기압은 1.5×10^{-6}㎜Hg(20℃)인 갈색의 고체 결정체로, 물에 대한 용해도가 55ppm밖에 되지 않기 때문에 아민염이나 소다염(Na), 칼리염(K)으로 만들어 사용한다. 그러나 유기용매인 에테르에는 77%, 톨루엔에는 6.2% 용해된다. 쥐에 대한 급성경구독성 LD_{50}은 1,160㎎/㎏이며 잉어에 대한 어독성 TLm(48시간)은 40ppm 이상이다.

살초작용은 2,4-D와 유사하나 식물체 내에서 대사가 빠르고 기형 생성이 적어 저온의 조건에서 2,4-D보다 안정성이 높다고 한다. 토양 속의 잔효기간은 2,4-D보다 약간 길다.

4) Mecoprop

Mecoprop[(±)-2-(4-chloro-2-methylphenoxy)propanoic acid]의 품목명은 MCPP로 우리나라에서는 엠시피피액제(50%)로 제형되어 잔디밭의 클로버 방제용으로 등록되어 있다.

원제는 무색 무취의 결정체로서 분자식은 $C_{10}H_{11}ClO_3$, 분자량은 214.65이다. 물에 대한 용해도는 620ppm(20℃)이고 융점은 94~95℃, 20℃에서 증기압은 0.31mPa이다. 쥐에 대한 급성경구독성 LD_{50}은 930㎎/㎏, 만성독성은 100ppm에서 7개월 동안에는 아무런 영향이 없는 것으로 나타났다. 잉어에 대한 어독성 TLm(48시간)은 산(酸)으로 제형된 것은 4.7ppm, 칼륨형(K형)은 47ppm이다.

살초작용이나 흡수·이행 등은 여타의 페녹시카르복실계 제초제와 유사하다. 특히 MCPA와 거의 같은 기작을 갖고 있으며 살초범위는 MCPA보다 좁지만 식물체 내의 이행이 빠르고 분해가 늦으므로 다소 크게 자란 클로버, 질경이 등 잡관목에도 효과가 크다. 이상 고온 시 다량으로 살포하지만 않으면 잔디에는 안전성이 높지만 맹아(萌芽) 시에 살포하면 새로운 잎의 전개, 신장저해 및 분지를 억제한다(Takematsu, 1982). 토양 중의 이동폭은 4~8㎝로 다소 크며 잔효기간은 3~4주로서 2,4-D보다 길다.

Mecoprop(품목명: 엠시피피액제, 상품명: MCPP) 액제 50%를 10a당 500㎖ 비율로 150ℓ의 물에 희석하여 클로버 생육기인 4~5월에 살포한다. 저온인 10℃ 이하에서는 약효가 떨어지므로 사용하지 말아야 한다. 다른 특성은 MCP와 거의 유사하다(부록 참조).

7.3 아릴옥시페녹시 프로피오네이트계 제초제

(1) 구조적 특성

아릴옥시페녹시 프로피오네이트계(aryloxyphenoxy-propionates: AOPP) 제초제의 분자구조는 ① 에테르(-O-) 결합으로 두 개의 벤젠환이 결합되어 있거나 ② 하나의 벤젠환이 피리미딘 또는 여러 유형의 화합물질로 결합되어 있고 이 화합물에 여러 가지 물질이 치환되어 있으며, ③ 산소원자 하나가 벤젠환에 결합되어 있는 수소원자를 치환하고, ④ 이 산소원자와 프로피오닉산이 결합한 형태를 보인다(그림 7-10). 그림 7-10의 Ar은 방향족 그룹(aromatic group)을, R은 알킬그룹을 의미한다. 이 계열의 제초제는 페녹시카르복실계와 매우 유사한 특성이 있으나 ACCase 작용을 억제하며 지질생합성을 저해하므로 따로 설명한다.

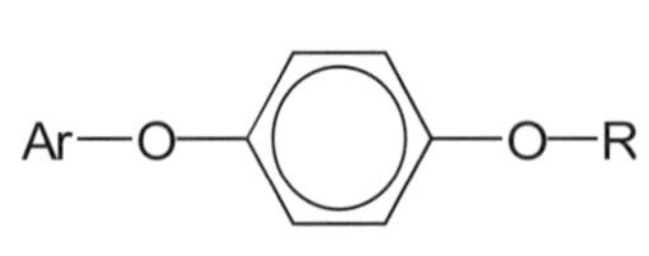

[그림 7-10] 아릴옥시페녹시 프로피오네이트 제초제의 구조

(2) 일반적 특성

① 이 계열의 제초제는 지질생합성을 저해하며 작용점은 ACCase(acetyl-coenzymeA carboxylase)이고 지질생합성 작용이 억제된다.

② 일년생, 다년생 화본과 잡초의 경엽에 처리한다.

③ 화본과 잡초 간이나 작물 간에 선택성이 있다.

④ 비화본과 잡초는 내성을 보인다.

⑤ 경엽으로 쉽게 흡수되며 이행의 정도는 품종 간에 다른 체관부, 물관부 양쪽으로 이행 가능하다.

⑥ 최상의 살초 효과를 얻기 위해서는 보조제나 첨가제의 혼합이 필요하다.

⑦ 스트레스 없이 잘 자라고 있는 화본과류에 살초효과가 높다.

⑧ 감수성 식물의 고사는 천천히 진행되므로 1주 또는 그 이상의 시간이 요구된다. 약해증상은 신초 및 뿌리의 생장이 급속히 정지되고 잎의 색소체의 변화가 2~4일째에 생겨나며 그다음에 생장점으로부터 괴사현상이 나타나 전 식물체로 퍼진다.

⑨ 토양 속에서는 쉽게 분해된다.

⑩ 토양에 처리 시 화본과 잡초를 충분히 억제하지 못하고 Diclofop만이 토양처리 효과가 있다.

⑪ 이 계열의 제초제와 2,4-D, Acifluorfen이나 Bentazon이 처리 직전에 혼합되었을 때는 길항작용을 나타낸다.

⑫ 20여 종의 화본과 잡초가 이 계열의 제초제에 저항성을 나타낸다고 보고되었다.

(3) 아릴옥시페녹시 프로피오닉산계 제초제의 종류

1) Fluazifop-p-butyl

Fluazifop-p-butyl[(R)-2-[4-[[5-(trifluoromethyl)-2-pyridinyl]oxy] phenoxy]propanoic acid]은 '지호프'로 품목고시된 선택성 제초제이다(그림 7-11). 광엽식물에는 무독하며 화본과(벼과) 잡초만 선택적으로 살초시킨다.

원제는 연한 짚(straw)색의 액체이고, 사용 시에는 Fluazifop-p-butyl ester형으로 사용되며 분자식은 $C_{19}H_{20}O_4NF_3$, 분자량은 383.4, 융점은 약 5℃, 증기압은 2.5×10^{-7}㎜Hg(20℃), 물에 대한 용해도는 1.1ppm(20℃)으로 아주 낮으나 유기용매와 잘 혼화되므로 주로 유제로 제조하여 사용한다. 쥐(mouse)에 대한 급성경구독성 LD_{50}은 3,828㎎/㎏이고, 무지개송어에 대한 어독성 TLm(48시간)은 1.6ppm 정도다.

화본과식물에 고도의 살초성을 지닌 지호프는 경엽을 통해서 쉽게 흡수되어 물관부나 체관부를 통한 이동이 가능하다. 처리 후 한 시간 내에 비가 내려도 살초작용에 영향을 미치지 않을 정도로 빨리 흡수되고 주로 잎에서 지하부로 이행된다. 작용기작은 잘 알려져 있지 않다. 식물체 내에서 Fluazifop-p-butyl이 Fluazifop로 신속히 가수분해된다고 한다.

토양에서의 이동성은 1~2㎝로, 휘발이나 광분해로 인한 유실은 적은 편이며, 반감기 또한 짧고 습기가 있는 토양에서 쉽게 분해된다고 한다. 지호프 처리 후 60일째에 감수성인 화본과작물을 재배하더라도 피해가 없다고 한다. 우리나라에서 Fluazifop-p-butyl(품목명: 플루아지호프유제 17.5%, 상품명: 뉴원싸이드) 유제(17.5%)는 광엽작물인 콩, 마늘, 양파, 참깨, 파, 도라지, 수박, 배추, 참외밭의 일년생 화본과 잡초를 방제하기 위하여 10a당 100㎖의 비율로 물 100ℓ에 희석하여 사용하는데, 화본과작물에는 약해가 심하기 때문에 비산되지 않도록 주의하여야 한다. 어독성이 Ⅱ급으로 양어장이나 상수원 근처에서는 살포에 주의를 요한다.

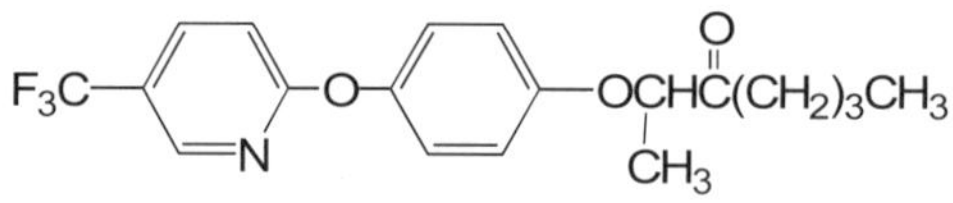

[그림 7-11] 플루아지호프피 부틸 제초제의 구조

2) Propaquizafop

Propaquizafop[2-(4-aryloxyphenoxy)propionic acid]는 경엽처리제로서 페녹시계에서 세분하여 아릴옥시페녹시 프로피오네이트계로 분류한다. 광엽잡초에는 효과가 없고 피, 바랭이, 강아지풀 등 화본과 잡초에 선택적으로 살초효과를 나타낸다.

원제는 무색 결정체이고, 분자식은 $C_{22}H_{22}ClN_3O_5$, 분자량은 443.9, 융점은 66.3℃, 증기압은 4.4×10^{-7}mPa(25℃)이다. 물에 대한 용해도는 0.63ppm으로 아주 낮으나, 유기용매인 아세톤과 톨루엔 등에 대한 용해도는 각각 730g/ℓ와 630g/ℓ이다. 쥐에 대한 급성경구독성 LD_{50}은 5,000㎎/㎏이고, 잉어에 대한 어독성은 0.19ppm이다.

잡초의 잎에서 신속하게 흡수되어 약제처리 2~3시간 후에 비가 오더라도 제초효과가 발현되며 뿌리로 이행되어 살포 후 10~20일경에 잡초를 고사시킨다. 화본과작물과 잔디밭에는 약해가 심하며 어독성 Ⅱ급으로 양어장, 저수지, 상수원, 해역근처에는 취급을 제한하고 있다. 국내에서는 푸로파키자호프유제(10%, 상표명: 아질)로 등록되어 있다. 콩, 고추, 마늘, 천궁밭의 일년생 화본과 잡초의 방제를 위하여 10a당 75㎖의 비율로 물 100ℓ에 희석하여 잡초 3~5엽기에 사용한다.

3) Fenoxaprop-p-ethyl

Fenoxaprop-p-ethyl[(R)-2-[4-[(6-chloro-2-benzoxazolyl)oxy]phenoxy] propionic acid]은 잡초 발생 후에 사용하는 경엽처리제로, 경엽을 통해 흡수되어 식물체 내 지방산의 생합성을 저해함으로써 잡초를 고사시킨다. 화본과에 선택적으로 작용하기 때문에 피, 바랭이, 강아지풀 등에는 탁월한 살초효과를 나타내지만 명아주나 쇠비름 같은 광엽잡초에는 효과가 없다.

원제는 냄새가 없는 백색 결정형 고체이고, 사용 시에는 Fenoxaprop-p-ethyl ester형으로 사용된다. 분자식은 $C_{18}H_{16}ClNO_5$, 분자량은 361.8, 융점은 89~91℃, 증기압은 1.4×10^{-7}㎜Hg(20℃)이다. 물에 대한 용해도는 0.7ppm으로 낮으나, 유기용매인 아세톤과 톨루엔 등에 대한 용해도는 200g/ℓ로 높다. 쥐에 대한 급성경구독성 LD_{50}은 3,150~4,000㎎/㎏이고, 무지개송어에 대한 어독성은 0.46ppm이다.

우리나라에서는 페녹사프로프피에틸유탁제(7%, 상표명: 푸로레)로 고시되어 콩, 양파, 마늘, 고추밭의 화본과 잡초 방제용으로 사용하고 있으며, 잡초 3~5엽기에 10a당 100㎖를 물 100ℓ에 희석하여 살포한다. 특히 피에 대한 살초효과가 탁월하다. 우리나라에서는 혼합제(품목명: 페녹사프로프피에틸·벤타존분산성액제, 상표명: 단골)로 1997년 등록되었으며 벼건답직파재배 중기제초제로 사용되고 있다. 살포 후 일시적으로 벼에 대한 약해증상이 있지만 회복이 된다(부록 참조).

4) Haloxyfop-r-methyl

Haloxyfop-r-methyl[(±)-2-[4-[[3-chloro-5-(trifluoromethyl)-2-pyridinyl]oxy]phenoxy]propanoic acid]은 선택성 제초제로서 피, 바랭이, 강아지풀, 뚝새풀 등 화본과 잡초에는 탁월한 살초효과가 있으나 명아주나 비름류 등 광엽잡초에는 효과가 없다. 경엽처리형으로 살포 즉시 잡초의 생육을 정지시키므로 잡초의 어린잎부터 서서히 고사되어 처리 2~3주 후면 완전히 고사한다. 벼, 보리, 옥수수, 목초에는 약해가 심하며, 특히 어독성이 Ⅰ급이므로 양어장, 저수지, 상수원 인근에서는 살포에 주의해야 한다.

사용 시에는 Haloxyfop-r-methyl ester형으로 사용되며 분자식은 $C_{16}H_{13}ClF_3NO_4$, 분자량은 375.7, 증기압은 6.5×10^{-7}mmHg(25℃)이다. 물에 대한 용해도는 9.3ppm으로 낮으나 아세톤, 에탄올 등의 유기용매에는 아주 잘 용해된다. 쥐에 대한 급성경구독성 LD_{50}은 300㎎/㎏이고, 무지개송어에 대한 어독성은 0.7ppm이다.

국내에서는 할록시호프알메틸유제(10%)로 고시되어 콩, 양파, 마늘, 참외밭의 일년생 화본과 잡초 방제용으로 사용하고 있는데, 잡초의 3~5엽기에 10a당 60㎖를, 파와 도라지에는 10a당 50㎖를 물 100~200ℓ에 희석하여 살포한다.

5) Quizalofop-p-ethyl

Quizalofop-p-ethyl[(±)-2-[4-[(6-chloro-2-quinoxalinyl)oxy]phenoxy]propanoic acid]은 경엽처리형 제초제로서 화본과 잡초에만 선택성을 나타낸다. 흡수가 빠르기 때문에 약제처리 후 수 시간이 지나면 비가 오더라도 약효가 발현되며 잡초가 완전히 고사하기까지에는 2주 정도가 소요된다. 어독성이 강하여(Ⅰ급) 양어장이나 상수원 인근에서의 사용은 주의를 요한다.

원제는 무색 결정체이고, 사용 시에는 Quizalofop-p-ethyl ester형으로 사용되며 분자식은

$C_{19}H_{17}ClN_2O_4$, 분자량은 372.8, 융점은 92℃, 증기압은 3×10^{-7}㎜Hg(20℃)이다. 물에 대한 용해도는 0.3ppm으로 아주 낮으나, 유기용매인 벤젠에는 290g / ℓ, 크실렌에는 120g / ℓ 용해된다. 쥐에 대한 급성경구독성 LD_{50}은 1,670㎎/㎏이고, 무지개송어에 대한 어독성은 10.7ppm이다.

6) Cyhalofop-butyl

Cyhalofop-butyl[2-[-4-(4-cyano-2-fluorophenoxy)phenoxy]propanoic acid]은 미국의 DowElanco에서 페녹시프로피오네이트계의 기본구조에 CN기를 치환하여 개발한 제초제이다. 피, 바랭이, 강아지풀 등 화본과에 선택적으로 살초효과가 있으며, 특히 피 4~5엽기까지 방제가 가능하고 벼와 피 간의 속간 선택성이 높아 벼 직파재배의 중기잡초방제용으로 많은 연구가 이루어지고 있다. 광엽잡초에는 살초효과가 낮아서 일발처리제 형태로 여러 종류의 혼합제가 개발되어 1997년부터 벼 직파재배답에 고시되어 사용하고 있다.

원제는 백색 결정체이고, 사용 시에는 Cyhalofop-butyl ester형으로 사용되며 분자식은 $C_{20}H_{20}FNO_4$, 분자량은 357.4, 융점은 50℃, 증기압은 5.3×10^{-5} mPa(25℃)이다. 물에 대한 용해도는 0.44ppm(20℃)으로 아주 낮으나, 유기용매인 크실렌과 아세톤에 대한 용해도는 각각 47.3(% a.i.)과 60.7(% a.i.) 이상으로 아주 높다. 쥐에 대한 급성경구독성 LD_{50}은 5,000㎎/㎏이고, 무지개송어에 대한 어독성은 1.65ppm이다.

싸이할로호프부틸유제(5%, 상품명: 크린처)는 기계이앙벼(어린모) 및 담수직파벼(표면산파)의 일년생 잡초 피 방제용으로 사용되고 있으며, 싸이할로호프부틸 · 벤타존미탁제(상표명: 정일품), 싸이할로호프부틸 · 펜디메탈린유제(상표명: 풀뚝) 등은 건답직파벼에 사용하며, 담수직파재배용으로는 싸이할로호프부틸 · 이마조설푸론 · 프레틸라크롤입제(상표명: 논지기)가 고시되어 있다(부록 참조).

7) Metamifop

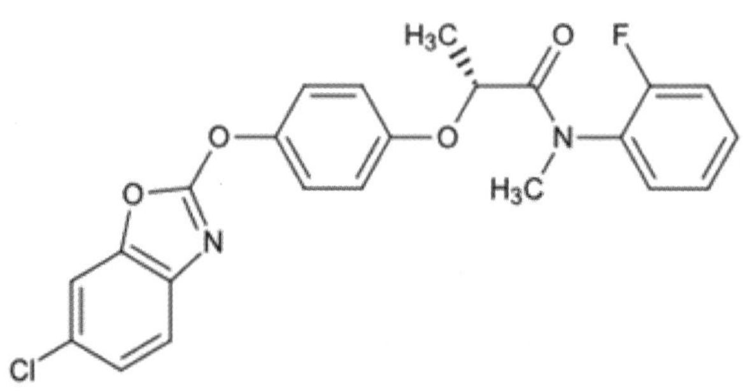

[그림 7-12] Metamifop의 화학구조

Metamifop[(2R)-2-[4-[(6-chloro-2-benzoxazolyl)oxy]phenoxy]-N-(2-fluorophenyl)-N-methylpropanamide]는 우리나라 팜한농에서 개발한 제초제이다(그림 7-12).

원제는 연갈색 분말이며 분자식은 $C_{23}H_{18}ClFN_2O_4$이고 분자량은 440.9이며, 융점은 77~78.5℃, 증기압은 0.151mPa(25℃) 이하, 물에 대한 용해도는 0.687ppm(pH7, 20~25℃)이다. 쥐에 대한 급성경구독성 LD_{50}은 2,000ppm 이상이고 무지개송어에 대한 어독성 LD_{50}(96h)은 0.307ppm 이상이다.

Metamifop는 AOPP계 제초제로서 acetyl-CoA carboxylase의 효소작용을 억제하여 효과를 나타낸다. 화본과 잡초 전문 방제제로, 잡초의 경엽으로 흡수되어 체관을 통해 분열 조직으로 이동하여 효과를 나타낸다. 화본과 작물인 벼와 화본과 잡초의 선택성은 경엽에서의 흡수 정도와 작용부위의 민감도 차이에 기인한다.

국내에서 Metamifop는 경엽처리제로 10% EC(상표명: 그린손)와 9% ME(상표명: 피자바)로 사용되고 있다. EC는 잔디용으로, ME는 수도용으로 사용되고 있다. 수도용 토양처리제로는 브로모뷰타이드·이마조설퓨론·메타미포프 액상수화제(상표명: 제로초)가 사용되고 있다.

7.4 벤조산계 제초제

(1) 구조적 특성

벤조산계(benzoic acid) 제초제의 분자구조는 ① 벤젠환이 있고, ② 카르복실기가 벤젠환에 결합되어 있는 수소원자와 치환하며, ③ 벤젠환에 여러 가지 물질(-Cl,-O, $-CH_3$,$-NH_2$)이 치환되어 있다(그림 7-13).

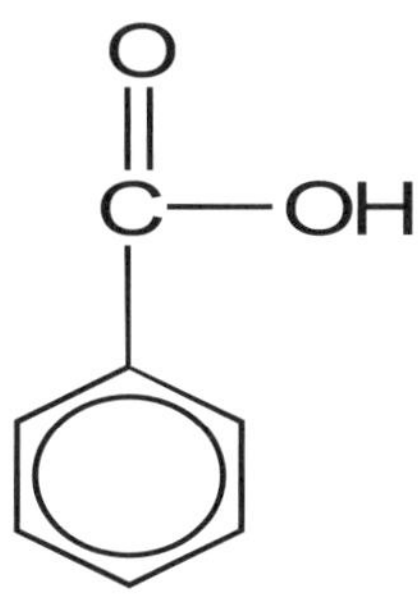

Benzoic acid

[그림 7-13] 벤조산계(benzoic acid) 제초제의 골격

(2) 일반적 특성

① 벤조산계 제초제는 광엽식물의 뿌리나 경엽을 통해 쉽게 흡수된다.

② Dicamba나 2,3,6-TBA는 식물체 내로 이행이 잘 되며 증산류나 광합성물질의 이행부위를 통해 이행한다.

③ 이 계열의 제초제는 대사활동이 왕성한 분열조직에 축적된다.

④ Dicamba나 2,3,6-TBA는 일년생 및 다년생 광엽잡초에 유효하다.

⑤ 이 계열의 제초제는 생장조절작용성을 갖고 있으며, 작용기작은 페녹시계 제초제가 핵산대사, 세포의 이상 대량증식에 의한 이행부위의 파괴 등을 유발시키는 것과 같은 작용성을 발휘한다.

⑥ 이 계열의 제초제가 페녹시계 제초제보다 식물체 내 및 토양 안정도가 높다.

(3) 벤조산계 제초제의 종류

벤조산계 제초제는 벤젠환의 치환 물질에 따라 여러 종류로 나눌 수 있다(표 7-3).

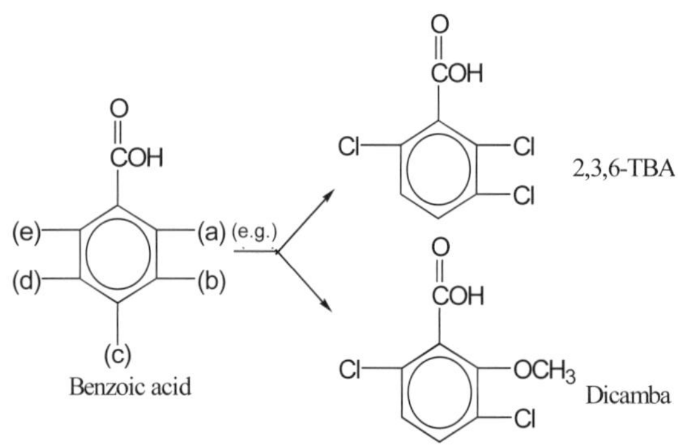

[표 7-3] 벤조산계 제초제의 종류 및 구조

일반명	a	b	c	d	e
Chloramben	Cl	$-NH_2$	-	Cl	-
Dicamba	$-OCH_3$	Cl	-	-	Cl
2,3,6-TBA	Cl	Cl	-	-	Cl
Picloram	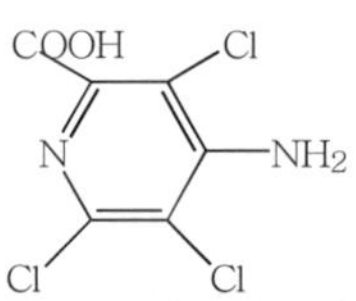				

1) 2,3,6-TBA

2,3,6-TBA[2,3,6-trichlorobenzoic acid]는 독일의 Heyden사에서 개발된 벤조산계 제초제로서 일년생 및 다년생 광엽잡초나 잡관목을 방제하기 위하여 사용되고 있다.

원제는 무취백색결정으로서 분자식은 $C_7H_3Cl_3O_2$, 분자량은 225.5, 융점은 125~126℃, 물에 대한 용해도는 0.77%이고 아세톤에는 60.7%, 메탄올에는 71.7%로 잘 녹는다. 쥐에 대한 급성경구독성 LD_{50}은 750~1,000㎎/㎏, 블루길(bluegill)에 대한 어독성 TLm(48시간)은 1,750ppm으로 매우 낮아 안전하다.

2,3,6-TBA는 뿌리나 경엽부를 통해 식물체 내에 흡수되며 이행이 용이하다. 주로 세포분열 조직에 축적되어 여러 작용을 하며 페녹시계와 유사한 작용기작을 갖고 있다. 본제의 제초제로서 활성은 오옥신과 비슷하지만 벤조산계 제초제는 페녹시계 제초제보다 작용성이 약하다. 그러나 페녹시계 제초제에 비하여 살초범위가 넓고 다년생 잡초에 유효하다. 본 제초제는 식물체 및 토양 중에서 안정하고 광에도 안정하여 잔효기간이 길고, 미생물에 의하여 분배된다.

우리나라에는 등록되어 있지 않으나 외국에서는 비농경지의 다년생 광엽잡초를 방제하기 위하여 85% 수화제를 10a당 200~400g 수준으로 전면처리하고 있다.

2) Dicamba

Dicamba[3,6-dichloro-2-methoxybenzoic acid]는 Velcicol사에서 개발된 일년생 광엽에 유효한 제초제로서 밭, 목초지, 잔디밭 등에 사용되고 있다.

원제는 백색결정으로 분자식은 $C_8H_6Cl_2O_3$, 분자량은 221.0이며 융점은 114~116℃, 증기압은 9.24×10^{-6}㎜Hg(25℃)이다. 물에 대한 용해도는 0.45ppm(25℃)이고 에탄올에 92.2%, 아세톤에 81%로 잘 용해된다. 쥐에 대한 급성경구독성 LD_{50}은 2,900±80㎎/㎏이다. 어독성의 경우 디메틸아민염으로 제초 시 잉어의 TLm(48시간)은 465ppm이나 산으로 제조 시 무지개송어의 TLm(48시간)은 35,000ppm으로 아주 낮은 편이다.

Dicamba는 식물체의 뿌리나 잎으로 쉽게 흡수되어 물관부나 체관부를 통해 이행되며 분열조직에 집적되어 억제작용을 나타내는 호르몬형의 이행형 제초제이다. 본 제초제는 발아억제 및 경엽처리효과도 있으며 페녹시계 제초제로는 방제가 되지 않는 광엽잡초도 잘 방제된다. 화본과와 광엽식물 간의 선택성 폭은 페녹시계보다 작다. Dicamba는 저농도로 사용 시 화본과작물을 재배하는 곳에서 광엽잡초 방제용 제초제로 사용될 수 있으며 작용기작은 2,3,6-TBA와 유사하다.

토양 중의 이동 폭은 사양토에서는 8~12㎝, 식토에서는 4~6㎝로 매우 넓어서 경사지 등에 살포하면 주위의 영년생 식물의 뿌리에 약해를 유발하는 경우가 있으므로 주의를 요한다. 잔효기간은 2~2.5개월이다.

우리나라에서 Dicamba(품목명: 디캄바액제 48.2%, 상품명: 반벨)는 잔디밭의 클로버를 방제하기 위하여 10a당 200㎖를 물 150ℓ에 희석하여 클로버 생육초기(4~5월)에 살포하고, 화본과 목초지의 광엽을 방제하기 위하여 잡초 생육초기에 10a당 100㎖를 물 120ℓ에 희석하여 살포한다. 비농지의 잡목 특히 아카시아를 방제하기 위하여 주당 300㎖를 4월 하순~5월 상순 토양에 관주한다.

3) Picloram

Picloram[4-amino-3,5,6-trichloro-2-pyridinecarboxylic acid]은 미국의 DowElanco사에서 개발된 피콜린산(picolinic acid)형의 벤조산계 제초제로서 일년생 및 다년생 잡관목을 방제할 수 있는, 살초력이 강한 비농경지 제초제이다.

원제는 염소(Cl)와 같은 냄새를 지닌 백색분말로서 분자식은 $C_6H_3Cl_3N_2O_2$, 분자량은 241.5이다. 융점은 151~152℃, 분해온도는 215℃, 증기압은 6.16×10^{-7}㎜Hg(35℃)이다. 물에 대한 용해도는 430ppm(25℃)이고 유기용매에도 잘 녹는다. 쥐에 대한 급성경구독성 LD_{50}은 8,200㎎/㎏, 블루길(bluegill)에 대한 어독성 TLm(48시간)은 125.4ppm이다.

Picloram은 식물체의 뿌리나 경엽부를 통해 흡수되어 식물체 내에서 지상부, 지하부로 자유로이 이행하며 생장점 부위에 집적되어 오옥신 작용을 나타내고 정상적인 세포분열과 신장을 억제한다. 그 밖에도 본 제초제는 대사기능을 방해하여 감수성 식물을 서서히 고사시킨다. 광엽식물에는 강한 살초력을 발휘하나 화본과 잡초에 대한 작용력은 아주 낮다.

토양 중에 흡착이 잘 되지 않아 이동폭이 매우 크다. 미생물에 의하여 주로 분해되고 잔효기간이 매우 길다.

7.5 산아미드계 제초제

(1) 구조적 특성

산아미드계(acid amide)의 분자구조는 카르복실기의 수산기(-OH)가 아미노기(-NH_2)로 치환된 일종의 산(酸, acid) 유도체이다. 아미노기(-NH_2)에서 한 개의 수소원자가 페닐기(phenyl)와 치환된 것을 아닐라이드(anilide)라고 한다. 카르복실기의 탄소에 메틸기(-CH_3)가 결합된 것을 아세트아닐라이드(acetanilide)라고 명명하나 일정하게 체계화된 명명법이 없어 아미드, 아닐라이드, 아세트아닐라이드 등으로 불린다. 산아미드계 제초제의 주요 골격은 그림 7-14와 같다.

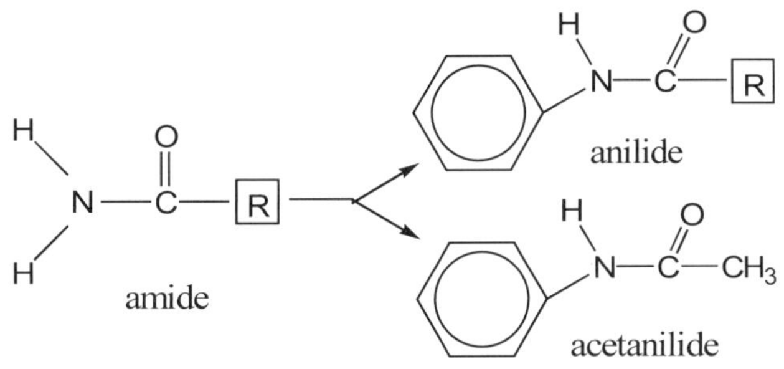

[그림 7-14] 산아미드계(acid amide) 제초제의 골격

이 계열의 제초제는 1970년대 중반부터 많이 사용되었으며 잡초방제의 생력화에 기여했다.

(2) 일반적 특성

① 산아미드계 제초제는 잡초 발생 전 또는 작물을 심기 전에 토양에 처리하는 제초제이나, Propanil은 피 2~3엽기에 경엽처리하는 제초제이다.

② 이 계열의 제초제는 토양 표면을 뚫고 나오는 신초나 뿌리에 의하여 흡수된다. 화본과 잡초의 경우는 주로 신초를 통하여 흡수된다.

③ 식물체 내의 이행이 가능하며 생식기관보다 영양기관에서 더 많은 양이 이행된다.

④ 이 계열의 제초제는 대부분의 식물체 내에서 비교적 빨리 대사된다. Alachlor, Butachlor는 저항성 식물체 내에서는 10일 이내에 대사되나 Pronamide의 대사작용은 식물종에 관계없이 대사작용이 대체로 느린 편이다.

⑤ 이 계열에 속하는 제초제의 토양잔효성은 1~3개월이나 Diphenamid와 Pronamide는 6~9개월까지 지속된다.

⑥ 이 계열의 제초제는 대체로 토양 내에서 누수되며 특히 모래땅에서는 쉽게 누수된다.

(3) 산아미드계 제초제의 종류

산아미드계 제초제의 종류는 많으며 그 가운데 10여 종이 우리나라에 등록되어 사용 중에 있다. 기본구조는 다음과 같으며 각 부위가 치환됨에 따라 여러 종류로 명명된다(표 7-4).

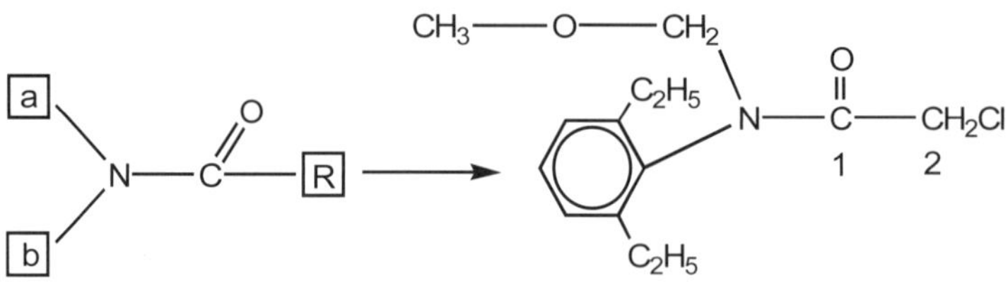

산아미드(acid amide) Alachlor

[표 7-4] 산아미드계(acid amide) 제초제의 종류 및 구조

일 반 명	상 품 명	R	a	b
Alachlor	라쏘	$-CH_2Cl$	CH_3-O-CH_2-	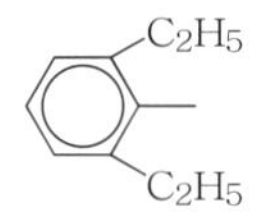
Butachlor	마세트	$-CH_2Cl$	$CH_3-(CH_2)_3-O-CH_2-$	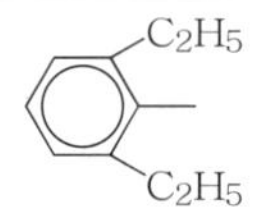
Diphenamid	-	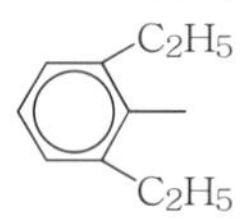	$-CH_3$	$-CH_3$
S-Metolachlor	듀알골드, 슈퍼장군	$-CH_2Cl$	CH_3 | $-CH-CH_2O-CH_3$	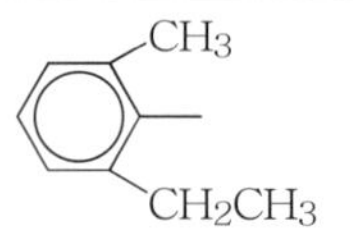
Napropamide	데브리놀	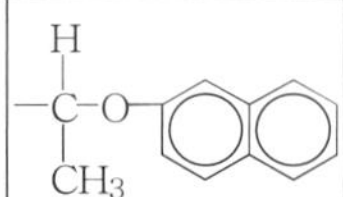	$-CH_2-CH_3$	$-CH_2-CH_3$
Pronamide	-	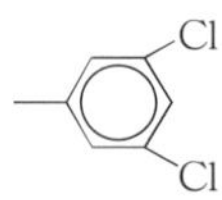	-H	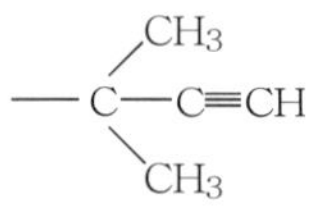
Propachlor	-	$-CH_2Cl$	$CH_3-CH-CH_3$	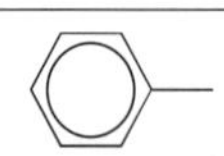
Pretilachlor	솔네트	$-CH_2Cl$	$-CH_2CH_2O(CH_2)_2CH_3$	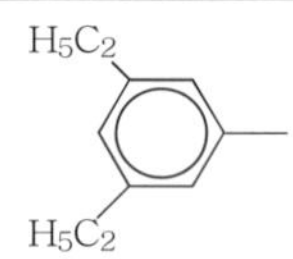
Propanil	스템에프-34	$-CH_2-CH_3$	-H	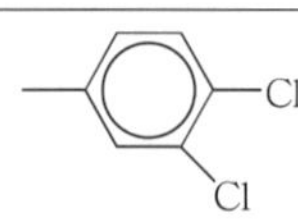

1) Alachlor

Alachlor[2-chloro-*N*-(2,6-diethylphenyl)-*N*-(methoxymethyl)acetamide]은 미국 Monsanto사(1969)에서 개발된 밭작물용 잡초 발생 전 토양처리 제초제로서 일년생 화본과, 광엽 및 방동사니과 잡초에 효과적이다.

원제는 상온에서 고체이고 크림색을 띠며 냄새는 없다. 분자식은 $C_4H_{20}ClNO_2$이고 분자량은 269.8, 융점은 40~41℃, 비등점은 135℃, 증기압은 1.6×10^{-5}㎜Hg(20℃)이다. 용해도는 물에서 242ppm(25℃)이고 유기용매인 아세톤, 에탄올, 벤젠 등에 잘 녹는다. 증기압은 110℃에서 0.02㎜Hg로 증가되고 쥐에 대한 급성경구독성 LD_{50}은 유제의 경우 1,800㎎/㎏이다. 금붕어에 대한 어독성 TLm(48시간)은 3.72ppm이다.

잡초가 발아하기 전에 토양처리하는 제초제로서 유근부에서 주로 흡수되어 발아를 억제하거나 발아 직후의 어린 식물을 고사시킨다. Alachlor의 억제 작용기작은 단백질 합성을 저해하여 세포분열과 지상부의 신장을 억제함으로써 감수성 식물을 고사시킨다. 토양 내의 잔효성은 6~10주간이며 토양미생물에 의하여 분해되고 휘발성은 적다. 토양 내에서의 이동은 식양토에서는 1~2㎝로 작고, 사양토에서는 3~5㎝까지 이동성이 크다고 한다.

우리나라에서는 콩, 옥수수, 딸기, 감자, 고구마, 참깨, 무, 양파(본포), 땅콩, 뽕나무밭의 일년생 잡초를 방제하기 위하여 Alachlor(품목명: 알라유제, 상품명: 라쏘) 43.7%가 사용된다. 직파재배 작물은 복토 후 3~4일 이내, 이식재배 작물은 이식 1~2일 전 또는 이식 후 5일 이내에 10a당 120~300㎖를 물 100ℓ에 희석하여 기존 잡초를 완전히 제거한 다음 토양 전면에 골고루 살포하면 된다.

Alachlor(품목명: 알라입제) 5%도 고시되어 콩, 옥수수, 감자, 고구마, 양파(본포)밭의 일년생 잡초 방제용으로 사용되고 있다. 10a당 3~5㎏을 추천하고 있고 사용방법은 유제와 같다.

2) Butachlor

Butachlor[*N*-(butoxymethyl)-2-chloro-*N*-(2,6-diethylphenyl)acetamide]는 Alachlor와 더불어 미국 Monsanto사에서 1960년 개발되어 논잡초 방제용으로 사용되는 잡초발생전처리 제초제로서 화본과 및 광엽잡초 방제에 유효하다.

원제는 약간 달콤한 향기가 나는 호박색 액체로 분자식은 $C_{17}H_{26}ClNO_2$이고 분자량은 311.9, 밀도 1.07g/㎖(25℃), 융점 -10℃ 이하, 비등점 156℃(0.5㎜Hg), 열분해 온도 165℃이고 증기압은 4.5×10^{-6}㎜Hg(25℃)이다. 물에는 23ppm(24℃) 용해되거나 유기용매인 에탄올과 아세톤 등에 잘 녹는다. 쥐에 대한 경구독성 LD_{50}은 3,300㎎/㎏, 잉어에 대한 어독성 TLm(48시간)은 6.5ppm이다.

Butachlor는 Alachlor와 같이 발아하는 화본과 잡초 및 광엽잡초의 유아부(幼芽部)로 주로 흡수되어 체내 이행이 가능하며 세포분열이 왕성한 생장점에서 단백질 합성과 세포분열을 저해함으로써 생장을 정지시키는 작용특성을 갖고 있다. 벼도 발아 시에 노출되면 피와 같이 억제되나 3엽기 이후에는 거의 해가 없다. 사질토, 누수답이나 고온 시에 생육이 억제될 우려가 있지만 회복이 빨라 수량이 감소되지는 않는다고 한다(竹松, 1982).

토양입자에 흡착되고 토양 이동성은 사양토에서 2~4㎝, 식양토에서는 1~2㎝이며 휘발이나 광분해로 유실되는 경우는 적다. 토양잔효성은 6~10주이고 토양미생물에 의하여 주로 분해된다.

Butachlor 단제(입제 또는 유제형)로 사용되는 것 외에도 Pyrazolate, Propanil, Pyrazosulfuron, Pyrazoxyfen 및 Bensulfuron-methyl 등과 혼합하여 논잡초 방제를 위하여 사용되고 있다.

우리나라에서 Butachlor(품목명: 부타크로르입제 · 부타유제, 상품명: 마세트 · 매끄란)는 논 · 밭의 일년생 잡초를 방제하기 위하여 널리 사용되고 있다. 논에는 이앙 후 5~7일 이내에 입제(5%)는 10a당 3㎏을 살포한다. Butachlor 유제는 건답직파 보리, 밀(답리작 추파), 건답직파 벼의 일년생 잡초를 방제하기 위하여 파종 후 3일 이내에 10a당 250~300㎖를 물 100ℓ에 희석하여 사용한다. Propanil과의 혼합제는 벼 건답직파재배 초기 잡초방제용으로 사용하며, Bensulfuron-methyl, Carfentrazone-ethyl, Pyrazolate, Pyrazoxyfen과 혼합하여 이앙재배답의 잡초 방제에 사용하고 있다.

3) Diphenamid

Diphenamid[*N,N*-dimethyl-α-phenylbenzeneacetamide]는 잡초발생전처리 제초제로서 밭에 발생하는 화본과와 광엽잡초에 효과적이다.

원제는 냄새가 없는 백색 또는 회백색 결정형 고체로, 분자식은 $C_{16}H_{17}NO$이고 분자량은 239.3이며 밀도는 1.17g/㎖(23.3℃), 융점은 134.5~135.5℃, 열분해 온도는 210℃이다. 물에 대한 용해도는 260ppm(27℃)이며 유기용매인 아세톤 등에 잘 녹는다. 쥐에 대한 경구독성 LD_{50}은 1,373㎎/kg, 잉어에 대한 어독성 TLm(48시간)은 40ppm이다.

Diphenamid는 식물체의 뿌리를 통하여 흡수되어 뿌리, 줄기, 잎을 통하여 이행한다. 이 제초제의 작용기작은 밝혀져 있지 않으나 발아를 억제하지 않으며 뿌리의 발육을 억제시켜 유묘를 고사시킨다. Diphenamid의 선택성은 저항성 식물체가 질소에 결합된 메틸기의 탈메틸화(demethylation) 반응을 나타내는 데 기인된 것으로 생각된다.

토양 내에서는 미생물에 의하여 주로 분해 · 파괴되며 비휘발성이고 빛에 비교적 안정하며 잔효기간은 3~6개월 정도이다.

4) S-Metolachlor

S-Metolachlor[2-chloro-*N*-(2-ethyl-6-methylphenyl)-*N*-(2-methoxy-1-methylethyl)acet amide]는 스위스 Ciba-Geigy사에 의해서 개발된 밭잡초용 잡초발생전 토양처리 제초제로서 일년생 화본과, 방동사니과 및 광엽잡초를 선택적으로 방제한다.

원제는 냄새가 없고 황색 또는 황갈색의 액체로, 분자식은 $C_{15}H_{22}NO_2Cl$이고 분자량은 283.5이며 밀도 1.12g/㎖(20℃), 융점은 -40℃, 비등점은 282℃(760 mmHg), 증기압은 1.3×10^{-5}㎜Hg(20℃)이다. 물에서 488ppm 용해되나 유기용매인 크실렌, 톨루엔에 잘 용해된다. 쥐에 대한 급성경구독성 LD_{50}은 2,534㎎/㎏이며 무지개송어에 대한 어독성 TLm(48시간)은 2.0ppm이다.

S-Metolachlor는 단자엽식물에서는 발아하는 유아부(幼芽部)로 주로 흡수되고 쌍자엽식물에서는 유아부와 뿌리를 통하여 흡수된다. 이 제초제는 세포분열을 저해하여 발아를 억제한다. 또 여타 아미드계 제초제와 비슷하게 단백질과 지질의 합성을 억제하고 세포막을 파괴하는 작용기작을 갖고 있다.

토양 내의 이동성은 1~2㎝이고 토양미생물에 의해서 비교적 빠르게 분해되며 유기물 함량이 높은 토양(2.0%)에서는 심한 강우가 있다 하더라도 누수가 거의 일어나지 않는다.

현재 우리나라에는 S-Metolachlor 25% 유제(품목명: 에스메토라크롤유제, 상표명: 듀알골드, 슈퍼장군)를 고추, 땅콩, 마늘밭에, 2.5% 입제(품목명: 에스메토라크롤입제, 상표명: 듀알골드)를 콩, 고추, 마늘, 땅콩, 감자, 옥수수, 글라디올러스, 파밭의 일년생 잡초 방제용으로 사용하며, 잡초 발아 전에 처리하는 토양처리형 제초제이다. Pendimethalin과 혼합하여 고추, 감자 및 양파밭의 일년생 잡초를 방제하는 데 사용하고 있다(부록 참조).

5) Napropamide

Napropamide[*N,N*-diethyl-2-(1-naphthalenyloxy)propanamide]는 미국 Stauffer사에서 개발한 밭잡초용 잡초발생전 토양처리 제초제로서 대부분의 일년생 화본과 및 광엽잡초 방제에 효과적이다.

원제는 흰색 또는 갈색 결정형 고체로 분자식은 $C_{17}H_{21}NO_2$이고 분자량은 271.36이며 융점은 74.8~75.5℃, 증기압은 4×10^{-6}㎜Hg(25℃)이다. 물에서 73ppm(20℃) 용해되거나 유기용매인 아세톤과 에탄올에 아주 잘 녹는다. 쥐에 대한 급성경구독성 LD_{50}은 5,000㎎/㎏ 이상이며 금붕어에 대한 어독성 TLm(48시간)은 10ppm이다.

Napropamide는 식물체의 뿌리를 통해서 빠르게 흡수되며 쉽게 식물체 내로 이행한다. 이 제초제의 작용기작은 아직 자세히 밝혀져 있지는 않지만 세포분열을 방해하여 생장을 억제하며 식물체 내에서는 잘 분해되고 화본과 잡초 뿌리의 생장을 억제시킨다. 토양 중에서는 미생물에 의해 서서히 분해되며 휘발성은 거의 없으나 빛의 강도가 높은 여름에는 4일 이내에 50% 이상 광분해된다. 누수가 잘 되지 않으며 잔효기간은 8~12주 정도다.

우리나라에서 Napropamide(품목명: 나프로파마이드수화제, 상품명: 데브리놀골드)는 밭잡초 방제를 위하여 사용되고 있다. 수화제(50%)는 밭작물인 고추, 토마토, 감자, 배추, 참깨, 담배 등은 파종 후 3일 내에, 잔디, 감귤은 잡초 발생 전에, 더덕은 이식 복토 후에, 황기는 파종 복토 후에, 땅콩은 비닐 멀칭 전에, 양배추(노지)는 정식 전에 10a당 300g을 물 120ℓ에 희석하여 토양에 살포하면 된다. 유제(21.8%)는 고추 정식 또는 파종 복토 후 3일 이내에 10a당 600㎖를 물 100ℓ에, 잔디에는 10a당 1,000㎖를 물 300ℓ에, 취나물에는 파종 복토 후 10a당 400㎖를 물 100ℓ에 희석하여 일년생 잡초를 방제하기 위하여 사용한다(부록 참조).

6) Pretilachlor

Pretilachlor[2-chloro-*N*-(2,6-diethylphenyl)-*N*-(2-propoxyethyl) acetamide]는 스위스 Ciba-Geigy사에서 개발한 논잡초용 토양처리형 제초제로 Butachlor와 유사한 구조와 작용특성을 가졌다. 살초범위를 넓히기 위해서 Bensulfuron-methyl, Cyhalofop-butyl과 Pyrazosulfuron-ethyl 등과의 합제로 제형하여 사용하고 있다.

원제는 무색 액체로 분자량 311.9, 분자식은 $C_{17}H_{26}ClNO_2$, 융점은 -20℃, 증기압은 1×10^{-6}㎜Hg (20℃)이다. 물에 50ppm(20℃) 용해되나 유기용매에 잘 녹는다. 쥐에 대한 급성경구독성 LD_{50}은 6,099㎎/㎏이며, 잉어에 대한 어독성 TLm(48시간)은 2.17ppm이다.

Pretilachlor은 주로 잡초 발아 시 근부(根部)나 유아부(幼芽部)에서 흡수되어 긴 사슬의 지방산 생합성을 저해함으로써 감수성 식물의 신초 생장을 억제시켜 잡초를 고사시킨다. 선택성은 여타의 산아미드계와 유사하며 발아심도의 차이 또는 생물의 종에 따라 내성이 달라지고, 잡초종 간에는 화본과 잡초가 감수성이 높다.

토양 중에서의 이동폭은 비교적 작으며 흡착력이 없는 사양토에서는 이동폭이 증가된다. 잔효기간은 담수하에서 25~30일이다. Pretilachlor(품목명: 프레티입제, 상표명: 솔네트) 입제(2%)는 주로 일년생 잡초 방제용으로 사용되는데, 벼 기계 이앙 후 3~5일에 3㎏/10a를 처리하면 된다. Pretilachlor (품목명: 프레틸라크롤유제) 유제(14%)는 써레질 직후 이앙 전 처리제로서 논에 물을 3~4㎝ 정도 유지시켜 10a당 400㎖를 살포하고, 유탁제(품목명: 프레틸라크롤유탁제)는 10a당 150㎖의 원액을 희석하지 않고 그대로 수면 위에 뿌린 후 3~4일간 논물을 대거나 빼지 말아야 한다. Bensulfuron-methyl, Fenclorim, Flucetosulfuron, Simetryn 등과 혼합된 수종의 합제가 개발되어 벼 이앙답과 담수직파재배답의 잡초방제에 이용되고 있다(부록 참조).

7) Propanil

Propanil[*N*-(3,4-dichlorophenyl)propanamide]은 Rohm and Haas사가 개발한 논잡초 발생 후

처리용 제초제로서 화본과 잡초, 특히 피를 선택적으로 방제하는 속간(屬間)선택성 제초제이다. 우리나라에서는 못자리 피 방제용으로 사용하고 있으며 미국에서는 수도 경작지의 85% 정도에 Propanil을 사용하고 있다. 대개 피가 2~3엽기, 벼가 15~25㎝ 정도일 때 Propanil을 처리한다.

원제는 연한 갈색 또는 회흑색 고체로 분자식은 $C_9H_9Cl_2NO$이고 분자량은 218.08이며, 밀도 1.25g/㎖ (25℃), 융점 85~89℃이다. 증기압은 4×10^{-5}mmHg(20℃)이며 물에서 500ppm가량 용해되나 유기용매에 잘 녹는다. 쥐에 대한 급성경구독성 LD_{50}은 1,870㎎/㎏, 잉어에 대한 어독성 TLm(48시간)은 14ppm이다.

Propanil은 접촉형 제초제로서 처리된 잎에서 쉽게 흡수되어 제한적인 양이 생장점으로 이행하여 황화현상을 일으켜 잡초를 괴사시킨다. 특히 피에 탁월한 작용성을 나타낸다. 벼와 피는 거의 같은 양의 Propanil을 흡수·이행하지만 Aryl acylamidase 효소의 활성은 피보다 벼가 약 60배 이상 강하여 쉽게 무독한 3,4-dichloroaniline과 propionic산으로 분해하므로 선택적 살초효과를 나타낸다. 그 밖에 광합성의 전자전달을 억제하는 것으로 보고되어 있다.

토양 내에서는 미생물에 의하여 쉽게 분해되며 잔효기간은 따뜻한 기온에서는 약 1~3일 정도이다. 우리나라에서 Propanil은 못자리 벼의 일년생 잡초 방제용으로 사용된다. 주로 피 1~2엽기 때 논물을 빼고 이슬이 마른 다음 10a당 600㎖를 물 100ℓ에 희석하여 살포한다. Anilofos, Butachlor, Cyhalofop-butyl, Dithiopyr, Molinate, Pendimethalin 등과 혼합하여 벼 건답직파 재배 초기 및 중기 잡초방제용으로 많이 사용하고 있다(부록 참조).

8) Perfluidone

Perfluidone[1,1,1-trifluoro-*N*-[2-methyl-4-(phenylsulfonyl)phenyl]methanesulfonamide]은 미국 3M사에서 개발한 밭잡초용 제초제로 일년생 잡초 대부분과 수종의 다년생 잡초에 효과적이라고 한다.

원제는 백색의 고체로서 분자식은 $C_{14}H_{12}F_3NO_4S_2$, 분자량은 379.4이고 융점은 144℃이다. 물에 대한 용해도는 60ppm(20℃)이며 에탄올에 30%, 메탄올에 59.5%, 아세톤에는 75%로 잘 녹는다. 쥐에 대한 급성경구독성 LD_{50}은 633㎎/㎏이며 무지개송어에 대한 어독성 TLm(48시간)은 318ppm이다.

Perfluidone은 발아하고 있는 잡초의 유아부로부터 흡수되어 발아 후의 생장을 억제시킨다. 살초기작은 주로 단백질 합성을 저해하는 것으로 알려져 있으며 살초폭은 비교적 넓고 누수가 있을 때는 제초효과가 크게 감소되는 결점이 있다. 식양토와 같이 흡착력이 있는 토양에서는 이앙하기에 적합한 묘를 이앙했을 때는 약해가 거의 없이 안전하지만 묘가 어리거나 처리 후에 고온이 되면 안전성이 감소하므로 유의하여야 한다.

토양 중의 이동폭은 2~3㎝이고 토양 중에서의 분해속도는 늦고 토양잔효성은 5~8주로 상당히 긴 편이다. 현재 장기 미생산 품목으로 되어 있다.

9) Mefenacet

Mefenacet[2-(2-benzothiazolyloxy)-*N*-methyl-*N*-methylacetamide]는 벤조티아졸록시 아세트아닐라이드(benzothiazoloxy acetanilide)계 제초제로서 벼와 피 사이에 선택성 폭이 커서 손 및 기계이앙답에서 일년생 잡초 방제에 효과적이다. 또 Mefenacet와 Bensulfuron-methyl 혼제가 품목고시되어 논의 일년생 및 다년생 잡초 방제용으로 사용되고 있다.

원제는 백색의 결정으로서 분자식은 $C_{16}H_{14}N_2O_2S$, 분자량은 298.37이고 증기압은 6.4×10^{-4}mPa (20℃)이며, 융점은 134.8℃이다. 물에는 잘 용해되지 않지만(4ppm) 대부분의 유기용매에는 잘 용해된다. 쥐에 대한 급성경구독성 LD_{50}은 5,000㎎/㎏ 이상이며, 잉어에 대한 어독성 TLm(48시간)은 6.3ppm이다.

Mefenacet는 다른 산아미드계 제초제와 마찬가지로 발아하는 잡초의 유아부로 흡수되어 발아를 억제하거나 발아 직후의 어린 식물을 고사시킨다. 제초제의 작용성은 긴 사슬의 지방산합성을 억제한다. 화본과 잡초인 피에 대하여 높은 활성을 갖고 있으나 광엽잡초에는 살초작용이 피만 못하다. 피에 대한 처리적기가 넓어 4.0엽까지도 효과가 있으나 엽기가 진행되면 약량을 높여야 방제가 가능하다.

Mefenacet는 토양 중의 이동폭이 매우 작고 토양잔효기간은 5~8주로서 꽤 긴 편이다. 단제는 장기 미생산 품목으로 되어 있고 다른 제초제와 혼합하여 사용되고 있다. Bensulfuron-methyl, Imazosulfuron 등과 혼합하여 이앙답의 일년생 및 다년생 잡초 방제용으로 사용되고 있으며, Bensulfuron-methyl + Dymron, Pyrazosulfuron-ethyl + Thiobencarb의 혼합제는 기계이앙벼의 중기제초제로 사용한다(부록 참조).

10) Naproanilide

Naproanilide[2-(2-naphthalenyloxy)-*N*-phenylpropanamide]의 원제는 백색결정으로서 분자량은 291.3, 융점은 128℃이고 증기압은 0.5㎜Hg(110℃)이다. 물에 0.75ppm(27℃) 정도 용해되나 아세톤에 17%, 벤젠에 5%, 에탄올에 2% 용해된다. 쥐에 대한 급성경구독성 LD_{50}은 15,000㎎/㎏이고 잉어에 대한 어독성 TLm(48시간)은 30ppm이다.

Naproanilide는 잡초의 뿌리나 유아부에서 흡수되어 체내를 이행하면서 생장을 정지시킨 후 잡초를 고사시킨다. 식물체를 완전히 고사시키는 데는 시간이 걸리나 오옥신 작용을 기초로 한 제초제로서, 화본과와 광엽 간에 선택성을 나타내며 일반 페녹시계 제초제보다 선택성의 폭이 넓다. 토양에 흡착이 잘 되며 이동폭은 좁고(1㎝), 잔효기간은 약 20일이다. 국내에서는 단제로 등록되어 있지 않으며, Thiobencarb와 Butachlor 등과의 혼합제로 등록되었으나 Butachlor의 사용이 점차 제한됨에 따라 1997년에 폐기되었다.

11) Isoxaben

Isoxaben[*N*-[3-(1-ethyl-1-methylpropyl)-5-isoxazolyl]-2,6-dimethoxybenzamide]은 발아 전 토양처리제로 광엽잡초에 대한 살초력이 높아 밀과 보리밭에 발생하는 광엽잡초의 방제에 효과적이다. 물에 대한 용해도가 낮아 용탈이 적으며, 표층에서의 약효 지속기간은 20일 정도이다.

원제는 무색 결정체이고 분자식은 $C_{18}H_{24}N_2O_4$, 분자량은 332.4, 융점은 176~179℃, 증기압은 3.9×10^{-7}㎜Hg(20℃)보다 작다. 물에 대한 용해도는 1.0ppm이고 유기용매인 메탄올, 아세톤에 대한 용해도는 50~100g/ℓ이다. 쥐에 대한 급성경구독성 LD_{50}은 10,000㎎/㎏ 이상이고, 무지개송어에 대한 어독성은 1.1ppm 이상이다.

Isoxaben은 광엽잡초를 잘 방제하며 잡초 발생 전 토양처리 하였을 때 뿌리로 흡수되어 감수성 식물의 세포벽 생합성을 억제하여 잡초를 고사시킨다. 우리나라에서는 아이속사벤 액상수화제(50%, 상표명: 캐치풀)로 등록되어 있으며, 잔디에 발생하는 쇠비름, 명아주, 냉이, 망초 등의 광엽잡초 방제용으로 사용되고 있다. 10a당 60㎖를 물 200~300ℓ에 희석하여 잡초 발아 전에 살포하면 된다.

7.6 카르바메이트계 제초제

(1) 구조적 특성

카르바메이트계(carbamate) 제초제는 카르밤산(carbamic acid, NH_2COOH)의 에스테르 유도체로서 N의 치환기가 페닐형(phenyl-)이냐 알킬형(alkyl-)이냐에 따라 페닐카르바메이트(phenylcarbamate)형과 알킬카르바메이트(alkylcarbamate)형으로 구분한다. 또 카르밤산의 티오알코올(thioalcohol)과 에스테르 결합을 한 것을 티오카르바메이트계 제초제라 부르는데, 그 구조는 그림 7-15와 같다.

한편 카르밤산의 아미노그룹에 하나의 수소에 페닐형(Phenyl group)이 치환되어 만들어진 화합물은 카르바니릭산(Carbanilic acid)이라 부르는데, 카르바니릭산의 에스테르형을 카르바니레이트(Carbanilates)형 제초제라고 한다.

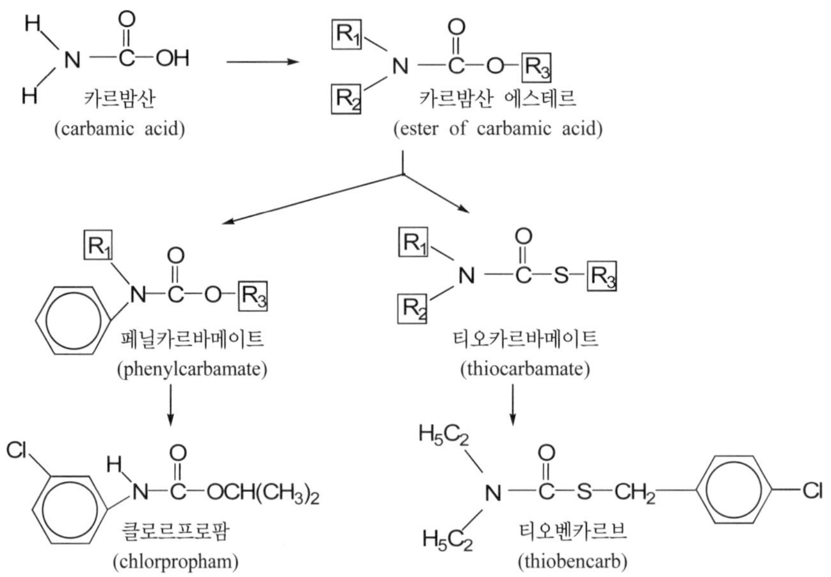

[그림 7-15] 카르바메이트계 제초제의 구조

페닐카르바메이트형에 속하는 Chlorpropham의 화학명은 Isopropyl-*N*-(3-chlorophenyl) carbamate 이고 그 구조는 다음과 같이 설명할 수 있다.

① Carbamate는 모핵을 의미한다.

② Isopropyl은 모핵의 산소원자와 결합된 알킬기를 의미한다.

③ N은 모핵에 함유되어 있는 질소원자를 의미한다.

④ 3-chlorophenyl은 페닐환의 세 번째 위치에 염소기(-Cl)가 치환되어 있음을 의미한다.

(2) 일반적 특성

① 카르바메이트계 제초제는 잡초 발생 전에 처리하는 토양처리 제초제이다.

② 이 계열의 제초제는 뿌리, 초엽, 경엽으로 쉽게 흡수된다.

③ 이 계열의 제초제는 흡수된 부위에서 식물체 내를 쉽게 이행하나 내성식물에서의 이행은 늦다.

④ 내성식물에서는 매우 빨리 분해·대사되나 감수성 식물에서는 빨리 대사되지 못하며, 이행 또한 감수성 식물에서는 빠르나 내성식물에서는 빠르지 못하여 감수성 식물과 내성식물 간에 선택성을 발휘하는 작용특성이 된다.

⑤ 페닐 또는 티오카르바메이트계 제초제는 휘발성이 높기 때문에 경엽부나 토양 표면에서 쉽게 증발된다.

⑥ 토양에서도 식물체 내와 마찬가지로 쉽게 분해되나 건조하거나 온도가 낮은 상태에서는 잔효성이 길다.

[표 7-5] 페닐 및 티오카르바메이트계 제초제의 특성 비교

	페닐카르바메이트	티오카르바메이트
작용점	분열조직(특히 뿌리 선단부)	초엽 속의 신초
작용기작	(1) 세포분열 억제 (2) 광합성 억제 (3) 단백질 및 엽록소 합성 억제 (4) RNA 및 효소 합성 방해	(1) 세포분열 억제 (2) 이상세포 신장
약 해	(1) 뿌리 선단부의 부풀음 (2) 줄기의 왜소·기형화	(1) 화본과류 잎의 기형적 출현 또는 신장

(3) 카르바메이트계 제초제의 종류

카르바메이트계 제초제는 위에서 언급한 것처럼 페닐카르바메이트와 티오카르바메이트로 대별할 수 있으며 살초특성은 표 7-5와 같고 종류 및 구조는 표 7-6과 같다.

[표 7-6] 카르바메이트계 제초제의 종류 및 구조

구 조	일 반 명	상품명	R_1	R_2	R_3
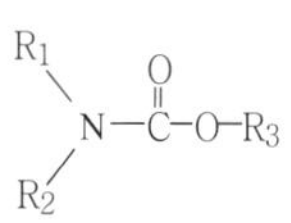	Asulam	아지란	-H	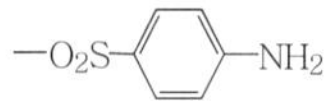	$-CH_3$
	Chlorpropham	-	-H	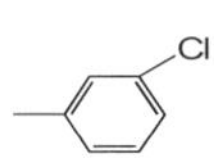	$-CH(CH_3)_2$
	Propham	-	-H	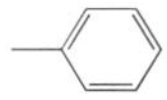	$-CH(CH_3)_2$
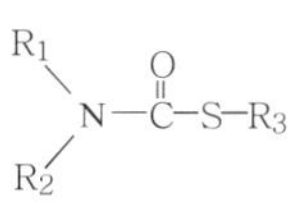	Molinate	-	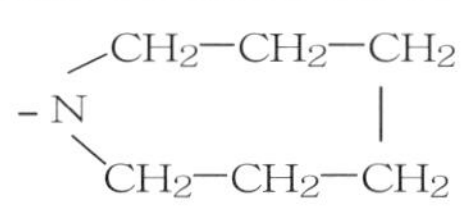		$-CH_2-CH_3$
	Thiobencarb	사단	$-C_2H_5$	$-C_2H_5$	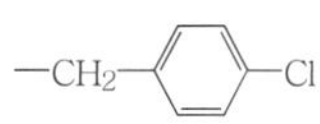
	Vernolate	-	$-CH_2-CH_2-CH_3$	$-CH_2-CH_2-CH_3$	$-CH_2-CH_2-CH_3$

1) Thiobencarb

Thiobencarb[(*S*-[(4-chlorophenyl)methyl]diethylcarbamothioate]는 일본 Kumiai사에서 개발한 티오카르바메이트계 제초제로서 일명 Benthiocarb라고도 한다. 논벼에 대한 약해가 극히 적고 화본과 및 광엽잡초에 대한 효과가 우수하여 물못자리 또는 이앙답의 잡초발생전처리 제초제로 사용되고 있다.

원제는 황갈색의 액체로 분자식은 $C_{12}H_{16}ClNOS$, 분자량은 257.78, 밀도는 1.145~1.180g/㎖(20℃), 융점 3.3℃, 비등점 126~129℃이고 증기압은 1.476×10^{-6}㎜Hg(20℃)이다. 물에 30ppm(25℃) 용해되나 각종 유기용매에 잘 용해된다. 쥐에 대한 급성경구독성 LD_{50}은 1,903㎎/㎏이고, 잉어에 대한 어독성 TLm(48시간)은 3.6ppm이다.

Thiobencarb는 식물체의 유아부(幼芽部)와 경엽에 흡수되어 체내로 쉽게 이행한 후 식물체의 생장을 정지시켜 서서히 고사시킨다. 작용기작은 단백질 합성 저해에 기인한 세포의 분열 및 신장을 억제하는 것으로 알려져 있다. 특히 벼에는 약해 없이 피 방제에 탁월한 효과를 나타내며 토양 및 경엽처리 제초제로 피는 2엽기 처리까지도 유효하여 처리 적기의 폭이 넓은 것이 특징이다. 생짚을 과하게 시용(施用)한 논에 Thiobencarb가 처리되면 탈염소화되어 벼가 왜화증상(矮花症狀, dwarf)을 나타내므로 주의를 요한다.

토양 내에서는 미생물에 의하여 주로 분해되며, 토양에 잘 흡착되므로 다른 Carbamate계 제초제에 비하여 휘발성이나 광분해가 적으며 토양 중의 이동폭은 2~3㎝이고 잔효기간은 30~40일이다.

우리나라에서 Thiobencarb와 Simetryn 혼합제가 기계이앙벼의 일년생 잡초 및 논 조류 방제용으로 사용된다. 이앙 후 15일에 10a당 3kg을 살포하고 Thiobencarb와 Linuron 혼합제(유제)는 밭작물(보리, 감자, 옥수수, 마늘, 율무, 잔디) 파종 복토 후 잡초 발아 전에 400~500㎖를 물 100~200ℓ에 희석하여 살포한다(부록 참조).

2) Molinate

Molinate[*S*-ethyl hexahydro-1*H*-azepine-1-carbothioate]는 미국 Stauffer사(1954)에서 개발한 논잡초 방제용 이행형의 경엽 및 토양처리제로서, 벼에는 약해가 거의 없고 화본과 잡초 특히 피를 선택적으로 방제할 수 있다.

원제는 담황색 액체로서 분자식은 $C_9H_{17}NOS$이고, 분자량은 187.3이며, 밀도 1.063g/㎖(20℃), 비등점 202℃(10㎜Hg)이고 증기압은 5.6×10^{-3}㎜Hg(25℃)이다. 물에 970ppm(20℃) 용해되며 유기용매에 잘 녹는다. 쥐에 대한 급성경구독성 LD_{50}은 720㎎/㎏, 무지개송어에 대한 어독성 TLm(48시간)은 30ppm이다.

Molinate는 식물체의 뿌리에서 신속히 흡수되어 상부의 잎이나 생장점으로 이행하며, 단백질 및 지질의 합성을 저해하고 세포분열 및 신장을 억제하여 식물을 서서히 고사시킨다고 한다. Molinate는 흡수 이행형 제초제로서 선택성이 있고, 화본과 속(屬) 간 선택성이 매우 높으며 토양 혼화처리, 토양 표면 처리, 담수하의 생육기에 처리해도 벼에는 약해가 없고 피에 대한 방제효과가 크다.

3) Chlorpropham

Chlorpropham[1-methylethyl-(3-chlorophenyl)carbamate]은 전작지에 발생한 일년생 화본과 및 광엽잡초 방제에 효과적이며 잡초 발생 전 토양처리 제초제로 사용된다.

원제는 흰색의 고체로서 분자식은 $C_{10}H_{12}ClNO_2$, 분자량은 213.7이고 융점은 38~40℃, 증기압은 10^{-5}㎜Hg(25℃)이다. 물에 대한 용해도는 88ppm이고 유기용매인 에탄올에 잘 용해된다. 쥐에 대한 급성경구독성 LD_{50}은 3,800㎎/㎏이며 잉어에 대한 어독성 TLm(48시간)은 10ppm이다.

Chlorpropham은 대체로 식물체의 뿌리로부터 흡수되며 식물체 내에서 쉽게 이행하고 생장점에 집적하여 RNA 및 단백질 합성과 세포분열을 저해하여 신장을 억제한다. 또 산화적 인산화반응 및 광합성도 저해한다고 한다. 고온에서 휘발하기 때문에 온도가 높은 여름에는 사용을 피하고 온도가 20℃ 이하인 봄이나 가을에 사용하면 효과적이다.

Chlorpropham은 식양토에서 흡착력이 크며 이동이 작고 토양잔효기간은 15℃에서 65일, 29℃에서 30일 정도이다. 우리나라에서는 사용하지 않는다.

4) Asulam

Asulam[methyl[4-aminophenyl)sulfonyl]carbamate]은 영국 May&Baker사(1968)에서 개발한 경엽처리용 제초제로서 일년생 및 다년생 잡초 방제에 효과적이다.

원제는 냄새가 없는 백색 결정체로 분자식은 $C_8H_{10}N_2O_4S$이고 분자량은 230.24이며, 융점은 135~137℃, 증기압은 1×10^{-7}㎜Hg(25℃)이다. 물에 잘 용해되며, 유기용매인 아세톤과 메탄올에는 각각 34%와 28%로 잘 녹는다. 쥐에 대한 급성경구독성 LD_{50}은 약 8,000㎎/㎏, 잉어에 대한 어독성 TLm(48시간)은 1.8ppm이다.

Asulam은 주로 식물체의 경엽과 뿌리로 흡수되나 잎에서도 쉽게 흡수되어 식물체 내에서 잘 이행한다. 특히 다년생의 경우는 경엽에서 뿌리로 이행하여 지하경의 휴면아를 고사시킨다. 이 제초제의 작용부위는 식물체의 생장점이며 세포분열 및 생장을 억제시키고 황화현상을 일으켜 고사시키므로 약효가 서서히 나타난다.

토양 내에서는 미생물에 의하여 주로 분해가 일어나며 특히 방선균은 탄소원으로 Asulam을 이용할 수 있는 능력이 있다. 토양 중 이동성은 5~8㎝로 아주 크며 토양 내의 잔효기간은 6~14일 정도다.

우리나라에서 사용되는 Asulam sodium(품목명: 아슐람 소듐 액제, 상품명: 아지란)은 잔디의 일년생 및 다년생 화본과 잡초 3~5엽기의 방제를 위하여 고시되어 있다.

5) Esprocarb

Esprocarb[*S*-(phenylmethyl)(1,2-dimethylpropyl)ethylcarbamothioate]는 잡초의 발아 전 또는 발아 후에 처리하는 토양처리형 제초제로서 일년생 화본과와 방동사니과 잡초에 대하여 민감하게 작용한다.

원제는 액체이고, 분자식은 $C_{15}H_{23}NOS$, 분자량은 265.4, 증기압은 10.1mPa(25℃)이다. 물에 대한 용해도는 4.9ppm으로 낮으나 유기용매인 에탄올, 아세톤 등에는 아주 잘 용해된다. 쥐에 대한 급성경구독성 LD_{50}은 3,700㎎/㎏이고, 잉어에 대한 어독성은 1.52ppm이다. Esprocarb는 논에 발생하는 일년생 잡초 및 피 방제용으로 사용되고 있으며 이앙 후 5~15일에 경엽에 처리하면 피를 효과적으로 방제할 수 있다. 우리나라에서는 단제로는 사용하지 않고, 살초폭 증대를 위하여 Sulfonylurea계 제초제와 혼합하여 사용하는데, Bensulfuron-methyl, Cinosulfuron, Pyrazosulfuron-ethyl 등과 혼합제로 개발하여 기계이앙벼의 일년생 및 다년생 잡초 동시방제용(일발처리제)으로 사용하고 있다.

6) Dimepiperate

Dimepiperate[*S*-(1-methyl-1-phenylethyl)1-piperidinecarbothioate]는 잡초의 발아 전부터 발아 초기까지 사용하는 토양처리형 제초제로 체내에 흡수·이행되어 단백질 합성을 저해하여 살초력이 발현되며 토양 내에서 제초활성 지속기간은 20일 정도이다. 논 일년생 잡초(특히 피)에 대한 선택성이 높다.

원제는 왁스형 고체이고, 분자식은 $C_{15}H_{21}NOS$, 분자량은 263.4, 융점은 39℃, 증기압은 0.53mPa(30℃)이다. 물에 대한 용해도는 20ppm이나, 유기용매인 에탄올과 아세톤에 대한 용해도는 각각 4.1㎏/ℓ와 6.2㎏/ℓ로 아주 높다. 쥐에 대한 급성경구독성 LD_{50}은 946㎎/㎏이고, 잉어에 대한 어독성은 5.8ppm이다.

우리나라에서는 단제로 사용하고 있지 않으며, Sulfonylurea계 제초제와 혼합하여 논 일년생 및 다년생 잡초 동시방제용으로 사용하고 있다. Demepiperate와 Bensulfuron-methyl 혼합제는 기계이앙벼의 일년생 및 다년생 잡초 방제용으로, 담수직파벼(표면산파, 무논골뿌림)의 일년생 및 다년생 잡초 방제용으로 사용된다. 파종 후 7~12일에 10a당 3kg을 처리하면 된다.

7) Pyributicarb

Pyributicarb[*O*-[3-(1,1-dimethylethyl)phenyl](6-methoxy-2-pyridinyl) methylcarbamothioate]

는 잡초의 발아 전 또는 발아 초기에 사용하는 토양처리형 제초제로 일년생 화본과 및 방동사니과 잡초에 대하여 민감하게 반응한다. 토양 중 잔효기간은 40~70일 정도로, 제형에 따라 다소 차이가 있다.

원제는 백색 결정체이고, 분자식은 $C_{18}H_{22}N_2O_2S$, 분자량은 330.4, 융점은 86℃, 증기압은 0.269mPa(40℃)이다. 물에 대한 용해도는 0.32ppm이나 유기용매인 아세톤과 크실렌에 대한 용해도는 각각 780g / ℓ 와 580g / ℓ 이다. 쥐에 대한 급성경구독성 LD_{50}은 5,000㎎/㎏이고, 잉어에 대한 어독성은 11ppm이다.

우리나라에서는 피리부티카브 수화제(47%, 상표명: 터프그린)로 고시되어 잔디밭의 일년생 잡초를 방제하기 위하여 고시되었다.

7.7 트리아진계 제초제

(1) 구조적 특성

트리아진계(triazine) 제초제는 이성환(heterocyclic ring) 구조를 가진 화합물 중 둘 이상의 질소원자를 육각환 구조 내에 갖고 있는 것을 아진(azine)이라 하며, 그 가운데 질소원자 셋을 가지고 있는 화합물을 트리아진(triazine)이라 부른다. 육각환 구조에는 질소(N) 3원자와 탄소(C) 3원자가 함유되어 있으며 이들이 대칭적으로 배치되어 있는 것을 s-트리아진(symmetrical-triazine)이라 하고 비대칭적일 때 as-트리아진(asymmetrical-triazine)이라 한다.

그림 7-16과 같이 R_1 위치의 탄소에 염소기(-Cl), 메톡실기(-OCH_3) 또는 메틸티오기(-S-CH_3)가 치환되며 다른 두 개의 탄소원자는 아미노기(-NH_2)를 함유하고 있으며 R_2 및 R_3에 수소원자 대신에 여러 종류의 알킬기가 치환되어 트리아진계의 제초제가 합성되는데, 주요 골격은 다음과 같다.

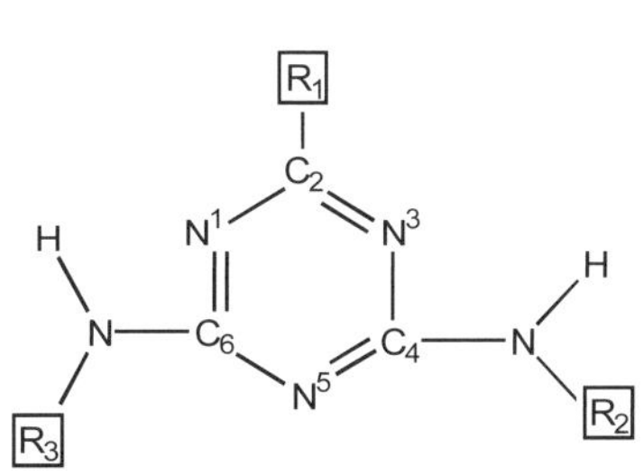

[그림 7-16] 트리아진계 제초제의 구조

(2) 일반적 특성

① s-triazine계 제초제는 화본과와 광엽잡초의 방제에 사용되는데, 특히 광엽잡초 방제에 유효하다.
② 이 계열의 제초제는 주로 뿌리로 흡수되나 Atrazine, Ametryn 등은 뿌리뿐만 아니라 경엽으로도 흡수가 가능하다.
③ 뿌리를 통해 흡수된 경우 증산류를 따라 쉽게 잎으로 이행하나, 경엽에 처리된 제초제는 이행되지 않고 그대로 잎에 축적된다.
④ 광합성의 Hill 반응을 억제함으로써 살초작용을 나타낸다.
⑤ 작물의 선택성은 흡수된 제초제가 분해(무독화)되는 정도에 달렸다.
⑥ 토양잔효기간은 환경이나 제초제의 제형에 따라 차이가 있으나 통상 3~12개월로 비교적 긴 편이다. 건조한 토양에서 특히 잔효가 길다.
⑦ 분해 및 무독화: 2번기 치환물질인 염소기(-Cl)가 비효소반응으로 수산기(-OH)로 바뀌는 경우, 메톡실기(-O-CH_3)나 메틸티오기(-S-CH_3)가 떨어져 나가는 경우, 아미노기에 결합된 알킬기가 떨어져 나가거나 Glutathione과 결합체를 만들어 무독해진다.
⑧ 비대칭 as-triazine의 특성도 대칭인 s-triazine과 유사하다.

(3) 트리아진계 제초제의 종류

스위스 Ciba-Geigy사에서 1956년 Simazine을 합성한 후 수많은 화합물이 각 회사에서 합성·배출되었다. s-triazine계 제초제의 주요 골격은 다음과 같으며 R_1, R_2, R_3에 치환되는 물질의 종류에 따라 여러 가지로 명명된다(표 7-7 참조).

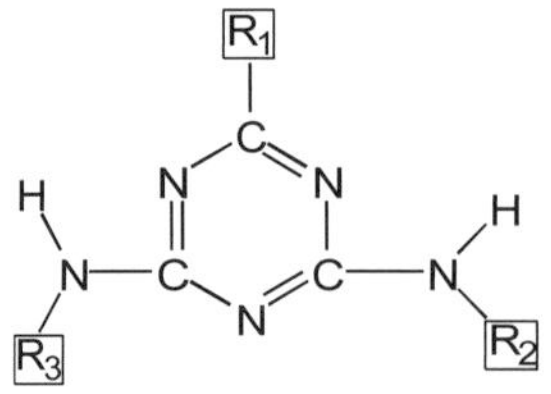

s-triazine: 4,6-amino-s-triazine

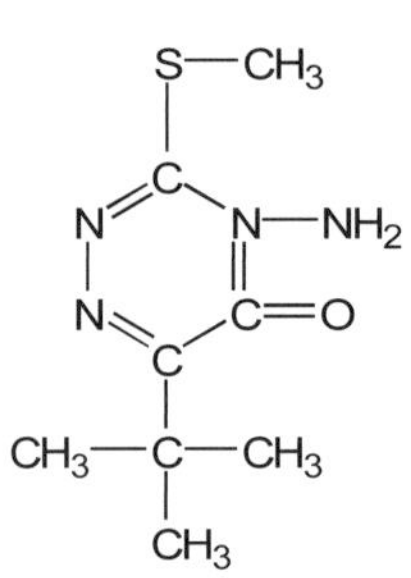

as-trazine: metribuzin

[표 7-7] 트리아진계 제초제의 종류 및 구조

일반명(상품명)	R_1	R_2	R_3	Other
Atrazine	Cl	$-C_2H_5$	$-CH(CH_3)_2$	-
Dimethametryn	$-SCH_3$	$-CHCH(CH_3)_2$ (CH) with CH_3	$-CH_2CH_3$	-
Simazine(씨마진)	Cl	$-C_2H_5$	$-C_2H_5$	-
Simetryn	$-SCH_3$	$-C_2H_5$	$-C_2H_5$	-

1) Simazine

Simazine[6-chloro-*N*,*N′*-diethyl-1,3,5-triazine-2,4-diamine]은 s-triazine계 제초제 가운데 Atrazine과 더불어 가장 많이 사용되는 제초제로서 일년생 화본과 및 광엽잡초 방제에 이용되고 있다.

원제는 백색 결정체로 분자식은 $C_7H_{12}ClN_5$, 분자량은 201.66이고 밀도는 0.436g/㎖, 융점은 225~227℃, 증기압은 2.2×10^{-8}㎜Hg(25℃)이다. 물에 잘 용해되지 않으며(용해도는 22℃일 때 6.2ppm), 유기용매인 벤젠에 900ppm, 메탄올에 400ppm 용해된다. 쥐에 대한 급성경구독성 LD_{50}은 5,000㎎/㎏이며 잉어에 대한 어독성 TLm(48시간)은 1,000ppm이다.

식물체 내를 이행하는 제초제로서 주로 뿌리에서 흡수되어 물관을 통해 지상부의 조직으로 이행하며 광합성을 저해하여 살초력을 발휘한다. 살초력을 잃어버리는 것은 R_1(2번) 위치의 탄소에 결합된 치환물질이 수산(-OH)화 또는 Glutathione과 결합체를 형성함으로써 불활성화되거나 아미노기($-NH_2$)에 치환된 알킬기가 탈알킬화작용을 함으로써 불활성화되기 때문이다.

이 제초제에 내성을 가진 옥수수는 쉽게 분해 또는 무독화 반응을 일으키나 잡초나 감수성 작물은 이와 같은 반응이 없이 Simazine을 축적하므로 황화·고사된다.

토양 내에서 미생물에 의한 분해가 주된 분해작용이며, 점토질과 유기물 함량이 많은 토양에서는 쉽게 흡착되므로 이동이 잘 되지 않으나 사양토에서는 토양 이동이 커진다. 토양 내에 잔효기간은 6~7주이다. 과수원에서 비선택성 제초제 Paraquat와 혼용하여 처리함으로써 이미 발생하였거나 발생할 일년생 잡초를 방제하는 데 이용하기도 한다.

우리나라에는 Simazine(품목명: 씨마네, 상표명: 씨마진) 수화제 50%가 일년생 잡초 방제용으로 사용되고 있다. 사과밭과 배밭에 이미 발생한 잡초를 방제한 후 10a당 200g을, 뽕나무밭에는 3월 하순과 하벌 직후에 10a당 300g을, 소나무 묘포에는 해빙 직후 10a당 200~400g을 물 120~160ℓ에 희석하여 살포한다. 이 제초제는 뽕나무와 진주조(청예사료)의 잡초 방제에도 사용된다.

2) Atrazine

Atrazine[6-chloro-*N*-ethyl-*N′*-(1-methylethyl)-1,3,5-triazine-2,4-diamine]은 밭작물 발아 직후 처리

용으로 광엽 및 화본과 잡초 방제를 위하여 세계적으로 아주 광범위하게 쓰이는 제초제이다.

원제는 백색 결정형으로 분자식은 $C_8H_{14}ClN_5$, 분자량은 215.69이며, 밀도는 0.363 g/㎖(20℃), 융점은 175~177℃, 증기압은 2.9×10^{-7}㎜Hg(25℃)이다. 물에 33ppm 용해되나 유기용매인 클로로포름(chloroform), 디메틸설폭사이드(dimethyl sulfoxide)에 각각 52,000ppm, 183,000ppm으로 잘 용해된다. 쥐에 대한 급성경구독성 LD_{50}은 5,100㎎/㎏(80% WP)이며 어류에 대한 어독성 TLm(48시간)은 10ppm이다.

Atrazine은 식물체의 뿌리나 경엽을 통해 흡수되며 일반적으로 뿌리를 통한 흡수가 많다. 물관부를 통해 잎이나 생장점으로 이행·축적되어 광합성을 억제한다. 작용기작은 Simazine과 유사하다. 특히 옥수수는 Atrazine에 강한 저항성을 나타내는데 이는 옥수수가 Atrazine을 쉽게 분해·불활성화시키는 능력을 갖고 있기 때문이다. 가수분해에 의해 염소기(-Cl)가 수산기(-OH)로 치환되거나 Glutathione과 결합체를 만들어 아미노기에 부착된 알킬기가 탈알킬반응을 나타내므로 불활성화되지만 감수성 식물에는 불활성화 반응이 일어나지 않고 축적되어 황화현상을 일으켜 식물을 고사시킨다.

토양 중의 이동성은 비교적 작고 토양 내의 분해나 불활성화는 주로 미생물에 의해 이루어진다. 광분해나 휘발은 극히 적고 토양 중 잔효성은 40~50일 정도이다.

3) Metribuzin

Metribuzin[4-amino-6-(1,1-dimethylethyl)-3-(methylthio)-1,2,4-triazin-5(4*H*)-one]은 독일 Bayer에서 개발한 밭잡초용 발아 전 처리 및 발생직후처리(early postemergence) 제초제로서 일년생 화본과 및 여러 종의 광엽잡초 방제에 효과적인 as-triazine계 제초제이다.

원제는 약간의 냄새가 나는 백색 결정형 고체로, 분자식은 $C_8H_{14}N_4OS$이고, 분자량은 214.3이다. 밀도 1.31g/㎖, 융점은 125.5~126.5℃, 증기압은 1.2×10^{-7}㎜Hg(20℃)이며 물에 1,100ppm 용해되고 유기용매인 메탄올 등에 잘 녹는다. 쥐에 대한 급성경구독성 LD_{50}은 1,986㎎/㎏, 잉어에 대한 어독성 TLm(48시간)은 26ppm이다.

Metribuzin은 경엽처리로 잎을 통해서도 흡수되지만 주된 흡수 경로는 뿌리이다. 흡수된 제초제는 목질부를 통해서 상단부로 이행하여 식물의 광합성을 억제한다. 본 제초제는 하단부로 이동하지는 않는다고 한다. Metribuzin의 불활성화는 산화작용이나 수용성 결합체를 만듦으로써 이루어진다.

토양 중에서는 미생물에 의하여 주로 분해되며 포장상태에서 휘발이나 광분해로 인한 소실은 없으나 토양이동성은 큰 편이며 잔효성은 호조건에서는 14~28일 정도로 추정된다.

우리나라에서 Metribuzin(품목명: 메트리뷰진수화제 35%, 상표명: 센코)은 감자나 토마토밭의 일년생 잡초를 방제하기 위하여 사용되고 있다. 처리시기는 감자의 경우 복토 직후부터 감자싹이 지상부에 나오기 전까지이며, 토마토의 경우는 정식 활착 후(잡초 발생 전~2, 3엽기)이다. 10a당

100g을 물 100ℓ에 희석하여 살포한다.

4) Simetryn

Simetryn[*N*,*N*′-diethyl-6-(methylthio)-1,3,5-triazine-2,4-diamine]은 스위스 Ciba-Geigy사에서 개발한 메틸티오(methylthio)형 s-triazine계 제초제로 일년생 광엽 및 화본과 잡초에 유효하다.

원제는 백색의 고체로서 분자식은 $C_8H_{15}SN_5$이며 분자량은 213.3이고, 융점은 82~83℃, 증기압은 9.4×10^{-2}mPa(20℃)이다. 물에 대한 용해도는 400ppm(20℃)이고 쥐에 대한 급성경구독성은 750~1,195㎎/㎏이며 잉어에 대한 어독성 TLm(48시간)은 25ppm이다.

Simetryn은 식물의 경엽과 뿌리에서 흡수되어 상부의 어린 조직, 특히 생장점으로 이행·집적되어 광합성을 억제한다. 화본과 잡초에는 효과가 낮지만 Molinate나 Thiobencarb와 혼합하면 상승 효과가 있다고 한다. 특히 담수조건에서 경엽 및 토양처리하면 여러 종의 잡초에 효과가 있다고 한다. 일반벼는 저항성이나 인도형 벼는 감수성이며, 묘가 도장하여 연약한 경우나 고온 시에 약해가 발생할 염려가 있으므로 주의를 요한다.

논토양 중 점토나 유기물질이 많으면 이동폭이 좁지만 사질토양에서는 이동성이 커진다. 토양 중에서 미생물에 의하여 분해 및 불화성화되고 잔효기간은 20~30일 정도다.

5) Terbutryn

Terbutryn[(*N*-(1,1-dimethylethyl)-*N*′-ethyl-6(methylthio)-1,3,5-triazine-2,4-diamine]은 Ciba-Geigy사에서 개발한 s-triazine계 제초제로서 동계작물(冬季作物, winter crops)의 일년생 광엽 및 화본과 잡초에 유효한 선택성 제초제이다.

원제는 백색 결정체로서 분자식은 $C_{10}H_{19}N_5S$, 분자량은 241.4, 융점은 104℃, 증기압은 0.225mPa(25℃)이다. 물에 대한 용해도는 22ppm(20℃)이고 유기용매에는 쉽게 용해된다. 쥐에 대한 급성경구독성 LD_{50}은 2,500㎎/㎏이고, 무지개송어에 대한 어독성 TLm(48시간)은 3ppm이다.

Terbutryn은 식물체의 뿌리 및 경엽으로 흡수되며 상부의 연한 조직이나 생장점으로 이행·집적되어 광합성을 저해함으로써 식물을 서서히 고사시킨다. 1차 작용기작은 광합성 과정의 물의 광해리작용을 억제한다고 한다. 밀, 보리, 사탕수수는 본 제초제에 저항성을 나타내나 분해의 차이가 선택성 발휘의 작용기작이 아니기 때문에 저항성의 원인은 좀 더 검토되어야 한다고 한다.

토양 중에 흡착이 잘 되며 이동성은 작다. 토양으로부터 서서히 탈착(脫着)하면서 제초효과를 나타낸다. 광분해나 휘발에 의한 제초활성 성분의 유실은 거의 없으며 토양미생물에 의하여 주로 불활성화된다. 토양에 잔효기간은 3~10주 정도이다.

우리나라에서 Terbutryn(품목명: 터브란수화제 50%, 상표명: 이그란)은 보리밭의 일년생 화본과 및 광엽잡초를 방제하기 위하여 고시되어 사용되어 왔으나 현재는 폐기되었다.

6) Hexazinone

Hexazinone[3-cyclohexyl-6-(dimethylamino)-1-methyl-1,3,5-triazine-2,4(1*H*, 3*H*)-dione]은 Du Pont사에서 개발되어 비농경지나 밭의 일년생 및 다년생 잡초와 목본성(木本性) 식물 방제용으로 사용되고 있다. 미국에서는 Velpar로 상품화된 비선택성 제초제이다.

Hexazinone은 Triazine계의 다른 제초제와는 다소 구조가 다르다(그림 7-17). 원제는 백색결정체로서 분자식은 $C_{12}H_{20}N_4O_2$, 분자량은 252.32, 융점은 115~117℃이고 증기압은 2×10^{-7}mmHg(25℃)이다. 물에 대한 용해도는 3.3%(25℃)이고 유기용매인 메탄올이나 클로로포름에는 매우 잘 용해된다. 쥐에 대한 급성경구독성 LD_{50}은 1,690㎎/㎏이고 무지개송어에 대한 어독성 TLm(48시간)은 320~420ppm이다.

Hexazinone은 식물체의 뿌리와 경엽으로 흡수되어 상부의 새로 나온 조직으로 이행·집적되고 광합성을 억제하여 식물체를 고사시킨다. 광합성 작용을 억제하는 것 외에 우라실계 제초제와 유사하게 단백질 합성도 저해한다고 한다. 본 제초제는 장기간 잡초방제를 요하는 공장부지, 운동장, 철도, 도로변 등의 비농경지 잡초를 방제하는 데 주로 사용되고 있다.

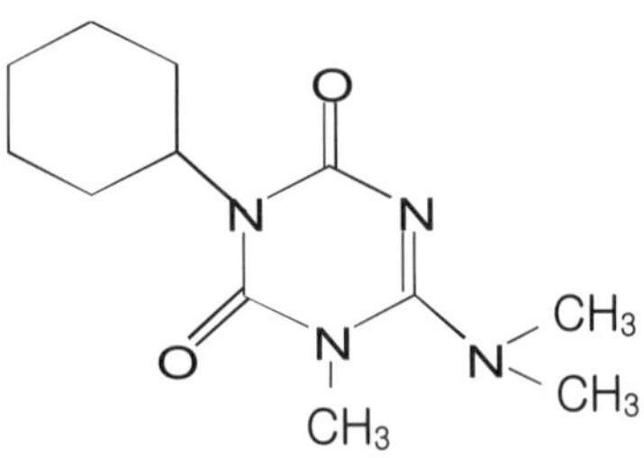

[그림 7-17] Hexazinone의 화학구조

본 제초제는 물에 대한 용해도가 크기 때문에 토양 중의 이동폭이 매우 크다. 토양에서는 주로 미생물에 의하여 분해되지만 광에 의해서도 분해된다고 알려져 있으며 잔효기간이 길다. 우리나라에서 Hexazinone(상품명: 솔솔)은 침엽수 조림지(잣나무 제외)의 일년생 및 다년생 초본류 및 잡관목을 방제하기 위하여 해빙 직후부터 사용되었으나 잔류독성 문제로 사용이 금지되었다. 보통 10a당 5㎏의 입제를 살포한다.

7) Terbuthylazine

Terbuthylazine[6-chloro-*N*-(1,1-dimethylethyl)-*N'*-ethyl-1,3,5-triazine-2,4-diamine]은

Ciba-Geigy사에서 개발한 제초제로 무색 분말이며 분자식은 $C_9H_{16}ClN_5$, 분자량은 229.7이다. 융점은 177~179℃이고 증기압은 0.15mPa(20℃), 물에 대한 용해도는 8.5ppm(20℃)이며, 쥐에 대한 급성경구독성 LD_{50}은 1,590㎎/㎏이다.

잡초가 발아하기 전에 사용하는 토양처리형 제초제로 주로 뿌리를 통하여 흡수·이행되며, 광합성을 저해함으로써 살초효과를 나타낸다. 살포 후 토양 중 약효 지속기간이 길어서 과수원의 간작물에는 약해유발의 위험이 있다.

8) Dimethametryn

Dimethametryn[*N*-(1,2-dimethylpropyl)- *N′*-ethyl-6-(methylthio)-1,3,5-triazine-2,4-diamine]은 잡초의 발아 전 또는 발아 후에 사용하는 토양처리형 제초제로 이앙재배 벼의 피를 비롯한 일년생 잡초 방제에 효과적이다.

원제는 무색 결정체이고, 분자식은 $C_{11}H_{21}N_5S$, 분자량은 255.4이고, 융점은 65℃, 증기압은 0.186mPa(20℃)이다. 물에 대한 용해도는 50ppm이나, 유기용매인 메탄올과 아세톤에 대한 용해도는 각각 700g/ℓ와 650g/ℓ로 높다. 쥐에 대한 급성경구독성 LD_{50}은 3,000㎎/㎏이고, 무지개송어에 대한 어독성은 5ppm이다.

국내에서는 디메타메트린입제(0.3%, 상표명: 아비로산)로 고시되어 있다. 손이앙재배 벼의 초기잡초 방제용으로 사용하고 있는데 특히 논 다년생 광엽잡초인 가래에 대하여 민감하게 작용한다.

7.8 요소계 제초제

(1) 구조적 특성

요소계(urea) 제초제의 화학구조는 비료나 사료의 단백질원으로 사용되는 요소(urea)를 핵으로 하며 기본골격은 그림 7-18과 같다.

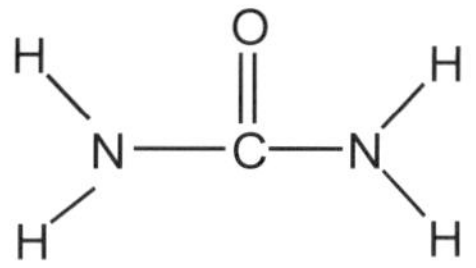

[그림 7-18] 요소계(urea) 제초제의 골격

(2) 일반적 특성

① 요소계 제초제는 화본과 및 광엽잡초에 유효한 잡초 발생 전 처리 제초제로서 적절한 수분이나 습도가 주어지고 온도가 다소 높을 때 좋은 효과를 발휘할 수 있다.
② 식물체의 잎이나 줄기보다 뿌리로 흡수되므로 뿌리가 퍼져 있는 부위에 제초제가 존재하여야 효과를 극대화시킬 수 있다.
③ 증산류와 함께 뿌리로부터 잎으로 이행되어 축적된다.
④ 광합성의 명반응(明反應, Hill reaction)을 억제하는 작용기작을 가지고 있다.
⑤ 토양 내에서 흡착이 용이하여 이동이 작고 토양미생물에 의해 쉽게 분해된다.
⑥ Sulfonylurea계 제초제는 Acetolactate synthase(ALS)의 작용을 억제하는 기작을 갖고 있다.
⑦ Siduron은 광합성을 억제하는 것이 아니고 뿌리의 생장을 억제하며 주로 화본과 잡초 방제에 효과적이다.

(3) 요소계 제초제의 종류

요소계 제초제는 요소핵의 아미노기(-NH_2)에 있는 수소원자가 다른 물질로 치환됨에 따라 다양한 종류의 기를 만든다. 아미노기의 수소원자 중 하나가 설포닐기(-SO_2)로 치환되어 다른 물질과 결합된 것을 설포닐요소 제초제라고 부른다. 주요 제초제는 표 7-8과 같다.

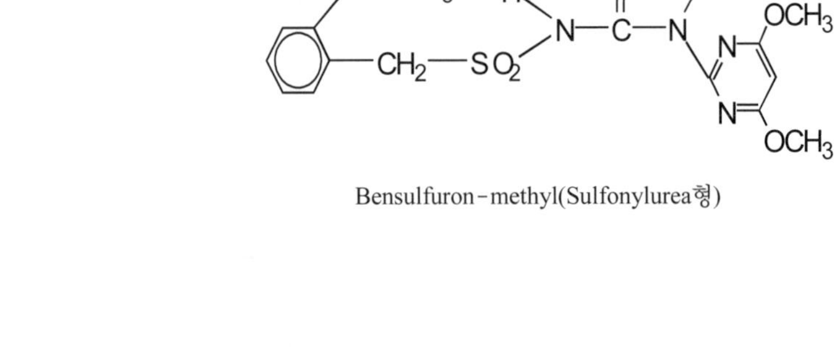

Urea(요소)

Monuron(methylurea형)

Bensulfuron-methyl(Sulfonylurea형)

[표 7-8] 요소계(urea) 제초제의 종류 및 구조

일반명	R	a	b
Bensufuron-methyl	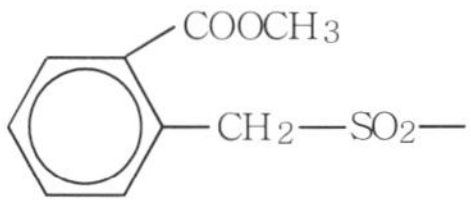	H	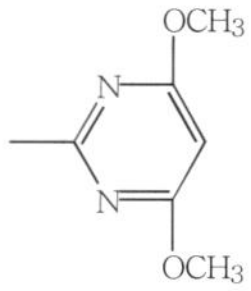
Diuron	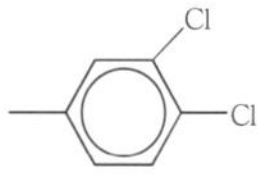	$-CH_3$	$-CH_3$
Linuron	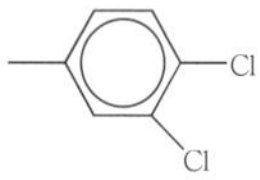	$-CH_3$	$-OCH_3$
Methabenzthiazuron	$-CH_3$	$-CH_3$	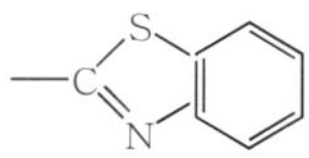
Siduron	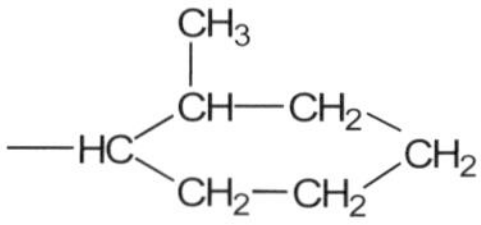	H	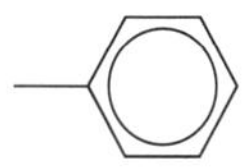

1) Linuron

Linuron[*N'*-(3,4-dichlorophenyl)-*N*-methoxy-*N*-methylurea]은 미국 Du Pont사와 독일 Hoechst사에서 개발한 제초제로, 밭작물에서 발아 초기 또는 발아된 광엽잡초나 화본과 잡초 방제용으로 사용되고 있다.

원제는 백색의 결정체로 분자식은 $C_9H_{10}Cl_2N_2O_2$, 분자량은 249.1, 융점은 93~94℃, 증기압은 1.7×10^{-5}㎜Hg(20℃)이다. 물에 대한 용해도는 75ppm(25℃)이나 유기용매인 벤젠, 아세톤, 에탄올, 크실렌, 톨루엔 등에 쉽게 녹는다. 쥐에 대한 급성경구독성 LD_{50}은 1,254㎎/kg(♂)과 1,196㎎/kg(♀)이며 잉어에 대한 어독성 TLm(48시간)은 10ppm이다.

뿌리나 경엽을 통해 흡수되나 주로 뿌리를 통해 흡수되어 물관부를 통해 잎으로 이행하여 광합성을 억제함으로써 살초력을 나타낸다. 살초폭을 확대시키기 위하여 옥수수에서는 Alachlor, Atrazine 등과, 콩에서는 Alachlor, Chloramben, Pendimethalin 등과 혼합하여 처리한다. 도로변이나 울타리 주변의 비농경지에 단기간에 일년생 잡초를 비선택적으로 방제하기 위하여 사용된다.

토양 중의 점토와 유기물에 잘 흡착되어 이동성은 작고 토양미생물에 의하여 주로 불활성화된다. 고온건조가 장기간 계속되면 광분해나 휘발 등으로 소실되기도 한다. 잔효기간은 3~4개월이다.

우리나라에서 Linuron(품목명: 리뉴론수화제 50%, 상품명: 아파론)은 보리, 콩, 옥수수, 당근,

양파(본포), 당귀, 감자, 마늘, 마, 천궁 등 밭작물의 일년생 잡초를 방제하기 위하여 사용된다. 10a당 100~150g을 물 100~150 ℓ 에 희석하여 종자파종 후 흙으로 덮은 다음 3일 이내에 살포하면 된다. Pendimethalin과 혼합하여(품목명: 리뉴론 펜디메탈린 유제, 상표명: 파트너) 감자, 보리, 양파, 마늘, 옥수수밭의 일년생 잡초 방제용으로 사용한다(부록 참조).

2) Diuron

Diuron[*N′*-(3,4-dichlorophenyl)-*N,N*-dimethylurea]은 미국 Du Pont사에서 개발한 잡초 발아 전 토양처리용 밭 제초제로서, 적은 양으로 광엽 및 화본과 잡초를 초기에 선택적으로 방제할 수 있다.

원제는 냄새가 없는 백색 결정형 고체로 분자식은 $C_9H_{10}Cl_2N_2O$, 분자량은 233.1, 융점은 158~159℃, 열분해 온도는 180~190℃, 증기압은 6.9×10^{-8}㎜Hg(25℃)이다. 물에 42ppm(25℃) 용해되나 유기용매에 아주 잘 녹는다. 쥐에 대한 급성경구독성 LD_{50}은 3,400㎎/㎏이고, 잉어에 대한 어독성 TLm(48시간)은 3.2ppm이다.

Diuron은 식물체의 뿌리를 통해 주로 흡수되어 물관부를 통해 쉽게 이행하는데, 광합성 작용의 Hill 반응을 억제시켜 잡초를 서서히 고사시킨다.

토양 내에서는 미생물에 의하여 주로 분해되며 광분해나 휘발에 의한 손실은 적다. 토양 중에서의 이동폭은 유기물 함량이 많은 식양토에서는 좁은 편지만 사양토에서는 증가되므로 복토심을 유지시켜야 한다. 토양잔효기간은 꽤 긴 편이다. 현재 우리나라에는 등록되어 있지 않다.

3) Siduron

Siduron[*N*-(2-methylcyclohexyl)-*N′*-phenylurea]은 미국 Du Pont사에서 개발한 밭잡초용 잡초 발생 전 처리 제초제로 바랭이, 강아지풀, 피 등과 같은 일년생 화본과 잡초를 선택적으로 방제한다.

원제는 무색, 무취의 결정체로서 분자식은 $C_{14}H_{20}N_2O$이고, 분자량은 232.33이며 밀도는 1.08㎎/㎖(25℃), 융점은 133~138℃이고 증기압은 4×10^{-9}㎜Hg(25℃)이다. 물에서 18ppm(25℃) 용해되나 유기용매인 에탄올 등에는 잘 녹는다. 쥐에 대한 급성경구독성 LD_{50}은 7,500㎎/㎏ 이상이며, 연어와 송어에 대한 어독성 TLm(48시간)은 50ppm이다.

Siduron은 주로 식물체의 뿌리로 흡수되어 물관부를 거쳐 경엽으로 이행한다. 광합성을 억제하는 것이 아니고 뿌리의 생장을 저해하는 것이 다른 요소계 제초제와 다른 중요 살초작용이다. 본제의 효력은 온도에 따른 변동이 적으며, 살초성은 다른 요소계 제초제와는 달리 화본과 잡초에 대한 작용력이 광엽잡초에 대한 작용력보다 큰 편이다.

토양 중에서 미생물에 의해 서서히 분해 및 불활성화되며 이동폭은 좁은 편이고, 광분해나 휘발에 의한 손실은 없으며 잔효기간은 2개월 정도다.

4) Methabenzthiazuron

Methabenzthiazuron[*N*-2-benzothiazolyl-*N,N′*-dimethylurea]은 독일 Bayer사가 개발한 벤조티아졸(benzothiazole) 치환형 수소계 제초제로서 밭작물에 사용되는 제초제이다.

원제는 백색 무취의 결정으로 분자식은 $C_{10}H_{11}N_3OS$이고, 분자량은 221.3이며, 융점은 119~121℃이고, 증기압은 5.9×10^{-3}mPa(20℃)이다. 물에 59ppm 용해되고, 유기용매인 아세톤에는 11.59%, DMF에는 10%, 메탄올에는 6.6% 정도 녹는다. 쥐에 대한 급성경구독성 LD_{50}은 2,500㎎/㎏(♂) 및 1,000㎎/㎏(♀)이다.

Methabenzthiazuron은 식물체의 뿌리를 통해 주로 흡수되어 지상부로 이행하며 광합성을 저해하나 살초작용의 효능이 늦게 나타나는 것이 특징이다. 감수성 식물을 고사시키는 데 14~20일 걸린다.

토양 중에서의 이동폭은 유기물 함량이 적은 사양토에서는 3~4㎝로 크고 잔효기간은 60~80일 정도이다.

우리나라에서는 일년생 잡초를 방제하기 위하여 본 제초제(품목명: 메타벤즈티아주론수화제 70%, 상표명: 트리부닐)를 사용한다. 보리의 경우 파종 복토 후 3일 이내인 잡초 발아 전부터 잡초 발아 직후에 10a당 350g을 물 100~120ℓ에 희석하여 살포하고, 양파는 본포 이식 후 잡초 2~3엽기 이내에, 마늘은 잡초 발아 전부터 10a당 300g을 물 120ℓ에 희석하여 살포한다. 청예사료용 종자는 파종 복토 후 3일 이내에 일년생 잡초 방제용으로 사용되고 있다.

5) Diamuron

Diamuron[*N*-(4-methylphenyl)-*N′*-(1-methyl-1-phenylethyl)urea]은 잡초의 발아 전 토양처리제로서 방동사니과 잡초에 대하여 높은 선택성을 나타내고 있다.

원제는 무색무취 결정체이고, 분자식은 $C_{17}H_{20}N_2O$, 분자량은 268.4, 융점은 203℃, 증기압은 4.5×10^{-4}mPa(20℃)이다. 물에 대한 용해도는 1.2ppm이고, 쥐에 대한 급성경구독성 LD_{50}은 5,000㎎/㎏ 이상이며, 잉어에 대한 어독성 TLm은 40ppm 이상이다.

단제로는 사용되지 않고 있으며, 최근에 개발된 Sulfonylurea계 제초제의 약해경감 효과가 있어서 혼합제로 개발되고 있다. Bensulfuron+Mefenacet+Dymron, Ethoxysulfuron+Anilophos+dymron, Imazosulfuron+Mefenacet+Dymron, Imazosulfuron+Oxaziclomefone+Dymron, Mefenacet+Cinosulfuron+Dymron, Pyrazosulfuron+Mefenacet+Dymron 등의 혼합제가 벼 이앙재배답과 담수직파재배답의 잡초방제용으로 사용되고 있다(부록 참조).

(4) 설포닐요소계 제초제

Sulfonylurea계 제초제는 요소계의 기본구조에서 SO_2기가 치환된 것으로(그림 7-19) 화본과보다 광엽잡초에 대하여 높은 활성을 나타내며, 다른 제초제보다 적은 약량으로도 높은 제초활성을 가진다. 1980년대 중반부터 개발하기 시작하여 현재 20여 종이 사용되고 있다(표 7-9). 우리나라에서는 주로 타 제초제와 혼합하여 사용하며, 논 제초제의 70% 이상을 차지하고 있다. 식물체의 뿌리와 경엽을 통하여 흡수되고 체내에서 쉽게 이행되며 정단분열조직의 세포분열을 억제한다. 측쇄 아미노산(isoleucine, leucine, valine)의 생합성에 관여하는 Acetolactate synthase(ALS)의 작용을 억제하는, 식물체 고사 메커니즘을 갖고 있는 것으로 알려져 있다.

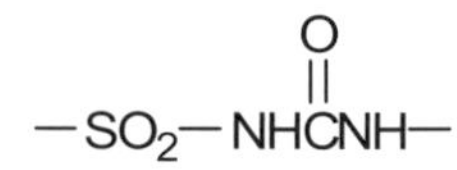

[그림 7-19] Sulfonylurea계의 기본구조

1) Bensulfuron-methyl

Bensulfuron-methyl[2-[[[[[(4,6-dimethoxy-2-pyrimidinyl)amino]carbo-nyl]amino]sulfonyl]methyl]benzoic acid]은 미국 Du Pont사가 1975년에 개발한 설포닐요소(sulfonylurea)유도체 화합물이다. 1ha당 약 20~50g의 적은 유효성분량으로 피를 제외한 논의 일년생 및 수종의 다년생 잡초를 동시에 방제할 수 있는 미량 처리형 제초제이다.

원제는 유백색의 결정체로 분자량은 410.4이고, Bensulfuron-methyl형으로 사용되며, 융점은 185~188℃, 증기압은 2.1×10^{-14}mmHg(25℃)이다. 물에 대한 용해도는 pH에 영향을 크게 받는데 pH 5에서는 3ppm, pH 7에서는 120ppm으로 증가하고 유기용매에 잘 용해된다. 쥐에 대한 급성경구독성 LD_{50}은 5,000mg/kg 이상이고, 잉어에 대한 어독성 TLm(48시간)은 1,000ppm 이상으로 매우 안전하다.

Bensulfuron-methyl은 식물체의 뿌리 몇 경엽에서 흡수되며 필수아미노산을 생성하는 데 필요한 Acetolactate synthase의 작용을 억제함으로써 식물의 세포분열·생장을 억제시켜 고사시키는 작용기작을 갖고 있다. 그러나 생육 중인 다년생 잡초에 처리하면 식물체가 고사하지 않고 처리 당시의 형태 그대로 생장만 멈춘다. 작물 간의 선택성은 본 제초제를 불활성물질로 변형시킬 수 있는 능력 차이에 기인한다고 한다. 특히 벼는 본 제초제를 처리 후 수 시간 내에 불활성화시키므로 매우 안전하다고 한다.

[표 7-9] Sulfonylurea계 제초제의 종류

일반명	상표명	적용작물	대상잡초
Amidosulfuron	Gratil, Adret	화곡류, 목초지	광엽
Azimsulfuron	Gulliver	벼	광엽, 화본과, 사초과
Bensulfuron-methyl	Londax	벼	광엽, 사초과
Chlorimuron-ethyl	Classic	콩, 땅콩	광엽
Chlorsulfuron	Glean, Telar	화곡류	광엽
Cinosulfuron	Setoff	벼	광엽, 화본과
Cyclosulfamuron	성보나이스	벼	광엽, 화본과, 사초과
Ethametsulfuron-methyl	Muster	유채류	광엽
Ethoxysulfuron	Sunrice	벼, 사탕수수	광엽, 사초과
Flazasulfuron	Katana	잔디	광엽, 사초과
Foramsulfuron	트리뷰트	한국잔디	광엽, 화본과, 사초과
Halosulfuron-methyl	올고래	벼	광엽, 화본과, 사초과
Imazosulfuron	-	화곡류	광엽
Iodosulfuron-methyl sodium	커빅스-디	한국잔디	광엽, 화본과, 사초과
Matazosulfuron	바로매	벼	광엽, 화본과, 사초과
Metsulfuron-methyl	Ally, Escort	화곡류	광엽, 사초과
Nicosulfuron	Accent	옥수수, 비농경지	광엽, 화본과
Orthosulfamuron	옥황상제	벼	광엽, 화본과, 사초과
Primisulfron-ethyl	Beacon	잔디	광엽, 화본과
propyrisulfuron	단축키	벼	광엽, 화본과, 사초과
Pyrazosulfuron-ethyl	Sirius	벼, 잔디	광엽, 화본과
Sulfometuron-methyl	Oust	비농경지	광엽, 화본과
Thifensulfuron-methyl	Pinnacle	화곡류(콩)	광엽
Triasulfuron	Amber	화곡류	광엽
Tribenuron-methyl	Express	화곡류	광엽
Trifloxysulfuron-sodium	모뉴먼트, 바른손	한국잔디	광엽, 화본과, 사초과

토양 중 이동폭은 좁으며 가수분해나 미생물에 의한 분해가 불활성화시키는 주요 작용기작으로 알려져 있다. 우리나라에는 Bensulfuron-methyl과 Butachlor, Bensulfuron-methyl과 Mefenacet, Bensulfuron-methyl과 여타의 Sufonylurea 제초제 등과 약 20종의 혼합제가 개발·등록되어 기계 및 손이앙벼의 일년생 및 다년생 잡초 방제용으로 사용되고 있다(부록 참조).

2) Azimsulfuron

Azimsulfuron[*N*-[[(4,6-dimethoxy-2-pyrimidinyl)amino]carbonyl]-1-methyl-4-(2-methyl-2*H*-tertrazol-5-yl)-1*H*-pyrazole-5-sulfonamide]은 물리적 성상이 고체로 분자식은 $C_{13}H_{16}N_{10}O_5S$이며, 분자량은 424.4이고, 융점은 170℃, 증기압은 4.0×10^{-6}mPa(25℃)이다. 20℃에서 물에 대한 용해도는 72.3㎎/ℓ(pH 5)이다. 쥐에 대한 급성경구독성 LD_{50}은 5,000㎎/㎏ 이상이고, 잉어에 대한 어독성 TLm(96시간)은 300ppm 이상이다.

처리 후 물관리 상태에 따라 약간의 약효와 약해 변동이 있는데, 처리 후 5일간은 최소한 3~5㎝ 정도의 물깊이를 유지하는 것이 유리하다. 국내에서는 이 제초제와 다른 Sulfonylurea 제초제류, Molinate, Pretilachlor 등과의 혼합제 30여 종이 고시되어 논에 사용되고 있다(부록 참조).

3) Cinosulfuron

Cinosulfuron[*N*-[[(4,6-dimethoxy-1,3,5-triazin-2-yl)amino]carbonyl]-2-(2-methoxyethoxy)-benezensulfonamide]은 Ciba-Geigy사가 개발한 Sulfonylurea의 화합물로 원제는 무색결정체이며, 분자식은 $C_{15}H_{19}N_5O_7S$이다. 분자량은 413.41이며, 융점은 144.6℃이고, 증기압은 0.01mPa(25℃) 미만으로 물에 대한 용해도는 3.7g/ℓ(20℃, pH 7)이다. 쥐에 대한 급성경구독성 LD_{50}은 5,000㎎/㎏ 이상이고, 잉어에 대한 어독성 TLm(96시간)은 100ppm 이상이다.

잡초의 발아 전 또는 발아 후에 처리하며 광엽잡초와 방동사니과 잡초에 대한 살초력이 높다. 국내에서는 Cyhalofop-butyl+Propanil, Esprocarb, Mefenacet, Molinate 등과 혼합하여 벼 이앙답과 건답직파답의 일년생 및 다년생 잡초 동시방제용으로 사용하고 있다(부록 참조).

4) Ethoxysulfuron

Ethoxysulfuron[1-(4,6-dimethoxypyrimidin-2-yl)-3-(2-ethoxyphenoxysulfonyl)urea]의 원제는 흰색 또는 담황갈색 분말이고, 분자식은 $C_{15}H_{18}N_4O_7S$, 분자량은 398.4, 융점은 145℃, 증기압은 6.6×10^{-2}mPa이다(그림 7-20). 물에 대한 용해도는 pH에 따라 큰 차이를 보여 pH 5에서는 26ppm 용해되나 pH 9에서는 9.628ppm 용해된다. 쥐에 대한 급성경구독성 LD_{50}은 3,270㎎/㎏ 이상이다.

국내에서는 Ethoxysulfuron과 Benfuresate, Butachlor, Cyhalofop-Butyl, Fentrazamide, Pretilachlor, Propanil, Azimsulfuron+Anilofos 등의 혼합제가 개발되어 벼 이앙답과 건답직파답의 잡초방제에 사용되고 있다(부록 참조).

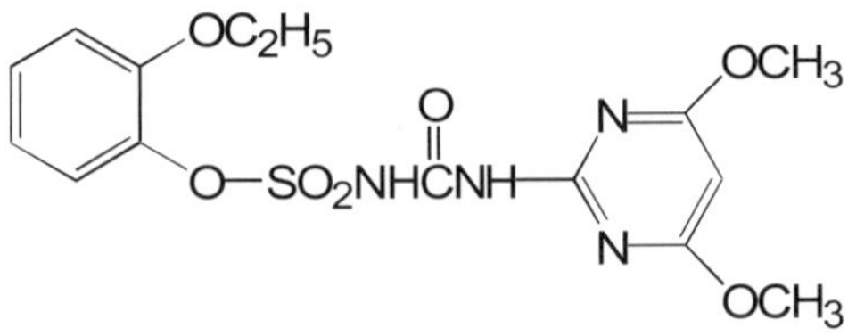

[그림 7-20] Ethoxysulfuron의 화학구조

5) Flazasulfuron

Flazasulfuron[*N*-[[(4,6-dimethoxy-2-pyrimidinyl)amino]carbonyl]-3-(trifluoromethyl)-2-

pyridinesulfonamide]은 잡초의 생육초기에 사용하는 경엽 및 토양처리형 제초제이다(그림 7-21). 원제는 냄새가 없는 백색 결정 분말이고, 분자식은 $C_{13}H_{12}F_3N_5O_5S$, 분자량은 407.3, 융점은 166~170℃, 증기압은 0.013mPa 이하이다. 물에 대한 용해도는 2,100ppm으로 비교적 높으며, 유기용매인 아세톤과 메탄올에 대한 용해도도 각각 22.7g/ℓ와 4.2g/ℓ로 높다. 쥐에 대한 급성경구독성 LD_{50}은 5,000㎎/㎏ 이상이고, 잉어에 대한 어독성 TLm은 20ppm 이상이다.

국내에서는 플라자설푸론수화제(10%)와 플라자설푸론입제(0.15%)가 잔디밭의 잡초방제용으로 고시되어 있는데, 수화제는 잡초 발생 전 토양처리 효과도 있으나 경엽처리 효과가 더욱 높아 바랭이의 방제에 탁월한 효과가 있고, 입제는 화본과 잡초뿐만 아니라 토끼풀, 향부자 등 다년생 잡초와 새포아풀 등 월년생 잡초에도 살초효과가 있다. 토양이 너무 건조하면 약효가 저하되므로 물을 뿌려서 약효를 증대시킨다.

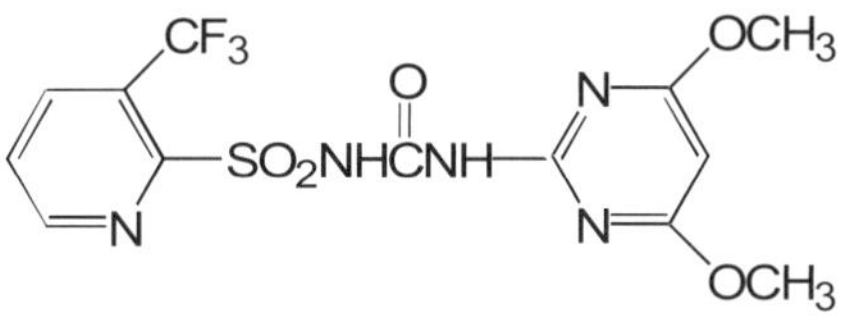

[그림 7-21] Flazasulfuron의 화학구조

6) Imazosulfuron

Imazosulfuron[2-chloro-*N*[[(4,6-dimethoxy-2-primidinyl)amino]-carbo-nyl]imidazo[1,2-α]pyridine-3-sulfonamide]은 일본의 Takeda화학에서 개발한 Sulfonylurea계의 제초제로 분자식은 $C_{14}H_{13}ClN_6O_5S$이며 분자량은 412.8이다. 융점은 183~184℃이며, 증기압은 4.5×10^{-5}mPa(25℃)이고 물에 대한 용해도는 320ppm(pH 7.0)이나 유기용매에 잘 용해된다.

국내에서는 혼합제로 개발되고 있는데 Mefenacet, Molinate, Thiobencarb 등의 다양한 제초제와 혼합한 혼합제가 20여 종 되며 벼 이앙재배답의 잡초방제용으로 사용되고 있다. 또 담수직파재배 제초제로 Dimepiperate, Pyrazolate+Simetryn, Pyriminobac-methyl 등과의 혼합제 10여 종이 고시되어 현재 사용 중에 있다(부록 참조).

7) Pyrazosulfuron-Ethyl

Pyrazosulfuron-ethyl[ethyl-5-[[[[(4,6-dimethoxy-2-pyrimidinyl)amino]carbonyl]amino]sulfonyl]-1-methyl-1*H*-pyrazole-4-carboxylate]은 일본의 Nissan화학에서 개발하였으며 분자식은 $C_{14}H_{18}N_6O_7S$이고 분자량은 414.4이다. 원제는 백색결정체이고 융점은 180~181℃이며, 비중은 1.44이다. 물에 대한 용해도는 pH에 크게 영향을 받는데 pH 4.6에서는 8.5ppm 용해되나 pH 6에서는

1,494ppm으로 증가하고, 제형은 입제나 수화제 형태이다. 쥐에 대한 급성경구독성 LD_{50}은 5,000㎎/㎏ 이하이고, 물고기에 대한 어독성 TLm은 10ppm 이하이다.
피라조설푸론에틸 수화제(상품명: 그린키퍼)는 잔디밭에 잡초 생육 초기의 광엽잡초방제용으로 사용되고 있다. 논에 발생하는 일년생 및 다년생 광엽잡초와 방동사니과 잡초에 대한 살초력이 우수하고 피의 방제효과도 인정되어 Butachlor, Cyhalofop-butyl, Mefenacet, Molinate, Pretilachlor, Thiobencarb 등의 다양한 제초제와 혼합한 20여 종의 혼합제가 개발되어 벼 이앙재배답과 담수직파 재배답의 초·중기 잡초 방제용으로 사용되고 있다(부록 참조).

8) Flucetosulfuron

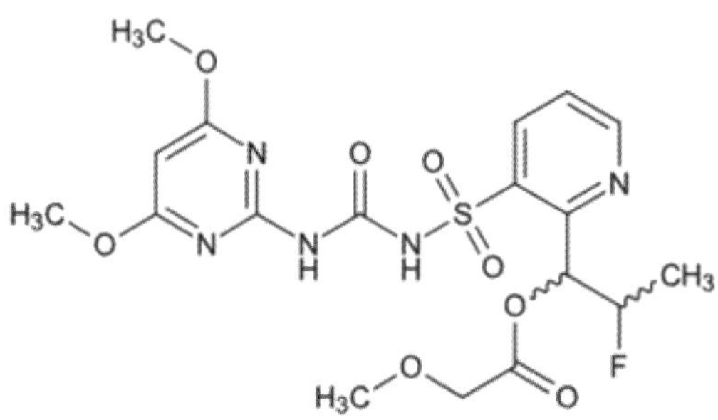

[그림 7-22] Flucetosulfuron의 화학구조

Flucetosulfuron[1-[3-[[[[(4,6-dimethoxy-2-pyrimidinyl)amino]carbonyl]amino]sulfonyl]-2-pyridinyl]-2-fluoropropyl 2-methoxyacetate]은 우리나라 LG화학에서 개발한 제초제이다(그림 7-22).

원제의 성상은 백색 결정체이며 분자식은 $C_{18}H_{22}FN_5O_8S$이고 분자량은 487.5이며, 융점은 178~182℃, 증기압은 0.0186mPa(25℃) 이하, 물에 대한 용해도는 114.0ppm(20~25℃)이다. 쥐에 대한 급성경구독성 LD_{50}은 5,000ppm 이상이고, 잉어에 대한 어독성 LD_{50}은 10ppm 이상이다.

Flucetosulfuron은 설포닐우레아계 제초제로 ALS를 저해하여 활성을 나타낸다. 벼, 곡류 및 잔디밭에서 화본과, 사초과 및 광엽잡초를 방제하는 용도로 사용된다. 이행형 제초제로 뿌리, 줄기 및 잎으로 흡수되며 잡초 발생 전과 후에 모두 효과를 나타낸다.

국내에서 Flucetosulfuron은 수도용으로 벤조비사이클론·플루세토설퓨론 직접살포정제(상표명: 황금볼점보), 벤조비사이클론·카펜트라존에틸·플루세토설퓨론 입제(상품명: 여명), 벤조비사이클론·사이클로설파뮤론·플루세토설퓨론 대립제(상품명: 콩알탄) 등이 사용되고 있다. 잔디밭에는 단제로 플루세토설퓨론 수화제(상표명: 존플러스 25.5%)가 사용되고 있다.

9) Trifloxysulfuron-sodium

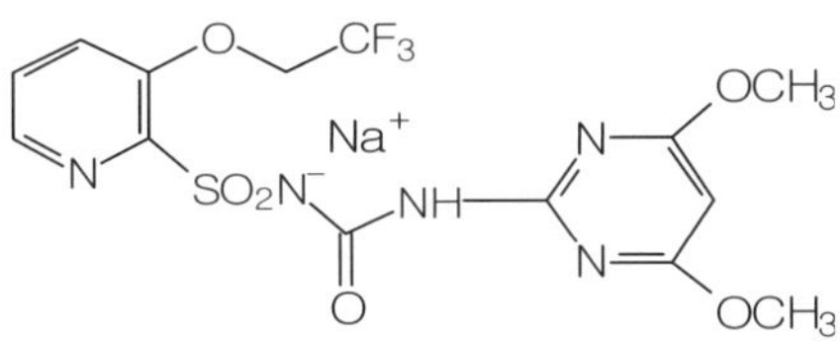

[그림 7-23] Trifloxysulfuron-sodium

Trifloxysulfuron-sodium[N-[(4,6-dimethoxy-2-pyrimidinyl)carbamoyl]-3-(2,2,2-trifluoroethoxy)-pyridin-2-sulfonamide sodium salt]은 스위스 신젠타(전 Ciba- geigy)에서 개발한 제초제이다(그림 7-23).

원제의 성상은 회백색 분말이며 분자식은 $C_{14}H_{13}F_3N_5N_aO_6S$이고 분자량은 459.3이며, 융점은 170.2~177.7℃, 증기압은 0.0013mPa(25℃) 이하, 물에 대한 용해도는 25.5ppm(pH 7.6, 25℃)이다. 쥐에 대한 급성경구독성 LD_{50}은 5,000ppm 이상이고, 무지개송어에 대한 어독성 LD_{50}은 103ppm 이상이다.

Trifloxysulfuron-sodium은 설포닐우레아계 제초제로 ALS를 저해하여 활성을 나타낸다. 잔디밭에서 사용할 수 있으며, 화본과, 광엽잡초 및 사초과 잡초를 방제하는 용도로 사용된다. 이행형 제초제로 뿌리, 줄기 및 잎으로 흡수되며 잡초 발생 전과 후에 모두 효과를 나타낸다.

국내에서 Trifloxysulfuron-sodium은 잔디밭에는 단제로 트리플록시설퓨론소듐 입상수화제(상표명: 모뉴먼트)가 사용되고 있다.

7.9 디페닐에테르계 제초제

(1) 구조적 특성

디페닐에테르계(diphenyl ether) 제초제는 에테르(-O-) 결합(bond)으로 두 개의 벤젠핵이 결합되어 있으며, 벤젠의 4번 또는 파라(para) 위치에 니트로기(-NO_2)가 페닐환의 한쪽 또는 양쪽에 치환되어 있다. 디페닐에테르계 제초제의 주요 골격은 다음과 같다(그림 7-24).

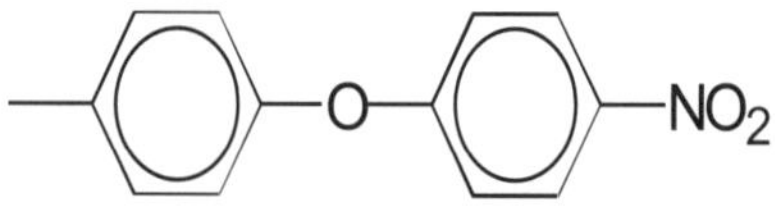

[그림 7-24] 4-니트로디페닐에테르(4-nitrodiphenyl ether)의 구조

(2) 일반적 특성

① 디페닐에테르계 제초제는 접촉형 제초제로서 잡초 발생 전에 처리하면 토양 표면에 막을 형성하여 갓 발아하는 유묘가 접촉되어 고사한다. 일년생 광엽 및 화본과 잡초에 유효하다.
② 이 계열의 제초제는 토양에 흡착되므로 토양 중 이동성이 작다.
③ 식물체 내 이행은 아주 작거나 거의 되지 않는다.
④ 토양잔효성은 아직 정확히 밝혀지지 않았으나 Bifenox는 대개 6~8주가 된다.
⑤ 포유동물에 대한 독성은 다른 것에 비해 상대적으로 낮다.

(3) 디페닐에테르계 제초제의 종류

디페닐에테르계 제초제는 1960년 미국 Rohm & Hass사의 Nitrofen을 선두로 그 후에 많은 신규 화합물이 개발되었다. 우리나라에 사용되는 제초제는 다음의 구조에 여러 가지 물질이 치환되어 만들어졌다(표 7-10).

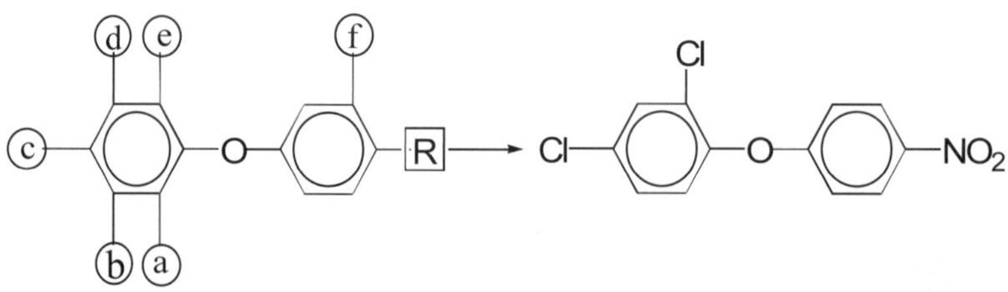

[표 7-10] 디페닐에테르계(diphenyl ether) 제초제의 종류 및 구조

일반명	R	a	b	c	d	e	f
Bifenox	NO_2	-	-	Cl	-	Cl	$-COOH_3$
Chlomethoxyfen	NO_2	-	-	Cl	-	Cl	$-OCH_3$
Chlornitrofen	NO_2	Cl	-	Cl	-	CI	-
Oxyfluorfen	NO_2	-	-	$-CF_3$	-	Cl	$-OC_2H_5$

1) Chlornitrofen

Chlornitrofen[1,3,5-trichloro-2-(4-nitrophenoxy)benzene]은 일본 三井東壓에서 개발한 선택성 제초제로서 일본은 물론 아시아 벼 재배지역에서 많이 사용되는 제초제로 일년생 화본과 또는 광엽잡초 방제에 유효하다.

원제는 황갈색의 결정체로 분자식은 $C_{12}H_6Cl_3NO_3$, 분자량은 318.5이다. 물에 대한 용해도는 0.25ppm(25℃)으로 거의 녹지 않으나 유기용매인 크실렌에 36%, 프로판올에 3% 용해되며, 융점은 107℃, 증기압은 0.35㎜Hg(105℃)이다. 쥐에 대한 급성경구독성 LD_{50}은 10.8g/㎏이며 잉어에 대한 어독성 TLm(48시간)은 40ppm이다.

2) Chlomethoxyfen

Chlomethoxyfen[2,4-dichlorophenoxy-3-methoxy-4-nitrophenyl ether]은 일본 石原産業에서 개발한 잡초 발생 전 토양처리용 논 제초제로 사용되고 있다.

원제는 황색 결정체로서 분자식은 $C_{13}H_9Cl_2NO_3$, 분자량은 314.1이며 융점은 114℃이다. 물에 대한 용해도는 0.3ppm(15℃)으로 물에 거의 녹지 않지만 유기용매인 아세톤, 에탄올, 벤젠 등에는 잘 녹는다. 쥐에 대한 급성경구독성 LD_{50}은 33,000㎎/㎏이며, 잉어에 대한 어독성 TLm(48시간)은 237ppm으로 매우 저독성이다.

Chlomethoxyfen은 벤젠환에 메톡실기(-OCH_3)를 갖고 있어 식물체 유아로부터의 흡수를 촉진시켜서 단기간에 치사량(致死量)에 달하게 하여 고사시키는 것으로 생각된다. 이 제초제의 작용기작 및 약해증상은 광 요구형으로 Chlornitrofen과 유사하며 다른 디페닐에테르계 제초제에 비하여 올미 방제에 효과가 있다.

토양 내에서의 이동폭은 0.5~1.0㎝로 매우 좁다. 토성의 변화, 강우, 누수량 증가 등에 따라서도 이동폭이 변화되지 않는다. 약제 처리 후 심수관리를 할 때에는 엽초의 갈변현상이 나타나므로 사용에 주의를 요한다.

3) Bifenox

Bifenox[methyl 5-(2,4-dichorophenoxy)-2-nitrobenzoate]는 미국 Mobil사에서 개발한 잡초 발생 전후 토양처리용 논 제초제로서 일부 화본과 및 광엽잡초를 방제하는 데 효과적이다.

원제는 황갈색의 결정성 고체로서 분자식은 $C_{14}H_9Cl_2NO_5$이고 분자량은 342.14이며, 밀도는 1.155㎎/㎖, 융점은 84~86℃, 열분해 온도는 290℃, 증기압은 10^{-7}㎜Hg(20℃)보다 작다. 물에 대한 용해도는 0.398ppm으로 물에 거의 용해되지 않지만 유기용매에는 잘 용해된다. 쥐에 대한 급성경구독성 LD_{50}은 6,400㎎/kg 이상이며 잉어에 대한 어독성 TLm(96시간)은 2.55ppm이다.

Bifenox는 식물체의 경엽을 통해서 비교적 빠르게 흡수되나 이행은 비교적 느리다. 이 제초제의 작용기작은 일차적으로 광의 존재하에서 세포막을 빠르게 파괴시키는 것이다. 디페닐에테르계 제초제 가운데 올미에 가장 효과적이며 살초범위가 넓고 처리의 폭이 넓은 것이 특징이다. 다른 디페닐에테르계 제초제와 마찬가지로 지하부의 뿌리에 대한 영향이 거의 없기 때문에 기계이앙묘에 대해서도 안전하며 심수관리 시 엽초부위가 갈변되지만 이것은 일시적인 것이며 그 후의 생육 및 수량에는 큰 영향을 미치지 않는다.

토양 중에 있는 미생물에 의해 주로 분해되며 토양흡착력이 강해 이동폭은 0.5~1.0㎝ 내외로 좁고 토성의 변화에 따른 제초효과 및 약해의 변동이 적으며 잔효기간은 25~30일 정도이다.

우리나라에 사용되고 있는 Bifenox(품목명: 벤퓨러세이트비페녹스입제, 상표명: 한손)는 손이앙벼의 일년생과 다년생 잡초 등을 방제할 목적이라면 10a당 3㎏을 이식 후 1~4일, 즉 써레질 후 6일 이내에 고르게 뿌리고 논물은 3~4㎝ 깊이로 3~4일 동안 유지하면 된다. Benfuresate와의 혼합제가 이앙재배답의 잡초방제용으로 고시되어 있으며, Pendimethalin과의 혼합제는 건답직파재배 초기 잡초방제용으로 고시되어 있다(부록 참조).

4) Oxyfluorfen

Oxyfluorfen[2-chloro-1-(3-ethoxy-4-nitrophenoxy)-4-(trifluoromethyl)benzene]은 미국 Rohm & Hass사에서 개발한, 잡초의 발아 전후 토양처리용 밭 제초제이다. 디페닐에테르계 제초제 중에서 가장 적은 양으로 대부분의 광엽 및 화본과 잡초를 효과적으로 방제할 수 있는 것이 특징이다.

원제는 약간의 연기냄새가 나는 짙은 적갈색 고체(상온)로 분자식은 $C_{15}H_{11}ClF_3NO_4$이고 분자량은 316.7이며, 밀도 1.35㎎/㎖(73℃), 융점 76~80℃, 열분해 온도 250~300℃이며 증기압은 2×10^{-6}㎜Hg(25℃)이다. 물에 대한 용해도는 0.1ppm(25℃)이나 유기용매에는 잘 용해된다. 쥐에 대한 급성경구독성 LD_{50}은 5,000㎎/㎏ 이상이며 무지개송어에 대한 어독성 TLm(48시간)은 0.26ppm이다.

Oxyfluorfen은 식물체의 유아부를 통하여 흡수되나 뿌리나 경엽에 처리했을 때는 거의 이동하지 않는 접촉형 제초제로서 디페닐에테르계의 다른 제초제와 마찬가지로 그 작용에는 빛이 요구된다.

토양에 강하게 흡착되고 탈착은 되지 않으므로 토양 중의 이동성은 0.5~1.0㎝로 매우 낮다. 또한 광분해는 물 표면에서는 빨리 일어나고 토양 표면에서는 느리게 일어난다. 미생물에 의한 분해가 주된 것은 아니며 잔효기간은 40~50일 정도이다.

우리나라에서는 Oxyfluorfen(품목명: 옥시플루오르펜유제 23.5%, 상표명: 고올)을 사과, 배, 포도 및 감귤밭의 일년생 잡초 방제용으로 사용하고 있다. 10a당 500㎖와 및 300㎖를 각각 물 120ℓ에 희석하여 과수 눈트기 2주 전까지 잡초 발생 전에 토양처리하면 된다. 마늘, 묘포 및 잔디, 비농경지에서 잡초 발아 전에 사용하고 있다. 처리 시 작물에 직접 닿지 않도록 주의를 요한다.

7.10 디니트로아닐린계 제초제

(1) 구조적 특성

디니트로아닐린계(dinitroaniline) 제초제의 화학구조를 구성하는 골격은 아닐린(aniline)이며 아닐린에 포함되어 있는 벤젠핵의 2,6 위치에 니트로기(-NO_2)가 치환되어 있다. 벤젠핵의 4번 위치에 메틸기(-CH_3)와 설포닐기(-SO_2H)가 치환됨에 따라 메틸아닐린(methylaniline)과 설포닐아닐린(sulfonylaniline)으로 구분한다(그림 7-25).

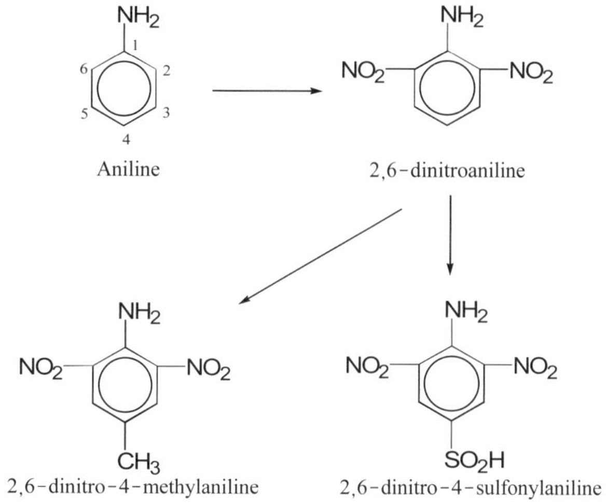

[그림 7-25] 디니트로아닐린계(dinitroaniline) 제초제의 골격

(2) 일반적 특성

① 디니트로아닐린계 제초제는 작물의 파종 전이나 잡초 발아 전에 토양혼화처리하는 제초제로서 잡초종자가 발아할 때에 살초력을 발휘한다. 모든 화본과 및 광엽잡초에 효과가 있다.

② 뿌리, 유아, 자엽초 등으로 흡수되나 이들로부터 식물체 내 이행은 되지 않는다.

③ 작용기작은 세포분열을 억제하여 뿌리나 신초의 발달을 저해한다.

④ 토양에서의 잔효성은 8개월 이내이며 혐기성 또는 호기성 상태에서 탈알킬(dealkylation)반응 또는 환원작용(reduction)에 의해 분해된다.

⑤ 메틸아닐린(methlylaniline)류는 휘발성이 강하고 토양 내에서의 이동이 적으나 설포닐아닐린(sulfonylaniline)류는 휘발성이 약하나 토양에서의 이동은 많다.

(3) 디니트로아닐린계 제초제

벤젠핵의 4번인 R_3 위치에 메틸기($-CH_3$)의 수소원자가 플루오린(fluorine)으로 치환되어 트리플루오르메틸기($-CF_3$)가 된 것이 디니트로아닐린계 제초제의 주류를 이룬다. 또 메틸기($-CH_3$)의 수소원자에 알킬기(alkyl)가 치환된 형도 있다. 벤젠핵의 1번 위치에 있는 아미노기($-NH_2$)의 수소원자는 탄소수가 2개와 4개 사이의 알킬(alkyl), 알케닐(alkenyl) 및 할로겐(halogen)으로 치환된다. 디니트로아닐린계 주요 제초제의 종류는 표 7-11과 같다.

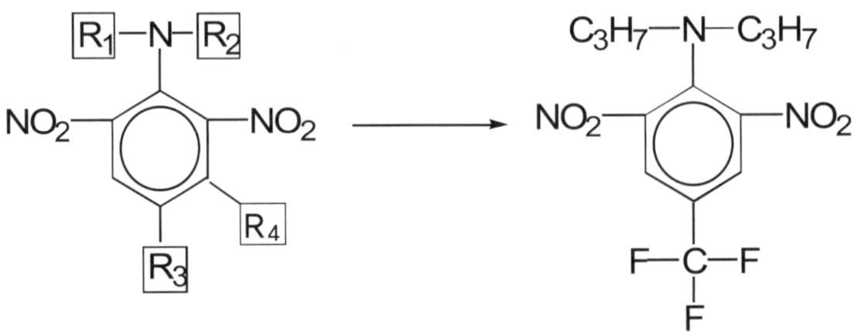

2,6-dinitroaniline　　　　Trifluralin

[표 7-11] 디니트로아닐린계(dinitroaniline) 제초제의 종류 및 구조

일반명(상품명)	R_1	R_2	R_3	R_4
Ethalfluralin(쏘나란)	$-C_2H_5$	$-CH_2-C(CH_3)=CH_2$	$-CF_3$	-
Nitralin	$-C_3H_7$	$-C_3H_7$	$-SO_2CH_3$	-
Pendimethalin (스톰프)	-H	$-CH(C_2H_5)-C_2H_5$	$-CH_3$	CH_3
Trifluralin	$-C_3H_7$	$-C_3H_7$	$-CF_3$	-
Benfluralin	C_2H_5	C_4H_9	F_3	-
Oryzalin	C_3H_7	C_3H_7	SO_2NH_2	-

1) Ethalfluralin

Ethalfluralin[*N*-ethyl-*N*-(2-methyl-2-propenyl)-2,6-dinitro-4-(trifluoromethyl)benzenamine]은 Eli Lilley사에서 개발한 니트로아닐린계 제초제로서 화본과 잡초를 선택적으로 방제하는 제초제인데 미국에서는 Sonalan으로 상품화되어 밭작물에 사용되고 있다.

원제는 황등색의 결정으로서 분자식은 $C_{13}H_{14}F_3N_3O_4$, 분자량은 333.3, 융점은 57~59℃, 열분해온도는 256℃, 증기압은 8.2×10^{-5}mmHg(25℃)이다. 물에 대한 용해도는 0.3ppm(25℃)이나 유기용매에는 잘 용해된다. 쥐에 대한 급성경구독성 LD_{50}은 10,000mg/kg 이상이고 금붕어에 대한 어독성 TLm(48

시간)은 0.26ppm이다.

본 제초제의 살초작용은 다른 디니트로아닐린계 제초제와 유사하고 화본과 잡초를 잘 방제하는 것이 특징으로 광엽작물에 사용 가능하다. 토양 중 이동성은 1~2㎝이고, 잔효성은 2~3개월이다.

우리나라에서는 Ethalfluralin(상품명: 쏘나란) 입제(2.5%)로 고시되어 있으며 콩밭의 일년생 잡초 방제용으로 사용된다. 이 경우 10a당 4kg을 콩 파종 복토 후 3일 이내에 토양전면에 처리하면 된다. 그 밖에도 유제(35%)는 땅콩, 고추, 마늘, 감자, 수박, 율무, 당근, 생강, 보리, 양파에도 잡초 발생 전 처리 제초제로 사용되고 있다. 또한 고추밭의 일년생 잡초 방제용으로 Oxadiazon과 혼합하여 사용하기도 한다. 이 경우 비닐 멀칭 전에 10a당 200㎖를 물 100ℓ에 희석하여 살포하면 된다.

2) Pendimethalin

Pendimethalin[*N*-(1-ethylpropyl)-3,4-dimethyl-2,6-dinitroaniline]은 미국 ACC사에서 개발한 논, 밭, 잔디밭용 잡초 발생 전 토양처리형 제초제로 그 적용범위가 넓다.

원제는 황등색의 결정으로 분자식은 $C_{13}H_{19}N_3O_4$이고 분자량은 281.3이며, 융점 45~57℃, 비등점 330℃, 증기압은 9.4×10^{-6}㎜Hg(25℃)이다. 물에 0.3ppm(20℃) 용해되나 유기용매인 아세톤 등에는 잘 녹는다. 쥐에 대한 급성경구독성 LD_{50}은 1,050~1,250㎎/㎏이고 무지개송어에 대한 어독성 TLm(96시간)은 0.14ppm이다.

Pendimethalin은 토양처리 후 표층에 처리층을 형성하여 발아하는 잡초의 뿌리 및 유아부로 흡수되어 세포분열이 왕성한 생장점에 집적하여 세포분열을 저해함으로써 잡초의 생장을 억제한다. 본 제초제는 Trifluralin에 비하여 증기압이 1/2 정도밖에 되지 않아 휘발에 의한 손실은 적으며 물에 대한 용해도가 낮기 때문에 논에도 적용성이 높다.

토양 중에 흡착이 강하고 물에 대한 용해도가 낮아 이동폭은 좁으며, 미생물과 빛에 의하여 주로 분해되며 잔효기간은 45~60일이다. 우리나라에서 Pendimethalin(품목명: 펜디입제 5%, 펜디유제 31.7%, 상품명: 스톰프)은 유제의 경우 밭의 일년생 잡초를 방제하기 위하여 보리에서는 파종 복토 후 3~4일 이내에 10a당 500㎖를 살포하고, 정식 배추와 고추에서는 정식 1~2일 전에 10a당 300㎖를, 옥수수에서는 파종 복토 후 3~4일 이내에 10a당 300㎖를 살포한다. 감자에서는 파종 복토 후 또는 정식 후 3~4일 이내, 고구마에서는 삽식 후 3일 이내, 땅콩에서는 파종 복토 후 멀칭 전에 10a당 200㎖를 각각 처리하고 양배추에서는 이식 1~2일 전에 10a당 300㎖를 살포한다. 이때 사용하는 물량은 10a당 100ℓ이다.

그 밖에도 당근, 뽕나무, 양파, 마늘, 딸기, 묘포, 달래밭, 머위밭에 잡초 발생 전 처리 제초제로 사용되고 있다. 또 본 제초제의 입제(5%)는 논의 일년생 잡초를 방제하기 위하여 10a당 4㎏을 이앙 후 3~5일 이내 처리하고 밭작물인 양배추에서는 이식 1~2일 전, 땅콩(비닐 멀칭) 및 당근은 파종 복토 후 비닐 멀칭 전에 10a당 각각 2㎏씩 처리한다. 또한 고추, 감자, 당귀, 구기자, 배추, 시호, 작약, 맥문동, 글라디올러스에 잡초 발생 전 처리 제초제로 사용되고 있다. 수화제 및 액상수화제는 잔디의 잡초 발생 전 토양처리제로 사용되며, 세립제는 옥수수, 땅콩, 고추밭의 일년생 잡초 방제를 위하여 파종(정식) 후 3일 이내에 사용한다. Anilofos, Bifenox, Cyhalofop-butyl, Molinate, Propanil, Pyribenzoxim 등과 혼합하여 벼 건답직파재배 초기 잡초방제용으로 고시되어 있으며, Alachlor, Linuron, Metolachlor, Napropamide, Oxadiazon 등과 혼합하여 여러 종류의 밭작물 재배의 잡초방제용으로 사용하고 있다. 밭작물에 가장 많이 이용되는 제초제이다(부록 참조).

3) Trifluralin

Trifluralin[2,6-dinitro-*N,N*-dipropyl-4-(trifluoromethyl)benzenamine]은 1959년 Eli Lilley사가 2,6-dinitroaniline계 제초제 가운데 제일 먼저 개발한 제초제로서 콩과작물의 일년생 화본과 및 수종의 광엽잡초 방제용으로 사용되고 있으며 토양혼화처리하면 방제효과가 증대된다.

원제는 황색 내지 감귤색의 결정체로서 분자식은 $C_{13}H_{16}F_3N_3O_4$, 분자량은 335.3이다. 물에 대한 용해도는 1ppm(27℃) 이하이나 유기용매인 아세톤에 40%, 크실렌에 58%, 에탄올에 7% 용해된다. 융점은 48.5~49℃이며 증기압은 1.1×10^{-4}㎜Hg(25℃)로서 비교적 휘발성이 높지만 토양 중에서의 잔효기간은 길다. 쥐에 대한 급성경구독성 LD_{50}은 10,000㎎/㎏이며, 잉어에 대한 어독성 TLm(96시간)은 0.01~0.04ppm이다.

Trifluralin은 종자의 발아 시 유근, 유아 및 자엽초 등으로 흡수되어 세포분열을 저해하여 살초력을 발휘한다. 뿌리의 생장저해 특징으로 뿌리 끝의 분열조직 부위가 부풀어 오르는데 이것은 세포분열의 교란으로 측근이나 2차근의 발육이 억제되기 때문이다. 줄기나 경엽 내에서의 이행은 거의 없다고 한다. 그 외에도 식물체 내의 화학조성과 생화학적 과정을 억제한다고 한다. 본 제초제는 증기압이 높기 때문에 휘발성이 강하며 건조지대에서는 토양혼화처리하는 것이 제초활성을 증가시킨다. 또 비닐하우스와 같이 밀폐된 곳에 처리할 경우 약해의 발생에 유의하여야 한다. 토양 중에 흡착이 강하므로 이동폭은 2~3㎝이며 토양 pH나 빛에 비교적 안정하고 주로 미생물에 의해 분해되며 잔효기간은 1개월 이상이다.

우리나라에서는 Trifluralin(품목명: 트리플루라린 유제 44.5%, 상품명: 삼공트리린)을 일년생 잡초 방제용으로 사용하고 있는데, 답리작 보리에서는 파종 복토 후 10a당 250㎖, 콩과 배추에서는 10a당 200㎖를 물 100ℓ에 희석하여 살포하면 된다.

7.11 유기인계 제초제

(1) 구조적 특성

유기인계 제초제는 화합물 속에 인(P)을 함유하고 있는 제초제를 말한다. 인(P)을 함유한 제초제로서는 Bialaphos, Glyphosate, Glufosinate-ammonium 및 Piperophos 등이 있으며 이 가운데 Piperophos는 Dimethametryn 및 Pyrazoxyfen과 혼합하여 상품화되어 있다. Bialaphos는 미생물 방선균을 이용하여 유전공학기법으로 제조한 제초제이다.

(2) 유기인계 제초제의 종류

1) Glyphosate

Glyphosate[*N*-(phosphonomethyl)glycine]는 미국 Monsanto사가 개발한 제초제로서 지방족 산류로 분류되기도 하며 분자구조에 인(P)을 포함하고 있기 때문에 유기인계 제초제로 분류되기도 한다. 화학구조는 그림 7-26과 같다. Glyphosate는 글리포세이트 이소프로필 아민염이나 글리포세이트 트리메틸 설포늄염으로 제형된다.

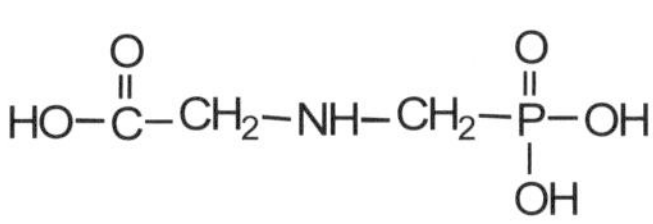

[그림 7-26] Glyphosate의 화학구조

원제는 흰색 고체이고 Glyphosate의 분자식은 $C_3H_8NO_5P$이며 분자량은 169.1, 융점은 200℃, 증기압(산의 경우)은 1.84×10^{-7}㎜Hg(45℃)이다. 물에 대한 용해도는 1.2%이고 유기용매인 에탄올, 아세톤, 벤젠 등에는 잘 용해되지 않는다. 융점은 200℃, 쥐에 대한 급성경구독성 LD_{50}은 5,600㎎/㎏, 무지개송어에 대한 어독성 TLm(48시간)은 86ppm이다.

Glyphosate는 처리 6시간 후 식물체의 경엽을 통해 흡수되어 체관부를 통하여 서서히 이행된다. 일년생 식물은 4~10일, 다년생 식물은 15~30일 사이에 황화·고사된다. 비선택성 제초제로서 초종간에는 선택성이 없으며 식물체 내의 체관부로 이행하다가 물관부로의 이행도 가능하여 살초범위가 넓고 식물체 내에서는 천천히 분해된다. Glyphosate는 아미노산의 생합성을 억제하므로 유리암모니아를 증가시켜 생체막을 파괴하고 2차적으로 광합성도 억제시킨다고 한다. 특히 처리된 경엽부위에서 지하부로의 이행이 가능하므로 지하경에 의해 번식되는 다년생 잡초 방제에 유효하다. 또한 많은 잡목림과 교목 등의 방제에도 효과적이다.

토양 중에서는 살포 후 곧 불활성화되므로 토양처리효과는 기대할 수 없다. 따라서 살초력을 증대시키고 방제기간을 늘리려면 잡초 발생 전 토양처리형 제초제와 혼합처리하는 것이 효과적이다.

우리나라에서 Glyphosate(품목명: 글라신 액제, 상품명: 근사미, 라운드업, 품목명: 글리포세이트 액제 13.5%, 상품명: 번다운, 품목명: 글리포세이트 암모늄 액제 및 수용성 입제) 액제 41%는 과원 특히 사과밭의 일년생 및 숙근성 잡초 방제를 위하여 10a당 300㎖가 사용된다. 또한, 배밭과 밤밭의 일년생 잡초 방제용으로 10a당 300㎖, 배밭의 숙근성 잡초 방제용으로 900㎖/10a, 단감밭 및 포도밭의 일년생 및 숙근성 잡초 방제용으로 10a당 각각 300㎖ 및 500㎖를 처리하고, 조림지, 초지 조성 예정지, 비농경지의 산야초나 잡관목을 방제하기 위하여 10a당 800㎖를 살포한다. 이 제초제는 비선택성으로, 작물에 접촉되면 약해가 발생하므로 각별한 주의를 요한다. 잡초가 충분히 자랐을 때가 살포 적기이며 10a당 상기의 약량을 물 80~120ℓ에 희석하여 경엽에 처리한다. Carfentrazone-ethyl, 2,4-D, Flumioxazin, Oxyfluorfen 등과의 혼합제로 개발하여 사과원의 일년생 및 다년생 잡초 방제용으로 사용하기도 한다(부록 참조).

2) Piperophos

Piperophos[*S*-[(2-methyl-1-piperidinyl)-2-oxoethyl]*O,O*-dipropylphosphorodithioate]는 스위스 Ciba-Geigy사에서 개발한 논잡초용 중기처리제로서 피, 방동사니, 쇠털골 등의 협엽잡초(狹葉雜草)에 대한 작용력이 강하기 때문에 Dimethametryn 및 Pyrazoxyfen 등과 혼합하여 혼합제로 사용되고 있다.

원제는 담황색 투명한 유상(油狀)이고 분자식은 $C_{14}H_{28}NO_3PS_2$이며 분자량은 353.5, 증기압은 0.032mPa(20℃)이다(그림 7-27). 물에 25ppm(20℃) 용해되나 유기용매에는 잘 녹는다. 쥐에 대한 급성경구독성 LD_{50}은 324㎎/㎏, 무지개송어에 대한 어독성 TLm(96시간)은 6ppm이다.

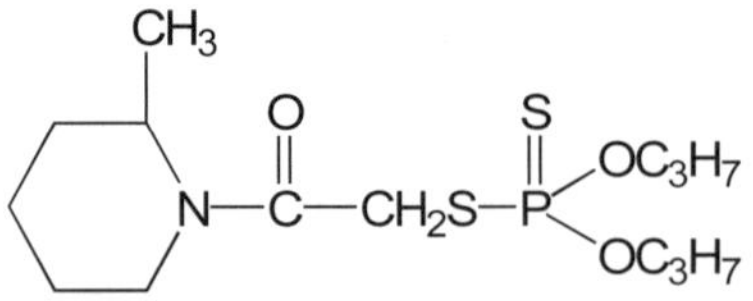

[그림 7-27] Piperophos의 화학구조

Piperophos는 식물체 뿌리에서 주로 흡수되지만 경엽을 통해서도 다소 흡수되며, 생장점의 분열조직에서 세포의 분열과 신장을 억제하는 작용성을 갖고 있다. 본 제초제의 작용기작은 단백질 합성을 억제하는 것이 1차 작용으로 추정되며 식물체 내에서는 가수분해에 의하여 불활성화된다.

토양 중의 이동폭은 좁거나 중간 정도이고, 토양 중 분해·불활성화되는 데에는 꽤 오랜 시간이 걸리나 가수분해로 서서히 불활성화된다. 잔효기간은 40~60일로 매우 길다.

3) Bialaphos

Bialaphos[4-(hydroxymethylphosphinyl)-*L*-2-aminobutanoyl-*L*-alanyl-*L*-alanine]는 일본 明治製藥이 유전공학 기법을 사용하여 방선균으로부터 추출해 낸 비선택성 접촉형 제초제이며 화학구조는 그림 7-28과 같다.

원제는 백색분말(白色粉末)로서 분자량은 345.3, 융점은 200~201℃이다. 물에 대한 용해도는 물 1cc당 1g이며, 인축에 대한 독성은 중간 정도이고 어독성은 A류에 속한다(竹松, 1982).

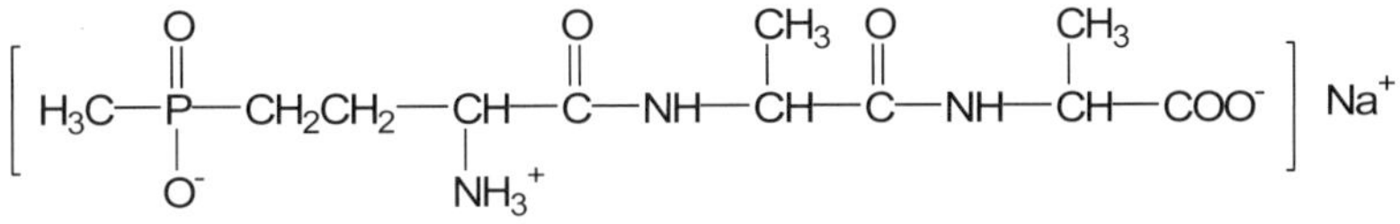

[그림 7-28] Bialaphos의 화학구조

Bialaphos는 방선균(*Streptomyces hygroscopicus*)의 세포융합으로 만들어진, 미생물을 이용한 제초제이다. 처음에는 수도의 문고병(紋枯病)에 약효가 우수한 것으로 판명되었으나 벼에 약해가 심하여 실용화되지 못하고 비선택성 제초제로서 일본에서 실용화되었다. 본 제초제를 경엽에 처리하면 경엽부에서 지하부까지 체내 이행하여 식물을 고사시킨다. Bialaphos는 아미노산의 일종인 Glutamine산의 생성을 억제하므로 비선택적으로 살초작용을 발휘한다. 살초발현 시기는 Paraquat와 Glyphosate의 중간 정도이며 3일 전후에 증상이 나타나 10일 후에는 식물체를 완전히 고사시킨다고 한다. 토양 중의 이동성은 작고(1㎝ 이내), 잔효기간은 4~5일로 보고되어 있다.

일본에서는 비농경지나 뽕나무밭에 발생한 잡초를 방제하기 위하여 잡초의 초장이 20~50㎝가량 되었을 때 10a당 32% 액제를 100~200g 살포한다. 잔디가 휴면 중에 있을 때 사용할 수도 있다.

4) Glufosinate-ammonium

Glufosinate-ammonium[ammonium(±)-2-amino-4-(hydroxymethylphosphinyl)-butanoate]은 독일의 Hoechest사에서 개발한 비선택성 접촉형 제초제이다(그림 7-29). 분자식은 $C_5H_{15}N_2O_4P$이며, 분자량은 198.2이다. 증기압은 0.1mPa(25℃) 이하이고, 융점은 215℃이다. 물에는 아주 잘 용해되나 유기용매에는 잘 용해되지 않는다. 쥐에 대한 급성경구독성 LD_{50}은 1,620㎎/kg, 무지개송어에 대한 어독성 TLm(96시간)은 710ppm이다.

접촉형 제초제이지만 약간의 이행성도 있으며, 비농경지나 과수원의 잡초방제에 사용되며 목화의 고엽제로 사용되기도 한다. 주성분은 토양과 접촉하면 분해되어 불활성화되기 때문에 처리 후에 작물을 이식하거나 파종하여도 약해가 없다. 살초효과의 발현은 식물체 내 Ammonium 이온의 축적에 의한 광합성의 저해에 기인하며, Glyphosate보다는 약효 발현이 빠르나 Paraquat보다는 늦다. 국내에서는 글루포시네이트암모늄액제(18%, 상품명: 바스타)로 고시되어 있으며, 사과, 감귤, 포도, 단감, 배, 복숭아, 차, 대추밭에 잡초가 발생하였을 때 10a당 300mℓ를 물 100ℓ에 희석하여 약액이 골고루 묻도록 살포한다. 비농경지에는 800mℓ를 물 120ℓ에 희석하여 살포한다.

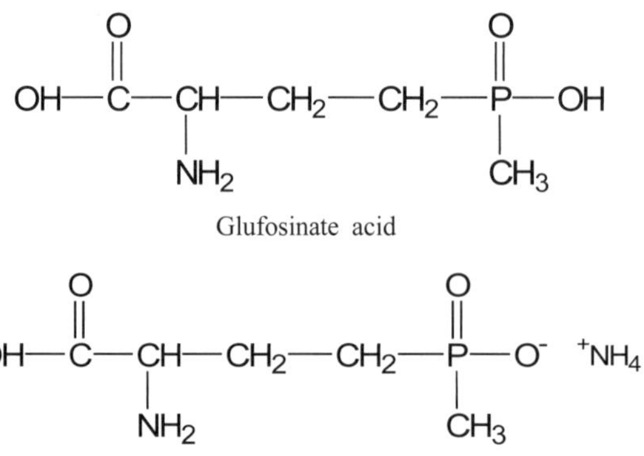

[그림 7-29] 글루포시네이트산과 글루포시네이트 암모늄염의 화학구조

5) Sulfosate

Sulfosate[*N*-(phosphonomethyl)glycin]는 영국 ICI Agrochemical사에서 개발한 제초제로 분자량은 245.23이며 분자구조식은 $C_3H_7NO_5PC_3H_9S$이고, 원제는 갈색 액체이다(그림 7-30). 쥐에 대한 급성경구독성 LD_{50}은 483~657mg/kg, 무지개송어에 대한 어독성 TLm(96시간)은 14ppm이다.

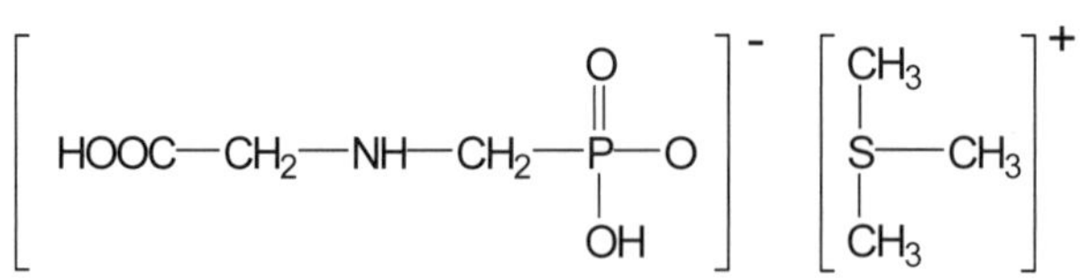

[그림 7-30] Sulfosate의 화학구조

Sulfosate는 (*N*-phosphonomethyl)glycine-trimesium(trimethylsulfoniumsalt)으로 제형된다. 식물체에서의 흡수는 잎과 줄기를 통해 이루어지며 주로 확산에 의해 흡수된다. 사관부와 목질부를

통하여 이행되며 생장점으로의 이동이 매우 빠르다. 세포의 분열조직에 작용하여 정아와 신초를 고사시켜 살초력을 나타낸다.

1차적인 작용기작은 단백질 합성을 저해하여 방향족 아미노산의 생성을 억제함으로써 제초활성을 나타내지만 그 외에 광합성과 체내 호르몬을 교란시키기도 한다.

7.12 비피리딜리움계 제초제

(1) 구조적 특성

비피리딜리움계(bipyridilium) 제초제는 피리딘(pyridine)의 두 분자가 결합된 이중 피리딘염 4급 암모늄계에 속하는 제초제로서 영국 ICI사에서 개발하였다. 종류로는 Diquat, Paraquat 등이 있고 화학구조는 그림 7-31과 같다.

이 계열의 제초제는 벤젠환 안에 있는 질소가 양전하를 나타내며 염류 형태로 제제하고 있다. 이 계열은 전 세계적으로 제초제 및 식물건조제로 폭넓게 사용되고 있다.

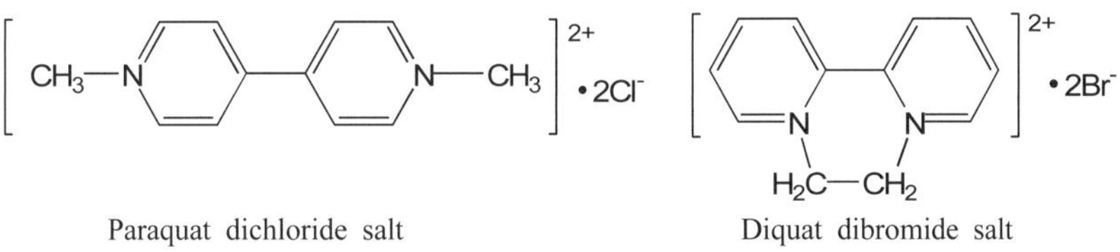

[그림 7-31] 비피리딜리움계(bipyridilium) 제초제의 종류

(2) 일반적 특성

① 물에 잘 용해된다.
② 강한 양이온 형태이다.
③ 식물에 신속하게 흡수되며 토양에 강하게 흡착한다.
④ 접촉형 제초제로 처리 후 수 시간 내 경엽이 위조되어 식물이 고사된다.
⑤ 살초작용은 빛이 없는 상태보다 빛이 있을 때 신속하다.
⑥ 식물체 간에 급속히 위조 고사되므로 식물체에 이행은 거의 없다.
⑦ 수년간 연용하면 저항성 잡초가 발생한다.
⑧ 무기류의 콜로이드에 강하게 흡착되므로 토양활성은 없다.

살초기작은 광합성 명반응의 제1관계에서 ferredoxin으로 이동하는 전자를 받아 유리기(radical)로 되고 이것이 다시 이온으로 자동 산화되면서 과산화수소(H_2O_2)와 과산화유리기(O_2-), 수산유리기(·OH) 등의 반응물질을 생성하여 막을 파괴함으로써 비선택적으로 식물체를 고사시킨다(그림 7-32). 비피리딜리움계 제초제는 또한 이 계열의 화합물이 갖고 있는 양이온이 제1광계의 마지막 전자수용체인 페리독신(ferredoxin)으로 이동하는 전자를 받아 유리기로 변하고 유리기의 생성이 NADP(nicotinamide adenine dinucleotide phosphate)의 환원을 방해하여 광합성 작용을 억제시키기도 한다.

빛의 강도가 높을수록 살초효과가 높지만 제초효과 발현에 빛이 필수적인 것은 아니다. 아침이나 정오에 빛이 있을 때 처리하면 독성의 발현은 신속하나 오후에 처리하면 밤 동안에 체내로 잘 이행되기 때문에 살초효력이 증대된다고 한다. 원래 이행이 되지 않는 제초제이므로 다년생 잡초 등의 지하부에는 효과가 적어서 잡초가 재생한다.

이들 제초제는 토양 내에서 이온교환으로 단단히 흡착되므로 처리 후 곧 작물을 이식할 수 있다.

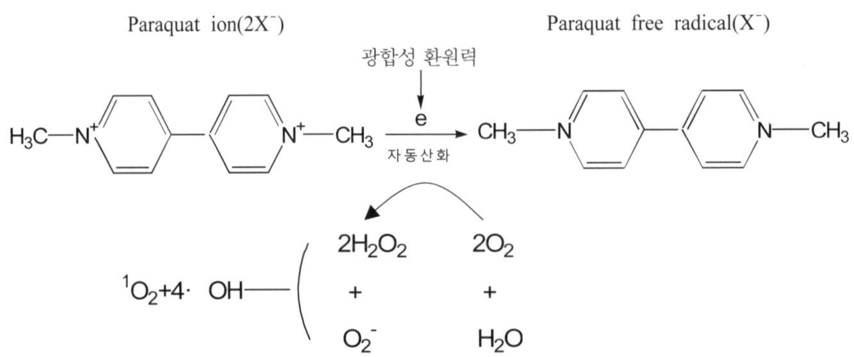

[그림 7-32] Paraquat의 활성물질생성

(3) 비피리딜리움계 제초제의 종류

1) Paraquat

Paraquat[1,1′-dimethyl-4,4′-bipyridinium ion]는 비선택성 접촉형 제초제로서 비농경지나 과원, 논두렁, 도로변, 공장 주변, 개간지 등에 많이 사용되는 제초제이며, Paraquat dichloride salt로 제형된다.

원제는 흰색의 고체로서 Paraquat dichloride염의 분자식은 $C_{12}H_{14}N_2Cl_2$, 분자량은 257.16, 융점은 340℃이고, 증기압은 10^{-7}㎜Hg 미만이다. 물에 100% 용해되나 유기용매에는 잘 용해되지 않는다.

쥐에 대한 급성경구독성 LD_{50}은 112~150㎎/㎏으로 독성이 비교적 강하며 무지개송어에 대한 어독성 TLm(96시간)은 32ppm이다.

작용특성은 앞의 일반적 특성에서 언급한 것과 같다. 우리나라에서 Paraquat(품목명: 파라코액제 24.5%, 상품명: 그라목손)는 과원, 뽕밭, 조림지 등과 비농경지에 일년생 및 다년생 잡초 방제용으로 사용된다. 잡초가 발생한 후 경엽에 10a당 300㎖를 물 120~160ℓ에 희석하여 살포한다.

이 농약은 비선택성 제초제이므로 살포 시에 과수나 작물에는 직접 접촉되지 않도록 주의를 요한다. 살포 시 인체 접촉을 피해야 하며 농업지역을 제외한 비농경지(가옥 주변, 학교, 휴양지, 운동, 공장부지, 도로변 및 골프코스), 도시지역, 상수취수원으로 흘러 들어갈 우려가 있는 지역에서는 사용이 금지되어 있다.

다년생 잡초는 잎의 위조로 억제되다가 곧 재생하며, 또 이 제초제 처리 후에 발생하는 일년생 잡초도 방제할 수 없다. 인축독성으로 인하여 2012년부터 우리나라에서 사용이 금지되었다.

2) Diquat

Diquat[1, 1′-ethylene-2, 2′-bipyridium ion]는 비선택성 경엽처리 제초제로서 Diquat dibromide salt로 제형된다.

원제는 백색-황색의 결정으로서 Diquat dibromide salt의 분자식은 $C_{12}H_{12}N_2Br_2$, 분자량은 344.5, 융점은 325℃이고, 증기압은 10^{-8}㎜Hg(25℃) 이하이다. 물에는 70%(20℃) 용해되며, 극성 유기용매에는 다소 녹지만 비극성 용매에는 녹지 않는다. 쥐에 대한 급성경구독성 LD_{50}은 230㎎/㎏으로 높고 잉어에 대한 어독성 TLm(96시간)은 67ppm이다.

작용특성은 Paraquat와 유사하며 여러 특성은 이미 앞의 일반적 특성에서 언급한 것과 같다.

7.13 피리미딘계 제초제

(1) 구조적 특성

피리미딘계(pyrimidine) 제초제는 1963년 Du Pont사에서 우라실(uracil)형인 Bromacil을 개발한 이래 지금까지 다양하게 개발·사용되고 있다. 피리미딘계 제초제는 피리미딘(pyrimidine)핵을 골격으로 갖고 있으며 이들은 우라실(uracil)의 유도체이다(그림 7-33).

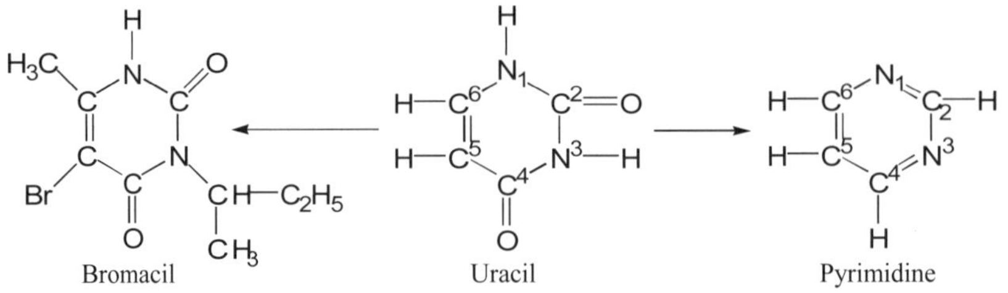

[그림 7-33] Pyrimidine의 화학구조

(2) 일반적 특성

Uracil형 제초제는 광합성을 강하게 억제하고 단백질 합성도 억제하는 작용특성을 갖고 있다. 식물체의 어떤 부분에서도 흡수되며 체내 이행도 잘 되고 식물체에서는 안정성이 높고 토양 중의 잔효성이 길다.

(3) 피리미딘계 제초제의 종류

1) Bentazon

Bentazon[3-(1-methylethyl)-(1*H*)-2,1,3-benzothiadiazin-4(3*H*)-one 2,2-dioxide)은 1968년 서독의 BASF사에서 개발한 제초제로서 피리미딘환의 2번 위치에 탄소(C)가 SO_2로 치환된 것이다. 화학구조는 그림 7-34와 같으며 Bentazon은 화본과식물에는 제초활성이 낮으나 방동사니과와 광엽잡초를 선택적으로 방제할 수 있는 접촉형 제초제이다. Bentazon sodium salt로 제형한다.

원제는 백색 무취의 결정으로 Bentazon sodium 염의 분자식은 $C_{10}H_{11}N_2NaO_3S$이고 분자량은 262.26이며 융점은 137~139℃, 열분해 온도는 200℃, 증기압은 산의 경우 7.5×10^{-9}㎜Hg(20~25℃)이다. 물에서는 500ppm(20℃) 용해되며 유기용매에 잘 녹는다. 쥐에 대한 Bentazon acid의 급성경구독성 LD_{50}은 1,100㎎/㎏이며 무지개송어에 대한 어독성 TLm(96시간)은 190ppm이다.

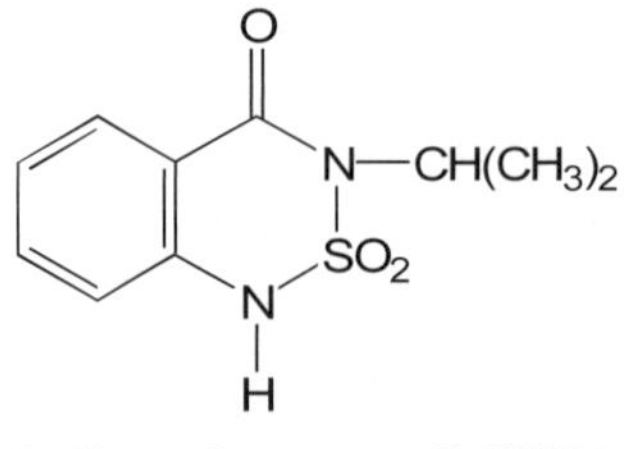

[그림 7-34] Bentazon의 화학구조

Bentazon은 식물체의 경엽이나 뿌리를 통해 흡수·이행되며 특히 경엽을 통하여 흡수된 것은 매우 높은 살초력을 나타낸다. 경엽처리 시는 이행이 잘 안 되지만 뿌리에서 흡수할 때 물관부를 통하여 빨리 이행한다.

본 제초제의 작용기작은 광합성의 힐(Hill) 반응을 저해하여 서서히 식물체를 고사시킨다. 벼 등의 화본과식물에서는 초기에 저해된 증상이 서서히 회복되어 본 제초제에 내성을 보이고, 너도방동사니, 매자기, 알방동사니 등의 방동사니과 잡초에 대하여 특히 작용이 강하다. 이것은 내성식물이 Bentazon을 쉽게 불활성화시키나 감수성 식물은 그렇지 못하기 때문이다. 흡수·이행의 차이도 선택성 발현과 다소 관계가 있다고 한다.

토양 중에서는 미생물에 의해 쉽게 분해되며 광분해나 휘발은 거의 없으며 토양 이동성은 보통이다. 논 토양에서의 잔효기간은 15일 정도로 짧다.

우리나라에서 Bentazon(품목명: 벤타존액제 40%, 상품명: 밧사그란)은 손 및 기계이앙벼의 일년생 및 다년생 광엽잡초와 사초과 잡초에 효과가 있는 제초제이다. 잡초의 발생성기부터 다년생 잡초의 증식기(이앙 후 20~30일)에 10a당 400㎖를 물 100~120ℓ에 희석·살포하며, 보리 및 옥수수밭의 광엽잡초 방제를 위하여 월동 후 광엽잡초 3~5엽기에 10a당 300㎖를 물 100ℓ에 희석하여 살포한다. Fenoxaprop-p-ethyl과 Cyhalofop-butyl의 혼합제도 개발되어 있는데, 주로 벼 건답직파재배 중기 잡초방제용으로 사용하고 있다. 또한 Mecoprop와 혼합하여 담수직파벼(표면산파) 및 기계이앙벼(어린모)의 난방제 잡초방제용으로 사용하기도 한다.

7.14 옥사디아졸계 제초제

(1) 구조적 특성

옥사디아졸계(oxadiazol) 제초제는 옥사디아졸(oxadiazol)을 골격으로 한 제초제로서 옥사디아존이 이 부류에 속한다. 옥사디아존은 프랑스 Rhone Poulenc사에서 최초로 개발되었다. 그 후 일본의 일산화학(日産化學)에서 토양혼화처리용으로 동일한 제초제를 개발·판매하고 있는데, 주로 논에 발생하는 일년생 잡초 방제에 사용된다(그림 7-35).

옥사디아존은 벼 이앙 전에 써레질 후 토양혼화처리하면 효과를 발휘한다. 벼를 심기 전에 처리할 수 있는 제초제이다.

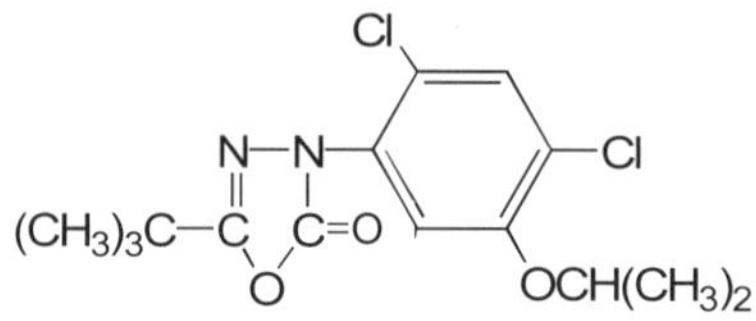

[그림 7-35] Oxadiazon의 화학구조

(2) 옥사디아졸계 제초제의 종류

1) Oxadiazon

Oxadiazon[3-[2,4-dichloro-5-(1-methylethoxy)phenyl]-5-(1,1-dimethylethyl)-1,3,4-oxadiazol-2-(3*H*)-one]의 원제는 백색 무취의 결정으로 분자식은 $C_{15}H_{18}Cl_2N_2O_3$, 분자량은 345.3이고 융점은 87℃, 증기압은 7.6×10^{-7}㎜Hg(25℃)이다(그림 7-35). 용해도가 0.7ppm(20℃)으로 물에 잘 녹지 않으나 유기용매에는 잘 녹는다. 쥐에 대한 급성경구독성 LD_{50}은 8,000㎎/㎏이고 잉어에 대한 어독성 TLm(96시간)은 1.76ppm이다.

이 제초제는 토양 표면에 처리층을 형성하며 발아하는 잡초종자가 이 층을 통과할 때 유아부로 흡수되어 햇빛에 노출되면 갈변 고사한다. Oxadiazon은 디페닐에테르계 제초제와 유사한 작용특성을 나타내며 제초활성 발현에는 빛이 필요하다. 이리하여 엽록소가 결여된 백색체(albino)에는 불활성이나, 황색체(xanthin)에는 활성을 보이며 작용기작은 ATP 생성저해 및 엽록체 발달의 초기단계를 저해하는 것이다.

토양 내의 유기물이나 점토질에 쉽게 흡착되므로 이동폭이 좁고 휘발에 의한 손실이 없으며 토양미생물에 의해 분해 또는 불활성화된다. 잔효기간은 40~50일이다.

우리나라에서 Oxadiazon(품목명: 옥사디아존유제 12%, 상표명: 론스타)은 손 및 기계이앙답의 일년생 잡초를 방제하기 위하여 이앙 2일 전, 즉 써레질 직후 흙탕물에 10a당 400㎖를 살포한다.

Bensulfuron-methyl과 혼합하여 기계 이앙재배답의 잡초방제용으로 사용할 수도 있는데, 이 경우 이앙 후 5~7일째에 10a당 3㎏을 처리한다. Pendimethalin과의 혼합제는 비닐 멀칭 전(정식 전)에 고추밭의 일년생 잡초 방제용으로 사용하고 있다.

2) Oxadiargyl

Oxadiargyl,5-tert-butyl-3-(2,4-dichloro-5-prop-2-ynoxyphenyl)-1,3,4-oxadiazol-2-one의 원제는 백색이며 분자식은 $C_{15}H_{14}C_{12}N_2O_3$이고 분자량은 341.2이며, 융점은 131.0℃, 증기압은 2.5×10^{-6}Pa(25℃), 물에 대한 용해도는 0.37ppm(20℃)이다(그림 7-36). 쥐에 대한 급성경구독성

LD_{50}은 800ppm 이상이다. Oxadiargyl은 Oxadiazole계 제초제로 기계 이앙벼, 한국잔디에 사용한다. Oxadiargyl은 protoporphyrinogen IX oxidase(PPO)의 효소작용을 억제하여 엽록소 생성을 막아 살초활성을 나타낸다.

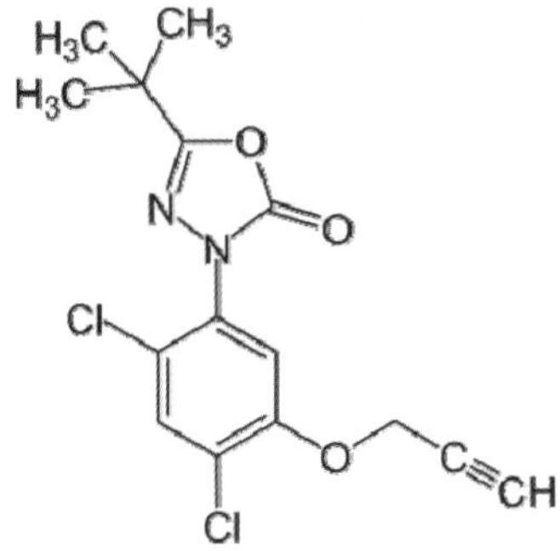

[그림 7-36] Oxadiargyl의 화학구조

Oxadiargyl의 국내 사용 현황은 옥사디아길 유제(상표명: 톱스타, 절찬리, 후리다), 옥사디아길 · 옥사디아존 유제(상표명: 두스타), 옥사디아길 · 시메트린 유제(상표명: 선제골)로 사용되고 있다.

7.15 피라졸계 제초제

(1) 구조적 특성

피라졸계 제초제는 피라졸(pyrazol)핵의 탄소 4, 5 위치에 두 개의 벤젠환이 치환되어 만들어진, 구조가 비교적 복잡한 화합물이다. 종류로는 Pyrazolate와 Pyrazoxyfen을 들 수 있으며 화학구조는 그림 7-37과 같다.

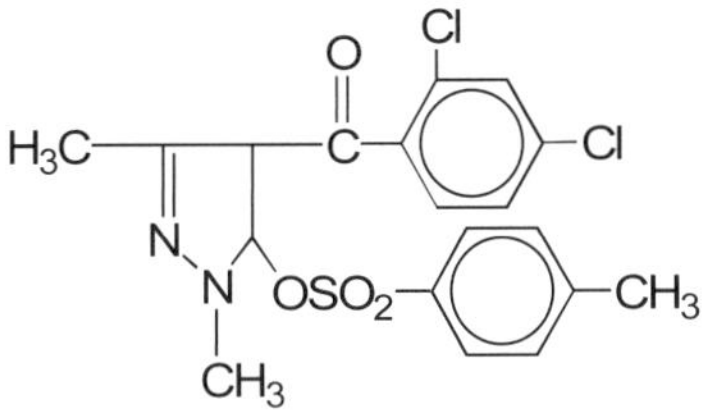

Pyrazolate

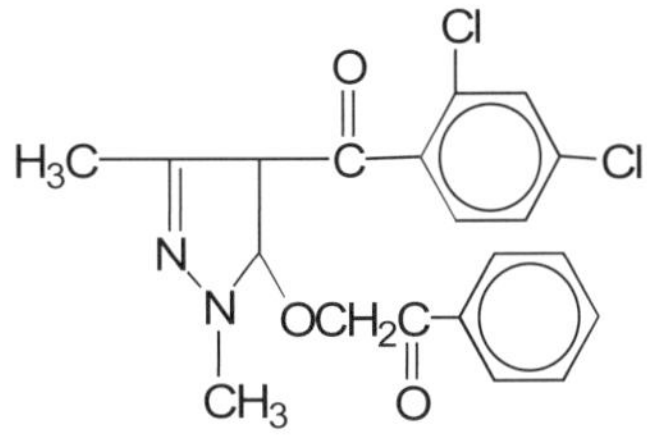

Pyrazoxyfen

[그림 7-37] 피라졸계(Pyrazol) 제초제의 종류

우리나라에서는 이 계열의 제초제를 단제로 사용하고 있지 않으며 설포닐요소계나 카바메이트계 제초제와 혼합제형을 만들어 논에 사용하고 있다.

(2) 피라졸계 제초제의 종류

1) Pyrazolate

Pyrazolate[(2,4-dichlorophenyl)[1,3-dimethyl-5-[[(4-methylphenyl)sulfonyl]oxy]-1*H*-pyrazol-4-yl]methanone]는 일년생 및 다년생 잡초에 유효한 제초제로서 논에 사용되고 있다.

원제는 백색의 결정체로서 분자량은 439.3, 융점은 118~119℃, 물에 0.05ppm(25℃)만 용해되지만 유기용매에는 잘 녹으며 쥐에 대한 급성경구독성 LD_{50}은 10,233㎎/㎏(♀)~9,550㎎/㎏(♂)으로 아주 저독성이고 잉어에 대한 어독성 TLm(48시간)은 30ppm이다.

Pyrazolate는 잡초의 발아 시 유아부 및 유근부로 흡수되어 식물체 내를 잘 이행하여 엽록소 생성을 저해하며 백화현상을 유발하여 식물체를 고사시킨다. 엽록소 생성억제는 특히 갓 나오는 신엽에서 현저하게 나타난다. 벼와 피 간에는 높은 속(屬, genus) 간 선택성이 있고 벼에는 거의 영향을 주지 않으며 살초성 발현에 환경조건이 크게 영향을 미치지 않는다. 토양 내에서의 이동폭이 좁으며 잔효기간은 비교적 길다.

우리나라에서는 Pyrazolate와 Pretilachlor, Pyrazosulfuron+Symertyn 등과의 혼합제로 개발하여 벼 손이앙답의 일년생 및 다년생 잡초 방제용으로 사용하고 있다. 이앙 후 3~5일째에 10a당 3㎏을 처리한다.

2) Pyrazoxyfen

Pyrazoxyfen[2-[[4-(2,4-dichlorobenzoyl)-1,3-dimethyl-1*H*-pyrazol-5-yl]oxy]-1-phenylethanone]은 Pyrazolate와 구조나 작용성이 매우 유사한 제초제이다. 우리나라에서 Pyrazoxyfen은 Pretilachlor, Butachlor, Thiobencarb 및 Piperophos와 혼합되어 일년생 및 다년생 잡초 방제용으로 사용되고 있다.

원제는 무색의 결정체로서 분자량은 403.27, 융점은 111~121℃, 증기압은 4.8×10^{-5}Pa(25℃)이다. 물에 대한 용해도는 900ppm(20℃)으로 낮으나 유기용매에는 잘 용해되며 쥐에 대한 급성경구독성 LD_{50}은 1,644~1,690㎎/㎏으로서 보통독성이고 잉어에 대한 어독성 TLm(48시간)은 25ppm이다. 작용특성이나 토양 중 행적은 Pyrazolate와 유사하다.

우리나라에서 Pyrazoxyfen과 Thiobencarb의 혼합제가 고시되어 기계이앙벼(어린모)의 일년생 및 다년생 잡초 방제용으로 사용되고 있다. 이앙 후 5일째에 10a당 3kg을 처리하면 된다.

7.16 Cyclohexanedione계 제초제

(1) 구조적 특성

Cyclohexanedione계 제초제는 cyclochexan 구조를 골격으로 하고, 여러 가지 물질이 결합하여 이루어진 화합물이다(그림 7-38).

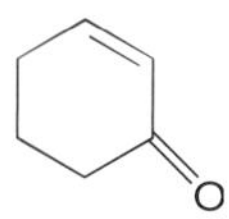

[그림 7-38] Cyclohexanedione계의 기본구조

(2) 일반적 특성

① AOPP(aryloxyphenoxy propinoates)계처럼 지질생합성을 억제하는 제초제로, 작용점은 ACCase (acetyl-coenzyneA carboxylase)이고 이 효소 작용 억제로 지질생합성을 억제한다.
② 일년생·다년생 화본과 잡초 방제용으로서, 경엽에 처리한다.
③ 화본과 잡초가 아닌 잡초는 내성을 지닌다.
④ 콩, 목화, 사탕무, 알팔파, 토마토, 땅콩 등 쌍자엽 식물의 화본과 방제용 제초제로 사용된다.

(3) Cyclohexanedione계 제초제의 종류

1) Sethoxydim

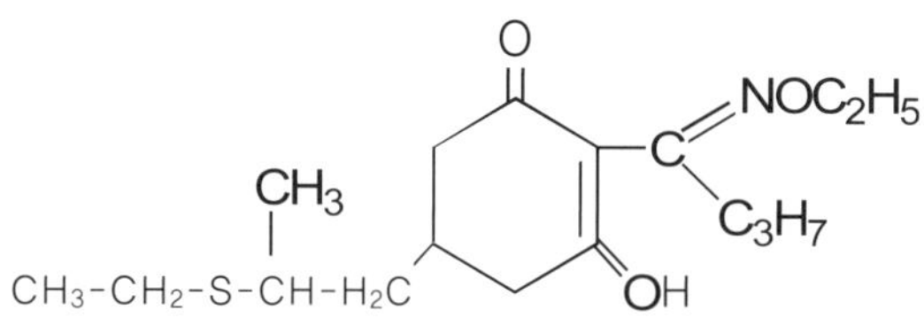

[그림 7-39] Sethoxydim의 화학구조

Sethoxydim±[2-[1-(ethoxyimino)butyl]-5-[2-(ethylthio)propyl]-3-hydroxy-2-cyclohex-2-enone]은 日本曹達에서 화본과 잡초를 선택적으로 방제하는 Alloxydium에 이어 개발된 제초제이다.

화학구조는 그림 7-39와 같다.

Sethoxydim 분자식은 $C_{17}H_{29}NO_3S$이고, 분자량은 327.5, 증기압은 1.6× 10^{-7}㎜Hg(25℃) 미만이다. 물에 대한 용해도는 257ppm이다. 쥐에 대한 급성경구독성 LD_{50}은 3,500㎎/㎏이고 잉어에 대한 어독성 TLm(48시간)은 153ppm이다.

Sethoxydim은 화본과 잡초를 선택적으로 방제하며 Alloxydium과 유사한 살초범위와 작용을 갖고 있으나 활성은 2배나 높다. 화본과 잡초의 경엽에 처리하여 새로 나오는 잎의 전개를 완전히 억제하거나 묵은 잎에 안토시아닌을 생성시켜 살초하는 것으로 알려져 있다.

Sethoxydim(품목명: 세톡시딤유제, 상품명: 나브)은 광엽작물이나 잡초에는 살초작용이 없어서 광엽작물의 화본과 잡초 특히 피 방제에 효과적이다. 우리나라에는 Sethoxydim유제 20%가 등록되어 있다. 주로 콩, 감자, 마늘, 딸기, 양파, 수박, 배추, 당근, 고추, 당귀, 참깨, 천궁밭의 화본과 잡초 방제용으로 사용된다. 통상 10a당 150㎖를 물 120ℓ에 희석하여 살포하지만 파(대파)밭에는 물 100ℓ에 희석하여 살포한다.

2) Clethodim

Clethodim[(*E*,*E*)-(±)-2-[1-[[(3-chloro-2-propenyl)oxy]imino]proply]-5-[2-(ethylthio)proply]-3-hydroxy-2-cyclohexen-1-one]은 경엽처리형 제초제로서 일년생 및 다년생 화본과 잡초의 방제에 효과적인데 극단적인 pH에서는 제초활성이 불안정하다(그림 7-40).

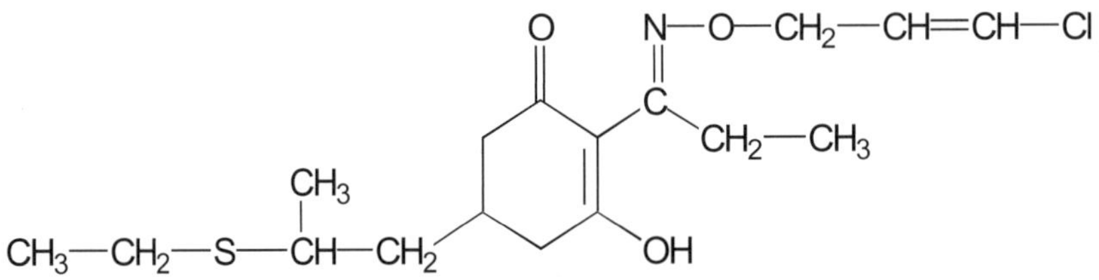

[그림 7-40] Clethodim의 화학구조

원제는 담황색의 액체이고, 분자식은 $C_{17}H_{26}ClNO_3S$, 분자량은 359.91, 증기압은 10^{-7}㎜Hg(20℃) 미만이다. 대부분의 유기용매에 아주 잘 용해된다. 쥐에 대한 급성경구독성 LD_{50}은 1,630㎎/㎏이고, 무지개송어에 대한 어독성 TLm(96시간)은 18ppm이다.

국내에서는 클레소딤유제(12.5%, 상표명: 셀렉트)로 고시되어 있으며, 콩, 무, 감자, 마늘, 양파, 도라지, 참깨, 파, 딸기밭의 화본과 잡초 방제용으로 사용하고 있다. 잡초 3~5엽기에 10a당 100㎖를 물 100ℓ에 희석한 후 잡초 경엽부에 골고루 묻도록 살포하여야 한다.

7.17 피리딘계 제초제

(1) 구조 및 작용기작

Pyridine계의 기본 구조는 벤젠환의 탄소 하나가 질소로 치환된 것으로 호르몬형이며 체내에서 물관과 체관을 통하여 쉽게 이행된다(그림 7-41). 광엽잡초에 특이적으로 반응하며, 토양 및 경엽처리용 제초제이다. 세포 내 핵산의 합성 및 대사를 통하여 단백질과 효소의 생합성을 조절하므로 제초활성이 나타나는 것으로 알려져 있다.

이 계열의 제초제는 벤젠환에 탄소 하나가 질소로 치환되어 만들어진 것이고 환 주변에 여러 물질이 치환되어 있다.

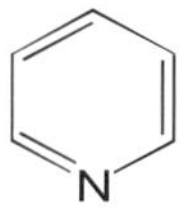

[그림 7-41] 피리딘계의 기본구조

(2) 피리딘계 제초제의 종류

1) Triclopyr

Triclopyr[[(3,5,6-trichloro-2-pyridinyl)oxy]acetic acid]는 호르몬형 제초제로 Triclopyr산의 분자식은 $C_7H_4Cl_3NO_3$, 분자량은 256.47, 융점은 148~150℃이며, 증기압은 1.26×10^{-6}㎜Hg(25℃)이다(그림 7-42). 쥐에 대한 급성경구독성 LD_{50}은 713㎎/kg, 무지개송어에 대한 어독성 TLm(96시간)은 117ppm이다.

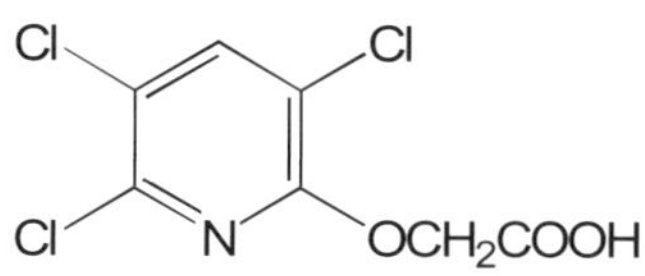

[그림 7-42] Triclopyr의 화학구조

식물체 내에서 이행되며 목본류의 잡목방제에 효과적이고, 광엽잡초에 대하여 민감하게 반응한다. 경엽과 뿌리에 의해 흡수되며 주로 분열조직에 축적되어 핵산 및 단백질 대사에 영향을 미치는 것으로 알려져 있다. 토양흡착이 큰 편은 아니며 특히 토양의 pH에 따라 흡착에 영향을 받고 토양미생물에 의해 쉽게 분해된다.

국내에서는 Triclopyr-TEA액제(품목명: 트리클로피르티이에이액제, 30%, 상표명: 뉴갈론)로 고시되어 잔디에 발생하는 일년생 및 다년생 광엽잡초의 방제에 사용되고 있다.

2) Fluroxypyr

Fluroxypyr[(4-amino-3,5-dichloro-6-fluoro-2-pyridinyl)oxy]acetic acid]는 잡초의 생육초기에 사용하는 경엽처리형 제초제로 식물체 내에 쉽게 흡수되고 이행이 잘 된다(그림 7-43). 화곡류, 과수원, 초지 등의 광엽잡초 방제에 사용한다.

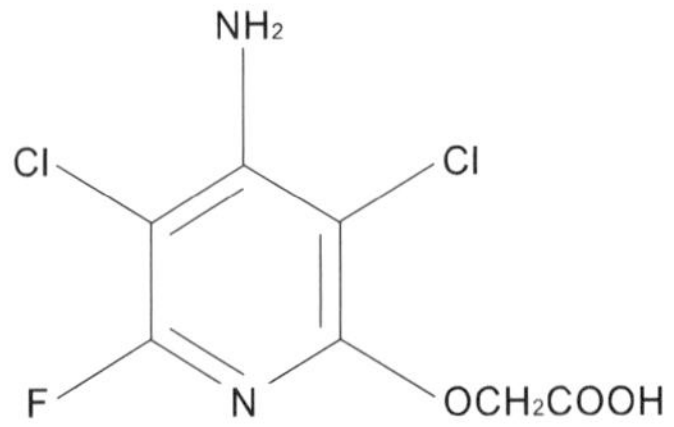

[그림 7-43] Fluroxypyr의 화학구조

원제는 백색 결정체이고 분자식은 $C_7H_5Cl_2FN_2O_3$, 분자량은 255.0, 융점은 232~233℃, 증기압은 3.7×10^{-6}mPa(20℃)이다. 물에 대한 용해도는 91ppm이며, 유기용매인 메탄올과 아세톤에 대한 용해도는 각각 34.6g/ℓ와 51g/ℓ로 높다. 쥐에 대한 급성경구독성 LD_{50}은 2,405㎎/㎏이고, 무지개송어에 대한 어독성 TLm은 100ppm이다.

국내에서는 Glyphosate와 혼합하여 플루록시피르멥틸·글리포세이트 이소프로필 아민액제(26%, 상표명: 유니바)로 고시되어 있다. 비농경지에 잡초가 발생하였을 때 10a당 800㎖를 물 120ℓ에 희석하여 경엽에 살포한다.

3) Dithiopyr

Dithiopyr[*S,S*-dimethyl 2-(difluromethyl)-4-(2-methylpropyl)-6-(trifluo-romethyl)-3,5-pyridinedicarbothioate]는 일년생 잡초의 발아 전부터 발생 초기까지 사용하는 토양처리형 제초제로, 피에 대한 살초성이 우수하며 약효지속 기간은 40~45일 정도이다(그림 7-44).

원제는 무색 결정체이고, 분자식은 $C_{15}H_{16}F_5NO_2S_2$, 분자량은 401.4, 융점은 65℃, 증기압은 4×10^{-6}㎜Hg(25℃), 물에 대한 용해도는 1.38ppm이다. 쥐에 대한 급성경구독성 LD_{50}은 5,000㎎/㎏ 이상이고, 잉어에 대한 어독성 TLm(96시간)은 0.72ppm이다.

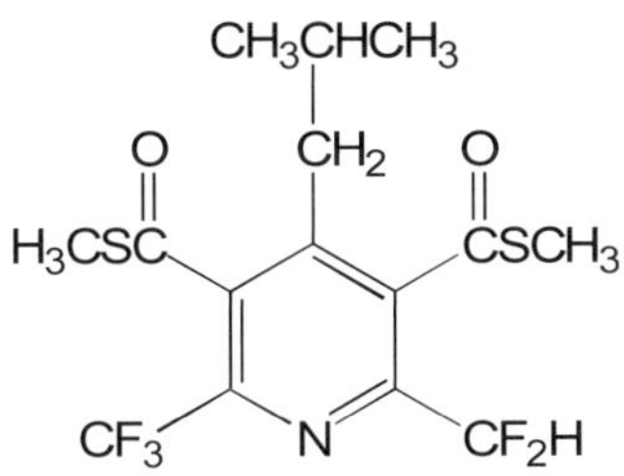

[그림 7-44] Dithiopyr의 화학구조

디티오피르유제(32%, 상표명: 디멘존)는 잔디밭의 일년생 잡초 방제용으로, 잡초 발생 전에 10a당 150㎖를 물 200~300ℓ에 희석하여 사용하고 있다. Bensulfuron, Pyrazosulfuron 등 Sulfonylurea계 제초제와의 혼합제도 개발되어 기계이앙벼의 일년생 및 다년생 잡초 동시 방제용으로 사용하고 있다. 이앙 후 5~10일째에 10a당 3kg을 사용한다.

7.18 이미다조리논계 제초제

(1) 구조 및 작용기작

Imidazolinone계 제초제는 일년생 및 다년생 화본과 잡초와 광엽잡초의 방제에 사용되고 있으며, 종류에 따라 사용폭이 다양하다(그림 7-45).

뿌리와 경엽을 통하여 흡수되며 체내에서 Acetolactate synthase 활성을 저해하여 살초력이 발현된다. 토양 중 분해정도는 제초제의 종류에 따라 각기 다르다.

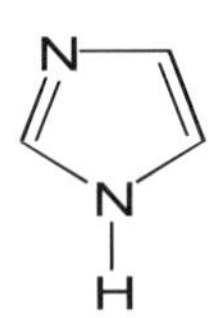

[그림 7-45] Imidazolinone계의 기본구조

(2) 이미다조리논계 제초제의 종류

1) Imazapyr

Imazapyr[(±)-2-[4,5-dihydro-4-methyl-4-(1-methylethyl)-5-oxo-1*H*-imidazol-2-yl]-3-pyridinecarboxylic acid]는 American Cynamid사에서 개발한 흡수 이행형 토양처리제이다(그림

7-46). 분열조직을 저해하여 살초력이 발현되며 비선택성이고 토양 중 이동이 적은 편이다.

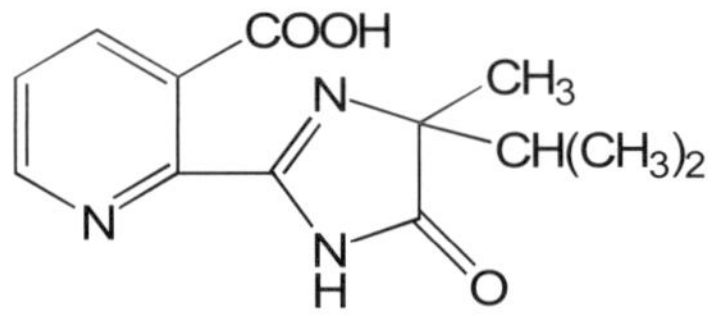

[그림 7-46] Imazapyr의 화학구조

원제는 백색 또는 황갈색 분말이고, Imazapyr산의 분자식은 $C_{13}H_{15}N_3O_3$, 분자량은 261.28, 융점은 169~173℃, 증기압은 10^{-6}㎜Hg(45℃) 미만이다. 물에 대한 용해도는 11,272ppm으로 높으며, 아세톤에 3.39g/100㎖, 메탄올에 10.5g/100㎖ 용해된다. 쥐에 대한 급성경구독성 LD_{50}은 5,000㎎/㎏ 이상이고, 무지개송어에 대한 어독성 TLm(96시간)은 100ppm 이상이다.

국내에서는 이마자피르입제(2.5%, 상표명: 차퍼)로 고시되어 있는데, 비농경지의 일년생 및 다년생 잡초 방제용으로 사용된다. 잡초의 생육초기부터 생육성기에 10a당 4㎏을 처리하며 월동 전에 뿌려 주면 이듬해 잡초 발생이 경감된다.

2) Imazaquin

Imazaquin[2-[4,5-dihydro-4-methyl-4-(1-methylethyl)-5-oxo-1*H*-imidazol-2-yl]-3-quinolinecarboxylic acid]은 잡초의 발아 전 또는 발아 후에 사용하는 토양혼화처리형 제초제로서, 광엽잡초와 방동사니과 잡초에 선택적으로 살초력을 나타낸다(그림 7-47). 콩, 담배, 알팔파 및 비농경지의 잡초방제에 사용되고 있다.

원제는 황갈색 고체이고, Imazaquin산의 분자식은 $C_{17}H_{17}N_3O_3$, 분자량은 311.34, 융점은 219~224℃, 증기압은 2×10^{-8}㎜Hg(45℃) 미만이다. 물에 대한 용해도는 60~120ppm이며, 유기용매인 DMSO에 대한 용해도는 15.9g/ℓ이다. 쥐에 대한 급성경구독성 LD_{50}은 5,000㎎/㎏ 이상이고, 무지개송어에 대한 어독성 TLm(96시간)은 100ppm 이상이다.

국내에서는 1997년부터 이마자퀸액제(20%, 상표명: 톤압)로 고시되어 있으며, 잔디밭의 일년생 및 다년생 잡초 방제를 위하여 잡초 생육초기에 10a당 400㎖를 물 200~250ℓ에 희석하여 살포한다.

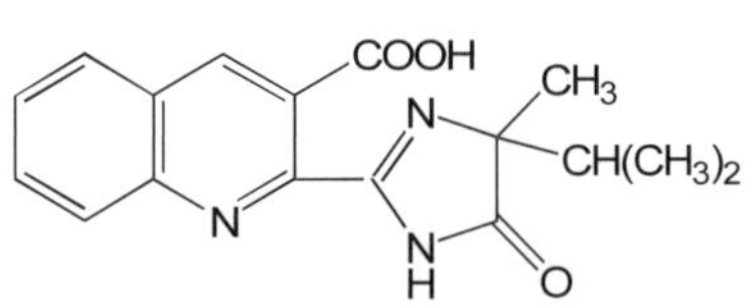

[그림 7-47] Imazaquin의 화학구조

7.19 피리미딘다이온계 제초제

(1) Saflufenacil

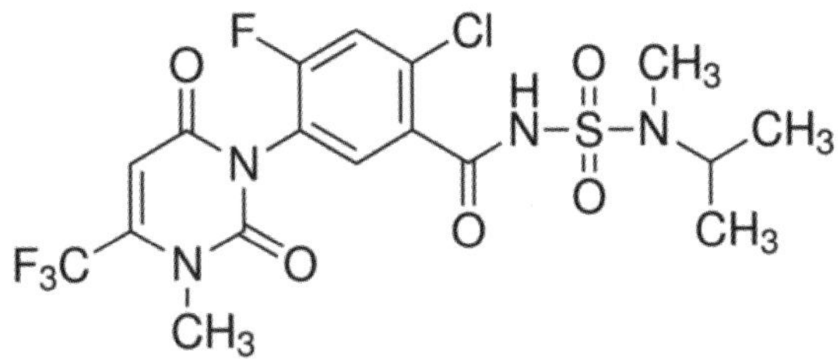

[그림 7-48] Saflufenacil의 화학구조

Saflufenacil[2-chloro-4-fluoro-5-[3-methyl-2,6-dioxo-4-(trifluoromethyl)pyrimidin-1-yl]-N-[methyl(propan-2-yl)sulfamoyl]benzamide]은 독일의 BASF사에서 개발한 제초제이다(그림 7-48).

분자식은 $C_{17}H_{17}ClF_4N_4O_5S$이고 분자량은 500.9이며, 융점은 189.9℃, 증기압은 4.5×10^{-12}mPa(25℃), 물에 대한 용해도는 2,100ppm(20℃)이다. 쥐에 대한 급성경구독성 LD_{50}은 2,000ppm 이하이다.

Saflufenacil은 Pyrimidindione계 제초제로서 protoporphyrinogen IX oxidase(PPO)의 효소작용을 저해하여 엽록소 생성을 억제한다. 이 제초제는 산소 활성화로 인한 지질과산화 반응을 일으켜 세포막 손상을 유발한다.

Saflufenacil의 국내 사용 현황은 글리포세이트이소프로필아민과 혼용되어 글리포세이트이소프로필아민·사플루페나실 액상수화제(상표명: 푸레스타)로 사용되고 있다. 그리고 일년생 잡초 및 다년생 잡초에 적용되어 감귤, 감, 밤, 배, 복숭아, 사과 등 여러 작물에 사용되고 있다.

(2) Tiafenacil

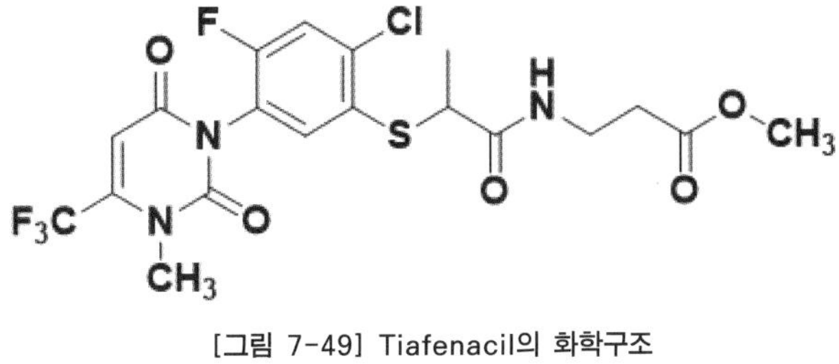

[그림 7-49] Tiafenacil의 화학구조

Tiafenacilmethyl[N-[2-[[2-chloro-5-[3,6-dihydro-3-methyl-2,6-dioxo-4-(trifluorometh yl)-1(2H)-pyrimidinyl]-4-fluorophenyl]thio]-1-oxopropyl]-β-alaninate]은 우리나라 팜한농에서 개발한 제초제이다(그림 7-49).

원제는 미백색 결정체이며 분자식은 $C_{19}H_{18}ClF_4N_3O_5S$이고 분자량은 511.9이며, 융점은 120~123℃, 증기압은 1.11×10^{-10}mmHg(20℃) 이하, 물에 대한 용해도는 110ppm(pH 7)이다. 쥐에 대한 급성경구독성 LD_{50}은 2,000ppm 이상이고 잉어에 대한 어독성 LD_{50}(96h)은 80ppm 이상이다.

Tiafenacil은 Pyrimidindione계 PPO(Protoporphyrinogen IX oxidase) 저해제로 엽록소의 생합성을 저해하고 그 과정에서 활성산소가 생성되어 식물체를 빠르게 고사시킨다. 기존의 PPO 저해제는 광엽잡초에 활성을 보이나 Tiafenacil은 광엽잡초뿐만 아니라 화본과 잡초에도 활성을 나타내는 특징을 지닌다. 약제를 처리한 후 2~3일이면 잡초가 갈변 고사되는 증상을 보인다.

국내에서 Tiafenacil은 비선택성 약제로 Glyphosate-IPA+Tiafenacil 24.5(24+0.5)% SC(상표명: 테라도플러스)와 Glufosinate-ammonium+Tiafenacil 16.8(16+0.8)% SC(상표명: 테라도골드)로 사용 중이다.

7.20 나이트릴계 제초제

Nitrile계 제초제는 주로 물관부를 통하여 이행하고, 체내에서 셀룰로오스 생합성을 저해하는 것으로 알려져 있으며, 단백질과 RNA의 합성에도 영향을 미친다(그림 7-50). 토양처리형 제초제지만 토양 중 잔류는 적은 편이며, 발아 중인 일년생 잡초나 다년생 잡초의 지하번식기관에서 발생하는 어린 눈(芽)에 작용한다.

Dichlobenil[2,6-dichlorobenzonitrile]의 원제는 무색 결정체이고, 분자식은 $C_7H_3Cl_2N$, 분자량은 172.01, 융점은 145~146℃, 증기압은 5.5×10^{-4}㎜Hg(20℃)이다(그림 7-51). 물에 대한 용해도는 20.5ppm(25℃, pH 5)이고, 유기용매인 아세톤, 벤젠에 잘 용해된다. 쥐에 대한 급성경구독성 LD_{50}은 4,460㎎/㎏이고, 대부분의 어류에 대한 어독성 TLm(96시간)은 5~13ppm이다.

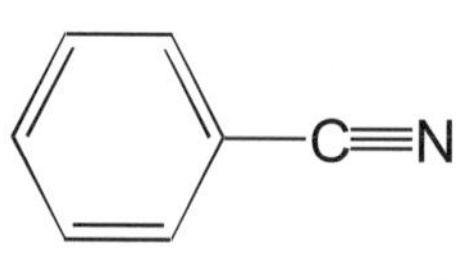

[그림 7-50] Nitrile계의 기본구조

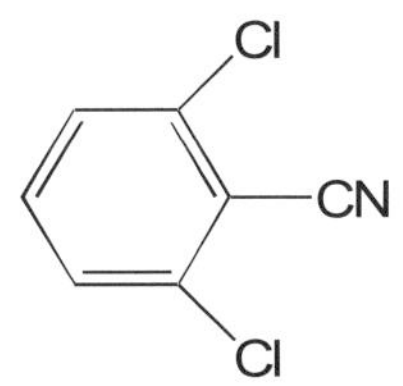

[그림 7-51] Dichlobenil의 화학구조

물에 대한 용해도가 낮고 토양흡착력이 크기 때문에 토양 중 이동과 용탈이 적다. 우리나라에서는 Dichlobenil(품목명: 크로닐입제 6.7%, 상표명: 카소론)이 고시되어 있는데, 토양에서 뿌리를 통하여 흡수되며 뿌리에서 지상부로의 이행이 매우 빠르다.

사과밭의 일년생 및 다년생 잡초 방제를 위하여 잡초 발생 전에 10a당 8㎏을 처리하며, 포도밭에는 이른 봄 눈(芽)이 발생하기 1개월 전에 10a당 4㎏을 처리한다. 한국잔디에는 잡초 발생 전(잔디 휴면기)에 10a당 4kg을 토양 처리하고, 비농경지에는 잡초 발생 전에 10a당 10kg을 처리한다.

7.21 기타 제초제

(1) Alloxydium-sodium

Alloxydium-sodium[2-[1-(*N*-aryloxyamino)-butylidene]-5,5-dimethyl-4-methoxycarbonyl-cyclohexane-1,3-di-one, sodium salt]은 일본의 曹達에서 개발한 제초제로서 현재 화본과 잡초 방제용으로 사용되고 있다. 화학구조는 그림 7-52와 같다. 화학적 구조나 살초특성은 Cyclohexanedion계 제초제와 유사하다.

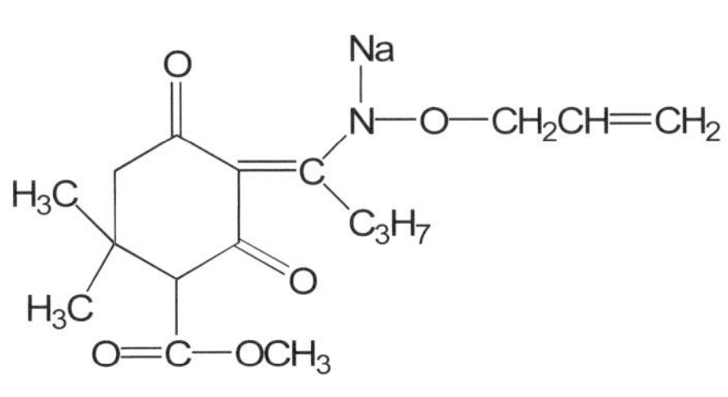

[그림 7-52] Alloxydium-sodium의 화학구조

원제는 백색결정으로 분자량은 345.4, 융점은 185.5℃, 물이나 에탄올·메탄올·DMF에 잘 녹고 아세톤에는 잘 용해되지 않는다. 쥐에 대한 급성경구독성 LD50은 2,260(♀)~2,232(♂)㎎/㎏이고

잉어에 대한 어독성 TLm(48시간)은 10ppm 이상이다.

Alloxydium-sodium은 식물체의 뿌리나 경엽으로부터 흡수되어 체내를 이행하는 제초제로서 화본과 식물에 대하여 강한 활성을 나타낸다. 잡초가 발아할 때 처리하면 바랭이 등 화본과식물의 발아 자체를 억제하지는 못하나 그 후의 생장을 억제하며 특히 뿌리에 강한 영향을 미친다. 광엽식물은 화본과식물보다 20~30배 내성을 보인다.

경엽에 처리한 Alloxydium-sodium 수용제는 75% 처리 시, 식물의 연령과 농도 간에는 상관관계가 있다. 예를 들면 2엽기의 화본과 잡초는 10a당 50g으로 완전 고사되지만 콩은 800g을 처리하여도 20~30%만 억제되어 식물종 간에 다른 감수성을 나타낸다. 경엽에 처리했을 때의 살초증상을 보면 새로 나오는 잎의 기부를 고사시키고 다음 잎의 분화를 억제한다. 이미 전개된 잎에서는 안토시안(anthocyan)을 생성하여 고사시킨다. 특히 본 제초제는 광엽식물에 약해가 없으므로 콩과, 미나리과, 목화, 사탕무 등에서 생육기 처리 제초제로 많이 이용되고 있다. 우리나라에서는 현재 사용되지 않고 있다.

(2) Bensulide

Bensulide[*O,O*-bis(1-methylethyl) *S*-[2-[(phenylsulfonyl)amino]ethyl] phosporodithioate]는 미국의 Stauffer사에서 개발한 제초제로, 원제는 무색의 액제 또는 백색결정이다. 분자식은 $C_{14}H_{24}NO_4PS_3$, 분자량은 397.50, 증기압은 8×10^{-7}㎜Hg(25℃), 융점은 34.4℃, 물에서의 용해도는 5.6ppm, 쥐에 대한 급성경구독성 LD50은 770㎎/㎏이다(그림 7-53).

토양처리형 제초제로서 토양 중 이동과 체내에서의 이행이 잘 되지 않으며, 뿌리세포의 분열과 신장을 억제하여 뿌리의 생장을 저해한다. 일년생 화본과 잡초 방제에 이용되는데, 이미 발아한 잡초에는 활성을 나타내지 않기 때문에 잡초종자의 발아 전에 처리하여야 한다. 유기물 함량이 많은 토양에서는 토양입자에 흡착되어 불활성화되며, 용탈이 적고 토양미생물에 의해 분해된다. 반감기는 6개월 정도로 긴 편이다. 우리나라에서는 현재 사용되지 않고 있다.

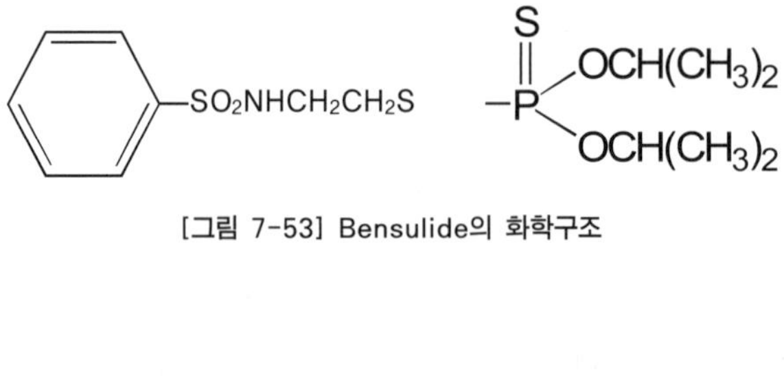

[그림 7-53] Bensulide의 화학구조

(3) Metobromuron

Metobromuron[*N′*-(4-bromophenyl)-*N*-methoxy-*N*-methylurea]은 Ciba-Geigy사에서 개발한 요소계 제초제이다(그림 7-54). 분자식은 $C_9H_{11}BrN_2O_2$이고, 분자량은 259.11이며 무색결정 분말로 융점은 95~96℃, 증기압은 0.4mPa(20℃), 물에 대한 용해도는 330㎎/ℓ(20℃)이다.

이 제초제는 쇠비름, 명아주 등 광엽잡초에 대한 살초력은 높으나 화본과 잡초에 대해서는 낮은 살초력을 보인다. 잡초 발생 전에 사용하는 토양처리형 제초제로 쓰이고 있으며, 화학구조로 보면 요소계 제초제형이나 편의상 기타 제초제로 분류하였다. 우리나라에서는 현재 사용되지 않고 있다.

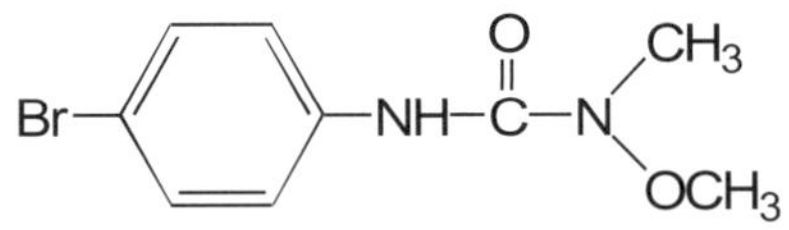

[그림 7-54] Metobromuron의 화학구조

(4) Thenylchlor

Thenylchlor[2-chloro-*N*-(2,6-dimethylphenyl)-*N*-[(3-methoxy-2- thienyl)methyl]acetamide]는 산아미드계로 분류되기도 한다(그림 7-55). 분자량은 323.8이며, 분자식은 $C_{16}H_{18}ClNO_2S$이고, 비중은 1.19(25℃)인 백색 고체이다. 증기압은 2.8×10^{-2}mPa(25℃), 융점은 72~74℃이며, 물에 대한 용해도는 11ppm(20℃)이다. 피를 비롯한 논 일년생 잡초에 대하여 폭넓은 살초력을 나타낸다. 특히 피에 대해서는 발생 전부터 생육 초기까지 사용시기의 폭이 넓은 특징이 있다. 국내에서는 Pyrazosulfuron-ethyl과 혼합제로 개발하여 기계이앙답의 초기 잡초방제용 제초제로 고시되었으나 현재는 장기 미생산 품목으로 되어 있다. 우리나라에서는 현재 사용되지 않고 있다.

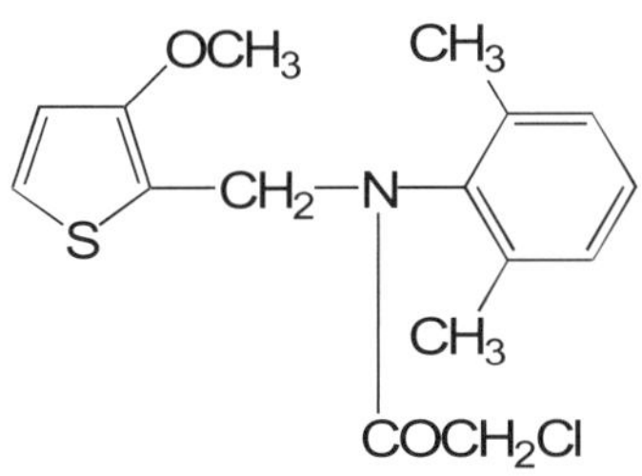

[그림 7-55] Thenylchlor의 화학구조

(5) Pyribenzoxim

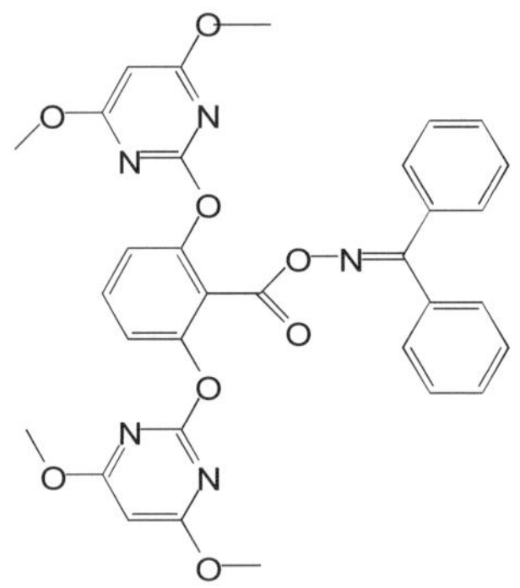

[그림 7-56] Pyribenzoxim의 화학구조

Pyribenzoxim[[2,6-bis[(4,6)-dimethoxy-pyrimidin-2-yl]oxy]benzoic acid, benzhydrylidene aminoester]은 우리나라 LG화학에서 개발에 성공한 국내 1호 신물질 제초제이다(그림 7-56).

원제의 성상은 백색 결정체이며 분자식은 $C_{32}H_{27}N_5O_8$이고 분자량은 609.84이며, 융점은 128~130℃, 증기압은 7.4×10^{-6}㎜Hg, 물에 대한 용해도는 3.5ppm(25℃)이다. 쥐에 대한 급성경구독성 LD_{50}은 1,000㎎/㎏ 이상이고 송사리에 대한 어독성 TLm(96시간)은 100ppm 이상이다.

Pyribenzoxim은 잡초 발생 후 생육기 처리 제초제로서 경엽으로 흡수된 약제는 생장점으로 이행하여 새로 자라 나오는 잎의 생육을 억제하기 때문에 처리 후 5일이 경과하면 황변하기 시작하여 10~14일에 완전고사된다고 한다. 작용기작은 설포닐요소계 제초제처럼 아미노산의 생합성을 억제하여 잡초를 고사시킨다고 한다.

피리벤족심 3% 유제(상품명: 크린샷)는 기계이앙벼의 일년생 잡초 방제 및 건답직파벼의 일년생 잡초 방제용으로 사용되는데, 파종 후 20일째(피 4엽기 이내)에 10a당 100㎖을 물 100ℓ에 희석하여 살포하면 된다.

(6) Isoxaben

Isoxaben[*N*-[3-(1-ethyl-1-methylpropyl)-5-isoxazolyl]-2,6-dimethoxybenzamide]의 분자구조는 그림 7-57과 같다.

원제는 백색결정체이며 분자식은 $C_{18}H_{24}N_2O_4$, 분자량은 332.4, 융점은 176~179℃, 증기압은 3.9×10^{-7}㎜Hg(25℃)보다 작다. 물에 대한 용해도는 1ppm(25℃)으로 매우 낮고 유기용매 아세톤에는 5% 용해된다. 쥐에 대한 급성경구독성 LD_{50}은 10,000㎎/㎏으로 독성이 매우 낮다.

Isoxaben은 뿌리에서 쉽게 흡수되어 물관부를 통해 지상부로 이행하며 특히 광엽잡초를 효과적으로 방제한다. 종자의 발아 자체는 억제하지 않으나 뿌리 및 신초의 생장을 저해한다. Isoxaben의 작용기작은 셀룰로오스 생합성을 저해하는 것으로 알려졌다.

우리나라에서 Isoxaben(품목명: 아이속사벤 액상 수화제 50%, 상품명: 캐치풀)은 주로 잔디밭의 광엽잡초 방제용으로 사용되고 있다. 잡초 발아 전 토양처리제(봄 및 가을 처리)로 10a당 60㎖를 물 200~300ℓ에 희석하여 살포하면 된다.

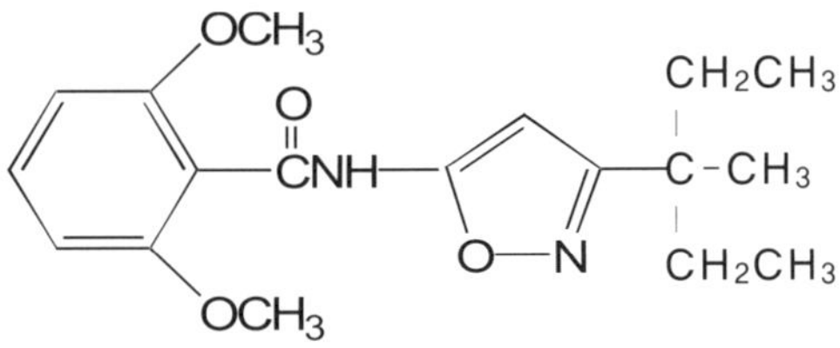

[그림 7-57] Isoxaben의 화학구조

(7) Methiozolin

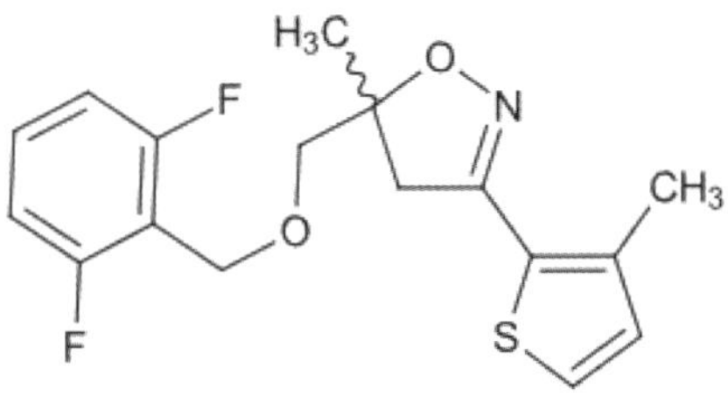

[그림 7-58] Methiozolin의 화학구조

Methiozolin[5-[[(2,6-difluorophenyl)methoxy]methyl]-4,5-dihydro-5-methyl-3-(3-methyl-2-thienyl)isoxazole]은 우리나라 목우연구소에서 개발한 제초제이다(그림 7-58).

원제는 흰색 분말이며 분자식은 $C_{17}H_{17}F_2NO_2S$이고 분자량은 337.4이며, 융점은 40℃, 증기압은 4×10^{-5}mPa(25℃)이다. 쥐에 대한 급성경구독성 LD_{50}은 2,500ppm 이상이고 무지개송어에 대한 어독성 LD_{50}(96h)은 1.53ppm 이상이다.

Methiozolin은 이속사졸린계의 토양 및 경엽처리형 제초제로 잔디밭 전문약제이다. 난지형 잔디는 물론 벤트그래스, 켄터키 블루그래스, 페레니얼 라이그래스 등 한지형 잔디에도 안전성이 뛰어나다. 새포아풀, 큰새포아풀(러프블루그래스), 바랭이, 뚝새풀, 피, 강아지풀 등 화본과 잡초를 발생 전부터 생육초기까지 방제할 수 있다.

Methiozolin의 국내현황은 Methiozolin 25% 유제(상표명: 포아박사)로 이용되고 있다. 미국, 일본, 호주 등에서도 잔디 전용 약제로 등록되어 사용 중이다.

(8) Penoxsulam

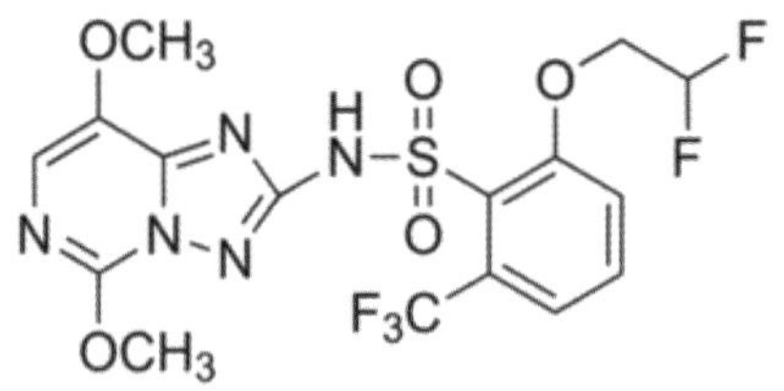

[그림 7-59] Penoxsulam의 화학구조

2-(2,2-difluoroethoxy)-N-(5,8-dimethoxy-[1,2,4]triazolo[1,5-c]pyrimidin-2-yl)-6-(trifluoromethyl)benzenesulfonamide의 원제는 흰색이며, 분자식은 $C_{16}H_{14}F_5N_5O_5S$이고, 분자량은 483.4이며, 융점은 223~234℃, 증기압은 9.55×10^{-11}mPa(25℃), 물에 대한 용해도는 5.7ppm(20℃)이다(그림 7-59). 쥐에 대한 급성경구독성 LD_{50}은 5,000ppm 이상이고, 쥐에 대한 흡입독성 LD_{50}은 3.5ppm/4hr 이상이다. Penoxsulam은 triazolopyrimidinesulfonamide계 제초제로 기계이앙벼, 담수직파벼 또는 잔디에 사용된다. 경엽 또는 뿌리로 흡수되고, ALS를 저해하여 활성을 나타낸다.

국내 사용현황은 페녹슐람 액상수화제, 페녹슐람 입제(상품명: 살초대첩)로 쓰이고 있으며, 이마조설퓨론·페녹슐람 액상수화제(상품명: 초심), 벤설퓨론메틸·페녹슐람 액상수화제(상품명: 농장군), 벤설퓨론메틸·카펜트라존에틸·페녹슐람 대립제(상품명: 핵주먹) 등으로 사용되고 있다.

(9) Mesotrione

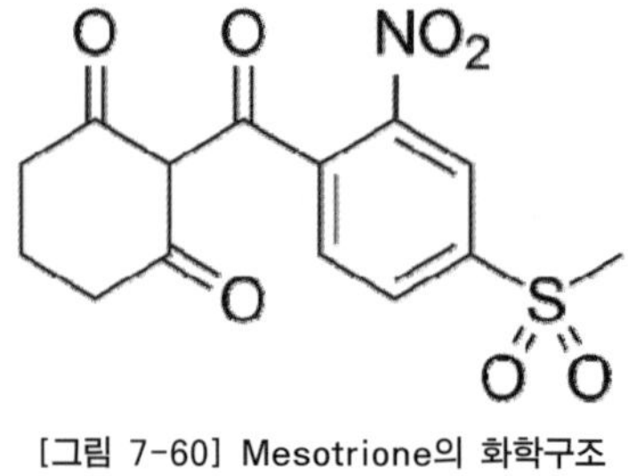

[그림 7-60] Mesotrione의 화학구조

Mesotrione[2-(4-Mesyl-2-nitrobenzoyl)cyclohexane-1, 3-dione]은 스위스 신젠타(전 제네카)

에서 개발한 제초제이다(그림 7-60).

원제의 성상은 담황색 고체이며 분자식은 $C_{14}H_{13}NO_7S$이고 분자량은 339.3이며, 융점은 148.7~152.5℃, 증기압은 0.0057mPa(20℃) 이하, 물에 대한 용해도는 15ppm(20℃)이다. 쥐에 대한 급성경구독성 LD_{50}은 5,000ppm 이상이고, 잉어에 대한 어독성 LD_{50}은 97.1ppm 이상이다.

Mesotrione은 트리케톤계(Triketones) 제초제로, HPPD를 저해하여 카로티노이드 생합성을 억제함으로써 활성을 나타낸다. 벼 및 잔디밭에서 사용될 수 있으며, 주요 광엽잡초, 사초과 및 일부 화본과 잡초를 방제하는 용도로 사용된다. 이행형 제초제로 뿌리, 줄기 및 잎으로 흡수되며 잡초 발생 전과 잡초 발생 초기에 효과를 나타낸다.

국내에서 Mesotrione은 수도용으로 메소트리온·메타조설퓨론 입제(상표명: 백발백중), 벤설퓨론메틸·메소트리온·프레틸라클로르·피리프탈리드 입제(상표명: 하나처), 펜트라자마이드·메소트리온·피라조설퓨론에틸 입제(상표명: 농초네) 등이 사용되고 있다. 잔디밭에는 단제로 메소트리온 액상수화제(상표명: 테너시티)가 사용되고 있다.

(10) Indaziflam

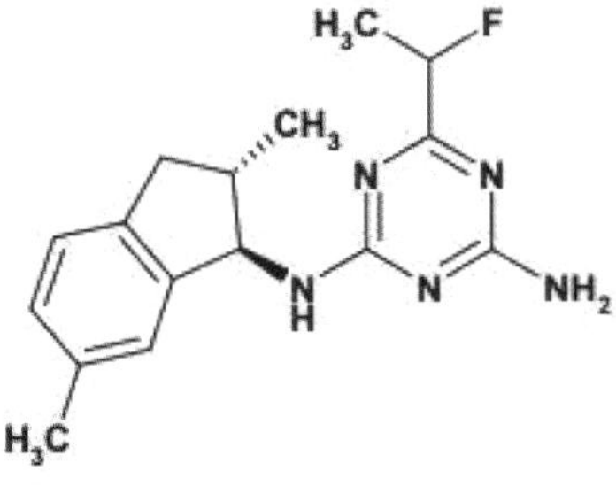

[그림 7-61] Indaziflam의 화학구조

Indaziflam[N-[(1R,2S)-2,6-dimethyl-2,3-dihydro-1H-inden-1-yl]-6-[(1RS)-1-fluoroethyl]-1,3,5-triazine-2,4-diamine]은 Bayer CropScience에서 개발한 제초제이다(그림 7-61).

원제는 흰색 분말이며 분자식은 $C_{16}H_{20}F_1N_6$이고 분자량은 301.37이며, 융점은 177~293℃, 증기압은 2.5×10^{-8}Pa(20℃), 물에 대한 용해도는 4.4ppm(20℃)이다. 쥐에 대한 급성경구독성 LD_{50}은 2,000ppm 이상이고, Bluegill sunfish에 대한 어독성 LC_{50}은 0.32ppm 이상이다.

Indaziflam은 akylaziner계 잡초발아전처리 제초제로 과원(사과, 배, 감귤, 복숭아 등)과 잔디(난지형)밭에 잡초가 발생하기 전에 토양에 처리하면 약효유지기간이 상당히 긴 편이다. Indaziflam은 토양처리 시 발아하는 잡초의 생장점에서 셀룰로오스 생합성을 억제하여 살초작용을 발휘한다.

국내에서 Indaziflam은 비농경지, 과수원(사과, 배, 복숭아 등), 잔디밭에 indaziflam 액상수화제(상표명: 알리온, 스펙티클)로 사용되고 있다.

(11) Quinclorac

Quinoline계에 속하는 대표적 제초제로 Quinclorac[3,7-dichloro-8-quinoline carboxylic acid]을 들 수 있는데, 독일의 BASF사에서 개발하였다(그림 7-62).

원제는 무색결정체로서 분자식은 $C_{10}H_5Cl_2NO_2$이고, 분자량은 242.06, 융점은 237℃이고, 증기압은 10^{-7}㎜Hg(25℃) 이하이다. 물에 대한 용해도는 62ppm이며, 유기용매에도 다소 용해된다. 쥐에 대한 급성경구독성 LD_{50}은 2,610㎎/㎏ 이상이고, 무지개송어에 대한 어독성 TLm(96시간)은 100ppm 이상이다. 호르몬형으로 피에 대한 높은 선택성을 가지고 있으며, 경엽 및 토양처리형 제초제이다. 화본과 잡초에 처리 시 셀룰로오스 생합성을 억제하여 신초 및 뿌리의 신장을 저해한다.

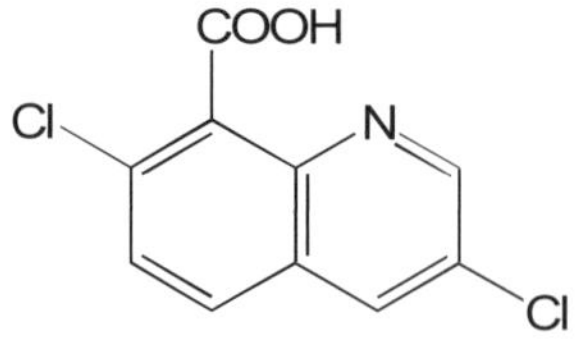

[그림 7-62] Quinclorac의 화학구조

유기물 함량이 높은 토양에서는 제초활성이 다소 낮아지며 가지과 작물(특히 가지, 토마토, 고추 등)에는 약해가 심하다. 국내에서는 Bentazon과 혼합하여 못자리와 직파재배답의 중·후기 잡초방제용으로 널리 사용하였으나 Quinclorac은 토양의 ppb 수준으로 남아 있더라도 가지과 후작물에 약해를 일으키므로 현재는 사용하지 않고 있다. Beusulfuron-methyl, Pyrazosulfuron-ethyl과의 혼합제도 개발되어 사용하여 왔으나 역시 약해 문제가 제기되어 사용이 금지되었다.

7.22 무기제초제

무기제초제(無機除草劑, inorganic herbicide)란 화합물 속에 탄소를 함유하지 않은 무기화합물로 구성된 제초제를 의미한다.

무기제초제의 사용 역사를 보면 1800년대에 프랑스의 한 농부가 유산동(硫酸銅)을 포도밭의 잡초를 방제하기 위하여 사용한 것을 시작으로 그 후 많은 제초제가 개발되었다. 이런 관점에서 보면 제초제의 역사는 무기화합물에서 시작되었다고 사료된다.

일반적으로 무기제초제는 경엽에 처리할 때 활성이 높으며 유기제초제에 비하여 많은 처리 약량을 필요로 하는 것이 단점이기도 하지만 대사물은 거의 독성을 나타내지 않고 가격도 저렴하며 살초효과가 확실한 장점도 있기 때문에 임지(林地), 개간지, 경지 등에서 관목류(灌木類)를 비선택적으로 방제할 목적으로 Na, ClO_3 및 NaOCN 등이 사용된 바 있다. 표 7-12는 중요한 무기제초제의 종류와 특성을 열거한 것이다.

[표 7-12] 무기제초제의 성질 및 종류

일반명	화학구조	분자량	융점 (℃)	용해도	급성경구독성 (LD_{50}: ㎎/㎏)
Ammonium sulfamate [AMS]	$NH_4SO_3NH_2$	141.1	130	2.16㎏/ℓ(25℃)	3,900
Borax	$Na_2B_4O_7 \cdot 10H_2O$	381.4	75	51.4g/ℓ(20℃)	5,560
Calcium cynamide	$CaCN_2$	80.1	-	-	1,400
Cupper sulfate	$CuSO_4 \cdot 5H_2O$	249.7	110	316g/ℓ(0℃)	300
Ferrous sulfate	$FeSO_4 \cdot 7H_2O$	278.0	57~65	266g/ℓ(10℃)	-
Sodium chlorate	$NaClO_3$	106.4	248	790g/ℓ(0℃)	5,000
Sodium cyanate	NaOCN	59.0	-	107g/ℓ(16℃)	850

(1) $NaClO_3$

$NaClO_3$(염소산소다)의 원제는 백색 무취의 결정으로서 분자량은 106.4, 융점은 248℃이다. 물에 대한 용해도는 79g/100㎖(0℃)이므로 물에 잘 녹으며 에탄올에도 잘 녹는다. 쥐에 대한 급성경구독성 LD_{50}은 5,000㎎/㎏이다. $NaClO_3$의 화학구조는 그림 7-63과 같다.

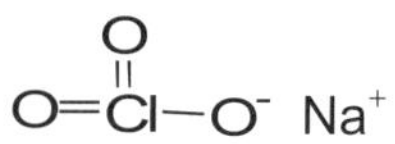

[그림 7-63] $NaClO_3$의 화학구조

$NaClO_3$는 식물의 뿌리나 잎을 통하여 신속히 흡수되며 뿌리에서 흡수되면 물관부를 통하여 신속히 이행되지만 잎에 흡수된 것은 체관부를 통하여 느린 속도로 이동한다. $NaClO_3$는 강력한 산화력으로 식물세포를 파괴하여 고사시킨다고 한다. 또 일설에는 ClO_3^-로 해리된 후 이것이 다시 환원되어 HClO가 되고 이것이 산화력을 발휘하여 살초력을 높인다고 한다. 이 제초제는 가격이 저렴하고 살초력이 확실한 특징이 있다.

그러나 $NaClO_3$는 산소원자를 3개 갖고 있어서 인화성이 매우 높기 때문에 천, 나무, 가죽, 식물체와 섞여 있으면 건조할 때 인화할 염려가 있다(Klingman 등, 1982). 최근 중탄산나트륨을 첨가함으로써 인화성 위험은 완화된다고 하나 취급에 각별한 주의를 요한다. 토양 중에서는 이동성이 크고 최종적으로 NaCl이 되므로 장기간 잔류하지는 않는다.

(2) NaOCN

NaOCN(시안산염)은 비선택성 경엽 처리 접촉형 제초제로서 비농경지, 임지, 농경지 등에 처리한다. NaOCN의 원제는 무색 무취의 결정으로서 분자량은 65.0, 융점은 550℃이다. 물에 대한 용해도는 10.7g/㎖(16℃)로 잘 녹는다. 쥐에 대한 급성경구독성 LD_{50}은 850㎎/㎏이다.

NaOCN의 살초작용은 명확하지는 않지만 시안산기가 직접 또는 2차 대사산물에 영향을 미치거나 생리적 장해를 유발하여 식물체를 고사시킨다고 한다. 특히 고온에서 살초효과가 빨리 나타나며 화본과보다 광엽잡초에 효과적이다. 이 제초제는 토양 중에서는 3~5일 내에 분해되어 CO_2와 NH_3가 되어 질소원이 되기도 한다. 토양 이동폭은 매우 좁으며 토양잔효성은 3~5일로 아주 짧다. 과원이나 임지에 발생한 하초(下草)의 초장이 3㎝ 정도 자랐을 때 10a당 3~5㎏을 처리한다.

7.23 혼합제초제

혼합제초제에 대한 자료는 부록편을 참조하여 2020년 현재 우리나라에 품목 고시되어 사용되고 있는 제품을 확안하기 바란다.

참고문헌

1. 작물보호제 지침서 2020. 한국작물보호협회. pp.637-923.
2. Anderson, W.P. 1977. Weed Science: Principles. West Publishing Company, pp.201-298.
3. Fryer, J.D. and R.J. Makepeace. 1987. Weed Control Handbook. Vol. Ⅱ. Blackwell Scientific Pub, pp.1-131.
4. Herbicide Handbook. 2014. Weed Sci. Soc. of America, pp.1-493.
5. Kearney, P.C. and D.D. Kaufman. 1975. Herbicides Vol Ⅰ. Ⅱ. Marcel Dekker Inc. New York.
6. Klingman, G.C. and F.A. Ashton. 1982. Weed Science: Principles and Practices, 2nd ed. John Wiley & Sons. Inc. pp.134-294.
7. Monaco, T.J., S. C. Weller and F. A. Ashton. 2002. Weed Science: Principles and PracticeS. 4th ed. John Wiley & Sons. Inc. pp.183-378.
8. 양환승·이두형·이승찬. 1990. 신농약학. 향문사, pp.453-522.
9. 竹松哲夫. 1982. 제초제 연구총람. 박우사(일본). pp.77-710.
10. 잡초학용어집. 1982. 일본잡초학회, pp.125-201.
11. 정영호·박영선. 1990. 농약학. 전국농업기술협회. pp.370-475.
12. Ross, A. Merill and C. A. Lembi. 1999. Applied Weed Science, Prentice-Hall, Inc. pp.154-219.
13. Weed Science (J. of the Weed Science Society of America). 1997. pp.858-863.
14. The Pesticide Manual. 11th edition 1997, Published by British Crop Protection Council, 49 Dowing Street, Farnham, Surrey GU9 7PH, UK. pp.3-1280.
15. 잡초학 용어집. 2001. 한국잡초학회. pp.7-107.

8 제초제의 흡수·이행·대사

제초제가 식물체에 살포되면 잎이나 뿌리, 줄기 등에 접촉하여 체내로 흡수(吸收, absorption)되고 살초작용(殺草作用, killing)을 발휘하는 작용부위(作用部位, site of action)로 이행(移行, translocation)하게 된다. 이러한 이행은 세포와 세포를 통한 단거리 이행과, 뿌리에서 잎으로의 물관부 이행, 잎에서 뿌리로의 체관부 이행 같은 장거리 이행으로 구분할 수 있다.

제초제의 선택성(選擇性, selectivity)은 선택성 난에서 상세히 기술하겠지만 제초제의 흡수와 이행의 차이는 제초제의 선택성과 직접 관련되며 실질적으로 작용점에 도달하는 제초제의 양은 매우 적다고 한다. 식물체의 제초제 흡수나 이행은 식물체의 처리부위, 종류, 형태 및 생리적 특성에 따라 차이가 있다. 제초제의 대사(代謝, metabolism) 또한 식물체의 종류에 따라 차이가 있다. 본 장에서는 제초제의 흡수·이행의 메커니즘과 대사에 대하여 설명하고자 한다.

8.1 제초제의 흡수

제초제 흡수의 주된 부위는 경엽(莖葉, foliage)과 뿌리(根, root)인데 이것은 제초제의 처리형에 따라 다를 수 있다. 토양에 처리한 제초제, 즉 잡초 발생 전 토양처리 제초제(雜草發生前土壤處理除草劑, preemergence herbicide)는 주로 유아(幼芽) 또는 뿌리로 흡수되며, 잡초 발생 후 처리한 경엽처리 제초제(莖葉處理除草劑, postemergence herbicide)는 잎과 뿌리로 흡수되는데 잎이 중요한 흡수부위가 된다.

(1) 뿌리 흡수

뿌리는 식물체를 토양에 정착시키고 물이나 영양분을 흡수하는 역할을 한다. 뿌리는 식물이 생장함에 따라 크게 증가된다. 예를 들면 4개월 정도 자란 호밀(*Secale cereale* L.) 뿌리의 전체 길이는 626㎞이고 233㎡의 표면적을 갖고 있으며 여기에다 단세포로 된 뿌리털까지 합치면 표면적이 무려 638㎡를 넘는다고 한다(Hess, 1985). 새로운 뿌리털이 매일 1억 개의 비율로 생겨나며 개개의 뿌리털은 2~3일 정도 작용한다고 한다. 그리고 뿌리 끝이 생장하게 되면 계속 뿌리털이 생기고 오래된 것은 고사한다고 한다. 이처럼 뿌리 끝이 생장을 계속하므로 생리적으로 같은 연령에 있는 뿌리털을 제공한다(Hess, 1985). 이런 관점에서 보면 유묘(幼苗, seedling)라 할지라도 뿌리조직은 상당한 표면적을 갖고 있으며 물과 양분을 잘 흡수할 수 있는 상태에 있다고 볼 수 있다.

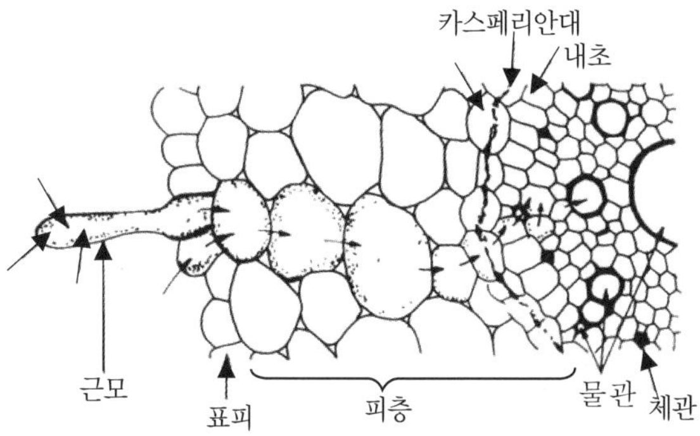

[그림 8-1] 카스페리안대와 결합된 식물뿌리의 내피(Easu, 1965)

물의 흡수는 일차적으로는 뿌리털에서 일어나며 뿌리 주위에 녹아 있는 영양소가 물과 함께 흡수된다. 식물체 가운데 어떤 종은 뿌리털을 포함한 뿌리 끝부분이 지질(脂質, lipid)과 같은 물질의 엷은 층으로 되어 있는데 물, 영양소 및 제초제가 쉽게 표피를 통과하므로 그 자체가 흡수작용을 억제하지는 않는다고 한다.

제초제는 대체로 농도차(濃度差, concentration gradient)에 따른 단순한 확산에 의하여 식물체 내로 흡수된다. 특히 뿌리로 흡수가 잘 되는 제초제로는 Triazine계의 Simazine이나 Urea계의 Monuron 등이 있으며 이들은 다시 뿌리에서 잎으로 이행하여 광합성을 억제한다.

(2) 종자 및 신초 흡수

토양에 처리한 제초제는 토양에 있는 종자에 흡착 또는 흡수된다. 종피의 표면에 부착된 제초제는 농도차에 의한 확산(擴散, diffusion)으로 종자 내로 침투·축적된다.

파종한 종자가 발아하여 생장하는 동안 토양 표면으로 출아되기 전에 신초(新草, shoot)는 토양에 처리한 제초제 용액에 노출되며 한편으로 휘발이 잘 되는 제초제는 증기(蒸氣, vapor) 상태로 있어서 출현하는 신초(또는 幼芽部)와 쉽게 접촉이 된다. 갓 출아하는 초엽(鞘葉, coleoptile)이 화본과 식물의 중요한 흡수 부위가 된다.

토양 표면 아래의 신초도 표면에 나온 신초의 지상부보다는 적지만 큐티클을 갖고 있다고 한다.

신초를 통한 제초제의 흡수 정도는 식물체의 종류나 제초제의 종류에 따라 상이하다고 한다. EPTC나 Propham과 같은 제초제는 귀리의 초엽에 접촉된 후 약해를 유발하며 이들 제초제는 초엽이나 초엽기부의 생장점이 작용부위이므로 흡수되는 곳이 작용점과 가깝다. 강아지풀 방제를 위하여 Atrazine, Propachlor, Trifluralin 등을 신초가 위치한 부위에 토양혼화처리하면 처리 후 2주째 신초의 건물중이 50% 이상 감소된다. 따라서 지상부에 출현하기 직전에 발생하는 신초가 토양처리형 제초제를 흡수한다는 것을 알 수 있다(Knake 등, 1968).

(3) 경엽 흡수

잡초 발생 후에 처리하는 제초제가 식물 표면에 도달하거나 응집되는 양은 살포되는 제초제의 종류, 식물잎의 전개방향, 초관(草冠, canopy)을 형성하는 밀도, 잎의 털, 납 함량, 살포용액의 표면장력(表面張力, surface tension) 등에 따라 결정된다. 제초제가 식물체 표면에 닿으면서 흡수와 관련하여 발생할 수 있는 몇 가지 사실을 그림 8-2와 같이 가상할 수 있다(Monaco 등, 2002).

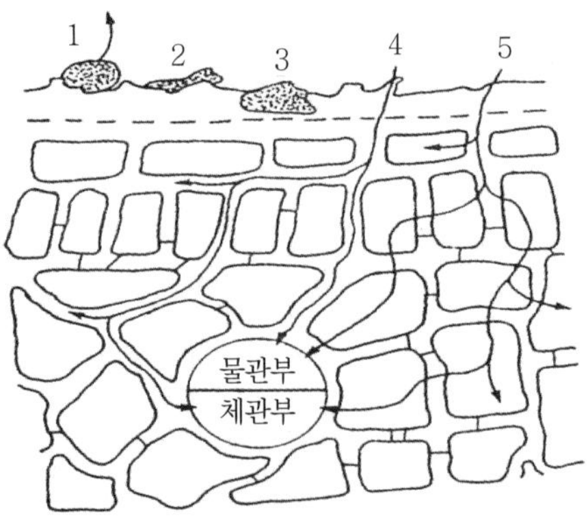

[그림 8-2] 잎 표면에 살포된 제초제의 행적(Monaco 등, 2002)

1) 휘발 또는 빗물에 씻겨 내려감
2) 잎 표면에 접착
3) 큐티클층을 통과하여 큐티클층에 잔류
4) 큐티클층을 통과하고 세포벽을 넘어 세포간극을 통해(아포플라스틱 이동) 살아 있는 조직(심플라스트)에 들어감
5) 큐티클층을 통과하고 세포벽을 넘어 원형질 연결사를 통해(심플라스틱 이동) 살아 있는 조직(심플라스트)에 들어감

경엽 흡수(莖葉吸收, foliar absorption)는 ① 큐티클(cuticle) 흡수, ② 기공 흡수, ③ 세포막 흡수 등으로 세분하여 설명할 수 있다.

제초제 처리 후 강우가 있으면 빗물에 제초제가 씻겨 나간다. 특히 음전하를 띠는 염류의 제초제는 수용성이며 큐티클층 표면에 잘 흡수되지 않으므로 큐티클층을 쉽게 통과할 수 없다. 수용성이지만 양전하를 띠는 Paraquat는 음전하를 띠는 큐티클층에 쉽게 흡착되므로 강우의 영향을 크게 받지 않는다.

1) 큐티클 흡수

모든 식물체 경엽부의 표피세포를 덮고 있는 지방처럼 된 큐티클(cuticle)이 제초제의 경엽 흡수를 방해하는 가장 중요한 장애요소이다. 큐티클의 두께는 0.1~1.0㎛이고 음성을 띤다. 큐티클층의 생성정도는 식물의 종(種, species)에 따라 다르고 동일종 내에서도 부위나 환경조건에 따라 축적되는 양에 차이가 있다고 한다.

큐티클층은 3가지의 서로 구별되는 구성물질로 되어 있으며 각각은 특유의 물리적·화학적 성질을 갖고 있다(Hess, 1985; Monaco 등, 2002).

첫째, 잎 표면을 덮고 있는 납(蠟, wax)은 포화 또는 불포화지방산, 지방알콜, 지방케톤과 알데히드, 지방에스테르, 지방족 탄수소화합물의 긴 체인 형태로 되어 있다. 탄소수는 대개 21~35개이다. 또 납은 표피납(epicuticular wax)과 매립된 납(embeded wax)으로 대별되며 표면에 존재하는 납은 친유성(親油性, lipophilic)이기 때문에 큐티클의 흡습성에 크게 영향을 미친다.

둘째, 큐틴(cutin)은 납보다 다소 단순한 화합물이며 주로 수산화된 지방산과 지방산이 에스테르 결합으로 구성되어 있으며 탄소수는 대개 16~18개이다. 큐틴은 극성을 나타내는 부위가 결합되어 있으므로 납보다는 친수성(親水性, hydrophilic)을 띤다. 이와 같은 친수성의 증가 때문에 큐틴은 물이 있으면 수산화된다.

셋째, 큐티클층을 구성하는 물질인 펙틴(pectin)은 큐티클층 내에서 가장 친수성이 높다. 펙틴은 단당류, 특히 유로닉산(uronic acid)이 중합(重合, polymerization)되어 다당류를 형성하는 하나의 가닥 또는 실과 같이 존재하고 있다(Hess, 1985: 그림 8-3).

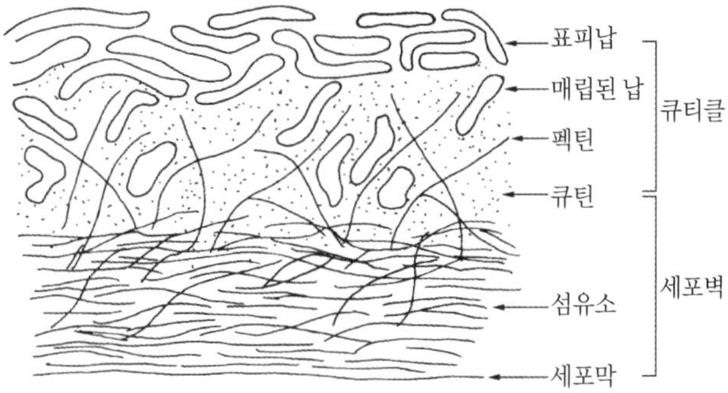

[그림 8-3] 큐티클(cuticle)의 구성요소(Hess, 1985)

펙틴은 큐티클층에 흩어져 있거나 큐틴과 세포벽의 미섬유(微纖維, microfiber) 사이에 존재한다. 큐티클층 구성요소의 정확한 구조배열은 알려져 있지 않지만 스폰지와 같다고 한다. 이와 같이 큐티클은 구조나 구성요소로 미루어 보아 제초제를 흡수할 수 있는 친수성 및 친유성을 갖고 있다고 볼 수 있다. 일반적으로 큐티클층의 발달은 잎의 성장과 더불어 시작되어, 엽신의 확장이 정지되는 것과 거의 같은 시기에 멈춘다고 한다.

따라서 친유성(유제, 수화제, 현탁제) 제초제는 확산에 의하여 쉽게 왁스층을 통과할 수 있으나 친수성(염류) 제초제는 친유성 제초제보다 훨씬 적은 양이 통과된다(Monaco 등, 2002).

큐티클층의 발달은 환경 즉 수분상태, 온도, 상대습도, 광도 등과 같은 요인에 의해 크게 영향을 받으며, 특히 수분 결핍 시에 큐티클층이 두꺼워지므로 상대습도가 낮을수록 두꺼운 큐티클층을 형성한다고 한다. 온도는 또한 납의 질, 양에 크게 영향을 미치는데 극고(極高, extremely high temp.), 극저(極低, extremely low temp.)의 온도보다는 중간 범위 온도에서 최대의 큐티클층이 생성된다.

한편, 큐티클층의 생성은 광도에 크게 영향을 받으며, 광도와 비례하여 증가된다고 한다. 이와 같이 환경조건과 큐티클층의 생성과는 밀접한 관계가 있으므로 제초제 처리 시 동일종 내에서도 조건에 따라 제초제 흡수에 상이한 반응을 나타낼 수 있음을 유의하여야 한다.

2) 기공 흡수

기공(氣孔, stomata)은 그것을 둘러싸고 있는 공변세포(孔邊細胞, guard cells)로 구성되어 있으며 가스교환 및 증산에 중요한 작용을 한다. 기공의 밀도는 식물 종류에 따라 다르며 통상 잎의 상위부보다 하위부에 더 많은 기공이 있다. 피의 잎에는 1㎠당 상위부에 11,100개, 하위부에 11,200개, 명아주의 경우에는 상위부에 8,000개, 하위부에 10,400개의 기공이 있다고 한다(Ormrod 등, 1968).

제초제 흡수와 관련하여 볼 때 기공의 큐티클층이 표피세포의 큐티클층보다 엷어서 물질을 투과시킬 수 있고, 또 기공이 열려 있어서 용액이 안쪽으로 들어갈 수 있을 것이다. 그러나 기공을 통한 흡수는 처리하고자 하는 용액의 표면장력이 잎이 지닌 한계표면장력(限界表面張力, critical surface tension)보다 작은 상태로 완전히 습한 상태가 되어야만 가능하다. 그러나 Monaco 등(2002)은 기공을 통한 수용액 상태의 제초제 흡수는 효율적인 방법이 되지 않는다고 보고하고 있어 기공이 제초제 흡수에 중요한 역할을 하지는 못하는 것 같다.

3) 세포막 흡수

제초제는 잎 표면의 납층에 부착된 후 큐티클을 통과하고 세포벽을 지나 세포막(細胞膜, cell membrane)을 거쳐서 작용점으로 이행한다. 일반적으로 세포막을 통한 제초제의 이동은 수동적(受動的, passive)인

흡수에 기인하는 것으로 간주되고 있다. 세포막을 통한 수동적 흡수에는 4가지 주요한 개념이 있다 (Salisbury 등, 1992).

① 세포가 정상적인 기능을 하여야 한다. 세포 내의 대사에 이상이 생기면 더 많은 용질을 투과시키게 만든다.
② 물뿐만 아니라 산소, 질소, 탄산가스 등의 기체도 물에 용해되면 세포막을 자유롭게 통과한다.
③ 지질에 대한 용해도가 비슷한 친수성 물질의 세포막 투과는 그 물질의 분자크기(수화된 후)에 반비례한다.
④ 친유성 물질은 지질에 대한 용해도에 정비례하여 막을 투과하며 대체로 그 물질의 분자크기와는 상관성이 적다.

옥수수의 원형질 체내로 물질이 단순한 확산에 의해 평형상태에 도달하는 데 이론적으로 7초가 걸린다고 한다. 제초제 Atrazine이 옥수수의 원형질체에 흡수되는 데는 10초가 걸리므로(Darmstadt 등, 1983) 세포막을 통한 흡수는 수동적 흡수로 간주할 수 있다.

식물체 막을 통한 제초제 이동은 제초제 농도차(濃度差, concentration difference 또는 gradient)에 기인한 확산에 의하여 쉽게 이루어질 수 있다. 친유성 제초제가 친수성 제초제보다 식물체 막을 쉽게 통과한다. 세포 안과 밖의 농도가 같으면 제초제 이동이 멈추나 어떤 제초제는 농도차에 관계없이 이동이 가능하다. 이러한 제초제들은 분자 속에 이온화 가능한 카르복실산 그룹(-COO-H)을 갖고 있다. 이와 같은 경우에 수소이온(H^+) 농도 차이가 식물체 막을 통한 제초제 이동의 견인차 역할을 한다. 이와 같은 흡수는 대사 에너지가 필요치 않은 수동적 흡수(受動的吸收, passive absorption)이다. 세포 안쪽의 pH가 7.2이면 세포 밖의 pH는 5.5로 더욱 산성이 된다. 이와 같이 pH 차가 생기게 되는 것은 ATPase의 촉매작용으로 ATP가 ADP로 전환하면서 수소이온(H^+)을 세포 밖으로 방출하였기 때문이다(Monaco 등, 2002: 그림 8-4).

제초제에 이온화 가능한 그룹의 pKa에 따라 식물체 막 양쪽에 이온화 형태(-: 친수성)와 양성자 형태(+: 친유성) 간에 평형이 만들어진다. 세포 안과 밖의 pH 차에 의해서 세포 밖에서는 이온화 형태(제초제)에 대한 양성자 형태(제초제-H)의 비율이 양성자 형태(제초제-H)보다 우세하게 된다. 따라서 양성자 형태(제초제-H)의 제초제는 친유성을 가지므로 쉽게 막을 통과해 들어가며 양성자를 잃는다. 이온화 형태의 제초제는 친수성을 가진 제초제로 세포 밖으로 나오지 못하고 제초제 농도에 관계없이 세포 안에 축적된다. 이것을 일명 이온 트랩이라고도 한다. 이런 유형의 제초제 흡수는 2,4-D, Bentazon,Chlorsulfuron, Sethoxydim 등에서 볼 수 있다(Monaco 등, 2002).

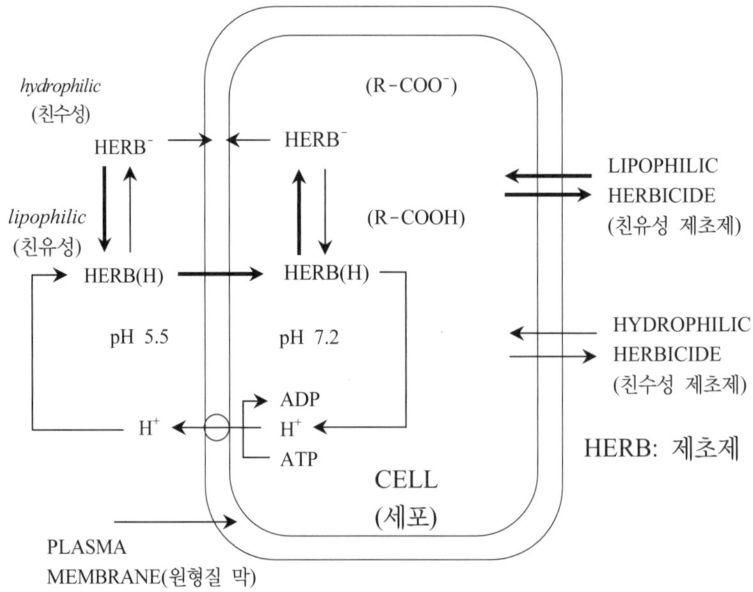

[그림 8-4] 식물체 막을 통한 제초제 흡수(Monaco 등, 2002)

한편으로 원형질 막을 통한 흡수에는 세포 안과 밖의 농도차에 관계없이 흡수가 가능하며, 운반체가 관련된, 즉 대사에너지가 필요한 능동적 흡수(能動的吸收, active absorption)가 있다. 원형질 막을 통한 제초제 이동 가운데 세 유형의 제초제의 예를 보면 Paraquat, 2,4-D와 Glyphosate 등은 운반체와 결합하여 이동한다. Paraquat는 Putrescine 운반체, 2,4-D는 옥신운반체, Glyphosate는 인산운반체를 이용하여 식물체의 막을 통과한다(Denis · Delrot, 1993).

제초제의 수동적인 흡수와 관련해서 한 가지 예외가 있다. 2,4-D가 바로 그것이다. 페녹시계의 2,4-D가 보리 뿌리에 흡수될 때는 대사에너지 공급정도에 영향을 받는다고 한다(Donaldson 등, 1973). Rubery(1977)는 담쟁이덩굴의 단세포배양에서 이온화되지 않는 2,4-D는 수동적으로 흡수되나 이온화된 2,4-D의 음이온은 어떤 운반자에 의하여 능동적으로 흡수된다고 보고한 바 있다.

8.2 제초제의 이행

(1) 단거리 이행

단거리 이행이란 단순한 확산이나, 이온 트랩핑(ion trapping)과 운반체에 의한 흡수 이동을 의미한다. 제초제가 뿌리나 잎으로 일단 흡수되어 작용점(作用點, site of action)까지 도달하기 위해서는 우선 이행하여야 한다. 많은 화학물질, 특히 광합성 억제제나 생장 억제제 등은 작용점에 도달하기 전에 몇 개의 세포층을 통과해야 하는데 이때의 이동은 세포벽을 통한 아포플라스틱(apoplastic) 이행, 즉 살아 있지 않은 조직을 통한 이동과, 세포와 세포 사이를 이동하는 심플라스틱(symplastic) 이행, 즉 살아 있는 조직을 통한 이동으로 구분할 수 있다. 아포플라스틱 이행은 확산과 증산으로 인한 집단류(集團流, mass flow)에 따라 물이 이동하는 힘에 의해 일어나며, 심플라스틱 이행은 세포질유동(細胞質流動, cytoplasmic streaming)에 따라 발생한다.

세포와 세포 사이의 이동은 세포질을 연결하고 있는 원형질 연결사에 의해 이루어진다고 한다. 원형질 연결사의 밀도는 1㎟의 세포벽 표면에 1백만 개 이상 존재하는 것으로 평가되고 있으며 원형질 연결사를 통한 제초제의 이동은 다른 용질의 이동만큼 명확하게 밝혀지지는 않은 실정이다. 특히 뿌리의 표피(表皮, epidermis)에서 물관부까지의 흡수는 단거리 이행(短距離移行, short distance translocation)의 가장 중요한 표본이 될 수 있다.

물관부까지의 이행은 아포플라스틱과 심플라스틱 이행을 겸하는 것으로 사료된다. 예를 들면 뿌리 외피(外皮, epidermis)에서 내피(內皮, endodermis)까지는 아포플라스틱한 이동이나, 내피는 카스페리안대(casperian strip)를 갖고 있으며 이 대는 슈베린(suberin)으로 포화되어 있다(그림 8-1). 슈베린은 탄소수가 16개 이상인 지방족 산 같은 친유성 물질과, 알코올 및 페놀물질(주로 ferulic acid) 같은 친수성 물질로 혼합되어 있으며 물이나 물에 용해된 물질은 심플라스트(symplast)인 이 대를 통과해야만 한다. 이 대를 일단 통과하면 아포플라스틱 또는 심플라스틱 이동을 하여 물관부까지 도달하게 된다(그림 8-1).

(2) 장거리 이행

유묘기를 지난 잡초를 방제하려면 제초제가 처리부위에서 작용부위까지 물관부 또는 체관부를 통하여 장거리 이행(長距離移行, long distance translocation)을 하여야 살초력을 발휘할 수 있다. 적정 농도의 제초제가 작용부위까지 이동하지 못하면 잡초는 완전 방제되지 않고 재생장하게 된다.

특히 다년생 잡초를 방제하기 위하여 잡초 발생 후 처리한 제초제는 식물체 내를 이행하여야만 살초력을 발휘할 수 있다. 토양처리한 제초제는 주로 물관부 이동을 하고 경엽에 처리한 제초제는 체관부로 이동하는 경우가 많다. 제초제의 이행양상은 그림 8-5와 같다.

상부로의 이동은 증산작용의 영향을 받고 하부로의 이동은 광합성 생성물과 함께 이동한다.

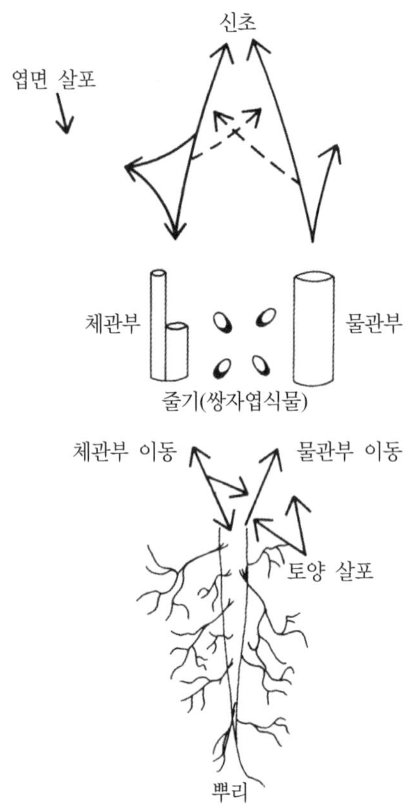

[그림 8-5] 제초제의 식물체 내 이행

1) 물관부 이행

물관부(導管部, xylem)는 뿌리털부터 잎까지 연결되어 있으며 물과 물에 용해된 물질을 이동시키는 통로이다. 물관부는 살아 있지 않은 조직, 즉 아포플라스트(apoplast)로 간주되며 물관부를 통한 물의 이동은 두 가지 메커니즘으로 설명 가능하다. 첫째, 작은 식물체에서 토양의 수분함량이 높고 상대습도가 높을 때의 물의 이동은 근압(根壓, root pressure)에 의한 것이다. 둘째, 큰 식물체에서는 상대습도가 포화상태보다 낮을 때 잎에서 물이 증발하므로 물관부 내로 물이 빨려 들어 이동한다고 한다. 이와 같이 물이나 물에 용해된 물질의 이동의 원동력은 잎의 증산작용(蒸散作用, transpiration)이다. 대기의 상대습도가 100%이면 대기의 수분퍼텐셜(water potential)은 영(零, zero)이다. 그러나 Hess 등(1985)은 상대습도가 98%가 되면 대기의 수분퍼텐셜은 -27.5바(bar)로 감소되며, 이것은 물이 컬럼을 통해 281m 높이까지 올라갈 수 있는 힘을 제공한다고 한다. 상대습도가 낮아질수록 수분퍼텐셜은 더욱 마이너스(-: negative)화하게 되어 물이 이동하는 데 필요한 큰 힘을 제공한다.

상대습도가 높은 상태에서도 토양으로부터 식물체 내를 통하여 잎 표면에 이르기까지에는 실질적인 수분퍼텐셜의 차이가 존재하며 뿌리는 토양용액보다 마이너스(-) 수분퍼텐셜을 가지므로 물이나 물에 녹아 있는 용질이 뿌리 쪽으로 확산하게 된다. 잎이 증산을 하고 있는 동안에는 수분퍼텐셜은 더욱 마이너스(-) 방향으로 증가되어 물관부의 통로 전 구간에서 뿌리에 이르기까지 수분퍼텐셜의 농도 구배가 생겨 물의 대량 이동이나 물에 용해되어 있는 제초제가 수분퍼텐셜이 더욱 마이너스 쪽을 향해 계속 이동하게 된다. 물에 용해된 제초제는 물과 더불어 뿌리로부터 잎으로의 이동이 가능하다. 그러나 제초제 가운데 물관부 이동이 불가능한 다음과 같은 예외적인 경우도 있다.

① 제초제가 아포플라스틱 또는 심플라스틱 세포 구성요소에 흡착하는 것
② 제초제가 세포성분(즉, 액포나 색소체)에서 구획화(compartmentalized)하는 것
③ 제초제가 물관부 이동이 불가능한 세포의 기질과 결합하는 것

모든 제초제가 작용점에 도달하기 위하여는 심플라스트(symplast, 살아 있는 조직 또는 기관)에 들어가야 한다는 점을 고려할 때 뿌리의 내피에 있는 카스페리안대 자체가 물관부 이동에 장애요인이 되지는 않는 것 같다.

2) 체관부 이행

광합성의 생성물은 생성부위(source)에서 이용부위(sink)로 이행하여야 한다. 광합성 물질을 이용하는 부위로 가장 중요한 것은 뿌리이다. 종자발아 후 배유에 있는 저장양분이 소모된 후에 뿌리의 생장 및 유지에 필요한 모든 탄소는 지상부의 경엽조직으로부터 공급받게 된다. 뿌리 이외에 광합성 생성물의 이용부위는 생장점, 줄기, 신엽, 꽃, 발육 중에 있는 열매, 근경 또는 괴경 등을 들 수 있는데 이들은 체관부(體管部, phloem)를 통해 이행한 광합성 산물을 이용 또는 축적하는 기관이다.

경엽을 통해 흡수된 제초제 가운데 체관부 이행이 가능한 제초제는 광합성 산물과 함께 왕성히 생장하고 있는 이용기관(sink)으로 이행한다. 제초제가 체관부로 이행하는 메커니즘은 잘 알려져 있지 않지만 광합성 산물이 광합성 기관(source)에서 이용기관 또는 저장기관(sink)으로 이동하는 것과 같은 경로를 따라 이행한다고 생각된다. 제초제 가운데 페녹시계인 2,4-D류는 경엽에 처리 시 체관부를 통해서 이행하며, 일반적으로 이온화되지 않는 형태가 이온화되는 형태보다 체관부 이행이 용이하다고 한다.

8.3 제초제의 대사

(1) 대사

식물체는 일련의 대사(代謝, metabolism) 과정을 통해 제초제를 궁극적으로 더 이상 분해 불가능한 물질로 변화시킨다. 그러나 유기제초제가 완전히 산화하여 탄산가스로 변화되는 경우는 매우 드물다고 한다.

대사 또는 생물적 변형(生物的變形, biotransformation)이라는 용어는 서로 혼용되고 있다. 이것은 제초제가 식물세포 내에서 본래의 화학구조로부터 다른 것으로 변형되는 것을 의미한다. 제초제의 분해는 선택성 발현과 밀접한 관련이 있다.

[표 8-1] 식물체 내에서 농약의 불활성화 과정(Shimabukuro 등, 1981)

농약의 특성		제1단계	제2단계	제3단계
반응	농약 (모핵화합물) ⟶	산화 환원 가수분해 ⟶	결합 ⟶	2차결합 또는 biopolymer(생물중합체)에 결합(불용물로서 잔류)
용해성 이동성 식물독성	지용성 선택적 이동 유독	양성 이동성 감소 독성 완화	수용성 거의 부동 거의 무독	불용성 부동 무독

식물체 내에서 제초제 대사는 다음의 3단계 과정을 거친다(표 8-1). 제1단계는 제초제의 산화(酸化, oxidation), 환원(還元, reduction) 또는 가수분해(加水分解, hydrolysis)를 통해 독성이 완화되는 과정이고, 제2단계는 제1단계에서 분해된 물질이 식물체 내의 여러 물질과 결합반응(結合反應, conjugation)을 보이는 것이다. 이 단계에서 결합물질이 형성되면 1단계 이후에 잔존한 살초독성은 상실된다. 따라서 제1단계의 대사가 제초제의 생리활성 발휘와 관련된 가장 중요한 단계이다. 또한 이 과정은 효소가 관여 또는 관여되지 않은 반응으로서 제초제 선택성을 결정하는 중요한 요인이 된다. 반면에 제1단계 과정을 지나면서 오히려 활성이 증가되는 경우도 있다. Paraquat, EPTC 또는 2,4-DB 등 몇 개의 제초제가 그 대표적인 예이다. 제3단계는 동물에서는 나타나지 않고 식물체에서만 발현되는 반응이다. 이 반응은 제2단계에서 생성된 결합물질이 다시 식물체 내 다른 물질과 결합하여 제2의 결합물질을 만드는 것을 의미하며 이들은 식물체 내에서 활성을 나타내지 않는다고 한다.

식물체 내에서 제초제가 더 이상 분해 불가능한 물질로 변형된 후의 행적(行跡, fate)은 거의 알려져 있지 않다.

(2) 분해반응

제초제를 분해시키는 반응으로 고등식물에서 일반적으로 볼 수 있는 것은 산화, 환원, 가수분해, 결합반응이다. 하지만 그 밖에도 탈카르복시반응, 탈알킬반응, 히드록시반응, 탈염소반응 등이 제초제를 분해시키는 반응에 속한다. 또한 환구조의 파괴 역시 제초제를 분해하는 역할을 한다.

1) 산화반응

제초제의 산화반응(酸化反應, oxidative reaction)이란 산소의 첨가 또는 수소의 이탈로 생성되는 반응을 의미한다. 산화반응은 제초제를 무독화 또는 활성화시키는 기본적 반응으로, 그 예는 다음과 같다.

$$R\text{-}O\text{-}(CH_2)_n\text{-}COOH \rightarrow R\text{-}O\text{-}(CH_2)_{n-1}\text{-}COOH$$

산화란 어떤 물질이 산소와 결합하거나 수소가 떨어져 나가는 반응을 의미한다.

제초제의 산화반응의 하나로 2,4-DB는 2,4-D로 β-산화를 함으로써 살초력을 가지게 된다(그림 8-6).

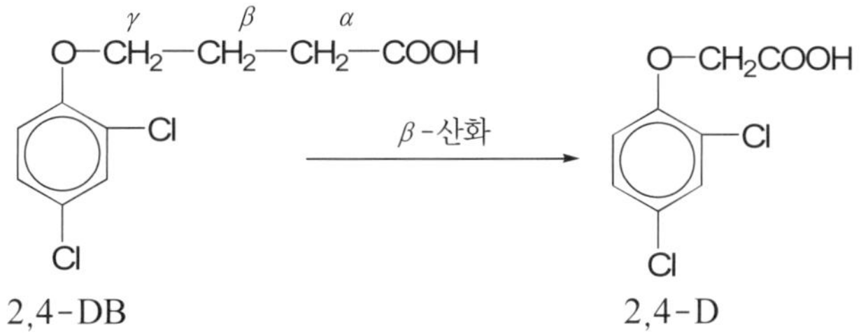

[그림 8-6] 2,4-DB의 산화반응

2) 환원반응

환원반응(還元反應, reductive reaction)은 산화의 역반응으로서 수소와 결합하거나 산소가 이탈하는 반응이다. 환원은 제초제의 대사반응으로 산화만큼 보편적으로 일어나는 반응은 아니다. 이 반응은 디니트로페닐 화합물이 담수된 상태에 처리되었을 때 미생물의 촉매로 일어나는 반응이다(그림 8-7).

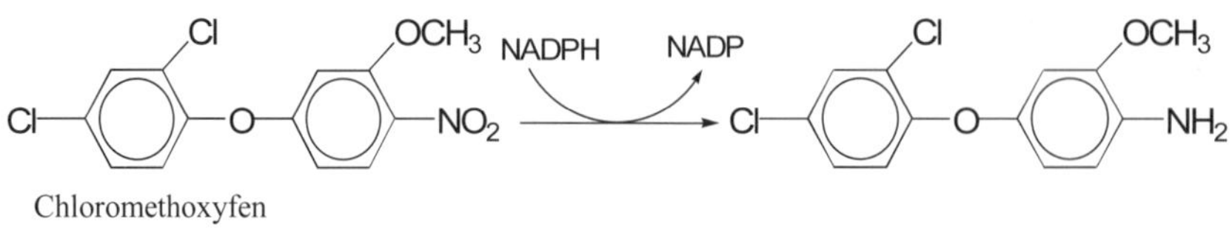

[그림 8-7] Chloromethoxyfen의 니트로기(NO2)가 아미노기(NH2)로 환원

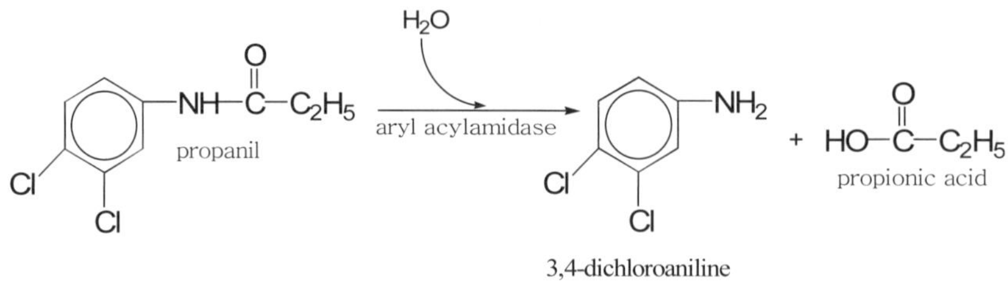

[그림 8-8] Propanil의 가수분해

3) 가수분해

가수분해(加水分解, hydrolysis)란 물 한 분자가 $[OH^-]$와 $[H^+]$로 이온화하여 제초제에 첨가된 반응으로서 에스테르(ester), 아미드(amide), 니트릴(nitrile)계 제초제의 분해 제1단계에서 나타나는 반응이다. 가장 좋은 예로는 Propanil 제초제가 아릴아실아미다아제(aryl acylamidase)에 의하여 벼에서는 쉽게 가수분해되어 무독화되나 피에서는 이 분해과정이 느리게 일어나 살초작용을 발휘하는 반응이다(그림 8-8).

4) 식물체 내 물질과 결합반응

제초제는 식물체 내에 있는 여러 가지 화학물질, 특히 당, 아미노산과 결합하거나 글루타치온(glutathione)과 결합하여 독성을 잃어버린다. 때로는 단백질, 지질 등과도 결합하여 복합화합물을 만든다. 일반적으로 제초제와 식물체 내 물질과의 결합반응은 결합물질을 극성을 띠게 하여 물에 용해 가능한 대사물질로 바꾸는 것이라 알려져 있다.

식물체 내 물질과 제초제의 결합반응(結合反應, conjugation)은 산화, 환원, 가수분해와 더불어 제초제의 선택성 발휘나 무독화(또는 불활성화)에 영향을 미치는 가장 중요한 반응이다. 결합반응에 대한 정확한 기작은 잘 알려져 있지 않다. 제초제는 당, 아미노산 및 글루타치온 등과 결합반응을 보인다. 글루타치온은 일명 GSH라고 불리며 항산화제 역할, 각종 대사 물질의 무독화, 오염 또는 돌연변이 물질 및 빛에 의한 손상 등을 무독화시키는 역할을 하는 식물체 내 단백질의 일종이다. 글루타치온은 그림 8-9와 같이 글라이신, 글루타믹산과 시스테인 등의 아미노산이 트라이펩타이드 형태로 구성된 것이다. 글루타치온과의 결합반응은 그림 8-10과 같다.

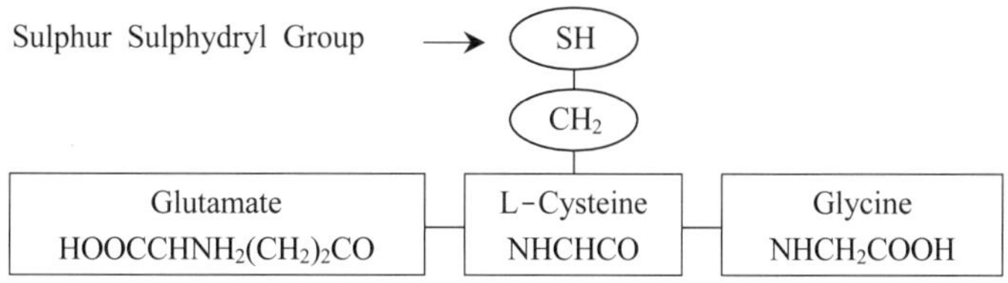

[그림 8-9] 글루타치온(glutathione)의 화학구조

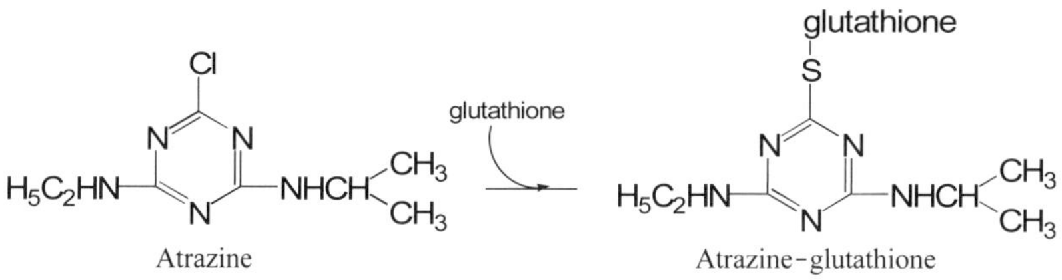

[그림 8-10] Atrazine의 결합반응

5) 히드록시반응

히드록시반응(hydroxylation)은 어떤 화합물의 한 원자 또는 기(基, radical)가 수산기(-OH)로 치환되는 반응을 의미하며 고등식물에서 히드록시반응이 입증되고 있다. 제초제 가운데 페녹시계, 벤조산계, 트리아진계에서 이 반응이 일어나며 페녹시계의 2,4-D는 염소(Cl)원자의 위치 전환에 의하여 히드록시반응이 일어난다(그림 8-11).

그러나 벤조산계 제초제에서는 염소원자의 위치가 변화되지 않은 채 히드록시반응이 일어나며 트리아진계 제초제는 탈염소반응(dechlorination), 탈메톡시반응(demethoxylation), 탈메틸티오반응(demethylthiolation) 후 히드록시반응이 일어난다.

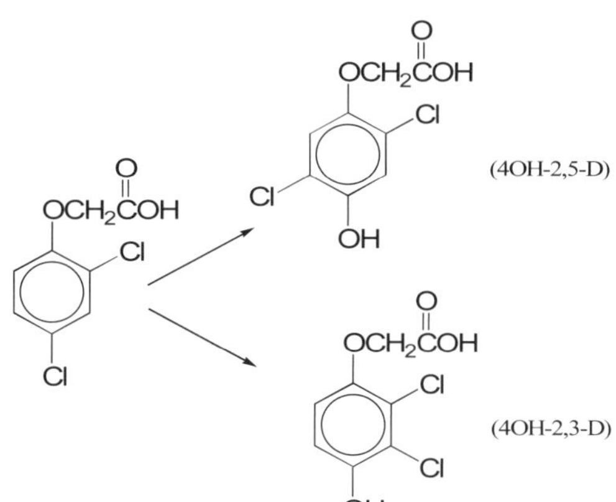

[그림 8-11] 2,4-D의 히드록시반응

6) 탈염소반응

탈염소반응(脫鹽素反應, dechlorination)이란 치환되어 있는 염소기가 수산기로 치환되어 독성을 잃어버리는 것이다. 옥수수에 Simazine을 처리하면 염소기(-Cl)가 수산기(-OH)로 치환되어 저항성을 발휘하는데, 이것은 효소가 관여한 반응은 아니고 옥수수 체내에서 생겨난 Benzoxanzinone이란 물질에 의하여 촉매되는 반응이다(그림 8-12).

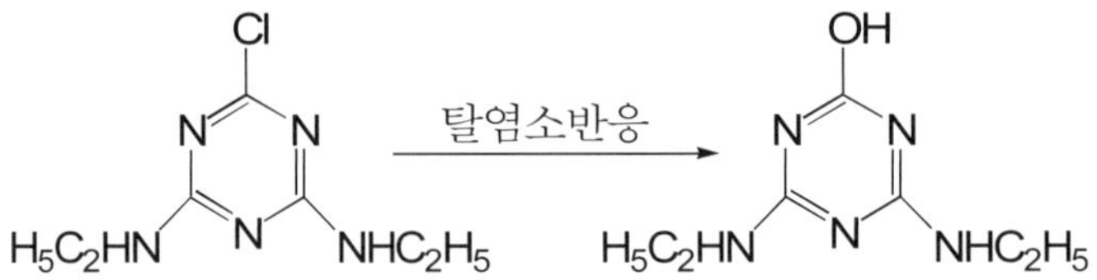

[그림 8-12] 옥수수에서의 Simazine의 탈염소반응

7) 탈알킬반응

탈알킬반응(dealkylation)은 식물세포 내의 Microsome작용, 즉 산화효소계에 의하여 알킬그룹이 떨어져 나가는 것으로 N-과 O-탈알킬반응이 있다. N-탈알킬반응은 그림 8-13과 같이 Simazine의 알킬그룹이 떨어져 나가는 것인데, 이로 인해 제초제는 독성을 잃어버린다. 탈알킬반응은 트리아진계(triazine), 요소계(urea), 카르바메이트계(carbamate), 니트로아닐린계(nitroanilin) 등에서 일어난다(그림 8-13).

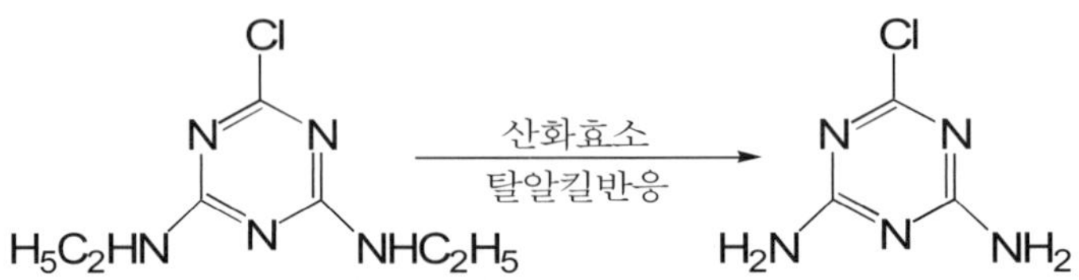

[그림 8-13] Simazine의 탈알킬반응

8) 탈카르복시반응

탈카르복시반응(decarboxylation)이란 제초제로부터 카르복시그룹이 떨어져 나가는 반응이다. 2,4-D에 저항성을 나타내는 사과품종의 경우 카르복시그룹(-COOH)이 떨어져 나감으로써 저항성을 나타낸다고 한다(그림 8-14).

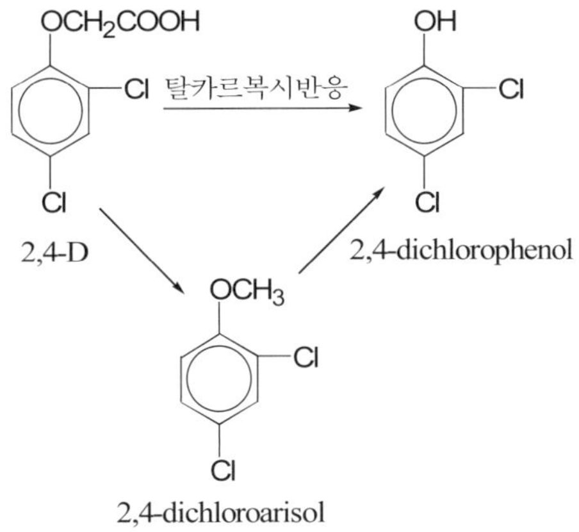

[그림 8-14] 2,4-D의 탈카르복시반응

9) 환그룹의 파괴

많은 제초제가 환(ring)그룹, 특히 벤젠환을 함유하고 있으며 이 환그룹이 파괴되면 제초제의 독성을 잃어버리게 된다. 고등식물에는 이 환구조를 파괴할 수 있는 메커니즘이 거의 없으나 미생물은 이들 환구조를 쉽게 파괴하는 것으로 알려져 있다.

환그룹의 파괴 여부는 살균한 토양과 살균하지 않은 두 종류의 토양에 2,4-D를 처리한 후 시간별로 감수성 작물이나 잡초를 심어 보면 알 수 있다. 살균한 토양에서는 약해가 나타나지만 살균하지 않은 토양에서는 약해가 나타나지 않으므로 미생물의 작용을 쉽게 검정할 수 있다.

참고문헌

1. Darmstadt, G.L., N.E. Balke and L.E. Schrader. 1983. Use of corn root protoplasts in herbicide absorption studies. Pest. Biochem, Physiol. 19: 172.
2. Denis, M.H. and S. Delrot. 1993. Carrier-mediated uptake of glyphosate in broad bean(*Vicia faba*) via a phosphate transporter. Physiol. Plant. 87: 569-575.
3. Donaldson, T.W., D.E. Bayer and O.A. Leonard. 1973. Absorption of 2,4-dichlorophe-noxyacetic acid and 3-(p-chlorophenyl)-1, 1-dimethylurea(Monuron) by barley roots. Plant Physiol. 52: 638.
4. Esau, K. 1965. Plant Anatomy. John Wiley & Sons. New York. p.517.
5. Hess, F.D. 1985. Herbicide absorption and translocation and their relationship to plant tolerance and susceptibility. In: Weed Physiology, S.O. Duke ed. CRC Press, Inc. Boca Ration, Florida. pp.192-202.
6. Knake, Z.L. and L.M. Wax. 1968. The importance of the shoot of giant foxtail for uptake of preemergence herbicides. Weed Sci. 16: 393.
7. Monaco, J.J., S.C. Wellor, F.M. Ashton. 2002. Weed Science: Principle and Practice. 4th ed. John Wiley & Sons, Inc. New York. U.S.A. pp.98-114.
8. Ormrod, D.J. and A.J. Renney. 1968. A survey of weed leaf stomata and trichomes. Can. J. Plant Sci. 48: 197.
9. Rubery, P.H. 1977. The specificity of carrier-mediated auxin transport by suspension-cultured crown gall cells. Planta. 135: 275.
10. Salisbury, F.B. and C.W. Ross. 1992. Plant Physiology, 4th ed. Wadsworth, Inc. Belmont, CA. U.S.A.
11. Shimabukuro, R.H., G.L. Lamoureux and D.S. Frear. 1981. Pesticide metabolism in plants: principle and mechanisms. In: Biological Degradation of Pesticides. F. Matsumura ed. Pleum, New York. pp.44-65.

9 제초제의 선택성과 작용기작

9.1 선택성

제초제는 잡초에 대해서는 강한 활성을 가져야 하나 작물, 환경, 동물 등에는 영향을 미치지 않아야 한다. 이와 같이 농작물에는 피해(또는 약해)를 주지 않고 잡초만을 선택적으로 죽일 수 있는 현상을 제초제의 선택성(選擇性, selectivity)이라 한다. 처리한 제초제에 식물체가 민감한 반응을 보이는 것을 감수성(感受性, susceptibility)이라 하며 전혀 반응을 나타내지 않을 때 내성(耐性, tolerance) 또는 저항성(抵抗性, resistance)이 있다고 한다. 선택성이란 제초제에 대한 식물체의 감수성 정도의 차이라고 볼 수 있으며 작물 간 또는 작물의 품종 간, 작물과 잡초 간, 잡초의 종간에는 선택성이 있을 수 있다.

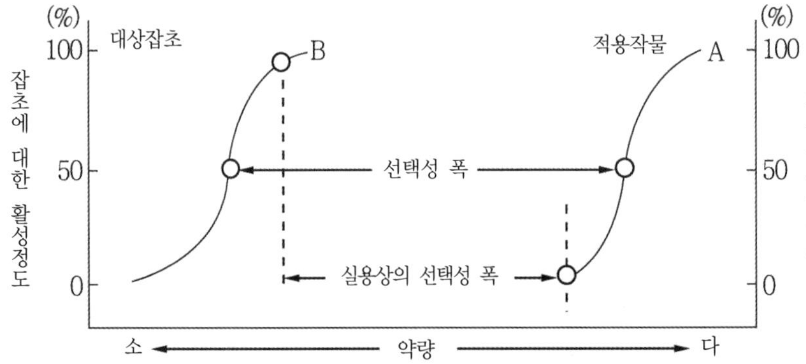

[그림 9-1] 제초제의 선택성(行本 등, 1985)

그림 9-1은 작물과 잡초 간의 선택성 폭을 나타낸 것으로, 선택성의 폭이 클수록 잡초를 효과적이고 안전하게 방제할 수 있다. 그러나 실질적으로 작물과 잡초는 고등식물에 속하여 유사한 생장습성을 갖고 있으므로 특정 제초제에 대한 선택성의 폭이 좁은 경우가 많다. 작물에는 안전하면서 잡초만을 방제하는 것이 잡초방제의 근본 목적이고 보면 작물과 잡초 간에는 선택성이 있어야 한다.

9.2 선택성의 유형

제초제가 작물과 잡초 중 잡초만 선택적으로 방제하는 것은 다음의 4가지 이유때문이다.

(1) 생태적 선택성

생태적 선택성(生態的選擇性, ecological selectivity)이란 작물과 잡초 간의 시간적·공간적 차이(時間的·空間的差異, difference in time and space)에 의한 선택성을 의미하는 것으로서, 아래에 설명하고자 하는 생리·생화학적 선택성보다 선택성의 폭이 협소한 경우에 이용되는 방법이다.

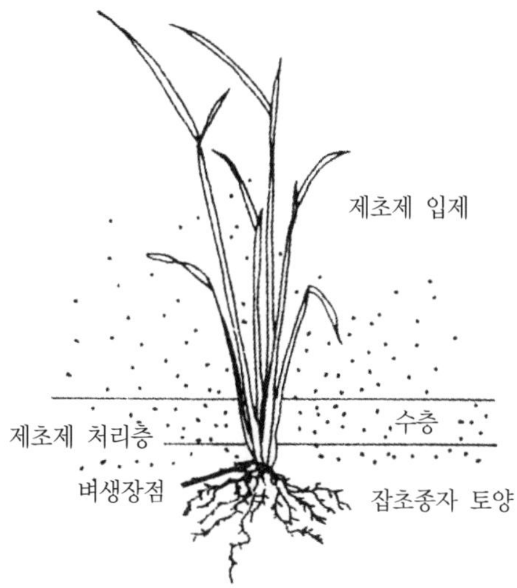

[그림 9-2] 벼 이식재배에서 제초제의 선택성

첫째로 시간적 차이에 의한 선택적 방제란 작물과 잡초의 생육시기가 서로 다른 점을 이용한 방제법이다. 벼는 이앙될 때 3~5엽기가 되어 있으며 생장점 또한 토양 속에 묻혀 있어서 이 시기에 잡초 발생 전 처리 제초제를 살포하면 벼에는 피해가 없으나 피 등의 잡초는 갓 발아하면서 크게 억제를 받거나 죽게 된다(그림 9-2). 그러나 벼와 피가 동시에 발아할 때 생육초기에 처리하면 작물도 억제현상을 나타내게 될 것이다.

둘째로 공간적 차이에 의한 선택적 방제란 과수원에서 지표면 높이 생장하는 과수와 지표면에 발생하는 잡초 간의 공간적 높이 차이를 이용한 방제법이다. 과수와 잡초 간의 높이 차이가 클 경우 과수에는 약해를 주지 않고 잡초만을 방제할 수 있다(그림 9-3). 이 경우에는 비선택성 제초제를 살포할 수도 있으나 과수의 잎 등에 이 제초제가 묻게 되면 약해를 유발할 수 있으므로 사용 시

주의를 요한다.

이와 같이 식물의 연령 차이와 공간적 차이를 이용하여, 작물에는 피해를 주지 않고 잡초만 선택적으로 방제하는 것을 생태적 선택성이라 한다.

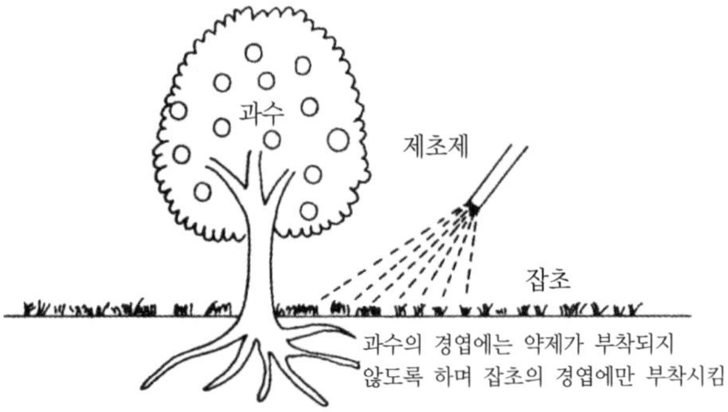

[그림 9-3] 생육공간을 이용한 선택성

(2) 형태적 선택성

형태적 선택성(形態的選擇性, morphological selectivity)이란 식물의 생장형, 즉 외형 차이에 의하여 발휘되는 선택성을 의미한다. 예를 들면 페녹시계의 2,4-D는 단자엽인 화곡류(벼, 밀, 보리) 및 화본과 잡초(피, 바랭이) 등에는 약해가 없으나 쌍자엽인 광엽식물에는 약해를 발현한다. 이것은 쌍자엽인 콩 등의 식물은 생장점이 2,4-D에 노출되므로 제초제가 쉽게 흡수되어 억제현상이 발휘되기 때문이다. 그러나 화곡류의 생장점은 줄기의 마디에 있어서 2,4-D에 직접 노출되지 않기 때문에 피해를 거의 입지 않는다(그림 9-4). 하지만 화곡류의 경우도 수잉기(穗孕期, booting stage)에는 약해가 있으므로 처리에 주의를 요한다.

[그림 9-4] 단자엽과 쌍자엽 식물의 생장점의 위치 차이

(3) 생리적 선택성

생리적 선택성(生理的選擇性, physiological selectivity)이란 경엽 또는 토양에 처리한 제초제의 흡수(吸收, absorption) 및 이행(移行, translocation) 차이에 의하여 발현되는 선택성을 말한다. 경엽 또는 토양에 처리한 제초제가 약효를 나타내기 위하여는 작용점(作用點, site of action)까지 이행되어야 하는데 그 과정은 그림 9-5와 같다.

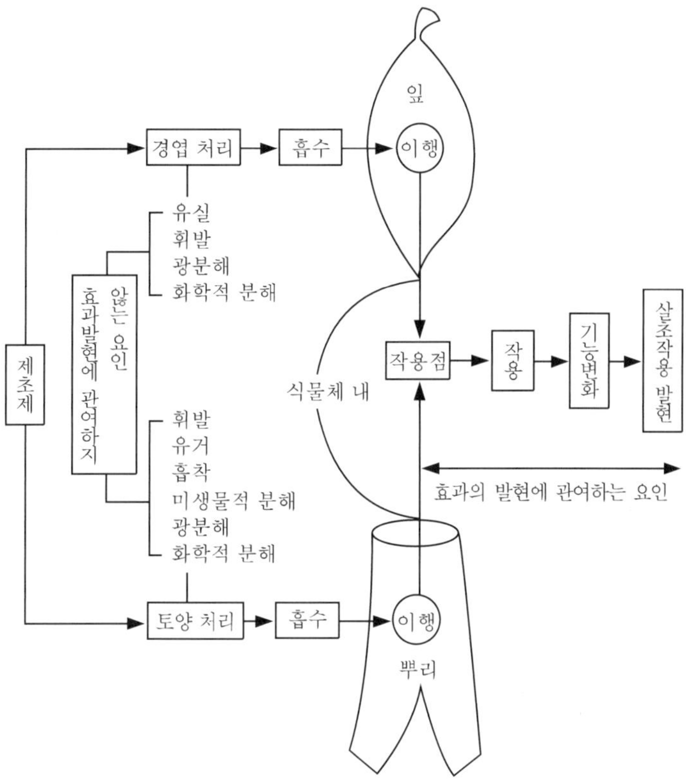

[그림 9-5] 제초제의 살초작용 발현까지의 과정

작물과 잡초 또는 작물 간 표피구조는 유사하나 반투과성을 가진 세포막의 물질흡수는 식물의 종류에 따라 다르므로 여기서 식물종 간의 흡수 차이에 의한 선택성이 발현될 수 있다. Glyphosate는 토마토 과실의 큐티클로 94% 흡수되나 고무나무 잎이나 고추의 과실에는 1~6%만 흡수되어 식물의 종에 따라 흡수의 차이가 있음을 보고했다(Santiel · Chamel, 1992).

흡수된 제초제가 식물체 내에서 이행되는 양상은 식물의 종(種, species)에 따라 상이하다. 또 흡수성에 차이가 있고 생리적으로 이행에 차이가 있으면 제초제의 작용점에 도달하는 농도에 차이가 생겨 선택성을 발현한다고 한다. 흡수성 차이로 선택성을 발현하는 제초제로는 Chloramben을 들 수 있다. 이 제초제는 오이에는 약해가 있으나 호박에는 약해가 없는데 이것은 뿌리의 흡수 차이에 의한 선택성의 발현 때문이라고 한다. 또 2,4-D에 대하여 완두는 저항성이나 토마토는 감수성이다. 2,4-D 처리 후 완두는 24시간 동안만 흡수하고 토마토는 7일 이상 많은 양을 흡수하기 때문에 감수성 정도에 차이가 있다고 한다.

제초제의 식물체 내 이행 차이에 의한 선택성은 2,4-D의 화본과와 광엽식물 간, CNP(chlornitrofen)의 벼와 식용피 간에 나타나고 있다.

(4) 생화학적 선택성

동일한 양의 제초제가 식물체 내에 흡수·이행되더라도 식물의 감수성 차이에 따라 약효가 발현되는 정도가 달라지는데, 이를 생화학적 선택성(生化學的選擇性, biochemical selectivity)이라 한다. 이 선택성은 제초제의 활성화반응과 불활성화반응으로 크게 나누어서 생각할 수 있다.

1) 활성화반응에 의한 선택성

제초제 그 자체로는 활성이 없으나 감수성 식물체 내에서 활성화됨으로써 독성을 발휘하여 식물체를 죽이는 반응이다. 예를 들면 페녹시계의 MCPB는 원래의 형태로는 살초력을 나타내지 않는다. 그러나 MCPA를 목초지에 살포할 경우 쐐기풀은 β-산화반응으로 인해 MCPB가 활성을 지닌 MCPA로 변형되어 살초력을 갖게 된다. 그러나 클로버의 경우에는 β-산화반응이 일어나지 않아 MCPB는 변형되지 않는다. 따라서 MCPB는 클로버에 대한 살초력을 갖지 못한다(그림 9-6).

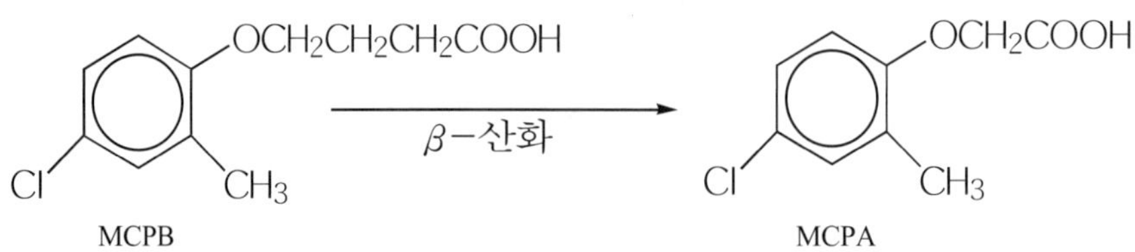

[그림 9-6] 쐐기풀에서 MCPB의 β-산화반응

2) 불활성화반응에 의한 선택성

생화학적 선택성은 활성화반응보다는 불활성화반응을 통해 발현되는 경우가 대부분이다. 불활성화반응(不活性化反應, inactivation)은 처리한 제초제가 원래의 형태를 잃어버림으로써 무독화(無毒化,

detoxification)되는 것을 의미한다. 제초제를 식물체 내에서 불활성화시키는 방법으로는 앞의 분해반응에서 분해과정을 설명한 것처럼 ① 산화, ② 환원, ③ 가수분해, ④ 식물체 내 물질과의 결합반응 등을 들 수 있고, 그 밖에도 ⑤ 히드록시반응, ⑥ 탈염소반응, ⑦ 탈알킬반응, ⑧ 탈카르복시반응 등이 있다. 제초제는 이와 같은 반응을 거침으로써 부분적 또는 전체적으로 독성을 잃어버리는데 이 불활성화반응의 차이에 의하여 발현되는 것을 불활성화에 의한 선택성이라고 한다. 상세한 불활성화 반응 과정은 제8장의 '제초제의 대사' 부분을 참조하기 바란다.

9.3 제초제의 선택성 발휘에 영향을 미치는 요인

(1) 식물적 요인

선택성 발현은 궁극적으로 작물이 발휘하여야 하는 것으로 작물의 생육시기, 건강정도, 품종간 반응 등의 제 특성에 영향을 받는다.

1) 식물의 발육상태

식물체의 생육이 왕성하고 빠르게 일어나는 어린 시기는 영양분, 온도, 수분이 적정할 경우 제초제에 대하여 가장 민감한 반응을 나타낸다. 분열조직(分裂組織, meristematic tissue)은 일반적으로 제초제가 축적되는 곳으로서, 세포분열이 왕성하게 일어나 영양소의 요구도가 증가하고 대사가 왕성해지므로 제초제에 대한 억제작용이 더욱 촉진된다. 그러나 성숙기나 휴면기의 조직은 제초제의 작용에 민감한 반응을 보이지 않는다.

2) 영양소의 공급

어떤 제초제에 감수성을 보이는 잡초라 할지라도 영양결핍 상태보다는 영양공급이 충분한 상태에서 왕성히 자라고 있을 때에 훨씬 민감한 반응을 보인다. 그러나 내성식물의 저항성은 대개가 결합반응이나 대사 차이에 기인하는 것이므로 영양소가 적절히 공급될 때 효소의 합성 또는 작용이 증가하여 저항성도 증가된다고 한다. 한편 어떤 영양소는 양분으로서 필요할 뿐만 아니라 제초제를 작용점으로 이행시키는 데 영향을 미치는 경우도 있다.

3) 작물의 품종

동일 품종 간에도 형태적 특성 차이는 물론 생리·생화학적 특성 차이가 있어서 제초제에 대한 반응을 달리한다. 특히 일반벼에 비하여 인디카형 벼는 Simetryn 제초제에 감수성인 데 반하여, Sulfonylurea계 제초제에는 반대의 반응을 나타내고 있어서 품종 간에 선택성의 차이가 있음이 입증되었다.

4) 작물의 건강상태

기계적인 상처나 병·충에 의하여 피해를 받았거나 뿌리 등이 건강하지 못한 작물과, 건강한 작물은 동일 제초제에 대하여 감수성 정도를 달리하므로 작물을 건강하게 재배하는 것이 선택성을 증가시킨다고 볼 수 있다.

5) 농약의 상호작용

제초제인 Propanil은 Carbamate계의 살충제인 Carbofuran과 근접 또는 동시에 처리되면 Propanil과 Carbofuran을 대사시키는 효소의 경합으로 인하여 Propanil의 약해를 증가시킨다고 한다. 그러므로 제초제와 호르몬 또는 기타 농약과 근접 살포할 때에는 상호작용을 충분히 검정한 후 처리하여야 약해를 경감시키고 목적하는 선택성을 발휘시킬 수 있다.

(2) 환경적 요인

환경적 요인인 빛, 온도, 강우량 및 상대습도 등은 식물체의 형태적 또는 생리적 특성의 변형이나 제초제의 화학적 성질을 변형시키므로 제초제의 흡수·이행에 영향을 미쳐 선택성에 영향을 끼친다고 볼 수 있다.

식물의 전체반응에 미치는 환경조건은 직간접적으로 어떤 특정 제초제에 대한 선택성에도 영향을 미친다고 볼 수 있다. 광합성 억제제인 트리아진 및 요소계 제초제는 빛의 광도가 323lux에서 4,300lux까지 증가할수록 약해가 증가되어 빛과 밀접한 관계가 있음이 입증되었다(Ashton, 1965).

체관부(體管部, phloem)를 통한 제초제의 이행도 빛의 영향을 받는데 광합성을 잘할 수 있는 조건하에서는 동화물질이 많이 생겨서 전류가 잘 되므로 제초제도 잘 이행할 수 있다.

제초제의 선택성과 온도와의 관계를 보면 특히 토양에 처리한 제초제가 물관부를 통하여 지상부로 이행할 때, 고온 조건일수록 증산이 활발해져서 제초제 이행이 증가된다. 트리아진계 제초제인 Simetryn은 증산작용이 잘 일어나는 고온 조건의 인디카형 벼에서 심한 약해를 유발한다.

강우량은 제초제의 토양 내 이동을 증가·누수시키며, 경엽에 처리한 제초제를 씻어 내리므로 독성발휘에 크게 영향을 미치는 요인이다.

상대습도도 제초제의 식물체 내 흡수에 영향을 미치는 주요 요인이다. 2,4-D는 상대습도가

34~38%일 때보다 70~74%일 때 콩과류의 잎으로부터의 흡수와 뿌리로의 이동이 커진다고 한다(Pallas, 1960).

토양의 종류 또한 제초제의 이동에 많은 영향을 미친다고 볼 수 있다. 특히 제초제의 토양 내 이동성은 모래땅일수록 크다.

(3) 농약적 요인

제초제 자체가 지닌 화학구조나 이화학적 특성은 선택성 발휘와 밀접한 관련이 있다. 그러므로 제초제의 유효성분뿐만 아니라 제조(製造, formulation) 시에 사용한 부제(副劑, adjuvant) 등도 매우 중요한 역할을 한다고 볼 수 있다.

제초제의 처리농도나 제형 등도 환경과의 관계에 따라 식물체에 미치는 영향에 차이가 있음을 유의하여야 한다.

1) 해독제

최근에 제초제의 독성을 해독시키는 해독제(解毒劑, antidote or safener)가 개발되었는데, 해독제란 제초제 자체의 살초력을 변화시키지 않으면서 작물을 선택적으로 보호하는 화학물질을 의미한다.

해독제가 구비하여야 할 선택적인 주요특성을 살펴보면, 작물에 대한 제초제의 흡수·이행을 방해하거나, 작물체 내 제초제의 작용점에서 경합하거나, 작물체 내에서 제초제의 분해 등의 작용성을 나타내서는 안 된다.

해독제가 실용화되기 위하여는 다음과 같은 요건을 갖추어야 한다.

① 대상 제초제보다 용해도가 높아서는 안 된다(용해도가 높으면 투수에 의해 처리지역으로부터 유실될 수 있기 때문).

② 처리지역 내에서 작물이 제초제에 대한 약해를 받을 수 있는 기간 동안 충분히 머물러야 한다.

③ 대상잡초에 대해서는 제초제 작용성을 방해하여서는 안 된다.

④ 살균·살충제 또는 제초제와 혼합하였을 때 효과가 변하지 않아야 한다.

상기와 같은 제 특성을 지닌 해독제가 전 세계적으로 실용화 단계에 있으며, 현재 벼에 사용되는 주요 해독제로는 Naphtalic anhydride, Dichlormid, Cyometrinil, MON4660, Oxabetrinil, Fluazole, Fenclorim, MG-191, LAB-145138, CGA-133205, CGA-154281 등이 있다(Hatzios, 1989).

이 가운데서 Pretilachlor에 대한 Fenclorim의 약해 경감 효과를 살펴보면 해독제의 효과를 분명히 알 수 있다. 다수계 품종(多收系品種)인 가야(伽倻)벼에 이 둘을 혼용처리하였을 때 약해가 거의 없었던 것으로 보고되었다(金 등, 1985).

9.4 제초제의 작용기작

(1) 작용점

작용점이란 제초제가 살초작용을 발휘하는 부위이다. 제초제가 식물체에 살포되면 흡수·이행, 식물체 내에서의 분해, 나아가 대사작용에 의한 분해 등 여러 가지 경로를 거쳐서 작용점(作用點, site of action)까지 살초농도가 도달되어야 살초력을 발휘할 수 있다. 앞서 언급한 것처럼(그림 9-5) 어떻게 하든지 작물에 피해를 주지 않으면서 선택적으로 잡초를 방제하는 것이 제초제 사용의 궁극적 목적이다.

식물의 생육과정은 식물 종에 따라 상이하며, 복잡하고 미묘하게 평행을 이루고 있어서 외부에서 조그마한 방해작용이 가해지면 체내의 대사에 커다란 변화를 일으킨다.

처리한 제초제가 어떻게 잡초를 방제하는가를 이해하는 것은 매우 중요하나 식물체의 생리·생화학적 과정이 아주 복잡하여 정확히 어떤 작용에 의하여 잡초에 살초작용을 발휘하는지를 이해하기란 매우 어렵다.

(2) 작용기작과 기구

처리한 제초제가 식물체 내의 생리·생화학적 과정을 억제하여 식물체를 죽이는 작용을 이해하기 위해서는 작용기작(作用機作, mode of action)과 작용기구(作用機構, mechanism of action)란 두 가지 술어를 이해해야 한다. 이 두 가지는 원래 의미가 상이하나 혼용하여 쓰이고 있다.

1) 작용기작

제초제가 식물체에 접촉되면서부터 식물체를 죽이기까지 일련의 전 과정을 작용기작(作用機作, mode of action)이라 한다.

2) 작용기구

제초제의 최종적 살초효과를 가져오게 하는 생화학적 또는 생물·물리적인 작용을 작용기구(作用機

構, mechanism of action)라 하며 작용기작보다 다소 협의의 개념이긴 하나 제초제의 살초특성을 지칭하는 직접적인 개념이기도 하다.

제초제의 작용기작은 앞에서 이미 설명한 제초제의 흡수, 이행, 분해 또는 대사와 선택성 발현 등과 연관해서 이해하여야 한다. 특히 제초제의 살초특성은 단일반응이 아니라 일련의 복합반응에 의거하여 나타나기 때문에 살초특성을 알기 위해서는 제1차 작용점(第一次作用點, primary site of action)이 어느 부위인지, 또 주된 작용을 발휘하는 부위는 어디인지를 정확히 이해하는 것이 매우 중요하다.

대부분의 제초제에 의해서 영향을 받는 제1차 작용점은 ① 세포 신장 및 분열을 하고 있는 기관, ② 광합성 작용, 특히 명반응, ③ 호흡작용의 산화적 인산화반응, ④ 식물체 내의 생합성 대사과정, ⑤ 세포막, ⑥ 색소체 등이다. 제초제의 1차 작용부위는 왕성하게 분열하고 있는 생장점, 세포막 내의 광합성 부위인 엽록체, 호흡작용을 하는 미토콘드리아 등이고, 생합성 대사과정은 아미노산 합성, 단백질 합성(蛋白質合成), 핵산 합성(核酸合成), 지방 합성(脂肪合成), 섬유소 합성(纖維素合成) 등이 제초제 작용의 표적이 된다. 표 9-1은 제초제 계열별 작용점 및 저해 부위를 나타낸 것이다. 한편으로 생장점의 세포분열은 신초로 흡수되는 제초제의 영향을 받기 쉬우며 그 밖에 2차 대사작용이나 색소체 형성과정 등도 작용점으로 고려될 수 있다. 식물체 내에서 제1차 작용점을 구명하기란 매우 어렵다. 왜냐하면, 대사작용에 있어서 어느 부분이 방해되거나 차단되면 이 작용을 회피하여 다른 대사작용이 발휘되기 때문에 1차 작용부위가 곧 제초제의 살초작용 부위와 일치하지는 않는다. 다음의 예에서 보면 A에서 B로의 작용이 억제되더라도 A에서 D회로를 거쳐 C의 생성이 가능하다.

(예)
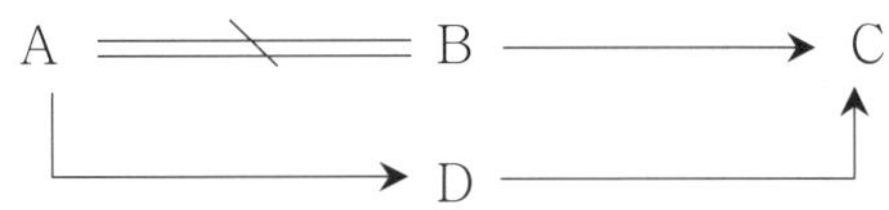

[표 9-1] 제초제의 작용성

구 분	계통분류	제초제
1. 세포의 생장 저해		
1) 체세포 분열 억제	Dinitroaniline	Benefin, Ethalfluralin, Oryzalin, Pendimethalin, Prodiamine, Trifluralin
2) 신초/뿌리 생장 저해	Others	DCPA, Dithiopyr, Pronamide
	Chloroacetamides	Acetochlor, Alachlor
	/Oxyacetamides	Diemethanamid, Flufenacet Metolachlor, Propachlor
3) 뿌리 생장 저해	Chloracetamides	Napropamide, Bensulide

구 분	계통분류	제초제
	Urea	Siduron
4) 신초 생장 저해	Thiocarbamates	Butylate,Cycloate,EPTC Molinate,Pebulate,Thiobencarb, Triallate
2. 광합성 저해	Triazine	Atmetryn, Atrazine, Cynazine, Hexazinone, Metribuzin, Prometon, Prometryn, Simazine,
	Urea	Diuron, Linuron, Flometuron Tebuthiuron
	Uracil	Bromacil, Terbacil
	Phenylcarbamate	Desmedipham, Phenmedipham Pyridate
	Others	Bentazon, Bromoxynil, Propanil, Pyrazon
3. 호흡 저해	Mixed	Asulam, Dalapon, Propham TCA, Dinosb, Ioxynil
4. 색소체 형성 저해	Mixed	Amitrole, Clomazone, Fluridone, Isoxaflutole, Mesotrione, Norflurazon,
5. 세포막 파괴제		
1) 광합성1계	Biphyidilium	Diquat, Paraquat
2) Protox 억제제	Diphenylether	Acifluorfen, Fomesafen Lactofen, Oxyfluorfen
	Oxadiazole	Oxadiazon
	N-phenylheterocycles	Carfentrazone, Flumiclorac, Flumioxazin, Sulfentrazone
6. 생합성 과정 억제		
1) 질소대사	Other	Sodium chlorate
2) 아미노산 생합성		
(1) Aromatic 아미노산	Glycine	Glyphosate
(2) Branched 아미노산	Imidazolinones	Imazamethabenz, Imazapyr, Imazapic, Imazaquin, Imazathapyr, Imazamox
	Pyrimidyl-oxy-benzoates	Pyrithiobac
	Sulfonylureas	Bensulfuron, Chlorsulfurn, Chlorimuron-ethyl, Cinosulfuron, Ethametsulfuron, Halosulfuron, Metsulfuron, Nicosufuron, Primsufuron, Prosulfuron, Rimusulfuron, Sulfometuron, Sulfosulfuron, Thifensulfuron, Tribenuron, Triasulfuron, Triflusulfuron
	Triazolopyrimides	Cloransulam-methyl, Diclosulam Flumetsulam
	Sulfonylamino -carbonyltriazo-linone	Flucarbazon-sodium
(3) 단백질 합성 저해	Acidamide	Alachlor, Napropamide
	Carbamate	Asulam
	Dinitroanilin	Penoxalin, Nitralin
(4) 지질 생합성	AOPP	Diclofop-methyl Fluazifop-p-butyl

구 분	계통분류	제초제
		Fenoxaprop-p-ethyl Quizalofop-p-ethyl
	Cyclohexanediones	Clethodim, Sethoxydim, Tralkoxydim
(5) 셀룰로오스 생합성	Nitrile	Dichlobenil, Dyclomec
	Benzamide	Isoxaben
	Quinolincarbox-ylic acid	Quinclorac
7. 생장조정 저해	Phenoxys	2,4-D,MCPA,2,4-DB,MCPB Dichlorpop, Mecoprop
	Benzoics	Dicamba
	Picolinic acids	Clopyralid, Picloram, Quinclorac, Triclopyr

(3) 작용기작의 유형

1) 세포생장 파괴 및 저해

모든 제초제는 식물의 생장에 직간접적으로 영향을 미치나, 형태적으로 이상을 유발시키는 제초제로는 호르몬형의 페녹시계를 들 수 있다. 호르몬형 제초제는 물관부나 체관부와 같은 조직을 비정상적으로 생장·발육시키므로 식물체 내에서 대사물질의 정상적인 분배를 방해하거나 잎의 꼬임, 줄기의 굴곡 등 형태적 이상발육을 유발한다.

생장억제(生長抑制, growth inhibition)는 직접적으로 세포분열 또는 세포신장의 억제에 의하여 일어나며 카르바메이트계, 디니트로아닐린계, 일부 산아미드계 제초제(propachor, pronamide)는 유사분열(有絲分裂, mitosis) 과정이나 세포벽의 형성을 억제하여 다핵세포를 만드는 등 세포분열에 영향을 미쳐 생장이나 발육을 저해한다.

2) 광합성 억제

식물체의 광합성(光合成, photosynthesis)은 엽록체의 그라나(grana)에서 일어난다. 광의 존재하에 제2광계(photosystem Ⅱ)로부터 분리된 전자가 전자수용체 Q를 거쳐 제1광계(photosystem Ⅰ)를 지나 페리독신(ferredoxin)으로 간다. 물이 제2광계에서 분해되어 산소가 발생하고 이때 발생된 전자가 페리독신으로 전달되면서 ATP와 NADPH 등을 생성하는 것을 명반응(明反應, light reaction)이라 한다. 광합성의 전반적 반응은 다음과 같다.

(예) $nCO_2+nH_2O \xrightarrow[\text{엽록소}]{\text{광}} [CH_2O]n+nO_2$

위에서 $[CH_2O]$는 광합성 산물을 의미하며 탄소수가 3개인 당류이다. 일반적으로 광합성 억제(光合

成抑制, inhibition of photosynthesis) 제초제는 대부분 명반응을 억제하나 암반응을 직접적으로 억제한다는 증거는 없으며 명반응이 억제되면 탄산가스의 고정에 필요한 명반응의 생성물인 ATP나 NADPH 등이 부족하여 광합성 산물의 생성이 억제된다.

토양에 처리한 이들 계열의 제초제에 노출된 식물체는 발아하고 출아하여 뿌리를 통하여 제초제를 흡수한다. 흡수된 제초제는 잎으로 이행하여 광합성을 억제한다. 엽록소가 파괴되므로 식물체는 노랗게 된다. 약해가 진행되면서 잎맥 사이가 노랗게 되고 잎 가장자리에서 안쪽 방향으로 점차 노랗게 변한다. 종국에는 잎이 떨어지고 줄기만 남게 된다.

광합성 억제제로 상품화된 50% 이상의 제초제는 요소(urea)계 제초제가 결합하는 부위, 즉 요소작용점이라 불리는 엽록체의 전자전달계(電子傳達係, electron transport system)를 억제하는 것으로 알려져 있다. 요소계가 결합하는 부위는 제2광계와 제1광계 사이에 위치하며, 특히 퀴논(quinone)과 플라스토퀴논(plastoquinone) 사이다(그림 9-7).

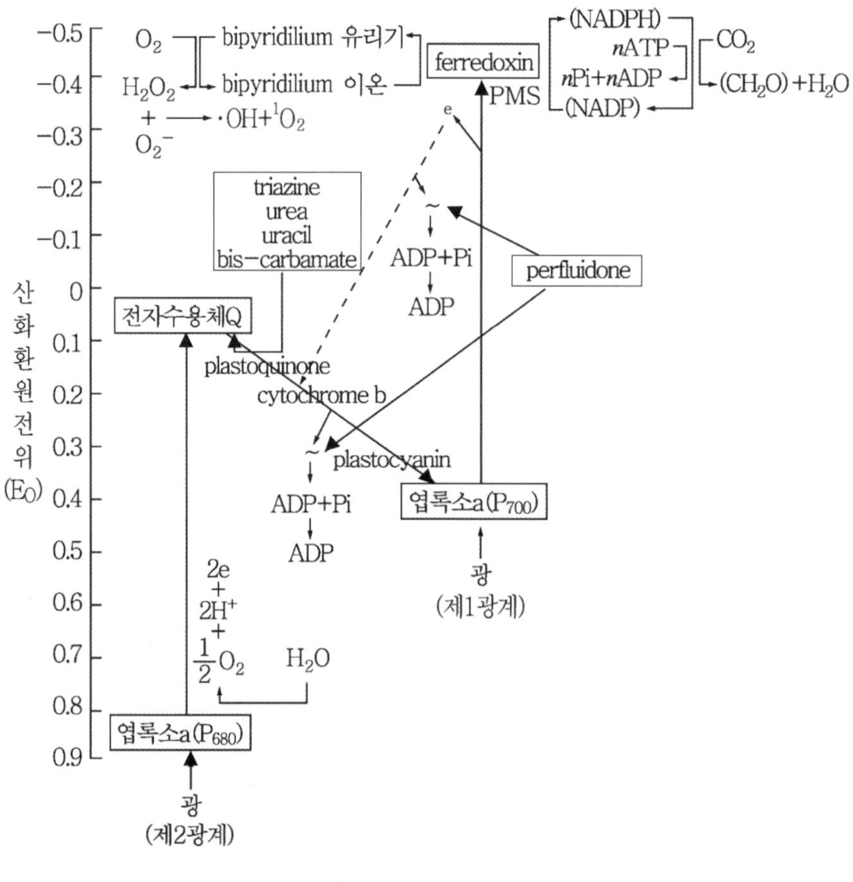

[그림 9-7] 광합성 저해 제초제의 작용점(Ashton 등, 1981)

여기된 전자는 P_{680}에서 페오피틴(pheophytin)을 거쳐 플라스토퀴논(plastoqinone) 분자 Q_A로 이동된다. 두 개의 전자가 Q_A에서 Q_B로 이동되면 완전히 환원된 Q_B 분자가 스트로마(stroma)로부터 두 개의 수소를 받아 플라스토하이드로퀴논(plastohydroquinone: PQH_2) 분자를 만든다. PQH_2는 단백질 결합점에서 결합력이 낮아 산화된 Q_B(PQ)와 쉽게 치환된다. 제2광계(PhotosystemⅡ)의 과정은 반복된다. PQH_2는 자신이 갖고 있는 전자를 사이토크롬(cytochrome) b_6f로 이동시키고 결국에는 플라스토사이아닌(plastocyanin)을 통해 제1광계(PS I)로 이동된다(그림 9-8).

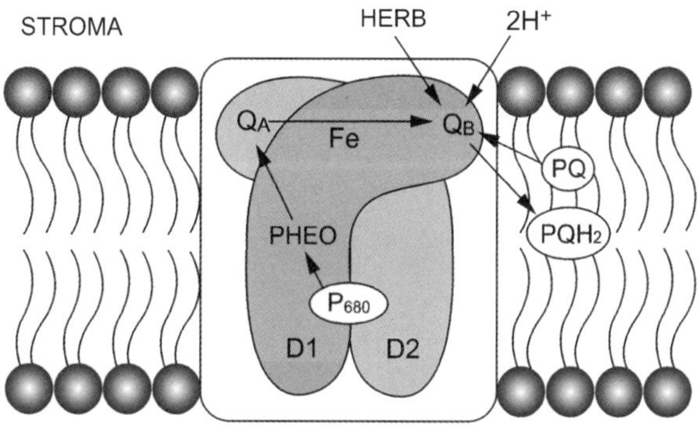

[그림 9-8] 제2광계의 광합성 저해 제초제 작용의 전자전달(Monaco 등, 2002)

광합성 제2광계를 억제하는 제초제는 D1 단백질이라 불리는 Q_B 지점의 단백질에 결합된다. 광합성 제2광계를 억제하는 제초제는 D1 단백질의 결합지점의 Q_B와 경합한다. 이와 같은 경합은 Q_B를 교체하게 하고 제2광계를 통한 전자의 전달을 방해한다. 따라서 환원된 $Q_BH_2(PQH_2)$ 형태를 만들지 못하여 광합성에 환원력이 생겨나지 않는다. 엽록체의 전자전달을 저해하여 광합성을 억제하는 제초제인 요소(urea)계와 트리아진(triazine)계에 대하여 지난 30여 년 동안 많은 연구가 진행되어 왔는데, 이 요소계 제초제 결합부위는 다시 요소계와 트리아진계 결합부위로 세분할 수 있다.

요소계 제초제 외에도 그림 9-7과 같이 많은 제초제가 광합성 과정에서 물이 해리되어 산소를 방출하고 수소이온과 전자를 방출하는 과정을 저해하는 것으로 알려져 있으며, 요소계, 트리아진계, 우라실계, 페닐카르바메이트계 등도 요소계와 같은 부위에서 전자전달을 억제하는 것으로 알려져 있다.

이 외에도 광인산화반응(光燐酸化反應, photophosphorylaton)을 억제함으로써 ATP의 생성을 억제하는 제초제로는 Perfluidone이 있다(그림 9-7).

광합성 저해형 제초제에 의해 광합성이 억제된 후 광을 흡수하면 광산화(光酸化, photooxidation)

반응을 일으키고 탄수화물 결핍 등의 복합작용으로 억제작용을 발휘한다.

비선택성 제초제로 가장 많이 사용되고 있는 Paraquat나 Diquat는 전자전달을 저해하는 것이 아니고 전자전달의 마지막 수용체인 페리독신(ferredoxin)의 환원을 억제하여 살초작용을 발휘한다. 이들 제초제는 처리 후 2~3시간 내에 처리된 잎을 위조 또는 건조시킴으로써 약효를 나타낸다. 비피리딜리움계 제초제는 제품화할 때 이온형태로 제조(製造, formulation)되며 이것은 엽록체 내의 광합성 명반응에서 전자전달로 생긴 환원력을 지닌 여기전자에 의해 쉽게 Paraquat유리기(遊離期, free-radical)로 변환되고 이것은 다시 빛, 물, 산소가 있는 상태에서 이온형태로 자동산화하게 된다. 이 과정에서 4종류의 부산물, 즉 ① 과산화수소(H_2O_2), ② 과산화유리기(O_2^-), ③ 수산화유리기(・OH), ④ 산소($^1O_2$), 등이 생성된다(그림 9-9). 이때 생성된 산화력을 지닌 과산화수소나 과산화유리기 등이 세포에 억제작용을 하고 엽록체구조 등을 파괴함으로써 살초력을 발휘한다고 한다. 과산화수소는 Peroxidase에 의해, 과산화유리기는 Superoxide dismutase 등의 효소에 의하여 저항성 잡초에서는 쉽게 분해되나 대부분의 감수성 식물은 이 효소의 작용이 결여되거나 낮아서 죽게 된다.

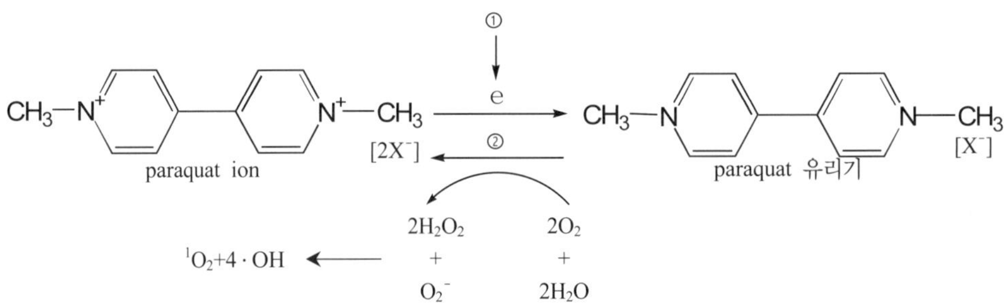

① 광합성 환원력 ② 자동산화

[그림 9-9] Paraquat의 살초작용(Ashton 등, 1981)

3) 호흡작용 억제

호흡작용(呼吸作用, respiration)이란 고분자화합물인 탄수화물(炭水貨物, carbohydrate), 단백질(蛋白質, protein), 지질(脂質, lipid) 등이 산화되어 에너지를 공급하고 ATP 및 많은 중간대사물질을 생성·공급하는 것을 의미한다.

식물의 호흡작용은 그림 9-10과 같다. 고분자화합물이 산소가 없는 상태에서 피루브산(pyruvate)으로 변형되는 것을 글리코리시스(glycolysis) 반응이라고 하는데 이는 세포질 내의 효소작용으로 일어난다. 그다음 과정으로 산소가 존재하는 상태에서 진행되는 크렙회로(Kreb's cycle, 또는 tricarboxylic acid cycle) 과정을 거쳐 전자 전달과 산화적 인산화(酸化的燐酸化, oxidative phosphorylation) 반응이 일어나서 NADH와 ATP를 각각 생성한다. 이 과정은 미토콘드리아(mitochondria)의 내막에서 일어난다.

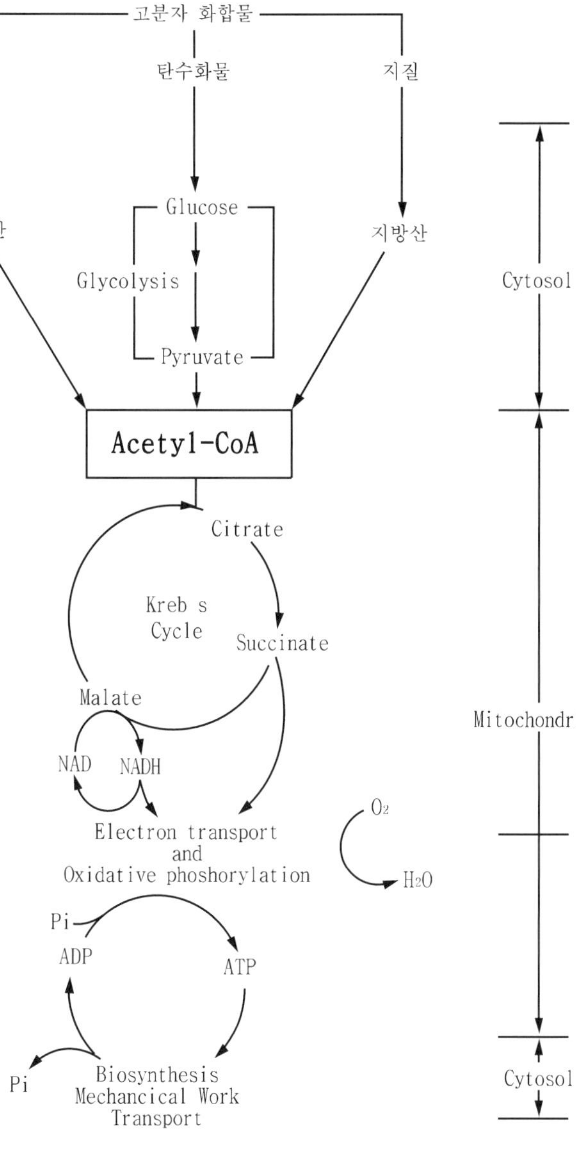

[그림 9-10] 식물체의 호흡과정(Moreland, 1985)

생물체가 정상적인 발육·생장을 하기 위해서는 호흡작용이 정상적으로 일어나야 한다. 호흡작용을 억제하는 제초제는 미토콘드리아에서 산화적 인산화반응으로 ATP를 합성하는 반응을 저해하거나 전자전달이나 에너지 전환을 방해한다고 한다.

호흡작용을 억제하는 제초제는 크게 전자전달(電子傳達, electron transpot) 저해제, 탈공역제(脫共役劑, uncoupler), 산화적 인산화(酸化的燐酸化, oxidative phosphorylation)반응 저해제로 나눌 수 있는데, 전자전달 억제제로는 Chlorpropham, Dinoseb, Ioxynil, Propanil 등을 들 수 있고, ATP 합성을 저해하는 탈공역제로는 DNP(dinitrophenol)가 있으며, 이 외에도 많은 제초제들이 직간접적으로 탈공역제 역할을 하는 것으로 보고되어 있다. 산화적 인산화반응, 즉 ATP 생성을 저해하는 제초제로는 Asulam, Dalapon, Propham, Propanil, TCA 등을 들 수 있다. 그러나 현재까지 산화적 인산화반응에서 에너지 전환을 억제하는 제초제는 없는 것으로 보고되고 있다.

4) 생합성 과정 억제제

생물체 내의 생합성 과정에 관여하는 효소활성을 직접적으로 억제하는 제초제는 극소수라고 하며 합성 과정에 끼친 제초제의 영향은 대체적으로 광합성과 호흡작용에 미친 영향으로 인한 2차적 혹은 3차적 영향으로 간주되고 있다.

식물체는 광합성 및 호흡작용에 이어 여러 종류의 물질을 생합성한다. 광합성이 아닌 효소가 매개된 합성경로는 질소대사, 단백질 및 핵산대사, 지질대사, 제2차 대사과정 등을 들 수 있고 제초제들은 이들 과정에 직간접적으로 영향을 미친다고 볼 수 있다.

① 질소대사

질소대사(窒素代謝, nitrogen metabolism)는 질소의 환원(還元, reduction)작용과 아미노산대사(amino acid metabolism)로 대별할 수 있다.

질소는 주로 질산태(NO_3)의 형태로 시비되고 있으나 아미노산으로 합성되기 위하여는 암모니아태로 환원되어야 한다. 질산태가 환원되는 데는 질산환원효소(nitrate reductase)가 관여한다. 제초제 가운데 Sodium chlorate가 직접 이 효소의 작용을 억제한다고 한다. NO_2는 다시 아질산환원효소(nitrite reductase)에 의하여 환원되는데, 이 효소의 작용은 광합성 전자전달계의 페리독신(ferredoxin)이 전자를 방출하느냐에 따라 결정된다고 한다. 대체로 광합성을 억제하는 제초제는 NO_3의 환원작용을 억제하리라고 추정되고 있으나 어떤 제초제의 독성발휘가 NO_3의 환원작용에 직간접적으로 영향을 미치기 때문에 일어나는 것인지에 대한 정확한 증거는 없는 실정이다.

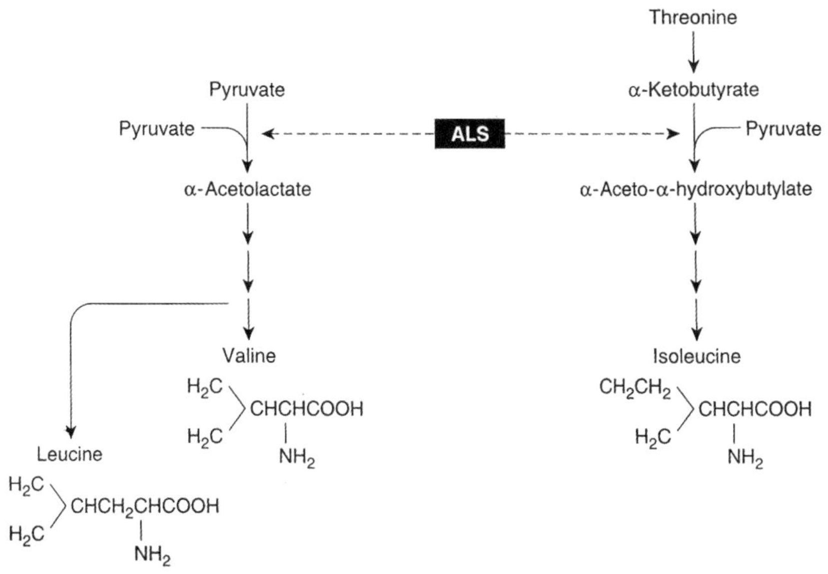

[그림 9-11] 측쇄 아미노산 생합성과 ALS의 작용

② 아미노산 생합성

설포닐유레아계 제초제는 요소계의 기본구조에 SO_2기가 치환된 것으로 1차적 작용기작은 처리 후 6시간 이내에 아미노산 합성을 저해하고 2차적으로 광합성, 호흡, 단백질 합성을 저해한다. 1980년대에 Du Pont사가 미량 처리로도 살초력이 뛰어난 Bensulfuron-methyl을 개발한 이래 여러 종이 시판되고 있다. 억제증상으로는 황화, 백화, 정아의 고사, 변색 등이 나타난다. 이 제초제의 작용점은 ALS(acetolactate synthase)이며 ALS는 측쇄가 있는 알리파틱 아미노산(예: valine, leucine, isoleucine) 생합성을 촉매 반응한다(그림 9-11). ALS 작용을 억제하는 제초제로는 설포닐유레아계와 이미다조리논계가 있다. 설포닐유레아계 제초제를 처리하면 식물생육에 필요한 아미노산 합성이 억제되고 2차적으로 생장이 멈춘다. 저항성 식물은 설포닐유레아계 제초제를 불활성화시킬 수 있는 능력을 갖고 있다(Zimdahl, 1993).

Glyphosate는 아미노산인 글라이신(glycine)에 포스포노메틸(phosphonomethyl)이 결합된 제초제로서 시키믹산(shikimic acid) 생성경로의 EPSP synthase(5-enolpyruvyl-shikimate-3-phosphate synthase)의 작용을 억제함으로써 방향족 아미노산(예: phenylalanine, tryptophan, tyrosine) 생합성을 억제하여 식물을 고사시킨다(그림 9-12). 또 Glyphosate는 2차적으로 호흡, 광합성 및 단백질 합성도 억제한다고 한다.

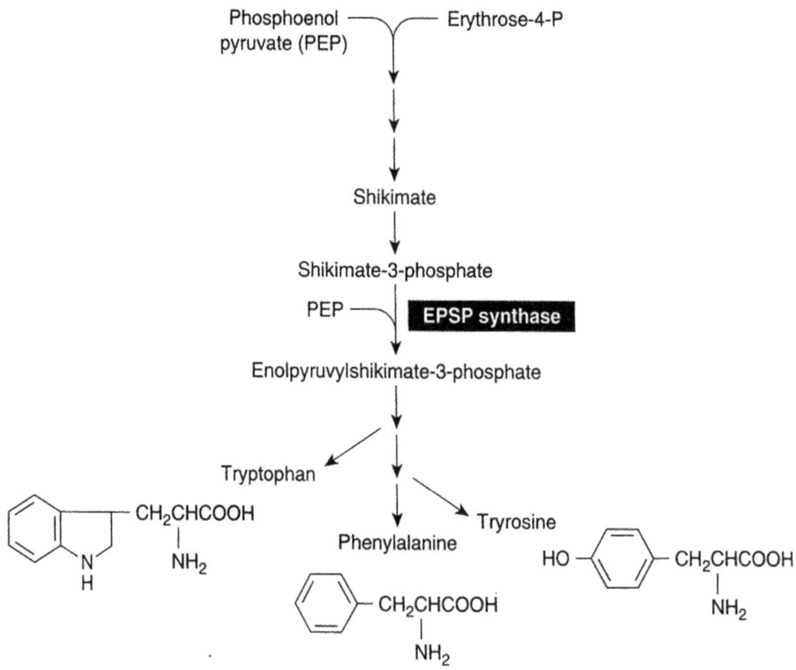

[그림 9-12] 방향족 아미노산 생합성에 EPSP Synthase 작용(Ross·Lembi, 1999)

③ 핵산대사 및 단백질 합성

실질적으로 많은 제초제가 핵산 및 단백질 합성(核酸 및 蛋白質 合成, nucleic acid and protein synthesis)을 직접적으로 억제한다고 하나 정확한 증거를 제시하기는 어려운 실정이다. 왜냐하면 대부분의 연구가 핵산 및 단백질 합성에 직접 관련된 미세기관(organelles)을 분리·구명하지 않은 채 식물체 내의 핵산 및 단백질 함량이나 이들 물질의 전구체에 동위원소를 부착시켜 핵산이나 단백질로 결합되는 것만을 측정하였을 뿐, 합성 그 자체를 구명하지는 않았기 때문이다.

핵산이나 단백질 합성에는 많은 에너지, 특히 ATP의 공급이 필요하다. 따라서 광합성이나 호흡작용을 억제하는 모든 제초제는 핵산 및 단백질 합성을 저해한다. 이런 관점에서 보면 거의 모든 제초제의 제2의 억제작용은 단백질이나 핵산 합성에 영향을 미칠 것으로 생각된다.

또 세포분열을 신속히 억제한다거나 뉴클레오티드(nucleotides)가 DNA로 결합하는 데 억제작용을 나타내는 제초제가 꼭 DNA합성을 직접적으로 저해한다고 단정할 수는 없다고 한다. 예를 들면 제초제 Chlorsulfuron은 처리 후 1시간 이내에 세포분열을 크게 억제할 뿐 아니라 DNA합성도 억제한다. 그러나 이 제초제는 식물체의 핵 DNA 중합효소(DNA polymerase) 및 티미딘키나아제(thymidine-kinase) 등에 직접적인 영향을 미치지 않기 때문에 DNA합성에는 직접 영향을 미치지 않는 것으로 보고되었다(Ray, 1982).

식물체 내의 핵산 및 단백질 합성에 가장 강한 억제작용을 나타내는 것이 Dinoseb, Ioxynil, Pyriclor 등인데 이들은 모두 호흡작용의 산화적 인산화반응의 억제제(탈공역제)로 잘 알려진 제초제들이다.

결론적으로 제초제가 식물체 생존의 가장 기본적인 작용인 핵산이나 단백질 합성을 저해하거나 영향을 미치게 되면 식물체 간에 선택성을 발휘할 수 없을 것이며 나아가 포유동물에게도 독성을 나타낼 것으로 생각된다. 따라서 현재 상품화된 제초제 가운데 어떤 제초제가 핵산이나 단백질 합성에 직접적으로 영향을 미치는지를 알기 위해서는 더 많은 연구가 이루어져야 할 것이다.

④ 지질대사

지질(脂質, lipid)은 식물 세포막의 보존이나 작용, 리포단백질(지질-단백질의 결합)로 된 효소의 적절한 기능, 여타 다른 효소활성의 조절에 필수적인 구성성분이다. 지질은 미토콘드리아, 세포질, 색소체 등에 존재하며 지방산은 엽록체의 스트로마(stroma)나 세포질에서 합성된다. 잎에 함유된 총 지방산의 70%가 불포화 지방산(不飽和脂肪酸, unsaturated fatty acid)인 리노레닉산(linolenic acid)이며 이것은 엽록체에 함유된 지방의 40~80%를 점유하고 있다(Cobb, 1992). 이들 각각의 지질은 독립적 합성과정을 갖고 있다고 한다. 지질은 식물체 내에 넓게 분포하고 있어서 제초제의 잠재적 작용의 범위가 그만큼 넓다고 볼 수 있다. 세포막에 존재하는 지질 구성성분의 상대적 비율을 변경시키거나 합성경로를 단순히 변화시킴으로써 식물의 생리적 기능에 엄청난 영향을 미친다는 것을 고려할 때 지질대사(脂質代謝, lipid metablolism)와 제초제의 작용특성은 밀접한 관련이 있다고 생각되나 이 분야에 대한 보고는 많지 않다.

많은 종류의 제초제가 지질의 합성을 억제하는 것으로 알려져 있으며 그 가운데 Pyridazinone계 제초제는 고등식물의 당지질(galactolipid)의 구성요소 변경은 물론, 당지질의 지방산 구성을 변경시키며 특히 지방산인 리노레익산이 리노레닉산으로 불포화되는 작용을 억제한다고 한다. 또 EPTC, Butylate, Diallate, Vernolate 등은 추출된 시금치의 엽록체 내에서 동위원소를 부착한 초산이 지질로 결합되는 작용을 억제한다고 보고되었다.

지방산의 생합성 경로는 Acetyl-CoA로부터 Malonyl-CoA를 거쳐 팔미틱산을 생합성하고 연속적으로 탄소수가 18개 이상인 지방산을 생합성한다(그림 9-13). 지방산 생합성에 관여하는 효소는 A~I까지 여러 개이며 그 가운데 제초제 Aryloxyphenoxy-propanoic acids나 Cyclohexanediones (H1)는 Acetyl-CoA carboxylase의 작용을 억제하고, 제초제 Pyridazinones(H2)는 Desaturase(G)의 작용을 억제한다. 제초제 Thiocarbamates(H3)는 탄소수가 18개 이상인 지방산 합성에 관여하는 효소(I)를 억제한다(Devin 등, 1993).

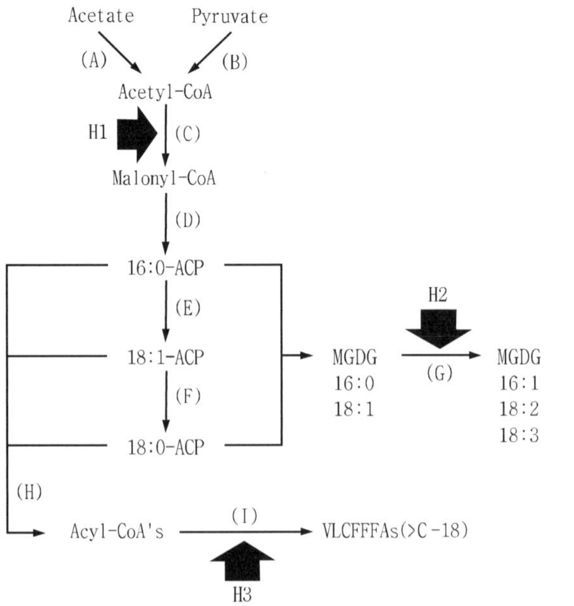

H1 : aryl-propanoic acids and similar structures:cyclohexanediones
H2 : Dyridazinones
H3 : thiocarbamates. halogenated acids(?)

[그림 9-13] 식물체 내의 지방산 생합성 경로와 제초제의 억제작용점(Devine 등, 1993)

제초제 종류: H1, H2, H3
제초제 작용점: (A) acetate thiokinase, (B) pyruvate dehydrogenase, (C) acetyl-CoA carboxylase, (D) type Ⅱ fatty acid synthetase complex, (E) palmitoly-ACP elongase, (F)&(G) desaturase, (H) acyl-CoA transfer system(plastid→cytoplasm), (I) type Ⅲ fatty acid synthase complex and specific elongases. ACE=acyl carrier protein; MGDG=monogalactosyldiacylglyceride. VLCFAs=very long chain length fatty acids

비선택성 제초제는 Paraquat를 콩에 처리했을 때 저농도에서 다소 상이한 감수성 반응을 보인 콩 품종을 대상으로 지방산의 포화정도를 구명한 결과 포화에 대한 불포화지방산의 구성비가 품종 간에 상이하게 나타났다. 본 결과로 미루어 보아 비선택성 광합성 억제 제초제도 지질의 대사에 영향을 미친다고 볼 수 있다(Kim 등, 1987).

5) 셀룰로오스 생합성 저해

다양한 계열의 제초제가 셀룰로오스 생합성을 저해한다고 한다. 이 계열의 제초제는 셀룰로오스 생합성 저해에 직간접으로 관여하여 세포구조의 통합성을 저해한다. 대부분의 경우 이들 제초제를 잡초 발생 전 토양에 처리하면 잡초의 유묘가 생장하지 못한다(Sabba와 Vaughn,1999). 생장이 왜소해지고 뿌리가 부풀어 오르는 저해 증상이 나타난다. 제초제 Dichlobenil과 Isoxaben은 잡초 발생 전에 토양에 처리하면 쌍자엽식물(잡초) 방제에 매우 효과적이다. 반면에 Quinclorac은 토양 및 경엽에 처리한다.

Quinclorac은 옥신형 제초제의 작용을 보이나 2차적 메커니즘으로 단자엽 식물의 셀룰로오스 생합성을 억제하며 피와 같은 화본과류의 잡초방제에 매우 효과적이다. 그림 9-14는 Isoxaben과 Dichlobenil이 셀룰로오스 생합성을 저해하는 기작을 나타내고 있다. Isoxaben은 자당으로부터 UDP-glucose 생성을 저해하고 Dichlobenil(DCB)은 UDP-glucose가 셀룰로오스 생합성으로 전환하는 것을 억제한다(그림 9-14).

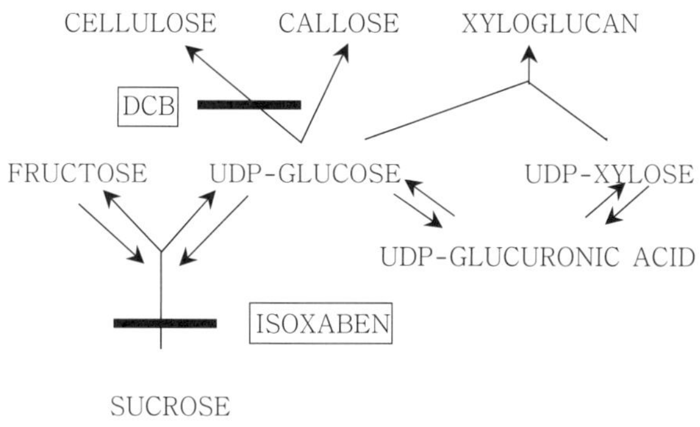

[그림 9-14] 제초제 Isoxaben과 Dichlobenil(DCB)의 셀룰로오스 생합성 저해(Monaco 등, 2002)

6) 2차 대사작용

2차 대사작용(二次 代謝作用, secondary metabolism)에서 생성된 2차 대사물질은 1차 대사과정에 포함되어 있지 않으며, 식물의 생존에도 1차 대사물질이나 그 작용에 비해 중요성이 낮다. 2차 대사물질은 대개가 1차 대사과정이 왕성하게 일어난 후 1차 대사물질로부터 생성되는 것이므로 설사 제초제가 영향을 미친다 하더라도 그 작용은 늦게 일어난다. 또 대부분의 제초제 작용의 1차 선발은 초자실내에서 실시되므로 2차 대사물질이 충분히 생성될 수 없는 조건에서 행해졌기 때문에 제초제의 1차 작용기작이 2차 대사작용의 합성을 억제하는 것인지는 잘 모르고 있다. 그러나 많은 제초제가 식물체 내의 여러 1차 대사과정에 미친 제1차 저해효과의 결과가 2차 대사물질의 합성에 크게 영향을 미친다는 보고가 많다.

고등식물에서 가장 보편적으로 볼 수 있는 2차 대사물질은 페놀이며, 이 물질은 페닐알라닌(phenylalanine)이나 티로신(tyrosine)으로부터 생성된다. 이들로부터 페놀이 생합성되는 과정에 관여하는 효소가 많은 제초제들에 의해 간접적으로 영향을 받는다고 볼 수 있다. 그 밖에 주요 2차 대사물질로 터페노이드류(terpenoids), 알카로이드류(alkaloids) 및 프라보노이드류(flavonoids)가 있다.

결론적으로 효소가 매개하는 식물체 내 생합성 과정에 1차적으로 억제작용을 나타내는 제초제의 종류는 소수에 불과하다. 방향족 아미노산 합성을 저해하는 Glyphosate, 지질합성을 저해하는 Thiocarbamate계의 EPTC, 색소체인 카로테노이드 합성을 저해하는 Pyridazinone계 제초제, Folate의 합성을 저해하는 Asulam 등이 이 범주에 속한다고 볼 수 있다. 이 가운데 Glyphosate나 Asulam만이 합성과정에 관여하는 특정효소의 작용을 억제하는 것으로 규명되었다. 합성과정에 관여하는 효소의 작용이 제초제의 작용점이 될 수 있는 가능성이 높지만 아직 이 부분에 대해서는 잘 모르고 있다.

7) 색소체 형성 저해

제초제 작용과 관련된 색소(色素, pigment)는 엽록소와 카로테노이드(carotenoids)이다.

• 엽록소(葉綠素, chlorophyll): 많은 제초제가 황화(黃化, chlorosis)현상을 일으키나 직접적으로 엽록소 합성을 억제하기 때문에 황화현상이 일어나는 것은 아닌 것으로 알려져 있다. 황화현상은 엽록소 형성이 억제되기 때문이라는 많은 연구·보고가 있으나 확실한 근거는 없다. 제초제 처리로 발현된 황화현상은 카로테노이드가 보호작용을 상실함으로써 생겨난 표백작용(漂白作用, bleaching)이거나 유해한 산소화합물이 과다하게 생성되어 산화시킨 것 때문에 일어난다고 알려져 있다. 카로테노이드는 엽록소가 광산화하는 것을 보호하는 보조 식물색소체이다. 카로테노이드가 결여되어 있으면 빛 속에서 서서히 파괴되어 죽게 된다. 제초제에 의한 피해현상은 표백되어 반투명한 잎모양이 된다. 때때로 표백작용이 전 잎에 나타나지 않고 잎 주위나 잎맥이 연분홍색 또는 적색으로 변하기도 한다.

제초제 가운데 Amitrole은 직접적으로 Phytol 합성을 저해하여 엽록소 합성을 억제한다고 한다. 많은 종류의 제초제가 엽록소 합성을 저해한다고 하나 엽록소 합성 자체가 제초제의 작용점으로 작용하는지에 대해서는 명확하게 구명되어 있지 못한 실정이다.

• 카로테노이드(carotenoids): 제초제가 발현시키는 황화현상은 표백현상에 기인한 것이며 표백현상은 바로 카로테노이드의 합성 저해나 카로테노이드가 파괴되므로 나타나는 현상이다. 빛의 광자에 의해서 단일 상태의 엽록소 형태는 반응력이 높고 불완전 삼중상태(triplet)의 엽록소로 바뀐다. 카로테노이드는 여기된 에너지를 가진 불안전한 삼중상태(triplet)의 엽록소를 반응력이 낮은 안전한 상태로 변화시켜 광산화로부터 엽록소를 보호한다. 카로테노이드의 파괴는 삼중상태의 엽록소로부터 발생한 불완전 단일상태 산소(singlet oxygen: $^1O_2$)에 기인한다. 불안전한 단일상태의 산소는 엽록체 막이나 여타 색소체 구성성분을 산화시켜서 표백작용을 일으킨다. 표백작용을 일으키는 제초제들은 카로테노이드 합성이 잘 되고 있는 발육 중의 엽록체에서 가장 효과적인 작용을 한다.

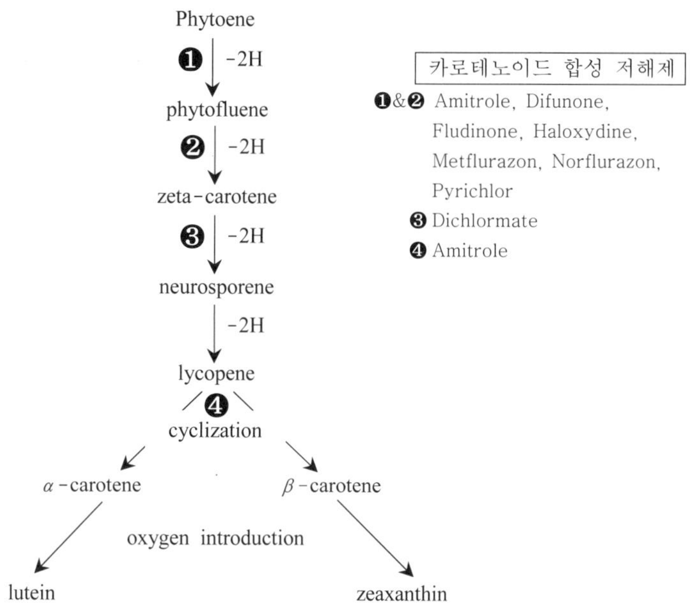

[그림 9-15] 카로테노이드 합성 저해제의 작용점(Duke, 1985)

제초제 가운데 Pyridazinone계 제초제인 Norflurazone, Fluridone은 Phytone desaturase의 작용을 억제하여 Phytoene의 함량을 축적시킴으로써(그림 9-15) 카로테노이드의 합성을 저해한다. 이 밖에도 여러 제초제들이 Zeta carotene desaturase나 Lycopene cyclase 작용을 억제하며 카로테노이드의 생합성을 저해하는 것으로 알려져 있다(Duke, 1985; Monaco 등, 2002).

8) 식물체의 막에 미치는 영향

식물체의 막은 크게 세포막(細胞膜, cell membrane)과 액포막(液胞膜, tonoplast)으로 나눌 수 있으며, 제초제가 막에 영향을 미치기 위해서는 막을 구성하고 있는 지질, 단백질, 당 등과 결합하여야 한다. 일반적으로 독성을 발휘하는 물질은 막을 구성하고 있는 단백질, 특히 효소와 결합하여 그 작용을 억제한다고 하며, 막의 구성물질인 지질이나 당은 막의 기능에 중요하며 제초제가 이들 구성성분과 결합하면 막의 기능장해 현상을 일으킨다(그림 9-16).

제초제는 지질과 지질을 느슨하게 연결하는 막을 구성하고 있는 지질모체에 분배되어 비극성을 띠며 인지질(燐脂質, phospholipid)의 지방족 탄수소 쪽에 더 잘 용해된다. 지질과 단백질 사이에 분배된 제초제는 단백질의 구조를 파괴하고 기능을 방해한다. 막에 분배된 제초제는 막의 구성성분인 단백질이나 지질을 막 밖으로 용해시켜서 막을 변화시킨다.

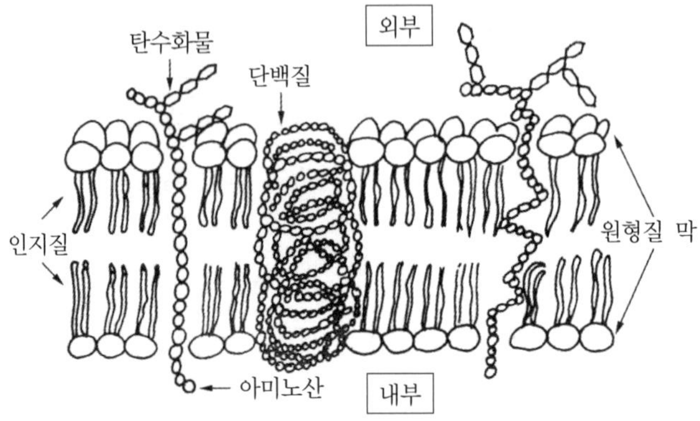

[그림 9-16] 세포 원형질 막의 유동성 모자이크 모형

제초제가 식물체의 막 기능에 미치는 직접적인 영향으로는 용질의 이행 및 보유, 효소활동, 호르몬이나 환경자극의 조건 등을 들 수가 있다. 제초제가 막에 분배되므로 막의 투과성이 변질되고 지질-지질, 지질-단백질의 상호작용을 억제, 막의 구성성분을 용해시킨다.

많은 계열의 제초제(diphenylether계, oxadiazol계, bipyridylium계 등)가 막의 투과성에 영향을 미치며 세포내용 물질이 세포 밖으로 누출된다는 사실이 보고되었다. 특히 Bypyridium계의 Paraquat를 처리할 때 Paraquat 유리기가 자동산화하여 생성되는 혼합산소류인 ① 과산화수소(H_2O_2), ② 과산화유리기(O_2^-), ③ 수산유리기(・OH), ④ 산소($^1O_2$)가 빠르게 세포막에 손상을 주어 식물체가 죽게 된다. 다양한 품종의 콩에 Paraquat를 처리했을 때 콩 품종 간에는 전기전도도에 차이가 있었으며 비교적 낮은 농도의 Paraquat에 피해를 덜 받는 쪽의 전기전도도가 낮은 것으로 나타나 막의 누출현상에 차이가 있음이 입증되었다(김 등, 1987).

참고문헌

1. Ashton, F.M. 1965. Relationship between light and toxicity symptoms caused by atrazine and linuron. Weeds. 13: 164-168.
2. Ashton, F.M. and A.S. Crafts. 1981. Bipyridylliums. In: Mode of Action of Herbicides, 2nd ed. John Wiley & Sons, Inc. New York. pp.164-179.
3. Cobb, A. 1992. Gramicide: inhibitors of lipid biosynthesis. In: Herbicides and Plant Physiology. Andress Cobb. ed. Chapman & Hall, London. pp.107-125.
4. Devine, M., S.O. Duke and C. Fedtke. 1993. Herbicide effects on lipid. In: Physiology of Herbicide Action. A Simon & Schuster Company, New Jersey, U.S.A. pp.225-230.
5. Duke, S.O. 1985. Effects of herbicides on nonphotosynthetic biosynthetic processes. In: Weed Physiology, S.O. Duke ed. CRC Press, Inc. pp.91-112.

6. Duke, S.O. ed. 1985. Weed Physiology. Vol.Ⅱ CRC Press, Inc. Boca Raton, Florida. pp.91-112.
7. Hatzios, K.K. 1989. Development of herbicide safeners: Industrial and University Perspectives. In: Crop Safeners for Herbicides. K.K. Hatzios and R.E. Hoagland. eds. Academic Press, Inc. San Diego, California. pp.3-45.
8. Kim, K.U., S.H. Kim and J.S. So. 1987. Mechanism of paraquat tolerance in soybean cultivars. Proceedings of 12th APWSS Conference, Taiwan, pp.57-62.
9. Kim, S.C., G.S. Chung and D.S. Kim. 1985. Status of RDA researches on weed control for rice nursery bed. J. Korean Soc. Weed Sci. 5(2): 175-186.
10. 行本峰子·田 二. 1985. 原色作物の藥害. 全國農村教育協會, pp.125-175.
11. Monaco, T.J., S.C. Weller and F.M. Ashton. 2002. Weed Science: Principles and Practices. 4th ed. John Wiley & Sons, Inc. U.S.A. pp.183-361.
12. Moreland, D.E. 1985. Effects of herbicides on respiration. In: Weed Physiology, S.O. Duke ed. CRC Press, Inc. Boca Raton, Florida. pp.37-61.
13. Pallas, J.E. Jr. 1960. Effects of temperature and humidity on foliar absorption and translocation of 2,4-dichlorophenoxyacetic acid and benzoic acid. Plant Physiol. 35: 575-580.
14. Ray, T. 1982. The mode of action of chlorsulfuron: The lack of direct inhibition of plant DNA synthesis. Pestic. Biochem. Physiol. 18: 262.
15. Ross, A.M. and C. A. Lembi. 1999. Applied Weed Science 2nd ed. Prentice-Hall, Inc. Simon & Schuster/A Viacom Company. U.S.A. pp.155-187.
16. Sabba, R. P. and K. C. Vaughn. 1999. Herbicides that inhibit cellulose biosynthesis Weed Sci. 47: 757-763.
17. Santiel, S. and A. Chamel. 1992. Penetration of glyphosate and diuron into and through isolated plant cuticles. Weed Res. 32: 337-347.

10 제초제와 환경

10.1 제초제와 생태계

제초제 사용의 근본 목적은 모든 잡초를 방제하고 작물만 자랄 수 있게 하는 것인데, 실질적으로 사용되고 있는 제초제들은 잡초 간, 작물과 잡초 간에 선택성을 나타낸다. 제초제의 종류, 특히 이화학(理化學)적 성질, 처리 시기와 방법, 대상 작물의 종류에 따라 생태계에 미치는 영향에는 차이가 있다.

또 제초제의 연용(連用, repeated application)은 저항성 잡초의 발현(發現)이나, 토양미생물 등에 영향을 미친다. 페녹시계의 2,4-D 처리는 담배, 오이, 목화 재배지에 담배 모자이크 바이러스의 감염을 촉진시키고 식물과 미생물 등 생물 종의 변화를 인위적으로 도태(淘汰, selection) 또는 조장하는 역할을 하므로 동일 제초제의 연용은 가급적 피하고 생태계에 많은 변화를 일으키지 않으면서 잡초만을 적절히 억제시켜 작물의 생산을 경제적으로 할 수 있는 방제법을 확립해야 한다.

10.2 제초제와 토양

제초제가 토양에 처리되면 환경의 영향을 직접 받게 되는데, 그 가운데서 토양의 성질이 약효나 약해에 가장 큰 영향을 미친다.

제초제를 입제형태로 처리하면 100%가 토양에 일단 집적되나 경엽에 처리하는 유·액제의 경우는 30~40%가 토양에 집적되며 30% 정도는 식물체에 흡수되고 나머지 30%는 대기 중으로 분산된다. 토양에 처리한 제초제는 토양의 고상(固相, solid phase), 액상(液相, liquid phase), 기상(氣相, gas phase) 및 토양 중에 살아 있는 미생물 등과 복잡한 상호작용을 하므로 제초제의 형태를 정확히 파악하기가 매우 어렵다. 토양에 처리된 제초제의 주요 행적을 보면 우선 ① 토양 내의 흡착, ② 휘발, ③ 용탈, ④ 유거, ⑤ 식물체 내 흡수, ⑥ 미생물적 분해, ⑦ 화학적 분해, ⑧ 광분해 등을 거치면서 소실된다(그림 10-1).

제초제로서 소기의 목적을 달성하기 위해서는 위에 언급한 소실, 흡수, 분해과정을 거치면서 일정한 기간 토양 내에 잔효성(殘效性, persistence)을 가져야 한다.

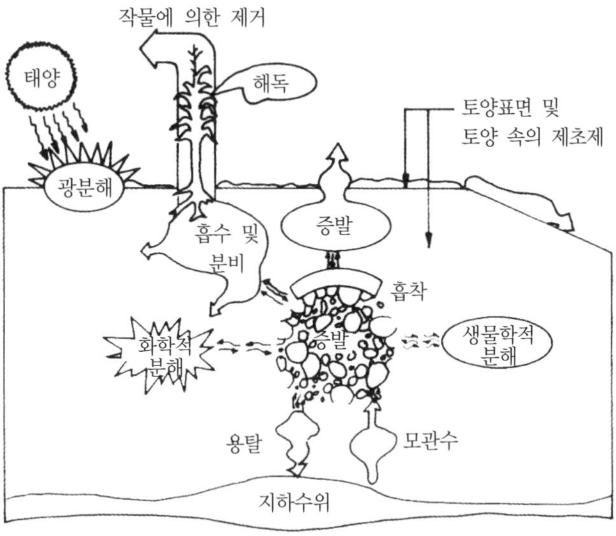

[그림 10-1] 제초제의 토양 중 행적

(1) 토양 내 제초제의 행적

1) 흡착

제초제의 흡착(吸着, adsorption)은 토양 내 점토물이 표면에 부착되거나 친화력을 갖는 것을 말한다. 점토는 직경이 0.002㎜보다 작은 미세한 입자로서 화학적·교질적 작용을 하고 물과 흡착하는 힘이 크며 점토의 화학조성은 함수 규산알루미나이다. 점토나 부식은 입자가 잘고 입경이 0.1㎛ 이하의 입자인 교질(膠質, colloid)로 되어 있어서 양이온을 흡착한다. 제초제가 토양입자에 흡착되는 데는 유기물인 휴머스 및 휴믹산, 무기물인 점토물질, 함수 규산알루미나와 밀접한 관계가 있다.

흡착의 정도가 제초제의 약효를 결정하는 데 중요한 역할을 하게 된다. 흡착이 많거나 강하면 식물체나 토양미생물이 이용할 양에 절대적인 영향을 미치고 제초제의 용탈, 휘발, 유거 등에도 영향을 미친다.

토양유기물은 카르복실기(-COOH), 히드록시기(-OH), 메톡시기(-OCH_3) 등의 작용기를 갖고 있으며 카르복실기가 양이온의 교환을 가능하게 한다. 토양유기물은 분자량이 20,000~50,000 정도인 고분자화합물이나 대부분의 제초제 분자량은 100~400으로 아주 적고 대부분이 하나 또는 하나 이상의 방향족 물질을 함유하고 있어서 흡착에 중요한 역할을 한다. 그 밖에도 대부분의 제초제는 카르복실기(-COOH), 히드록시기(-OH), 아민기($-NH_2$) 등의 반응기를 갖고 있어서 토양유기물과 치환결합이 가능하다.

Weber(1972)는 토양흡착과 관련하여 농약을 크게 이온화 가능한 농약과 이온화되지 않는 농약으로 대별하였다.

• 이온화 가능한 농약

① 양이온화합물(陽이온化合物, cationic compounds)

② 염기성화합물(鹽基性化合物, basic compounds)

③ 산성화합물(酸性化合物, acidic compounds)

• 이온화되지 않는 농약

① 염소치환된 탄수소화합물(chlorinated hydrocarbon)

② 산아미드 및 아닐라이드(acetamide and anilide)

③ 치환된 아닐린(substituted aniline)

④ 페닐요소(phenyl urea)

⑤ 티오카르바메이트(thiocarbamate)

⑥ 벤조나이트릴(benzonitrile)

⑦ 에스테르(ester)

이온화가 가능한 제초제인 양이온화합물은 양이온 치환을 통해서 흡착되고, 알칼리화합물인 s-triazine이나 Triazol은 양자를 받아 양전하를 띰으로써 토양의 유기물이나 교질에 흡착되며 이온결합, 수소결합 또는 소수성(hydrophobic)결합을 한다고 한다. 산성화합물은 음이온을 띠어서 토양에 잘 흡착되지 않으나 토양 표면의 조건에 따른 양전하성에 의하여 결합이 가능하다.

이온화되지 않는 제초제의 특성이나 분류는 범위가 너무 넓어서 일률적으로 설명할 수가 없다. 이들 제초제는 용해성, 극성, 수증기압 등의 화학적 제 특성에 너무나 큰 차이가 있으며 특별한 메커니즘을 통해서 흡착되는 것이 아니므로 설명이 매우 어렵다고 한다. 이들은 대체로 약한 물리적 힘에 의하여 흡착되는 것으로 간주되며 토양유기물이나 점토의 함량 등과 밀접한 관계가 있는 것으로 알려져 있다.

① 흡착기구(吸着機構, mechanism of adsorption)

흡착기구는 ① 양이온 결합, ② 음이온 결합, ③ 반데르발스 힘(van der waals force), ④ 수소

결합, ⑤ 기타 등으로 나눌 수 있으며 그 중요 특성은 다음과 같다.

가. 양이온 결합

양이온 교환을 통하여 토양입자에 흡착되는 중요한 제초제로는 Bipyridilium계의 Paraquat나 Diquat를 들 수 있다. 이들 물질은 물에 완전히 이온화되므로 용해성이 높고, 점토질에 쉽게 흡착되며 토양에 깊이 흡착되어 있는 무기 양이온과도 교환이 가능하다. 일단 토양 내에 흡착되면 이동이 잘 되지 않으며, 토양미생물에도 나쁜 영향을 미치지 않고 식물체도 이용할 수 없는 형태로 강하게 흡착된다고 한다.

Paraquat나 Diquat 등은 포장상태에서 먼저 유기물에 흡착되었다가 곧바로 토양점토질에 재분배되어 흡착된다고 한다. 유기물에 흡착된 이들 물질은 점토질에 흡착된 것보다 약한 결합을 하고 있어서 유기물이 극히 많은 토양에서는 약해가 유발되기도 하나 pH를 높이면 음전하 성질이 커지므로 약해의 염려가 없어진다고 한다. 한편 토양에 처리된 Paraquat 1,000ppm은 식물의 호흡작용에 영향을 주지 않는다고 보고된 것으로 보아 토양 내에서 이들 제초제는 안전한 상태로 존재하는 것 같다. 그러나 이들 흡착된 제초제는 궁극적으로 화학적·미생물적 작용 및 광분해작용 등에 의하여 원래의 형태를 잃어버리는 것으로 추정되고 있어서 이들 제초제의 행적에 대해서는 더 많은 연구가 이루어져야 할 것으로 생각된다.

나. 음이온 결합

음이온을 띠는 제초제 Amiben, Bromoxyil, Dinoseb, Picloram, TCA, 2,4-D 등은 토양입자와 같은 음이온을 띠고 있어서 토양에 쉽게 흡착되지 못한다. 산성화합물 제초제는 대체로 2,4-D의 카르복실기(-COOH)나 페놀물질의 히드록시기(-OH)에 의하여 산성을 띠며 물질 그 자체는 음이온을 띠게 된다.

산성화합물 제초제는 토양의 pH가 높을 때는 거의 흡착이 되지 않으나 pH가 낮은 경우에는 철이나 Aluminum hydroxides와 같은 양이온을 띠는 물질에 소량 흡착되므로 이들 음이온을 띠는 제초제는 토양 pH에 따라 흡착이 가능하다.

다. 반데르발스 힘

양·음이온으로 이온화하지 못하는 비극성 제초제는 약한 물리적 힘에 의하여 토양 표면에 흡착된다. 그 예로는 페닐요소계(monuron, diuron), 치환된 아닐린계(trifluralin, benefin), 치환된 아닐라이드계(propanil, propachlor), 티오카르바메이트계(EPTC, vernolate) 및 기타 Molinate, Diclobenil 등의 제초제를 들 수 있다.

반데르발스 힘(van der Waals force)이란 가장 약한 분자 간의 인력으로서 일시적으로 편극된 두 결합 간의 인력을 의미한다. 두 분자 간에 존재하는 접촉이 크면 클수록 결합은 보다 더 편극되고 그로 인해서 반데르발스 힘은 더 강해진다고 한다. 이온화되지 않는 제초제는 수소 결합에 의하여 다소 흡착되기도 한다.

라. 수소 결합

수소 결합(水素結合, hydrogen bond)이란 두 개의 전기음성적 원자를 결합시키는 작용을 의미한다. 특히 히드록시기(-OH)를 갖는 화합물에서 한 분자 내에 있는 부분 양전하를 띤 수소핵과 다른 분자 내에 있는 부분, 음전하를 띤 산소 간에 강한 화합이 생기는 것을 수소 결합이라 한다. 제초제가 수소 결합에 의해서 토양 표면에 흡착되는 것은 흡착되어 있는 양이온이 제초제의 카르복실기(-COOH) 같은 기와 수소 결합함으로써 가능하다고 한다.

(예) 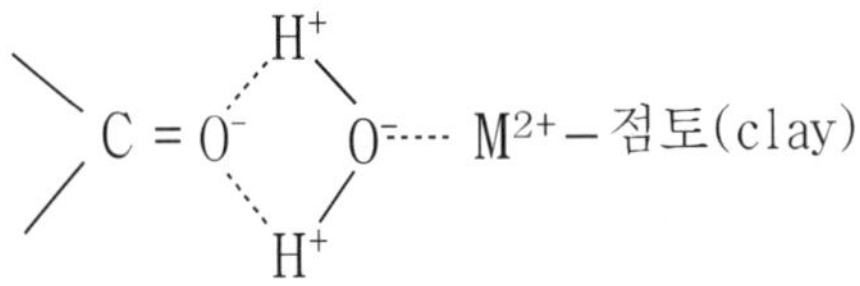

2) 휘발

휘발(揮發, volatilization)이란 토양에 처리한 제초제가 기체화되어 소실되는 상태를 의미하며 제초제는 처리됨과 동시에 휘발하게 된다. 증기압과 휘발은 밀접한 관계가 있으며 증기압이 높을수록 휘발성이 크다(표 10-1). 휘발성이 강한 EPTC나 Trifluralin과 같은 제초제는 토양혼화처리함으로써 휘발을 방지할 수 있다.

수용성 상태로 토양 표면에 처리한 EPTC는 습윤하면 살포하는 당일에 70%가 휘발·소실되나 건조하면 45%만 휘발·소실된다고 한다. 티오카르바메이트계(thiocarbamate)에 속하는 제초제는 EPTC>Vernolate>Pebulate>Molinate 순으로 휘발성이 강하다고 한다.

휘발성이 강한 것으로 알려진 2,4-D 에스테르형은 처리하는 당일에 10% 정도 휘발되어 인접해 있는 감수성 광엽작물에 충분히 약해를 일으킬 수 있다고 한다. 빛이 강할수록 토양 표면이 뜨거우므로 제초제가 쉽게 휘발한다. Triazine계 제초제는 토양온도가 35℃에서 45℃로 10℃ 상승함에 따라 휘발성이 50%나 증대된다고 한다. 일반적으로 증기압이 10^{-4}㎜Hg(1㎜Hg=132.322mPa)보다 클 때 휘발성이 문제가 된다.

[표 10-1] 주요 제초제의 증기압(㎜Hg/℃)[1] (고증기압→저증기압 순)

제초제	증기압(㎜Hg)[2]	제초제	증기압(㎜Hg)[2]
EPTC	3.4×10^{-2}	Fluometryn	9.4×10^{-2}
Butylate	1.3×10^{-2}	Bensulide	8×10^{-7}
Vernolate	1.0×10^{-2}	Oxadiazon	7.76×10^{-7}
Pebulate	8.9×10^{-3}	Isoxaben	$<3.9 \times 10^{-7}$
Cycloate	6.2×10^{-3}	Bromacil	3.1×10^{-7}
Molinate	5.6×10^{-3}	Terbacil	3.1×10^{-7}
Dichlobenil	1×10^{-3}	Atrazine	2.9×10^{-7}
Clomazone	1.4×10^{-4}	Hexazinone	2×10^{-7}
Triallate	1.1×10^{-4}	2,4-D(amine salt)	1.4×10^{-7}
Trifluralin	1.1×10^{-4}	Metribuzin	1.2×10^{-7}(20℃)
Pronamide	8.5×10^{-5}	Tebuthiuron	1×10^{-7}
Ethalfluralin	8.2×10^{-5}	Fluridone	$<1 \times 10^{-7}$
Propachlor	7.9×10^{-5}	Diuron	6.9×10^{-8}
Benefin	7.8×10^{-5}	Norflurazon	2.9×10^{-8}
Metalochlor	3.1×10^{-5}	Prodiamine	2.51×10^{-8}
Linuron	1.7×10^{-5}(20℃)	Simazine	2.2×10^{-8}
Alachlor	1.6×10^{-5}	Imazaquin	$<2 \times 10^{-8}$(45℃)
Pendimethalin	9.4×10^{-6}	Triasulfuron	$<1.5 \times 10^{-8}$
Dicamba(amine salt)	9.2×10^{-6}	Oryzalin	$<1 \times 10^{-8}$
Prometon	7.7×10^{-6}	Siduron	4×10^{-9}
Butachlor	4.5×10^{-6}	Cyanazine	1.6×10^{-9}(20℃)
Napropamide	4×10^{-6}	Chlorsulfuron	2.3×10^{-11}
Ametryn	2.7×10^{-6}	Chlorimuron	4×10^{-12}
DCPA	2.5×10^{-6}	Sulfometuron	5.5×10^{-16}
Oxyfluorfen	2×10^{-6}	Picloram (potassium salt)	Negligible
Clopyralid(amine salt)	1.3×10^{-6}		
Prometryn	1.2×10^{-6}		

1) Ross and Lembi(1999). Cited from Applied Weed Science. 원자료는 미국잡초학회가 발간한 Herbicide Handbook에서 인용.
2) 1㎜Hg=132.322mPa
기타: 표시되지 않은 증기압 측정 시 온도는 25℃, 휘발성이 문제되는 증기압은 10^{-4}㎜Hg보다 높을 때이다.

제초제가 일단 토양에 혼화되면 휘발에 위한 소실은 크게 감소된다. 특히 토양수분과 EPTC의 휘발성의 관계를 보면 건조한 상태보다 수분이 많은 상태에서 EPTC의 휘발성이 훨씬 높다고 한다. Trifluralin은 결정체일 때의 증기압이 2×10^{-4}㎜Hg(25℃)인 데 반해, 수용성이 되었을 때는 126㎜Hg(80℃)로 증가된다. 토양수분이 어떻게 제초제의 휘발성을 증대시키느냐에 대한 결정적인 증거는 없으나 아마도 토양수분이 농약을 토양입자로부터 잘 휘발될 수 있는 상태로 만들어 주는 것이 아닌가 추측된다. Simazine의 경우는 토양수분 증가에 따라 휘발성이 감소되나 Atrazine의 경우는 휘발성이 증가된다는 상이한 반응결과도 있다.

3) 용탈

용탈이란 물이 밑으로 이동하는 현상을 의미한다. 제초제가 토양 내에서 이동하는 정도는 약효 및 약해 발현에 크게 영향을 미칠 뿐만 아니라 약효의 잔효기간과도 깊은 관련이 있다. 제초제가 흡착되지 않은 상태에 있을 때에는 수분이동과 더불어 용탈(溶脫, leaching)될 가능성이 높아지며 중력수나 모관수의 수분상태에서도 용탈이 가능하다. 제초제가 용탈되는 정도는 ① 토양에의 흡착 여부, ② 물에 대한 용해도, ③ 투수되는 수분의 양과 밀접한 관련이 있다.

토양에의 흡착정도는 앞에서 언급한 것처럼 제초제의 종류와 토양의 유형, 유기물 함량, 토양의 pH 등에 따라 크게 좌우된다. 토양에 처리한 제초제는 흡착(吸着, adsorption)되기도 하며 다시 탈착(脫着, desorption)되기도 한다. 흡착이 잘 안 되는 제초제일수록 토양 이동성이 크다. 또 물에 대한 용해도가 클수록 흡착계수가 낮고 토양 이동성이 크며, 투수되는 수분의 양 특히 강우량이 많을수록 제초제의 용탈 정도가 커진다(표 10-2, 10-3).

[표 10-2] 제초제의 토양 중 상대이동도(Helling 등, 1971)

이동도	제초제명
이동 대(大)	TCA, Dalapon, 2,3,6-TBA, Amiben
이동 중(中)	Picloram, 2,3,6-TCA, MCP, ATA, Bromacil, 2,4-D, DNBP
	Propachlor, Fenuron, Prometryn, NPA, 2,4,5-T, Terbacil, IPC, Diphenamid, Monuron, Atrazine, Simazine, Alachlor, Ametryn, Propazine
	Siduron, Bensulide, DCPA, DCMU, Linuron, CIPC, EPTC, DBH, Molinate, Pebulate
이동 소(小)	Paraquat, Nitralin, Trifluralin

[표 10-3] 제초제의 용해도와 흡착계수(용해도가 낮아지면 흡착계수가 증가함)[1)]

제초제	용해도(ppm)[2)]	흡착계수(ml/g)
Dicamba(amine salt)	720,000	2
Clopyralid(amine salt)	300,000	6
Picloram(potassium salt)	200,000	16
Hexazinone	33,000	54
Chlorsulfuron	31,800	40
Tebuthiuron	2,500	80
Metribuzin	1,100	60
Clomazone	1,100	300
Molinate	970	190
Triasulfuron	815	65~191
2,4-D(amine salt)	796	20
Prometon	720	150

제초제	용해도(ppm)[2]	흡착계수(ml/g)
Terbacil	710	55
Bromacil	700	32
Propachlor	613	112
Metalachlor	488	200
Chlorimuron	450	110
EPTC	370	200
Sulfometuron	300	78
Alachlor	242	124
Ametryn	200	300
Cyanazine	171	190
Fluometuron	110	100
Vernolate	108	260
Cycloate	85	600
Linuron	75	400
Napropamide	73	700
Pebulate	60	430
Imazaquin	60	20
Butylate	45	400
Diuron	42	480
Prometryn	33	400
Atrazine	33	100
Norflurazon	28	700
Bensulide	25	1,000
Butachlor	23	700
Dichlobenil	21.2	400
Siduron	18	420
Pronamide	15	800
Fluridone	12	1,000
Simazine	6.2	130
Triallate	4	2,400
Oryzallin	2.6	600
Isoxaben	1	190~570
Oxadiazon	0.7	3,200
DCPA	0.5	5,000
Trifluralin	0.3	7,000
Ethalfluralin	0.3	4,000
Pendimethalin	0.275	17,200
Oxyfluorfen	0.1	100,000
Benefin	0.1	9,000
Prodiamine	0.013	13,000

1) 자료는 Herbicide Handbook에서 인용(1994), Ross · Lembi(1999)의 자료를 재인용함.
2) 25℃일 때의 용해도 또는 10℃~25℃ 범위 내의 용해도

제초제의 토양침투는 강우량에 크게 영향을 받는다. 강우량이 150㎜일 때 Alachlor, Propanil, Trifluralin은 약 10㎝ 침투하며, 산(酸, acid) 형태의 MCPA, 2,4-D, 2,4,5-T 등은 20㎝ 정도 침투하고 Dalapon은 50㎝ 정도 침투한다.

표 10-4는 제초제의 종류별 토양이동정도를 나타낸 것으로 제초제의 종류에 따라 침투정도가 상이하며 제초제 제형 가운데 물에 용해가 잘 되는 제형일수록 용탈이 크다.

[표 10-4] 강우량이 제초제의 투수에 미치는 영향(양토)(Haque 등, 1974) (단위: inch)

구 분	강우량	최대침투	토양침투
Monuron	1	1.75	0.25
	3	1.75	0.25
2,3,6-TBA	3	12.00	8.00
Atrazine	12	12.00	7.00
Simazine	12	7.00	1.00

4) 유거

유거(流去, run-off)란 토양 표면에 처리한 제초제가 흐르는 물과 함께 높은 곳에서 낮은 곳으로 흘러내리는 현상을 의미한다. 특히 강우가 많을 때에 처리한 제초제는 물에 용해되거나 토양에 유착된 상태로 토양과 함께 유거되기도 한다.

유거에 의한 제초제의 이동도 토양 내의 용탈과 함께 제초제의 효력을 경감시키는 요인이다. 강우가 심할 때 경사지의 논에는 제초제 처리를 삼가야 하며, 강우가 끝난 후 물 높이를 3~4㎝로 조절한 다음 제초제를 처리하면 유거를 방지하고 제초제의 효력을 증대시킬 수 있다.

(2) 제초제의 분해

토양 중에서 제초제가 소실되는 주요 경로는 분해(分解, degradation)작용이다. 분해로 인하여 생성된 화합물은 모화합물(母化合物, parent compounds)보다 독성은 크게 감소되었으나 종류에 따라서는 토양 내에서 어떠한 행적을 나타내는지를 정확히 구명하기 어려운 것도 있다. 그러나 그것은 토양유기물과 직간접적으로 결합하는 등 모화합물과 유사한 형태를 보일 것으로 추정된다.

토양에 처리된 제초제는 화학적 분해, 미생물적 분해, 광분해 등의 과정을 거치면서 원래의 형태를 잃어버린다.

1) 화학적 분해

토양에서의 제초제의 화학적 분해(化學的分解, chemical degradation)란 토양미생물의 작용

없이 화학적 작용에 의해 제초제가 분해되는 것을 의미한다. 화학적 분해반응의 대표적인 예는 ① 산화, ② 환원, ③ 가수분해, ④ 화학적 복합체 형성 등을 들 수 있으며 화학적 분해반응에 영향을 미치는 요인으로는 ① 토양 pH, ② 토양용액, ③ 무기이온 등이 있다.

산화반응은 2,4-D에서 전자를 잃게 하는 분해반응이고, 환원반응은 산화와 반대로 환원답에서 일어나는 분해반응이다. 물질은 환원됨으로써 더욱 불안정해진다. 가수분해는 물과 작용하여 분해되는 과정으로, 트리아진(triazine)계 제초제의 2번 탄소에 치환되어 있는 염소기(-Cl)가 가수분해되어 히드록시기(-OH)로 치환되는 반응에서 볼 수 있다.

화학적 분해에 영향을 미치는 요인들 가운데 토양 pH가 특히 중요한 역할을 하며 우리나라와 같이 산성토양이 많은 곳에서 트리아진(triazine)계 제초제는 화학적으로 쉽게 분해된다고 볼 수 있다. 이와 같이 화학적으로 분해된 물질은 대개 무독성(無毒性)이며 분해가 더욱 진행되어 토양이나 식물체 내에 있는 유기물처럼 변형되어 간다.

2) 미생물적 분해

미생물적 분해(微生物的分解, microbial degradation)란 토양미생물에 의하여 원형물질이 분해되어 무독화(無毒化)되는 현상이며 토양미생물에는 세균(細菌), 방선균(放線菌), 균류(菌類), 조류(藻類) 등이 있다. 미생물이 제초제를 분해하는 이유는 제초제가 유기화합물이므로 이들이 함유하고 있는 탄소를 에너지원으로 활용하기 위해서이다.

미생물에 의한 분해는 이들 미생물 활동의 최적조건에서 왕성히 일어날 수 있으며 환경요인, 즉 온도, 수분, 무기 및 유기영양소, pH와 Eh(酸化還元電位, oxidation-reduction potential) 등의 영향을 받는다. 미생물 활동에 불량한 환경조건일수록 제초제의 독성은 상당기간 지속된다.

대부분의 토양미생물은 온도가 5℃ 안팎에서는 거의 휴면하나 24~32℃에서는 왕성한 활동을 하고, 수분이 결핍되거나 없으면 휴면하거나 죽는다. 호기성 미생물은 산소의 공급을 필요로 하며, 질소·인산·칼륨과 같은 무기영양소의 결핍은 미생물의 활동이나 생장을 저해한다. 토양세균이나 방선균 등은 중성이나 알칼리성 조건에서 활동이 왕성하기 때문에 pH 5.5 이하에서는 활동이 감소된다. 균류의 활동은 토양 pH가 5.5 이하일 때 양호하나 pH 5.5 이상에서는 세균이나 방선균과 경합하므로 감소된다.

토양의 Eh(酸化還元電位, oxidation-reduction potential)가 미생물의 증식이나 활성에 영향을 미치는 것을 보면 티오카르바메이트계 제초제는 주로 호기성 미생물에 의하여 분해되기 때문에 Eh가 낮은 환원적 조건에서는 분해속도가 느리다. 한편 혐기성 미생물(嫌氣性微生物, anaerobic microorganism)은 Eh가 낮은 조건하에서도 분해작용을 잘한다고 한다.

제초제 가운데 페녹시계, 트리아진계, 카르바메이트계 제초제는 토양미생물의 먹이로 탄소원을 공급하므로 이들 제초제를 처리하면 분해할 수 있는 미생물의 수가 급속도로 증가한다. 토양 1㏊당 5~6㎏의 Paraquat를 처리했을 때 다른 미생물들은 크게 영향을 받지 않고 근류균은 45% 증가되었다고 한다. 그 밖에도 많은 제초제가 미생물에 의해서 분해되며 이러한 분해는 박테리아 군락의 전형적인 생장곡선의 형태를 보인다. 작물별로 추천된 양만큼의 제초제를 처리하면 대체로 12개월 이내에 제초제로서의 활성을 잃어버리므로 토양미생물에 장기적으로 약효를 미치지는 않는다고 한다.

한편 제초제 처리가 콩과류의 뿌리혹박테리아에 직간접적인 영향을 미치며 제초제 종류에 따라 억제 또는 촉진작용을 한다는 보고가 있으나 심각한 것은 아니라고 알려져 있다. 또 토양처리 제초제는 토양병원균에도 직접 접촉함으로써 직간접적으로 영향을 미치는 것으로 알려져 있다.

3) 광분해

광분해(光分解, photodecomposition)란 처리한 제초제가 빛에 의하여 불활성화되는 것을 의미하는데, 대부분의 제초제는 자외선(150~400㎚)의 빛에너지를 흡수할 때에 전자가 여기(勵起, excitation)되므로 제초제의 화학결합이 깨어져 파괴된다.

광분해 반응으로는 탈할로겐화, 이성화 등을 들 수 있으며, 광분해 물질은 화학적 분해에 의해서 생성된 물질과 유사하거나 더 복잡한 화합물로 변경된다고 하지만 TCA에서 Chloroform이 생성되는 것은 특수한 경우이다. 제초제의 자외선 최대흡수파장은 대개 250㎚이나 Dinoseb이나 Trifluralin과 같은 제초제는 375㎚에서 최대 흡수한다. 지구에 도달하는 자외선의 파장이 295㎚(최저)~375㎚(최고) 범위이고 대부분 제초제의 자외선 최대흡수파장이 250㎚ 이하이기 때문에 자외선에 의한 광분해는 주요 분해반응이 되지 않을 것으로 사료된다. 광분해에 의한 소실은 생물학적 분해가 쉽게 일어나지 않는 Amitrole을 제외하고는 제초제의 소실 측면에서 그렇게 중요한 작용은 아닌 것 같다.

Dinoseb, Diphenamid, Diquat, Monuron, Paraquat, Picloram, Simazine 등의 제초제가 광분해 반응을 보이는 것으로 알려져 있다.

(3) 제초제의 토양 잔효성

처리한 제초제가 토양 중에서 분해되지 않고 활성이 유지되는 것을 잔효성(殘效性, persistence)이라고 한다. 잔효성이 지속되는 기간은 잡초방제 기간과도 밀접한 관계가 있기 때문에 이는 매우 중요한 의미를 가진다. 그러나 잔효기간이 후작물에 영향을 미칠 정도로 길어서는 안 되며 대상 작물에서 잡초방제라는 소기의 목적을 달성하고는 소실되어 버리는 것이 바람직하다.

토양 중 제초제의 잔효성은 제초제가 토양 중에서 ① 흡착, ② 소실, ③ 분해를 거친 결과로서 나타나는 것이며 잔효성에 영향을 미치는 요인으로는 ① 제초제 자체의 이화학적 특성, ② 토양환경

(종류, 구조, pH, 유기물 함량 등), ③ 기상환경(온도, 수분, 광 등), ④ 재배작물이나 재배방법 등을 들 수 있다.

제초제의 소실률에 대해서는 반감기(半減期, half-life) 개념을 사용하여 설명하고 있다. 제초제의 분해율은 반감기 곡선과 유사하다(그림 10-2). 어떤 제초제의 반감기가 50일이라고 하는 것은 제초제 처리 후 50일째에 이 제초제의 1/2이 분해되고 100일째에는 원래량의 1/4, 150일째에는 1/8로 분해된다는 것을 의미한다(그림 10-2). 대부분의 제초제 반감기는 3개월 내외로 알려져 있다. 처리한 제초제가 소실되는 데 걸리는 시간을 DT(disappearance time)로 표시한다. DT_{50} 및 DT_{90}이란 처리한 제초제가 50% 및 90% 소실될 때까지 걸리는 기간을 나타내며 제초제별 DT의 예는 표 10-5와 같다. 토양 내의 잔류(殘溜, residue) 기간은 온도에 반비례하여 온도가 상승할수록 분해 등에 의한 소실이 빠르다. 잔류농약의 소실률은 $-dc/dt=KC^n$으로 나타내는데 C는 농도, t는 시간, K는 상수, n은 농도의 지수이다. 농도의 지수는 일차반응(first-order kinetic)에서는 1이고 이차반응(second-order kinetic)에서는 다른 값을 가진다.

[표 10-5] 제초제의 DT_{50} 및 DT_{90}에 필요한 기간(일) (Hamaker, 1972)

제초제	DT_{50}	DT_{90}	제초제	DT_{50}	DT_{90}	제초제	DT_{50}	DT_{90}
Atrazine	130	284	Chlorpropham	43	53	2,4-D	17	26
Simazine	105	360	Chloramben	34	65	Dalapon	15	27
Fenuron	69	156	Linuron	24	169	Phopham	8	22

DT_{50}: 제초제가 50% 소실될 때까지 걸리는 기간
DT_{90}: 제초제가 90% 소실될 때까지 걸리는 기간

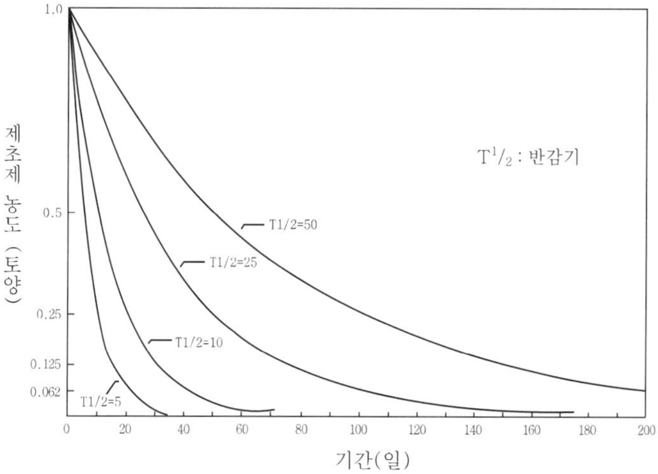

[그림 10-2] 5, 10, 25, 50일의 반감기를 가진 제초제의 잔효성을 나타내는 곡선
(Altom and Stritzke, 1973)

그림 10-3은 제초제를 1회 처리했을 때와 주기적으로 처리했을 때 토양에 축적되는 제초제 함량을 나타낸 것으로, 1회 처리 시는 여러 경로를 거쳐 소실되나 주기적으로 여러 차례 처리하면 상당한 양이 축적될 수 있는 가능성을 암시하고 있다. Atrazine을 3년 연속하여 처리한 옥수수 포장에 그 이듬해인 4년째에 콩을 재배하면 콩 생육이 15~30% 정도 억제된다고 한다.

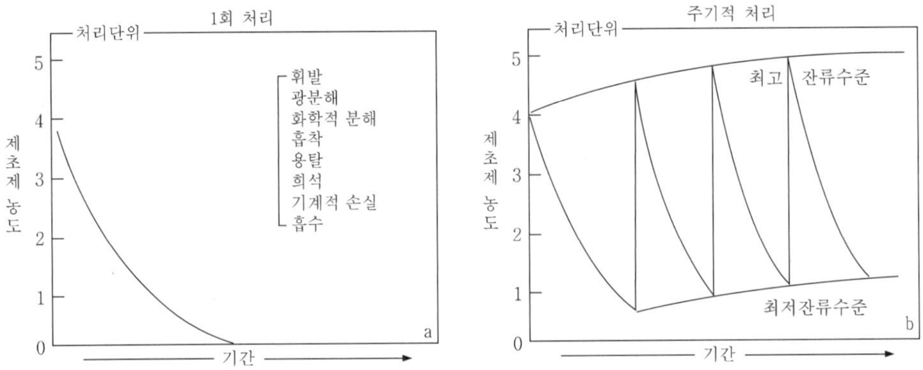

[그림 10-3] 토양으로부터 제초제의 소실(Hictbold, 1974)

[표 10-6] 온대지방의 습하고 비옥한 토양에 처리한 제초제의 잔류성(Monaco 등, 2002)

1개월 이하(일시적 효과)	1~3개월(초기방제)	3~12개월(전 작기방제)	12개월 이상(식생 전체 방제)
Acifluorfen	Azafenidin	Acetachlor	Borate
Amitrole	Bromoxynil	Alachlor	Bromacil
AMS	Butylate	Ametryn	Chlorates
Bentazon	Chlorpropham	Atrazine	Chlorsulfuron
Cacodylic acid	Cycolate	Benefin	Fluridone(in soil)
Cafentrazone	Desmedipham	Bensulide	Imazapyr
2,4-D	Dithiopyr	Chloransulam	Picloram
2,4-DB	EPTC	Chlorimuron	Prometon
Diclofop	Flumioxazin	Clopyralid	Tebuthiuron
Diquat	Fluthiamide	Clomazone	Terbacil
DSMA	Haloxyfop	Cyanazine	
Endothall	Imazamox	Cyprazine	
Glufosinate	Isoxaflutole	DCPA	
Glyphosate	Linuron	Dicamba	
Fluazifop	Mecoprop	Dichlobenil	
Fenoxaprop	Metolachlor	Difenzoquat	
Lactofen	Metsulfuron	Diuron	
Metham	Naptalam	Ethalfluralin	
Methly bromide	Nicosulfuron	Ethofumesate	
MCPA	Pebulate	Flumetsulam	
MCPB	Primisulfuron	Fluometuron	
MSMA	Prometryn	Fluridone(in water)	

1개월 이하(일시적 효과)	1~3개월(초기방제)	3~12개월(전 작기방제)	12개월 이상(식생 전체 방제)
	Propachlor	Fomesafen	
Paraquat	Pyrazon	Hexazinone	
Phenmedipham	Quizalofop	Imazamethabenz	
Propanil	Rimsulfuron	Imazaquin	
Pyridate	Siduron	Imazathapyr	
Sethoxydim	Sulcotrione	Isoxaben	
	Thifensulfuron	Metribuzin	
	Thiobencarb	Napropamid	
	Triallate	Norflurazon	
		Oryzalin	
		Oxadiazon	
		Oxyfluorfen	
		Pendimethalin	
		Pronamide	
		Pyrithiobac	
		Quinclorac	
		Simazine	
		Sulfometuron	
		Sulfentrazone	
		Triasulfuron	
		Trifluralin	

표 10-6은 온대지방의 토양에 처리한 제초제의 잔효 또는 잔류기간을 나타낸 것으로 페녹시계의 2,4-D, MCPA 등은 잔류기간이 아주 짧다. 대부분의 제초제가 1개월 이하 또는 1~3개월, 3~12개월 동안 잔류한다고 볼 수 있다. 식생 전체를 방제하기 위하여 처리한 Picloram, Imazapyr나 무기제초제인 Borate는 1년 이상 토양에 잔류하는, 잔류기간이 아주 긴 제초제이다. 결론적으로 잔효기간은 잡초가 효율적으로 방제되는 조건하에서는 가급적 짧은 것이 작물별로 환경보존 측면에서 바람직하다. 대체로 일년생 논·밭작물의 경우, 작물이 초관(草冠, canopy)을 형성하는 시기까지만 잡초를 방제할 수 있도록 잔효하면 충분할 것으로 보인다.

10.3 제초제와 수생계

(1) 수생계

수생계(水生系)란 강, 하천, 호수, 하구, 해안, 바다 등을 포함한 광의의 의미를 갖고 있다. 수생계는 인간에게 유용한 식물과 어류 등이 많이 존재하는 곳으로 육지 못지않게 중요하다.

선진국에서는 수생계의 잡초방제에 많은 연구와 투자를 하고 있으나 제초제 사용 역사가 짧거나 거의 제초제를 사용하지 않는 나라에서는 수생계의 잡초방제에 관하여는 별로 관심을 쏟지 않고 있는 실정이다. 그러나 인간에게 유익한 수자원을 보호하고 활용하는 측면에서 수생계의 생물에 많은 관심을 가져야 할 것이다. 수생계에는 많은 종류의 수생식물이 존재하고 있으므로 수생식물의 생물적 특성 연구와 아울러 무익한 수생식물들을 방제하는 방법이 연구·구명되어야 할 것이다.

(2) 수생계와 제초제

우리나라에서는 논을 제외한 연못이나 저수지 등에 발생하는 잡초가 그렇게 문제되고 있지 않지만 열대지방의 부레옥잠(Water hyacinth), Water fern, Alligator weed 등은 어류의 생산관리를 위하여 꼭 방제되어야 하는 주요 잡초들이다. 그 밖에도 Water milfoil(myriophyllum), Ellgrass(zostera), Water lettuce(pistia) 등과 이끼류도 방제대상인 수생식물이다.

이끼류에는 유산동(cupper sulfate) 0.5ppm 처리, 부생(浮生, floating)하는 잡초들은 2,4-D, Glyphosate 및 Fluridone 처리로 방제가 가능하다. 특히 Glyphosate는 수생계에 안전하고 광범위하게 사용되고 있으며 계면활성제가 첨가되지 않은 특수 Glyphosate 제형이 개발되어 이용되고 있다(Monaco 등, 2002). 물에 잠겨 있는 잡초들은 Endothall이나 Diquat, Fluridone 및 2,4-D를 처리하면 효과적이지만 잔효기간이 짧은 것이 결점이다. Dichlobenil, Fenac, Silvex 등은 잔효기간도 길고 방제효과도 높다. Dichlobenil은 2,4-D보다 잔효기간이 길지만 Fenac보다는 짧다. Paraquat와 Diquat는 물속에 1~4주 잔효하나 Fenac과 Amitrole은 200일 이상 잔효하므로 처리 시에 유의하여야 한다. 그 밖에 요소계 제초제인 Diuron은 Diquat만큼 수생계의 식생을 빨리 살초시키며 잔효기간도 Diquat보다 길다. 그러나 수생계에 처리하는 제초제는 그것이 수생환경에 미치는 영향을 충분히 검토한 후 사용하여야 할 것이다.

참고문헌

1. Altom, J. D. and J. F. Stritzke. 1973. Degradation of dicamba, picloram and four phenoxy herbicide in soil. Weed Science 21: 556-560
2. Hamaker, M.W. 1972. Decomposition: Quantitative aspects. In: Organic Chemicals in the Soil Environment, C.A.I. Goring and J.W. Hamaker eds. Marcel Dekker Inc. New York, U.S.A. pp.225-340.
3. Haque, R. and V.H. Freed. 1974. Behavior of pesticides in the environment. Environmental Chemodynamics. Residue Rev. 52: 89-116.
4. Helling, C.S., P.C. Kearney and M. Alexander. 1971. Behavior of pesticides in soil, Adv. Agron. 23: 147-240.
5. Hictbold, A.E. 1974. Persistence of pesticides in soil. In: Pesticides in soil & water. W.D. Guenzi ed. Soil Science Society of America, Inc. p.210.
6. Monaco, T.J., S.C. Weller, F.M. Ashton. 2002. Weed Science: Principles and Practices. 4th ed. John Wiley & Sons, Inc. New York, U.S.A. pp.556-573.
7. Ross, M.A. and C.A. Lembi. 1999. Applied Weed Science. Prentice-Hall, Inc. Simon & Schuster/A Viacom Company, Upper Saddle River, NJ. U.S.A. pp.126-143, 303-343.

11 제초제의 상호작용

11.1 상호작용

작물의 생산에 있어서 작물을 보호하기 위해 살충제, 살균제를 처리하거나 잡초방제 목적으로 제초제 등을 사용하는데, 이들은 거의 동시에 처리하거나 비슷한 시기에 살포하는 경우가 많다. 만약 이들을 동시에 혼합 처리하여 각각의 효과를 발휘할 수 있으면 가장 경제적이며 효과적이다. 그러나 혼합 처리는 물질 간의 불화합성 때문에 실용화에 어려움이 따른다. 농약 가운데에는 특히 제초제와 제초제를 혼합하였을 때 상승 효과를 발휘하는 것이 있어서 단독처리 시보다 처리 약량을 감소시켜도 무방할 뿐만 아니라 잡초의 살초 범위를 확대시키는 경우도 있다. 이런 점들을 감안해 볼 때 농약의 상호작용(相互作用, interaction)에 대한 원리를 이해하는 것은 생산비 절감은 물론 작물에 대한 농약의 약해를 경감시킬 수 있는 장점이 있다.

Tammes(1964)는 농약의 상호작용의 효과와 관련하여 다음과 같이 정의하였다.

- 상승작용(相乘作用, synergism): 두 종류 물질의 혼합 처리 시의 반응(효과)이 단독으로 처리한 반응을 각각 합계한 것보다 크게 나타나는 것을 의미한다.
- 상가작용(相加作用, addition): 두 종류 물질의 혼합 처리 시의 반응이 두 종류를 단독으로 처리한 반응을 합계한 것과 같게 나타나는 것을 의미한다.
- 독립효과(獨立効果, independent effect): 두 종류 물질의 혼합 처리 시의 반응이 단독 처리했을 때 반응이 큰 쪽과 같은 효과를 나타내는 것을 의미한다.
- 길항작용(拮抗作用, antagonism): 두 종류 물질의 혼합 처리 시의 반응이 단독처리 시의 큰 쪽 반응보다 작게 나타나는 것을 의미한다.
- 증강효과(增强効果, enhancement): 단독으로 처리할 때는 아무런 반응을 나타내지 않으나 제초제와 혼합 처리 시 효과가 나타나는 것으로, 부제(副劑, adjuvant) 등이 이와 같은 반응을 보인다.

두 종류의 혼합 반응을 설명하는 방법이나 분석법에는 여러 가지 학설이 있음을 밝혀 둔다.

11.2 약량-반응곡선(dose-response curve) 평가

어떤 제초제에서 내성반응과 억제반응과의 차이는 처리 제초제의 약량의 정도에 의해 결정된다. 그림 11-1은 약량에 따른 식물의 반응을 곡선으로 나타낸 것이다. 동일한 잡초에 대한 2종 또는 그 이상의 제초제의 효능을 비교하거나, 잡초와 작물 간의 선택성을 비교하기 위해서는 동시에 여러 수준의 약량을 처리하여 나타난 반응을 비교하고 그 결과를 상대적인 개념으로 평가해 봐야 한다. 이 분야의 보다 상세한 내용은 Streibig과 Jensen(2006)의 저서를 참조하기 바란다.

동일한 잡초에 대한 2종의 제초제 효능은 수직적 평가법(vertical assessment)이나 수평적 평가법(horizontal assessment)으로 약량에 대한 반응곡선을 비교함으로써 설명이 가능하다.

(1) 수직적 평가법

이 방법은 포장에서 제초제의 효능을 평가하는 보편화된 방법이다. 몇 가지 수준으로 미리 정해진 약량에 대해 식물의 반응을 평가하는 것이다. 처리 약량에 대한 반응은 반응곡선의 상단부나 하단부보다는 중앙부위에서 비교 제초제 간의 차이가 큼을 알 수 있다(그림 11-1, a). 따라서 중앙부위가 제초제에 대한 식물의 반응 차에 관한 정보를 얻는 데 가장 적합하다. 중앙부위에서 제초제 처리 약량을 선택하여 서로를 비교하면 반응차이가 일정하고 처리 약량에 독립적이며 상호작용이 없는 것을 알 수 있다.

그러나 수직적 평가법보다는 수평적 평가법을 이용하는 것이 평가하기 더 쉽다.

(2) 수평적 평가법

동일한 반응을 보이는 두 제초제 간의 처리 약량 수준별 반응을 비교·평가하는 방법이다(그림 11-1, b). 처리 약량을 대수적 눈금으로 하였을 때 수평적 차이는 동일 반응을 나타내는 약량 간의 비율로 표현할 수 있다. 이 비율을 상대적 강도(relative strength) 또는 상대적 효능(relative potency)이라 하고 R로 표시하며 아래와 같은 수식으로 표현이 가능하다.

$$R = \frac{z_1}{z_2}$$

여기서 z_1과 z_2는 동일한 효능(equipotent doses)을 나타내는 H_1과 H_2 두 제초제의 약량을 의미하고, H_1은 표준 제초제, H_2는 시험 제초제이다.

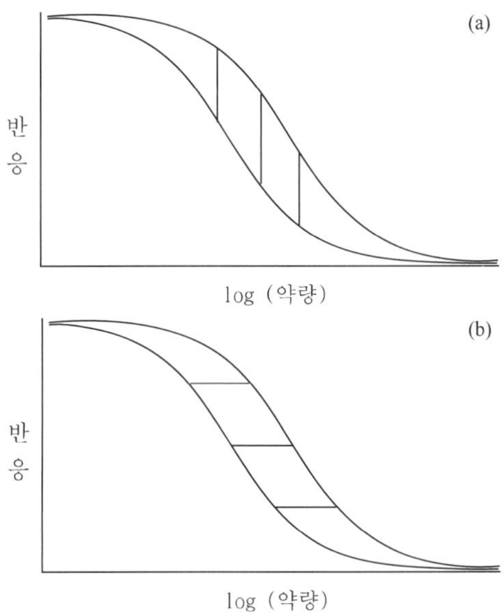

[그림 11-1] 2종의 제초제 약량과 반응곡선의 수직적(a) 및 수평적(b) 비교

상대적 효능 R은 표준 제초제 H_1의 약량 z_1과 같은 효과를 얻는 데 필요한 시험 제초제 H_2의 약량 z_2가 얼마인가를 나타내는 것이다. 만약 R=1이면 표준 제초제 H_1과 시험 제초제 H_2가 동일한 효능을 갖고 있다는 뜻이고, R>1이면 시험 제초제 H_2가 표준 제초제 H_1보다 높은 효능을 갖고 있으며, R<1이면 표준 제초제 H_1이 시험 제초제 H_2보다 효능이 높다는 뜻이다.

예를 들어 설명해 보면, 어떤 광엽잡초를 방제하는 데 시험 제초제 Bensulfuron-methyl은 1ha당 20g a.i.가 필요한데 표준 제초제 2,4-D는 1,000g a.i.가 필요하다고 했을 때 두 제초제 간의 상대적 효능 R은 1,000/20 즉 50이다. 이것은 2,4-D를 Bensulfuron-methyl로 대치하면 50배나 적은 약량으로도 2,4-D와 동일한 효능을 얻을 수 있음을 의미한다.

그림 11-1을 보면 곡선의 상대적 차이는 중앙부위에서는 일정한 것 같다. 이것은 중앙부위에서는 상대적 효능이 처리한 약량 수준에 영향을 받지 않고 반응이 일정하다는 것을 의미한다. 더욱이 약량-반응 곡선이 상단부나 하단부에서 같은 경향을 보이거나 비슷한 기울기를 보이면 두 곡선이 평행하다거나 유사하다고 말할 수 있다. 제초제의 생물학적 반응을 평가하는 이 방법은 여러 형의 부제와 제제 등이 생물학적 반응에 어떻게 영향을 미치는가를 평가하는 데도 사용된다.

효능을 검정하는 방법은 소위 두 제초제 간에 ED_{50}이라 불리는 50% 방제가를 얻는 데 필요한 약량으로 비교 가능하다(그림 11-2). 이 방법으로 제초제 혼합비율을 효과적으로 결정할 수 있다.

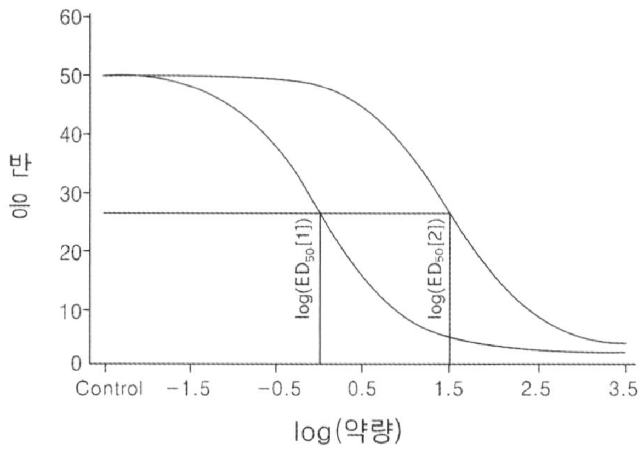

[그림 11-2] ED_{50}을 나타내는 두 약량과 반응 곡선의 비교
〈ED_{50}(1)과 ED_{50}(2) 간의 비교〉

11.3 상호작용의 평가법

제초제 상호작용에 대한 식물의 반응을 평가하는 방법이 Gowing(1960), Limpel 등(1962), Colby(1967) 및 Tammes(1964)에 의해 제창되었는데 이들 방법을 간단히 설명하면 다음과 같다.

(1) Gowing의 방법

Gowing은 제초제 혼합에 의한 식물체 반응, 즉 두 제초제 A와 B의 혼합처리 시 기대되는 반응(期待反應 또는 期待値, expected response) E를 아래와 같이 산출하였다.

$$E=X+Y-(\frac{100-X}{100})$$

여기서 X는 제초제 A의 처리 시 나타나는 억제율이고 Y는 제초제 B의 처리 시 나타나는 억제율이다. 관찰된 관찰치(觀察値, observed response) O가 기대치 E보다 크면 상승작용(O>E), 같으면 상가작용(O=E), 작으면 길항작용(O<E) 관계에 있다고 설명하였다. 이와 같은 공식이 제시된 후, Limpel 등(1962)은 Gowing의 상호작용 반응을 다음과 같이 수정하여 기대치 E를 산출했다.

$$E=X+Y-(\frac{XY}{100})$$

여기서 X와 Y는 제초제 A, B를 각각 처리했을 때의 억제율을 의미하며 상승, 상가, 길항작용 관계는 Gowing의 방법과 같다.

(2) Colby의 방법

Colby(1967)는 Gowing(1960)이 제시하고 Limpel 등(1962)이 수정한 방법을 더욱 단순화시켰다. Colby가 제창한 두 제초제의 혼용 시 기대되는 방제율 또는 억제반응 E_1은 다음과 같이 산출한다.

$$E_1 = \frac{X_1 Y_1}{100}$$

여기서 X_1과 Y_1은 제초제 A와 B를 각각 처리했을 때의 생장억제율 또는 방제율을 나타낸 것이며 관찰치(O)와 기대치(E_1)의 상호작용 관계의 설명은 Gowing의 방법과 동일하다.

(예) A 제초제 처리 시 X_1이 55%, B 제초제 처리 시 Y_1이 63%일 때,

$E_1 = \frac{55 \times 63}{100} = 34.65\%$이다.

실제 관찰치(O)가 70%이면 O>E_1의 관계에 있으므로 상승작용의 관계에 있다고 설명된다. 만약 제초제가 3종(A, B, C) 이상이면 기대치 E_2는 다음과 같이 산출된다.

$$E_2 = \frac{X_1 Y_1 Z_1}{100^{n-1}}$$

여기서 n-1의 n은 제초제 종류이고 Z_1은 제초제 C의 처리 시 나타나는 억제율 또는 방제율이다.

(3) Isobole 방법

Isobole(等效果線) 방법은 Tammes(1964)가 제창한 것으로, 두 종류의 제초제 A와 B의 혼용처리 시 처리농도(약량)를 여러 수준으로 조합했을 때 나타나는 어떤 일정한 효과, 즉 90% 생장억제 또는 방제율(LD=lethal dose 90%)을 나타내는 농도(약량)의 조합에서 제초제 A, B를 X축 또는 Y축으로 놓고 그래프화한 선(線)을 Isobole이라 한다.

Isobole의 효과는 초장(草長)·경수(莖數)·중량(重量) 등의 감소, 줄기 또는 잎의 고사(枯死) 면적 등으로 산출할 수 있다.

Isobole에서 두 종류의 제초제 A, B가 살초력을 나타낼 때의 쌍방효과(雙方効果, two side effect)는 그림 11-3과 같다.

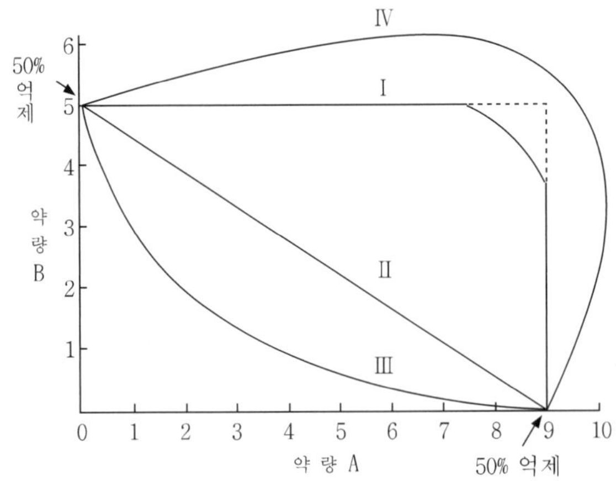

[그림 11-3] Isobole에 의한 쌍방효과(雙方効果, two side effect)
-A, B제가 모두 살초력을 가진 경우-
Ⅰ: 독립효과, Ⅱ: 상가작용, Ⅲ: 상승작용, Ⅳ: 길항작용(자료: Tammes, 1964)

Isobole의 Ⅰ은 독립효과, Ⅱ는 상가작용, Ⅲ은 상승작용, Ⅳ는 길항작용을 나타낸다(그림 11-3).

두 종류의 제초제 A, B가 쌍방 간에 살초력을 나타내는 경우의 Isobole 작성 방법을 간단히 설명하면 다음과 같다.

1) Isobole 작성 방법

① 피나 바랭이를 대상으로 제초제의 살초력을 검정한다.

② 혼용하는 두 제초제 A, B에 대하여 0%에서 100%의 살초효과를 얻을 수 있는 여러 수준의 농도를 설정하여 두 제초제의 각 농도를 조합해 혼용처리한다.

③ 혼용처리 후 일정한 시기에 살초효과 반응을 조사하여 표 11-1과 같이 작성한다.

④ 표 11-2에서 90%의 억제를 나타내는 데 필요한 혼용 시의 약량(농도)을 추정한다(그림 11-4).

⑤ 90%의 억제를 나타내는 A, B의 조합을 이용해서 Isobole을 작성한다.

⑥ 제초제 A, B 단독 처리 시의 약량반응곡선에서 상가적 효과(相加的効果)를 나타내는 직선을 그린다(그림 11-5).

[표 11-1] 가상적 생육억제율(千坂, 1976)

행 \ 열		B제의 약량(g)					
		0	1	2	4	8	16
A제의 약량(g)	0	0	17	26	55	87	95
	10	23	40	70	85	95	100
	20	61	88	93	98	100	100
	40	89	95	99	99	100	100
	80	98	100	100	100	100	100

[표 11-2] 생육억제율 90%를 얻는 혼용약량의 조합(표 11-1의 자료에 기초함)

A제(g)	42	33	27	23	0	10	20
B제(g)	0	1	2	4	10	5.5	1.4

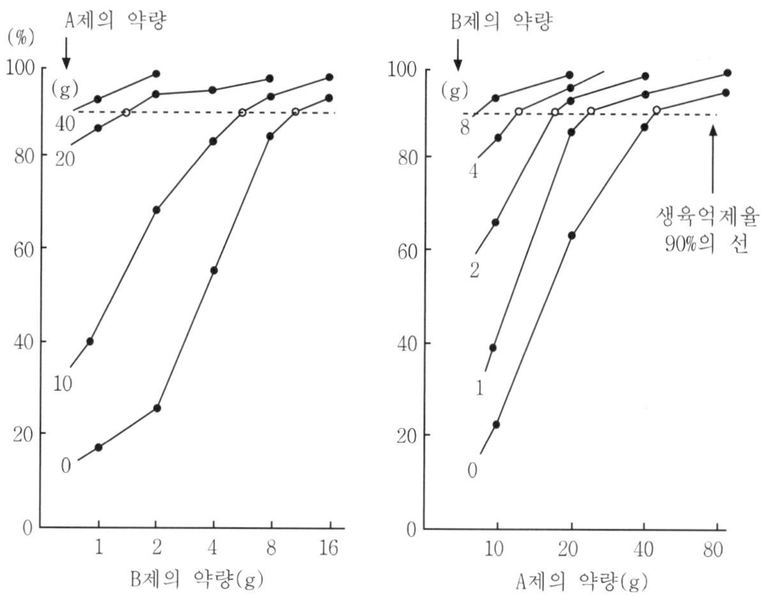

[그림 11-4] A, B에 의한 90% 생육억제선(千坂, 1976)

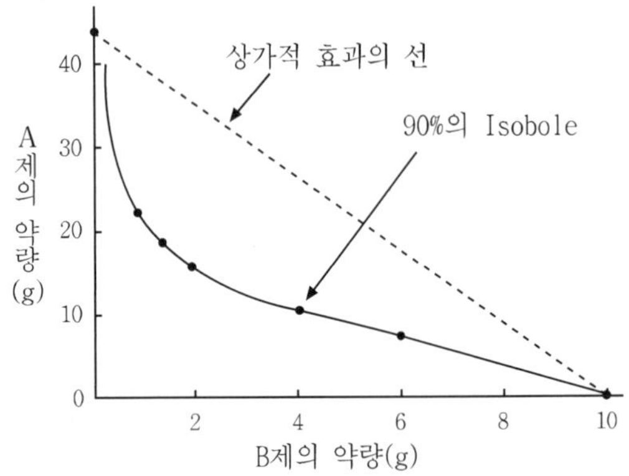

[그림 11-5] 생육억제율 90%의 Isobole(표 11-2의 자료에 기초함)

2) Isobole 반응 평가

그래프로 그려진 Isobole이 두 제초제 간에 상승적인 작용을 나타내는지 아닌지를 검정하는 것은 상가적 효과를 나타내는 직선과 실제 얻어진 Isobole과의 거리의 비로써 판단한다. Isobole 상의 어느 특정지점 P에서의 상호작용지수(I)는 $I = \frac{h}{h-d}$로 구할 수 있다(그림 11-6).

여기서 I=1이면 상가적 효과, I>1이면 상승적 효과, I<1이면 길항적 효과가 있다고 표현된다. 90%의 생육억제 또는 방제율을 나타내는 Isobole 상의 어떤 조합에서 I=3으로 나타나면 상가적 효과 반응을 얻는 데 필요한 제초제 A, B의 조합이 약량의 1/3로써 90%의 방제효과를 얻을 수 있다는 것을 의미한다.

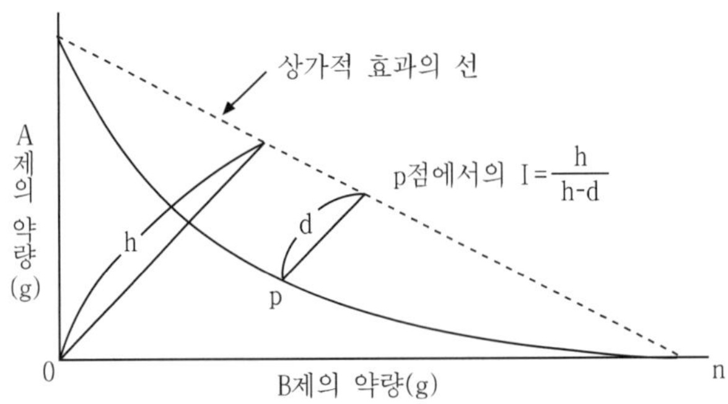

[그림 11-6] 상승적 작용과 상호작용지수(I)(千坂, 1976)

상호작용지수 I는 두 제초제의 조합비에 따라 상이하게 나타난다. 상호작용지수 I는 상가적 효과를 나타내는 직선에서 Isobole이 멀어질수록 커진다(그림 11-6).

3) 최소혼용약량 산출

두 제초제를 혼용하는 최대목적은 혼용량을 최소화해서 처리비용을 줄이고 살초범위를 확대시키는 것이므로 약량을 최소로 하는 혼합비 및 혼합 약량, 가격을 최소로 하는 혼합비 및 혼합 약량을 산출해야 한다.

약량이 적은 A제의 10g에 해당하는 B제의 10g(즉 tan 45 ° =1)인 점을 연결하고, 그 선에 평행하는 선을 그었을 때 Isobole에서 만나는 접점이 A제와 B제의 최소약량 혼합비가 된다(그림 11-7). 최소약량은 A제 6g과 B제 2g이다.

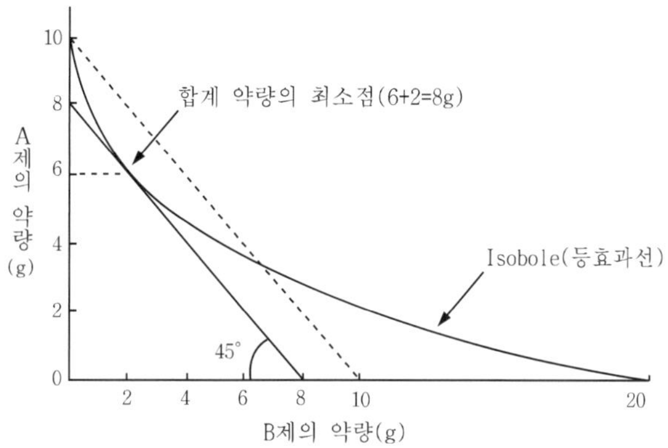

[그림 11-7] 혼용 시의 최소약량과 혼합비

11.4 상호작용의 메커니즘

두 종류 이상의 화학물질을 동시에 처리할 때 상호작용을 나타내는 작용 메커니즘은 매우 복잡하다. 대부분의 경우에 어떤 화학물질의 처리 전 혹은 동시에 처리한 제초제가 목표하는 식물에서 그 작용이 증가 또는 감소되는 것은 그것이 활성을 지닌 형태로 얼마만큼 작용점에 도달하느냐에 따라 결정된다.

대체적으로 살균제 또는 살충제와 제초제의 상호작용은 제초제가 식물체 내로 흡수·이행·분해되는 등의 과정과 세포 내의 제초제 작용점의 생리·생화학적 작용 등에 영향을 미치기 때문에 일어나는 것으로 알려져 있다.

(1) 상승작용의 메커니즘

제초제, 살충제, 생장조절제, 비료, 부제 및 여타 첨가제 등을 특정한 제초제와 혼합하여 어떤 특정 식물에 처리했을 때 이들은 제초제의 작용을 상승시키는 상승제(相乘劑, synergist) 역할을 한다. 또한 제초제 처리 전이나 처리와 동시에 이들 화합물들을 처리함으로써 제초제의 흡수·이행을 촉진시키고 분해를 감소시킴으로써 상승작용을 나타낸다고 한다. 그림 11-8은 제초제와 타 상승제와의 상호작용을 나타내는 것으로서, 상승제를 처리함으로써 제초제의 흡수·이행을 촉진시키는 반면에 대사는 감소시켜 작용점에 제초제의 함량이 증가되어 살초효과를 증대시킨다는 것을 보여 준다.

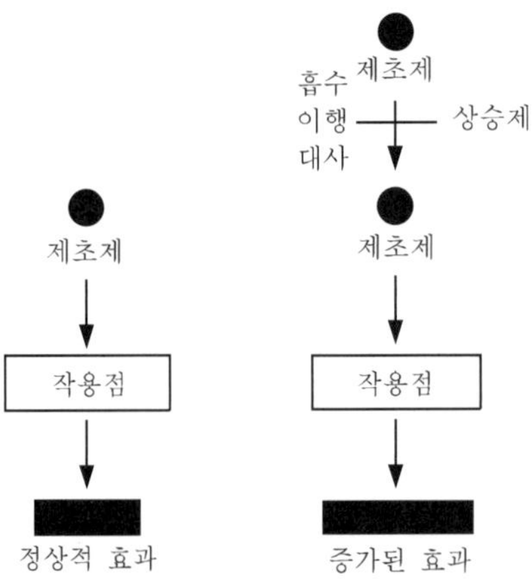

[그림 11-8] 식물체 내 상승제 첨가로 인한 상승작용(Hatzios 등, 1985)

아세트아닐라이드(acetanilide)계 제초제와 디니트로아닐린(dinitroaniline)계 제초제가 나팔꽃에 발휘하는 상승작용의 효과는 디니트로아닐린계가 세포분열을 억제하고 아세트아닐라이드계가 방추사에 있는 단백질의 합성을 억제하는 결과로서 발현되는 것으로 보고되어 있다. P450 억제제인 Piperonyl butoxide를 Sulfonylurea 제초제와 동시 또는 근접 처리하면 약해가 증감된다는 보고가 있다(Kwon · Penner, 1996).

(2) 길항작용의 메커니즘

두 화합물 간의 길항작용을 Hatzios 등(1985)은 ① 생화학적, ② 경합적, ③ 생리적, ④ 화학적 길항작용으로 나누어 설명하고 있다.

1) 생화학적 길항작용

생화학적 길항작용(生化學的拮抗作用, biochemical antagonism)은 길항제(拮抗劑, antagonist)가 제초제의 식물체 내 흡수 및 이행을 감소시키거나 식물체 내에서 제초제의 분해를 촉진시킴으로써 발생한다.

제초제 Picloram과 Bromacil, 2,4,5-T 및 Glyphosate 간에 길항작용이 있으며 그 밖에 여타 제초제 간에도 길항작용이 있다고 보고된 바 있다.

2) 경합적 길항작용

경합적 길항작용(競合的拮抗作用, competitive antagonism)이란 길항제가 제초제의 작용점에 결합되지 못하도록 방해함으로써 발생하는 작용을 가리킨다. 일반적으로 동일한 결합점을 두고 두 종류의 화합물이 경합함으로써 발생하는 작용을 의미한다. 제초제 Trifluralin과 살충제 Phorate를 목화에 함께 처리할 경우, 두 약제 모두 뿌리에서 흡수되므로 이 둘은 흡수부위에 있어서 경합적 관계에 놓이게 된다. 따라서 Trifluralin과 Phorate는 경합적 길항작용을 나타낸다고 볼 수 있다.

3) 생리적 길항작용

생리적 길항작용(生理的拮抗作用, physiological antagonism)은 두 종류의 화합물이 서로 다른 작용점에 작용하나 동일한 생리적 과정에 길항적인 반응을 보이는 상호작용을 의미한다. 제초제 화합물은 화합물 각각이 그 작용점에 가서 작용하는 것을 방해하지 않고 특정한 반응을 나타내게 한다. 그러나 두 화합물의 결합반응은 동일한 생리적 과정에 길항적인 작용의 결과로 생기므로 경합에 의한 길항작용과는 구별된다.

Glyphosate를 어떤 식물에 처리할 때 생장조절제를 사용하면 살초작용이 감소되는 경우가 있다. 특히 수수 줄기의 기부는 Glyphosate를 처리하면 팽창하는데 여기에 Cytokinin을 처리하면 팽창하는 정도가 현저히 감소된다. 이것은 생리적 길항작용의 좋은 예이다.

4) 화학적 길항작용

화학적 길항작용(化學的拮抗作用, chemical antagonism)의 메커니즘은 길항제가 제초제와 화학적으로 반응하여 제초제를 불활성 화합물로 변화시킴으로써 생기는 것이다. 제초제의 불활성화 정도는 두 화합물의 농도에 비례한다. 상품화된 대부분의 제초제는 유기 화합물로서 알리파틱 아미노기 ($R-NH_3$), 방향성 아미노기(-N:), 카르복실레이트($-COO^-$), 그리고 포스포네이트($-CH_2POO^-$) 등의 작용기를 함유하고 있다. 이들 작용기는 금속이온과 결합할 수 있도록 전자를 효율적으로 방출하여 유기제초제가 금속과 킬레이션(chelation)되게 하여 제초제를 불활성화시킨다.

Glyphosate는 Ca^{++}, Fe^{+++}, Zn^{++}, Al^{+++}과 같은 금속 양이온이 존재하면 이들과 Glyphosate-metal 킬레이션되므로 Glyphosate의 살초력을 감소시키는 화학적 길항작용을 나타낸다.

11.5 제초제와 타 화합물과의 상호작용

(1) 제초제와 제초제

최근 잡초방제를 위하여 2~3종의 제초제를 혼합처리하는 것이 보편화되고 있다. 이처럼 제초제를 혼합처리하는 이유는 잡초의 방제범위를 확대시키기 위해서이다. 예를 들어 화본과와 광엽잡초 각각을 효과적으로 방제하는 제초제를 혼용하면 그만큼 방제범위를 확대시킬 수 있다. 그 밖에도 제초제의 혼합처리는 특정 제초제에 대한 저항성 잡초의 발현을 지연시킬 수 있는 장점이 있다. 특히 1년에 1기작으로 작물을 재배할 때 특정 제초제의 연용은 내성을 지닌 잡초의 발현을 가능하게 하므로 혼합제를 사용하면 이와 같은 문제점을 최소화할 수 있다. 그러나 물리·화학적 성질을 달리하는 두 종의 제초제를 혼합했을 때 작물이나 잡초에 역작용을 나타내는 경우도 있다.

제초제 혼합처리 시에 일어나는 상호작용에 대해서 많은 연구·보고가 있다. 제초제 Picloram은 페녹시계 제초제(2,4-D, 2,4,5-T)와 혼용하면 반응이 증대되나(Bovey 등, 1968; Davis 등, 1968) 광합성을 억제하는 여러 종류의 Dinitroaniline계 제초제와는 길항반응을 보이며, 이들 광합성 억제제는 생장조절제와는 상승작용을 나타낸다고 한다(Friesen, 1979; Moomaw 등, 1978). Triazine계 제초제와 Thiocarbamate계 제초제 몇 종 간에는 상승작용이 있다고 보고된 바 있다. Glyphosate는 여러 계열의 제초제와 길항관계를 나타내며 화본과 잡초에 유효한 경엽처리제인 Sethoxydim과 광엽잡초에 유효한 경엽처리제인 MCPA나 방동사니과에 유효한 Bentazon과도 길항관계가 있다(Chow, 1982; Rhodes 등, 1981).

(2) 제초제와 살균제

제초제와 살균제의 혼합제가 고등식물에 미치는 영향에 대해서는 광범위하게 연구되지 않았으나, 제초제와 살균제의 상호작용은 대체로 길항적인 관계에 있는 것으로 보고되고 있다. 특히 Triazine계 제초제와 살균제 Fenaminosulf의 혼용 시 오이나 콩에 길항적인 반응을 나타내는 것은 잘 알려진 사실이다(Nash 등, 1973; Corbin 등, 1968).

또 옥수수에 대한 Thiocarbamate계 제초제와 살균제 Carboxin과의 길항관계는 Carboxin이 Thiocarbamate계 제초제의 독성을 경감시키는 보호제로 사용될 수 있다는 가능성을 제시하고 있어서 흥미롭다.

(3) 제초제와 살충제

작물생산에서 살충제와 제초제를 동시 또는 근접 살포하는 경우가 있다. 그런데 제초제와 살충제 간에는 역작용이 많이 나타나는 것으로 알려져 있다.

많은 계열의 제초제 독성은 Organophosphate나 Methyl carbamate계 살충제와는 상승적 관계에 있다고 한다. 그러나 Organochlorine이나 여타의 살충제는 제초제의 독성 발휘에 크게 영향을 미치지 않는다고 한다.

제초제 Propanil을 벼에 처리하기 전후에 Methyl carbamate나 Organophosphate계 살충제를 동시 또는 근접 처리하면 Propanil의 약해가 벼에 나타난다는 것은 잘 알려진 사실이다(Frear 등, 1968; Morse, 1978). 이와 같은 약해의 발현은 Propanil을 무독화하는 데 관여하는 효소 Aryl acylamidase가 살충제를 분해하는 데도 관여하기 때문이다. Propanil의 약해가 발현되지 않는 추천 약량에서 이들 살충제를 처리함으로써 약해가 발현된다.

또 제초제 Metribuzin과 Organophosphate계 살충제나 살선충제와의 상승작용이 콩에서는 발현되나, Trifluralin이나 Chloramben 제초제 등은 땅콩, 목화에서는 Organophosphate 살충제와는 상호작용을 나타내지 않는다. 이처럼 제초제 및 살충제의 종류와 작물에 따라 상호작용이 발현되는 경우도 있고 되지 않는 경우도 있다(Cargill 등, 1971; Ivy, 1971).

(4) 제초제와 생장조절제

제초제의 약효 및 약해 발현은 생장조절제와 동시 또는 근접 살포함으로써 영향을 받는다는 것이 보고되어 있다.

제초제의 약해를 경감시키는 해독제는 생장조절제로 분류되는데 이들을 제초제와 동시 또는 근접 처리함으로써 제초제의 약해를 경감시키는 길항적인 상호작용을 나타낸다고 보고되어 있다. 그 밖에도 제초제와 생장촉진제인 Auxin, Cytokinin, Ethylene, GA, 생장억제제, 건조제 등을 혼합하면 제초제의 독성을 증가 또는 경감시키는 상호작용을 나타낸다고 한다(Hatzios 등, 1985). 특히 상업적으로 개발된 R-25788, NA, CGA092194, Flurazole, Cyometrinil과 같은 해독제가 제초제 Chloroacetanilide계나 Thiocarbamate계의 약해 발현을 경감시켜 준다는 사실은 제초제 안전사용에 크게 기여하리라 믿어진다.

(5) 제초제와 부제

부제(副劑, adjuvant)란 제초활성이나 살포성을 증대시키기 위하여 제초제 제제 시에 첨가되는 물질로 정의된다. 제초제 제제에 가장 보편적으로 사용되는 두 종류의 주요 부제는 계면활성제(界面活性劑, surfactant)와 Phytobland oil이다.

부제가 제초제의 활성에 미치는 영향은 부제-제초제-식물의 상호작용의 결과로서 발현된다. 예를 들면 Renex 36은 야생 귀리에 대한 제초제 Diclofop-methyl이나 Sethoxydim의 살초성을 증가시키나(Chow, 1982; O'sullivan 등, 1977), 보리, 귀리, 유채에 대한 Glyphosate의 활성은 오히려 감소시킨다고 한다(O'sullivan 등, 1981). 따라서 적당한 종류의 부제를 적정 농도로 사용하면 잡초방제율을 증가시킬 뿐만 아니라 제초제 유효성분을 적게 사용해도 소기의 방제효과를 얻을 수 있다. 이와 같은 부제는 제초제 개발 및 제제 시에 필히 연구·검토되어야 할 사항이다.

(6) 제초제와 비료

최근 작물생산에서 비료가 제초제의 운반매체로 사용되는 것이 보편적인 기술로 확립되고 있다. 제초제를 비료입자에 코팅하거나 액체비료에 첨가함으로써 제초제와 비료를 혼용처리할 수 있다.

제초제와 비료의 혼용처리는 물리·화학적으로 양립될 수 있으며 혼합처리는 노동력을 감소시키는 장점이 있어서 바람직한 방법으로 간주된다. 그러나 혼합이 반드시 상승작용이나 유리한 작용을 나타내는 것만은 아니다.

비료 외에도 여러 종류의 무기 또는 유기염류, 산 및 에스테르 등이 특정 제초제의 살초성에 영향을 미친다고 보고되어 있다(Cook, 1981; Suwunnamek 등, 1975; Wilson 등, 1975). 그 가운데 암모늄염(ammonium salt)은 경엽처리하는 다년생 잡초 방제용 제초제와 상승작용을 나타낸다. 그리하여 제초제 Amitrole에 암모늄티오사이네이트를 첨가해서 Amitrole-T로 사용하고 있다(Carter, 1975). 토양에 처리한 제초제 Simazine의 옥수수에 대한 약해를 경감시키기 위하여 질소 공급원으로서 질산암모늄(NH_4NO_3)을 사용하는 것이 질산카리(KNO_3)를 사용하는 것보다 효과적이라고 한다.

참고문헌

1. Bovey, H.W., F.S. Davis and R.L. Morton. 1968. Herbicide combinations for woody plant control. Weed Sci. 16: 332-335.
2. Cargill, R.L. and P.W. Santelman. 1971. Response of peanuts to combinations of herbicides with other pesticides. Weed Sci. 19: 24-27.
3. Carter, M.C. 1975. Amitrole, Herbicide-Chemistry, Degradation and Mode of Action. 2nd ed. Vol I, P.C. Kearney and D.D. Kaufman eds. Marcel Dekker, Inc. New York. pp.377-398.
4. Chow, P.N.P. 1982. Herbicidal activation of BAS 9052 with surfactants and additives for wild oat(*Avena fatua*) control. Abstr. Weed Sci. Am. 17-18.

5. Chow, P.N.P. 1982. Herbicide mixtures containing BAS 9052 for weed control in flax(*Linum usitatissimum*). Weed Sci. 31: 20-22.
6. Colby, S.R. 1967. Calculating synergistic and antagonistic responses of herbicide combinations. Weeds 15: 20-22.
7. Cook, G.T., N.H. Stephan and H.J. Duncan. 1981. Influence of ammonium thiocyanate on scorching and control of bracken(*Pteridium aquilinum*) by amitrole. Weed Sci. 29: 106-200.
8. Corbin, F.T. and T.J. Sheets. 1968. Antagonistic effects of certain combinations in plants. Abstr. Weed Sci. Soc. Am. 22.
9. Davis, R.S., R.W. Bovey and M.G. Merkle. 1968. Effect of paraquat and 2,4,5-T on the uptake and transport of picloram in woody plants. Weed Sci. 21: 465-468.
10. Frear, O.S. and G.G. Still. 1968. The metabolism of 3,4-dichloropropionanilide in plants, partial purification and properties of an aryl acylamidase from rice. Phytochemistry 7: 913-920.
11. Friesen, G.H. 1979. Protection of snapbeans substituted urea injury by prior treatment with dinitroaniline herbicides. Can. J. Plant Sci. 59: 535-537.
12. Gowing, D.P. 1960. Comments on tests of herbicides mixtures. Weeds 7: 66-76.
13. Hatzios, K.K. and D. Penner. 1985. Interaction of herbicide with other agrochemicals in higher plants. Review of Weed Sci. Vol. 1, pp.47-51.
14. Ivy, H.W. 1971. Response of cotton combination of herbicides and disulfoton. Weed Sci. 19: 338-339.
15. Kwon, C.S. and D. Penner. 1996. The effect of piperonyl butoxide and adjuvants on sulfonylurea activity. Weed Tech. 10: 127-133.
16. Limpel, L.E., P.H. Schuldt and D. Lamont. 1962. Weed control by dimethyltetra chlorotelephthalate alone and in certain combinations. Proc. NE Weed Control Conf. 16: 48.
17. Morse, P.M. 1978. Some comments on assessment of joint action in herbicide mixture. Weed. Sci. 26: 58-71.
18. Moomaw, R.S. and A.R. Martin. 1978. Interaction of metribuzin and trifluralin with soil type on soybean(*Glycine max*) growth. Weed Sci. 26: 327-331.
19. Nash, R.G. and W.G. Harris. 1973. Screening for phytotoxic pesticide interactions. J. Environ. Qual. 2: 493-497.
20. O'sullivan, P.A., H.A. Friesen and W.H. VandenBorn. 1977. Influence of herbicides for broad-leaved weeds and adjuvants with diclofop-methyl on wild oat control. Can. J. Plant Sci. 57: 117-125.
21. O'sullivan, P.A. 1981. Control of wild oats, green foxtail and tartary buckwheat with mixture of propanil or propanil/MCPA and postemergence wild oat herbicides. Can. J. Plant Sci. 61: 383-390.
22. Rhodes, G.N., Jr. and H.D. Coble. 1981. A preliminary investigation of the interaction between BAS 9052 and bentazon. Proc. South Weed Sci. Soc. pp.34-54.
23. Streibig, J. C. and J. E. Jensen. 2006. Assesment of herbicide effects. In: Weed Science(2006), J. C. Streibig eds. The Royal Verterinary and Agricultural University, DK-2630 Taastrap, Denmark. pp. 94-97.
24. Suwunnamek, U. and C. Parker. 1975. Control of *Cyperus rotundus* with glyphosate: The influence of ammonium sulfate and other additives. Weed Res. 15: 13-19.
25. Tammes, P.M.L. 1964. Isoboles, a graphic representation of synergism in pesticides. Neth. J. Plant Pathol. 70: 73-80.
26. Wilson, B.J. and R.K. Nishimoto. 1975. Ammonium sulfate enhancement of picloram activity and absorption. Weed Sci. 23: 289-296.
27. 千坂英雄. 1976. 除草劑の 共力的效果とその實驗法. 第五回 雜草防除夏期硏究會 テキスト, pp.89-103.

12 제초제의 제형·계면활성제·농도계산법 및 살포, 생물검정·포장시험수행

잡초방제를 잘하느냐 못하느냐는 적정한 제형의 제초제를 선택하여 얼마나 정확한 농도로 살포하느냐에 의해 결정된다. 어떤 농약보다도 특히 제초제는 처리하고자 하는 농도가 정확하지 못하면 약효가 저조하든지 약해를 유발하는 경우가 있으므로 유의하여야 한다. 제초제의 농도 못지않게 제형도 살초력에 큰 영향을 미치므로 잘 이해하여야 한다.

12.1 제초제의 제형

제초제의 제형(製型, formulation)은 크게 액제형(液劑型, spray type), 입제형(粒濟型, granule type), 분제형(粉劑型, dust type)으로 나눌 수 있으나 분제형은 제초제로 거의 사용되지 않고 있다. 최근의 제초제 제형기술은 ① 농약의 유효성을 높이며, ② 보다 안전하여 환경에 오염이 적고, ③ 저독성·저투여 약량이어야 하며, ④ 처리가 간편하고 생력적이며, ⑤ 여러 성분의 혼용제제화(混用製劑化)가 가능하고, ⑥ 사용 후 용기의 폐기가 쉬운 방향으로 개발되고 있다(渡部, 1997).

(1) 액제

1) 용액

제초제의 유효성분이 물이나 기름에 잘 용해되는 경우에 제조되는 형태이다. 용액(溶液, solution)은 물을 용매로 하는 것이 전형적인데, 습윤 및 침투를 돕기 위해 물에 계면활성제를 첨가하여 제조한다.

기름에 잘 녹는 제초제의 용매로는 석유의 캐로신 같은 것이 사용되며 여기에 보조제(補助劑, adjuvant)를 첨가하여 제조한다. 제초제 Amitrole이나 Dalapon이 이 유형에 속한다. 물이나 기름에 용해되는 제초제는 일반적으로 액제형이며, 이들은 진용액(眞溶液, true solution)이 되어 용액의 구성물질인 제초성분과 용매가 분리되지 않는 투명한 액체가 된다.

2) 수용제

수용제(水溶劑, water souble powder)는 고형인 분말(粉末)로 제조됨이 수화제와 유사하지만 제초 성분이 물에 쉽게 녹아서 투명한 액체로 된다는 점이 수화제와 다르다. 이는 원제에 적당한 가용화제(可溶化劑, soubilizer)를 가하여 분말로 만든 것이다.

수용제에는 일반적으로 많이 사용되는 액제(液劑, liquid)가 있고 그 밖에 수용성액제[水溶性液劑, SL(water soluble liquid)/SP(water soluble powder)], 과립수용제[顆粒水溶劑, WSG (water soluble granule)] 등이 있다.

3) 수화제

수화제(水和劑, wettable powder)는 원제가 물에 용해되지 않으므로 주제를 카올린(kaolin)이나 벤토나이트(bentonite) 등의 분말과 혼합하여 아주 잘게 세분된 입자로 만들고, 습윤·분산에 필요한 적정한 계면활성제를 첨가하여 물에 넣어 희석하면 입자가 고루 분산되는 현탁액(懸濁液, suspension)이 되도록 제형한 것이다. 수화제의 품질은 원제를 얼마나 잘게 세분화하느냐에 달려 있는데, 잘게 세분화된 입자를 사용하면 토양 이동성도 작고 값이 싼 장점이 있다. 사용 시에는 잘 저어서 사용하는 것이 좋고 침투율을 높이기 위해 계면활성제를 첨가하여 처리하면 효과를 증진시킬 수 있다.

수화제에는 일반적으로 많이 사용되는 수화제[水和劑, WP(wettable powder)]가 있고 그 밖에 과립수화제[顆粒水和劑, WDG(water dispersible granule)/DF(dry flowable)], 물 표면이나 물이 들어오는 입구에 처리하는 수성현탁제[水性懸濁劑, FL(flowable)/SC(suspension concentrate)], 유성현탁제[油性懸濁劑, OF(oil miscible flowable concentrate)] 등이 있다. 수성현탁제에 대하여는 아래의 설명을 참조하기 바란다.

수화제의 한 유형인 플로어블(flowable)형은 일본에서는 수성현탁제[水性懸濁劑, FL(flowable)/SC(suspension concentrate)]라 한다. 이 제제는 고체의 유효성분을 미세하게(0.5~2.3㎛) 세분하여 액제화한 것이며 유효성분을 물에 분산시킨 현탁액제이다. 이는 수화제가 지닌 문제점(효능, 잔효성, 이행 및 확산)을 크게 개량한 것으로서, 물에 희석하여 살포하는 제제이다. 논의 물 표면에 직접 처리하거나 물이 들어오는 입구나 항공 살포용으로 이용되고 있다(渡部, 1997). 이와 같은 제제는 최근 벼 이식 후 수면적하(滴下) 처리제로 이용되고 있다.

4) 유제

유제(乳劑, emulsifiable concentrates)란 물에 잘 녹지 않는 원제를 유기용매에 녹인 후 물에 고루 분산되도록 유화제(乳和劑, emulsifier)를 가한 가유화액체(可乳化液體)를 말한다. 이것을 물에 넣고 저어 주면 물에 녹지 않는 작은 액체의 입자가 물속에 균등히 분산되어 우유처럼 되는데,

이를 유탁액(乳濁液, emulsion)이라 한다.

일반적인 유탁액은 물이 연속상으로 되어 있으며 그 속에 유기용매에 녹인 원제가 불연속상으로 존재하는 형태이다. 우유가 그 좋은 예이다. 또 다른 형태로는 물은 불연속상으로 유기용매는 연속상으로 된, 점도가 높은 것이 있다. 특히 이 형태는 비산(飛散, drift)을 감소시키는 장점이 있으나 희석에 어려움이 있다. 버터나 마요네즈 등이 좋은 예가 된다.

유제는 일반적으로 많이 사용되는 유제[乳劑, EC(emulsifiable concentrate)]와, 특수유제(特殊乳劑), 고형화 유제[固形化乳劑, DC(dry concentrate)], 용출촉진형입제[溶出促進型粒劑, G(granule)], 물 표면이나 물이 들어오는 곳에 처리하는 농후유탁제제[濃厚乳濁製劑, EW(oil emulsion in water)], 미탁제[微濁劑, ME(microemulsion)], 유현탁액[乳懸濁液, SE(suspoemulsion)] 등이 있다.

(2) 입제

입제형(粒劑, granule)으로 제형하는 것이 일반화되어 논에서 널리 사용되고 있다. 입제형은 ① 살포가 간편하고, ② 살포 시 물이 필요치 않으며, ③ 잎에 직접 붙지 않고 떨어지기 때문에 약해를 유발하지 않는 등의 장점이 있다. 반면에 ① 액제만큼 균일하게 살포하기가 어렵고, ② 바람이나 물에 의해 쉽게 이동하며, ③ 액제보다 부피가 크다는 단점도 있다. 최근에 입제의 약량을 줄이는 세립제가 상품화되고 있다.

입제는 원제를 점토, 모래, 제올라이트 등의 증량제(增量劑)와 혼합한 다음 분쇄하여 만드는 것으로, 입경은 0.5~12.5㎜이며 조제하는 모양에 따라 구형(球型, spherical type), 절편상(切片狀, flaky type), 압출형(押出型, extracted type), 부정형(不定型, irregular type)으로 나눌 수 있다. 또한 조제 방법에 따라 ① 주제를 액상으로 하여 소정 입경의 증량제를 흡착시키는 흡착법(吸着法, impregnation), ② 주제를 용매에 녹여 점착제 등과 함께 소정 입경의 증량제에 분무·도포하는 피복법(被覆法, coating), ③ 주제와 증량제에 적량의 물을 가하고 임의의 모양으로 압출(壓出)하여 건조·절단하는 습식법(濕式法, slurry granulation), ④ 물을 사용하지 않고 타정(打錠)·조쇄(粗碎)·입형(粒型)화시키는 건식법(乾式法, dry granulation) 등으로 구분할 수 있다.

입제에는 일반적으로 많이 사용되는 입제[粒劑, Gr(granule)] 외에 방출조절입제(放出調節粒劑), 수면전개입제(水面展開粒劑) 등이 있고 생력용으로 점보(Jumbo), 즉 대형 타블렛형이 있다.

Butachlor는 입형화하는 방법이나 피복 시에 사용하는 증량제의 종류에 따라 물에 용해되는 양에 차이가 있다. 특히 점토보다 모래에 피복시킨 Butachlor는 단시간에 용해되는 양이 많다고 한다. 우리나라 논 제초제의 대부분이 입제로 제형되어 사용되고 있다.

(3) 분제

분제(粉劑, dust)란 유효성분을 talc·점토광물 등의 고체증량제 및 소량의 보조제와 혼합하여 분쇄한 미분말을 말하는데, 유효성분농도가 1~5%인 것이 많다. 분말도(粉末度)가 대개 250~300mesh (입경 46~61㎛) 정도 되는 미립(微粒)의 가루로 만든다.

분제는 제초제로는 거의 사용되지 않으며 살충제, 살균제로 많이 쓰인다. 물 없이 제품을 그대로 살포할 수 있다는 장점이 있으나 제품이 작물에 고착하는 단점이 있다.

12.2 제형 시의 첨가제

(1) 제초제의 제제

제초제는 극히 미량의 유효성분(有效成分, active ingredient)으로도 생물에 강한 활성을 나타내기 때문에 일정한 면적에 안전하고 균일하게 살포키 위해서는 유효성분을 증량제로 희석·조제하여야 한다. 제초제 제품은 표 12-1과 같이 생산한다.

[표 12-1] 제초제의 제제

◉유효성분(有效成分)	+	◉첨가제(添加劑)	=	◉제제(수용제·유제·입제·분제 등)
(active ingredient		• 담체(擔體, carrier)		
or technical material)		• 희석제(稀釋劑, diluent)		
		• 용제(溶劑, solvent)		
		• 보조제(補助劑, adjuvant)		
		• 불활성물질(不活性物質, inert ingredients)		
		• 기타 보조제(補助劑)		

이미 앞에서 언급한 것처럼 제초제의 제형은 유제, 수화제, 입제 등으로 크게 나뉘고, 각 제형을 구성하는 성분은 유효성분과 첨가제로 대별된다. 첨가제에는 담체(擔體, carrier) 역할을 하는 물질로 규조토, 벤토나이트, 카올리나이트, 제올라이트, 활석, 규석분, 백탄 등이 있다. 담체란 입제·분제 등 고형제(固形劑) 등의 조제에 쓰이는 무기광물성 분말을 말하며 일명 고체 증량제(固體增量劑)로 불리기도 한다.

희석제(稀釋劑, diluent)는 유효성분을 적당히 희석하는 것으로, 유제에 사용하는 용제와 입제

·분제·수화제 등에 사용하는 고체 희석제가 있다. 고체 희석제는 고체 증량제라고 볼 수 있다. 유제나 수화제를 일정한 살포농도로 만들 때 쓰이는 물도 일종의 희석제이며 증량제이다.

용제(溶劑, solvent)란 유효성분이나 다른 보조제를 잘 녹이고 유효성분을 분해시키지 않으며 작물에 약해를 일으키지 않는 용매류(溶媒類)를 말한다. 알코올류, 케톤류, 에스테르류, 아미드류, 탄화수소류, 할로겐 탄화수소류 등이 이에 속한다.

보조제(補助劑, adjuvants)란 제초제가 식물체에 부착(府着, sticking)·습윤(濕潤, wetting)·침투(浸透, penetration)·이행(移行, translocation)되는 것을 촉진하거나 수중분산성을 촉진할 목적으로 사용되는 물질을 뜻한다.

불활성물질(不活性物質, inert ingredients)이란 물이나 점토 등으로, 그 자체가 활성이 없으며 첨가되는 물질을 뜻한다.

기타 보조제로는 농약의 저장 중 또는 살포 후에 유효성분이 분해되는 것을 방지하기 위하여 사용되는 고급지방산이나 방향족 아민류의 안정제(安定劑, stabilizer)가 있고, 살포의 압력을 좋게 하려는 목적의 할로겐화 탄화수소인 CCl_3F, CCl_2F_2 등의 분사제(噴射劑, propellant)가 있다.

(2) 계면활성제

계면활성제(界面活性劑, surfactant)란 액체-액체, 액체-기체 및 액체-고체 사이의 계면(界面, interface)의 물리적 성질을 변화시키는 물질을 총칭한다. 계면활성제는 표면의 물리적 성질을 변화시키기 때문에 표면활성제(表面活性劑, surface-active agent)라고도 불린다. 한편 화학이나 공학사전에서는 계면활성제를 표면에 강하게 응집(凝集, cohesion)하는 물질로 정의하고 있다.

모든 계면활성제들은 일반적으로 물에 쉽게 용해되는 친수성(親水性, hydrophilic) 부분과, 기름에만 용해되는 고분자의 탄수소화합물인 친유성(親油性, lipophilic) 부분이 결합되어 있는 특징을 갖는다.

어떤 계면활성제이든 하나 이상의 특성을 갖고 있으나 대체적으로 하나의 특성이 다른 특성보다 크기 때문에 큰 작용을 나타내는 것에 따라 분류된다. 이들은 유화성, 분산성, 습윤성, 가용성, 전착성, 침투성, 고착성 등을 위한 계면활성제로 구분할 수 있다.

1) 계면활성제의 특성

비누는 세제로 작용하는 것 외에도 계면활성제로 가장 잘 알려진 예이며 탄소원자 12~18개를 가진 지방산과 나트륨(Na^+) 또는 칼륨(K^+)염이 결합되어 있다. 대표적인 계면활성제로 소디움 스테아레이트를 들 수 있다. 여기서 (COO^-NA^+)는 극성을 지닌 친수성(親水性)기이며 물에 용해되고,

$(CH_3-(CH_2)_{16}-)$은 비극성(非極性, nonpolar)이므로 친유성(親油性)으로 기름에 용해된다. 비누가 계면활성을 나타내는 것은 바로 음이온성을 띠는 부분($-COO^-$) 때문이다.

(예)

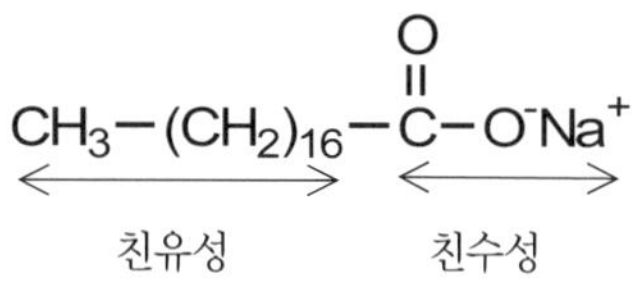

비누(소디움 스테아레이트)

비누가 물에 녹으면 진정한 용액이 되기보다는 비누분자가 응집체(凝集體, aggreate)를 함유하고 있으므로 교질(膠質, colloid) 상태가 되고(그림 12-1) 비누용액에 기름이 첨가되면 유탁액 형태가 된다. 비누의 친유성기는 기름과 결합하고 친수성기는 물과 결합하므로 비누는 기름방울을 안정화시켜 때나 기름방울 등을 씻어 낼 수 있는 세제 역할을 한다(그림 12-1).

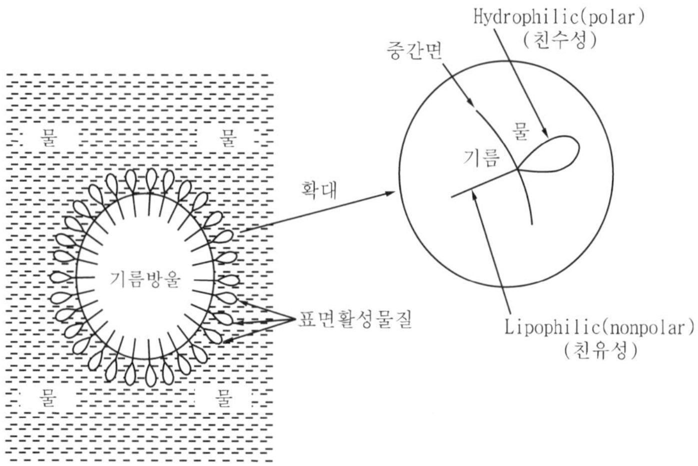

[그림 12-1] 계면활성제가 물과 기름과 결합하여 안정화되는 과정(Monaco 등, 2002)

2) 계면활성제의 종류

계면활성제는 물에서 이온화되는 정도에 따라 ① 음이온성, ② 양이온성, ③ 비이온성, ④ 양면성(amphoteric) 계면활성제로 분류된다. 물과 혼합하면 양이온성 또는 음이온성 계면활성제는 이온화되나 비이온성 계면활성제는 이온화되지 않는다. 양면성 계면활성제는 용액의 산도(酸度)에 따라 음이온성 또는 양이온성이 된다. 기존의 합성된 계면활성제가 제초제 제형에 사용되고 있다.

① 음이온성 계면활성제

음이온성 계면활성제의 가장 중요한 친수성기는 ① 카르복실산기→카르복실산염(-COOH→COO-Na+), ② 설폰산기→설폰산염($-SO_3H \rightarrow SO_3-Na+$), ③ 황산에스테르기→황산염($-OSO_3H \rightarrow -SO_3-Na+$)이며 이들 친수성기는 친유성기와 직간접적으로 결합되어 있다. 음이온성 계면활성제는 제초제 제제에 많이 사용되고 있는데, 그 예로 알킬아로마틱 설포네이트(alkylaromatic sulfonate)를 들 수 있다.

(예) 알킬아로마틱 설포네이트

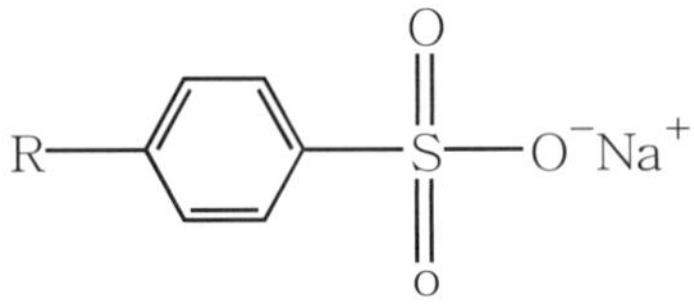

R: 알킬그룹(C=12)

② 양이온성 계면활성제

양이온성 계면활성제는 제초제 제제에 잘 사용되지 않는데, 일반적으로 독성이 있어 박테리아와 같은 세균을 효과적으로 살균시키고 경수에서 쉽게 침전되는 성질을 갖고 있다.

양이온성 계면활성제는 제4급 암모늄이라 불리며 암모니아(NH_3)로부터 만들어진다. 제4급 암모늄염은 암모늄이온(NH_4^+)의 4개의 수소원자가 4종류의 알킬기(R_1, R_2, R_3, R_4)로 치환되어 합성된다. 또 암모니아의 수소원자 하나 또는 두 개가 알킬기(R-)로 치환되면 아민(amine)이 되며 암모니아에 결합된 수소 전부가 알킬기로 치환되었을 때 제3급 아민이 되고 이것이 알킬하리드(alkylhalids)와 결합하면 제4급 암모늄염이 형성된다.

양이온성 계면활성제의 예로 세틸트리메틸암모늄 클로라이드(cetyltrimethylammonium chloride)를 들 수 있으며 그 구조는 다음과 같다.

(예) 세틸트리메틸암모늄 클로라이드

$$CH_3-(CH_2)_{15}-N\equiv H_4^+ \rightarrow CH_3-(CH_2)_{15}-N\equiv(CH_3)_3^+Cl^-$$

③ 비이온성 계면활성제

비이온성 계면활성제는 용액 속에서 이온화되지 않아 경수(硬水, hard water)에도 영향을 받지 않으며 침전반응을 보이지 않는다. 이들은 강한 산성용액에서도 사용될 수 있고 독성이 비교적 낮은 특징을 갖고 있다. 이러한 특징 때문에 분산제나 유화제로 쓰일 수 있다.

비이온성 계면활성제는 폴리옥시에틸렌(polyoxyethylene)과 폴리옥시프로필렌(polyoxypropylene)에서 파생된 물질을 의미한다. 비이온성 계면활성제는 친유성 그룹인 탄수소화물로 지방족산(aliphatic acids; fatty acids), 알킬페놀(alkylphenol), 지방산알코올(fatty alcohol)을 들 수 있으며 친수성인 옥시에틸렌($-CH_2-CH_2-O$) 그룹과 결합되어 있다. 수용액에서는 물분자가 옥시에틸렌 사슬의 에테르($-CH_2-O-CO_2$) 그룹과 수소결합을 하고 있다.

비이온성 계면활성제는 친수성-친유성을 함께 갖고 있다. 친수성·친유성 정도는 친수성-친유성 평형수치(hydrophilic-lipophilic balance)로 설명이 가능한데, 수치가 커지면 친수성을, 작아지면 친유성을 나타낸다고 한다.

가장 보편적으로 볼 수 있는 비이온성 계면활성제는 알킬페놀 폴리옥시에틸렌 글라이콜에테르(alkylphenol polyoxyethylene glycolether)이며 그 구조는 다음과 같다.

(예) 알킬페놀 폴리옥시에틸렌 글라이콜에테르

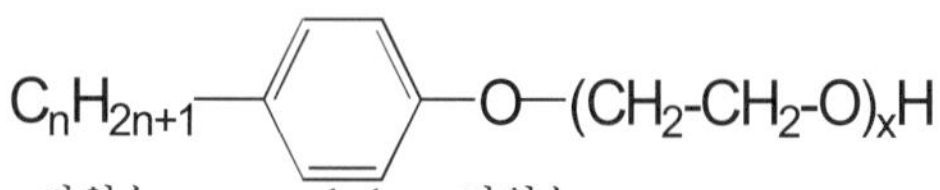

n=단위수, x=oxyethylene 단위수

한편으로 이미 앞에서 언급된 것처럼 보조제는 그 효능에 따라 다음과 같이 불리기도 한다.

① 유화제(乳和劑, emulsifying agents)
② 습윤제(濕潤劑, wetting agents)
③ 분산제(分散劑, dispersing agents)
④ 침투제(浸透劑, penetrants)
⑤ 고착제(固着劑, stickers or sticking agents)
⑥ 전착제(展着劑, spreading agents)

3) 보조제의 구비조건

① 주제를 변질시키지 않으면서 보조제로서의 독특한 활성(유화성, 분산성, 습윤성 등)을 발휘하여야 한다.
② 주제 및 기타 보조제와 친화력을 가져야 한다.
③ 작물에 약해를 일으키지 않아야 한다.

12.3 농도

(1) 유효성분과 산당량

제초제를 제제함에 있어서 제형 중 직접적으로 제초효과를 발휘하는 성분을 유효성분(有效成分, active ingredient)이라 하며 제초제의 처리농도(濃度, concentration)는 유효성분을 중심으로 산출한다.

산당량((酸當量, acid equivalent)이란 이론적으로 제형 중에서 산으로 변화시킬 수 있는 부분을 의미한다. 이 경우 산당량이 유효성분이 되며 유효성분은 산당량으로 제품에 표시된다.

제품의 표시는 다음과 같이 한다.

① % 중량/중량(w/w): 수화제, 입제 등

② % 중량/부피(w/v): g 또는 kg / ℓ 로 표시

유효성분으로 표시된 제초제의 제품량(상품량)을 산출할 때 수화제는 다음의 공식으로 구할 수 있다.

$$\text{제품량(수화제)} = \frac{\text{처리할 약제의 무게(유효성분)}}{\text{10진법으로 표시한 \%(유효성분)}}$$

예를 들면 40%의 유효성분을 가진 2,4-D 수화제를 1ha당 1,000g 처리하려고 할 때의 제품량은 다음과 같다.

$$\text{제품량(kg/1ha)} = \frac{\text{1,000g(유효성분)}}{0.4} = \text{2.5kg(2,500g 속에 1,000g이 유효성분)}$$

이때 제품 2,500g을 1ha에 살포할 수 있는 양의 물에 섞어 처리하면 된다. 대체로 10a당 물 100ℓ를 사용한다.

유제의 경우는 다음 공식으로 산출할 수 있다.

$$\text{제품량(ℓ/ha)} = \frac{\text{추천량(kg / ha)}}{\text{제품에 표시된 유효성분(kg / ℓ)}}$$

2,4-D IPE를 유효성분으로 1ha당 0.8kg 처리하고자 할 때 제품화된 2,4-D IPE 유제의 유효성분이 0.48kg/ℓ 이면 1ha에 처리해야 하는 2,4-D IPE의 양은 앞의 공식에 대입하여 다음과 같이 계산한다.

$$\text{제품량}(\ell/ha) = \frac{0.8kg/ha}{0.48kg/\ell} = 1.66(\ell)$$

즉 1.66ℓ의 2,4-D IPE(유제)를 처리하면 그 가운데 0.8kg/ha의 유효성분이 포함되어 있다.

(2) ppm 농도

ppm(parts per million)이란 무게든 부피든 최종 혼합물을 100만으로 나누었을 때 차지하는 구성물의 부분이다. 이때 산출한 단위가 무게인지 부피인지 표시하여야 한다. Gram(g)이나 mℓ(물 1mℓ=1g)의 단위로 나타내며 2,4-D 1.0ppm이란 2,4-D 1.0g을 물에 녹여 1,000,000g이나 1,000,000mℓ 용액으로 만든 것을 의미한다. 간단히 요약하면 물 1ℓ에 1mg의 유효성분이 녹아 있는 것을 1ppm이라 한다.

예를 들어 6%의 유효성분을 가진 Butachlor를 1ha당 30kg(상품량)의 비율로 논에 처리할 때 물의 깊이가 5cm라고 가정하고 여기에 함유된 농도를 ppm으로 환산하면, 우선 물이 포함된 1ha의 부피는 넓이 10,000m²×높이 0.05m=500m³이고 이것은 500,000,000cm³로서 500,000ℓ에 해당된다. 유효성분 1,800g(30kg×6%)이 500,000ℓ에 희석되어 있으므로 1,800,000mg을 500,000ℓ로 나누면 3.6ppm이 된다.

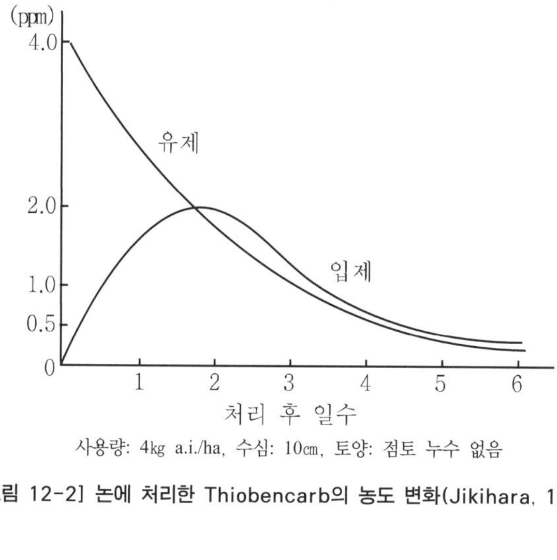

[그림 12-2] 논에 처리한 Thiobencarb의 농도 변화(Jikihara, 1981)

일반적으로 입제형으로 처리되는 제초제가 완전히 물에 용해되었다고 가정할 때 처리 후 2~3일 동안의 농도는 물 깊이에 따라 다소 차이가 있다. Butachlor의 경우 물의 깊이가 3cm이면 6ppm,

6㎝이면 3ppm이 되므로 대체로 처리 직후의 농도는 3~6ppm이 된다고 가정할 수 있다. Thiobencarb를 논에 처리할 경우 농도 변화를 보면 그림 12-2와 같다.

(3) 퍼센트(%) 농도

퍼센트 농도(percent concentration)는 최종 화합물을 100으로 나누었을 때 차지하는 구성물의 부분이다. 2,4-D 1%란 1g의 유효성분이 물에 녹아 100㎖가 되었을 때의 용액을 의미한다.

퍼센트 농도와 ppm을 비교하면 퍼센트 농도는 100을, ppm은 100만을 기준으로 하므로, ppm을 1만으로 나누면 퍼센트 농도가 되고 퍼센트 농도에 1만을 곱하면 ppm 농도가 된다. 예를 들어 1%의 2,4-D 농도는 몇 ppm이 되는지를 산출하면, ppm=%×10,000이므로 1×10,000=10,000ppm이 된다.

(4) 몰 농도

몰(molar) 농도란 제초제 한 분자량이 물 1ℓ에 녹아 있는 것을 뜻한다. Butachlor 한 분자량은 311.9이므로 Butachlor 1몰이란 311.9g의 Butachlor가 녹아 1ℓ 용액이 된 것을 의미한다. 예를 들면 10^{-5}몰이란 Butachlor 3.119㎎이 1ℓ에 녹아 있는 것을 의미하며 이것은 3.119ppm과 같은 농도이다. 제초제 시험에는 몰 농도가 많이 사용된다.

12.4 제초제의 살포

제초제는 용액제, 유제, 수화제, 입제 등 여러 형태로 살포되는데 살포된 제초제의 유효성분이 목적하는 잡초에 접촉하여 흡수되고 작용점까지 이행되어야 비로소 제초제로서 살초효과를 발휘할 수 있다. 제초제의 목적물은 토양이나 잡초의 경엽이다.

앞에서 설명한 것처럼 제초제의 유효성분은 작용점까지 도달하는 과정에서 많이 유실되고 실질적으로 아주 적은 양만이 잡초에 활성을 나타낸다. 제초제가 약효를 발휘하는 데는 제형, 살포방법과 시기, 기상조건 등이 영향을 미치므로 이들은 어느 하나 소홀히 할 수 없는 요인들이다.

입자가 300㎛보다 큰 것을 입제형 제초제라고 한다. 입제형은 살포 시에 비산의 위험성이 없거나 살포가 간단한 이점이 있어서 최근 토양처리형 제초제의 제형으로 많이 추천되고 있다. 제초제 살포라고 하면 일반적으로 제초제를 경엽에 분무처리하는 것을 가리킨다. 분무하는 과정은 복잡하고, 많은 장비가 필요하다. 본 난에서는 분무하는 살포방법에 관하여 언급하고자 한다.

(1) 분무

분무(噴霧, spraying)란 입제형이 아닌 제초제를 분무기를 사용하여 살포하는 것을 의미하며 전역에 고르게 살포할 수 있다는 이점을 갖고 있다. 분무량은 분무기를 조절하여 1ha당 소량인 9.3ℓ에서 대량인 4,670ℓ까지 살포할 수 있다. 일반적으로 저용량(低溶量, low volume) 분무기를 사용할 때는 작은 입자로 분무하는 것이 효과적이라고 한다. 식물 전체를 적실 필요가 없는 이행형 제초제나 생장조절제는 저용량 분무기를 사용함으로써 쉽게 처리할 수 있다. 분무입자는 날아다니는 곤충방제에는 50㎛이면 충분하나 제초제의 경우는 200~350㎛이면 살포가 가능하다고 한다. 제초제 살포를 위하여 분무입자 조절살포기(controlled droplet applicator)로 200㎛ 이상인 입자만을 살포할 수 있도록 조절하면 비산됨 없이 살포할 수 있다고 한다. 이와 같이 입자를 조절함으로써 1ha당 200ℓ에서 20ℓ로 분무량을 감소시킬 수 있다고 한다(Stephens, 1982).

(2) 분무기

농약을 분무하는 분무기(噴霧器, sprayer)는 ① 노즐, ② 용기(탱크), ③ 펌프로 구성되며 그 밖에 연결호스, 개폐밸브, 압력조절기, 정선기, 여과기가 부착되어 있다.

1) 노즐

노즐(nozzle)은 분무입자의 크기를 좌우하는 것으로 분무기에서 가장 중요한 부분이며 살포균일도, 살포농도, 살포비산에 지대한 영향을 미치는 부분이다.

노즐은 살포용액을 살포입자로 바꾸는 역할을 하며 노즐의 구조 및 작용압력은 살포용액의 입자크기와 균일도를 결정한다. 살포입자는 압력이 증가할수록 작아져서 고압이 되면 안개 크기의 입자로 살포되며 분무 시 비산의 위험성이 커진다.

[표 12-2] 1 l /ha를 10~1,000㎛ 입자크기로 균일하게 분무할 때 입자의 직경과 분무입자의 수(Matthews, 1979)

분무입자의 직경(㎛)	분무입자의 수/㎠
10	19,000.00
20	2,350.00
50	150.00
100	20.00
200	2.50
400	0.30
1,000	0.02

균일하게 살포하거나 비산의 위험을 제거하기 위해, 노즐에 가하는 압력은 적절한 분무형태를 유지하는 선에서 가급적 낮게 하는 것이 중요하다. 노즐에 따라 1㎠당 5~수십 psi(0.36㎏은 5psi와 같음)의 압력으로 조정이 가능하다. 제초제 약효발현에 가장 크게 영향을 미치는 분무입자와 피복률과는 상관이 있으며 일정한 면적에 일정한 양을 분무할 때 입자가 작을수록 피복률이 높다(표 12-2). 그러나 분무입자가 작을수록 낙하속도가 늦고 비산되어 주위의 감수성 식물에 피해를 줄 우려가 있으므로 주의하여야 한다(표 12-3). 그림 12-3은 제초제 처리에 사용되는 노즐의 종류를 나타낸 것이다.

[표 12-3] 3m 높이에서 분무된 분무입자의 크기와 최종속도 및 낙하시간(Matthews, 1979)

분무입자의 직경(㎛)	최종속도(비중=1.0)	낙하시간
10	0.003	17.0분
20	0.012	4.0분
50	0.075	40.0초
100	0.279	11.0초
200	0.721	4.0초
500	2.139	1.5초

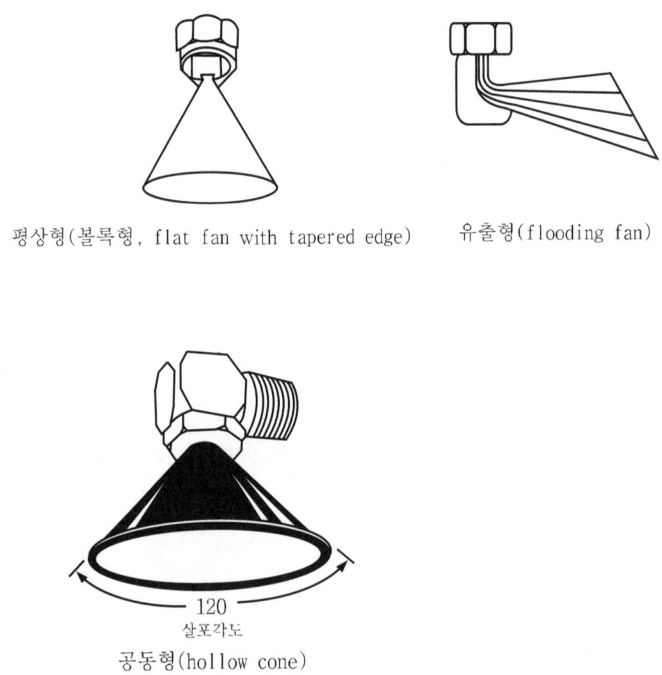

[그림 12-3] 제초제 처리에 사용되는 여러 가지 구조의 노즐(Klingman, 1982)

노즐의 종류는 다음과 같다.

① 평상형(볼록형, flat fan with tapered or even edge): 살포각도가 65°, 73° 및 80°이다.
② 유출형(flooding fan): 평상형보다 살포각도가 크며 115~147°의 범위이다. 입자가 크므로 비산의 염려가 적다.
③ 공동형(hallow cone): 분무입자가 원형의 중심부에 모여 전면에서 나오는 노즐을 full cone이라고 한다. 살포각도는 120°이다.

2) 펌프

펌프(pump)는 압력원으로서 두 가지 형태가 있다. 하나는 가스나 공기의 압력을 이용하는 것이고 다른 하나는 액체의 압력을 이용하는 것이다.

첫 번째로, 가스나 공기의 압력을 이용하는 것은 실험용으로 사용하는 분무기의 경우이다. 공기처럼 압축되거나 액체화한 가스나 질소 또는 탄산가스 등이 사용된다.

두 번째로, 액체 압력에 의한 분무기는 액체가 펌프에서 도관을 거쳐 노즐로 가는 동안 압력이 일정하게 유지되어야 한다. 분무용액은 압력을 받지 않고 액체는 우회하여 탱크로 돌아가서 약액을 교반하고 압력을 조절한다.

대부분의 제초제는 5~40psi(0.36~2.88㎏/㎠)의 압력범위에서 처리 가능하기 때문에 지나친 고압식 펌프를 사용할 필요가 없다. 보편적으로 사용되는 펌프의 형태는 회전추진기(回傳推進機), 원심회전기(圓心回轉機), 터빈(turbine), 기어(gear), 다이어프램(diaphram) 및 피스톤(piston)형이다.

펌프를 가동시키는 원동력은 ① 인력, ② 가솔린기관 또는 직결회전식, 벨트회전식 및 기어통회전식의 전기 전동기, ③ 지면바퀴의 견인회전, ④ 비행기로 살포 시 펌프를 회전시키는 소형프로펠러, ⑤ 가정용 소형분무기의 경우 수도전(水道栓, hydrant), ⑥ 드론의 하향풍으로부터 수압이다(Klingman 등, 1982).

3) 탱크

탱크(tank)는 분무액을 담는 용기로서 분무기의 종류에 따라 크기가 다르다. 고압식 분무기에는 많은 양을 담을 수 있어야 하나 저압식·수동식인 납삭분무기의 경우에는 사람이 운반할 수 있는 양을 담을 수 있으면 된다.

4) 호스, 여과기, 정선기, 압력조절기

호스(hose)는 예상되는 압력이나 진공상태를 견뎌 낼 수 있으며 약제에 쉽게 파손되지 않는 합성고무, 플라스틱 또는 그 밖의 내유성물질(耐油性物質)로 만든 것이 좋다. 고무나 플라스틱으로 제조된

정원용 호스는 65psi까지의 압력에도 사용 가능하다.

여과기(濾過器, filter)나 정선기(精選器, strainer)는 노즐의 일부분인 도관여과기로 설치하거나 탱크 등의 배출구에 설치한다. 정선기의 구멍은 노즐의 1/2 정도면 족하고 수화제의 경우는 거친 여과기의 구멍이 큰 호스가 필요하며 대개 50mesh 정도면 수화제 분말도 통과할 수 있다.

압력조절기(壓力調節器, pressure regulator)는 일정한 압력으로 분무가 되도록 조절하는 장치로서, 스프링 장진형을 사용하는 것이 설치가 용이하다. 15psi의 분사압력을 가진 조절기의 스프링이라면 10~20psi 압력 사이에서 작동하여야 한다.

(3) 분무기의 종류

1) 납삭분무기

사람이 인력으로 펌프를 작동시켜 분무하는 것으로, 대개 사람의 등에 지고 살포하는 것을 납삭분무기(knapsack sprayer)라고 한다. 살포하는 사람은 분무압력을 일정하게 유지하기 위해 펌프의 피스톤을 상하로 적절히 작동시켜야 한다. 이것은 중·후진국에서 소면적 살포에 많이 이용되고 있다.

2) 압축공기분무기

압축공기분무기(compressed air sprayer)는 컴프레서로 압력이 걸리도록 하여 약제를 살포하는 것이다. 탱크의 1/4 정도는 빈 공간으로 남겨 압력을 발생시키도록 하여야 한다.

3) 로그분무기

이 로그분무기(log sprayer)는 연구용으로 설계되었는데, 살포가 진행됨에 따라 살포 농도가 점점 낮아지도록 설계되어 있어서 신규 제초제 선발에 적합하다. 왜냐하면 제초제 선발은 작물에 피해가 없으면서 잡초를 방제할 수 있는 최저농도를 결정하는 것이 중요하기 때문이다. 특히 두 종류의 화학물질을 혼합할 때는 로가리즘 단위를 사용함으로써 적정 혼합농도를 산출할 수 있다는 장점이 있다.

4) 동력분무기

분무기의 원리나 구성은 상기의 것과 동일하나 펌프를 가동시키는 원동력이 동력인 것을 동력분무기(動力噴霧器, power sprayer)라고 한다. 우리나라에서는 경운기 또는 트랙터에 부착하여 가장 낮은 압력으로 비선택성 제초제 등을 살포할 때 많이 사용되고 있다.

선진국에서는 소형 비행기, 트럭, 트랙터 등에 분무기를 부착하여 농약을 살포한다. 우리나라도 앞으로 평야지대에서는 경비행기로 농약을 살포하는 것이 성행할 것으로 기대된다.

5) 입제살립기

분무기와는 다르나 입제를 처리할 때 일정량을 살립시키는 기구를 입제살립기(粒劑撒粒器, granular applicator)라고 한다. 종자나 비료살포와 비슷한 방법으로 균일하게 살포할 수 있다. 입제살립기는 선진국에서는 파종과 동시에 제초제를 살립시키기 위하여 트랙터 등에 부착하여 이용한다. 중·후진국에서는 사람이 걸어가면서 인력으로 살립기를 작동해 일정량이 살립되도록 하고 있다.

(4) 분무량 측정

특정 제초제는 추천될 때 살포량 및 희석법이 제시되므로 농민이 사용하는 데 별다른 어려움이 없다. 그러나 분무기의 유출량은 분무기의 유출속도, 노즐의 크기, 수 등에 의해 결정되며 다음 절차에 따라 측정할 수 있고 모든 살포장비에 적용될 수 있을 것이다.

① 분무기의 유출속도는 시간당 살포할 수 있는 용량을 속도(KPH)로 계산한다. 분무량은 소면적을 대상으로 어른이 살포할 수 있는 물의 양이나 동력분무기로 살포 시 필요한 물의 양을 산출하여 결정한다.

(예) 납삭분무기로 1분에 25m 살포하였다면 시간당 살포할 수 있는 거리는?

$\frac{25\text{m}}{1\text{분}} = \frac{X}{60\text{분}}$ 이며, X=1,500m=1.5km/hr이다.

위의 속도로 분무폭이 2m인 분무기로 분무하였을 때 1ha에 살포하는 데 필요한 시간은?

$\frac{1\text{분}}{25\times 2(\text{m}^2)} = \frac{X}{10{,}000(\text{m}^2)}$ 이며, X=200분이다.

② 1ha에 살포되는 분무량은?

(예) 2m 분무폭을 가진 분무기로 50m의 거리를 살포하였을 때 15ℓ의 물을 분무하였다면 1ha에 필요한 분무량은?

$\frac{15\ell(\text{분무량})}{2\text{m}(\text{폭})\times 50\text{m}(\text{거리})} = \frac{X}{10{,}000\text{m}^2(\text{ha})} =$ 1,500ℓ/ha이다.

③ 1ha에 살포할 분무량 1,500ℓ가 결정되었으므로 제초제 유효성분(kg a.i./ha)을 1,500ℓ에 희석하여 살포하여야 한다.

(예) 납삭분무기(용량 15ℓ)로 1ha에 Simazine 1kg(상품의 유효성분, 50%)을 분무량 1,500ℓ에 희석하여 처리하고자 할 때 납삭분무기 탱크 1대(용량 15ℓ)에 포함된 제초제 상품량은?

$$\frac{2\text{kg}(\text{제초제})}{1{,}500\,\ell} = \frac{X}{15\,\ell\,(\text{납삭용량})}$$ 이며, $X=0.02\text{kg}/15\,\ell$ 이다.

그러므로 납삭분무기(용량 15ℓ)에 혼합될 Simazine은 0.02㎏이며 이 양은 물과 혼합하여 총 용량이 15ℓ가 되도록 해야 한다.

12.5 생물검정법

생물검정법(生物檢定法, bioassay methods)의 제1차적인 목적은 합성된 화합물이나 천연물질의 활성을 조사하는 것이다. 많은 합성물질을 대상으로 검정을 실시하나 활성을 나타내는 물질의 종류가 많지 않을 것이므로 활성을 지닌 신규물질을 찾기란 쉽지 않다. 또한 합성물질이 미량이므로 ㎎ 수준에서도 활성을 검정할 수 있는 검정법을 확립하여야 할 것이다.

이러한 이유 때문에 종자의 발아, 종묘 또는 식물의 조직을 직접 희석된 약액에 노출시켜 반응을 검정하는 것이 제초성 물질의 양이나 공시 식물의 재료가 적게 필요하고 노동력도 적게 들어서 가장 경제적인 검정방법으로 간주된다.

검정식물로 사용될 수 있는 것은 ① 잡초로서의 중요성을 지니며, ② 종자를 얻기가 쉽고 발아력이 우수한 식물이어야 한다. 생물검정은 잡초만으로 수행되기도 하나 초기에 제초제의 선택성 존재 여부를 검정키 위하여 작물과 잡초를 함께 검정하기도 한다. 잡초종은 다양한 잡초를 대표할 수 있어야 하고 작물도 대표적인 것을 사용하여 특정 잡초에만 약효를 발휘하는 물질을 놓치지 않도록 하는 것이 중요하다. 최대로 10~15종(보통 2~8종)의 식물을 대상으로 시험하면 제초활성 유무가 검정되리라 본다.

제초제 활성이 잡초 발생 전 토양처리제인지 경엽처리제인지를 구명하기 위해서는, 잡초 발생 전 처리 제초제는 토양에 처리하면 불활성화되는 경우가 있으므로 검정식물을 발아시켜 생육 억제율을 검정하는 것이 우선 중요하다. 토양에 종자를 파종하고 직접 살포하거나 혼화처리하여 검정하기도 하는데, 중요한 것은 제초제가 종자와 접촉되도록 해야 한다는 사실이다.

검정하려고 하는 화합물을 식물에 처리했을 때 나타나는 반응은 합성물질의 구조나 특성에 따라 식물체의 특정 생리작용에 영향을 미치거나 억제작용을 발휘할 것으로 판단되므로 가급적 여러 가지 방법을 통해, 낮은 농도에서 민감한 반응을 나타내는 식물이나 생물로 제초제의 활성을 조기에 정확히 검정하는 것이 중요하다. 검정결과에 따라 합성화합물의 구조를 변경시켜 활성이 더 강한 화합물로 유도 합성해 갈 수 있을 것이다.

제초활성을 지닌 화합물이 제초제로 사용되기 위해서는 최소한 4단계의 검정과정을 거쳐야 한다.

제1차 효력(效力, efficacy)검정은 이미 앞에서 언급한 것처럼 제초제활성 여부를 조기에 간단히 확인·평가하는 검정법이다.

제2차 효력검정은 1차 검정에서 평가된 활성을 재확인·평가하고 실용화에 대비한 화합물을 만들기 위한 정보를 얻는 데 목적이 있다. 따라서 1차 때보다 많은 잡초종을 대상으로 처리 약량을 3~5배 수준으로 하여 잡초방제에 필요한 최소 화합물 약량과 작물에 안전한 최대 화합물 약량을 구하고 선택성에 대한 정보도 얻도록 한다. 검정 시에는 두 수준 또는 2종 이상으로 공시하여 살초력 및 약해의 변동요인을 검정한다. 수도의 경우는 온실 내의 포트로 실험을 수행하여 검정한다.

제3차 효력검정은 1, 2차 때와는 달리 실외에 설치한 대형포트나 포장에서 실시하여 제2차 검정효과를 재검정한다. 제초활성 검정 시 유의하여야 할 점은 온실의 온도·습도 및 광조건 하에서 자란 식물체가 포장상태에서 자란 것보다 제초제에 더욱 민감한 반응을 나타낸다는 것이다. 이리하여 온실에서의 검정은 포장상태의 식물에 유효한 약량범위나 선택성의 폭을 좁히는 결과를 가져오기도 하고 온실 내에서는 회복이 힘든 작물이 포장에서는 약해로부터 회복되어 선택성의 폭이 넓어지기도 하므로 온실상태에서 검정된 결과가 실용화되기 위해서는 포장의 자연상태에서도 평가되어야 한다.

제4차 작용특성(作用特性)검정은 제초제의 작용성(개체수준에서 발생하는 생리·생화학적 성질), 토양 중의 이동, 효력, 약해 및 선택성의 발현양상과 여기에 관여하는 환경의 변동성을 총체적으로 검정하는 것이다. 제4차 검정에서는 2, 3차 효력검정 시험에서 얻은 자료를 바탕으로 제초제의 토양이동, 잔효성 및 식물체 내 흡수·이행을 검정한다.

그 밖에 작용기구(作用機構, mechanism of action)를 검정하는 방법으로는 ① 황색색소의 억제작용, ② 엽편의 호흡 및 광합성 저해작용, ③ 미토콘드리아의 호흡작용 저해, ④ 엽록체의 Hill 반응 검정, ⑤ 비광합성 억제, ⑥ 세포분열 및 신장억제 등 여러 가지 방법이 있다. 아래에서는 제1, 2차 검정법을 약술한다.

(1) 제1차 제초활성 검정

제1차 검정(檢定)은 제초활성(除草活性) 여부를 간단히 확인·검정하는 방법인데, 미지의 화합물을 간편하게 검정하는 방법을 소개하고자 한다.

1) 발아억제력 검정법

살균된 petri dish에 여과지를 1매씩 깔고 벼, 피, 무의 종자를 각각 10립씩 치상(置床)한다. 그런 다음 공시(供試) 화합물을 농도별로 5~10㎖씩 처리하고 petri dish의 뚜껑을 덮어 조도

8,000~10,000lux 하의 25℃로 유지되는 항온실에서 검정한다. 발아억제형은 치상 후 10일, 생육 및 광합성 저해제는 10~20일 전후에 조사한다. 지상·지하부의 신장 억제율 및 건물중 억제율을 산출하고 50%와 90%를 억제한 ED_{50}(equivalent dose for 50% response)과 ED_{90}을 구해서 무처리 및 대조 제초제구의 성적과 비교하여 활성을 평가한다.

2) 조류(Chlorella) 검정법

단세포의 녹조류인 Chlorella는 세포 가운데 1개의 엽록체를 갖고 광합성하므로 검정화합물의 억제정도를 간편히 검정할 수 있다. 무기배양액에서 배양된 Chlorella를 삼각플라스크에 넣고 검정화합물의 농도를 0.1~100ppm으로 조정한 후 25℃, 10,000lux의 조건하에서 진탕배양한다. 접종 1~4일 후에 원심분리해서 조류체의 표면적을 측정하거나 분광광도계로 574㎚에서 흡광도를 측정하여 Chlorella의 증식에 미친 ED_{50}과 ED_{90}을 무처리 및 대조 제초제구의 성적과 비교 검정한다.

3) Callus 증식 검정법

고등식물에 제초제가 살초력을 발휘하기 위해서는 우선 식물에 흡수되어 작용점까지 이행하여야 한다. Callus 검정은 이러한 흡수·이행의 장벽이 없기 때문에 검정화합물의 직접작용을 검정할 수 있다는 장점이 있으나 광합성 저해물질의 검정에는 적합하지 않다.

MS(Murashige and Skoog) 배지 용액에 검정화합물의 농도를 조정한 후 Agar를 넣어 고체배지화 시킨 다음 계대배양된 Callus를 4㎜ 크기의 입방체로 절단하여 3개씩 치상한 후 30℃의 항온기에서 배양한다. 치상 후 15일째에 Callus 중량을 측정하여 Callus 증식(增殖)저해율을 측정한다. Callus를 치상하는 대신에 종자나 조직을 살균한 후 치상하여 (치상 후 20~30일째에) Callus 유도율에 미친 영향을 검정하기도 한다.

4) 상추의 생장반응 검정법

상추는 발아력이 높고 균일하여 Duke(1986)가 제시한 그림 12-4의 방법으로 ① 발아 억제, ② 신장 억제, ③ 광합성 억제 등을 간편히 검정할 수 있다.

직경 9㎝의 petri dish에 여과지를 깔고 상추종자를 50립씩 치상한 후 검정용액을 0.1~100ppm의 수준으로 9㎖씩 처리하여 24시간 암상태에서 발아시킨다. 발아력을 검정하고 15분간 적색광을 조사시킨 다음 48시간 암상태에 치상하여 다시 발아력, 초장 및 하배축의 길이를 측정하고, 48시간 명상태에 치상한 후 자엽에 함유된 엽록소 함량을 조사한다. 모든 조사와 측정이 끝나면 검정화합물의 발아억제, 신장억제 및 엽록소 생성억제 등을 무처리구와 비교한다.

여과지를 깐 직경 9㎝의 샬레에
검정용액 9㎖를 첨가한 후
종자 50~100립을 치상

↓ 암상태에서 24시간 배양

발아율 조사

↓ 적색 또는 백색광을 15분간 조사한 후 암상태에서 48시간 배양

발아율 조사
뿌리와 배축생장 검정

↓ 백색광을 48시간 조사

자엽 내 Chlorophyll 측정 및
방출 산소 측정

[그림 12-4] 식물독성물질 탐색을 위한 상추종자 및 유묘 생물검정

5) *Lemna* sp. 생장반응 검정법

무기영양용액에서 배양된 *Lemna* sp.(좀개구리밥의 일종)를 일정한 농도로 배양하여, 삼각플라스크(200㎖)에 검정화합물의 농도를 0.1~100ppm 수준으로 영양용액에 첨가한다. 일정 밀도로 치상한 후 온도 30℃(낮)/25℃(밤) 및 광도 20,000lux로 유지되는 생장조절실에서 배양하여 15~20일째에 생장량 및 엽록소 함량을 측정하고 무처리구와 비교한다.

(2) 제2차 제초활성 검정

제1차 검정에서 활성(活性)이 인정된 화합물을 대상으로, 다양한 잡초종과 여러 수준의 약량에서 주로 포트시험을 통해 제2차 검정을 실시한다.

제1차 검정이 기내(*in vitro*) 배양인 데 반해 제2차 검정은 토양이 채워진 포트를 이용하여 온실에서 한다는 특징이 있다.

우선 검정시험은 논과 밭으로 대별할 수 있으며, 각 조건마다 토양처리 활성과 경엽처리 활성을 검정하는 것이 바람직하다. 그러나 시간과 경비를 고려할 때 논상태의 토양처리 활성과 밭상태의 경엽처리 활성만을 검정하여 평가된 활성이 논·밭의 양쪽 조건(즉 토양처리나 경엽처리 시)에서도 활성이 있을 것으로 기대된다. 논상태의 토양처리 활성과 밭상태의 경엽처리 활성 검정법을 약술하면 다음과 같다.

1) 토양처리 활성 검정

제1차 검정에서 활성을 나타낸 화합물을 대상으로 1/5,000a 와그너포트에 논토양을 80% 정도 채운 다음 N-P-K는 토양 1㎏당 1g씩 전층시비하고 토양 표면을 고른다. 3엽기의 수도묘를 이식하고 토양표층 0~1㎝ 범위에 잡초인 피, 마디꽃, 물달개비, 알방동사니, 올챙이고랭이, 너도방동사니, 올방개, 올미 등의 종자 또는 괴경을 심고 토양을 고른 후 3㎝ 깊이로 담수하여 공시 화합물을 1~1,000g/㏊ 처리한다. 포트의 면적 관계로 일년생과 다년생 잡초를 따로 심어서 평가한다. 처리 후 10, 20, 30일 후에 조사를 실시하며 관찰할 때마다 약효(초장, 본수, 중량) 및 약해를 검정한다.

2) 경엽처리 활성 검정

제1차 검정에서 활성을 지닌 화합물을 대상으로 1/5,000a 와그너포트에 4~5㎜의 체를 통과한 밭토양(양토)을 채워 넣는다. N-P-K는 토양 1㎏당 1g씩 전층시비하고 표층 0~2㎝에 밭작물인 콩 종자와 잡초인 바랭이, 쇠비름, 마디풀, 참방동사니, 명아주, 깨풀, 여뀌 등의 주요 밭잡초를 파종한다.

초자온실이나 인공기상실에서 식물을 키워 각 식물이 2엽기에 달했을 때 0.0005~0.1% 농도의 검정화합물을 토양 10a당 물 100ℓ에 희석하여 경엽에 전면 살포한다. 약해 및 약효조사는 처리 후 1~2주, 2~3주째에 2회에 걸쳐 실시하며 조사 때마다 약해식물의 초장, 본수, 중량 등을 조사한다.

경엽처리 활성 검정 시에는 일정한 양의 화합물이 고르게 살포될 수 있도록 생장실에 포트를 넣고 포트가 회전할 수 있게 설치하여 살포하는 것이 바람직하다.

(3) 제초활성의 측정

처리한 제초제의 효력은 여러 가지 방법으로 측정이 가능한데, 잡초의 방제정도와 작물의 반응으로 평가할 수 있다. 제초활성은 제초제를 처리하여 일정 시간이 경과한 후 식물이 특정 반응을 보이느냐 보이지 않느냐, 또는 죽었느냐 살았느냐 등으로 평가된다. 실험 후 고사한 식물의 수를 조사하는 것은 쉽지 않으므로 처리 전에 작물이나 잡초의 생육상황을 관찰해서 일정한 시간이 경과한 후의 반응을 무처리구와 비교·평가하여야 한다. 처리구가 많은 경우, 제초제가 작물이나 잡초에 미친 영향은 초장, 본수, 중량 등을 조사하여 양적으로 생장억제 정도를 구명하거나 작물의 경우는 수량이나 수량 구성요소에 미친 영향을 조사하여 평가하기도 한다. 상세한 것은 다음의 포장시험 수행방법 및 평가란을 참조하기 바란다.

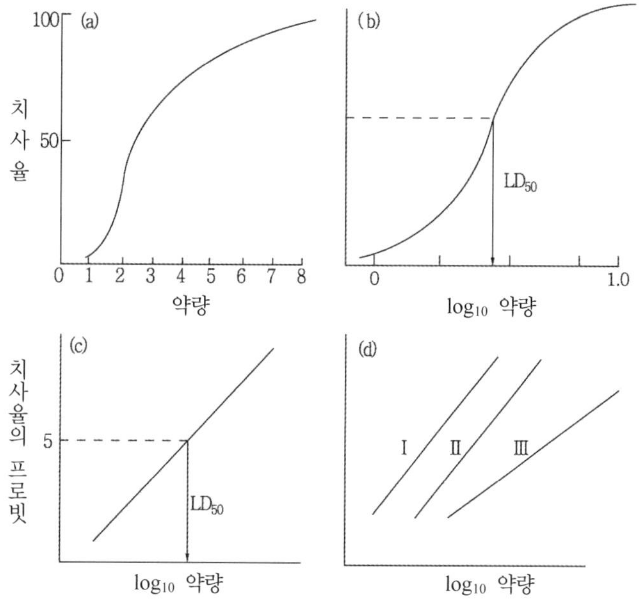

[그림 12-5] 약량-치사량의 상호관계(Roberts, 1982)

(a) 산술눈금상의 약량
(b) 로그눈금상의 약량
(c) 로그 약량에 대해 나타난 반응의 프로빗(probit)
(d) 3종의 제초제에 대한 프로빗 회귀직선

제초제의 효력, 즉 약량-반응(dose-response)의 관계는 그림으로 나타내어 비교할 수 있는데, 우선 약량은 미미한 반응으로부터 최대반응(효력)을 나타내는 범위를 선택하여 처리하여야 한다. 산술눈금 크기로 나타낸 제초제 처리 약량에 대한 살초율(殺草率, % killed plant)을 그래프로 표시하면 그림 12-5a와 같은 평탄한 곡선이 얻어질 것이고, 산출처리 약량을 로그로 변환하면 대칭적인 S곡선으로 변형될 것이다(그림 12-5b).

또한 살초율, 즉 반응을 직선으로 나타낼 수가 있는데 이와 같은 목적에 사용되는 변형(變形, transformation)이 Probit이다(그림 12-5c). 그림 12-5d는 여러 종의 제초제를 Log 약량으로 처리할 때의 반응을 Probit 회귀직선식으로 나타낸 것이다. 직선식이 가파를수록 약량에 대한 반응(효력)이 크다는 의미이므로 실용화할 때의 정확한 농도를 예견해 볼 수 있다(Roberts, 1982).

두 약제의 효능을 각각의 얻어진 약량-반응선으로 비교할 수 있으며 50%의 반응을 보인 지점에서 비교한다. 이 지점이 바로 S곡선의 가장 경사가 심한 부분의 중심이 된다. 그래서 약량 증가에 의한 반응폭이 가장 크게 나타나는 지점이다. 이 지점은 반수치사량[半數致死量, 50% lethal dose, $(LD)_{50}$] 또는 50% 반응을 나타내는 ED_{50}(equivalent dose for 50% response)이라 한다.

(4) 선택성 검정기준

동일 약제에 대한 작물과 잡초의 반응차를 선택성 지수로 표현할 수 있다. Log 약량으로 처리했을 때 작물과 잡초의 반응은 그림 12-6과 같이 나타난다. 약량이 낮은 지점에서 생장억제 반응을 보인 것을 잡초(Ⅰ), 약량이 높은 지점에서 같은 반응을 보인 것을 작물(Ⅱ)로 나타냈을 때 선택성의 폭은 작물(Ⅱ)의 ED_{50}과 잡초(Ⅰ)의 ED_{50}의 차(差, difference), 즉 x로 표시될 수 있다.

선택성 지수는 작물(Ⅱ)의 ED_{50}/잡초(Ⅰ)의 ED_{50}으로 표시되며 선택성 지수가 클수록 선택성의 폭이 커진다. 그러나 동일 제초제의 약량에 대한 작물과 잡초의 생장억제반응이 평행하지 않다면 작물과 잡초 간의 생장억제반응을 비교하기가 어렵다.

한편으로 실용화 측면에서 의미하는 선택성은 x가 아니고 그림 12-6의 y로 표시된다. 이 y란 잡초에 최대로 피해를 줄 수 있는 ED_{90}(90% 생장억제 또는 살초율)과 작물에 최저로 약해를 나타내는, 다시 말하면 작물에 피해가 미미하여 허용할 수 있는 약량 ED_{10}(10% 생장억제 또는 살초율)의 차이를 말한다. 이와 같은 성적은 작물과 잡초가 공히 균일하게 생장하는 시험구에 일정한 시간 간격으로 제초제의 농도가 일정하게 희석·처리되는 로가리즘 분무기(logarithmic sprayer)로 분무하면 얻을 수 있다.

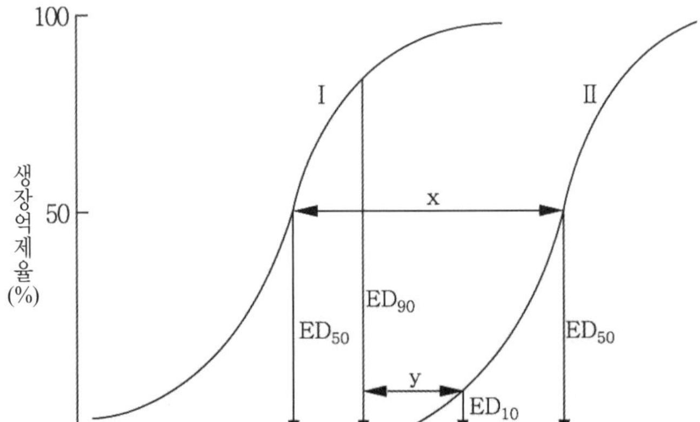

[그림 12-6] 잡초와 작물의 선택성 지수
(Ⅰ: 잡초, Ⅱ: 작물, 지수 y에 있어서 Ⅰ은 잡초이고 Ⅱ는 작물이다.)

12.6 잡초방제 포장시험 수행방법 및 평가

(1) 포장시험 수행 시 유의사항

포장시험 시 유의사항은 다음과 같다.

첫째로 포장(圃場, experimental site)은 관·배수가 잘 되고 잡초방제시험의 연용지가 아니며 잡초의 종류 및 분포가 균일한 곳을 택해야 한다.

둘째로 시험구의 적정면적은 작물의 수량과 잡초의 표본을 추출할 수 있는 충분한 면적이어야 하는데 논은 15㎡ 정도, 밭의 경우는 20~30㎡로 넓어야 한다. 작물의 수량조사 면적은 약 4.5㎡, 잡초의 표본추출면적은 수도의 재식거리가 30㎝×15㎝일 경우 2열 3주 또는 2열 4주인 0.27㎡ (0.6m×0.45m)나 0.36㎡(0.6m×0.6m)는 되어야 한다. 소요되는 노동시간이나 경제성을 고려할 때 적어도 한 처리구당 0.1㎡(0.5m×0.2m) 넓이의 2개 지점에서 조사하여야 하나 대체로 1개 지점에서만 조사하고 있는 실정이다.

셋째로 잡초의 표본추출 지점은 작물의 수량조사 면적과는 적어도 0.6m 이상, 논두렁과는 적어도 0.9~1.2m 정도 떨어진 곳이어야 논두렁에서 전파되는 잡초의 영향을 피할 수 있다. 잡초의 표본은 시험구마다 몇 열 몇 째 주 주변에 Quadrat를 놓고 조사한다는 것을 미리 결정해 놓고 포장에 나가서 그 지점에서 조사하여야 한다.

넷째로 시험설계(試驗設計, experimental design)는 난괴법이나 분할구배치법을 많이 사용한다. 시험구는 무작위(無作爲, random)로 배치하며 적어도 3~6반복(反復, replication)이 필요하나 벼의 경우는 대체로 3반복으로 시험하고 있다.

끝으로 처리되는 약량은 입제나 액제의 경우 유효성분량(有效成分量, active ingredient)을 고려하여 1㏊의 면적에 살포되는 약량을 기준으로 처리구에 필요한 약량을 면적비로 산출한다. 액제의 경우 분무량도 1㏊에 필요한 양을 기준으로 산출한다.

(2) 포장시험에 영향을 미치는 요인

잡초방제시험을 포장에서 실시할 때 제초제가 효능을 발휘하는 데는 여러 가지 환경요인(環境要因, environmental factor)이 영향을 미친다.

그 가운데 특히 토양(토성, 토양유기물, pH, 수분), 강우량(제초제 처리 전후), 광도, 온도 및 습도 등이 중요한 환경요인이다. 또 작물과 잡초의 종류, 경합양상, 제초제의 토양 흡입 깊이, 처리시기 등도 제초제의 약효(藥效, efficacy) 및 약해(藥害, injury)의 발현에 관여하는 요인이므로 신규제초제일 경우는 토양 및 기상환경이 서로 다른 여러 지역에서 몇 년간 선발시험을 실시한 다음 추천하여야 한다.

(3) 잡초방제 포장시험의 효능평가

1) 조사시기

잡초로 인한 피해 또는 손실을 평가하기 위해서는 작물과 잡초 간의 최고 경합기(最高競合期, maximum competition stage)인, 작물생육기의 1/3~1/4에 도달한 시기와 성숙기(成熟期, maturing stage)에 잡초의 수와 양을 조사하는 것이 바람직하나 작물과 잡초의 최고경합기에 한 번 조사하는 것이 보통이다.

2) 육안평가

처리한 제초제가 시험구 내에 발생한 잡초를 얼마나 효과적으로 방제하였는가를 육안으로 간단히 평가하는 방법으로, 제초제 처리 후 10~15일 사이에 1회, 25~30일 사이에 1회 도합 2회 정도 평가한다. 육안평가(肉眼評價, visual rating)는 무처리구(무제초제구)의 잡초가 방제되지 않은 상태를 0으로 하고 완전히 방제된 것을 10으로 평가하는 방법이다(표 12-4). 이 방법은 방제정도를 신속히 파악하여 비교할 수 있다는 장점이 있는 반면 정확도가 낮고 오차가 생기기 쉬운 단점도 있다. 그러나 최고경합기 전후에 조사한 잡초의 개체수나 중량(重量, weight)을 비교 평가할 때 보완적인 자료를 제공하므로 필히 조사하여 제시하는 것이 바람직하다.

[표 12-4] 제초제 효능과 작물의 약해평가 기준(김, 1988)

잡초방제			작물의 약해[2]	
평가기준	방제정도	방제율(%)[1]	평가기준	약해정도
0	무방제	0(약효 없음)	0	약해 전혀 없음
1	극 소	10% 정도 방제	1	극히 경미한 탈색이나 약반
2	소	20% 정도 방제	2	약반, 탈색 및 신장억제가 있으나 일시적 영향
3	소~불충분방제	30% 정도 방제	3	약해가 뚜렷하나 지속적이 아님
4	불충분방제	40% 정도 방제	4	약해가 뚜렷하나 회복 가능함
5	불충분방제~중	50% 정도 방제	5	중 정도며 회복 의심스러움
6	중	60% 정도 방제	6	지속적인 영향으로 회복 불가
7	충분치 못함	70% 정도 방제	7	심한 약해
8	충분치 못함~대	80% 정도 방제	8	극소수의 식물체만 잔존
9	극 대	90% 정도 방제	9	완전 고사
10	완전방제	100%(완전방제)		

1) Truelove(1977)가 0~100% 등급으로 방제율을 제창함

2) 농촌진흥청에서는 작물의 약해를 0~9등급으로 평가하고 있으며 약해정도에 대한 내용은 본 기준에 제시한 것과 차이가 있음

3) 발생빈도 조사

시험구마다 Quadrat를 여러 지점(3~4곳)에 놓아서 Quadrat 속에 현존하는 개체수를 기록하지 않고 어떤 초종(草種, weed species)의 존(存)·부존(不存)만을 조사하는 것으로서, 초종의 구성 및 분포를 신속하게 알 수 있다.

4) 초장 조사

잡초의 초장(草長, plant height) 억제 정도를 0~10등분하여 육안으로 측정하는 방법과 실제로 무처리구와 처리구의 잡초 초장을 비교하는 방법이 있으나 둘 다 보편화된 측정법은 아니다.

5) 개체수 조사

처리구와 무처리구에 존재하는 잡초 개체수(個體數, number of individual)를 측정하는 방법으로 잡초중과 더불어 가장 보편적으로 사용되는 방법이다. 대체로 제초제 처리 후 20~30일째 되는 작물과 잡초와의 최고경합기에 측정한다. 채취한 잡초들은 형태적으로 화본과류(禾本科, grass), 광엽류(廣葉, broadleaf), 방동사니류(沙草科, sedge)로 분류하고, 이들을 일년생 및 다년생으로 분류하여 처리구 간의 방제효과를 손쉽게 비교·평가할 수 있다. 그러나 형태적으로 분류하거나 헤아리는 데 많은 시간을 요한다는 단점이 있고, 또 포복하거나 부생(浮生, floating)하는 초종의 개체수를 헤아리기 어려운 점도 있으므로 다른 평가법과 함께 보완적으로 이용하는 것이 바람직하다.

6) 잡초중량 조사

작물과 잡초의 최고경합기에 잡초의 초종별 개체수를 헤아린 후 생체중(生體重, fresh weight)이나 건물중(乾物重, dry weight)을 조사하는 방법이다.

개체수와 더불어 이들을 잡초 건물중으로 표시하여 평가하는 것이 보편적이나 초종에 따라서는 생체중으로 평가하는 것이 효과적일 때가 있다. 특히 수분이 많이 함유된 잡초인 가래나 개구리밥 같은 부생(浮生, floating)하는 잡초의 경우 건물중보다 생체중이나 피복도로 나타내는 것이 더 효과적이다.

건물중을 측정할 때에는 초종별 시료를 85~95℃에서 24시간, 105℃에서 12시간 정도 건조한 후 무게를 측정하여 단위면적당 총중량을 산출하고 무처리구와 비교하여 얼마나 방제되었는가를 산출해 처리구 간의 효능을 비교할 수 있다. 반면에 중량을 측정하는 데는 시간이 많이 걸리는 단점도 있다.

잡초의 생장량은 작물의 수량과 직접적인 관계가 있으므로 잡초중량에 의한 평가가 가장 정확하며 보편적인 평가법이 아닌가 생각된다. 발생이 비교적 늦은 잡초들은 성숙기에 조사하면 양은 많으나 작물수량에 영향을 미치지 않는 경우가 있으므로 결과 해석에 주의를 요한다. 그러나 이들 잡초는 수량에 직접적으로 영향을 미치지는 못한다 하더라도 수확작업을 어렵게 하고 품질을 저하시키거나 병이나 곤충들의 기주역할을 할 수도 있으므로 잡초방제 효능평가에 유의하여야 한다.

7) 잡초방제의 종합적 평가

처리한 제초제나 방제법에 의해 측정된 결과를 해석함에 있어서 앞에서 설명한 방법 가운데 가장 보편적이면서도 많이 사용되는 것은 육안으로 평가된 방제가와 잡초의 초종별 개체수와 이들을 생체중 및 건물중으로 측정한 것을 종합적으로 해석하는 방법이다. 제초제 효능검정 시에는 적어도 이 세 가지는 꼭 측정되어야 한다.

무처리구(무제초제구)에 발생한 잡초는 모두 기록되어야 하며 또 이들을 방제하는 데 소요되는 시간은 방제효율이나 경제성 분석에 중요한 자료가 되므로 정확하게 측정해야 한다.

(4) 제초방법이 작물에 미치는 영향

1) 약해 평가

처리한 제초제가 작물에 미친 약해(藥害, crop injury)는 작물의 외모, 초장, 초세, 개체수에 미친 영향으로 평가할 수 있다.

① 작물의 외모

제초제 처리가 작물에 미친 영향은 정규적으로 관찰하여야 하며 잡초의 육안방제효과 검정처럼 제초제 처리 후 5~30일 사이에 2~3회 평가하는 것이 바람직하다. 이 기간 동안에 2회 정도 작물의 외모(外貌, appearance)로 약해를 평가하면 될 것이다.

발아지연, 색깔의 변이, 경엽의 기형현상 등을 조사하고 개화지연, 성숙지연 및 등숙의 불균일 등도 관찰하는 것이 좋다. 작물의 외모 이상은 제초제 이외에 토양 문제, 병충해 등에 의해서도 발생하므로 평가에 유의하여야 한다. 작물의 외모에 미친 영향은 0~9등급으로 나뉘는데 0은 무해, 9는 작물이 완전 고사된 상태를 나타낸다(표 12-4).

② 초장 및 개체수 조사

작물을 파종하거나 이식한 후에는 15일 간격으로 몇 차례 생육(초장·분얼)을 조사해야 한다. 작물의 발아 전 또는 잡초 발생 전에 처리한 제초제는 발아억제 및 생육지연, 작물의 초장(草長,

plant height) 또는 분얼을 억제시키므로 처리구와 무처리구를 비교·검정한다.

작물의 초장 억제는 제초제에 의한 것일 수도, 잡초와의 경합에 의한 것일 수도 있어 판정에 어려움이 있으므로 주의를 요한다. 작물의 생육은 시험구마다 조사지점을 몇 열 몇 째 줄이라고 고정해 놓고 계속적으로 조사하여야 한다.

2) 작물의 수량조사

시험구(20~30㎡, 논의 경우 15㎡)의 대표가 되는 위치에 앞에서 언급한 표본크기(예: 논의 경우 약 4.5㎡)로 작물을 수확하여, 표준방법으로 탈곡·정선·조제·건조(수분 15% 이하)한 다음 정조중(kg/10a) 또는 현미중(kg/ha)을 측정한다.

작물의 수량조사는 제초제를 포함한 잡초방제법이 작물에 미치는 영향을 구명하는 데 가장 종합적이고 효과적인 방법으로 간주되고 있다. 때로는 작물의 외모에 이상이 발생하였음에도 불구하고 수량(收量, yield)에는 전혀 영향을 미치지 않는 경우가 있고, 작물은 건전해 보이나 수량에 감소를 가져오는 경우가 있으니 평가에 유의해야 한다.

3) 작물의 질적인 요소검정

작물의 질적인 요소도 제초제 처리로 인해 영향을 받을 수 있으므로 수확된 작물의 단백질 함량, 저장력 및 발아력 등을 검정하는 것도 좋은 방법이다. 그러나 이는 보편적으로 이용되는 것은 아니다.

(5) 경제성 분석 및 결과의 종합적 해석

1) 경제성 분석

새로운 방제방법을 추천하거나 신규 제초제를 보급하려면 그 방제법이나 제초제가 기존의 것들에 비해 효과적이고 경제적이어야 한다. 신규 제초제나 제초방법이 실용화되기 위해서는 투자한 생산비에 비하여 생산성이 높아야 하며 또 효능이 현재 사용 중인 방제법과 비등하거나 보다 우수해야 한다. 항시 새로운 방법을 도입할 때는 기존의 것과 비교하여 그 방법이 경제적이라 판단되어야만 추천 내지 실용화가 가능하다.

2) 종합적 해석

새로운 방법이나 신규 제초제의 실용화를 평가할 때는 잡초방제 소요경비와 작물의 수량성을 토대로 경제성을 통계학적으로 검정하고 제초제가 환경에 미칠 직간접적 영향을 충분히 고려해야 한다. 제초제의 종류에 따라 우점하는 초종은 쉽게 천이(遷移, shift)하기 때문에 잡초군락(雜草群落,

weed community)의 동태를 몇 년간 분석하고 잡초방제효과와 작물의 수량성을 기초로 종합적인 결정을 내려야 한다.

참고문헌

1. Duke, S.O. 1986. Naturally occurring chemical compounds as herbicides. Reviews of Weed Sci. Vol. 2: 16-44.
2. Jikihara, K.,Y. Nakamura and H, Nakayama. 1981. Weeds and weed control in Asia. FFTC Book Series No. 20, pp.143-159.
3. 김길웅. 1988. 잡초방제(특히 제초제 효능비교) 포장시험 수행방법 및 평가법. 형설출판사. pp.164-177.
4. Klingman, G.C. and F.M. Ashton. 1982. Weed Science. A Wiley-Interscience Pub. John Wiley & Sons, New York, pp.95-120.
5. Matthews, G.A. 1979. Pesticide Application Methods. Longman Inc. London. pp.57-74.
6. Monaco, T.J., S.C. Weller, and F.A. Ashton. 2002. Weed Science: Principles and Practices. 4th ed. John Wiley & Sons. Inc. USA. pp.150-160.
7. Roberts, H.A. 1982. Weed Control Handbook: Principles, Bintish Crop Production Council. Black Well Scientific Publ, Oxford. pp.224-248.
8. Stephens, R.J. 1982. Theory and Practice of Weed Control. The Macmillan Press LTD. Hampshire. pp.122-126.
9. 渡部忠一. 1997. 除草劑の製造技術と動向. 植物の化學調節, Vol. 32(2): 207-217.

13 제초제의 독성, 약해 및 안전사용

13.1 독성

제초제는 잡초를 포함한 식물을 고사시키거나 생장을 억제하는 화학물질이지만 인축(人畜)에 직접 노출되거나 축적되면 위험할 경우가 있다. 그래서 제초제는 사용하기 전에 약효·약해검정은 물론 인축에 대한 독성(毒性, toxicity), 잔류성 등을 충분히 검정해야 한다. 결국 인축에 피해를 주는 허용한계 수준을 넘어서지 않아야 제초제로서 사용될 가치가 있다.

독성학(毒性學, toxitcology) 또는 독물학(毒物學)은 농약이라는 화학물이 생물에 나타내는 피해 반응을 구명하는 학문이다. 인축에 대한 농약의 독성평가는 의약품의 독성평가와 유사하나 농약이 가진 특수성 때문에 의약품의 평가와는 다소 상이하다. 농약은 살포 시에 눈이나 피부에 장해를 입히거나 흡입(吸入, inhale)되는 경우의 급성독성도 문제지만 작물체 중에 잔류하는 농약이 인축에 섭취됨에 따른 만성독성도 큰 문제이다.

(1) 반수치사량과 TLm

제초제의 치사량(致死量, lethal dose)이란 일정한 기간 동안에 실험 중인 동물을 치사(致死)시키는 데 필요한 제초제의 양을 의미한다. 반수치사량[半數致死量, lethal dose 50(LD_{50})]이란 제초제를 투여했을 때 실험동물의 반수 즉 50%를 치사시키는 데 필요한 약량으로서, 그 단위는 생체중(kg)당 약량(mg)으로 표시한다. 표 13-1은 미국에서 사용하고 있는 제초제의 독성 등급규정이며 경구독성(經口毒性, oral toxicity) LD_{50}의 수치가 낮을수록 제초제의 독성이 강하다. 제초제가 고체일 경우의 경구독성은 LD_{50}이 5mg/kg 이하일 때 맹독성(猛毒性, extreme toxicity)이며, 5~50mg/kg이면 고독성, 50~500mg/kg이면 보통 독성, 500mg/kg 이상이면 저독성, 1,500mg/kg 이상이면 독성이 없는 무독성(無毒性, non-toxicity)이라고 한다(표 13-1). 실험동물로는 쥐류, 토끼류, 개, 돼지 등이 사용되고 있으나 쥐류가 주로 쓰인다.

치사농도(致死濃度, lethal concentration)란 보통 24시간 내에 공기흡입이나 수용액 농도로 실험하여 실험동물을 치사시키는 데 필요한 약제의 농도이다. LC_{50}과 LC_{95}란 실험동물 중의 50%와 95%가 치사한 농도를 뜻한다. 그 단위는 공기 1ℓ당의 약량(mg)이나 ppm으로 표시한다.

[표 13-1] 농약의 독성구분(Roberts, 1982)

	반수치사량(mg/kg 체중)			
	경구(經口, acute oral)		경피(硬皮, acute percutaneous)	
	고체	액체	고체	액체
맹독성	<5	<25	<10	<50
고독성	5~50	25~200	10~100	50~400
보통독성	50~500	200~2,000	100~1,000	400~4,000
저독성	>500	>2,000	>1,000	>4,000

TLm(medial tolerance limit)이란 어류에 대한 급성독성(急性毒性, acute toxicity)을 조사하는 방법으로, 일정한 농도의 약제용액 중에서 48시간 후에 실험 어류의 반수가 치사하는 데 필요한 농도를 ppm으로 나타낸 것이다. 어독성을 검정하기 위하여 공시되는 어류는 잉어, 붕어, 금붕어, 무지개송어 등이며 유사한 조건에서 양육된 연령이 비슷한 것을 공시하는 것이 실험의 오차를 줄일 수 있다.

(2) 독성의 유형

독성은 크게 급성독성(急性毒性, acute toxicity)과 만성독성(慢性毒性, chronic toxicity)으로 나눌 수 있고 그 사이에 중급성독성(中急性毒性, subacute toxicity)이 있다.

1) 급성독성

급성독성이란 실험동물에 약제를 투여하여 반수의 동물이 치사하는 LD_{50}을 구하는 단기간 동안의 독성반응을 검정하는 것이다. 경구(經口, oral) 또는 경피(經皮, dermal)를 통하여 쥐에게 약제를 투여한 후 2주 동안에 LD_{0}에서 LD_{100}에 이르는 여러 단계의 약량 수준을 처리하여 통계적으로 LD_{50}을 구할 수 있다.

중급성독성이란 실험동물에 농약을 투여한 후 3개월간의 독성영향을 관찰하는 것으로, 농약을 동물의 사료에 혼합투여한 후 관찰한다. 기타 방법은 만성독성과 같다. 어류에 대한 급성독성은 앞에서 언급한 TLm으로 산출·검정한다.

2) 만성독성

만성독성은 쥐나 생쥐의 일생 동안, 개나 원숭이는 수명의 1/10 정도에 해당하는 기간 동안 농약을 투여하여 독성반응을 검정하는 것이다. 농약을 등록하기 위해서는 쥐와 생쥐 또는 쥐와 개처럼 2종 이상의 동물에 투여하여 실험해야 한다. 전체 실험기간은 대체로 18~30개월 정도며 경우에 따라 6개월 미만의 단기 실험을 행하는 경우도 있다.

농약은 경구(經口, oral)로 투여하는 것이 원칙인데, 쥐나 생쥐의 경우는 대개 사료에 혼합하여 투여하고 개는 일반적으로 캡슐로 투여한다. 대체로 농약의 약량은 대조구를 포함하여 독성이 전혀 없는 최대약량, 최소중독량, 뚜렷이 중독(中毒)이 나타나는 양으로 하며 실험동물 생체중(㎏)당 약량(㎎)으로 표시한다.

조사항목은 사육관계에 대한 자료로 전 기간을 통해서 체중, 사료섭취량, 음수량, 일반증상 및 사망률을 관찰한다.

다음은 임상검사로 혈액을 채취하여 혈액학적·생화학적 검사와 오줌 검사를 행하고 병리학적 검사로 해부하여 조직학적으로 검정한다. 한편 농약이 실험동물의 번식 및 생식기능에 미친 영향이나 이상을 조사하고 유전적인 저해에 의한 선천성 기형의 발생 등을 종합적으로 판단하여 특정 농약의 독성과 안전성을 판정한다. 그 밖에 어류에 미치는 만성독성도 조사하는데 기형어(畸形魚)의 생산, 산란력, 부화력 및 조직적 검사를 통하여 만성독성 여부를 판정하기도 한다.

(3) 생물체 내 행적 검정

제초제의 동물체 내 축적 및 대사를 밝히기 위해서는 일반적으로 행하는 분석 화학적 방법 외에 방사성 동위원소로 표식된 화합물을 투여하여 흡수, 체내분포, 오줌·변으로의 배설 등을 검정하고 오줌에 함유된 대사물질을 동정·정량하여 농약이 체내에서 어떻게 대사되는지를 검정한다.

(4) 발암성 검정

제초제가 발암성 물질(發癌性物質, carcinogenic materials)을 함유하였거나 대사과정에서 이들 물질이 생성된다면 그 제초제는 규제되어야 한다. 발암성 물질은 세균, 특히 *Salmonella*균에 농약을 처리하여 돌연변이성을 조사함으로써 검정할 수 있는데, 발암성 물질의 90%가 양성반응을 나타낸다고 하므로 미생물을 이용하여 발암성 정도를 검정할 수 있다.

13.2 농작물에 대한 손상

(1) 식물체의 손상 및 원인

식물체에 손상을 주는 요소로는 생물적·무생물적·환경적·기계적 요인이 있다. 식물은 다양한 환경요인에 대한 반응이 잎, 줄기, 뿌리 등 식물체의 손상으로 나타난다. 제초제 이외에도 식물체에 손상을 주는 요인이 많으므로 제초제에 의한 약해인지를 정확히 관찰하여야 한다.

식물체에 손상을 주는 것은 영양결핍 및 불균형, 오염, 기계적 장애, 뱀, 곤충, 바이러스, 선충, 토양의 강도, 극고·극저의 온도나 빛의 강도, 물 부족 등 다양하다. 따라서 식물이 받은 손상을 완전히 분석하기 전에는 어떤 결론이나 추측을 내려서는 안 된다. 식물체 손상을 진단하는 사람은 식물이 어떻게 자라며 환경에 어떻게 반응하는가에 대한 충분한 지식을 갖고 있어야 한다.

제초제로 인한 약해는 주로 제초제를 처리할 때 이웃 작물로의 비산, 유거, 잔류, 오용, 오염 및 다년생 식물 뿌리로의 흡수 등으로 나타난다. 식물체는 제초제의 비산에 따른 약해로 죽지는 않으며 초기 증세 후 곧 회복되어 정상적으로 자라는 것이 보통이다.

농약은 곤충, 병원균, 미생물, 잡초 등에 대하여 활성을 나타내는 화합물질이지만 작물에 대해서도 다소 활성을 보이는 경우가 있다. 따라서 작물에는 거의 활성을 보이지 않는 농도범위가 있어야 하며 이와 같은 선택성의 폭은 작물의 종류, 생육시기, 환경조건에 따라 달라질 수 있다.

농작물에 대한 약해는 사용한 농약에 의한 작물의 생리·생태적 변이와 같은 현상을 의미한다. 이는 급성과 만성약해로 구별할 수 있는데 급성은 살포 후 단시일 내에 낙엽, 낙과가 나타나거나 반점의 발현 또는 위조현상을 보인다. 만성증상은 약제살포 직후에는 나타나지 않으나 상당한 시일이 경과한 후에 영양장애가 유발되어 낙엽이 지며 수량이 감소하는 경우도 있다.

최근 제초제 처리로 인해 약해가 발생하는 사례가 많다. 제초제의 선택성은 작물과 잡초의 미세한 생리적 차이를 이용한 것이 많기 때문에 약해가 발생할 가능성이 다른 농약에 비하여 높다. 재배법의 변동도 약해 유발원인이 될 수 있다. 특히 비닐하우스 안이나 보온절충못자리에 비닐피복 등을 하였을 때 실내가 밀폐됨으로써 제초제가 식물체 잎에 부착될 가능성이 크다.

최근 자주 문제시되는 약해현상에 대해서는 정확한 자료가 없어서 그 원인들을 분석·제시하기 매우 어려우나 몇 가지 유형을 고려해 볼 수 있다.

첫째로 제초제의 정확한 특성을 무시한 채 적용범위를 확대하여 약해를 유발하는 경우를 생각할 수 있다.

둘째로 액제형 제초제 처리 시 시간을 짧게 하기 위해서 고압분무기를 이용해 살충제·살균제 처리와 같은 방법으로 처리할 때 제초제의 비산에 의하여 주작물이 아닌 근접 작물에 피해를 유발하는 경우가 있다. 이런 경우에는 동력분무기를 저압으로 해서 사용하면 위에서 발생한 약해를 크게 경감시킬 수 있다.

셋째로 피복재배를 하는 작물이나 비닐하우스 내에 제초제를 살포할 때에는 일반 조건과 크게 다르므로 약해가 유발되기 쉽다.

넷째로 못자리(특히 보온절충못자리) 등에 묘판을 굳히는 작업과 동시에 처리하는 제초제의 경우 약해가 유발되기 쉽다.

다섯째로 생력재배의 일환으로 담수직파재배 시에 약해 유발 위험이 크기 때문에 포장지에 적힌 주의사항에 유념하여 처리해야 한다.

(2) 약해의 유발 요인

1) 감수성 변동에 의한 약해

농약에 대한 감수성은 동일한 것이 아니고 ① 작물적 조건, ② 기상조건, ③ 토양조건에 따라 감수성 정도에 차이가 있을 수 있다.

① 작물적 조건

작물적 조건으로는 첫째로 품종형에 따른 감수성의 차이를 들 수 있다. 특히 벼의 경우 일반계와 인디카형 및 인디카형과 일반계 교잡종 간에 트리아진계 제초제에 대한 상이한 반응이 보고된 바 있다(김 등, 1975). 김 등에 의하면 일반계와 인디카형 교잡종은 온도가 상승함에 따라 Benthiocarb-simetryn(사단-S)에 의해 심한 억제현상을 나타냈다(그림 13-1). 이와 같은 현상은 고온에서의 Simetryn에 의한 것이며, 또 형태적으로 교잡종의 뿌리가 지표면 가까이에 많이 퍼져 있어서 제초제에 쉽게 노출되는 것도 원인 중의 하나로 설명된다. 둘째로 생육시기에 따라 감수성의 정도에 차이를 보인다. 벼 1엽기 때는 대부분의 초기 제초제에 대하여 품종군에 관계없이 심한 약해가 나타나다가 생육이 진전됨에 따라 약해가 크게 경감된다. 교잡종인 통일에서 그와 같은 현상이 두드러졌다(표 13-2).

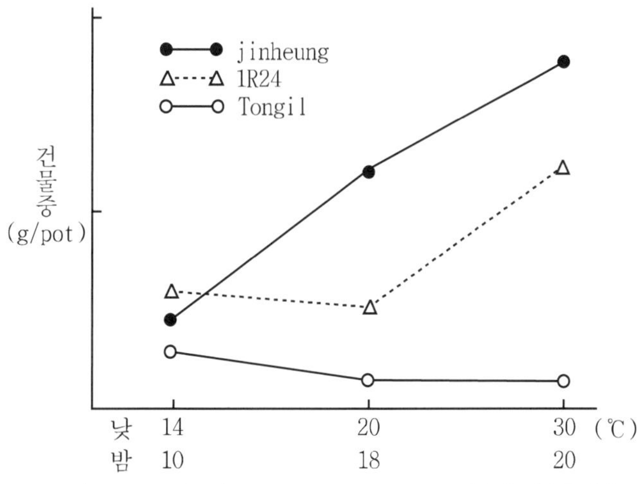

[그림 13-1] 고온 및 Benthiocarb-simetryn 처리가 벼품종 간에 미치는 영향(벼 3엽기)(김 등, 1975)

[표 13-2] 제초제에 대한 벼품종의 반응[1](김 등, 1975)

제초제 \ 엽기	품종 진흥				통일				IR24			
	1[2]	3[3]	5[3]	7[3]	1	3	5	7	1	3	5	7
Nitrofen	8	6	3	0	10	7	5	0	9	6	3	0
Butachlor	5	5	1	0	3	1	0	0	2	1	0	0
CNP	1	1	0	0	3	0	0	0	1	0	0	0
Benthiocarb-simetryn	10	7	1	1	10	9	7	3	9	6	2	2
Untreated control	0	0	0	0	0	0	0	0	0	0	0	0

1) 약해율의 범위 0~10: 0은 약해 없음, 10은 완전고사
2) 1엽기는 수심 3㎝ 깊이
3) 수심 1, 5, 9㎝ 처리의 평균치

② 기상조건

첫째로 기온의 고저에 따라 약해반응이 다르게 나타나는데, 고온에서는 트리아진계 제초제의 흡수량이 증가되어 약해유발을 증가시키며, 저온에서는 페녹시계 제초제의 벼에 대한 약해유발 사례가 보고된 바 있다. 둘째로 다습조건에서 경엽처리 제초제 살포 시 경엽을 통한 제초제의 침투량이 증가되어 약해의 유발이 저습조건에서보다 높은 것으로 알려져 있다.

토마토에 Metribuzin을 처리할 때 온도가 낮고 습하고 구름이 낀 기상조건에서 살포하면 온도가 온화하고 청명하며 태양이 비치는 조건에서 살포한 것보다 심한 약해를 일으킨다고 한다(Monaco 등, 2002).

빛의 세기도 약해 유발과 관계가 있다. 처리 전 약한 광조건하에 있다가 처리 후 강한 광조건하에 놓이게 되면 약해가 커지는데 그 원인은 약광하에서 약하게 자란 작물에는 농약의 침투가 용이하며 동시에 광합성도 억제되어서 광합성 생성물이 적기 때문이다. 광합성 생성물은 처리한 농약의 해독에 주요한 역할을 하는 것으로 알려져 있다(行本 등, 1985).

③ 토양조건

제초제를 토양에 처리한 경우 작물의 반응은 토양의 종류 및 구조에 따라 다르다. 토양 내에서 농약의 분포정도가 다르고, 또 작물 뿌리의 분포도 다르기 때문에 약해를 받는 정도가 상이하게 나타나는 것이다.

제초제의 토양 내 흡착과 약해는 밀접한 관계가 있는데 토양유기물, pH, 양이온 치환정도 등에 따라서 흡착에 차이가 있다. 한편 누수, 유거, 미생물적 또는 화학적 분해작용 등에 따라서도 차이가 있어서 약해의 발현은 상이하다. 그러므로 제초제 처리 시에는 토양조건을 충분히 고려하여야 한다.

2) 농약 상호작용에 의한 약해

2종 이상의 농약을 혼용하거나 근접살포하는 경우, 이들의 상호작용으로 인해 약해가 발현되기도 하므로 유의하여야 한다.

① 혼합에 의한 약해

2종 이상의 농약을 혼합 처리하면 일시에 병, 곤충, 잡초 등을 방제할 수 있어서 1회 혼합처리로 생력화할 수 있는 장점이 있다. 이런 측면에서 미국이나 일본에서는 병충해 및 잡초의 동시 방제를 위하여 농약의 혼합형을 많이 사용하고 있다.

그런데 상이한 제형의 농약을 혼합하게 되면 물리성이 변화되고 2종류의 유효성분이 살포액 중에서 가수분해나 금속염치환 등의 화학변화를 일으킬 수 있다.

② 동시 또는 근접시기 처리로 인한 약해

제초제 Propanil(스템에프-34)은 벼와 피가 같은 엽기일 때 처리하면 벼에는 전혀 피해가 없고 피만 방제하는 속간 선택성을 가진 제초제이다. 그러나 이 제초제를 처리한 후 유기인계나 카르바메이트계의 카보퓨란과 같은 살충제를 며칠 내에 처리하면 약해가 유발된다고 한다.

이는 Propanil이 제초력을 상실한 무독한 디클로로아닐린(3,4-dichloroaniline)과 푸로피오닉산(propionic acid)으로 분해되는 데 관여하는 효소 아릴아실아미다아제(aryl acylamidase)의 활성이 카르바메이트계 농약과 경합하게 됨으로써 Propanil의 분해가 늦어져 약해가 증가되는 것이다. 두 약제 간의 처리 간격이 11일 정도 되어도 포트 시험에서 약해가 발현되었다고 한다(그림 13-2). 그 밖에도 유기인산계 살충제와 제초제를 동시에 또는 근접 살포하는 경우 약해가 증가한다는 보고가 있다.

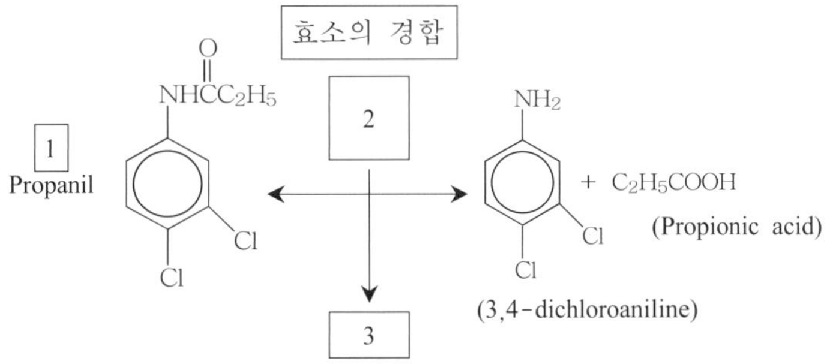

① 제초제
② 아릴아실아미다아제(aryl acylamidase)
③ 카르바메이트계 살충제

[그림 13-2] 농약의 근접살포로 인한 약해 유발

3) 환경 중의 확산에 의한 약해

작물에 처리한 농약이 처리한 장소 이외로 이동하거나 다른 화합물로 전환되어 약해를 유발하는 경우가 있다.

① 비산(飛散, drift)

제초제를 처리한 후 인접한 감수성 작물이 약해를 받는 경우가 종종 있다. 예를 들면 2,4-D 에스테르계 제초제를 논에 처리할 때 인접한 콩에 약해가 유발되는 것은 바람에 의해 약제가 비산되었기 때문이다. 그러므로 이와 같은 약제는 바람이 거의 불지 않는 고요한 날에 살포하는 것이 효과적이다. 이와 비슷한 예로 Paraquat나 Glyphosate 등의 비선택성 제초제를 과원에 살포 시 살포액이 비산하여 사과나무 잎에 부착되면 반점 등의 약해가 발생하므로 분무압력을 저압으로 하여 살포하거나 바람이 불지 않을 때 처리하여야 약해 발생을 막을 수 있다.

일반적으로 비산에 의한 약해는 분제로 만든 농약에서 볼 수 있으며 입자가 10㎛ 이하일 때 발생한다. 입자가 미세할수록 식물의 잎에 잘 부착하여 효과는 증대되나 비산될 우려가 있으므로 최근에는 약효도 떨어지지 않으며 비산을 감소시키는 DL(25~30㎛) 분제가 개발되어 사용되고 있다.

② 휘발(揮發, volatilization)

앞에서 언급한 비산의 경우처럼 살포한 제초제가 그대로 비산하여 약해를 유발시키는 것과는 달리 휘발에 의한 약해는 제초제가 증발해 기체상이 되어 산포한 지역의 작물 또는 인접 작물에 약해를 유발하는 것이다(行本 등, 1985).

제초제는 그 자체의 증기압이 높으면 높을수록 휘발되기 쉽다. 따라서 증발하기 쉬운 제초제를 과원 등에 살포하면 휘발되어 과수의 신초나 어린 과실에 약해를 유발시킬 염려가 높다. 디니트로아닐린계의 Trifluralin이나 카르바메이트계의 Dichlorobenil은 증기압이 높고 휘발이 잘 되는 제초제이다.

제초제 Vernolate의 증기압은 1.04×10^{-2}㎜Hg(25℃)로서 제초제 가운데 가장 높으며, 이것은 훈증제 Chloropicrin의 약 1/1,000에 해당된다. 농약의 증기압이 10^{-5}㎜Hg(0.01Pa)보다 크면 휘발로 인해 약해를 유발시킬 가능성이 있으므로 처리 시 유의하여야 한다(Monaco 등 2002).

제초제가 다른 지역으로 이동하는 것을 최소화하려면 바람이 불지 않는 날에 처리하거나 비휘발성 제형을 사용한다거나, 압력을 낮춰 입자를 크게 하거나 노즐의 크기를 조정하는 등의 방법을 이용해야 한다.

제초제의 휘발성과 관련해서는 표 10-1 주요 제초제의 증기압을 참조해 주기 바란다.

4) 토양 중 제초제 잔류에 의한 약해

농약에 따라 토양 잔류성에 차이가 있다. 토양 내의 제초제 잔류는 잔효성이 긴 제초제를 사용하였거나 제초제를 과용하였거나, 기상조건(온도, 습도)이 나빠서 분해가 제대로 되지 않았을 때 발생한다. 잔류 문제는 포장전역에 발생하기도 하고 국지적으로 발생하기도 한다. 따라서 제초제 살포 시 제초제의 토양 잔효기간을 고려하여 선택해야 한다. Quinclorac은 화본과 잡초방제에 아주 탁월한 제초제이다. 그러나 토양에 잔류한 극미량의 Quinclorac이 후작물로 재배한 가지과작물에 심각한 약해를 유발하여 사용이 금지되었다.

5) 기타의 약해

작물 또는 토양에 처리한 제초제는 흡착·증발·용탈·유거되는 것 외에 화학적·미생물적 분해 및 광분해에 의하여 원형과 다른 물질로 분해된다. 제초제는 분해되면 약효를 잃는다고 일반적으로 알려져 있지만 약효를 완전히 잃어버렸다고 볼 수 없으므로 분해된 변화물이 후작물에 미치는 약해에도 관심을 가져야 한다.

그 밖에 제제에 불순물 혹은 경시적으로 약해를 유발시킬 물질이 들어 있거나, 유효성분이나 부제의 성분이 변하였거나, 사용방법·기준을 무시하고 오용하거나, 불균일하게 또는 과잉으로 살포하게 되면 언제나 약해가 발생할 수 있다는 점을 유의하여야 한다. 약해의 증상으로는 ① 황화현상, ② 백화현상, ③ 낙엽, ④ 기형엽, ⑤ 초장의 단축 등 지상부 경엽에 나타나는 증상이 있고, ⑥ 지하부의 발근저해, ⑦ 기형뿌리, ⑧ 뿌리의 갈변, ⑨ 뿌리 길이나 무게의 감소 등도 관찰할 수 있다.

13.3 식물체 손상의 진단 절차

(1) 식물체 손상의 진단

식물체에 손상을 일으키는 주요 원인으로 ① 병원균, ② 환경요인, ③ 제초제와 같은 화합물, ④ 기계적 요인, ⑤ 곤충, 응애 및 여타의 동물 등을 들 수 있다. 정확한 진단을 위해서는 손상된 부위의 외모를 주의 깊게 관찰하여야 한다. 제초제에 의한 약해는 인간의 실수에 기인하는 것이 많으므로, 잘못된 진단으로 바로 소송을 당할 수 있으니 각별히 주의해야 한다. 식물체의 진단은 체계적이고 조직적으로 이루어져야 한다. Monaco 등(2002)은 식물에 발생하는 손상을 진단하는 다음과 같은 4단계 과정을 제시하였다.

1) 제1단계: 정상적인 식물체 생장 조사

손상을 입은 식물체의 종류가 정확히 무엇인지(속, 종명, 품종명)를 동정(同定)하고 그 주변에 있는 같은 종의 정상적인 식물체와 비교하여 손상된 식물체의 증상을 자세히 관찰하여야 한다.

2) 제2단계: 관찰된 손상의 양상과 발생시기 구명

우발적 요인을 포함하여 식물체 재배법, 즉 언제 심어서 어떻게 재배하였고 증상은 언제 발생하였으며 어떻게 진전되었는지에 대한 정보가 필요하다. 이러한 내용의 질문서를 만들어 그것에 답한 것과, 관찰하여 얻어진 정보로 손상의 증상이 생물적 요인에 의한 것인지 무생물적 요인에 의한 것인지를 판별할 수 있을 것이다.

일반적으로 생물적 요인(병원균, 곤충, 선충, 동물)에 의한 손상은 무작위로 발생하고 일정한 양상을 보이지 않으며 증상이 천천히 나타난다. 무생물적 요인(농약, 대기오염, 영양결핍, 환경적 요인 및 기계적 요인)에 의한 손상은 무작위가 아닌 보다 분명한 양상으로 나타난다.

식물 병원균의 감염은 특수한 숙주에 한해서만 발병한다. 만약 손상의 양상이 여러 종의 식물체에 발생했으면 대체로 생물적 요인에 의한 손상은 아닐 것이다. 무생물적 요인에 의한 손상은 일시적으로 나타나고 다른 식물체로 전파되지 않는 것이 보통이다. 실내의 진단을 통해 생물적 요인이 아닌 것이 판명이 되면 무생물적 요인에 의하여 발생한 것으로 추정할 수 있다.

3) 제3단계: 손상된 식물체의 부위별 특별 증상 조사

- 잎의 손상: 괴사, 탈색, 왜소, 부정규적 또는 확대된 점, 잎의 크기나 모양의 이상, 굴곡 또는 잎의 손실
- 줄기의 손상: 종양, 파괴, 탈색, 굴곡, 부풀어 오름, 병변, 토양에 접한 표면의 잎이나 분열 조직이 비틀어짐
- 뿌리의 손상: 발육장애, 부근의 발생 억제, 곤봉모양의 뿌리 끝, 병변을 가진 이상 생장이나 확대된 부분, 비정상적으로 부패한 조직
- 유관속 손상: 불규칙적인 색깔, 유관속 액이 걸쭉하거나 끈적끈적함
- 꽃과 과실의 손상: 모양이 일그러지거나 탈색, 조직의 상실, 병변 등

이상의 식물체 부위별로 관찰된 손상의 특징은 식물체 손상의 원인을 진단하는 데 단서를 제공해 줄 것이다. 손상이 규칙적이냐 무작위적이냐, 손상의 위치가 새로운 조직이냐 오래된 조직이냐도 구명해야 한다. 손상의 형태는 특정한 제초제나, 영양소, 물 부족, 기상, 경화된 토양, 선충, 곤충 또는 병과 관계가 있는 것으로 알려져 있다. 따라서 표본을 정확히 수집하여 적절한 실내

진단을 통해 생물적 요인인지 무생물적 요인인지를 구명하여야 한다.

4) 제4단계: 손상 요인의 구명

제1단계에서 제3단계까지의 정보가 모아지면 식물체 손상을 진단하기 위하여 제시된 원인을 전부 통합해야 한다. 포장에서 관찰된 손상의 양상, 식물체의 증상, 발생시기, 식물체 반응, 손상 발생지나 주변의 재배관리, 손상 전후 및 손상 시의 환경조건, 토양요인, 질문서의 답변, 실험실의 분석결과 등을 이용하여 손상의 원인을 구명한다.

경우에 따라서는 진단을 정확히 내릴 수가 없다. 이것은 최종진단을 하기에는 정보가 부족하거나 빠졌기 때문이다. 이와 같은 경우에도 체계적인 접근을 통하여 진단하게 되면 어떤 원인에 의하여 손상이 생겨났는지에 대한 해결책을 제시할 수 있다. 무생물적 요인에 의한 다양한 손상은 의심할 것 없이 진단하기 매우 어렵다. 그러나 수집된 모든 정보를 종합하면 경험 있는 연구자는 원인을 진단할 수 있을 것이다.

(2) 제초제와 유사 약해 증상

자연상태에는 제초제에 의한 약해와 유사한 손상을 일으키는 다양한 요인이 있다. 병, 선충, 바이러스, 응애, 곤충, 대기오염, 이상기상조건(바람, 서리, 모래, 우박), 다져진 토양, 한발, 뿌리의 긴장, 토양 pH 등이 이와 같은 요인들이다. 예를 들면 서리는 대체로 낮은 지역이나 토양이 검은 곳에 많이 발생한다. 낙뢰는 낙뢰한 주변의 식물을 죽거나 시들고 마르게 하는데, 낙뢰지점에서 멀어질수록 피해는 감소된다. 바람은 분열조직의 식물생장 조정제형에 손상을 일으킨다고 한다.

13.4 제초제 작용 기작별 약해

다음의 기작별 약해는 Monaco 등(2002)이 제시한 자료를 참조한 것이다.

(1) 광합성 억제제

광합성 억제 제초제의 종류는 제9장의 표 9-1과 같이 Triazine계, Urea계, Uracil계, Phenylcarbamate계 등 다양하고 많다. 이 계열의 제초제가 토양에 처리되었을 때 잡초종자는 발아하고, 주로 뿌리로 제초제가 흡수되어 물관부를 통해 잎으로 이행된다. 잎으로 이행된 제초제는 광합성을 억제하기 때문에 식물체가 서서히 죽게 된다. 이들 계열의 제초제가 경엽에 처리되면 접촉에 의한 것이므로 잎 전체에 처리되어야 식물체를 완전히 죽일 수 있고 황화시킬 수 있다. 이 계열의 제초제를 처리하면 식물체의 뿌리에서부터 시작하여 지상부가 죽게 된다. 약해 증상은 잎맥 사이가 황화하고 기부로부터 갈색화하여 잎의 외부 가장자리에서 중심방향으로 진행되며 그렇게 된 후 잎은 떨어지고 식물체의 줄기와 정아만 남게 된다.

(2) 세포막 파괴 및 억제제

제9장의 표 9-1과 같이 이 계열에 속하는 제초제는 Biphylidilium계, Diphenylesther계, Oxadiazole계, N-phenylheterocycle계 등 다양하고 많다. 식물체를 완전히 고사시키기 위해서는 잎 전체에 제초제가 처리되어야 하며, 광도가 높고 기온이 높은 조건에서 고사가 빨리 일어난다. 약해 증상은 처음에는 물에 담궈 놓은 조직 모양을 하다가 그 후 잎 조직이 말라서 죽는다.

(3) 세포생장 파괴 및 억제제

체세포분열 파괴제(Benefin, Dithiopyr, Ethalfluralin, OCPA, Oryzalin, Pendimethalin, Prodiamine, Thiazopyr, Trifluralin, Pronamide)는 신초의 생장을 억제하여 감수성 잡초가 햇빛을 볼 수 없게 한다. 뿌리의 억제는 뿌리를 자르면 관찰되는데 뿌리가 부풀고 뿌리의 끝이 커진다. 줄기의 지하 부분은 두껍고 짧아진다. 줄기는 종종 기저부에 칼루스 모양으로 두께가 커지고 부서지기 쉬운 상태가 된다.

뿌리 생장만을 억제하는 Bensulide, Napropamid, Siduron, 유묘의 뿌리와 신초 생장 모두를 억제하는 Acetochlor, Alachlor, Butachlor, Dimethanamid, Flufenacet, Metolachlor, Propachlor 등은 뿌리가 잘려진 모양의 억제 현상을 보이나 뿌리의 부풀음은 보이지 않았다.

신초억제 계열 제초제인 Carbamothioates(EPTC, Butylate, Cycloate, Molinate, Pebulate, Thiobencarb, Triallate)와 Chloracetamides 및 Oxyacetamides계 등은 유묘의 신초 생장을 억제한다. 만약 신초가 나오면 구부러지고 잎은 강하게 말리며, 줄기는 파열되고 파열된 조직으로부터 새로운 조직이 생겨나 자라기도 한다.

(4) 색소체 억제제

Amitrole, Clomazone, Fluridone, Isoxaflutole, Mesotrione, Norflurazon 등은 색소체 저해 제초제

로서, 잎을 하얗게 표백시켜 투명하게 한다. 종종 표백현상이 전 잎에 나타나지 않기도 하며 잎맥 사이가 연분홍을 띠고 잎 가장자리는 적색을 띠기도 한다.

(5) 생합성 억제제

1) 아미노산 생합성 억제제

아미노산 생합성 억제제는 식물생장의 잠재적 억제제이고 단자엽이나 쌍자엽 양쪽에 모두 효과가 있다. Glyphosate나 Sulfosate는 경엽처리 시에만 활성을 나타낸다. ALS 억제제인 Sulfonylurea계, Imidazolinone 계열의 제초제들은 경엽, 토양처리 효과가 있고 경엽 및 토양 겸용의 활성을 갖고 있다. 이들 계열의 제초제가 처리된 식물은 처리 직후 생장을 멈춘다.

Glyphosate는 EPSPS(5-enolpyruvylshikimate-3-phosphate synthase) 억제제로, 약해 증상은 신초 끝에 새롭게 생장해 나오는 주변에 다소의 표백현상을 보이다가 서서히 1~2주 내에 죽게 되고 전체가 같은 갈색으로 변한다. Sulfonylurea계나 Imidazolinone계 등의 제초제는 ALS 저해제로서, 처리 후 2~4일째에 생장점이 황화현상을 보이고 후에 괴사된다. 또 식물체의 마디가 짧아지고 뿌리의 생장이 억제되며 색소체가 황색, 자주색 또는 적색 등으로 변한다. 약해는 생장점으로부터 시작하여 전 식물체로 퍼지며 7~10일째에 식물체가 죽는다.

2) 지질 생합성 저해제

Diclofop-methyl, Fenoxaprop-ethyl, Fenoxaprop-p-ethyl, Fluazifop-p-butyl, Quizalofop-p-ethyl, Clethodim, Sethoxydim, Tralkoxydim 등은 지질 생합성 억제제이다. 이 제초제들은 화본과 잡초에만 주로 억제작용을 발휘하고 쌍자엽이나 화본과가 아닌 잡초는 이들에 내성을 보인다. 이들 제초제는 토양활성이 적고 살초작용은 출아된 화본과류의 잡초 경엽처리 시에 효과가 있다. 화본과는 서서히 죽으며 완전히 고사하는 데 1주 또는 그 이상이 걸린다. 약해 증상은 신초 및 뿌리의 생장이 급격히 멈추며 2~4일 내에 색소체가 자주색 또는 적색화하고, 이어서 생장점이 점차적으로 괴사하기 시작하여 전 식물체가 죽는다.

3) 셀룰로오스 생합성 저해제

셀룰로오스 생합성 저해제로는 Dichlobenil, Isoxaben, Quinclorac 등이 있다. 이 제초제들은 대부분 잡초 발생 전 토양처리제로 사용되며 유묘 생장을 못 하도록 한다. 생장이 위축되고 뿌리가 부풀어 오르는 약해증상을 보인다. Dichlorobenil과 Isoxaben은 토양처리제로 사용되고 쌍자엽 식물에 아주 효과적이다. 반면에 Quinclorac은 잡초 발생 전이나 발생 후 모두에 사용된다. Quinclorac은 셀룰로오스 생합성 저해제로서 단자엽 즉 화본과류에 아주 효과적이다. 한편으로 Quinclorac은 생장조정제로서 쌍자엽에도 효과적인 2차 작용기작을 갖고 있다고 보고되었다.

(6) 생장조정제

생장조정제 제초제로 2,4-D, 2,4-DB, Clopyralid, Dicamba, Dichlorprop (2,4-DP), Mecoprop (MCPP), MCPA, MCPB, Pichoram, Quinclorac, Trichopyr 등이 있다. 이들 제초제는 식물체의 뿌리를 통해 흡수되지만 대체로 잡초 발생 후 경엽에 처리한다.

이들 제초제는 식물체의 물관부와 체관부를 통해 왕성하게 생장하고 있는 생장점으로 이동하나, 작용은 식물체 지상부에 국한되는 경향을 보인다. 이들은 광엽잡초를 선택적으로 방제하나 적정처리 시기가 아닌 때에 처리하면 화본과류에도 약해를 유발한다. 다년생 잡초의 경우는 지하부로 이행하여 식물체를 고사시킨다.

약해의 최초 증상은 신엽이나 신초에 바로 비틀린 모양, 컵 모양, 잎에 주름 잡힘, 잎맥을 따라 띠를 두른 모양, 줄기의 부풀음, 체관부의 파괴 등으로 나타난다. 2차적인 약해는 뿌리 신장의 억제, 2차 뿌리의 결집 및 관생(貫生, proliferation)으로 발현된다.

옥신이행저해제로서 Naptalam은 토양에 처리하고 Diflufenzopyr는 경엽에 처리한다. 옥신이행저해제는 식물체의 생장을 억제하고 뿌리의 끝을 위로 향하게 하는 경향이 있다.

(7) 기타

제초제 가운데 Aslaum, Difenzoquat, DSMA, Endothall, Ethofumesate, Fosamine, MSMA, Pelargonic acid, TCA 등은 작용기작이 불분명하고 다양한 약해 증상을 보인다고 한다. 그 가운데 DSMA나 MSMA는 식물체 조직에 빠른 황화현상을 일으켜 식물체를 괴사시킨다.

13.5 인체에 미치는 영향

(1) 안전사용기준

우리 나라의 농약등록 및 허가취소, 안전사용기준이나 취급제한규정 등은 농촌진흥청이 주관하고 있는 농약관리법에 근거하여 규제되고 있다. 농약의 취급제한규정에서 유독성 농약을 맹독성(猛毒性),

고독성(高毒性), 잔류성(殘留性)으로 구분하고 있으나 제초제는 현재 안전사용기준에 제한을 받지 않는 보통독성 농약이다.

선진국들의 안전사용 법적 규제를 보면 대체로 살포횟수, 시기 및 살포 금지기간 등을 설정하여 적기에 적량을 살포하도록 유도하고 있다. 그 외에 식품위생 및 환경보호를 위한 규제로 잔류허용한계량(殘留許容限界量, tolerance limit of residues)을 설정하여 규제한다.

농약의 안전사용을 위한 방편의 하나로, 세계보건기구(WHO)와 국제식량농업기구(FAO)가 공동으로 100종 이상의 농약을 대상으로 하여 한 사람이 하루 동안 섭취해도 좋은 1일 허용섭취량(1日許容攝取量, ADI=acceptable daily intake)의 기준치를 설정하였다. 또 식품 중의 잔류허용한계량을 설정하여 각국에 추천하고 있다. 실험동물의 일생 동안에 투여하여 유해성이 전혀 인정되지 않는 수준의 농약 1일 투여량을 결정하고 이를 안전계수(安全係數, safety factor, 보통 100)로 나누어 한 사람당 1일 허용섭취량(ADI)을 구한다. 그런 다음 ADI를 그 농약이 잔류하고 있는 식품의 1일 섭취량으로 나누어 국민의 평균체중을 곱하면 그 식품 중의 잔류허용한계농도, 즉 잔류허용한계 기준이 산출된다.

농약사용으로 인한 부작용 또는 피해는 ① 인체에 대한 독성, 특히 사용자가 받을 피해 또는 농작물 잔류로 말미암은 피해, ② 작물에 약해유발, ③ 농축산물 및 토양의 오염, ④ 수생동식물에의 영향, ⑤ 생태계에 대한 영향 등으로 나누어 생각해 볼 수 있다. 그러나 제초제는 상기에 언급한 농약사용으로 인한 부작용 가운데서, 첫째로 작물에 대한 약해, 둘째로 농약 처리 시 인체와의 접촉으로 인한 피해, 셋째로 수생동식물 및 환경에 미친 영향을 주의 깊게 관찰하여야 한다. 그러나 제초제는 1작기에 1회 사용하며 사용횟수나 약량이 적어 여러 가지 분해경로를 거쳐 쉽게 불활성화되기 때문에 그렇게 염려할 바는 아닌 것으로 사료된다.

(2) 인체에 미치는 영향

타 농약에 비해 제초제로 인한 중독사고는 거의 없다 하더라도 그것 역시 생물을 죽이는 약제이므로 취급 시 주의하여야 하며, 특히 인체에 접촉되지 않도록 하여야 한다.

일본 농림수산성 식물방역조사자료(1978)를 보면 1978년도 일본에서의 농약 중독사고 163건 가운데 88%가 살포자의 부주의로 인한 것으로 나타나서 인간의 부주의가 중독사고의 주된 원인으로 보고되었다. 특히 강풍이 부는 상태에서 농약살포를 위한 복장(마스크, 장갑, 방제복 등)을 제대로 구비하지 않은 채 살포하였거나, 피로하거나 건강이 좋지 못한 상태에서 농약을 살포하여 사고가 난 경우가 많았다(Takeuchi, 1986).

최근에는 부주의한 농약살포로 인해서가 아니라 보관 중에 있는 농약을 어린아이들이 잘못 접촉하거나 가정불화 등에 의해서 농약을 마심으로써 사고가 일어나는 경우가 종종 보고되고 있다. 농약의 취급·보관 및 판매에 제도적 장치가 지속적으로 제고되어야 할 것이다. 농약판매자의 자격을 식물보호기사 자격증을 가진 사람, 즉 전문과정에서 병, 충, 잡초에 대한 과목을 이수하고 농약에 대한 지식을 갖추어야 농약판매자 자격을 부여받을 수 있도록 판매자격이 강화되었으나 지속적인 개선이 있어야 할 것이다.

(3) 제초제 안전사용 대책

제초제 살포 시 유의하여야 할 점은 다른 농약살포에서와 유사하다. 논에서는 대체로 입제형을 많이 사용하는데, 이는 액제형에 비하여 인체에 직접 접촉될 기회가 적어 인체에 미치는 영향을 크게 염려하지 않아도 된다. 그러나 경엽처리형 및 밭작물(원예작물 포함)에 살포하는 것은 액제형이 많기 때문에 작물의 약해는 물론 인체에 미칠 영향도 충분히 고려해야 한다. 농약사용의 안전수칙에 대하여 간단히 열거하면 다음과 같다.

① 농약 포장지에 부착된 사용방법을 충분히 숙지하고 사용하여야 한다.
② 제초제 살포 시는 방제복, 마스크, 장갑, 장화 등을 착용하여 제초제와 직접적인 접촉을 피해야 한다.
③ 살포자는 건강상태가 양호하여야 한다.
④ 살포 도중 음주는 가급적 피하고 음식을 먹을 때는 손을 깨끗이 씻어야 한다.
⑤ 살포 도중 약액이 피부에 묻었을 경우 즉시 깨끗이 씻어야 한다.
⑥ 살포 후 사용한 분무기 또는 기타 용구는 깨끗이 씻어 다음에 사용하도록 한다.
⑦ 제초제를 담았던 빈 병은 일정한 곳에 모으고 봉지나 포장지 등은 소각해야 한다.
⑧ 제초제 살포 후 어지럽거나 메스껍거나 두통이 나면 즉시 의사와 상담하여야 한다.

Takeuchi(1986)가 일본에서 제초제 사용으로 인한 약해발현에 대해 보고한 바를 소개하면 다음과 같다. 일본은 우리와 유사한 제초제를 사용하고 있어서 제초제 사용으로 인한 약해를 이해하는데 많은 도움이 된다.

첫째, 고온(트리아진계) 및 저온(페녹시계), 아주 낮은 온도(주야 8℃~15℃)에서 제초제 Butachlor, Chlornitrofen, Oxadiazon 등이 분얼을 감소시킨다고 하나 수량에 영향을 미치는지는 알 수 없다고 보고했다. 둘째, 배수 불량답에 Thiobencarb를 처리하면 분해된 물질이 벼에 약해를 유발시킬 가능성이 있으며 그 밖에 많은 제초제도 환원된 상태에서 약해 발현을 촉진시킴을 보고하였다. 셋째,

물이 지나치게 잘 빠지는 모래땅 등에 트리아진계 제초제를 처리하면 약해가 클 가능성이 있으나 디페닐에테르계는 약해발생 가능성이 적고, 고온이며 모래땅인 경우에 아세트아닐라이드계 제초제 또한 약해가 클 수 있음을 지적했다. 넷째, 벼 품종 간 반응에 대해서는 일반적으로 일반계가 인디카형의 다수계보다는 제초제에 내성을 보인다고 한다. 다섯째, 기계이앙은 손이앙보다 표면에 얕게 심게 되어 일반적으로 약해가 크며 2.5㎝ 이상 심기면 대부분 약해가 없다. 여섯째, 신초로 흡수되는 제초제의 경우 수심이 깊고 온도가 높으면 약해의 발현이 심하다고 한다. 기타 환경적 요인 및 살포법, 비산, 제초제의 이동 등이 약해의 발현과 관계있음을 보고하였다.

위에서 언급한 것을 종합해 보면 제초제 사용 시 작물에 대한 약해를 최대로 경감시키기 위하여 꼭 지켜야 할 사항인 안전사용대책이 수립되어야 하며 그 중요한 지침은 다음과 같다.

① 재배자는 자기 논·밭에 문제가 되는 잡초가 무엇인가를 정확히 파악하여야 한다.
② 문제 잡초에 가장 효과적인 적종(適種)의 제초제를 선택하여야 한다.
③ 적종의 제초제를 사용지침(주의사항)에 따라 최적기에 적량을 균일하게 살포하여야 한다.
④ 논·밭의 경운 및 정지작업을 적절히 하여 제초제가 한곳에 모이지 않도록 한다.
⑤ 제초제 처리 시 지나친 고온 및 저온, 바람이 불거나 비가 곧 내릴 것 같은 조건에서는 살포를 하지 말고 다음 날 살포하여야 한다.
⑥ 논에 어린묘(2~3엽기)나 기계이앙묘(3~4엽기)로 재배할 경우 건강한 묘를 육성하여야 한다.
⑦ 접촉형 제초제가 아닌 경우, 논 제초제 살포 시에는 제초제 살포 전후 며칠 동안 적어도 3㎝ 이상의 물 깊이를 유지하여야 한다.
⑧ 배수불량답 및 사토(砂土) 등에 제초제를 살포할 때는 특히 주의를 요하며 약량을 가감 조정하여 사용하고 잡초가 발생한 것을 보고 경엽처리하는 것이 효과적이다.
⑨ 약효증진을 위하여 한 제초제만을 사용하지 말고 돌려 가면서 사용하는 것이 바람직하다.
⑩ 제초제와 타 농약 간의 상호작용을 고려하여 불화합성인 농약의 처리는 제고되어야 한다.
⑪ 제초제는 오용에 의한 피해가 크므로 살포장비의 철저한 관리(압력, 노즐 크기)가 필요하다.

결론적으로 약해 없는 농사를 짓기 위해서는 다음의 조건을 구비 또는 준수해야 한다.

첫째, 제초제를 개발·보급하는 산업체나 연구자 등은 다양한 조건하에서 약해 발현이 없는 안전한 제초제를 개발·보급하여야 할 것이다.

둘째, 사용하는 농민들도 농약 가운데 제초제가 가장 약해가 발현되기 쉽다는 점을 인식하여 농약을 막연하게 선택하지 말고 자기 논·밭의 조건, 발생 잡초 등을 고려해 선택하고 선택된 제초제의 사용법을 충분히 이해한 다음 사용하여야 한다.

셋째, 한 번의 실수로 한 해 농사를 망칠 수도 있음을 알아야 할 것이다. 작물과 잡초가 모두 식물이며 비슷한 습성을 갖고 있기 때문에 조금만 잘못 처리하여도 작물에 피해를 주게 된다는 점을 명심하여야 할 것이다.

넷째, 올바르게만 사용하면 제초제 사용에 의한 약해는 발생되지 않을 것이므로 제초제는 노동력을 절감할 수 있는 가장 효과적인 방제 방법임에는 틀림없다.

그리고 최근 우리나라에 보급되는 대부분의 제초제가 선진국에서 이미 사용하고 있는 것이기 때문에 사용설명서에 준하여 사용하면 환경오염 문제도 없을 것이며 약해 발현도 없을 것으로 보인다. 더욱이 최근의 농약허가·보급은 대부분 외국에 이미 등록된 것을 대상으로 품목등록시험을 하여 전문가들의 충분한 심의과정(농약안전성 심의위원회, 각 분야별 분과위원회)을 거쳐 허가되는 것이므로 제초제 자체는 문제가 거의 없으리라 생각된다. 제초제 사용 시 안전사용 지침을 반드시 지켜야 한다.

참고문헌

1. Kim, K.U., S.B. Ann and M. Miyahara. 1975. Rice varietal response to various preemergence herbicides. Proceedings of the 5th Asian-Pacific Weed Sci. Conf., Tokyo, Japan, pp.298-302.
2. Monaco, T.J., S.C. Weller, and F.A. Ashton. 2002. Weed Science: Principles and Practices 4th ed. John Wiley & Sons. Inc. pp.592-598.
3. Roberts, H.A. 1982. Weed Control Hand Book: Principles. The British Corp Production Council, Blackwell Scientific Pub. Oxford. pp.115, 449-465.
4. Takeuchi, Y. 1986. Present status of the safe use of pesticide and its problem in Japan-In the case of rice herbicides. 경북대학교 농업과학기술연구소보 3: 86-110.
5. 行本峰子·洪田虔二. 1985. 原色作物の薬害. pp.123-175.

14 생명공학기술과 잡초방제

14.1 생물공학기술과 잡초방제

(1) 자연적 종의 육성

지구상에 생명체가 출현한 것은 30억 년 전으로 추정되고 있다. 이런 원시생명체(原始生命體)가 오늘날 식물로 진화하기까지는 25억 년이라는 긴 세월이 필요했다고 한다. 수중에서 생긴 원시식물(原始植物: 4~6억 년 전)시대를 지나서 나자식물(裸子植物, gymnosperms: 1~2억 년 전), 피자식물(被子植物, angiosperms: 5천만~1억 년 전)로 진화·발전하여 현재 나자-피자식물을 합쳐서 300과 25만 종의 식물이 있으며 여기에 포자식물을 포함하면 30만 종이 넘는 식물체가 지구상에 생존한다고 한다. 피자식물 가운데 가장 중요한 2개 과를 보면, 화본과 600속 5,000종, 국화과 1,000속 2만 종을 들 수 있다(竹松, 1982, 1985).

현존하는 식물체 30만 종은 적어도 5억 년 이상의 유구한 세월이 흐르면서 자연계에서 만들어진 종(種, species)의 전체적인 수(數)를 의미한다. 이와 같은 종은 어떻게 만들어졌을까? 종(種)은 주로 교잡(交雜)을 통해 이루어졌을 것이다. 나자-피자식물은 꽃이 피는 식물로서 풍매, 수매 또는 곤충과 조류의 화분매개를 통하여 긴 세월 동안 문(門), 강(綱), 목(目), 과(科), 속(屬), 종(種) 간 구별 없이 자유롭게 무한정 유전자교잡이 이루어진 결과로 현존하는 식물의 종을 만들게 되었을 것이다. 이와 같이 무한에 가까울 정도로 교잡을 많이 한다 해도 같은 종 간을 제외하고는 새로운 종(種)의 출현 정도가 아주 낮다. 그러나 이 가운데 아주 적은 수, 즉 ppb 정도가 새로운 종(種)으로 고정되었다는 것을 상상할 수 있을 것이다. 새로운 종(種)이 되었다고 해도 지구환경에 적응하지 못하는 것은 생명체로서 자손을 남길 수 없기 때문에 소멸하고 만다. 새로 만들어진 생물 가운데 아주 적은 종만이 지구의 환경에 적응·생존하여 긴 세월을 거쳐 오늘날 현존하는 30만 종의 식물이 되었을 것이다.

새로운 종의 생성은 교잡 외에 돌연변이(突然變異, mutation)에 의해서도 이루어졌을 것이라 상상할 수 있다. 식물이 지구상에 생겨난 이래 6억 년 동안 지구환경은 끊이지 않고 격변했다. 대규모의 조산운동(造山運動), 대륙이동(大陸移動), 대지진(大地震), 대홍수(大洪水), 화산활동(火山活動) 등에 의해 생물의 종(種)이 50% 이상 멸종된 것이 2회, 50% 정도 멸종된 것이 3회였다고 한다. 이와 같이 대변혁은 돌연변이를 충분히 유발시킬 수 있었을 것이고 그 변이가 자손에 전해져 새로운 종이 되었을 것이다(竹松, 1985).

지구상에 현존하는 식물종이 유구한 세월 동안 무한에 가까운 자연교잡과 지구환경의 격변에 의한 돌연변이 등으로 생성되었다고 가정한다면, 인간이 굉장히 많은 유전자를 가진 고등식물의 유전자조작(遺傳子操作, gene manipulation)을 행하는 것이 얼마나 어려운 일인가를 상상해 볼 수 있다. 인공적으로 만들어진 식물이 농업적으로 중요한 식물이 될 수 있는 확률은 매우 낮으나 전무(全無)한 것은 아닐 것이다. 인간이 우주를 여행하며 생명의 신비함이 서서히 밝혀지고 있는 오늘날, 생명공학기술의 발전은 자연에 대한 커다란 도전일 것이다. 이런 측면에서 보면 잡초방제기술과 생물공학을 연계시키는 것은 매우 어려워 미래의 꿈을 이야기하는 것이 아닌가 사료된다. 그러나 현재 농업생명공학기술의 상업화가 제초제 저항성 식물체 육성에서 실현되고 있다.

(2) 생명공학기술과 신제품 생산

Eue(1986)는 잡초방제학에 있어서의 생물공학적 이용을 그림 14-1과 같이 제시하였으며, 크게 ① 미생물농약 개발(微生物農藥開發, bioherbicide), ② 제초제 저항성 Source 누적을 위한 유전자 교환(遺傳子交換, gene manipulation), ③ 제초제 행적 및 진단(診斷, diagnostics) 등으로 나눴다.

그림 14-2는 생명공학기술을 통하여 새로운 제품을 만드는 과정을 나타낸 것으로 유전자 조작법(遺傳操作子法, genetic intervention)을 통하여 새로운 DNA를 도입하여 ① 새로운 단백질을 만들고, ② 생성되어 쌓이고 있는 단백질의 양을 늘리거나, ③ 기질을 사용하여 신제품을 만드는 새로운 DNA를 개발하는 방법을 소개한 것이다. ③의 예로는 살충성질을 발현하는 Bt(*Bacillus thuringsiensis*)박테리아에서 추출한 효소나, 대두에서 제초제 Glyphosate 작용을 무독화시키는 효소(EPSP synthase) 등을 들 수 있다(Nelson 등, 2002).

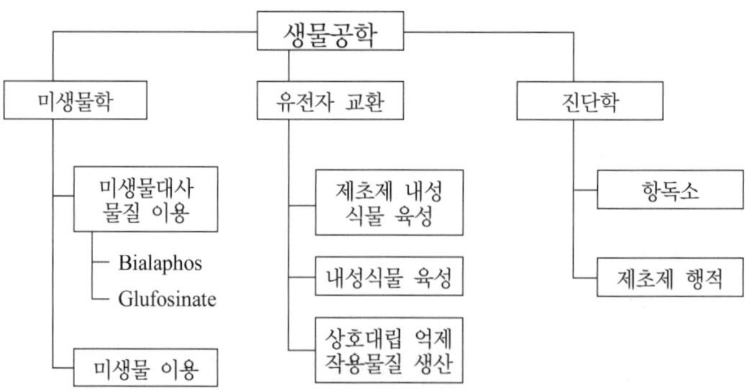

[그림 14-1] 생물공학과 잡초방제(Eue, 1986)

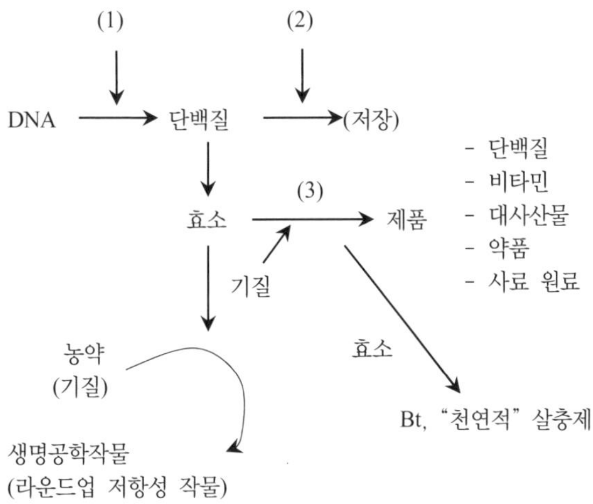

[그림 14-2] 생명공학 제품(Nelson, 2002)

(1) 단백질을 만드는 새로운 유전자 도입 (2) 생산된 단백질의 함량 증가 및 저장
(3) 신제품(단백질, 비타민, 대사산물, 약품, 사료 등) 생산을 위한 새로운 효소 개발. 살충적 특성을 지닌 Bt 세균으로부터 효소 개발, 대두와 같은 작물에서 제초제 Glyphosate를 무독하게 하는 효소 등을 포함한다.

(3) 생물농약(제초제) 개발

미생물의 2차 대사물질(二次代謝物質, secondary metabolites)로써 제초제를 개발하는 연구가 성공하여 2종의 유사한 성질을 지닌 비선택성 제초제가 개발되었는데, 일본의 明治製果에서 Bialaphos를, 독일의 BASF에서 Glufosinate를 개발하여 실용화하였다.

Bialaphos는 생산성이 높은 Alkaliphosphate 고활성 방선균(高活性放線菌, *Streptomyces hygroscopicus*)과 저분해성 방선균의 원형질체를 각각 나출시켜 PEG법으로 융합하여 특정의 배지 위에서 배양시킨 후, Alkaliphosphate 활성과 가수분해 활성을 선발지수로 Bialaphos 생합성 효율이 높은 세포융합균주를 만들었다.

Bialaphos가 식물에 처리되면 질소대사를 저해하여 식물체를 고사시킨다. Bialaphos는 식물종 간에 선택성이 없는 비선택성 제초제로서, 지상부는 물론 지하부도 고사시킬 수 있어서 다년생 잡초방제에 효과가 있다.

또 Bialaphos는 토양세균에 의해 쉽게 분해되며 반감기도 2~3일로 짧아서 잔류 위험이 거의 없는 것이 특징이다. 현재 방선균의 2차 대사기구가 해명됨에 따라 방선균 가운데에서 반응에 신속하게 관계하는 유전자를 조합함으로써 방선균의 생산능력을 향상시켜 생산비를 절감하는 것이 주요 목표가 되고 있다. 빠른 반응을 가진 유전자로서는 인산의 메틸레이션(methylation)에 관계하는 효소의 유전자 탐색이 필요하며, 메틸레이션에 관여하는 유전자를 도입하면 생산성이 향상된 방선균이 만들어질 수 있을 것으로 기대된다.

한편으로 2,4-D로 방제가 잘 되지 않는 화본과식물을 제거하기 위해 월남전에서 2,4,5-T가 고엽제(枯葉劑)로 사용된 것은 잘 알려진 사실이다. 토양 중에 존재하는 *Pseudomonas cepecia*균의 Plasmid를 이용한 유전자조작기술로 2,4,5-T를 분해하는 능력이 뛰어난 *P. cepecia*균을 만드는 데 성공했다.

이 균은 토양 중에 1~2,000ppm의 농도로 존재하는 2,4,5-T의 98%를 1주 이내에 분해시킬 수 있다고 한다(川井, 1986). 이와 같은 연구는 토양 중의 유독물질이나 환경오염물질, 특히 Dioxin이 많은 유기염소화합물 등을 분해하고 무독화시키는 데 세균의 Plasmid를 이용한 유전자조작이 유효하다는 것을 보여주는 좋은 예가 된다. 금후에도 이러한 연구는 활발히 진행될 것이고 새로운 생물농약이 개발될 것으로 기대된다.

14.2 제초제 저항성 발현과 내성 메커니즘

(1) 저항성 또는 내성 잡초 발현

내성(耐性, tolerance)과 저항성(抵抗性, resistance)이라는 용어는 구분 없이 사용되기도 하나 Lebaron과 Gressel(1982)에 의하면 내성은 식물종 간에 나타나는 제초제에 대한 정규변이(正規變異, normal variability) 현상이며 한 개체군 가운데서 이 현상이 쉽게 표현된다고 한다. 따라서 주어진 제초제에 대하여 종간에 내성 차이가 유발될 수 있고 비록 어느 수준 이상의 제초제 처리로 모든 식물종이 방제될 수 있는 상태에서도 새로운 내성개체군이 형성되어 나갈 수 있다고 한다.

내성(耐性, tolerance)이란 감수성 식물체가 대개 100% 억제현상을 보이는 데 반해, 억제가 되었으나 부분적으로 살아남는 반응을 보인 것을 의미한다. 그러나 제초제 저항성(抵抗性, resistance)은 농업적으로 추천된 제초제량을 처리하였을 때 어떤 종의 개체군이 진화적 내성(進化的耐性, evolved tolerance)반응을 나타내는 것을 의미한다.

다음은 저항성과 관련한 주요 용어의 설명이다(Valverd 등, 2000).

① 저항성(抵抗性, resistance): 농업적으로 추천된 제초제 처리농도에서 효과적으로 방제되던 잡초 가운데 연용으로 인하여 방제되지 않고 생존하거나 번식하는, 천연적으로 발생하는 생태형을 말하며 이들은 유전능력을 갖고 있다.

② 내성(耐性, tolerance): 농업적으로 추천된 제초제 처리농도에서 방제되지 않고 생존하거나 번식하는, 천연적으로 발생하는 잡초의 초종이나 작물의 개체군을 말하며 이들은 유전한다.

③ 교차저항성(交叉抵抗性, cross-resistance): 한 종류의 잡초가 두 개 이상의 제초제에 저항성을 나타내는 현상을 의미한다.

④ 다중저항성(多重抵抗性, multiple resistance): 저항성 생태형이 2개 이상의 분명한 저항성 메커니즘을 가진 현상을 의미한다.

⑤ 부정적 교차저항성(否定的交叉抵抗性, negative cross-resistance): 제초제 저항성 생태형에 상이한 작용기작이나 분해과정을 가진 제초제를 처리함으로써 감수성이 증가되는 현상을 의미한다.

⑥ 유전자변형(GM) 제초제 저항성 작물[遺傳子變形除草劑抵抗性作物, genetically modified(GM) herbicide resistance crop]: 감수성을 나타내는 작물에다 제초제 저항성을 나타내는 유전자를 삽입하여 만든 작물을 의미한다.

[표 14-1] 2021년 현재 제초제 저항성 잡초 발현 현황[1)]

제초제	작용기작	저항성 생태형		
		단자엽	쌍자엽	총
클로르설푸론	Inhibition of Acetolactate Synthase	102	65	167
클로로토루론	PSII inhibitors - Serine 264 Binders	53	34	87
글리포세이트	Inhibition of Enolpyruvyl Shikimate Phosphate Synthase	26	27	53
세톡시딤	Inhibition of Acetyl CoA Carboxylase	0	49	49
2,4-D	Auxin Mimics	33	8	41
파라콰트	PS I Electron Diversion	22	10	32
부타클로르	Very Long-Chain Fatty Acid Synthesis inhibitors	3	11	14
옥시플루오르펜	Inhibition of Protoporphyrinogen Oxidase	10	3	13
트리플루랄린	Inhibition of Microtubule Assembly 2	2	10	12
아미트롤	Inhibition of Lycopene Cyclase	1	5	6
다이플루페니칸	Phytoene Desaturase inhibitors	4	1	5
브로목시닐	PSII inhibitors - Histidine 215 Binders	3	1	4
글루포시네이트암모늄	Inhibition of Glutamine Synthetase	0	4	4
이소자플루톨	Inhibition of Hydroxyphenyl Pyruvate Dioxygenase	3	0	3
다이클로베닐	Inhibition of Cellulose Synthesis	0	3	3
플람프로프메틸	Antimicrotubule mitotic disrupter	0	3	3
클로마존	Inhibition of Microtubule Assembly	0	2	2
프로팜	Inhibition of Microtubule Organization	0	1	1
MSMA	Nucleic acid inhibitors	1	0	1
엔도탈	Unknown	0	1	1
다이펜조콰트	Cell elongation inhibitors	0	1	1
Total		263	239	502

1) 자료 출처: Dr. Ian Heap, 2021, www.weedscience.com

표 14-1과 14-2는 전 세계 제초제 저항성 잡초 발현 현황과 논제초제 연용으로 인한 저항성 잡초 발현 현황을 나타낸 것이다. 그림 14-3은 제초제 계열별 저항성 생태형의 발현 종수를 나타낸 것으로, 1990년부터 2010년까지 20여 년 동안 ALS 저해 제초제의 저항성 생태형이 크게 증가하였으나 최근 10여 년 동안은 증가폭이 둔화되고 있음을 볼 수 있다.

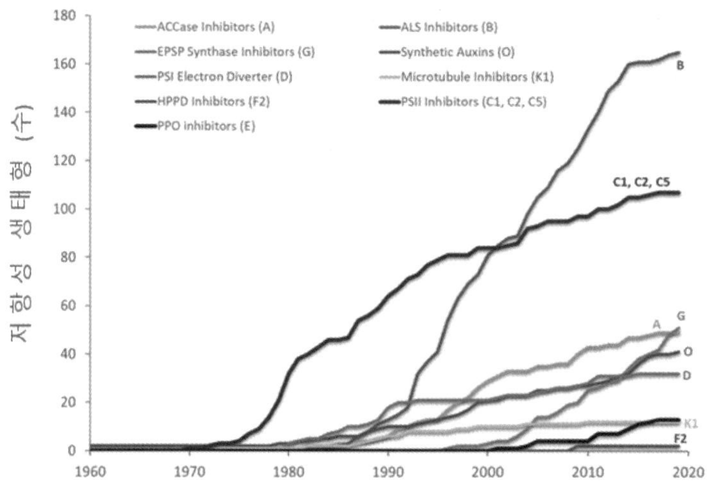

[그림 14-3] 저항성 생태형의 종수(자료출처: Dr. Ian Heap, 2021, www.weedscience.com)

2021년 현재 전 세계적으로 알려진 21개의 제초제에 저항성을 나타내는 잡초 생태형은 단자엽 263종, 쌍자엽 239종으로 총 502종이 조사·보고되었다. 논에서는 제초제 연용으로 인하여 전 세계적으로 30종의 저항성 잡초 생태형이 보고되었으며, 특히 화본과류인 피속의 서로 다른 8종이 여러 제초제 저항성을 나타낸 것으로 보고되었다(Valverde 등 2000).

다음은 제초제 연용(連用, repeated application)과 내성잡초 발현 또는 증가를 연계해 설명해 보고자 한다. 동일한 살충제나 살균제를 장기간 연용함으로써, 그것들에 감수성(感受性, susceptibility)을 나타내었던 병(病), 충(蟲) 등이 저항성으로 변화되는 사례는 많이 보고되었다. 그러나 제초제의 연용으로 인한 저항성 식물의 발현 사례는 식물체가 지닌 아래의 제 특징 때문에 저항성 생태형의 발현이 어려움에도 불구하고 최근에 그 사례가 점점 증가되고 있어서 관심사항이 되고 있다.

제초제 저항성 식물의 발현이 쉽지 않은 이유는 다음과 같다.

① 토양은 많은 양의 감수성 잡초종자를 함유하고 있다.

② 대부분의 잡초종자는 휴면성을 갖고 있다.

③ 잡초의 생식 및 번식빈도가 1년에 1회로서, 곤충이나 병균 등에 비하여 낮고 곤충처럼 이동이 적다.

④ 제초제를 사용하지 않는 곳의 감수성 유전자 집단으로부터 동일종의 화분, 종자의 유입·전파가 용이하다.

⑤ 제초제의 약효 지속성은 비교적 짧다.

⑥ 감수성인 잡초보다 저항성인 잡초계통의 경합능력이 낮을 것이다.

⑦ 감수성 잡초는 제초제 처리로 억제된 상태에서도 종자생산을 할 수 있을 것이다.

⑧ 윤작하게 되면 종류가 다른 제초제를 사용한다.

위에 언급한 요인들이, 일년생에 유효한 제초제를 반복적으로 사용하는 상황에서도 많은 양의 감수성 유전자원을 존속하게 한다. 우리나라 논에 지난 20여 년간 일년생 잡초에 유효한 Butachlor와 Thiobencarb를 사용해 왔음에도 불구하고 일년생 피나 물달개비가 전국적으로 우점 발생하고 있는 사실은 그 좋은 사례이다.

[표 14-2] 논제초제 연용으로 인한 저항성 잡초 발현 현황[1)]

초종명	과(식물)	생활사	제초제
1. *Alisma plantago-aquatica*	Alismataceae	P	Bensulfuron, cinosulfuron
2. *Ammania auriculata*	Lythraceae	A	Bensulfuron
3. *Ammania coccinea*	Lythraceae	A	Bensulfuron
4. *Bacopa rotundifolia*	Scrophulariaceae	A	Sulfuronylureas
5. *Cyperus difformis*	Cyperaceae	A	Bensulfuron
6. *Damasonium minus*	Alismataceae	P	Bensulfuron
7. *Echinochloa colona*	Poaceae	A	Propanil, fenoxaprop, azimsulfuron, qinclorac
8. *Echinochloa crus-galli*	Poaceae	A	Propanil, butachlor, thiobencarb, quinclorac
9. *Echinochloa crus-pavonis*	Poaceae	A	Quinclorac
10. *Echinochloa hispidula*	Poaceae	A	Quinclorac
11. *Echinochloa oryzicola*	Poaceae	A	Quinclorac
12. *Echinochloa oryzoides*	Poaceae	A	Molinate, thiobencarb, quinclorac
13. *Echinochloa phyllopogon*	Poaceae	A	Fenoxaprop, molinate, thiobencarb,

			bispyribac-sodium
14. *Elatine triandra var. pedicellata*	Elatineceae	A	Sulfonyiureas
15. *Fimbristylis miliacea*	Cyperaceae	A	2,4-D
16. *Ischaemum rugosum*	Poaceae	A	Fenoxaprop
17. *Limnocharis flava*	Butomaceae	P	2,4-D, bensulfuron
18. *Limnophila sessiliflora*	Scrophulariaceae	P	Sulfonylureas
19. *Lindernia dubia sub spp. dubia, L. dubia var.major*[2)]	Scrophulariaceae	A	Sulfonylureas
20. *Lindernia micrantha*	Scrophulariaceae	A	Sulfonylureas
21. *Lindernia procumbens (=L. pyxidaria)*	Scrophulariaceae	A	Sulfonylureas
22. *Monochoria korsakowii*	Pontederiaceae	A	Sulfonylureas
23. *Monochoria vaginalis*	Pontederiaceae	A	Sulfonylureas
24. *Rotala indica var. uliginosa*	Lythraceae	A	Sulfonylureas
25. *Sagittaria guyanensis*	Alismataceae	A	Sulfonylureas
26. *Sagittaria montevidensis*	Alismataceae	P	Bunsulfuron bispyribac
27. *Scirpus juncoides var. ohwianus*[2)]	Cyperaceae	P	Sulfonylureas
28. *Scirpus maritimus*	Cyperaceae	P	Sulfonylureas
29. *Scirpus mucronatus*	Cyperaceae	P	Bunsulfuron, cinosulfuron
30. *Sphenoclea zeylandica*	Sphenocleaceae	A	2,4-D

1) 자료 출처: Valverde 등(2000)이 요약함
2) 아종인 *major*는 50~80년 전에, *dubia*는 25~35년 전에 미국에서 일본으로 전파됨

일반적으로 토양은 많은 양의 잡초종자를 함유한 종자 저장고이고, 1년에 발아되는 잡초의 양은 2~10%에 불과하여 저항성 잡초의 발현은 매우 느린 것으로 알려져 있다. 그러나 종자 저장고가 아무리 많은 종자를 함유하고 있으며 위에 언급한 여러 가지 이유가 있다 할지라도 저항성 잡초의 발현을 막지는 못할 것이다.

1990년에 세계적으로 적어도 99종의 잡초가 제초제에 대한 저항성 생태형이 있는 것으로 보고되었고, 이들의 반 이상이 Triazine계 제초제 저항성 잡초였다. 그러나 최근 10년 동안에

ALS(acetolactate synthase) 억제제인 Sulfonylurea계나 ACC(acetyl CoA carboxylase) 억제제인 Aryloxyphenoxy propionates(AOPP), Cyclohexanedion계 제초제와 같이 특정효소에 억제 작용을 가진 제초제가 많이 사용되면서 2021년에는 502종의 저항성 잡초 생태형이 발현된 것으로 보고되었다.

우리나라 농촌진흥청의 보고에 의하면 국내 벼농사 제초제의 70%가 Sulfonylurea 계열의 혼합제이고 이 계열의 제초제 저항성을 나타내는 논잡초의 면적은 1998년 3,000ha에서 2002년에 21,000ha로 크게 늘었다고 한다. 이 계열의 제초제 저항성 잡초는 박 등(1999)이 1998년에 충남 서산에서 물옥잠을 최초로 동정한 후 전국적으로 물달개비(1999), 미국외풀(2000), 마디꽃(2001), 알방동사니, 올챙이고랭이(2002), 올미, 새섬매자기(2004), 헤어그라스(2006), 나도논피(2008), 벗풀(2013), 여뀌바늘(2013) 등 총 14초종의 저항성 잡초가 발생한 것으로 보고되었다. 우리나라와 비슷한 제초제를 사용하고 있는 일본의 논에는 21종의 저항성 잡초가 발생한 것으로 보고되고 있다.

(2) 내성 발현과 메커니즘

제초제 저항성 개체의 발현에는 유전적 변이나 자연적 선택이 중요한 역할을 한다. 유전적 변이가 존재하는 조건에서 저항성 생태형의 발현율(변이율)은 선택압(選擇壓 또는 淘汰壓, selection pressure)이나 유전방법에 의하여 결정된다. 제초제의 처리가 반복되는 조건하의 식물체는 일정한 방향적 선택이 일어나고 제초제에 처리된 식물체의 적응면에서 이 선택은 점진적인 때로는 빠른 이동을 나타낸다. 저항성 잡초 발현율을 결정하는 요인은 ① 기능적 저항성 발현에 관련된 대립유전자수, ② 저항성 대립유전자가 자연군집에서 발현되는 빈도, ③ 저항성 대립유전자의 유전방법, ④ 감수성 식물체로부터 저항성 유전자형을 분화시키는 선택강도(選擇强度, selection intensity), ⑤ 저항성과 감수성 유전자형의 절대적 적응성 등이 있다. 대립유전자의 수는 멘델식 유전으로 초기에는 아주 적으나 선택압의 정도가 군집을 감수성에서 저항성으로 변화되도록 작용한다. 폴리제닉 유전은 반복적 제초제 처리로 연속적 변이가 일어나도록 작용하고 세대가 거듭될수록 저항성을 증가시키고 폴리진을 함유한 여러 유전자에 유전자 빈도의 변화가 일어나도록 한다.

생물체에서 발현되는 돌연변이율은 한 세대당, 한 유전자당 1×10^{-5}~10^{-6}배우자 정도로 추정되고 있다. 제초제 저항성 잡초의 발현을 예측하는 데 사용되는 집단유전 모델에서도 돌연변이율, 즉 저항성 개체의 발현율은 생물체의 돌연변이율과 동일한 것으로 잘못 생각해 왔다. 저항성 잡초 발현의 돌연변이 빈도는 군집의 종류나 종에 따라 다르나 대체로 1×10^{-6}~10^{-8}개체로 추정하고 있다.

자연상태의 군집에서 저항성 잡초의 발현빈도가 1×10^{-6}개체이든지 1×10^{-8}개체이든지 간에 상관없이 잡초의 밀도가 고밀도라면 저항성 잡초 개체의 발현 비율은 매우 높다. 1㎡당 잡초의 밀도가 50개체라면 돌연변이율 1×10^{-6}일 때 30ha의 면적에서 저항성 잡초의 발현기회는 100%이고, 만약 돌연변이율이 1×10^{-8}이면 저항성 잡초 개체의 발현기회는 80%라고 한다(Jasieniuk 등, 1996). Zimdahl(1993)은 감수성 잡초가 매년 90% 방제될 때 저항성 잡초는 4배로 증가되는 것으로 추정하였으며, 감수성 잡초 1×10^{8}개체 중에서 1개체에 불과한 저항성 잡초가 5년 후가 되면 256개체로 증가된다고 보고했다(표 14-3).

[표 14-3] 동일 제초제 연용으로 인한 저항성 잡초 발현(Zimdahl, 1993)[1]

연차	감수성	저항성
1	100,000,000	1
2	10,000,000	4
3	1,000,000	16
4	100,000	64
5	10,000	256
6	1,000	1,024
7	100	4,026

1) 자료 출처: Fundamentals of Weed Science, 1993

제초제 저항성 발현에 대하여 유전자풀설과 선택설(또는 도태설) 두 종류로 설명하고 있는데, 양 학설이 모두 자연상태에서 일어나고 있으나 대부분의 연구자들은 제초제 저항성 생태형이 이미 존재하고 있다는 선택설(또는 도태설)로 설명하고 있다.

저항성 잡초의 발현은 선택압에 영향을 받으며 선택압은 처리 제초제의 효능(效能, efficacy)과 처리횟수에 의하여 결정된다. 처리횟수가 많을수록, 효능이 100%에 가까운 고효능 제초제를 처리할수록 선택압은 높아지고 저항성 잡초의 발현기회는 많아진다. 저항성 잡초 개체의 발현에 걸리는 기간은 처리 제초제의 효능에 따라 다르다. 3년을 기준으로 2년간 연속하여 선택압이 높은 98% 억제 가능한 제초제를 사용하고 1년간은 90% 억제되는 제초제를 사용하였을 때는 5년 내에 모든 생존 개체가 저항성이 되는 데 반하여, 3년을 기준으로 2년간 연속하여 선택압이 낮은 80% 효능을 가진 제초제를 처리하고 1년간은 90% 효능을 지닌 제초제를 주기적으로 처리했을 때는 14년이 걸려야 군집이 완전히 저항성 잡초화한다고 했다(그림 14-4)(Gressel · Segal, 1990).

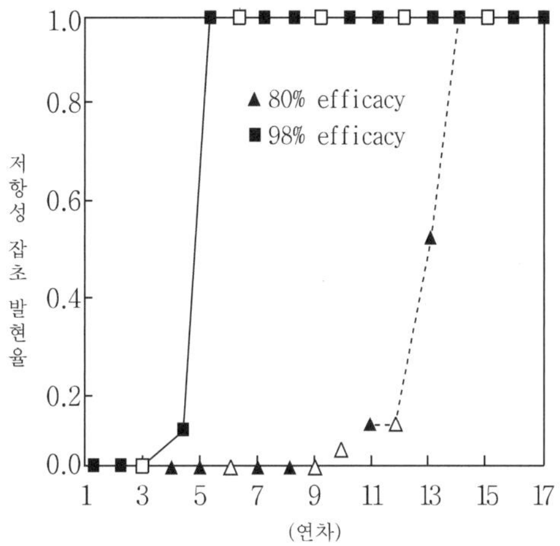

[그림 14-4] 제초제 효능과 저항성 잡초 발현(Gressel and Segal, 1990)

■ 98% 효능, □ 90% 효능, ▲ 80% 효능, △ 90% 효능
2년 연속 98% 및 80% 효능을 지닌 제초제를 처리하고 1년간은 90% 효능을 가진 제초제를 처리함

또 다른 보고에 의하면 돌연변이율 1×10^{-7}으로부터 90%의 방제효능을 가진 제초제를 연용하면 8년째 90% 이상의 제초제 저항성 개체군을 얻게 된다고 한다(그림 14-5). 제초제 처리 후 4년까지는 저항성 잡초 발현의 증가가 1% 미만으로 측정이 어려우나 제초제가 연용되면 저항성 잡초의 개체군이 계속 증가한다. 어느 시점 특히 처리 후 6년째에는 8%, 7년째는 55%로 증가하고, 8년째에는 93%가 저항성 잡초군이 된다고 보고했다(그림 14-5). 이와 같이 동일한 제초제를 연용하면 잘 방제되던 잡초가 방제되지 않는다. 그리고 저항성 잡초 개체군이 전 면적의 30%를 점유하기 전에는 저항성 잡초 발생 여부를 인식하지 못한다고 한다(Ross · Lembi, 1999).

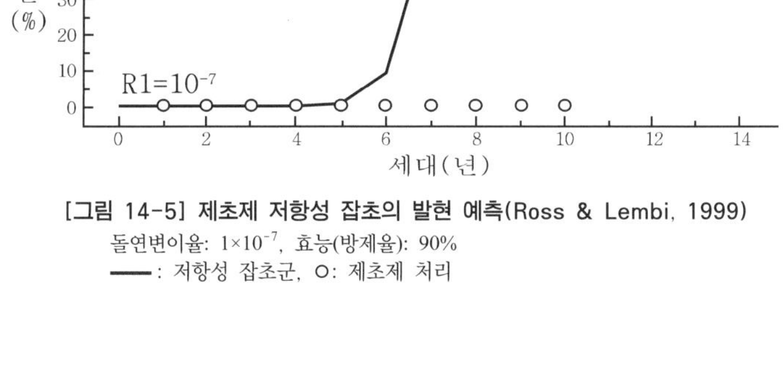

[그림 14-5] 제초제 저항성 잡초의 발현 예측(Ross & Lembi, 1999)

돌연변이율: 1×10^{-7}, 효능(방제율): 90%
——: 저항성 잡초군, ○: 제초제 처리

제초제의 효능은 선택압에 절대적인 영향을 미친다. 제초제 효능이 낮은 것을 선택하여 처리 약량을 줄임으로써 선택압은 낮아지며 그만큼 방제되지 않은 감수성 잡초가 많이 남게 되고, 이들의 종자 생산이 많아져서 저항성 잡초의 발현이 늦어진다.

식물의 제초제 저항성 발현은 ① 처리한 제초제를 쉽게 분해하여 무독화시키는 능력, ② 제초제 흡수 또는 작용점으로의 이행을 최대로 억제할 수 있는 능력, ③ 제초제가 작용점에 결합하지 못하도록 작용점을 유전적으로 변형시키는 능력, ④ 형질전환된 식물체에서 표적효소의 과다생산 유도 등에 기인한다.

첫째로 저항성 발현의 메커니즘인 대사 작용에 의한 제초제의 무독화 과정은 옥수수에 Alachlor를 처리하였을 때 관찰할 수 있는데, Glutathione-s-transferase isozyme 가운데 한 동위효소(同位酵素, isozyme)의 활성이 증가해서 해독 역할을 하고, Herbicide-glutathione 결합체를 만들어서 제초제를 무독화시킨다고 한다.

둘째로 제초제 흡수나 이행 억제로 인한 저항성이 최근에 망초류(*Erigeron* 屬)에서 발현되었다. Paraquat 처리 시 감수성 및 저항성 생태형 간에 현저한 흡수·이행의 차이가 있다고 한다. Paraquat를 Ryegrass에 처리하는 경우는 Superoxide dismutase(SOD) 활성이 저항성 발현의 주요 메커니즘으로 밝혀졌다(Harper 등, 1978; Harvey 등, 1978).

셋째로 제초제 결합부위인 작용점의 변형으로 발현되는 저항성은 수년간 연속하여 Triazine계 제초제를 처리한 옥수수밭에서 발현됐다. 이것은 Triazine계 제초제의 작용점인 엽록체 막에 존재하는 하나의 단백질을 생화학적으로 변형시켜 이 제초제가 결합하지 못하게 함으로써 저항성을 발현하게 한다(Hirschberg 등, 1984). Pfister 등(1979)은 광합성을 억제하는 제초제의 엽록체 결합부위가 변형됨을 입증하였다.

저항성 식물의 엽록체에 있는 D_1 단백질의 Q_B 결합부위의 단백질 아미노산 서열 가운데 Serine이 Glycerin으로 바뀌는 단순한 염기적 치환이 일어나며 이 치환으로 Triazine계 제초제와 수소이온 결합능력이 상실되어 제초제에 대한 저항성을 발휘한다고 한다(Monaco 등, 2002). Urea계 Diuron 제초제의 경우는 Serine이 Alanine이나 Threonine으로 치환되어 저항성을 발현한다고 한다.

넷째로 형질전환된 식물체 내에 표적효소(標的酵素, target enzyme)를 과다하게 생산하여 제초제를 불활성화시키는 것이다. Glyphosate에 저항성을 보이는 페튜니아 세포로부터 얻어진 EPSPS(5-enol pyruvyl shikimate-3-phosphate synthase) 유전자를 도입한 식물체는 정상식물보다 20배 이상 EPSPS의 활성을 증가시켰다고 한다. EPSPS는 방향족 아미노산(tryptophan, phenylalanine, tyrosine) 합성에 관여하는 주된 효소이며 EPSPS의 활성 억제는 바로 방향족 아미노산 합성을 못 하게 한다.

(3) 저항성 잡초의 효과적 관리법

작물의 윤작 및 제초제의 연용을 피하고, 제초제를 혼합 사용하거나 가급적 추천량보다 적게 사용하며 특정한 억제기작을 가진 제초제를 번갈아 사용하거나, 재배방법을 직파에서 이앙법으로 바꾸는 것 등으로도 저항성 잡초의 발현을 지연시키거나 막을 수 있다.

14.3 생명공학(유전자변형)작물 육성

(1) 개발 현황 및 필요성

세계의 인구증가에 비하여 식량공급은 크게 못 미칠 것으로 내다보고 있다. 21세기에는 식량, 에너지, 환경 문제가 시급히 해결해야 할 과제로 제시되고 있다. 따라서 식량의 공급을 증대시키고 환경을 보존할 수 있는 보편적인 수단으로 환경 친화적 생명공학작물의 활용이 제시되고 있다. 이 때문에 선진국들은 식물 생명공학산업을 국가 전략사업으로 육성하고 있는 실정이다.

생명공학작물 육성에 대해서는 최근 농업 관련 심포지움에서 Choi와 Chung(2002)이 생명공학작물의 육성 현황, 방법 및 전망에 대해 발표한 자료를 상당 부분 발췌 인용하였다. 생명공학작물제조기술개발은 ① 유용 유전자의 발굴 및 재조합, ② 식물세포로의 이식 및 재분화를 통한 완전한 식물체 재생, ③ 이를 품종으로 실용화하는 단계로 나뉜다.

생명공학작물은 1983년 항생제 저항성 담배가 개발된 것을 시초로 하여, 1994년에는 연화지연 토마토 Flavr Savr®가 처음으로 상품화되었다. 이후 지금까지 개발·실용화된 작물은 제초제 저항성 콩, 카놀라, 목화, 그리고 해충 저항성 옥수수 등이 있으며, 2021년 현재 세계재배승인 작물은 옥수수 44종, 면화 22종 등 21작물 181종에 이른다.

생명공학작물 종자시장(2018)은 약 200억 달러에 달하며, 생명공학작물은 미국, 아르헨티나, 브라질, 캐나다 등 전 세계적으로 1억 9천만 ㏊(2019)에서 재배되었다. 그러나 생명공학 농산물의 식품 및 환경 안전성에 대한 의구심이 일기 시작하여 생산 및 소비에 대한 전반적인 문제가 뜨거운 쟁점으로 부각되고 있으며 각 나라별로 정부는 객관적인 안전성을 확보하기 위한 제도적인 장치를 마련하고 있다.

앞으로는 단순한 제초제나 병해충 저항성을 넘어서서 기능성을 향상시켜 부가가치를 증대시킨 신품종 맞춤작물이 지속적으로 개발·상업화될 것이다. 따라서 고유성을 가진 유용 유전자의 대량 확보 여부가 산업 경쟁력을 결정하게 될 것이다. 지금까지 개별 유전자 중심으로 이루어지던 유용 유전자 발굴 작업은 유전자학의 출현으로 규모가 대량화되고 그 효율이 증진되었다. 최근 정부가 생명공학에 큰 관심을 가지고 대규모 연구사업을 지원하고 있다(Choi · Chung, 2002).

2019년에 우리가 수입한 농산물 중에서 콩의 경우 약 77.5%, 옥수수 약 48.6%, 유채는 11.7%가 생명공학기술로 만들어진 종자였다(식품의약품안전처, 2020). 이는 좋고 싫고를 따질 문제가 아니라 식량수입국으로서는 어쩔 수 없는 선택인 것이다. 이러한 생명공학작물의 유입에 대한 환경 및 식품안전성에 대해 소비자들은 의구심을 갖게 되었고 급기야는 이들 작물의 혼입량이 일정 수준을 넘어서는 경우 이를 표시하도록(표시제) 규제하고 있다.

콩 같은 중요 작물을 농산물 수출국가에서 주로 유전자 변형 콩으로 재배하고 있어서 수입국의 국민들은 생명공학작물에 점점 더 많이 노출되고 있다.

(2) 생명공학작물 재배 현황

생명공학작물의 재배면적은 1996년 2.8백만 ha에서 2018년 1억 9천만 ha로 현격히 증가하였다(KBCH, 2019)(그림 14-6). 2018년 현재 국가별 생명공학작물 재배면적은 미국이 7500만 ha로 세계 총 재배면적의 39.14%를 차지하고 있으며, 이 밖에 브라질(26.78%), 아르헨티나(12.47%), 캐나다(6.63%), 인도(6.05%) 순으로 이 다섯 나라가 전체의 91.07%를 차지한다. 생명공학작물 총 재배면적에 대한 각 작물이 차지하는 비율을 보면, 세계 총 재배면적 1억 9천만 ha 중 콩은 50%, 옥수수는 31%, 목화는 13%, 카놀라는 5% 등으로 나타난다. 캐나다에서는 유채유의 68.5% 정도가 생명공학작물 품종으로 재배되고 있다. 콩, 옥수수, 카놀라, 목화 등에 이식시킨 형질별로 보면, 제초제 저항성 생명공학작물이 46%를 차지하여 가장 많았고, 12%가 해충 저항성 BT 작물이었으며, 이 두 형질 모두를 이식한 생명공학작물이 42%를 차지하였다(ISAAA, 2018).

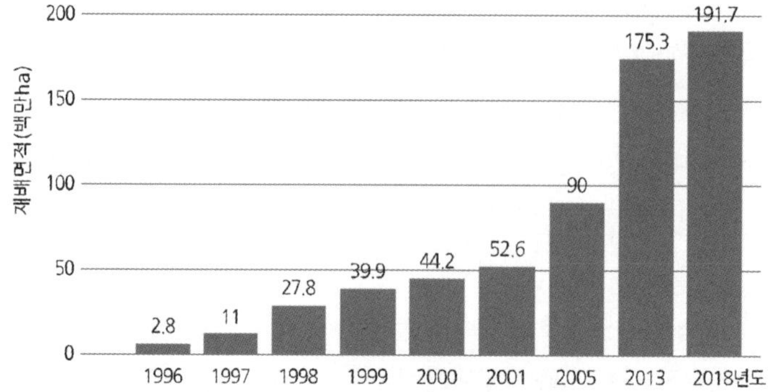

[그림 14-6] 세계 생명공학작물의 재배면적 변화추이(KBCH, 2019)

(3) 생명공학작물 육성 현황

2020년 현재 제초제 혹은 해충 저항성을 가진 콩, 옥수수, 목화, 유채 등 4작물을 포함하여 모두 21작물 181품목의 생명공학작물이 개발되어 상업화되었거나 그 과정에 있다. 현재 5,000여 품목의 생명공학작물들이 포장에서 품종화 단계에 있고 앞으로 매년 200품종 정도의 생명공학작물이 상업화될 것으로 예측된다. 초기연구는 콩, 유채, 토마토, 감자 등 쌍자엽 식물에 국한되어 있으며 주요 곡물인 벼, 밀, 옥수수 등 단자엽 식물의 경우에도 활발한 연구개발이 진행 중이다. 벼의 경우는 비타민 A가 강화된 Golden Rice® 정도가 상업화되어 있다. 현재 우리나라에서 식품 혹은 사료로 재배 및 유통을 승인받은 생명공학작물 품목과 그 특성을 요약하면 표 14-4와 같다(식품의약품안전처, 2020).

[표 14-4] 유전자변형작물 승인 현황[1)]

<table>
<tr><th colspan="3" rowspan="2">품 종</th><th colspan="3">승인 건수</th><th rowspan="3">주요 특성</th></tr>
<tr><th>수입</th><th>생산</th><th>기타</th></tr>
<tr><td colspan="3">총 계 (210)</td><td>192</td><td>7</td><td>11</td></tr>
<tr><td rowspan="13">농산물
(177)</td><td rowspan="2">콩(29)</td><td>단일 형질</td><td>17</td><td>-</td><td>-</td><td rowspan="2">제초제 저항성
지방산 조성 변화
바이러스병 저항성</td></tr>
<tr><td>후대교배종</td><td>12</td><td>-</td><td>-</td></tr>
<tr><td rowspan="2">옥수수(91)</td><td>단일 형질</td><td>26</td><td>-</td><td>3</td><td rowspan="2">제초제 저항성
해충 저항성
웅성불임</td></tr>
<tr><td>후대교배종</td><td>62</td><td>-</td><td>-</td></tr>
<tr><td rowspan="2">면화(30)</td><td>단일 형질</td><td>14</td><td>-</td><td>-</td><td rowspan="2">제초제 저항성
해충 저항성</td></tr>
<tr><td>후대교배종</td><td>16</td><td>-</td><td>-</td></tr>
<tr><td rowspan="2">카놀라(17)</td><td>단일 형질</td><td>8</td><td>-</td><td>3</td><td rowspan="2">제초제 저항성
지방산 조성 변화
웅성불임 및 임성회복</td></tr>
<tr><td>후대교배종</td><td>6</td><td>-</td><td>-</td></tr>
<tr><td rowspan="2">알팔파(5)</td><td>단일 형질</td><td>3</td><td>-</td><td>1</td><td rowspan="2">제초제 저항성</td></tr>
<tr><td>후대교배종</td><td>1</td><td>-</td><td>-</td></tr>
<tr><td>사탕무(1)</td><td>단일 형질</td><td>1</td><td>-</td><td>-</td><td>제초제 저항성</td></tr>
<tr><td>감자(4)</td><td>단일 형질</td><td>-</td><td>-</td><td>4</td><td>제초제 저항성
해충 저항성
바이러스병 저항성</td></tr>
<tr><td colspan="3">미생물(7)</td><td>-</td><td>7</td><td>-</td><td></td></tr>
<tr><td colspan="3">식품첨가물(26)</td><td>26</td><td>-</td><td>-</td><td></td></tr>
</table>

1) 자료 출처: 식품의약품안전처, 2020

(4) 제초제 저항성 생명공학작물

외래유전자 이식을 통해 육성한 생명공학작물에 있어서 가장 보편적인 획득 형질은 제초제 저항성이다. 제초제 저항성 작물의 육성원리는 크게 다음 2가지로 나누어 볼 수 있다.

첫째로 제초제의 작용점이 되는 식물체의 표적 효소와 일부 다른 구조를 가짐으로써 제초제와 반응하지 않는 야생형 또는 돌연변이 유전자를 이식·발현시켜 제초제의 활성을 극복하도록 한다. 둘째로 제초제 자체를 불활성화시키는 효소의 유전자를 이식한다. 이러한 원리로 육성된 대표적인 작물은 표 14-5와 같다.

[표 14-5] 제초제 저항성 작물의 육성 원리와 적용 작물(Choi·Chung, 2002)

상품명	작용점/이식 유전자	원리	적용 작물	참고 문헌 개발 회사
Glyphosate (Roundup)	5-enolypyruvylshikimate- 3-phosphate synthase (EPSPS) gene from *A. tumefaciens* CP4	저항성 효소 유전자	콩, 카놀라, 목화, 옥수수	Comai et al.,1985 Monsanto
Glyphosate (Roundup)	glyphosate oxidase(GOX) from *Ochrobactrum anthropi*	oxidation	카놀라, 옥수수	Barry et al., 1994; Monsanto
Sulfonylurea (Glean)	acetolactate synthase (ALS) from tobacco or Arabidopsis	저항성 돌연변이 효소 유전자	목화, 카놀라, 밀, 옥수수, 카네이션	Lee et al., 1988; Pioneer Hi-Bred
Phosphino- thricin (Basta)	phosphinothricin acetryl- transferase(bar, PAT) gene from *Streptomyces*	acethylation	카놀라, 콩, 벼, 옥수수	DeBlock et al., 1987; AgrEvo(Aventis)
Bromoxynil (Buctril)	bromoxynil nitrsilase (BXN) gene from *Klebsiella pneumoniae*	hydrolysis	카놀라, 담배 목화(BXN)	Stalker et al., 1988a,b; AgrEvo(Aventis);Calgene

(5) 생명공학작물 육성법

Arntzen(1984)은 제초제 저항성 식물개발에 ① 세포융합 또는 세포배양을 통한 변이 세포 선발, ② 잡초, 세균, 곰팡이 등의 다양한 Source로부터 저항성을 나타내는 유전자를 발굴하여 희망하는 작물에다 이전시키는 유전자 조작 방법을 제시하였다.

조직배양(組織培養, tissue culture) 및 유전자 조작을 통한 내성 또는 저항성 식물개발의 실례를 들면 다음과 같다.

1) 조직배양

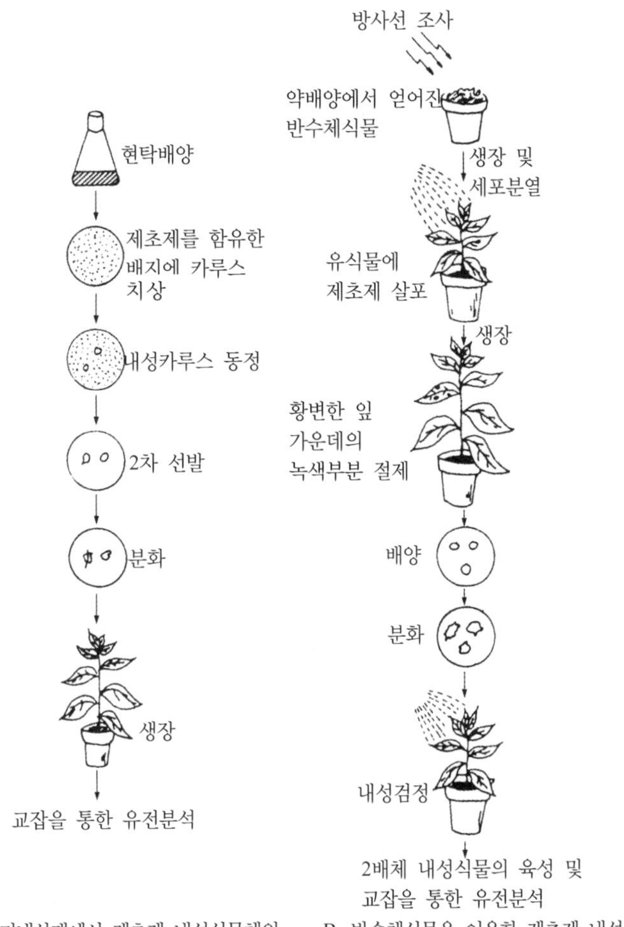

A. 기내상태에서 제초제 내성식물체의 선발과정(Chaleff 등, 1978)
B. 반수체식물을 이용한 제초제 내성 식물체의 선발과정(Radin 등, 1978)

[그림 14-7] 제초제에 내성을 가진 식물체의 육성

특수한 제초제에 대해서 내성을 나타내는 식물의 존재에 대한 연구보고는 많다. Meredith 등(1982)은 제초제에 저항성 또는 내성을 나타내는 변이종이 식물세포배양을 통해 선발되었으며 많은 식물이 여러 종류의 제초제에 내성을 나타낸다고 보고한 바 있다. 그림 14-7은 세포배양을 통한 저항성 식물체 선발과정을 제시한 것이다. 조직배양은 생명공학작물 육성에 필요한 기초과정이다.

2) 유전자 조작

유전자 조작을 통해 제초제 저항성 식물을 만드는 3단계 접근법은 ① 제초제에 저항성을 나타내는 유전자를 동정하여, ② 변형된 유전자가 목표식물에 발현되도록 유전자를 조작하고, ③ 변형된 유전자를 작물에 도입하는 것이다.

① 제초제 저항성 관련 유전자 동정

식물이 제초제에 저항성을 나타내는 메커니즘은 크게 3가지로 나눌 수 있다. 특히 제초제의 흡수를 적게 한다든지, 대사를 잘한다든지, 작용점의 변경으로 영향을 받지 않는다든지 하는 등의 방법이 있다. 이 가운데에서도 작용점의 변경이나 제초제 대사 관련 메커니즘은 유전자변형식물 육성의 목표가 되고 있다. 유전자변형식물을 육성하기 위한 유전자원을 식물로부터 얻기는 어려우나 미생물 등 어떤 생물에든지 존재하기만 하면 활용 가능하다. 일단 동정되면, 이 유전자를 분리하여 식물체에 적절히 작용할 수 있도록 변형한 후 작물에 도입한다. 효과적인 유전자 변형은 제초제의 특성이나 작용기작에 따라 다르다. 제초제가 존재하는 상태에서 생존하거나 제초제를 탄소원으로 사용하는 미생물 등을 이용하여 동정하면 된다. 세균을 이용하여 제초제 저항성 유전자를 선발하는 것은 다음과 같은 여러 가지 장점이 있다.

- 선발 방법이 간단하다. 제초제가 첨가된 배지에 살아남은 세균을 검정함으로써 간편하게 유전자원 탐색이 가능하다.
- 많은 종류의 세균을 토양 또는 다양한 소스를 통하여 쉽게 얻을 수 있다.
- 제초제 저항성을 나타내는 유전자를 신속히 분리할 수 있다. 왜냐하면 세균의 게놈이 적어서 분자생물학기술을 응용하여 쉽게 유전자를 분리할 수 있기 때문이다.

Glyphosate의 목표 효소인 EPSP synthase는 식물이나 박테리아에 모두 존재하고 이들은 Glyphosate에 감수성이다. 그러나 Glyphosate 처리구에서 생장하는 박테리아는 변형된 EPSP synthase를 갖고 있다. Glyphosate 저항성 식물육성을 위한 첫 번째 시도로 *Salmonella typlimurim* 세균의 계통 가운데 Glyphosate에 저항성을 나타내는 EPSP synthase 유전자를 활용하였다. 제초제 저항성 Roundup Ready 콩 육성에 사용된 유전자도 이와 유사한 세균으로부터 얻었다. 미생물은 농업생명공학을 위한 귀중한 유전자 소스를 제공하고 있다.

② 유전자 변형을 통한 식물체에서의 유전자 발현

유전자는 두 개의 필수정보를 가진 부분으로 나뉘는데, 첫 번째는 단백질을 합성하는 구조 유전자 부위이다. DNA에 있는 염기서열은 특수한 단백질 합성을 지정하는 세포에 의하여 유전정보가 단백질로 번역된다. 유전정보의 흐름은 DNA의 염기서열에서 RNA를 합성하는 전사과정을 거치고,

다시 RNA에 의해 아미노산의 서열이 결정되어 단백질이 된다. 단백질 합성을 위한 유전암호는 모든 생물, 즉 세균으로부터 식물 및 동물에 이르기까지 동일하다. 결과적으로 세균으로부터 클로닝된 유전자가 식물에서 발현된다면 동일한 단백질이 만들어질 것이다.

두 번째는 특수단백질을 지정한 암호에 첨가해서 각 유전자가 언제 어디에서 어느 정도로 표현되어야 할 것인가를 지시하는 프로모터 부위이다. 이와 같은 조절 특성은 모든 생물의 기능에 꼭 필요하다. 이 조절정보는 DNA 염기서열에 들어 있으며 이것을 프로모터라 한다. 유전자의 프로모터는 언제 어디서 유전자가 발현해야 하며 단백질을 어느 수준으로 만들어야 하는가를 결정한다. 그러나 단백질 합성을 위한 정보와는 달리 유전자조절 방식은 생물에 따라 다르다. 결과적으로 생물 간에 전이된 유전자는 프로모터의 차이에 따라 발현되지 않을 수도 있다. 예를 들면 *Salmonella*균에서 분리한 유전자는 유전자의 발현을 조절하는 프로모터가 식물체 내에서 기능할 수 있도록 변형되지 않으면 표현되지 않을 것이다.

식물체 내에서 유전자 발현이 어떻게 조절되는가에 관한 이해가 더 많이 이루어지면서 서로 다른 성질을 가진 프로모터가 동정되고 있다. 유전공학에 이용될 수 있는 프로모터는 모든 조직에서 발현하는 것과, 특수조직(잎, 뿌리, 생장점)에서 발현하는 것이 있다. 생물공학을 통해 제초제 저항성 식물을 만드는 데 사용되는 유전자는 두 가지 중요한 요소를 갖고 있다(Monaco 등, 2002). 첫째로 특수단백질을 지정하는 DNA 서열은 제초제를 대사하거나 또는 제초제에 저해되지 않는 작용점을 제공한다. 둘째로 프로모터의 서열은 식물체의 특수 조직 내에서 이 유전자의 표현을 조절한다.

③ 작물에 외래 유전자 도입

외래 유전자를 작물 내로 전이시키는 것을 일반적으로 형질전환이라 한다. 그리고 이 방법으로 유전자를 받은 세포나 이들 세포로부터 생성된 식물체를 형질전환체(形質轉換体, transgenic plants)라 한다.

식물체로 전이된 유전자를 변형유전자(變形遺傳子, transgene)라고 하며, 형질전환된 식물을 유전자변형생물(遺傳子變形生物, gentically modified organism: GMO)이라 한다. 형질전환된 식물을 만들기 위하여 사용되는 기술은 아래의 여러 가지 특성을 구비하여야 한다(Monaco 등, 2002).

- 조직배양을 통해 임성을 지닌 식물체가 생성되어야 한다.
- 목표조직에 목표하는 유전자가 발현되어야 한다.
- 형질전환된 세포가 선발되어야 한다.
- 형질전환된 세포로부터 식물체가 재생되어야 한다.
- 형질전환된 식물체에 유전자가 전입되었는지, 기대하는 대로 표현되었는지, 식물체 표현형에 바람직한 효과를 주었는지 등이 검정될 수 있어야 한다.

대부분의 식물체 형질전환은 재조합된 외래 유전자를 작물체 내로 전환시키기 위하여 자연에 존재하는 토양세균(*Agrobacterium tumefaciens*)을 이용하는 방법과, 재조합 DNA를 미세한 금속입자에 코팅한 후 식물세포를 향해 쏘는 입자총 방법이 주로 이용되고 있다(그림 14-8). 이 밖에도 침지법, 화분관법, 미세레이저법과 같이 대상 식물의 특성에 따라 다양한 방법이 개발·활용되고 있다.

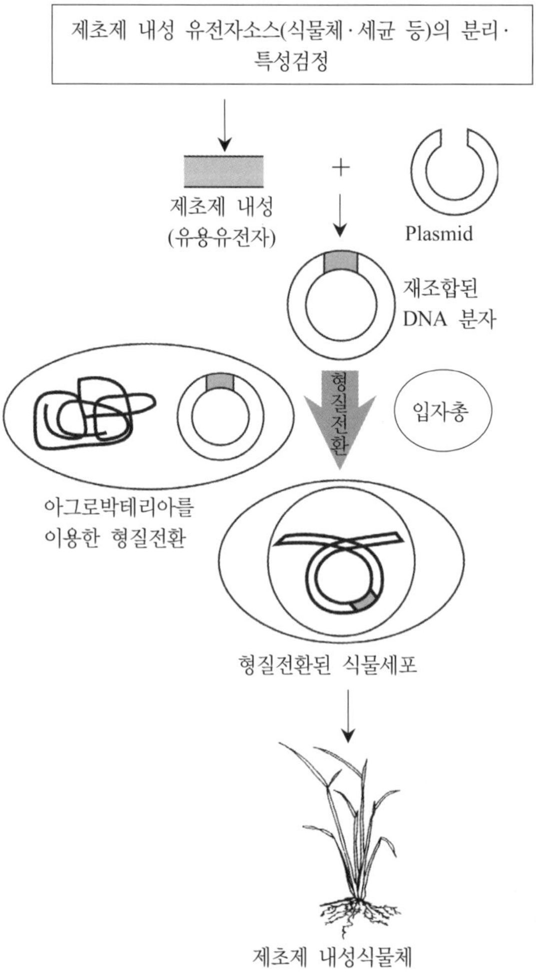

[그림 14-8] 유전자 조작 방법에 의한 제초제 내성식물 육성

토양세균방법을 통해 특수유전자를 식물체로 효과적으로 전환시킬 수 있으나 모든 식물의 형질전환에 사용할 수는 없다. 그러나 입자총 방법은 어떤 종류의 유전자도 식물에 전입시킬 수 있는 물리적 방법이다.

선별유전자는 형질전환식물체에 항생제나 제초제에 대한 저항성을 부여하는 유전자로서, 해당 항생제나 제초제가 함유된 배지에서 목적유전자가 이식된 세포만을 선발하여 식물체로 증식 및 재분화시키는 데 필요하다. 이것은 조직배양을 통해서 완성되며 신초생장을 촉진하는 배지에서 뿌리의 분화를 촉진하는 배지로 옮긴다. 이 과정을 거쳐서 생성된 식물체는 유전적으로 특이하다. 왜냐하면 식물체 게놈에 무작위로 DNA가 전입되었고 조직배양과정으로부터 얻어진 클론이기 때문이다.

최후단계는 형질전환된 유전자가 기대했던 대로 작동하는지를 검정하는 것이다. 제초제 내성을 검정하기 위해서는 형질전환된 작물이 농업형질을 잘 유지하면서 처리한 제초제에 포장상태에서 내성을 보이는지를 확인해야 한다. 형질전환된 유전자는 모든 식물체에서 안전하게 표현되어야 하며 또 다음 세대로 유전되어야 할 것이다. 식물세포의 형질을 전환하여 새 품종이 나오는 데까지는 적어도 5년의 기간이 필요하다. 일단 제초제 내성 유전자가 재배품종에 이전되면 다른 형질처럼 품종육성에 이용할 수 있다(Monaco 등, 2002).

(6) 우리나라의 생명공학작물 연구 현황

우리나라의 경우 연구실 수준의 생명공학작물 개발 사례는 다수 보고되고 있으나 실용화 단계를 거쳐 품종으로 등록된 경우는 아직 한 건도 없다. 농촌진흥청에서는 2011년부터 GM작물사업단을 출범시켜 안전성 기준에 맞고 소비자와 수요자가 필요로 하는 GM작물 개발에 나서고 있다. 대학, 국공립연구소, 민간기업의 전문연구팀이 공동으로 제초제, 병 혹은 각종 재해에 대한 저항성을 높이거나 기능을 강화한 벼, 콩, 고추, 배추, 화훼, 잔디 등 다양한 생명공학작물을 개발하고 있다(표 14-6).

[표 14-6] GM작물 개발사업단의 GM작물 개발 사례[1)]

목표형질	13개 작물							총계
	벼	콩	배추	고추	화훼	잔디	기타	
환경재해 저항성	13	1	2		1			17
병해충 저항성	9	4	3	3	2		3	24
고품질/노동 절약	13	4				2	3	22
품질 및 부가가치 향상	9	4	2		2		1	18
총계	44	13	7	3	5	2	7	81

1) 자료 출처: National Program for Developing Biotech Crops in Korea, PBB, 2018

(7) 제초제 내성 생명공학작물의 전망

제초제 저항성 유전자변형(생명공학)작물(GMO)을 광범위하게 재배하게 되면 특정 제초제를 연용하게 됨으로써 이 제초제에 저항성인 잡초가 필히 발생할 것이다. 2021년 현재 21개의 제초제에 저항성을 보이는 502초종이 보고된 것을 보면 이를 짐작할 수가 있다. 미국의 Glyposate 제초제 저항성 콩(Round Ready^{TM})을 재배한 지역에서 이미 Glyphosate 저항성 잡초가 발생하였다고 보고되었다(Monaco 등, 2002).

표 14-7은 미국에서 Glyphosate 내성 GM 작물을 재배하면서 Glyphosate를 연용 처리했을 때 잘 방제되지 않은 잡초종을 나타낸 것이다. Glyphosate는 다양한 잡초에 효과적이고 사용이 간편하며 여러 차례 작물에 처리하여도 안전성이 높기 때문에 이것을 사용한다. 저항성 잡초의 발현 기간이 ALS 저해제는 3~5년, ACCase 저해제는 6~7년, 광합성 저해제는 7~10년으로 알려져 있다. Glyphosate(EPSPS 저해제)는 15년 이상 걸리는 것으로 알려졌으나 Glyphosate 내성 GM 작물이 도입된 지 10여 년 만에 많은 잡초종이 저항성을 나타내는 생태형을 발현시킨 것으로 보아 연용 처리하거나 한 작기에 여러 차례 처리하면 저항성이 발현된다는 것을 분명히 알 수 있다(Heap, 2013). Glyphosate 내성 GM 작물 재배 시에 유의할 사항은 잡초의 적정 생육기에 적정량을 적정 살포기로 살포하여 적절히 방제하여야 한다는 점이다. 또 처리 시의 환경이나 부제 등도 고려하여야 한다.

[표 14-7] Glyphosate에 저항성을 나타내는 잡초종[1)]

학 명	영 명	국 명
Amaranthus palmeri	Palmer pigweed	긴이삭 비름
Amaranthus spinosus	Spiny amaranth	가시비름
Amaranthus tuberculatus	Rough-fruit amaranth	큰키 물대마
Ambrosia artemisiifolia	Common ragweed	돼지풀
Ambrosia trifida	Giant ragweed	단풍잎 돼지풀
Bromus diandrus	Great brome	-
Chloris truncata	Windmill grass	-
Conyza bonariensis	Hairy fleabane	실망초
Conyza canadensis	Horseweed/Marestail	망초
Conyza sumatrensis	Tall fleabane	큰망초
Cynodon hirsutus	Bermuda grass	우산잔디
Digitaria insularis	Sourgrass	-
Echinochloa colona	Jungle rice	-
Eleusine indica	Goose grass	왕바랭이
Kochia scoparia	Mexican fireweed	댑싸리
Leptochloa virgata	Tropic Sprangle-top	-
Lolium perenne	Perennial ryegrass	호밀풀

학　명	영　명	국　명
Lolium multiflorum	Italian rye-grass	쥐보리
Lolium rigidum	Rigid rye-grass	-
Parthenium hysterophorus	Santa Maria feverfew	돼지풀아재비
Plantago lanceolata	Ribwort Plantain	창질경이
Poa annua	Annual bluegrass	새포아풀
Sorghum halepense	Johnson grass	시리아수수새
Solanum ptychanthum	Eastern black nightshade	까마중류
Urochloa panicoides	Liverseed grass	-

1) 자료 출처: Dr. Ian Heap, 2013, www.weedscience.com

제초제 저항성 유전자변형작물 재배와 관련한 4가지 고려할 사항은 ① 인축에의 유해성, ② 환경에의 영향, ③ 사회적 영향, ④ 잡초방제적 문제점 등이다.

먼저 인축에 대한 유해성 문제는 유전자변형작물을 재배하게 되면 제초제 사용량이 증가되어 국민건강을 해칠 수 있음을 우려하는 것이다. 만약 유전자변형작물에 사용하는 제초제가 식물체 내에서 완전히 분해되지 않으면 인간이나 가축이 그것을 섭취하게 된다. 섭취한다고 해서 반드시 건강에 문제가 생기는 것은 아니나, 인간이 장기간 섭취하게 되면 문제가 발생할 수도 있지 않을까 염려된다. 이 제초제에 직간접적으로 노출되거나 그것을 섭취하게 되면 알레르기 반응이 나타나지 않을까 하는 우려도 있다.

환경 문제로는 소수의 특정한 제초제에 저항성인 유전자변형작물을 광범위하게 재배하게 되면 방제대상이 아닌 식물이나 수상식물, 식수 등에 영향을 미칠 수 있을 것이라는 우려이다. 그리고 이 특정 제초제에 방제되지 않는 식물의 종이 증가되어 자연의 평형이 깨질 수도 있음을 걱정하는 것이다.

사회적인 문제로는 유전자변형작물의 도입은 대농에게 유리하고 소농에게 불리하다는 점이다. 유전자변형작물의 종자가격이 증가하여 소농에게 불리하게 되면 이 또한 사회적 문제가 될 것이고 종국에는 작물의 소비자 가격도 상승할 수 있다는 우려이다.

잡초방제 측면의 문제로는 특정 제초제의 연용으로 이 제초제에 저항성을 갖는 잡초가 발현될 것이라는 우려이다. 작물을 윤작하거나, 동일한 작용점을 가진 제초제 사용을 지양하고, 특정 유전자변형작물의 광범위한 재배를 피해 종합적으로 재배관리하면 저항성 잡초 발현을 막을 수 있을 것이다.

또 한 가지 우려되는 점은 주변식물로의 저항성 유전자 전이(遺傳子轉移, gene flow) 문제이다. 제초제 저항성 카놀라의 유전자가 겨자과 식물로 전이되고 이것이 다시 야생겨자로 전이되는 것을 예로 들 수 있다. 재배 작물의 근연종이 주변에 자생하게 되면 저항성 유전자가 쉽게 야생식물로 전이될 수 있기 때문에 각별한 주의가 요망된다. 우리나라는 콩의 원산지로, 같은 속의 야생콩이

넓게 자생하고 있으며 또 벼에는 잡초성 벼(적미)가 전국적으로 분포하고 있어서 유전자변형 콩이나 벼가 개발되어 상업화될 때에는 이런 부분의 위험성을 먼저 검정해야 할 것이다.

또 다른 문제는 제초제 저항성 유전자 변형작물이 재배된 후에 포장에 떨어져 있는 종자가 다음 작물 재배 시에 자발적으로 발생하여 잡초가 될 가능성이 있다는 것이다. 따라서 농경지나 농경지 주변에 발생한 유전자변형작물의 유전자가 감수성 작물이나 야생종에 전이되지 않도록 방제하는 것이 꼭 필요하다. 특히 타가수분하는 카놀라나 옥수수 같은 작물에도 자발적 발생작물의 방제노력이 필요하다고 본다.

유전자변형작물은 전환된 형질에 따라 다음과 같이 3세대로 분류할 수 있다(RAFI, 2000). '제1세대' 유전자변형 농산물은 기존의 교배육종 방법으로는 불가능한 새로운 특성을 부여한 것으로, 제초제 저항성, 병해충 저항성 작물 등 종자회사, 농약회사 및 농민 등 생산자에게 유리한 특성을 갖고 있다. '제2세대' 유전자변형 농산물은 지방산 조성이 변화된 대두 혹은 유채, 연화성이 강화된 토마토 Flavr Savr® 등 가공 특성을 향상시키거나 가공비용을 절감할 수 있는 식품들이다. '제3세대'는 기능성 건강식품이다. 비타민 A를 강화한 Golden Rice®와 같이 영양가가 향상되었거나 식용 백신, 항암성분, 혈압강하제 등 의약용 성분이 강화된 식품이 이에 속한다.

특히 제3세대 기능성 건강식품 시장 규모는 2000년 650억 달러에서 2027년에는 15조 달러(연 22.5% 증가)로 증가할 것이라 예상된다. 이에 비하여 유전자변형작물(생명공학작물) 종자는 2000년 25억 달러 규모에서 2018년 200억 달러 규모로 증가하는 데 그쳤다.

여러 가지 우려와 문제점이 제기되고 있지만 생명공학기술의 발전은 인류가 직면한 식량문제 및 에너지자원개발 등에 새로운 지평을 열어 줄 것이라 믿는다.

금후 제초제 저항성 작물을 포함한 생명공학작물이 유럽을 비롯하여 서서히 많은 국가에 도입될 것으로 보인다. 생명공학작물에 대한 문제는 유해성 그 자체보다 불확실성에 있다고 전문가들은 말하고 있다. 따라서 우리나라에서도 생명공학작물 도입 여부는 유럽과 유사한 경향으로 가지 않을까 예상된다.

14.4 알레로파시 작물 개발

지구상에 알려진 300,000여 종의 식물이 물질을 합성할 수 있는 구조는 2×10^4여 종에 이르고(Fowler, 1984) 매년 1,500여 종의 물질이 식물체로부터 추출·분리되고 있으며 이 가운데 300여 종은 생리활성을 가진 유용물질로 평가되고 있다고 한다(Allan 등, 1985). 대체로 유용한 생리활성물질은 2차 대사물질이고 이 물질은 1차 대사를 거쳐 생성되는데 식물의 생존에 필수적인 구성성분은 아니다.

알레로파시(allelopathy)는 광의로 미생물을 포함한, 식물계에 존재하는 모든 식물 간의 생물·화학적 상호작용이라고 정의할 수 있다(Rice, 1984). 생물·화학적 상호작용이란 억제 또는 촉진작용 전부를 포함하는 의미라고 한다. 생물 간에 상호작용을 발휘하는 물질을 알레로파시 물질(allelopathic compounds 또는 allelochemicals)이라 하며 이들은 대체로 2차 대사물질이다.

알레로파시 작용물질은 여러 종류의 화학물질로 구성되어 있으며 초산 또는 시키믹산(shikimic acid) 경로를 거쳐 생합성된다고 한다. 알레로파시 작용물질은 단순한 휘발성 물질이나 지방족 물질에서부터 여러 개의 환(煥, ring)이 복잡하게 얽힌 방향족 화합물에 이르기까지, 다양한 화합물로 구성되어 있다(Rice, 1984).

식물로부터 동정된 알레로파시 작용물질은 식물의 종자나 잔여물이 분해될 때 유기산(malic acid, citric acid, acetic acid, tartaric acid)을 생성한다. 긴 사슬을 가진 지방산(fatty acid), 페놀(phenol)류는 고등식물 잔여물에서 흔히 볼 수 있는 알레로파시 물질로 알려져 있고, Quinone류의 Juglone, Tannin류, Alkaloid류, Cyanohydin, Terpenoid 등도 모두 식물체 내에서 생성되어 존재하며 식물의 발아 및 생장을 억제한다는 사례가 많이 보고되어 있다. Rice(1984)가 잡초 가운데 75종이 알레로파시 작용물질을 함유하고 있다고 보고한 것으로 보아(표 5-8), 농경지 잡초나 일반 잡초 가운데 알레로파시 작용물질의 자원(資源)으로 이용될 수 있는 식물이 많을 것으로 사료된다.

알레로파시 작용물질을 함유한 중요한 식물체가 존재한다면 기내에서 세포배양을 통해 단기간에 이들 물질을 생산할 수 있을 것이다. 약용식물인 일황련(*Coptis japonica*)은 5~6년생일 때는 뿌리에 함유된 Berberine이 4~7% 정도이지만, 3주간의 세포배양을 통해 Berberine의 농도를 8~9%까지 높일 수 있다고 한다(Yamada, 1985). 그 밖에도 2차 대사물질을 생산하기 위하여 세포배양법을 이용하면 환경조건의 영향을 받지 않고 새로운 물질의 생성이 가능하다는 장점이 있기 때문에 식물세포배양을 통한 유용물질을 생산하기 위하여 많은 연구가 진행 중에 있다. Alkaloid, Antocyanin, Quinone, Steroid, Terpene 산화물 및 효소 등의 생합성에 대해서도 많은 연구·보고가 있다. 세포배양을 통한 농약개발에 관하여 김(1986)의 논문을 참조하면 도움이 될 것이다. 잡초는 다양한 유용물질을 제공해 줄 수 있으므로 유용자원으로 이용가치가 있다.

산업화와 더불어 세계 주요 선진 농업국가는 잡초방제 수단으로 제초제를 이용한 화학적 방제에 의존하고 있다. 그러나 특정 제초제의 과다 사용과 연용은 특정 잡초의 우점화 현상과 제초제 내성식물의 발현뿐만 아니라 환경(토양, 수질) 보전에 역행하는 요인들이 너무 많아 가급적 제초제를 적게 사용하면서도 농사를 지을 수 있는 환경친화형 농업(環境親和型農業, environment friendly agriculture)에 적합한 잡초방제법의 개발이 시급히 요청되고 있는 실정이다. 따라서 선진 농업국 및 국제 농업연구기관에서는 식물이 가지고 있는 알레로파시를 이용한 잡초방제 연구에 깊은 관심을 보이고 있다. 최근 Macias(1994)는 알레로파시 물질을 천연 제초제로 개발하는 연구를 통해 Alkaloids, Flavonoids,

Phenols 및 Quinons류는 10^{-2}~10^{-5}M의 고농도에서 생리활성을 나타내어 부적합하나, Terpenoid나 Fatty acids류는 10^{-5}~10^{-7}M의 저농도에서 강한 활성을 보이므로 유망한 천연물질임을 제시한 바 있다.

특히 벼가 분비하는 억제물질(allelopathic substances)이 잡초 방제에 이용될 수 있다는 가능성이 최근 일부 연구자들에 의해 제시되어, 세계에서 가장 중요한 작물 중의 하나인 벼 잡초방제법의 일환으로 알레로파시를 이용한 제초법의 가능성이 대두되고 있다. 미국 Arkansas에 있는 농무성 연구소의 Dilday 등(1991)에 의해 벼 품종이 분비하는 알레로파시 물질이 논잡초 방제에 유효하다는 연구가 보고되었다. 벼 10,000여 종 가운데 약 4%가 알레로파시 물질을 생성하여 활성을 나타내며, 높은 활성을 지닌 계통의 뿌리 양이 그렇지 못한 품종보다 6~9배나 많았다고 보고한 바 있다. 일본에서도 Fujii(1993)가 전 세계 벼 189계통에 대하여 알레로파시 활성을 실내에서 검정한 결과 일반벼(japonica type)보다는 Javanica형의 Deng Mak Tek 계통에서 가장 강한 활성이 있고 적미 계통이나 *Oryza glaberrima*종에서도 강한 활성이 있다고 보고하였다. 국제미작연구소(IRRI)의 Olofsdotter 등(1995)도 많은 벼 유전자원을 조사하여 유망한 알레로파시 벼 계통이 존재함을 보고한 바 있다. 국내에서도 최근 이 분야의 연구가 활발히 진행되고 있으며 김 등(1999)은 우리나라 재배종 및 재래종 300여 종과 국제미작연구소로부터 분양받은 벼 유전자원을 대상으로 포장과 실내조건에서 여러 종의 벼 계통이 높은 활성을 나타낸 것으로 보고한 바 있다.

현재 재배 중인 동진벼와 알레로파시 활성이 강한 것으로 보고된 Kouketsumochi를 교잡하여 초형은 동진벼와 유사하나 실내 및 온실 조건하에서 알레로파시 활성을 가진 계통을 선발하여 알레로파시 작물 개발의 가능성을 제시하였다(Ma 등, 2006). 알레로파시 작용을 검정하는 생물 검정법이 확립되어 있지 못하여 초기세대에 검정이 어려운 것이 알레로파시 작물 개발의 어려움 중의 하나다. 알레로파시에 관여하는 화학물질은 페닐프로파노이드(phenylpropanoid)나 터페노이드(terpenoid) 생합성 경로를 통하여 생성되며, 양적형질로 추정되며 생물공학기법으로 다수 유전자 도입을 통한 제초성 물질 자가생산 작물개발이 가능하리라 믿어진다.

참고문헌

1. Allan, E.J. and M.W. Fowler. 1985. Biologically active plant secondary metabolites. Perspectives for the future. chemistry and industry, pp.40-410.
2. Arntzen, C.J. 1984. Genetic engineering of plants for herbicide resistance: progress and potential. In Proc. International Symposium of Recent Advances in Forest Biotechnology, pp.163-171.
3. Chaleff, R.S. and M.F. Parson. 1978. Direct selection in vitro for herbicide resistant mutants of *Nicotiana tobaccum*. Proc. Proc. Natl. Acad. Sci. U.S.A. 75: 5104.

4. Choi, Y.D. and J.J. Chung. 2002. Current status and perspective of biotech crop development. In Proceeding of Gyeongbuk World Agriculture Forum 2002(held at Gyeongju, October 16-19, 2002). pp.231-261.
5. Dilday, R.H., P. Nastasi and R.J. Smith, Jr. 1991. Allelopathic activity in rice (*Oryza sativa* L.) against ducksalad (*Heteranthera limosa* Willd.). In Proceedings of the Symposium for Sustainable Agriculture for the Great Plains, USDA. pp.193-201.
6. Eue, L. 1986. World challenges in weed science. Weed Sci. 34: 155-160.
7. Fowler, M.W. 1984. Commercial application and economic aspects of mass plant cell culture. In Plant Biotechnology, S.H. Mantell and Smith eds. pp.3-39.
8. Fujii, Y. 1993. The allelopathic effect of some rice varieties. In Allelopathy in control of paddy weeds. Technical Bulletin No. 134. ASPAC Food & Fertilizer Technology Center: pp.1-6.
9. Gressel, J. and L.A. Segal. 1990. Modelling the effectiveness of herbicide rotations and mixtures as strategies to delay or preclude resistance. Weed Technology 4: 186-198.
10. Harper, D.B. and M.R. Harvey. 1978. Mechanism of paraquat tolerance in perennial ryegrass. Ⅱ. Role of superoxide dismutase, catalase and peroxidase. Plant Cell and Environ. 1: 203-209.
11. Harvey, B.M.R., J.M. Idoon and H.B. Harper. 1978. Mechanism of paraquat tolerance in perennial ryegrass. Ⅰ. Uptake, metabolism and translocation of paraquat. Plant Cell and Environ. 1: 203-209.
12. Heap, I. M. 2013. International Survey of Herbicide-Resistant Weeds. http://www.weedscience.org.
13. Hirschberg, J., A. Bleeker, D.J. Kyle, L. McIntosh and C.J. Arntzen. 1984. The molecular basis of triazine herbicide resistance. Z. Naturfosch. 39: 410-412.
14. Jasieniuk, M., A.L. Brule-Babel and I.N. Morrison. 1996. The evolution and genetics of herbicide resistance in weeds. Weed Science 44: 176-193.
15. James, C. 2005. Global status of commercialized biotech/GM crops: 2005. ISAAA Briefs No 34. ISAAA, Ithaca, NY. U.S.A.
16. Kim, K.U., H.J. Ma, D.H. Shin and I.J. Lee. 2003. Weed control effect of potent allelopathic K21 line. 제8차 Allelopathy 학술논문발표회 발표논문 요지. p.7.
17. 김길웅. 1986. 식물세포배양을 통한 농약개발. 식물세포배양의 농업적 이용 및 산업화에 관한 연구. 경북대학교 개교40주년기념 특집호, pp.201-206.
18. LeBaron H.M. and J. Gressel. 1982. The nature and characteristics of herbicide resistance. In Herbicide Resistance in Plants, LeBaron H.M. and J. Gressel ed. A Wiley-Interscience Publ. John Wiley & Sons. New York. pp.349-344.
19. Ma, H. J., D. H. Shin, I. J. Lee, J. C. Koh, S. K. Park and K. U. Kim. 2006. Allelopathic K21 selected as promising allelopathic rice. Weed Biology and Management 6(4): 189-196.
20. Mann, R. 2006. Occurence and management of herbicide resistant weeds in USA. In Proceeding of Occurence and Management of Herbicide Resistant Weeds. 2006. International Symposium RDA, Suwon, Korea. pp.1-16
21. Macias, F.A. 1994. Allelopathy in search for natural herbicide model. In Allelopathy, ed. by Inderjit et al. ACS Symposium Series, pp.319-330.
22. Merdith, C.P. and P.S. Carson. 1982. Hebicide resistance in plant cell cultures. In Herbicide Resistance in Plants, LeBaron H.M. and J. Gressel ed. A Wiley-Interscience Publ. John Wiley & Sons. New York. pp.278-279.
23. Monaco, J.M., S.C. Weller and F.A. Ashton. 2002. Weed Science: Principles and Practices. John Wiley & Sons, Inc. New York, U.S.A. pp.379-396.
24. Nelson, C.J. 2002. Biotechnology. other technologies, and the effects on agri-culture. In Proceeding of Gyeongbuk World Agri-Culture Forum 2002 (held at Gyeongju, October 16-19, 2002). pp.195-212.
25. Olofsdotter, M., D. Navarez and K. Moody. 1995. Allelopathic potential in rice(*Oryza sativa* L.) germplasm. Ann. Appl. Biol. 127: 543-560.
26. Park, T.S., C.S. Kim, J.E. Park, Y.K. Oh and K.U. Kim. 1999. Resistant biotype of *Monochria korsakowii* against sulfonylurea herbicides in reclaimed paddy fields in Korea. In 17th Proc.(A) of Asian-Pacific Weed Sci. Conf. held at Bangkok, Thailand. pp.251-254.
27. Pfister, K. and C.J. Arntzen. 1979. The mode of action of photosystem Ⅱ specific inhibitors in herbicide resistant weed biotypes. Z. Naturforsch. 34c. p. 996.

28. Radin, D.N. and P.S. Carlson. 1978. Herbicide-tolerant tobacco mutants selected in situ recovered via regeneration from cell culture. Genet. Res., Camb. 32 :85.
29. RAFI. 2000. Biotech's 'Generation 3' December 19.
30. Rice, E.L. 1984. Allelopathy, 2nd ed. Academic Press, Orlando, Florida, p.267.
31. Ross, M.A. and C.A. Lembi. 1999. Applied Weed Science. 2nd ed. Prentice Hall, Upper Saddle Rivers, New Jersey, U.S.A. pp.144-147.
32. 竹松哲夫. 1985. バイオテクノロヅーと除草劑. 植調(日本) 19(7): 1-7.
33. 竹松哲夫. 1982. 除草劑 硏究總覽. 박우사(일본), pp.1-27.
34. Valverd, B.E., C.R. Riches and J.C. Casely. 2000. Prevention and management of herbicide resistant weeds in rice. Grafos, S.A., Cartago, Costarica. pp.1-30.
35. Yamada, Y. and M. Okada. 1985. Biotransfomation of tetrahydroberberine to berberine by enzyme prepared from cultured *Coptis japonica* cells. Phytochem. 24(1): 63-65.
36. Zimdahl, R.L. 1993. Fundamentals of Weed Science. Academic Press. Inc. New York, U.S.A. pp.333-336.
37. 川井一之. 1986. バイオテクノロツーと 除草技術 日本雜草學會. 第25回 記念 講演會 講演集. pp.1-3.

15 잡초방제 이론의 실제

15.1 논잡초 방제

(1) 논토양 특성

우리나라는 논면적 가운데 보통땅은 32.6% 불과하고 그 나머지는 모래땅(32.3%), 미숙땅(23.4%), 개땅(2.5%) 등으로 벼를 생산하기에 부적합한 땅이 너무 많다. 이처럼 논은 보통땅이 아닌 문제 토양이 많고 여기에다 토양처리형 제초제가 주로 사용되고 있어서 정상적인 제초제의 효능 발휘가 어려워 약해가 유발될 소지가 많다.

제초제가 거의 사용되지 않았던 1960년대에는 약해가 문제되지 않았으나 1970년대 후반부터 제초제 사용이 증가하면서 약해가 이따금씩 문제되어 왔다. 따라서 제초제의 약효 못지않게 약해 또한 우려되므로 최대의 약효를 얻기 위해서는 토양을 개량하여 보통땅의 면적을 확대해야 한다.

(2) 논잡초의 특성

논은 담수(湛水, flooding)라는 특수한 조건을 부여하므로 발생하는 잡초는 밭과 전혀 다르다. 논잡초를 효과적으로 방제하기 위해서는 논의 특수 조건과 잡초발생 특성을 이해하는 것이 중요하다.

1) 경운·정지와 담수

벼를 재배하기 위해서는 우선 경운(耕耘, plowing) 및 정지(整地, hallowing) 작업을 철저히 하여 벼 이식 전에 발생한 잡초를 완전히 제거하고 비료를 토양 전면에 기비로 시비한 후 적절한 깊이로 담수하여 이식하게 되는데 경운·정지 작업은 논토양을 균일하게 만든다.

논을 담수상태로 전환하면 가을과 봄에 물이 없는 상태에서 발생한 잡초가 순식간에 토양 중에 매몰되어 죽게 되고 담수토양 환경에 생존 가능한 수생잡초가 주로 발생한다.

논에 발생하는 잡초는 대개가 발아에서 생육 중기까지 담수상태에서 생육되기 때문에 식물체의 형태나 조직이 밭상태의 잡초와는 아주 다르다. 이들 수생잡초의 표피는 엷고 큐티클층이 거의 없으며 있다 하더라도 제대로 발달되지 않은 것이 특징이다. 또 식물체가 다량의 수분을 함유하고 있어서 전체적으로 유연하고 조직의 간격이 크다. 또 이들 식물은 수분이나 영양분의 흡수가 많고 물속에서 생육하기 때문에 유관속(維管束)과 통도조직(通道組織)의 발달이 좋지 않다.

이와 같은 수생식물의 특성 때문에 처리한 제초제는 뿌리, 잎, 줄기 등 모든 부분에서 흡수될 수 있고 체내의 전류도 잘 되므로 이들 수생잡초를 쉽게 고사시킬 수 있다.

2) 벼 재배한계와 발생 잡초

벼 재배지역의 범위(적도~온대)는 매우 넓으나 발생하는 초종은 유사종이 많은 것이 특징적이다. 담수 조건은 위도 범위를 초월하여 논잡초의 종류를 수생잡초로 제한하고 밭상태보다 발생 초종수를 적게 한다.

(3) 주요 논잡초

하 등(2014)의 보고에 의하면 2013년도 우리나라 논에 발생한 논잡초는 총 28과 90종이다. 그중에 화본과와 사초과가 18종,17종으로 가장 많았고 그다음으로 현삼과가 8종, 마디풀과가 6종이었으며 국화과, 부처꽃과, 자라풀과가 각각 4종이었다.

논에 발생하는 잡초는 번식(繁殖, propagation) 방법에 따라 종자번식(種子繁殖, seed propagation) 잡초와 영양번식(營養繁殖, vegetative propagation) 잡초로 크게 구별할 수 있는데, 이들의 특징을 살펴보면 다음과 같다.

1) 종자번식 잡초

① 피

피는 우리나라 논에서 가장 흔히 볼 수 있으며 발생이 많은 일년생 잡초이다. 우리나라에서 발생하는 피는 종류나 분류·동정(分類·同定, classification and indentification)에 관한 연구가 거의 없어서 피의 분류나 동정에 혼선을 빚고 있다.

Yabuno(1974)에 의하면 우리나라에는 크게 2종류의 피가 발생하고 한 종류에는 3종의 변종(變種, variety)이 있어서 모두 4종의 피가 발생하는 것으로 보고했다. 최근 김 등(1998)은 우리나라 전역에서 수집한 피속 잡초 수집종 33종을 대상으로 분자생물학적 방법의 하나인 RAPD maker를 이용하여 피 수집종 간의 유연관계와 분류를 시도해, 우리나라에 발생하는 피속 잡초를 크게 3그룹으로 나눌 수 있다고 보고하였다. 전국적으로 논에 가장 많이 발생하고 있는 것은 강피(*Echinochloa oryzicola*)이고 그다음이 *Echinochloa crus-galli*인데 이것에는 3종의 변종이 있고 그 가운데 물피(*E. crus-galli* var. *crus-galli*)는 주로 논에 발생하나 밭에도 발생하고, 돌피(*E. crus-galli* var. *praticola*)는 보통 밭에서 발생하나 논에도 발생하는 잡초이다. 이상의 두 종은 전국적으로 발생하나 또 다른 변종인 *E. crus-galli* var. *formosensis*는 온난한 열대지방에서 많이 발생하는 종으로 알려져 있으며, 우리나라의 제주도에서만 발생하는 것으로 보고된 바 있다. 피 종류 간 주요한 특징은 표 15-1과 같다. 피에 대한 종의 명명이 연구자에 따라 일치하지 않는다는 점을 밝혀 둔다.

[표 15-1] 우리나라에 발생하는 주요 피 종류 및 특성

한국명	학 명	일 명	초형	간장	엽모	잎의 강도	이삭길이 (㎜)
1. 강피	*Echinochloa oryzicola*	Tainubie	직립	중	유, 무	경 (硬)	17~20
2. 물피	*Echinochloa crus-galli* var. *crus-galli*	Keinubie	포복	장	무	유 (柔)	20~24
3. 돌피	*Echinochloa crus-galli* var. *praticola*	Himeinubie	포복	단	무	유 (柔)	13
4.	*Echinochloa crus-galli* var. *formosensis*	Himetainubie	직립	중	무	경 (硬)	13~15

[표 15-1] 계속

한국명	엽초망의 화청소	이삭 모양	소수의 길이(㎜)	제1포영	제3영과의 광택	망의 장단	화서	습성	발생 분포
1. 강피	다	방추형	4	1/2	유	무, 단망	직립	논	전국
2. 물피	소	〃	3~4	1/3	무	다망, 중	사상	주로 논 및 밭	전국
3. 돌피	소	〃	2~3	1/3	무	무	직립	밭, 논	전국
4.	중, 다	〃	3	1/2~1/3	유, 무	단망	직립	논	제주도

(笠原: 일본잡초도감 참조, 1982)

피를 분류하는 데 가장 중요한 것은 소수(小穗, spikelet)와 영(穎, glume)의 크기이다. 특히 제1포영(第1苞穎, 1st glume)의 크기가 종자길이의 1/2 정도이면 강피이고, 1/3 정도이면 *E. crus-galli*의 변종인 물피나 돌피이며, 1/2~1/3 정도이면 *E. crus-galli* var. *formosensis*로 구분할 수 있다. 이것은 피를 분류하는 데 형태적 키(key)로 인식되고 있다(그림 15-1). 소수의 구조를 포영, 외영, 내영, 영과로 구분한다. 그림 15-1의 오른쪽에 설명되어 있다.

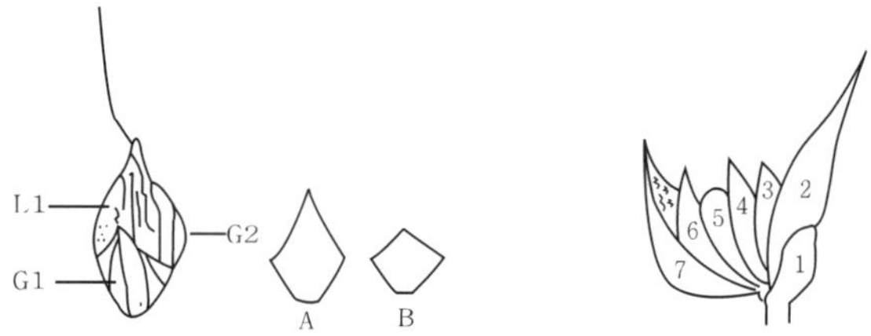

G1: 1st(lower) glume
G2 : 2nd(upper) glume
L1: Lemma of 1st(lower) floret
A: *E. oryzicola*종(강피)
B: *E. crusg-alli*종(물피 · 돌피류)

1. First glume(제1苞穎)
2. First lemma(제1外穎)
3. First palea(제1內穎)
4. Second palea(제2內穎)
5. Caryopis(穎果)
6. Second lemma(제2外穎)
7. Second glume(제2苞穎)

[그림 15-1] 피속의 소수의 구조와 영의 크기(Yabuno, 1983 ; Michael, 2003)

한편 발생 습성에 따라서도 분류가 가능하다. 강피는 주로 논에만 발생하는 수생잡초인 데 반하여, 물피는 주로 논밭에서 발생하고, 돌피는 주로 밭상태에서 발생하며 때로는 논에서도 발생한다. *E. crus-galli* var. *fromosensis*는 논상태에서 발생한다.

피를 분류하는 데 이삭의 색깔이나 망(芒, awn)의 유무, 초형(草型, plant type)은 중요한 키(key)가 되지 않는다. 왜냐하면 이와 같은 형질(形質, character)은 환경조건에 따라 발현정도에 차이가 있기 때문이다. *E. crus-galli*의 변종들은 6배체 식물로서 환경적응성이 높으나 *E. oryzicola*는 4배체로서 환경적응성이 아주 낮은 것이 대조적인 특징이다.

성숙된 피종자가 토양에 떨어지면 환경조건이 양호하여도 발아하지 않는 1차 휴면(一次休眠, primary dormancy)상태에 들어가고, 겨울의 저온기간을 거치면서 휴면이 타파된다. 그러나 발아에 부적합한 조건이 되면 토양 중에 그대로 생존해 있는 환경휴면(環境休眠, environmental dormancy)상태로 존재한다. 환경휴면종자는 호조건이 되면 발아하게 되나 담수된 토양의 밑층에서 발아에 부적합한 상태로 여름의 고온조건을 거치면 9~10월에 다시 2차 휴면(二次休眠, secondary dormancy)에 들어가고 2차 휴면종자는 1차 휴면종자와 같은 양상을 보이면서 토양 속에 존재한다.

② 물달개비

2001년 논잡초 분포조사에서 가장 우점한 일년생 광엽잡초가 물달개비(*Monochoria vaginalis* Presl.)이다. 최근 10여 년 동안에 가장 많이 사용되고 있는 설포닐우레아계 제초제에 저항성을 보이는 것도 물달개비가 우점 발생하는 이유 중의 하나일 것이다. 이 잡초는 동남아시아가 원산지로, 태국에서는 유식물(幼植物)을 식용하고 있다고 하며 꽃이 아름답다.

5~6월에 발생하여 9~10월에 개화하며 초장은 10~30㎝, 1주당 종자수는 2,000~3,000개이고 폐녹

시계 제초제에 감수성을 보이며, 대부분은 잡초 발생 전 토양처리형 제초제에 의해서 쉽게 방제된다. 그러나 잡초 발생 전 토양처리형 제초제를 현재 우리나라 논에 많이 사용하고 있음에도 불구하고 이 잡초가 많이 발생하는 것은 제초제 저항성 생태형이 발생하였기 때문이라 알려져 있다. 물달개비는 벼가 존재하는 상태에서 더 잘 자란다고 한다.

최근에 이 잡초가 설포닐우레아계 제초제에 내성을 보인다고 보고되었으므로 동일한 제초제를 연용하는 것을 금하는 것이 좋을 듯하다.

2) 영양번식 잡초

논에 발생하는 다년생 잡초 즉 영양번식 잡초는 제3장 7절의 표 3-7에 다년생 잡초의 종류, 번식기관 및 생장형에 대해 언급되어 있으므로 참조하기 바란다.

① 올미

올미(*Sagittaria pygmaea* Miq.)는 택사과에 속하는 다년생 잡초로서 식물의 전체가 물에 잠긴 채 생존하는 수생잡초이며 우리나라 전역의 논에서 발생하는 우점잡초이다. 올미는 생태적·형태적으로 큰 차이가 있어서 서로 다른 종내(種內, intraspecific)변이가 있지 않나 사료된다.

올미의 괴경에는 얕은 휴면성이 존재하는 것으로 알려져 있고, 번식의 주된 방법은 지하경에 의한 영양번식이며 종자에 의한 번식은 거의 없다고 한다.

올미의 괴경은 대체로 토양 표면에서 형성되므로 담수상태로 써레질한 후 4~5일부터 비교적 짧은 기간에 출아하며 수분이 많고 온도가 높을수록 출아가 빠르고 발생기간이 짧다. 5~6월에 발생하여 6~7월에 개화하며 9~10월에 결실한다.

올미의 괴경 형성은 일장에 영향을 받지 않으며 출아 후 50~60일(모주의 엽수: 12~14매)에 시작된다. 보통기 벼 재배 논에서는 1주당 3~4개, 1㎡당 2,000~4,000개의 괴경이 형성된다고 한다(江口, 1987).

생육초기에 올미가 많이 발생하면 영양분을 두고 벼와 경합하여 벼의 잎이 퇴색되고 분얼이 억제되며 수수가 감소되어 수량이 줄어든다. 올미는 현재 추천된 제초제로 효과적인 방제가 가능하고 괴경이 표토 5㎝ 이내에 대부분 존재하므로 추경하게 되면 건조 동사시킬 수 있을 뿐만 아니라 답리작으로 동작물을 재배하거나 답전윤작 등을 하면 올미를 효과적으로 방제할 수 있다. 대체로 설포닐우레아계 혼합제초제의 토양처리로 방제가 잘 된다.

② 벗풀

벗풀(*Sagittaria trifolia* L.)은 택사과 벗풀속에 속하는 다년생 잡초로서 우리나라 전역에 발생하며 방제가 잘 안 되는 잡초이다. 생육 초기에는 외모가 올미와 같은 선형(線形)잎을 하고 있어서 구별이 어려우나 벗풀의 괴경은 올미보다 크고 평평하며 아부(芽部)가 세장하기 때문에 올미와 구별된다. 또 생육 중기에는 보풀과 유사한 점이 있으나 수직엽수가 많고 엽각(葉脚)이 잎의 잎머리쪽보다 짧으며 잎색이 진하고 줄기가 직립하므로 쉽게 구분이 된다고 한다. 그러나 벗풀은 형태적으로 큰 차이가 있어서 종내변이가 있지 않나 사료된다(伊藤, 1987). 초장은 40~70㎝이며, 5~7월에 발생하여 7~8월에 개화하고 9~10월에 결실한다.

벗풀은 괴경 및 종자로 번식한다. 이들은 모두 휴면성을 갖고 있으며 겨울의 저온조건하에서 서서히 휴면이 타파된다. 종자로부터 발아된 것은 제초제 처리로 쉽게 방제되나 괴경으로 출아되는 것은 환경의 영향으로 출아가 불균일하고 출아기간이 길므로 효과적인 방제가 어렵다. 토양 표면에서 20㎝에 형성된 괴경의 출아에는 상당히 긴 시간이 소요된다고 한다. 그러나 형성된 괴경은 이듬해에 전부 출아하므로 괴경의 수명은 1년 내외로 짧다. 하지만 종자의 발생심도는 2~3㎝이고, 종자의 수명은 10년 이상으로 길다(伊藤, 1987).

벗풀의 괴경은 단일조건에서 형성되며 주당 수백 개를 형성하는 경우도 있다고 한다. 벗풀의 질소함유량이 벼의 2배이므로 최고분얼기까지 발생한 때에는 영양소 및 빛을 두고 벼와 경합하여 벼의 분얼 억제, 나아가 수수의 감소로 수량을 감소시킨다. 괴경의 수명이 짧아 벼의 최고분얼기까지만 방제하면 수량 감소는 적고 괴경 형성 시에 배수를 한다거나 간단관수를 하게 되면 이듬해에 이 잡초의 출현을 크게 억제시킬 수 있다고 한다. 발생 전에는 설포닐우레아계 토양처리형 제초제로 어느 정도 방제 가능하나 발생 후에는 광엽잡초 대상 경엽살포용 제초제로 방제가 가능하다.

③ 가래

가래(*Potamogeton distinctus* Benn.)는 가래과 가래속에 속하는 다년생 수생잡초로 우리나라 전역에서 발생한다. 물이 있는 도랑, 늪, 못 등의 담수하에서 출아하여 생육한다.

가래는 지하경인 근경(根莖)에 의해서 주로 영양번식되나 종자로도 발아 가능하다고 한다. 바나나형의 인경이 맹아하여 물속에서 줄기가 신장되고 선단에 선상피침형(線狀被針形)의 초생엽이 부착되며, 잎의 폭과 길이가 늘고 엽수가 증가된다. 반면에 토양 내에서는 백색의 엷은 크림색 지하경이 신장되고 마디마다 줄기가 형성, 분지가 신장된다. 초장은 10~60㎝ 정도이며 줄기는 부엽성 수초이다. 5~6월에 발생하여 7~8월에 개화하며 9~10월에 결실한다.

인아(鱗芽)는 단일조건에서 형성되므로 8월 하순부터 지하경의 선단이 밑쪽으로 신장하여 선명한 황색의 바나나 모양 근경이 토양 10~20㎝ 이내에 많이 형성되고, 형성량은 1㎡당 200~400개로 알려져 있다. 다년생 잡초의 지하경 가운데 비교적 한랭지에 견디는 힘이 강하므로 우리나라에서는 중부지방의 일모작답에 가래가 많이 발생한다.

가래는 질소와 인산을 두고 벼와 크게 경합하므로 벼의 생장에 영향을 미친다. 한편으로 표면을 피복하여 태양에너지를 차단하므로 수온과 지온을 저하시켜 벼의 생육을 지연시키고 뿌리의 양분흡수 등을 억제한다. 나아가 초장·분얼을 억제하고 수수를 감소시켜 수량 감소를 유발한다(竹川, 1987).

가래는 페녹시계나 트리아진계 제초제에 의해 쉽게 방제되며, 경엽처리제초제는 물을 배수한 후 처리하는 것이 효과적이고 답리작으로 동작물(冬作物, winter crop)을 재배하는 것도 유효하다.

④ 올방개

올방개(*Eleocharis kuroguwai* Ohwi)는 방동사니과 비늘골속의 다년생 잡초로서 우리나라 전역에 발생하며 현존하는 제초제로 방제가 가장 어려운 문제의 잡초이다.

올방개에는 유연종과 종내의 변이종이 있으며 괴경을 식용(食用, edible)하는 큰 올방개가 있다. 올방개는 주로 괴경에 의한 영양번식을 하나 종자번식도 가능하다. 그러나 종피가 경질이어서 발아에 어려움이 있기 때문에 종자번식은 중요한 번식법이 못 된다. 초장은 40~90㎝ 정도이고 5~6월에 발생하여 7~9월에 개화하고 10월에 결실한다.

괴경형성의 심도가 깊어서 출아하는 데 걸리는 시간이 다년생 잡초 가운데 가장 길고(심지어 벼 수확 시에도 출아되는 것이 있다고 한다) 형성된 이듬해에도 휴면상태로 있어서 다년생 지하경에 의하여 번식되는 잡초 가운데 수명이 가장 길다. 출아 후 15일 전후에 분주(分株)하기 시작하여 1개의 괴경에 의해 수십 주로 분주되고 수십~수백 개의 괴경을 형성하며 벼 생육 초기에 번성하면 영양분의 경합으로 벼의 분얼이 억제되어 수수가 감소한다(伊藤, 1987).

Benfuresate와 설포닐우레아계 혼합제초제로 초기 방제가 가능하나 중·후기에는 광엽선택성 제초제의 살포로 덩이줄기의 형성이 크게 억제된다. 이앙 후 60일 정도 약효가 지속되어야 효과적인 방제가 가능하므로 다년생 잡초 가운데 가장 방제가 어렵다. 벼 수확 후 추경(秋耕)하면 토층 깊게 형성되어 있는 괴경을 토양 표면으로 노출시켜 겨울 동안에 저온·건사함으로써 고사시킬 수 있다. 또 답리작으로 동작물의 재배나 윤작 재배하는 것도 좋은 방제법이 될 수 있다.

⑤ 너도방동사니

너도방동사니(*Cyperus serotinus* Rottb.)는 방동사니과 방동사니속에 속하는 다년생 잡초로서 우리나라 전국의 논, 못, 도랑 등에 많이 발생하며 번식력이 왕성하기 때문에 논에 한번 침입하면 피해가 큰 잡초이다. 방동사니속에는 종내변이형이 존재하는 것으로 되어 있다.

너도방동사니의 주된 번식원은 괴경이고 종자번식도 가능하다. 괴경형성 심도는 대체로 5~10㎝이나 지하수위가 높거나 밀생하면 0~5㎝의 표토에 많이 발생한다. 형성된 괴경에는 유전적 휴면이 없고 환경휴면 상태로 월동한다고 한다. 괴경에는 정아우세(頂芽優勢, apical dominance) 현상이 있어서 정아가 맹아(萌芽, sprouting)하지 않으면 측아의 맹아가 정지되나 절단하면 각 절의 측아가 신속하게 맹아된다. 로타리로 정지하면 괴경의 분산은 물론 정아우세 현상이 파괴되어 발생이 조장된다.

다년생 잡초 가운데 발생시기가 비교적 빨라서 온난한 남부지방에서는 논의 경운·정지 때까지 많은 출아를 보인다. 출아주는 써레질에 의해 토양 중에 매몰되어 고사되고 써레질 후에는 표토층에 존재하는 괴경으로부터 새로운 발생이 개시되는데 이식 시의 온도가 15℃ 이상이면 이식 시기에 관계없이 이식 후의 평균 적산온도(積算溫度, accumulated temperature) 43℃에서 출아를 시작하여 65℃이면 출아성기(盛期)가 된다고 한다. 토양의 최대용수량이 60%일 때 출아가 가장 잘 되며 그 이상이나 이하에서는 출아가 억제된다(山岸, 1987). 타 다년생 잡초에 비하여 맹아 시 산소 요구량이 많으며 이식 시에 매몰된 괴경은 담수조건이 계속되면 출아되지 않으나 간단관수 등으로 배수하면 출아된다. 초장은 50~90㎝ 정도이고 4~6월에 발생하여 7~8월에 개화하고 9~10월에 결실한다.

너도방동사니는 질소가 많을수록 분주가 잘 되지만 차광하면 현저히 감소한다. 단일조건하에서 괴경이 잘 형성되며 토양이 건조하고 밀식한 상태에서 질소가 부족할수록 괴경형성이 빠르다. 괴경형성수는 많은 경우 1㎡당 수천 개에 이른다고 한다.

너동방동사니의 주요 번식원(繁殖源)인 괴경은 저온·건조 조건이나 산소가 결핍된 담수상태에서는 맹아가 잘 되지 않는다. 이와 같은 점을 고려하여 춘·추경으로 동·건사시키거나 로타리로 논을 잘 경운·정지하여 정점우세현상을 타파함으로써 토양에 매몰시키는 것도 효과적인 방제법이 될 수 있다. 대부분 설포닐우레아계의 토양처리로 방제가 가능하지만 재생된다. 발생 중·후기에 벤타존 액제를 경엽처리하면 선택적으로 너도방동사니를 효과적으로 방제할 수 있다.

⑥ 쇠털골

쇠털골(*Eleocharis acicularis* (L.) Roem)은 방동사니과 비늘골속 다년생 잡초로서 우리나라 전국의 논, 습지, 수로 등에 발생하며 조기·조식재배 시에 발생한다.

소형의 논잡초로, 지하경의 마디마다 2~10본의 솔잎같이 가는 3~10㎝ 줄기가 총생한다. 번식력이 왕성하고 지하경으로부터 쉽게 분주되어 밀생하게 되면 논 표면이 녹색융단을 깐 것처럼 토양을 피복한다. 6~9월경에 줄기의 선단에 하나의 소수만이 착생·개화한다(度辺, 1987).

쇠털골은 지하경의 월동아(越冬芽) 또는 종자로 번식하나 종자번식에 의한 발생은 극히 적고 주로 영양번식한다. 종자에는 휴면성이 있고 토양 내에서의 생존에 관하여는 불분명한 점이 많다(度辺, 1987).

쇠털골의 번식기관은 여름에 지하경의 주기부와 분지경에서 토양 표면으로부터 3㎝ 깊이까지 형성된다고 한다. 월동아는 휴면성이 없으며, 습윤하고 온도가 적당하면 쉽게 맹아되고 수심이 꽤 깊어도 출아한다.

출아하면 지하경은 신장하고 지하경의 마디에서 분주가 된다. 증식의 속도가 매우 빠르고 나지(裸地) 조건에서는 2개월 내에 수백 주의 새로운 분주를 만든다고 보고되어 있다. 보통기 재배에서의 쇠털골의 발생은 벼가 왕성하게 생장하여 토양을 피복하므로 방제상 문제는 없으나 조기 또는 직파재배에서는 쇠털골이 많이 발생하고 조생종을 빨리 수확하고 나면 월동아의 형성시기도 빠르고 많아서 이듬해에 많이 발생한다. 최근에 이 잡초는 논에서 별로 문제가 되지 않고 있다.

쇠털골로 인한 피해는 크지 않으나 벼 뿌리의 발육 및 초장·분얼을 억제하여 수량을 감소시킨다. 월동아의 수명은 짧고 겨울의 저온·건조에 약하므로 추경이 매우 효과적이고 춘경하는 것도 좋은 방제법이 된다.

⑦ 올챙이고랭이

논에 발생하는 올챙이고랭이속에는 여러 종이 있는데, 그 가운데 많이 발생하는 것이 *Scirpus juncoides* Roxb. var *hotarui* Ohwi이다. 벼의 재배시기나 건·습(乾·濕, dry and wetness)에 관계없이 전국의 논에서 많이 발생한다.

올챙이고랭이는 주기부(株基部)에 형성된 월동아(越冬芽)로 영양번식을 하기도 하나 주로 종자번식을 한다. 따라서 이 잡초의 생활사(生活史, life cycle)적 측면에서 일년생인지 다년생인지 구분이 잘 되어 있지 않고 우리나라에선 주로 종자번식을 한다고 하여 일년생으로 간주하는 것이 옳지 않은가 하는 여론이 있다. 그러나 벼 수확 후에 올챙이고랭이의 주기부에서 재생되어 종자생성이 가능하므로 일본에서는 이를 다년생으로 간주하고 있다. 우리나라의 제주도와 같은 남쪽지방에서는 올챙이고랭이 기부(基部)에서의 재생이 가능하기 때문에 종자번식 잡초라고만 주장할 수 없는 점도 있다.

가을에 성숙하여 토양에 떨어진 종자는 1차 휴면상태에 있으며 겨울을 지나면서 휴면이 서서히 타파되어 담수상태에서 발아되나 휴면이 타파된 종자라도 건조하면 얕은 2차 휴면에 들어간다. 영양번식체인 주기부는 다수의 월동아를 형성한다. 종자번식으로 발생한 것보다 월동아로 발생한 것이 초기생육이 빠르므로 피해가 더 크다. 초장은 20~70㎝ 정도이고 5~6월에 발생하여 7~8월에 개화하며 9~10월에 결실한다.

올챙이고랭이는 종자생산량이 많고 수년에 걸쳐서 발생하여 피해를 주므로 현재 우리나라에 우점발생하는 초종으로 간주되고 있다. 초기방제를 철저히 해야 하며 방제가 되지 않는 경우는 경엽처리제 초제로 방제하고 월동아로 발생할 우려가 있으면 추경하여 건조·동사시켜 월동아율을 낮춰야 한다. 경운·정지 시 써레질을 고르게 하여 담수 토양 중에 매몰시키면 월동아에서의 맹아를 크게 억제시킬 수 있다. 이 잡초는 혼합제초제에 의해서 쉽게 방제된다. 올챙이고랭이는 일년생은 토양처리제로 방제가 용이하나 이미 발생된 것은 경엽처리제인 벤타존액제처리로 방제 가능하다.

(4) 논잡초에 의한 피해

논에 발생하는 잡초는 벼와 경합함으로써 직접적으로 벼의 생산성을 저하시키는 것 외에 여러 형태로 피해를 주므로 꼭 방제하여야 한다. 논에 발생하는 잡초가 벼의 수량에 영향을 미치는 중요한 요인은 ① 초종 및 밀도, ② 벼의 품종, 재식밀도, 이앙방법, ③ 경합기간, ④ 비료수준 및 물 관리 등이다.

이미 제5장의 경합에서 언급한 것처럼 논에 발생한 피가 1㎡당 11개일 때 벼는 21%가량 수량이 감소하고, 피의 건물중량이 1㎡당 250g에서 1,500g으로 증가하면 벼의 수량은 20%에서 85%로 감소한다. 벼를 직파한 후 20일부터 전 생육기간 동안 잡초와 경합시켰을 때 벼의 수량감소는 9%에서 79%로 증가하였다고 한다.

기계이앙은 중묘 기계이앙과 어린묘 기계이앙으로 구분할 수 있는데, 기계이앙이 처음 보급될 당시에는 중묘를 이앙하였으나 재배기술의 생력화 추세에 따라 현재는 대부분 어린묘를 기계이앙하고 있다. 기계이앙은 육묘상자에서 육묘를 하기 때문에 묘가 연약하고 써레질 후 토양이 굳도록 기다려야 하며 이앙할 때까지 물을 깊게 대지 못하기 때문에 손이앙에 비하여 잡초의 발아가 빠르고 발생량이 많아 잡초와의 경합에 의한 피해가 크다(표 15-2). 직파재배는 육묘과정을 거치지 않고 종자 상태로 본답에 파종을 하기 때문에 잡초종자에 비하여 출아가 늦다. 벼 직파재배는 잡초와의 초기경합에서 더욱 불리하여 손이앙이나 기계이앙과 비교하면 잡초발생량이 2~3배 정도 많고 수량손실도 엄청나다(표 15-3).

[표 15-2] 손이앙묘와 기계이앙묘(중묘, 어린묘)의 생육비교(영남농시, 1990~1994)

구 분	손이앙묘	중 묘	어린묘
파종량(g/㎡)	80	722	1,220
시비량(N-P-K g/㎡)	12-12-12	22-22-22	11-11-11
육묘일수(일)	40~45	30~45	8~10
이앙 시 뿌리상태	뿌리 부착	뿌리 절단	뿌리 절단
이앙심도(㎝)	4.9	2.1	2.1
이앙 시 물깊이(㎝)	5~7	1~2	1~2
초 장(㎝)	25~30	15~20	5~8
엽 수(매)	6~7	4~5	1.5~2.0

[표 15-3] 벼 재배양식별 잡초발생량 및 수량감소정도(영남농시, 1985~1993)

재배양식	잡초발생량		수량감소율(%)
	g/㎡	지수	
•손이앙	741	100	10~20
•기계이앙			
- 중 묘	843	114	25~30
- 어린묘	1,020	138	30~35
•직파재배			
- 건답직파	2,300	310	70~100
- 담수직파	1,643	222	40~60

(5) 논잡초 방제법

논잡초 방제는 크게 못자리와 본답으로 나누어 생각할 수 있는데, 못자리는 물못자리와 보온절충못자리로 구분되며, 본답의 잡초방제는 손이앙, 기계이앙, 직파재배로 구분하여 각각 재배양식에 적합한 제초체계를 확립하고 있다. 1980년대 중반까지는 풍부한 노동력을 바탕으로 손이앙 재배를 주로 하였으므로 못자리 잡초방제가 중요한 문제로 부각되어 못자리 잡초방제용 제초제와 손이앙 재배답에 적합한 제초제의 개발에 치중하였다. 그러나 차츰 이앙기의 보급으로 육묘방법이 상토(床土)를 이용한 육묘상자로 전환됨에 따라 못자리에서의 제초제 사용은 극히 제한되어 거의 무시되고 있는 실정이다.

[표 15-4] 연대별 주요 논잡초 및 우점도(박 등, 2002)

순위	1971	1981	1991	2001
1	마디꽃(40.4%)	물달개비(22.2%)	올방개(19.6%)	물달개비(12.7%)
2	쇠털꽃(11.8%)	올미(17.5%)	올미(15.6%)	올방개(9.5%)
3	물달개비(11.3%)	벗풀(9.0%)	벗풀(14.2%)	피(9.5%)
4	알방동사니(7.8%)	가래(9.0%)	피(12.2%)	벗풀(9.1%)
5	피(7.1%)	너도방동사니(8.5%)	물달개비(11.2%)	가막사리(5.8%)
6	가래(3.5%)	마디꽃(6.0%)	올챙이고랭이(6.0%)	여뀌바늘(4.9%)
7	밭뚝외풀(3.4%)	사마귀풀(4.4%)	너도방동사니(4.6%)	사마귀풀(4.4%)
8	사마귀풀(2.5%)	밭뚝외풀(3.9%)	가래(3.3%)	밭뚝외풀(4.0%)
9	올방개(2.2%)	올방개(3.4%)	여뀌바늘(2.6%)	올챙이고랭이(3.0%)
10	여뀌(1.9%)	여뀌바늘(3.0%)	사마귀풀(2.5%)	여뀌(2.7%)
	일년생 79% 다년생 21%	일년생 47% 다년생 53%	일년생 43% 다년생 58%	일년생 68% 다년생 31.9%

현재 기계이앙과 직파재배면적이 논 재배면적의 90% 이상을 차지하고 있어서 제초제 개발도 기계이앙과 직파재배에 중점을 두고 있다. 벼 재배방법이 손이앙에서 기계이앙으로 바뀌고 최근에는 직파재배법이 보급되는 등 재배양식이 변화되고, 제초제가 사용되면서 논에 발생하는 잡초의 종류도

달라지고 있다(표 15-4). 제초제를 거의 사용하지 않았던 1970년대 초반에는 마디꽃, 물달개비, 알방동사니, 피 등의 일년생 잡초가 주종을 이루었으나 1970년대 중반부터 일년생 잡초를 방제할 수 있는 제초제를 사용하면서 1980년대 초반에는 일년생 잡초의 발생은 감소한 반면 올미, 벗풀, 가래 등의 다년생 잡초 발생이 증가하였다. 1980년대 중반부터는 혼합제초제의 개발과 직파재배법의 보급으로 피가 점차 우점하는 양상을 보인다. 최근 조사에서는 물달개비가 가장 우점하는 잡초가 되었다(박 등, 2002). 지난 10년 동안에 다년생 잡초가 우점하던 군락에서 일년생 잡초가 우점 발생(68.1%)하는 잡초 군락으로 바뀌었다. 이것은 설포닐우레아계 제초제의 과다한 사용에 기인한 것이 아닌가 사료된다.

1) 못자리의 잡초방제

① 못자리에 발생하는 잡초

1970년대에 다수계 품종이 보급되면서 못자리 양식도 물못자리에서 보온절충못자리로 바뀌었다. 못자리에 발생하는 초종이나 발생량은 못자리의 양식에 따라 큰 차이를 보인다. 잡초 발생량은 밭못자리, 보온절충못자리, 물못자리 순으로 많다. 보온절충못자리에는 알방동사니, 너도방동사니, 피 등이 발생하고, 물못자리에는 알방동사니, 쇠털골, 물달개비, 마디꽃 등이 발생하며, 밭못자리에서는 알방동사니, 피, 바랭이 등이 우점하고 있다.

1972년과 1983년의 11년 동안에 보온절충못자리에 발생한 초종에는 많은 변화가 있었다. 1972년에는 알방동사니, 쇠털골, 피가 전체 발생량의 70% 이상이었으나 1983년에는 다년생 잡초인 너도방동사니가 전체의 66%를 차지하고 일년생 가운데는 여뀌, 사마귀풀이 새롭게 등장하였으며 피나 물달개비도 여전히 발생하였다. 못자리 잡초는 어린모 기계이앙재배로 못자리를 만들지 않기 때문에 문제가 되지 않는다.

② 못자리의 잡초방제

가. 못자리의 보조적 방제효과

못자리의 특수성 때문에, 제초제나 손제초에 의하지 않더라도 못자리 설치에 유의함으로써 보조적인 방제효과를 얻을 수 있다.

- 복토방법: 파종 후 모래를 복토(覆土, soil covering)하므로 벼의 입모율과 단위면적당 생육량을 크게 증가시키고 제초제의 약해를 크게 경감시킨다.
- 상면 굳히기 효과: 토양처리 제초제가 주로 유아부(幼芽部, shoot)로 흡수되므로 못자리를 만든 즉시 파종하는 것보다 상면을 굳힌 후 파종하면 유아부가 토양에 묻히지 않아 약해의 위험을

덜 받게 된다.

- 최아효과: 최아(催芽, pregermination)의 본래 목적은 벼의 입모율을 높이고 생육을 균일하게 하는 것이지만 최아시키는 것은 제초제에 대한 약해 경감은 물론 잡초와의 경합에서 유리하게 한다. 발아 시에 일차적으로 전개되는 저장양분의 분해에 관계하는 효소는 제초제에 쉽게 영향을 받으므로 최아시키는 것이 무최아 시보다 약해가 적다.
- 해독제의 사용: 못자리는 벼와 잡초종자가 동시에 발아하므로 약해가 우려되고 있어서 해독제(解毒劑, safener, antidote, protectant)와 제초제를 혼용하여 약해를 경감시키는 방법이 실용화될 단계에 있다.

나. 못자리 잡초방제

못자리 잡초방제용으로 고시되어 있는 제초제는 Chlomethoxyfen, Propanil, Thiobencarb 단제와 Butachlor+Pyrazolate 합제 등 4종이 있다(표 15-5). Propanil은 경엽처리제로서 피에 대한 살초효과가 높으며 그 외 물달개비, 밭뚝외풀, 마디꽃 등 광엽잡초에 대해서도 살초작용을 나타낸다. Thiobencarb는 카바메이트계 토양처리제로, 물못자리에 사용하며 살초범위는 Propanil과 유사하다. Chlomethoxyfen과 Butachlor+Pyrazolate는 볍씨 파종 2일 전에 처리하고 상면을 정지한 후에 파종을 한다. 못자리 설치 시 상면 고르기, 상면 굳히기, 최아된 종자를 파종 후 모래로 복토하기, 제초제 처리 후 상면을 물로 2~3회 씻어 내기 등의 보조방법을 이용하고, 제초제의 안전사용법을 준수하여 사용하면 제초효과를 증대시키고 약해를 경감시킬 수 있다. 못자리 설치의 생력화를 위하여 상면을 고른 후 굳히기를 하지 않고, 바로 파종하고 모래로 복토하지 않은 채 상면을 진압하는 변형된 못자리형태가 남부지방에서 성행한 적이 있는데 잡초방제의 어려움이 있었다. 앞에서 언급한 바와 같이 재배법의 변천에 따라 현재는 대부분 상자육묘와 직파재배를 함으로써 못자리의 잡초방제는 거의 없어진 상태이다.

[표 15-5] 못자리 잡초방제용 제초제 및 사용법

제초제명(상표명)	사용시기및 방법	사용량(10a당)	적용잡초	유의사항
Propanil (스템에프34)	피 1~2엽기, 경엽 처리	600㎖	일년생 화본과 및 광엽잡초	논물을 빼고 처리하고 1~2일 후 관수
Thiobencarb (사단)	파종 후 10~14일, 토양 처리	3㎏	화본과 및 일년생 광엽잡초	물못자리에서만 사용
Chlomethoxyfen (온드레)	파종 2일 전	3㎏	일년생 화본과 및 광엽잡초	보온절충못자리에 사용
Butachlro+ Pyrazolate (푸마시, 풀하얀)	파종 2일 전	2㎏	일년생 및 다년생 잡초	처리 후 상면 굳힘하여 파종

2) 본답 잡초방제

2021년 현재 논잡초 방제를 위하여 등록된 제초제는 472품목으로, 국내에 등록되어 품목고시된 제초제는 단일성분에서부터 혼합제 형태에 이르기까지 다양하다. 이들은 직파(담수, 건답) 재배답과 이앙답에 고시되어 있으며 주성분으로 보면 80여 종이다. 제초제 사용 초창기인 1970년대부터 혼합제가 개발되기 전인 1980년대 중반까지 우리나라에서 사용된 제초제는 산아미드계의 Butachlor가 주종을 이루었으며, 그 밖에 Bentazon, Bifenox, Chlomethoxyfen, Oxzdiazon, Pretilachor, Propanil, Thiobencarb 등이 사용되었다. 주로 일년생 잡초에 유효한 이들 제초제의 연용으로 일년생 잡초의 발생은 감소한 반면 다년생 잡초가 급격히 증가하여 1980년대 중반부터는 일년생 및 다년생 잡초를 동시에 방제할 수 있는 혼합제의 개발이 본격화되었다.

과거 혼합제의 주성분으로는 피라졸계의 Pyrazolate와 Pyrazoxyfen, 설포닐요소계의 혼합제초제가 일발처리제(一發處理劑, one-shot herbicide)로 많이 사용되어 왔다. 최근 10년 동안 국내 논제초제의 보급형태는 이앙 전/이앙 동시/중기/후기 제초제로 구분되어 각 처리시기별로 방제 가능한 잡초를 방제하기 위해 단제 또는 혼합제 형태로 사용되고 있다(직파재배 또한 파종시기에 맞추어 제초제 보급이 이루어지고 있음).

현재 국내에서 가장 많이 사용되고 있는 이앙 전 처리제의 주성분으로는 클로로아세타마이드계(Chloroacetamides)의 Pretilachlor, 아졸릴-카복사마이드(Azolyl-carboxamides)의 Fentrazamide, 옥사디아졸론계(Oxadiazolones)의 Oxadiazon, Oxadiargyl 등이 주로 일년생 잡초의 피를 방제하는 목적으로 사용되고 있다.

초기 피 방제도 가능하며, 추가적인 효과를 보이는 이앙 전 처리제 성분으로는 사초과 다년생 잡초 올방개의 초기발생을 억제해 주는 식물세포막 저해제인 Pentoxazone과 논조류 발생을 차단시켜 주는 Pyraclonil 그리고 트리아진계(Triazines)의 Simetryn이 있다.

이앙 동시 처리제와 중기 제초제는 함량의 차이만 있을 뿐, 대부분 2~3중 혼합제 타입으로 보급되고 있으며, 그 성분으로는 설포닐우레아계(SU계)와 카로티노이드 합성저해제(HPPD), 그리고 피 방제목적의 bromobutide, 논조류 방제목적의 Pyraclonil 등이 추가된다.

후기 제초제는 대부분 피 방제(Florpyrauxifen, 2,4-D, Propanil) 목적의 경엽처리 제초제와 사초과 다년생 잡초 올방개를 방제(Tefuryltrione, Bentazone, MCPA 등)하기 위한 토양처리제 또는 경엽처리제 형태로 보급되고 있다.

재배양식의 변화에 따라 묘 생육과 물 관리 형태가 달라지기 때문에 발생하는 잡초의 종류도 달라진다(표 15-6). 따라서 재배양식에 적합한 제초제를 선택하는 것이 제초효과를 증대시키고 약해를 줄일 수 있는 하나의 방편이다. 본 난에서는 이앙재배답과 직파재배답으로 구분하여 설명하고자 한다.

[표 15-6] 벼 재배양식별 주요 우점초종 및 우점도(영남농시,1995)

이앙재배	우점도(%)	건답직파	우점도(%)	무논골뿌림직파	우점도(%)
올방개	20	피	54	피	37
벗풀	16	바랭이	9	사마귀풀	15
올미	13	드렁새	8	여뀌바늘	11
피	12	강아지풀	6	나도겨풀	7
물달개비	11	잡초성 벼(앵미)	5	올방개	6
올챙이고랭이	6	자귀풀	4	올챙이고랭이	6
여뀌바늘	4	사마귀풀	3	물달개비	5
사마귀풀	4	여뀌	3	가래	4
너도방동사니	3	냉이	3	올미	3
가래	3	뚝새풀	3	너도방동사니	3

① 이앙재배답의 잡초방제

이앙재배는 손이앙과 기계이앙으로 구분되지만 기계이앙이 대부분이므로 여기서는 기계이앙을 대상으로 설명하기로 한다. 제초제의 사용 시기에 따라 초기, 중기 및 후기처리제로 분류할 수 있다(표 15-7). 초기처리제는 이앙 전부터 이앙 후 5~7일 사이에 사용할 수 있는 제초제를 말하며, 대부분이 토양처리형으로 피 1.0엽기까지 방제가 가능하다.

[표 15-7] 기계이앙답의 제초체계

구 분	초기 처리	중기 처리	후기 처리
사용시기	이앙 전에서 이앙 후 5~7일(피 1.0엽기)까지	이앙 후 8~15일 (피 1.0~2.5엽기)에서 15~20일(피 2.5~3.0엽기)까지	벼 유효분얼 종지기부터 유수형성 전까지

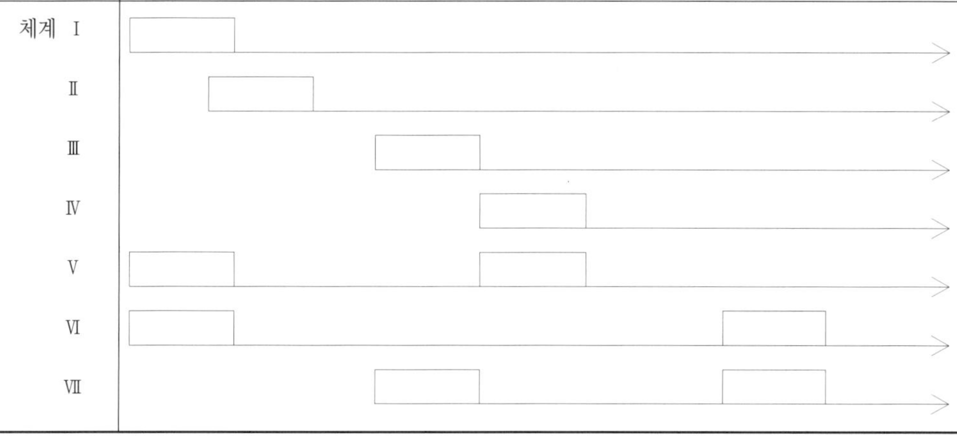

중기 처리는 1회 처리와 초기 처리+중기 처리의 체계처리로 구분된다. 1회 처리는 이앙 후 8~15일(피 1.0~2.5엽기)에 제초제를 사용하는 것이며, 체계처리는 초기 처리제를 사용하여 일년생

잡초를 방제하고 이앙 후 15~20일(피 2.5~3.0엽기)에 일년생 및 다년생 잡초 동시방제용 제초제를 사용하는 제초체계를 말한다.

후기 처리제는 벼의 유효분얼종지기부터 유수형성기까지 사용하는 제초제로, 경엽처리형이다. Florpyrauxifen, 2,4-D, Propanil, Bentazone 등이 이에 해당한다. 특히 2,4-D는 유효분얼종지기 이전에 사용하면 벼의 분얼과 초형에 기형을 초래하는 약해증상이 유발되는 경우가 있으므로 처리시기를 준수하여야 한다.

잡초의 발생양상에 따라 I~VII형으로 구분한다. 일년생이 우점하면 I~II형으로, 다년생만 발생하는 포장에는 III~IV형으로, 일년생 및 다년생 잡초가 동시에 발생하는 포장에는 V~VII형으로, 제초제 단제 또는 체계 처리하면 효과적인 방제를 기대할 수 있다.

2021년 현재 이앙재배답의 잡초방제를 위하여 436품목이나 고시되어 있어서 농업경영인이 제초제를 선택하기가 매우 어렵게 되었다. 단제는 대부분 초기처리제로 일년생 잡초를 방제하는 데는 효과적이지만 다년생 잡초에 대한 살초력이 없기 때문에 초기처리제+중기처리제 또는 초기처리제+후기처리제의 체계처리를 하는 것이 일년생 및 다년생 잡초 방제에 효과적이다. 2종 내지 3종의 제초성분이 혼합된 혼합제는 일년생 및 다년생 잡초 혹은 광엽, 화본과, 방동사니과잡초를 동시에 방제할 수 있는 일발혼합처리제이지만 잡초발생의 다양화와 벼-잡초의 경합특성, 제초제에 대한 내성초종의 출현, 생태계의 변화 등으로 말미암아 1회 처리만으로 벼의 생육 후기까지 완벽한 제초효과를 기대하기 어려운 경우도 있다. 그러나 혼합제는 단제에 비하여 살초폭이 넓은 장점이 있고, 일발처리가 체계처리에 비하여 제초시간과 비용을 절감할 수 있기 때문에 선호되고 있다.

우리나라의 논잡초 방제는 현실적으로 화학적 방제, 즉 제초제에 거의 의존하고 있지만 제초효과 증대와 제초비용 절감을 위해서는 경작지의 발생초종을 정확히 동정하여 제초제의 특성을 파악한 후 적합한 제초제를 선택하는 것이 중요하다. 앞에서 언급한 여러 가지 보조적인 제초방법을 가미하여 종합적인 방제잡초관리법을 활용하면 잡초발생을 경감시킬 수 있을 것이다.

또한 후작물에 대한 영향, 토양이나 수질오염 등 환경적인 면과 재배환경을 고려하여 제초제를 선택하여야 할 것이다.

② 건답직파 재배답의 잡초방제

옛 농업 관련 기록에 의하면 우리 조상들은 직파로 벼를 재배하였는데 잡초방제의 어려움 때문에 점차 이앙재배로 바뀌었다고 전한다. 직파재배는 이앙재배와 달리 종자를 그대로 파종해서 못자리 과정을 거치지 않고 본답에서 전 생육과정이 이루어지기 때문에 본답기간이 길어져 잡초와의 경합기간도 길다. 직파재배가 성공하느냐 실패하느냐는 여러 가지 요인에 의해 좌우되겠지만 가장 중요한 요인이 잡초방제이다.

건답직파재배는 파종 후 30~40일간 밭상태로 경과하기 때문에 이 기간에는 밭잡초의 발생이 많고, 담수상태인 이앙답에 비하여 잡초발생에 유리한 조건이어서 잡초발생량이 이앙답의 2~3배에 달하며 잡초로 인한 수량손실도 엄청나다. 건답직파답의 초기(밭상태 기간)에는 피와 바랭이, 드렁새, 강아지풀 같은 화본과류의 밭잡초가 많이 발생하여 이앙재배답과는 전혀 다른 잡초발생을 보인다. 또한 이들 잡초들의 광합성은 C_4형에 속하기 때문에 C_3형 식물인 벼에 비해 CO_2 보상점이 낮고 광호흡이 적어서 광합성 능률이 높으며, 광 부족과 같은 불량환경에 대한 적응력이 높아 벼와의 경합에서 훨씬 우세하다. 따라서 이들은 양분탈취력과 수분흡수력이 벼보다 강하여 초기에 방제하지 않으면 물질생산 면에서 벼가 열세하기 때문에 벼생육과 수량에 큰 피해를 준다. 대부분의 초종이 담수상태보다 약간 습한 곳에서 잘 적응하는 습성을 지니고 있어 건답직파답이 이들 잡초의 발생에 최적조건이 된다. 특히 피는 가장 많이 발생되는 초종이고 수량감소의 주원인이 되고 있다.

현재 벼 건답직파답의 잡초방제용으로 고시된 제초제는 잡초 발생 전에 사용하는 토양처리형과 잡초 발생 후에 사용하는 경엽처리제 총 20품목이 고시되어 보급되고 있다. 사용시기별로 파종 복토 후 5일 이내(잡초 발생 전)에 사용하는 초기처리제와 피 2~3엽기에 사용하는 초·중기처리제 그리고 피 4엽기 전후에 사용하는 중·후기처리제로 구분할 수 있다(부록 참조). 직파재배는 벼와 잡초가 거의 비슷한 시기에 출아하기 때문에 벼와 피 간에 시간적·공간적 차이가 거의 없어 벼에 대한 약해에 세심한 주의를 기울여야 한다.

건답직파재배의 효과적인 제초제 종류는 부록과 같다. 피와 뚝새풀 등이 많이 발생한 논에는 로타리 작업 전에 Glufosinate(상표명: 바스타), Glyphosate(상표명: 근사미) 등의 비선택성 제초제를 사용하여 이미 발생한 잡초를 제거하는 것이 파종작업을 용이하게 할 수 있을 뿐 아니라 병해충의 서식처도 없애는 효과가 있다. 파종 후 잡초가 발생하기 전에 사용할 수 있는 초기 제초제로는 Bifenox/Pendimethalin(상표명: 풀제로), Butachlor 유제(상표명: 마세트, 메끄란, 마새끼) 등이 있는데, 잡초 발생 후에는 살초력이 급격히 저하되기 때문에 반드시 잡초가 발아하기 전에 토양처리하여야 한다(부록 참조).

이 밖에 Oxadiazon/Pendimethalin(상표명: 해도지), Pendimethalin(상표명: 스톰프 유제)도 농가에서 많이 사용하고 있다. 초기 처리제로써 잡초방제가 충분하지 못할 경우에는 잡초발생 후 벼 출아 전(일반적으로 파종 후 8~12일경)에 앞에서 언급한 비선택성 제초제와 Butachlor(상표명: 마세트), Oxadiazon/Pendimethalin(상표명: 해도지), Pendimethalin(상표명: 스톰프) 등의 토양처리제를 혼합해서 사용하면 효과적인데, 이 경우 주의하여야 할 점은 비선택성 제초제와 혼화처리하기 때문에 반드시 벼 출아 전에 사용해야 한다는 것이다. 벼 출아 후에 사용하면 벼에 심한 약해가 유발된다.

이러한 혼합제 처리는 사용시기와 약량을 준수하면 초기 잡초방제에 효과적이다. 즉, 비선택성 제초성분으로는 기존에 발생된 잡초를 방제하고, 토양처리제로는 잡초의 발생을 억제할 수 있기 때문에 시험연구기관에서 많이 사용하고 있지만 일반 농가에서 처리할 때는 전문가의 조언을 받는 것이 바람직하다. 벼 출아 후 피 2~3엽기 이내에 사용할 수 있는 초·중기 제초제로는 Pendimethalin/Propanil(상표명: 길자비, 샛별) 등이 있다. 경엽처리제로 Propanil 및 Cyhalofop-butyl과 타 약제 간의 혼합제가 개발되어 사용되고 있으며 우리나라 LG화학에서 개발된 Pyribenzoxim도 피 및 기타 일년생 잡초방제용으로 사용되고 있다.

이상의 초·중기 처리제 중에서 잡초발생상황에 따라 어느 한 가지 유형을 선택하여 처리하면 초기 잡초방제는 무난하다. 그러나 이 제초제들은 일년생 잡초를 방제 대상으로 하기 때문에 다년생 잡초의 방제는 어렵다. 파종 후 30~35일경이면 벼는 3~4엽기 정도가 되고 다년생 잡초의 출아가 시작되는데, 이때부터 담수하여 이앙재배답에 준하여 관리를 한다. 담수하기 전, 피를 비롯한 일년생 잡초와 출아하는 다년생 잡초를 동시에 방제하기 위한 중·후기 처리제로는 Cyhalofop-butyl 합제인 Bentazone/Cyhalofop-butyl(상표명: 정일품), Bentazone/Fenoxafrop(상표명: 단골) 등의 제초제가 고시되어 있다(부록 참조). 이들 약제들은 경엽처리제이고 담수 후에는 제초효과가 낮아지기 때문에 담수 전에 처리하는 것이 유리하다. 담수 전 밭상태 기간에는 위와 같은 제초체계로 잡초방제를 하는 것이 일반적인데, 어느 시기를 선택하여 어떤 약제를 사용하느냐는 파종시기와 발생하는 초종에 따라 달라진다. 첫 번째 잡초방제는 파종 후 20일 이전에 하는 것이 좋다. 그 이후 처리는 잡초방제면에서 보면 방제가 가능하지만 처리시기가 늦을수록 벼와 잡초의 경합기간이 길어져 벼 생육과 수량에 크게 영향을 미친다.

담수 후에는 밭상태에서 방제되지 않고 남아 있는 잔초와 출아가 시작되는 다년생 잡초의 방제를 위하여 토양처리제를 사용하는 것이 안전한데, 이때는 기계이앙답에 적용되는 대부분의 제초제가 사용 가능하다. 담수초기에 제초제를 처리하지 못하여 다년생 잡초가 많이 발생하였을 경우에는 추가로 Bentazon/Bentazon+MCPA(상표명: 밧사그란/밧사그란엠60)를 사용하기도 한다. 이와 같이 건답직파재배는 벼 생육기간 동안 밭상태와 논상태를 경과하기 때문에 발생초종이 각기 달라서 이앙답에서와 같이 제초제 1회 처리로는 만족할 만한 잡초방제효과를 기대하기 힘들다. 따라서 밭상태에서 발생하는 밭잡초와 논 일년생 잡초 방제용으로 제초제를 1회 처리하고, 담수 후에 다년생 잡초 방제를 위하여 추가로 1회 처리하는 체계처리가 효과적인 방제법이다.

③ 무논골뿌림 재배답의 잡초방제

무논골뿌림 직파는 건답직파와 담수직파의 절충형이다. 최아된 종자를 전용파종기로 작조골에 파종하면 흙탕물이나 진압장치에 의해 토양 속에 묻히게 되고 담수직파보다 도복에 강한 이점이 있다. 무논 상태에서 파종을 하고 최아된 종자를 사용하기 때문에 약해 문제가 제기되어, 건답직파재배와는 달리 파종 전이나 파종 직후에 사용할 수 있는 초기제초제는 파종 전 5일(써레질 직후)에 처리하는 Thiobencarb(상표명: 사단) 입제뿐이다. 일반적으로는 파종 후 12일경에 Bromobutide Propyrisulfuron Thiobencarb(상표명: 오로지), Fenquinotrine Imazosulfuron Pyriminobac-methyl(상품명: 푸레캅), Bromobutide Imazosulfuron Pyraclonil(상품명: 뿌려라) 등을 사용하도록 권장하고 있는데, 벼의 발근 및 착근 여부에 따라 약해반응이 크게 달라지므로 반드시 파종된 볍씨가 뿌리를 내리고 지상부가 전개된 후에 제초제를 처리하여야 한다. 무논골뿌림재배 잡초방제용으로 고시되어 있는 제초제도 여러 종이어서 제초제 선택에는 큰 어려움이 없다.

④ 담수 표면 산파재배에서의 잡초방제

담수 표면 산파는 물못자리와 비슷한 원리를 적용할 수 있기에 종자의 최아 상태나 제초제 사용방법이 물못자리와 유사하다. 담수 표면 산파용 제초제로 고시되어 있는 제초제는 2006년에는 46종이나 대부분의 약제가 파종 후 10~15일에 사용하는 초·중기 처리제로 제한되어 있어 초기와 중후기에 사용할 수 있는 제초제의 개발이 시급하였다. 하지만 최근에 설포닐요소계 제초제와의 혼합제가 대거 고시되었다.

담수 표면 산파에 있어서는 종자의 최아 상태와 뿌리의 착근 여부 그리고 제초제의 처리 시기에 따라 약해반응이 크게 달라지기 때문에 제초제의 선정과 처리방법 등에 세심한 주의를 요한다. 종자는 파종에 지장이 없는 한 충분하게 최아시켜서 파종해야 제초제의 약해를 줄일 수 있으며, 특히 토양처리형 제초제는 파종된 종자가 매몰되어 유아부(幼芽部)로 제초제가 흡수될 경우 약해발생 위험이 아주 높다(표 15-8).

[표 15-8] 담수 표면 파종 시 종자의 최아 정도별 제초제 약해반응(영남농시, 1995)

최아 정도	벼생육지수(%)	
	Thiobencarb(사단)	Butachlor(마세트)
무최아	47	42
1~2㎜	72	68
3~4㎜	86	80
5~6㎜	97	95

15.2 밭잡초 방제

밭에서 재배되는 작물은 다양하나 재배면적은 영세하여 농기계와 제초제의 사용이 논에 비해 적다. 2021년 현재 전작 및 과수에 목록고시된 제초제는 245품목, 잔디밭에 사용 중인 제초제는

104품목, 비농경지에 등록된 제초제는 119품목으로 총 298품목이 사용되고 있다. 주성분이 중복되는 것이 많고, 비농경지와 과수 그리고 전작물에 적용확대(추가등록)로 등록이 되어(한 품목이 여러 작물에 등록된 것) 있어서, 토양처리제와 경엽처리제로 나누어서 살펴보면 그리 많지 않다.

(1) 밭잡초의 특성

밭은 물이 없는 상태여서 수생잡초를 제외한 모든 잡초가 발생할 수 있는 조건이므로 논에서보다 초종수가 다양하고 많다.

밭에 발생하는 주요 잡초는 표 15-9와 같이, 봄부터 가을까지 여름작물(夏作物) 재배지에서 발생하는 잡초와, 가을부터 이듬해 봄까지 겨울작물(冬作物) 재배지에서 발생하는 잡초로 크게 나눌 수 있다.

[표 15-9] 밭에 발생하는 주요 잡초

계절	우점잡초	재배작물
봄~가을	바랭이, 쇠비름, 여뀌, 돌피, 명아주, 강아지풀, 비름, 메꽃, 쑥, 토끼풀, 깨풀, 참방동사니, 쇠뜨기, 닭의장풀, 환삼덩굴	여름작물(콩, 옥수수, 고추, 참깨, 땅콩, 고구마, 감자 등)
가을~봄	뚝새풀, 벼룩나물, 별꽃, 냉이, 명아주, 갈퀴덩굴, 점나도나물, 광대나물	겨울작물(보리, 밀, 유채, 양파, 마늘 등)

여름작물은 봄, 여름, 가을로 이어지는 계절에 재배하는 작물이 대부분이며 여름에 생장의 절정을 이룬다. 이 시기에 발생하는 중요한 잡초는 바랭이, 쇠비름, 돌피, 여뀌, 깨풀 등이고 5월부터 생장이 급격히 증가하여 7~8월에 최고의 생장을 보이다가 9월 이후에는 급격히 감소한다. 겨울작물(보리, 밀, 유채, 양파, 마늘 등)에 발생하는 잡초 가운데 벼룩나물, 별꽃, 점나도나물 등은 11월에 이미 생식생장에 들어가 이듬해 봄까지 지속된다고 한다.

밭에 발생하는 대부분의 초종은 휴면성을 갖고 있으나(표 3-2 참조) 망초의 종자는 휴면성이 없다. 쇠비름의 경우는 7월 15일 전에 개화한 것은 휴면성이 없고 8월 이후에 개화·성숙된 것은 휴면성이 있어 성숙시기에 따라서도 휴면성에 차이가 있다고 한다. 밭에서 발생하는 잡초 가운데 가장 우점하는 잡초인 바랭이는 4~9월에 걸쳐 광범위하게 발생하나 발아최성기는 5~6월이고 최고의 생장기는 7~8월이다. 쇠비름은 바랭이 다음으로 우점하는 잡초로서 5~9월에 발생하며 발아최성기 및 최대 성장기는 6~7월이다. 특히 우점하던 바랭이가 방제되거나 키가 큰 잡초가 많지 않을 때는 쇠비름이나 깨풀이 많이 발생한다. 쇠비름은 일 년에 2회 번식 가능하며 절단되거나 절편으로 영양번식도 된다는 것이 타 잡초에 비하여 특이하다. 뚝새풀은 답리작에 많은데, 10~11월에 발생하여 이듬해 4월에 개화하며 4~5월에 성숙한다. 성숙된 종자는 논 조건이 되면 휴면상태로 생존한다.

뚝새풀이 방제된 밭에서는 벼룩나물이나 별꽃 등의 광엽잡초가 많이 발생하며, 이들 잡초의 종자는 변온이나 빛에 의하여 쉽게 휴면이 타파된다. 깨풀과 같은 광엽잡초도 바랭이가 산아미드계 제초제인 Alachlor에 의해 방제된 후 많이 발생한다. 여뀌는 건조한 곳보다는 습기가 많은 곳에 주로 발생하며, 특히 감자의 파종기인 4월에도 발생한다고 한다. 명아주나 돌피는 콩이나 옥수수를 파종하는 5~6월에 많이 발생한다.

(2) 밭잡초 방제법

밭잡초로 인한 작물의 수량감소는 재배작물이나 발생한 잡초의 종류, 경작지의 입지조건 등에 따라 상이하나 대체로 15~60% 정도이며 발생이 심한 경우는 논과는 달리 전혀 수량을 얻을 수 없을 정도로 큰 피해를 나타낸다고 한다(표 15-10).

[표 15-10] 잡초에 의한 주요 밭작물의 수량감소 정도

작물명	감소율(%)	작물명	감소율(%)
보리, 밀	20~23	감자, 고구마	45~50
옥수수, 콩, 땅콩	30~35	참깨	25~30
밭벼	60~80	담배	10~15

논잡초 방제법과 마찬가지로 밭잡초 방제법에도 ① 예방적 방제법, ② 경종적 방제법, ③ 손 잡초방제법, ④ 제초제에 의한 화학적 방제법 등이 있다.

이미 제3장에서 상세히 설명한 것처럼 토양은 잡초 종자 풀로서 다양한 초종의 잡초가 발생할 수 있는 곳이고 매년 새로운 번식원이 유입되어 들어오므로 경작지 주변의 번식원을 차단하는 것은 좋은 예방적 방제법이다. 경종적 방제법이란 제초제를 사용하지 않고 중경·배토 등의 방법으로 잡초를 방제하는 방법이다. 특히 콩, 옥수수, 땅콩 같은 작물은 생육 초·중기에 골을 기계나 쟁기로 갈고 배토함으로써 포기와 포기 사이에 발생한 잡초를 효과적으로 억제할 수 있다. 이미 앞에서 언급한 것처럼 재배시기의 조정, 비배관리, 윤작, 관·배수 등도 중요한 방제법이 될 수 있다.

논과 같이 밭도 작물재배 전에 경운·정지하면 이미 발생한 잡초를 잘 제거할 수 있고 작물의 파종 전후에 제초제를 처리함으로써 효과적인 방제를 기대할 수 있다. 우리나라에서는 현재 밭작물의 종류는 다양하나 재배규모가 작아서 손으로 제초작업을 보조하는 경우가 많다. 인력 제초법은 시간과 경비가 많이 드나 가장 효과적이고 안전한 방법이다. 금후 손에 의한 잡초방제는 점점 감소하고 제초제 사용이 주종을 이루는 제초법으로 전환될 것이라 전망된다.

(3) 밭에 발생하는 잡초와 제초제의 사용 특성

밭잡초를 효과적으로 방제하기 위해서는 밭의 제 특성을 고려하여 적당한 제초제를 선택해 사용하여야 한다.

① 밭작물은 종류가 많고 재배시기가 다양하다.
② 밭잡초는 종류가 다양하여 발생예측이 불가능하고 발생이 불균일하다.
③ 재배지의 토성, 수분, 유기물 함량, 경지의 정지 상태 등이 다양하다.
④ 밭의 제 특성을 고려할 때 선택성의 폭이 넓은 잡초 발생 전 처리제초제로 작물의 파종 후 토양전면에 고르게 살포하여 초기방제하는 것이 중요하다.
⑤ 밭의 제 특성상 토양처리형 제초제로 방제가 되지 않은 것은 중경·배토하면 효과적인 방제가 가능하다.
⑥ 중경·배토작업이 어렵고 화본과 잡초가 우점발생하면 화본과를 선택적으로 방제할 수 있는 제초제를 1회 추가 사용하는 것을 고려해야 한다.
⑦ 제초제의 제형(입제, 유제, 수화제)에 따라 제초효능 발휘에 엄청난 차(差)가 있으므로 토양수분 상태 등을 고려하여 적절한 제초제를 선정하여야 한다. 밭의 특성상 입제형보다는 액제형이 효과가 좋다.
⑧ 밭은 작물을 연중 재배하므로 작물 자체가 동해, 습해, 한발의 피해로 생육이 부진하기 쉬우며 이런 상태에서 제초제를 살포하면 약해의 우려가 크다.
⑨ 밭잡초의 발생양상과 밭의 제 특성을 고려할 때 어느 한 방법만으로는 효과적인 방제가 어렵다.

따라서 작물의 종류 및 재배 시기, 지역에 따라 발생하는 잡초의 군락상태를 정확히 파악하여 예방적·경종적 방제법 및 제초제 등을 모두 사용하는 종합적 방제법(綜合的防除法, integrated control method)이 효과적이다.

현재 밭잡초 발생 특성과 작물과의 경합 등에 대한 기초적인 자료가 미흡한 실정이어서 종합적 방제법을 확립하는 데는 어려움이 있다. 금후 이 분야에 대한 집중적인 연구·투자가 있어야 할 것이다.

(4) 밭작물의 종류별 잡초방제

재배유형	시기 (초 기 → 중 기)	비 고
피복재배	Ⅰ. [경기] — [파종] — [제초제] — [피복] ······ [포기 주변 방제] ······ [제초제] Ⅱ. [경기] — [제초제] — [피복] — [이식] ······ [포기 주변 방제] ······ [제초제]	[ ]: 골 사이에 발생한 잡초를 제초제로 방제함
노지재배	Ⅰ. [경기] — [파종] — [제초] ······ [중경·배토] ······ [제초제(음영)] 　　　　　　　　　　　　　└······ [제초제] Ⅱ. [경기] — [제초] — [이식] ······ [중경·배토] ······ [제초제(음영)] 　　　　　　　　　　　　　└······ [제초제]	발생한 잡초의 종류에 따라 선택성 경엽처리제를 1회 더 살포함
제초제 유형	[제초제] : 잡초발생전 토양처리형　[제초제(음영)] : 선택성 경엽처리형 ——— : 의무적　······ : 의무적이 아님	

[그림 15-2] 밭의 일반적 방제체계

밭에는 다양한 잡초가 발생하고 발생량이 많은 것이 특징이다. 이들 밭잡초를 방제하기 위한 개략적인 방제체계는 그림 15-2와 같다. 대체로 경운·정지를 잘하여 파종·복토하고 토양처리형 제초제를 살포한 후 비닐피복하거나, 노지상태로 재배한다. 노지 재배 작물은 파종 전후 잡초 발생 전 토양처리제를 처리한 후 중경·배토하거나 경엽처리 제초제를 1회 추가 살포하면 효과적인 방제가 가능하다. 작물별 제초제 종류, 사용시기, 방제대상 잡초에 대해서는 부록의 제초란을 참조하기 바란다. 작물별 잡초방제법은 다음과 같다.

1) 보리, 밀

보리나 밀은 밭이나 답리작 논에서 가을에 파종하여 재배하기 때문에 가을에 발아하여 발생하는 잡초와 심한 경합을 한다. 논에 답리작으로 재배한 맥류에서는 뚝새풀과 같은 화본과가 우점 발생하나 밭상태에서는 광엽잡초인 벼룩나물, 별꽃, 냉이 등이 우점 발생한다.

밭작물의 특성에서 이미 언급한 것처럼 밭은 잡초 발생이 많고 다양하므로 파종 후 맥류의 입묘를 용이하게 하고 생육 초기에 엽면적을 효과적으로 확보하여 경합력을 증대시킬 수 있도록 재배하는 것이 가장 중요하다. 작물의 초기생육이 양호하면 제초제에 대한 약해가 경감되고 잡초와의 경합력이 증가한다. 제초제 처리 시 과습, 저온, 한발 등은 제초제 효력을 경감시키고 약해를 유발하므로 특히 유의하여야 한다.

현재 사용되고 있는 대부분의 맥류 제초제는 잡초 발생 전 토양처리형 제초제로서 가을에 파종 복토 후 2~5일 내에 토양 표면에 고르게 살포함으로써 효과적인 방제가 가능하나 잡초 발생이 극심한 곳에서는 봄에 경엽처리제초제를 1회 추가 처리해야 효과적인 방제가 가능하다.

보리밭에 사용되고 있는 제초제는 Butachlor, Ethalfluralin, Linuron, Pendimethalin, Linuron+Pendimethalin, Thiobencarb 등이 있으며 이들은 모두 잡초 발생 전 토양처리형 제초제이고 경엽처리제로는 Fenoxaprop-ethyl이 등록되어 있다. 밀에 사용토록 추천된 제초제는 Butachlor에 불과하며, 수도 제초제(논) 수요도에 비해 밀의 국내 재배 면적이 현저하게 작기 때문에 제품개발이 안 되고 있는 실정이다.

2) 밭벼

밭벼는 논벼와 달리 밭상태로 재배되므로 잡초 발생이 많고 다양하며 잡초방제를 하지 않고는 수확을 기대할 수 없을 정도로 잡초와의 경합이 심하다. 밭벼에는 바랭이, 피 등의 화본과 잡초와 쇠비름, 방동사니, 여뀌 등의 광엽잡초가 많이 발생하므로 초기방제에 중점을 두어 작물이 초관(草冠, canopy)을 형성할 때까지 방제할 수 있어야 한다. 논벼는 대체적으로 이앙 후 4~5주 경과하면 경합력이 생기나 밭벼는 파종 후 8주 정도 지나야 경합력이 생기므로 논벼보다 훨씬 장기간 방제하여야 한다.

타 여름작물과 마찬가지로 파종·복토 후 잡초 발생 전에 처리하는 토양처리형 제초제를 사용하여 잡초를 방제한다. 또한 건답직파 재배벼의 잡초방제용으로 고시된 제초제도 밭벼에 적용할 수 있다. 최근에 밭벼는 거의 재배되지 않고 있다.

3) 옥수수

옥수수는 생장 속도가 빠른 C_4 광합성식물로서 잡초와의 경합에 매우 유리한 작물이다. 따라서 생육 초기에 적절히 방제하기만 하면 작물 자체가 곧 경합력을 갖게 되므로 잡초로 인한 피해를 줄일 수 있다.

옥수수밭에 발생하는 잡초는 다른 여름작물과 마찬가지로 화본과의 바랭이, 피 등과 여러 종의 광엽잡초가 우점한다. 파종 후 잡초 발생 전에 처리하는 토양처리형 제초제를 살포하고 1회의 중경·배토작업을 해 주면 효과적으로 잡초를 방제할 수 있다.

옥수수밭에 사용하고 있는 제초제는 Alachlor, Alachlor+Pendimethalin, Linuron, Pendimethalin, Linuron+Pendimethalin, Simazine 등의 토양처리제와 Nicosulfuron과 Tolpyralate가 옥수수 파종 이후 잡초생육초기(옥수수3~5엽기)에 사용하는 경엽처리제로 등록되어 있다. 옥수수는 특히 트리아진계 제초제를 잘 해독하므로 작물에는 약해가 없이 잡초만을 선택적으로 방제할 수 있다.

4) 콩, 팥, 녹두

콩, 팥, 녹두는 두과작물로서 생육특성에 유사한 점이 많다. 맥후작 또는 단작으로 재배하는데 단작으로 재배하는 경우는 파종시기가 빠르고 생육기간이 길어서 잡초와의 경합기간이 길다.

이들 두과작물이 초관을 형성해 버리면 그 이후에 발생하는 잡초는 수량에 영향을 미치지 않으므로 생육 초기에 잘 방제하는 것이 매우 중요하다. 두과작물은 다른 여름작물과 마찬가지로 일년생 화본과인 바랭이, 피, 쇠비름, 깨풀, 명아주, 여뀌 등의 광엽잡초와 방동사니 등의 여름잡초가 많이 발생하고 지역과 재배방법에 따라 발생초종에 다소 차이는 있으나 대체로 유사하다.

두과작물의 효과적인 잡초방제는 파종 복토 후 잡초 발생 전에 처리하는 토양처리형 제초제를 토양 표면에 고르게 살포하고 생육 초기에 1회 중경·배토를 하는 것이다. 두과작물은 파종 후 약 4~6주가 지나면 엽군 구성이 잘 되어 잡초에 대해 큰 경합력을 가지게 된다.

현재 사용되고 있는 제초제로는 주로 콩밭에 사용하는 Alachlor, Clomazone, Ethalfluralin, Linuron, S-Metolachlor, Metolachlor, Trifluralin 등이 파종 복토 후 토양처리하는 제초제가 있다. Fenoxaprop-ethyl, Fluazifop-p-butyl, Propaquizafop, Sethoxydim 등은 경엽처리 제초제로서 화본과 잡초의 3~5엽기에 처리하면 화본과 잡초를 선택적으로 방제할 수 있다.

팥과 녹두는 재배면적이 극히 적어서 특별히 등록된 제초제는 없으며 콩밭에 사용 가능한 제초제는 팥과 녹두에도 사용할 수 있을 듯하나 팥과 녹두의 제초제에 대한 감수성 정도가 콩과 다르기 때문에 발생하는 잡초의 초종은 유사하더라도 약해에 유의하여야 한다. 콩밭에 사용하는 제초제를 대상으로 적용확대 시험을 실시하면 적절한 제초제가 고시될 것으로 기대된다.

5) 땅콩

땅콩은 파종에서부터 수확까지의 생육기간이 길고 파종 시의 재식거리와 휴간이 넓어 잡초가 발생할 수 있는 소지가 많은 작물이다. 땅콩밭에는 다른 여름작물과 마찬가지로 화본과의 바랭이, 강아지풀, 피 등과 쇠비름, 명아주, 깨풀, 석류풀 등의 광엽과 일년생 방동사니류가 많이 발생한다.

땅콩은 생육 전 기간 동안 잡초와의 경합이 타 작물보다 심하다. 파종 후 4주까지 잡초가 없는 상태로 유지하다가 그다음에 방제하면 수량이 약 50~60% 감소하는 것으로 미루어 보아 타 작물보다 장기간 잡초가 없는 상태로 유지하여야 수량감소가 적다.

땅콩밭은 파종 후 잡초 발생 전에 처리하는 토양처리형 제초제를 토양 표면에 고르게 살포하고 생육 초·중기에 1~2회 중경하거나 배토하면 효과적인 방제가 기대된다. 비닐피복 재배하는 경향이 증가되므로 피복하에서 안전성이 높은 제초제가 요구된다.

땅콩밭에 사용되는 제초제는 Alachlor, Metolachlor, Napropamide, Pendimethalin 등이 있다. 노지재배나 비닐피복으로 재배하는데, 피복재배 시에는 파종·복토 후 비닐피복 전에 제초제를 고르게 살포한다.

6) 감자, 고구마

감자는 춘·추작으로 재배하므로 작기에 따라 발생하는 잡초의 종류에 차이가 있다. 또 노지재배, 육아·피복재배와 같이 재배법에 따라서도 발생하는 잡초종에 차이를 보인다.

노지재배의 경우는 씨감자를 파종한 후 맹아하기 전까지 잡초 발생 전 토양처리제를 토양에 고르게 살포하고 생육 초·중기에 중경·배토함으로써 적절한 방제가 가능하고 육아·피복재배의 경우는 식재 후 피복 전에 잡초 발생 전 토양처리형 제초제를 살포함으로써 효과적인 방제가 기대된다.

고구마는 심은 후에 초기생장이 매우 빠르며 쉽게 초관을 형성하므로 초기에 잡초를 방제하는데 주력하면 된다. 따라서 고구마의 순(芽)을 심기 전에 토양 표면에 잡초 발생 전 토양처리형 제초제를 처리하고 생육초기에 적절히 배토하면 효과적인 방제가 가능하다. 피복재배의 경우는 감자와 같은 방법으로 제초제를 토양에 처리하면 된다.

감자밭에 사용하는 제초제로 Alachlor, Dimathenamid, Ethalfluralin, Linuron, Metolachlor, Napropamid는 파종·복토 후 2~3일 이내, Pendimethalin과 Metribuzin은 파종·복토 후나 정식 후 3~4일 이내에 토양 표면에 고르게 처리한다. 화본과 잡초를 방제할 목적으로 화본과 잡초에 유효한 Sethoxydim과 Fluazifop-p-butyl을 화본과 잡초 2~5엽기에 경엽에 살포한다.

고구마밭에는 Alachlor 유제와 입제가 고시되어 있으며 직파재배작물은 씨앗을 덮은 다음 3~4일 이내, 이식재배작물은 이식 전부터 이식 후 3~4일 이내에 처리한다. Pendimethalin은 식재 후 3일 이내에 10a당 200㎖를 물 100ℓ에 희석하여 토양에 살포한다.

7) 담배

담배는 단작 또는 맥류간작(麥類間作)으로 비닐피복하여 이식재배하며 이식시기는 4월 하순에서 5월 상·중순이다.

발생하는 잡초는 타 여름작물과 같으며, 비닐피복 전 토양 전면에 잡초 발생 전 토양처리형 제초제를 살포하고 피복 후 비닐에 구멍을 내어 이식한다.

현재 사용되고 있는 제초제 Napropamide는 이식 2~3일 전에 사용하도록 권장된다.

8) 참깨, 들깨

참깨는 일반적으로 단작으로 재배되지만 콩, 땅콩, 밭벼 등과 혼작을 하는 경우도 있다. 단작은 주로 맥후작으로 재배되고 있다.

참깨 재배에 있어서 가장 문제가 되는 것은 파종기의 저온과 보습인데 비닐피복함으로써 보습·보온의 효과가 있고 참깨에 알맞은 생육조건을 부여할 수 있다. 발생하는 잡초종은 타 여름작물의 경우와 유사하다. 노지재배 시에는 파종 직후에 제초제를 살포하고 비닐피복재배 시에는 파종 직후 잡초 발생 전 토양처리형 제초제를 토양 표면에 고르게 살포한다.

참깨밭에 사용토록 등록되어 있는 제초제는 Alachlor, Napropamide 등으로 파종 후 2~3일 내에 살포한다. 경엽처리제로 잡초 3~5엽기에 Fluazifop-p-butyl을 처리한다. 특히 참깨는 발아성이 좋지 않으므로 제초제에 의한 약해가 발생하지 않도록 주의하여야 한다. Alachlor 처리 시 깨풀과 같은 광엽잡초의 방제는 잘 되지 않으므로 유념하여야 한다.

들깨는 5~6월 직파하거나 이식하여 재배하며 환경적응성이 참깨보다 강하여 비교적 척박한 토양에서도 잘 생육된다. 발아 후 1주일마다 솎아주기와 같이 제초하고 초장이 40~50㎝ 자랐을 때 중경·배토하면 방제효과가 좋다. 이식재배 시는 이식 1주 후 결주를 보식하고 2주 후에 중경·제초한다. 들깨밭에 발생하는 잡초도 타 여름작물과 같으며, Sethoxydim과 Fluazifop-p-butyl이 화본과잡초 3~5엽기 방제용으로 등록되어 있고, bentazone-sodium +fenoxaprop-p-ethyl이 잡초생육초기 밭고랑에 처리하도록 등록이 되어 있다.

9) 오이, 수박, 참외

오이, 수박, 참외는 고온에서 잘 생육하는 박과류에 속하는 과채류이며 이식성이 대단히 약하므로 분육묘(盆育苗)를 하여야 한다.

오이의 재배작형은 노지직파, 조숙, 반촉성, 촉성, 억제재배와 가을 오이재배 등 여러 가지 유형이 있으며 이른 봄에서 가을에 이르기까지 거의 연중 생산이 가능하다. 재배형에 따라 재배조건이 상이함에 유의하여야 한다. 이들 작물에 사용되는 제초제는 없으나 파종이나 이식 직전에 토양처리용 제초제를 살포하면 효과적인 제초가 가능하다.

수박은 생육에 비교적 높은 온도를 요구하나 최근에는 보온시설이 잘 되어 있어 보통 노지재배 외에도 조숙(터널) 및 반촉성재배 등으로 4~9개월 만에 수확이 가능하다. 정식하기 전에 토양처리용 제초제 Ethalfluralin을 이식 후 3일 이내에 토양을 잘 고른 다음 토양 전면에 살포하거나 Sethoxydim을 화본과 잡초 2~4엽기에, Fluazifop-p-butyl을 화본과 잡초 3~5엽기에 경엽처리하면 효과적인 방제를 기대할 수 있다. 그러나 지나치게 습하거나 건조하면 약효 및 약해에 영향을 미치므로 유념하여야 한다.

참외와 멜론은 포복성 일년생 초본으로서 덩굴의 각 엽액으로부터 측지가 발생하고 고온 및 일사량이 많은 조건에서 좋은 과실이 기대된다. 현재 Haloxyhop-r-methyl이 등록·고시되어 있으며 화본과 잡초 3~5엽기에 경엽처리한다.

박과류 작물을 하우스 안에서 재배할 경우, 제초제 사용 시 노지보다 약해가 쉽게 발생되기 때문에 사용에 각별한 주의가 필요하다.

10) 고추, 토마토, 가지

고추, 토마토, 가지는 가지과에 속하는 작물로서 고추는 재배면적이 넓고 중요한 과채소류(果菜蔬類)이다. 발생하는 잡초종은 타 여름작물의 경우와 마찬가지로 바랭이, 명아주, 쇠비름 등이다.

고추는 생육에 높은 온도조건을 필요로 하며 일조가 강해야 정상적인 생육을 한다. 비닐피복한 후 정식하여 재배하는 것이 일반적이므로 비닐피복하기 전에 토양처리용 제초제를 처리하고 피복 후 정식하면 된다. 비닐의 색깔에 따라 잡초 발생에 차이가 있고 흑색이 잡초방제 면에서 유리하나 고추의 생육면에서는 투명한 것이 좋다고 알려져 있다.

고추밭 잡초방제를 위하여 Alachlor, Ethalfluralin, Metolachlor, Napropamide, Pendimethalin 등을 정식 또는 이식 1~2일 전에 토양처리용 제초제로 사용하고 있으며 Napropamide의 경우는 비닐피복재배에는 사용하지 못하도록 되어 있다. 화본과 잡초 3~5엽기에 Propaquizafop과 Sethoxydim을 경엽처리한다. 최근 농가에서는 비닐피복 후 구멍을 뚫어 이식하고 골에 발생한 잡초는 비선택성 제초제인 Glufosinate나 Glyphosate 등을 작물에 닿지 않게 처리하여 방제하고 있다.

최근 세포막 저해에 효과가 있는 PPO계통의 제초제가 혼합된 비선택성 제초제를 고추밭 헛골에 살포할 경우, 강우에 의해 약제가 빗물에 튕겨 고추 하위엽이 약해를 받는 사례가 나타나고 있는데, 고추밭에 이들 PPO계통이 혼합된 제초제를 사용할 시에는 각별한 주의가 필요하다. 또한 이 제초제는 주성분의 특성상 살포도구 내 잔류가 길어 제초제를 사용한 뒤 충분히 세척하지 않은 상태로 살균/살충제를 살포할 경우, 작물에 심각한 영향을 초래하게 된다.

토마토는 고추나 가지보다 저온성이기 때문에 겨울 동안에 시설재배가 용이하고 직파재배도 하나 주로 육묘하여 이식하는 조숙재배 및 소형터널재배를 한다. 이식 2~3일 전에 잡초 발생 전 토양처리형 제초제를 토양 전면에 고르게 살포한다. 토마토용 제초제인 Metribuzin은 정식하여 활착 후에 처리하고 Napropamide는 비닐피복 전, 잡초 발생 전에 처리한다.

가지도 육묘하여 이식재배하는 작물로서 타 여름작물과 유사한 밭잡초가 발생한다. 비료의 흡수량이 많아서 다비재배에 적합한 채소이나 건조에 약하므로 짚으로 피복하여 수분의 발산을 막고 물을 주어 재배한다. 이식 후 짚으로 피복하면 발생하는 잡초가 적으나 그렇지 않은 경우에는 이식 전후에 잡초 발생 전 토양처리형 제초제를 살포하여 잡초의 발생을 억제·방제하여야 한다.

현재 가지에 사용하는 제초제는 없는 실정이다. 재배면적이 협소하여 연구가 미진하나 기존 제초제의 적용확대가 가능하리라 믿어진다.

11) 딸기

딸기는 생육에 서늘한 기후조건을 요구하며 포복경(匍匐莖, runner)으로 번식되므로 육묘관리에 세심한 주의를 기울여야 할 중요한 작물이다. 딸기는 노지, 터널, 하우스 등에서 촉성, 반촉성 또는 억제재배를 하는 등 다양한 작형을 갖고 있다.

딸기도 피복재배하는 것이 일반적 경향이므로 비닐피복 전에 토양처리용 제초제를 살포함으로써 잡초를 효과적으로 방제할 수 있을 것이다.

Alachlor와 Pendimethalin이 딸기밭의 일년생 잡초 방제용으로, 파종 후 3~4일 이내에 토양전면에 살포토록 추천되어 있고, Napropamide가 정식 2~3일 전(비닐멀칭 전) 토양처리제로 등록되어 있다. 또한 Sethoxydim과 Quizalofop-p-ethyl은 잡초 3~5엽기에 사용하는 경엽처리제로 고시되어 있다. 현재 딸기의 경우, 하우스에서 초촉성/촉성/반촉성 재배형태로 재배되고 있고, 토경재배에서 고설재배로 재배기술이 변화되고 있어 제초제 사용은 미미한 상황이다.

12) 무, 당근, 우엉

무, 당근, 우엉은 직근류의 근채류로서 생육에 서늘한 온도조건을 요구한다. 직근이 먼저 길게 자란 다음 비대해지므로 표토가 깊은 밭에서 재배하여야 양질의 상품을 생산할 수 있다.

무는 종래에는 늦여름에 파종하여 늦가을에 수확하는 것이 대표적인 작형이었으나 저온감응성이 둔한 신품종의 육성으로 봄, 여름에도 재배 가능하다. 제초하기 위하여 토양처리용 제초제를 사용하거나 무가 2~3엽기가 될 때 솎아주기 및 중경·배토하면 효과적인 방제가 기대된다. 무밭에 사용하는 제초제 Alachlor는 직파 시에는 씨앗을 덮고 3~4일 이내, 이식 시에는 1~2일 전 또는 이식 후 5일 이내에 처리하고, Metolachlor는 파종 복토 후 3일 이내, Clethodim은 화본과 잡초 3~5엽기에 처리한다.

당근은 봄과 가을 파종재배가 주된 작형이었으나 최근에 봄, 여름, 가을재배와 터널 및 고랭지재배로 재배범위가 매우 넓어졌다. 당근밭에 발생하는 잡초도 타 채소작물과 유사하며 생육초기에 잡초와의 경합에 의한 피해가 크므로 초기방제를 잘하여야 한다.

당근밭에 사용되는 제초제 가운데 Linuron과 Pendimethalin은 파종 복토 후 3일 이내에 토양전면에 고르게 살포한다. 우엉은 파종 후 처리할 수 있는 토양처리제가 없지만, 헛골에 사용할 수 있는 Glufosinate-P가 있다.

13) 배추, 양배추

배추와 양배추는 냉량한 기후조건에서 잘 재배되는 엽채류로서 저온을 만나면 화아가 분화되는 작물이다. 배추 생산의 대부분이 김장배추형이었으나 최근에 고랭지의 냉량한 기후조건과 겨울의 하우스를 이용한 재배가 가능하게 되어 재배기간이 훨씬 확대되었다.

배추를 직파할 때는 파종 후 토양처리용 제초제를 살포하나 이식할 경우는 이식 후 10~20일에 중경·배토작업을 하게 되면 효과적으로 잡초를 방제할 수 있다. 배추밭에 사용하는 제초제인

Trifluralin은 파종 복토 직후에, Napropamide는 파종 복토 후 3일 이내에 처리하고 Pendimethalin은 이식 1~2일 전에, CNP는 잡초 발생 전에 토양 전면에 고르게 살포하여 잡초를 방제한다. Sethoxydim은 화본과 잡초 2~4엽기에 경엽처리한다.

양배추도 직파 또는 온상에서 육묘하여 이식재배하는 작물이며 최근에는 봄, 여름, 가을, 월동재배 작형 등 다양하게 재배 가능하며 생육특성이 배추와 유사하므로 방제법도 배추와 유사하다. 양배추밭에 등록되어 있는 제초제는 Pendimethalin이며 정식 1~2일 전에 토양 전면에 고르게 살포하고 Napropamide는 정식 전 토양에 살포하면 일년생 화본과 및 광엽잡초 방제에 효과가 있다.

14) 시금치, 상추

시금치와 상추는 엽채류로서 냉량한 기후조건에서 생육이 잘 되며 특히 시금치는 내한성이 강하여 노지에서 월동이 가능하나 내서성은 매우 약하다. 시금치는 봄, 가을과 여름에는 고랭지 등에서 재배 가능한 작물이며 상추는 재배 변종이 많으며 작형 또한 다양하고 문화수준의 향상과 더불어 연중 요구되는 채소류이다.

이들 채소는 생채로 이용되므로 청정(淸淨)재배를 해야 한다. 따라서 비료, 농약 등의 사용에 주의를 요한다. 시금치는 Alachlor와 Butachlor가 파종 복토 후 잡초 발생 전 토양처리제로 등록되어 있으며, Sethoxydim이 화본과 잡초 3~5엽기 경엽처리제로 등록되어 사용이 가능하다. 2021년 현재, 상추에는 토양처리제로 등록된 제초제가 없는 실정이다.

15) 파, 마늘, 양파

파, 마늘, 양파는 파류의 조미채소(調味菜蔬)로서 냉량한 기후조건에서 생육이 잘 되며, 마늘과 양파는 주로 인경을 이용하는 작물이다.

파에는 줄기 및 잎을 이용하는 두 종류가 있으며 대개 봄, 가을, 겨울 파종재배로 연중 생산된다. 파는 육묘기간이 길어서 제초제 사용에 의한 잡초방제가 요청되는 작물이다. 마늘은 보통, 조숙, 특수재배, 봄 파종재배 등이 있으며 가장 많이 재배되는 형태가 가을에 파종하는 보통재배법이다. 양파도 가을에 파종하여 이식하는 것이 주된 재배방법이나 한랭한 지역에서는 봄에 파종한다.

마늘과 양파는 밭 이외에도 답리작에 많이 재배되며 답리작에 발생하는 잡초는 표 15-11, 15-12와 같으며 뚝새풀, 냉이류, 좀명아주가 많이 발생한다. 마늘과 양파는 초관형성에 많은 시간이 걸려서 생육 중기까지 오랜 기간 동안 잡초방제가 필요한 작물이며 잡초와의 경합력이 매우 낮다. 따라서 파종 또는 이식 전후에 처리하는 토양처리형 제초제가 요구되고 월동 후에 제초제를 살포하는 경우는 후작을 고려하여 약제를 선택·사용하는 것이 바람직하다.

[표 15-11] 양파밭에 발생하는 잡초(김 등, 1985)

조사시기 (월/일)	초 종[1]		생활사[2]	형태형[3]
	국 명	학 명		
4/17	여 뀌	*Persicaria hydropiper* (L.) Spach.	a	B
	뚝새풀	*Alopecurus aequalis* Sobol. var. *amurensis* (Kom.) Ohwi	b	G
	고마리	*Persicaria thunbergii* (Sieb. & Zucc.) H. Gross	a	B
	좀명아주	*Chenopodium ficifolium* Smith	a	B
	꽃바지	*Bothriospermum tenellum* (L.) Fisch. et Meyer	a,b	B
	피 류	*Echinochloa crus-galli*	a	G
	마디풀	*Polygonum aviculare* L.	a	B
5/17	여 뀌	*Persicaria hydropiper* (L.) Spach.	a	B
	꽃바지	*Bothriospermum tenellum* (Hornem) Fisch. et Meyer	a,b	B
	피 류	*Echinochloa crus-galli*	a	G
	고마리	*Persicaria thunbergii* (Sieb. & Zucc.) H. Gross	a	B
	좀명아주	*Chenopodium ficifolium* Smith	a	B
	뚝새풀	*Alopecurus aequalis* Sobol. var. *amurensis* (Kom.) Ohwi	a	G
	냉 이	*Capsella bursa-pastoris* (L.) Medicus	b	B
	마디풀	*Polygonum aviculare* L.	a	B
	바랭이	*Digitaria ciliaris* (Retz.) Koeler	a	G
6/16	여 뀌	*Persicaria hydropiper* (L.) Spach.	a	B
	좀명아주	*Chenopodium ficifolium* Smith	a	B
	꽃바지	*Bothriospermum tenellum* (L.) Fisch. et Meyer	a,b	B
	피 류	*Echinochloa crus-galli*	a	B
	마디풀	*Polygonum aviculare* L.	a	B
	뚝새풀	*Alopecurus aequalis* Sobol. var. *amurensis* (Kom.) Ohwi	b	G
	냉 이	*Capsella bursa-pastoris* (L.) Medicus	b	B

1) 잡초 건물중에 근거한 순서 2) a: 일년생, b: 월년생 또는 동계 일년생 3) B: 광엽, G: 화본과

[표 15-12] 마늘밭에 발생하는 잡초(김 등, 1985)

조사시기 (월/일)	초 종[1]		생활사[2]	형태형[3]
	국 명	학 명		
4/27	좀명아주	*Chenopodium ficifolium* Smith	a	B
	여 뀌	*Persicaria hydropiper* Spach.	a	B
	마디풀	*Polygonum aviculare* L.	a	B
	꽃바지	*Bothriospermum tenellum* (Hornem) Fisch. et Meyer	a,b	B
	피 류	*Echinochloa crus-galli*	a	G
	뚝새풀	*Alopecurus aequalis* Sobol. var. *amurensis* (Kom.) Ohwi	a	G
5/17	좀명아주	*Chenopodium ficifolium* Smith	a	B
	여 뀌	*Persicaria hydropiper* Spach.	a	B
	마디풀	*Polygonum aviculare* L.	a	B
	꽃바지	*Bothriospermum tenellum* (Hornem) Fisch. et Meyer	a,b	B
	바랭이	*Digitaris ciliaris* (Retz.) Koeler	a	G
	뚝새풀	*Alopecurus aequalis* Sobol. var. *amurensis*(Kom.) Ohwi	p	G
	냉 이	*Capsella bursa-pastoris* (L.) Medicus	p	B
6/16	좀명아주	*Chenopodium ficifolium* Smith	a	B
	여 뀌	*Persicaria hydropiper* Spach.	a	B
	피 류	*Echinochloa crus-galli*	a	G
	꽃바지	*Bothriospermum tenellum* (Hornem) Fisch. et Meyer	a,b	B
	뚝새풀	*Alopecurus aequalis* Sobol. var. *amurensis* (Kom.) Ohwi	a	G

1) 잡초 건물중에 근거한 순서 2) a: 일년생, b: 월년생 또는 동계 일년생, p: 다년생 3) B: 광엽, G: 화본과

2010년 후반부터 백합과 작물(파, 마늘, 양파) 재배지역으로 확대되고 있는 국화과잡초 개쑥갓(*Senecio vulgaris*)의 피해가 증가하고 있다. 피해지역으로는 전남 무안, 신안과 제주, 그리고 경북 영천에 이르기까지 마늘, 양파 주산지를 비롯하여 인접해 있는 경작지에도 개쑥갓이 발생하여 방제에 어려움을 겪고 있다.

개쑥갓이 발생하는 마늘, 양파 재배지역에서는 Linuron, S-metolachlor, Alachlor를 토양처리하여 사전 방제가 가능하며, 헛골에 발생했을 경우에는 개화하기 전에 비선택성 제초제를 살포하여 방제하도록 한다.

마늘밭에는 Linuron, Ethalfluralin, Alachlor, S-Metolachlor, Metolachlor, Oxyfluorfen, Pendimethalin 등이 파종 복토 후에 처리되고 화본과 잡초 방제용으로 Fluazifop-p-butyl, Haloxyfop-methyl, Quizalofop-p-ethyl 등이 경엽처리되고 있다. 양파밭에서는 Linuron, Alachlor, Ethalfluralin, Pendimethalin 등이 일년생 잡초 방제용으로 사용되고, Fluazifop-p-butyl, Haloxyfop-methyl, Quizalopop-p-ethyl 및 Sethoxydim이 화본과 잡초 2~5엽기에 경엽처리제로 사용되고 있다.

파밭에는 Metolachlor, S-Metolachlor, Pendimethalin/Napropamide 혼합제를 정식 후 잡초 발생 전에 토양처리하고 화본과 잡초 3~5엽기에 Fluazifop-p-butyl과 Haloxyfop-methyl을 경엽방제용으로 처리한다.

15.3 약초류의 잡초방제

옛날부터 우리는 한약으로 쓰이는 약초작물을 많이 재배해 왔다. 약초작물로는 인삼, 더덕, 지황, 천궁, 도라지, 작약, 시호 등 많은 종류가 있으며 대부분 고소득 작물이다.

이들 작물 대부분이 산간지역에서 재배되고 있으므로 발생하는 잡초는 타 밭작물과 유사하고 특히 바랭이, 쇠비름, 방동사니류가 많다. 인삼을 제외한 여타의 약초작물에 대한 재배방법이 확립되어 있지 않고 잡초는 전부 손으로 제초하고 있어서 제초에 많은 인력이 투입된다. 한편으로 타 밭작물에 비해서 제초효율 또한 매우 낮아서 소득증대를 위해서는 합리적인 잡초방제법이 확립되어야 할 것이다.

현재까지 약초작물 재배 전반에 대한 연구가 미진한 것은 물론 잡초방제에 대한 연구도 매우 미흡한 편이다. 그래서 약초작물에 사용하도록 등록된 제초제는 몇 종에 불과하다. 당귀밭에는 Linuron, Pendimethalin과 Sethoxydim이 고시되어 있으며, 구기자밭의 일년생 잡초 방제용으로는 Pendimethalin 1종만이 등록되어 있고, 율무밭의 일년생 잡초 방제용으로 Ethalfluralin과 linuron+thiobencarb가 파종 복토 후 3일 이내에 사용하는 토양처리제로 등록되어 있으며, 율무 5~6엽기에 광엽잡초 방제용으로 2,4-D가 등록되어 사용이 가능하다. 더덕·황기·취나물밭에는 Napropamide가 토양처리제로 유일하게 등록되어 있는 실정이다. 달래·시호·홍화·맥문동·머위와 생강밭의 일년생 잡초 방제에는 Pendimethalin이 사용되고 있다.

2019년 1월 1일부터 농약허용물질 관리제도(PLS, Positive List System)가 전면 시행됨에 따라 기존에 등록하지 않은 채 사용해 왔던 약제들을 사용할 수 없게 되었다. 이에 따라, 전작물(田作物) 중 약초작물에 사용 가능한 제초제의 요구도가 증가하고 있는 실정으로, 전작물에 등록되지 않은 약제의 경우, 농촌진흥청에서 해마다 약제 수요조사를 실시해 농약직권등록 시험을 수행하여 약제등록을 추진하고 있다.

15.4 화초류의 잡초방제

화초류는 대개가 1~2년생 식물로 종자에 의해 번식되는 것이 많다. 우리나라는 화초류를 재배하는 면적이 크지 않고 규모가 작을 뿐만 아니라 대개가 하우스 내에서 재배하고 있으며 주로 손으로 제초하고 있다.

이러한 이유 때문에 화초류 전용 제초제가 현재 개발되어 있지 않다. 그러나 화초류를 파종하거나 이식하는 경우에는 화초류에 안전한 토양처리형 제초제를 살포하고 생육 중에는 선택성이 높은 경엽처리형 제초제를 사용하면 화초류도 생력재배가 가능하리라 믿어진다. 현재 글리디올러스에 Metolachlor, Oryzalin 및 Pendimethalin, 달래에 Pendimethalin을 정식 후 3일 이내에 토양처리하고 있다. 여타의 화초류에 대한 잡초방제 연구가 거의 되어 있지 않은 실정이다.

15.5 잔디의 잡초방제

잔디는 난지형 잔디와 한지형 잔디로 분류되며, 난지형 잔디는 25~35℃의 따뜻한 지역에서 잘 자라고, 한지형 잔디는 15~25℃의 서늘한 지역에서 잘 자란다고 한다. 그것들을 분류하면 표 15-13과 같다(김 등, 2002).

[표 15-13] 잔디의 분류(김 등, 2002)

대분류	중분류	소분류	사용 예
▸ 난지형 잔디	조이시아그래스 한국잔디류	광엽(4.0mm 이상, 들잔디 야지)	잠실운동장
		중엽(1.5~3.9mm, 금잔디, 건희, 중지)	제주도 내 식물원
		세엽(1.4mm 이하, 고려잔디, 비단잔디)	태국 등 더운 나라의 정원
	버뮤다그래스류	건우(Konwoo) 티프웨이 419	우리나라의 학교 운동장 미국 남부지방의 경기장
▸ 한지형 잔디 = 서양잔디 = 양잔디 = 독일잔디 = 사철잔디	켄터키 블루그래스, 페레니얼 라이그래스, 톨 페스큐, 크리핑 벤트그래스	마라지, 뉴폿 팔머, 에드번트 픽시에, 레벨쥬니어 펜크로스, 펜이글	상암월드컵경기장 상암월드컵경기장 도로 사면 녹화지 골프장 그린

(1) 잔디의 종류

1) 난지형 잔디

한국들잔디(Korean Lawngrass, Zoysiagrass)는 일명 야지라고도 하며, 한국잔디류 중 내한·내서력이 가장 강하여 관리가 용이하므로 우리나라와 일본 등지의 대부분의 잔디밭에 이용되고 있다. 모든 잔디 중 답압 조건에 가장 강하지만 이에 비하여 회복력은 빠르지 않다(김 등, 2002). 10℃ 이하의 기온에서는 엽록소가 파괴되어 푸른색을 잃고 생육이 중지되면서 겨울 휴면에 들어간다. 조성속도가 매우 느리며 여름이 짧거나 서늘하면 잘 자라지 않는다. 정원이나 묘지 등에 이용되고 있다(김 등, 2002).

여타의 난지형 잔디로는 금잔디(Zoysia matrella, 중지/고려잔디), 건희(Zoysiagrass Konhee), 제니스(Zenith), 버뮤다그래스 건우(Bermudagrass Konwoo) 등이 있다.

2) 한지형 잔디

한지형 잔디로는 켄터키 블루그래스(Kentucky bluegrass), 크리핑 벤트그래스(creeping bentgrass), 페레니얼 라이그래스(perennial ryegrass)와 톨 페스큐(tall fescue) 등이 있다. 이들의 특성에 대하여는 김 등(2002)의 책자를 참조하기 바란다.

(2) 잔디밭 잡초의 발생소장

잔디밭 잡초에 발생하는 잡초는 일년생과 다년생을 합하여 70~100여 종이 되나 답압하는 조건하에서 발생할 수 있는 잡초는 40여 종으로 알려져 있다. 표 15-14는 골프장에서 여름과 겨울에 가장 많이 발생하는 일년생/월년생 및 다년생 잡초들이다.

태(2004)에 따르면 우리나라 골프장에서 문제가 되는 잡초는 새포아풀, 방동사니, 파대가리, 이끼, 한국잔디 내의 켄터키 블루그래스와 벤트그래스 등이며, 이들 잡초는 전 세계의 많은 골프장에서 공통적으로 문제가 되는 잡초들이다. 다양한 생육환경조건에 대해 높은 적응력을 갖고 있다고 한다. 이들 잡초를 효과적으로 방제하려면 한두 가지 방제법으로는 불가능하므로 초종별 특성을 고려하여 접근해야 한다. 아래 잡초들의 특징 및 방제법은 태(2004)로부터 양해를 받아 발표 자료를 인용하였다.

[표 15-14] 대표적인 골프장의 잡초(태, 2004)

생 활 사	겨 울 잡 초	여 름 잡 초
일년생 / 월년생	새포아풀 별꽃 냉이 벼룩나물	바랭이 쇠비름, 매듭풀 방동사니, 강아지풀 망초
다년생	민들레 이끼 켄터키 블루그래스 벤트그래스	클로버, 개밀 피막이 파대가리 질경이

1) 새포아풀

① 특징

새포아풀(annual bluegrass)은 골프장의 대표적인 일년생 잡초로 보통 2월과 8월에 종자발아가 시작되므로 한여름 잠깐 동안을 제외하면 연중 발생하는 잡초이다. 이 잡초는 토양 양분과 수분이 많은 음지를 좋아하지만 불량한 토양에서도 잘 자란다. 또 이른 봄 또는 늦가을의 시비는 새포아풀의 발아와 생장을 촉진한다.

새포아풀은 다른 잡초와 달리 아주 짧게 잘라 주어도 개화하며, 미성숙 종자도 발아력을 가지는 특징이 있다. 한 개체가 맺는 종자의 수가 매우 많을 뿐 아니라 발아력이 높고 번식력이 매우 뛰어난 것이 특징이다. 생리적 특성이 한지형 잔디와 비슷하여 한지형 잔디밭에도 많이 발생한다.

② 방제법

잔디의 밀도를 높이고 배수를 향상시키는 것이 방제에 중요하지만 골프장에서는 4~5월 봄 방제 또는 9~10월 가을 방제 시에 토양 처리제를 살포하면 효과적인 방제가 가능하다. 그러나 새포아풀은 2월부터 발아가 시작되며 가을에도 8월부터 발아하기 시작하므로 새포아풀 집중 발생지역이라면 새포아풀의 발아시기에 맞추어 제초제를 조금 일찍 살포하는 것이 효과적이다.

한국잔디 페어웨이에서는 여름철에 이 잡초의 생육초기에 Flazasulfuron(상표명: 파란들)을 처리하여 방제하기도 하는데, 이 시기에는 약량을 크게 줄여도 효과가 높다. 켄터키 블루그래스와 같은 한지형 잔디에서는 Benfluralin과 Isoxaben, Pyributicarb 등이 발아 전 처리에 사용되나, 실제 제초제를 살포하지 않는 곳이 많다.

새포아풀에 등록된 전문 제초제로는 2010년에 국내에 등록된 Methiozolin(상표명: 포아박사)이라는 제초제로 국내 벤처기업인 목우연구소에서 개발한 국내에서 합성된 제초제이다. 대부분의 제초제의 주성분이 해외에서 수입하는 현상황에서 PoaCure라는 상표명으로 미국, 일본을 포함한 해외로 수출되는 제품이다.

2) 방동사니과 잡초

① 특징

지금까지 알려진 방동사니의 종류는 많지만 골프장에서 문제가 되는 방동사니는 4~5종 내외이다. 우리나라 골프장에는 주로 일년생 방동사니, 금방동사니, 알방동사니와 다년생인 너도방동사니가 발생하며 일년생 방동사니는 종자로 번식한다. 일년생 방동사니의 발아가 시작되는 시기는 늦봄~초여름 사이에 비가 많이 올 때이다.

다년생인 너도방동사니는 종자와 괴경으로 번식하나 대체로 괴경으로 번식한다. 번식력이 매우 강하여 한 개의 괴경에서 1,900개의 방동사니가 형성될 수 있다. 방동사니는 약산성 토양에서 잘 발생하지만 거의 모든 토양에 잘 적응하여 발생하나 음지에서의 발생은 적다.

② 방제법

일년생 방동사니는 발아 전 토양처리 제초제를 처리하는 것이 가장 좋고 이미 발아를 하였다면 종자가 형성되기 전에 방제를 끝내는 것이 좋은데, 보통 우리나라에서는 늦어도 7월 이전에 약제 살포를 모두 끝내야 한다. 특히 너도방동사니의 경우 주요 번식기관인 괴경 때문에 방제시기가 매우 중요하다.

너도방동사니의 방제시기는 발생 후부터 지하 괴경이 형성되기 전인 늦봄~초여름까지가 가장 유효하며 괴경이 형성되는 늦여름 이후에는 방제효과가 크게 떨어진다. 이들 잡초는 발생 후 Flazasulfuron이나 Imazaquin(상품명: 톤앞)을 처리하면 효과적으로 방제할 수 있다. 그 외 방동사니는 저(低)예고에 잘 견디지 못하므로 예고를 낮게 하면 꽃대의 형성이 크게 감소되어 번식을 억제하는데 많은 도움이 된다.

난지형 잔디인 한국잔디가 식재된 경우, Dichlobenil, Dichlobenil+Butachlor를 잔디 휴면기에 처리(1~2월 중순까지)하면 쉽게 방제할 수 있다. 이 약제들은 잔디 휴면기에만 사용이 가능하고, 생육기에 살포할 경우 잔디가 고사하기 때문에 생육기에 살포하거나 남부 지역의 경우 한국잔디가 휴면에서 깨어나기 시작하는 2월 말부터는 사용을 하면 안 된다.

3) 파대가리

① 특징

파대가리(green kyllinga)는 개화하기 전까지는 방동사니와 쉽게 구분이 되지 않으므로 자세히 관찰해야 한다. 파대가리는 방동사니보다 잎이 조금 더 가늘고 저예고에도 잘 견디며 초장이 짧은 특징이 있다.

번식수단은 종자와 근경(根莖, rhizome)인데 근경에 의한 번식률이 종자번식보다 두세 배 높다.

특히, 파대가리 방제가 어려운 이유는 바로 다년생의 근경이 표토층에 매트를 두껍게 형성하고 있기 때문이다. 이 외에 파대가리의 뿌리와 근경에는 알레로파시(allelopathy) 작용을 나타내는 기름성분이 함유되어 있어 주변 잔디의 생육에 영향을 주는 것으로 알려져 있다.

② 방제법

우리나라 그린키퍼들에게 파대가리 방제가 어려운 이유는 바로 제초제를 처리한 후 몇 주만 지나면 다시 처리 전의 상태로 회복되기 때문이다. 또 이듬해에는 더 많은 개체가 생성된다. 하지만 파대가리의 생육특성을 충분히 이해한다면 방제시기와 방제 횟수를 조절하여 이들의 밀도를 크게 감소시킬 수 있을 것이다.

먼저, 파대가리를 인력 제초하거나 그것에 약제를 살포하려면 늦어도 4~5엽기 이전에 하는 것이 좋다. 이 시기는 괴경이 출현하기 전이므로 방제가 용이하고 최소한 번무를 막는 것이 중요하며 늦어도 7월 중순 이전에 방제를 끝내야 한다. 방제 제초제로는 Flazasulfuron, Imazaquin 등이 있다. 이때, 약제는 반드시 1~2주 간격으로 2~3회 반복 살포해야 높은 효과를 얻을 수 있다.

4) 그린의 이끼

① 특징

퍼팅 그린에서 발생되는 이끼(moss)는 분명히 연못에 발생되는 이끼와는 다른 초종이며 크게 2개의 그룹으로 분류된다. 첫 번째 그룹은 엽록소가 풍부하여 토양 표면에 얇게 피복되는 특징이 있는데 세계적으로 그린에 문제가 되는 이끼는 주로 이 그룹에 속한다. 다른 그룹은 엽록소가 부족하여 지하부가 많이 발달한 종으로 골프장 그린에는 많지 않다. 이끼는 고등식물이 아니므로 종자 대신 포자로 번식하며 예지 기계나 관수에 의해 빠르게 전파된다. 또한 이끼는 뿌리가 제대로 발달하지 못하였으며 rhozoid라고 하는 뿌리처럼 생긴 기관을 통해 양분과 수분을 흡수한다.

② 방제법

이끼의 생장에 가장 큰 영향을 미치는 요인은 관수 일조량과 시비이므로 이들 요인을 조절하여 이끼를 방제하는 것이 가장 효과적이다. 잦은 관수는 피하고 토양 표면은 항상 약간 건조한 상태로 유지하는 것이 좋다.

미국에서는 이끼 방제를 위해 주로 토양 pH를 변화시키는 제품인 석회, 동제(Cu), 계면활성제나 황산철을 처리하고 있다. 이들 제품은 일시적으로 pH를 급격히 높이거나 낮추어 이끼를 고사시킨다. 이 외에 일부 제초제도 효과가 있으나 그린의 특성상 실제 사용하기는 어렵다. 보통 이끼는 2월에 본격적인 발아를 시작하므로 방제 시기는 봄~여름이 좋다.

5) 한국잔디 내의 켄터키 블루그래스

① 특징

켄터키 블루그래스와 한국잔디의 생장 양상은 대략 그림 15-3과 같은 패턴을 보인다. 한국잔디의 생육은 10℃ 이하에서 개시되며, 켄터키 블루그래스와 같은 한지형은 보통 5℃ 이하에서 시작하므로 전체적으로는 한국잔디보다 생육 기간이 길다. 이는 켄터키 블루그래스가 한국잔디에 침입할 경우 번식이 빠르며 생존율이 높은 원인이 된다. 침입의 시작은 한지형 티를 조성할 때 비산된 종자가 페어웨이에 떨어져 발아된 경우나 한지형 티 가장자리(edge)에서 주변으로 퍼져 나가는 경우가 가장 흔하다.

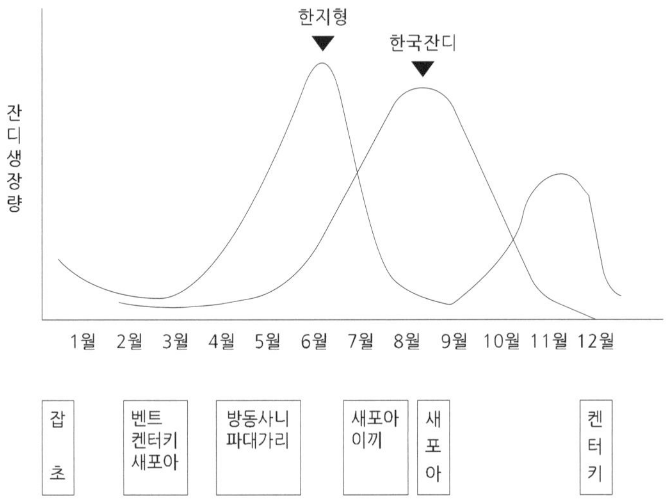

[그림 15-3] 잔디의 생장량과 주요 잡초 방제시기(태, 2004)

② 방제법

골프장 잡초의 방제는 발생 원인을 차단하는 것이 가장 효과적인 방법인데 현재 골프장에서 가장 어려운 문제는 한지형 티 가장자리 관리이다. 기본적으로 주변에 차단 필름을 묻거나 주기적으로 뿌리 절단 작업을 해 주는데, 심할 경우 이런 방법으로는 한계가 있으므로 티 주변에 제초제를 살포하는 방안도 고려해야 한다. 제초제가 한지형 티에 살포되지 않도록 주의하고 한국잔디 휴면시기와 켄터키의 생육 최저기에 경엽처리제를 살포하는 것이 가장 효과적이다. 이때 중요한 것은 약제의 처리량과 처리시기인데, 특히 처리시기는 매년 각 지역의 기상자료에 근거하여 적당한 때를 정해야 한다. 보통 평균기온 0~3℃(동절기)와 최고기온 30~33℃(하절기) 정도면 무난하다.

6) 켄터키 블루그래스 내의 벤트그래스

① 특징

한지형 티 또는 페어웨이를 조성할 때 켄터키 블루그래스 종자에 이종 종자인 벤트그래스 종자가 혼입되어 파종되는 경우가 많으며 이 경로로 침입할 가능성이 가장 높다. 벤트그래스와 켄터키 블루그래스는 같은 한지형이므로 생활사가 거의 같고 제초제에 따른 약해 반응도 비슷하다. 따라서 발생한 벤트그래스만 선택하여 약제 처리하기는 매우 어려우며 가장 안전한 방법은 잔디를 새로 보식하는 것이다. 하지만 이 경우 잔디 보식 비용을 고려해야 하며 나중에 보식한 지점 주변에 다시 왕성하게 번식할 수 있다는 점까지 염두에 두어야 한다.

② 방제법

벤트그래스 혼입은 한지형 잔디가 많은 미국에서 더욱 큰 문제이며 미국의 경우 봄 또는 가을에 경엽처리제 Imazaquin을 살포하는데, 약량에 따라 차이는 있으나 방제 효과는 50~70% 정도이며, 약해가 30~60% 정도 나타나는 것으로 알려져 있으므로 처리 시 유의하여야 한다. 하지만 국내 골프장의 제초 개념은 미국과 차이가 있으며 이처럼 약해가 큰 방법은 적합하지 않다. 우리나라에서는 방제 효과가 다소 떨어지더라도 약해가 적은 방제법을 선호하므로 보통 토양 처리제인 Dithiopyr(상표명: 디멘존)를 잡초 발생 전에 한 번 살포한다. 그러나 지금까지 이 방법은 일시적인 벤트그래스의 생육 억제 효과가 있을 뿐 지속성이 떨어진다는 단점이 있어서 방제 적기를 찾는 일이 가장 중요하다. 벤트그래스와 켄터키 블루그래스는 비슷한 시기에 green-up이 시작되지만 실제 약간의 차이가 있으므로 이 기간을 이용하면 효과적인 방제가 가능하다고 한다.

(3) 잡초의 방제시기

언급한 바와 같이 우리나라에서 문제가 되는 잡초들은 이미 전 세계의 많은 골프장에서도 문제가 되고 있으므로, 이들을 방제하는 작업은 결코 간단한 일이 아니다.

잡초의 발생시기는 지역에 따라 모두 다르고 잔디 초종도 다양하나 그림 15-3과 같이 잡초의 방제시기를 가정해 볼 수 있다. 이는 우리나라의 평년 기상자료와 잡초의 발생시기를 바탕으로 작성한 것이므로 방제시기에 관한 좋은 참고자료가 될 수 있을 것이다. 하지만 무엇보다 먼저 고려되어야 할 사항은 바로 각 골프장의 잔디상태와 기상조건이다. 그 가운데 또 중요한 것은 코스 관리자의 경험이다. 몇 년간 경험해 보면 각 포장에서의 잡초 발생시기를 예상할 수 있을 것이다.

(4) 기타의 잡초방제

제초제 이외의 주요 방제법으로는 ① 예취, ② 소각, ③ 손제초 등이 있다. 주기적으로 예취하는 것은 잡초의 발생을 극소화하는 데 매우 효과적이고 겨울 전에 1회 지상부를 소각하는 것은 이듬해의 잔디 생육을 좋게 하는 것은 물론 잡초의 종자 등을 제거할 수 있어서 매우 효과적이다. 손으로 풀을 뽑는 방법은 시간과 경비가 많이 드나 가장 안전한 방법이다.

미국이나 유럽 등에서 광엽잡초 방제에는 2,4-D, Dicamba, MCPP, Silvex 등이, 화본과 잡초 방제에는 Atrazine나 Bensulide가 유효하다고 보고되어 있다. 잔디에 제초제를 사용하는 것은 약해를 유발할 염려가 크므로 처리 시 유의하여야 한다. 잔디의 뿌리는 그물 모양으로 얽혀 있고 그 위에 부식층이 생긴다. 일년생 잡초는 이 부식층에 많이 발생하고 토양처리형 제초제는 주로 부식층에서 흡착되어 약효를 발휘한다.

우리나라 야생잔디에 발생하는 잡초를 방제할 목적으로 등록되어 있는 제초제는 Fluroxypyr-meptyl+Triclopyr-TEA, Dicamba, Napropamide 등 30품목이나 된다. 그 가운데 잡초 발생 전 토양처리제로는 Benfluralin, Bensulide, Dichlobenil, Dithiopyr, Oryzalin, Oxaziclomepon, Isoxaben, Napropamide, Oxyfluorfen, Pendimathalin, Prodiamine 등이 있으며, 경엽처리제로는 Fluroxypyr-meptyl+Triclopyr-TEA, Asulam, Dicamba, MCPP, Iamazaqin, Triclopyr-TEA, Triclopyr, Fenoxaprop-ethyl, Flazasulfuron, MCPP, Pyrazosulfuron-ethyl 등이 고시되어 있다. Fluroxypyr-meptyl+Triclopyr-TEA, Dicamba, Mecoprop, MCPA는 토끼풀(크로버)을 포함하는 광엽잡초 방제용으로 사용되고 있다.

이들 가운데 Dicamba는 주의해야 할 제초제인데, Dicamba를 경사지 등에 처리하면 토양 내의 이동성이 커서 관목에 약해가 있으므로 모래땅이나 경사지에 비 오기 직전 Dicamba를 처리하는 것은 피하는 것이 좋다. 잔디밭의 제초제로서 발아 전 토양처리제인 Asulam이 있으나 모래땅 및 비 오기 직전에 사용하는 것은 피하고 생육기 처리는 약해의 위험이 있으므로 사용하지 못하도록 되어 있다.

15.6 초지 및 사료작물의 잡초방제

(1) 초지의 면적

1986년 말까지 우리나라에서 경운초지(耕耘草地), 불경운초지(不耕耘草地), 임간초지(林間草地)로 개발된 면적은 약 12만 ha를 상회하나 양축(養畜) 농가가 관리·이용하고 있는 초지면적은 84,843ha로서 우리나라 국토면적의 0.86%에 불과하다(김, 1987). 박(1986)은 임야지 총면적 653만 ha 중 215만 ha 정도가 농지로 개발 가능하며, 그 가운데 164만 ha 정도가 초지로 이용될 수 있을 것으로 추정하고 있다. 인구의 증가와 문화수준의 향상 등으로 식량작물의 재배 못지않게 축산물의 생산증대가 요청되어 금후 초지면적은 크게 확대되리라 믿어진다.

2000년 현재 전국의 목초지 면적은 8,735ha로 집계되었다(통계청, 2000).

(2) 초지와 잡초

초지는 크게 목야지와 목초지로 구분할 수 있으며 목야지는 목초지보다 더욱 야생상태인 것을 의미한다. 그리고 사료를 생산하기 위한 사료작물 포장도 광의의 초지에 속한다. 권(1971)이 초지의 발생잡초에 대하여 보고한 것을 요약하면 다음과 같다.

1) 목야지

목야지에는 잡목, 관목류, 고사리, 할미꽃, 철쭉, 망초류, 방동사니류, 하늘지기류, 쑥류가 발생한다고 한다.

2) 목초지

목초지에는 목야지와 동일한 초종 외에 바랭이, 띠, 차풀, 비노리, 칡, 매듭풀, 사초류, 새삼, 소리쟁이, 포아풀류, 강아지풀류, 여뀌, 명아주 등의 잡초가 발생한다. 최근 목초지와 그 주변으로 환경부가 지정한 생태계 교란식물이 대규모로 확산되고 있어 이를 방제하는 약제들의 수요가 증가하고 있다. 대표적인 문제 잡초로는 도깨비가지, 애기수영, 양미역취, 가시상추가 있으며, 이 외에도 세열유럽쉬손이풀, 돌소리쟁이 등의 피해가 증가하고 있는데, 이를 모두 방제할 수 있고 목초지 내 경엽처리가 가능한 선택성 제초제로는 Fluroxypyr-meptyl+Triclopyr-TEA(상표명: 하늘아래 미탁제)가 있다. 강우에 의한 약제 유실도 없고, 1회 방제만으로도 문제 잡초를 방제할 수 있으며, 산림 내에 문제되고 있는 칡, 아까시나무도 경엽처리 및 수간주입 형태로 쉽게 방제된다.

3) 사료작물 포장

사료작물 포장에는 일반 밭작물에 발생하는 초종과 유사한 잡초종이 우점한다고 한다.

(3) 초지의 잡초방제

1) 초지 조성지

초지를 조성하기 위하여 산지나 목야지의 기존식생을 제거하는 데는 비농경지에 처리하는 비선택성 제초제가 효과적이다. 목초지 조성 시에는 춘파보다 추파하는 것이 목초 종자의 정착과 초기 생육에 유리하므로 대개 추파한다. 따라서 초지 조성을 위한 잡초방제는 추파 전 20~40일인 7월 상순에서 8월 상순 사이에 비선택성 제초제를 살포하여 기본식생을 방제한다. 비농경지에 사용되는 비선택성 제초제로는 Glyphosate, Glufosinate-ammonium 등이 있고, 선택성 제초제로는 Fluroxypyr-meptyl+Triclopyr-TEA가 있다.

2) 기존 초지

이미 조성되어 있는 초지는 대개 화본과류와 콩과의 목초류가 혼생하고 있어서 제초제를 이용한 잡초방제가 어렵다. 그런데 이들 초지가 화본과류(orchard grass, tall-fescue, perennial ryegrass, blue grass, timothy, redtop)가 단일종으로 조성되어 있든지 콩과의 목초류가 단일종으로 조성되어 있으면 제초제 사용이 비교적 용이하다.

목초종자를 추파할 때부터 발생하는 잡초는 대개 일년생 광엽잡초로서 파종 후 토양처리형 제초제를 살포하면 쉽게 방제되나 목초지에 발생하는 잡초의 주종은 여름에 많이 발생하는 바랭이와 같은 잡초이다. 이들 잡초를 방제하기 위해서는 목초를 예취한 후 토양처리형 제초제를 처리하는 것이 좋지만 이 시기가 목초의 하고기(夏枯期)이므로 영양상태가 좋지 않아 제초제에 의한 약해의 염려가 크므로 유의하여야 하며 제초제를 꼭 처리해야 한다면 약량을 낮추는 것이 좋다.

모든 작물의 잡초방제와 마찬가지로 목초의 경우도 잡초의 초기 발생을 억제시키며 목초가 빨리 잡초에 대한 경합력을 가질 수 있도록 비배 관리를 하는 것이 중요하다. 제초제로는 Fluroxypyr-meptyl+Triclopyr-TEA, Dicamba, MCPP, Pendimethaline 등이 고시되어 있다.

15.7 과수원의 잡초방제

(1) 과수원

과수의 종류로는 크게 사과, 배, 감귤, 포도, 복숭아, 감 등이 있다. 대개의 과수원은 평지보다 경사지에 조성되어 있어서 잡초방제로 인한 표토의 유실이 없도록 하는 것이 매우 중요하다.

1) 과수원에 발생하는 잡초

김 등(1981)이 경북 일원의 과수원에 발생하는 잡초를 계절별로 조사한 것을 보면 제2장의 표 2-8과 같다. 계절적인 면에서 3월 하순부터 발생이 시작되나 발생량이 가장 많은 여름잡초는 5월에 많이 발생하여 7월에 최대 생장을 보인 후 점점 감소한다.

5월에 과수원에 발생한 우점잡초는 메꽃, 쑥, 선씀바귀, 조뱅이, 냉이, 강아지풀, 명아주, 토끼풀, 바랭이 등이며, 7월에는 바랭이가 가장 우점 발생하였고 그다음이 강아지풀, 쇠비름, 개비름, 여뀌, 깨풀, 참억새 등이고, 9월에는 바랭이, 쇠비름, 여뀌, 깨풀 순으로 우점하며 뚜껑별꽃, 속속이풀, 한련초 등도 발생한다고 한다(김 등, 1982).

우리나라 전 지역의 과수원에는 밭에 발생하는 모든 잡초가 발생하며 우점초종은 바랭이, 비름류, 명아주, 망초, 여뀌, 쑥, 강아지풀, 방동사니류 등으로 알려져 있다. 평야지에서는 일년생 잡초가 우점하며 채광이 좋을수록 바랭이와 같은 화본과가 우점하고 경사지일수록 쑥과 같은 숙근성 잡초가 우점한다고 한다.

최근 과수원에 퇴비 사용, 특정 제초제 연용 등에 따른 저항성 잡초가 발생하고 있어 제초제 사용에 주의가 필요하다. Glufosinate 계열에 저항성을 보이는 잡초로는 닭의장풀, 깨풀, 개밀, 속속이풀 등이 있고, 개망초, 소리쟁이류, 쑥, 왕바랭이, 단풍잎돼지풀, 가시비름 등은 Glyphosate 저항성 잡초로서, 방제가 쉽지 않다.

2) 과수원의 잡초방제법

과수원의 잡초방제에서 사과, 배, 복숭아 등은 같은 방법으로 방제가 가능하며 사과밭에 사용 가능한 제초제는 배, 복숭아 등에도 확대 사용토록 되어 있다. 그러나 감귤이나 포도는 재배의 특수성 때문에 새로 적용확대 시험을 거쳐서 사용한다.

과수원의 입지조건상 경사지 등의 잡초는 완전히 제거하는 것보다는 초생법(草生法)으로 관리·방제하는 것이 표토의 유실을 막는 데 유효하다. 초생법이란 보통 때는 초장이 짧은 화본과 잡초를 남겨 초생상태로 표면을 유지하면서, 5월 전후 한 달 동안에 걸쳐서는 비료와의 경합 피해를 줄이고 7~8월 약 두 달간은 수분과의 경합 피해를 줄이기 위한 목적으로 잡초의 지상부를 억제 또는 방제하는 방법이다. 이때 지하부는 살아 있게 하는 것이 특징적이다. 과수원(사과, 배, 포도) 잡초의 효과적인 방제체계는 그림 15-4와 같고 크게 3종류의 체계처리가 가능하며 발생초종에 따라 적절한 체계를 선정하여 사용하면 된다.

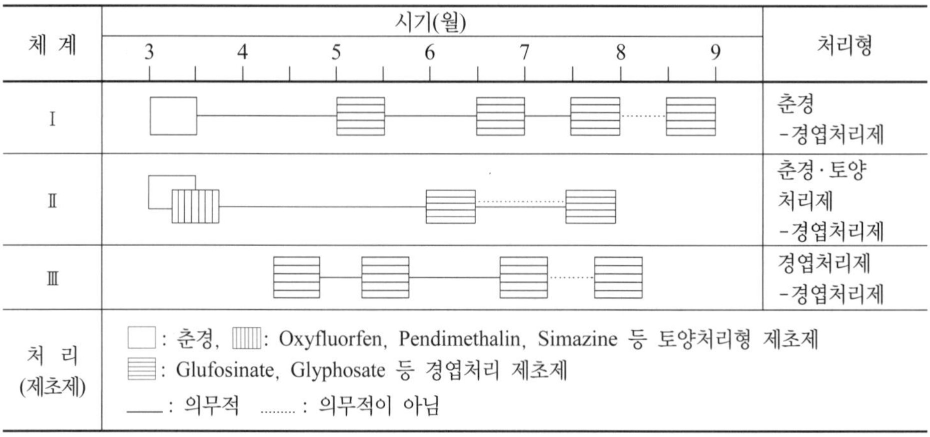

[그림 15-4] 과수원 잡초방제체계

예를 들면 평야지에서는 3월 하순경에 퇴비를 준 후 1차 경운을 하면 5월 중·하순경에 상당량의 잡초가 발생하는데, 이때에 비선택성 경엽처리 제초제인 Glufosinate, Glyphosate 등을 살포하고 발생량에 따라 6~8월에 이들 제초제를 1회 더 살포하면 비교적 잡초 피해 없이 과수농사를 지을 수 있다. 그 밖에 Glyphosate와 유사한 작용특성을 지닌 Glufosinate가 등록되어 있다. 또 다른 방제법은 5월에 비선택성 경엽처리 제초제와 잡초 발생 전 토양처리 제초제를 혼용처리하고 6~8월에 발생한 초종에 따라 적절히 비선택성 제초제를 1~2회 더 살포한다. 부분적으로 숙근초가 발생한 경우 비선택성 이행형 제초제인 Glyphosate와 같은 경엽처리 제초제로 점처리(點處理, spot weeding)하면 효과적인 방제가 기대된다. 그러나 비선택성 제초제는 낮은 압력으로 살포하여 제초제가 나무나 나뭇잎에 닿지 않도록 하여야 약해를 면할 수 있음을 유의해야 한다. 잡초 발생 전 토양처리형 제초제로서 밭에 사용되는 모든 제초제가 사용 가능하나 현재 과수원 잡초방제용으로 사용되고 있는 제초제는 Indaziflam(상품명: 알리온 액상수화제), Oxyfluorfen, Pendimethalin 등이 있다. 특히, Indaziflam은 토양 내 잡초가 없는 상태에서 약제를 처리해야만 약효가 오랫동안 지속되기 때문에 처리 전 이미 발생한 잡초를 반드시 제거하고 약제처리를 해 주어야 한다. 3월 하순에 1차 경운한 후 토양처리형 제초제를 처리하면 두 달 정도는 잡초발생억제 효과가 있으므로 그 후에 발생하는 잡초는 경엽처리형 제초제를 1~2회 처리하면 효과적인 방제가 가능하다. 특히 Oxyfluorfen(상품명: 고올)은 3개월 이상 잡초발생을 억제하는 뛰어난 약효가 있으며 그 후에 발생하는 잡초는 비선택성 제초제로 점처리하면 효과적인 방제가 가능하다. Oxyfluorfen 처리 후에 비가 올 경우 빗방울이 튀면서 접촉한 부분에만 약해 반점이 생긴다. 우려할 바는 아니나 처리 시에 유의하여야 한다.

2018년에 국내에서 개발된 Tiafenacil(상표명: 테라도골드/테라도플러스 액상수화제) 또한 강우에 의해 빗방울이 튀게 되면 접촉된 잎에 반점이 생기거나 잎이 고사한다.

감귤에는 Napropamide, Oxyfluorfen, Terbuthylazine 등이 잡초 발생 전 토양처리용으로 사용되며, Glyphosate, Glufosinate 등이 잡초생육기 경엽처리제로 사용되고 있다. 이들 약제는 잎과 접촉되지 않도록 유의하여 살포해야 한다. 포도에는 Dichlobenil, Oxyfluorfen 등을 과수 눈트기 2주 전까지 사용해야 하고 잡초생육기에 Glufosinate, Glyphosate 등을 경엽처리한다. 이 외에도 밭에 사용하는 많은 제초제를 과원의 잡초 발생 전 토양처리형 제초제로 확대 적용할 수 있으리라 믿어진다.

(2) 뽕밭

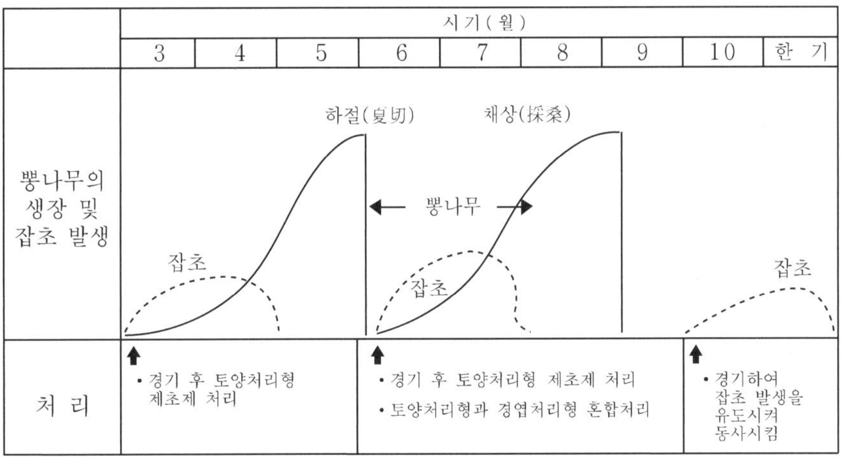

[그림 15-5] 뽕나무의 잡초방제체계(宮原 등, 1982)

뽕밭의 면적은 점점 감소하고 있으나 뽕은 우리나라 일부 지역에서 여전히 재배되고 있다. 뽕밭의 잡초는 뽕잎이 나오기 전인 3~4월과 뽕잎을 따 버린 후인 6월에 제초하는 것이 효과적이고 안전하다. 그림 15-5는 뽕밭의 제초체계를 나타낸 것으로, 뽕잎이 나오기 전에 경운하고 토양처리제를 살포하면 효과적인 방제가 기대된다. 6월에 뽕잎을 따고 가지를 절단해 버린 후 뽕밭에 발생하는 잡초는 3~4월에 발생하는 것보다 양이 많고 또 뽕나무에서 새로운 눈(芽)이 빨리 나오게 되므로 안전하게 방제하기가 어렵다. 6월에도, 경운하고 잡초 발생 전 토양처리제를 살포하거나 잡초가 어느 정도 발생한 경우에는 경엽처리제와 토양처리제를 혼용하여 뽕잎에 묻지 않도록 골에다 처리하면 효과적인 방제를 기대할 수 있다(宮原 등, 1982).

뽕밭에 사용 가능한 토양처리형 제초제는 밭작물에 사용하는 것 가운데서 적용을 확대할 수 있을 것이다. 그중 Alachlor, Pendimethalin, Simazine 등은 뽕잎이 나오기 전이나 뽕잎 수확 후

하벌 직후에 밭을 갈고 잡초 발생 전에 처리하는 토양처리형 제초제이다.

15.8 비농경지의 잡초방제

(1) 비농경지의 특성

비농경지(非農耕地)란 농·임산물을 생산하지 않는 주택지, 공공용지(도로, 철로, 공원, 운동장 및 학교부지 포함), 수면 및 기타 하천부지로, 전체 면적의 약 10%를 점유하고 있다. 비농경지의 특성과 잡초방제에 대해 김(1983)이 보고한 것을 요약하여 설명하고자 한다. 비농경지는 다음과 같은 제 특성을 갖고 있다.

① 경운·정지되지 않았기 때문에 잡초의 종류가 많고, 방치된 채 다년간 경과하면 다년생 잡초 등이 악성 또는 우점잡초가 되며 이들 잡초를 제거하기 위해서는 강력한 살초력을 지닌 비선택성 제초제의 살포가 요망된다.
② 잡초의 발생 시기가 일정하지 않다.
③ 작물이 없는 상태가 대부분이므로 언제든지 비선택성 제초제를 사용할 수 있으며 사용 시기의 제한이 없다.
④ 지표면에 아무것도 심겨져 있지 않아 잡초의 발아에 항상 좋은 조건(광, 온도, 산소)이므로 잔효기간이 긴 토양처리형 제초제를 살포할 수 있다.
⑤ 후작을 염려할 필요가 없으므로 잔효기간이 긴 제초제의 처리가 요망된다.
⑥ 다년생 잡초를 뿌리까지 고사시킬 수 있으며 재생되지 않게 하는 이행형 제초제의 효과가 기대된다.

(2) 비농경지의 잡초해

농경지에 발생하는 잡초는 작물의 생육을 억제하여 수량을 감소시키나 비농경지에 발생하는 잡초는 인간이 생활하는 데 여러 형태로 피해를 주고 있다. 비농경지 잡초의 주요한 피해양상은 다음과 같다.

① 인간생활에 여러 형태로 피해를 주는 해충·병균 등의 기주(寄主, host) 역할을 한다.
② 수로 등에 발생한 잡초는 물 이용에 어려움을 준다.

③ 시야를 가려 교통사고의 원인이 되기도 하며 빈터에 번무한 잡초는 겨울 동안에 화재의 원인이 되는 경우도 있다.
④ 돼지풀과 환삼덩굴의 화분은 사람에게 알레르기 반응을 유발한다.
⑤ 철도변이나 고속도로변에 번무한 잡초들은 미관을 크게 해친다.

(3) 비농경지의 주요 발생잡초

습지에서 발생되는 잡초를 제외한, 밭에서 발생되는 대다수의 잡초는 비농경지에 발생할 수 있는 것으로 추정된다. 비농경지의 잡초발생량은 그림 15-6과 같으며 여름에 발생하는 잡초량이 가장 많고 그다음이 봄, 가을이다. 비농경지에 발생하는 주요 잡초를 소개하면 다음과 같다.

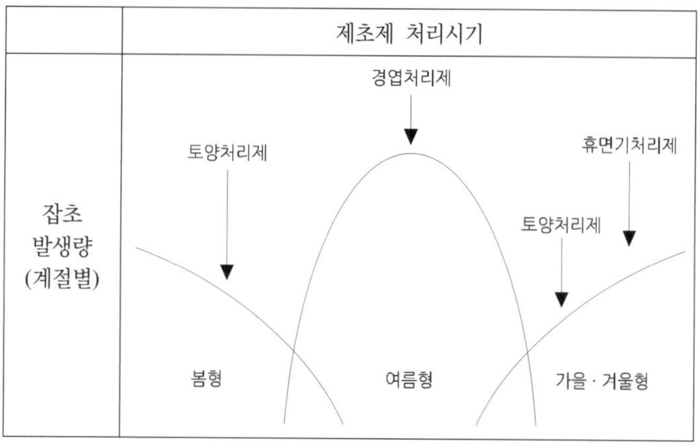

[그림 15-6] 밭 및 밭 주변의 계절적 잡초발생량 및 제초제 처리시기

① 봄·여름에 발생하는 일년생 잡초: 바랭이, 왕바랭이, 강아지풀, 개비름, 쇠비름, 개여뀌, 매듭풀, 돼지풀, 명아주, 닭의장풀 등
② 월년생 또는 동계 일년생 잡초: 새포아풀, 개망초, 망초, 갈퀴덩굴, 광대나물, 달맞이꽃, 냉이 등
③ 다년생 잡초: 참억새, 띠, 칡, 갈대, 미역취, 쑥, 참소리쟁이, 쇠뜨기 등

(4) 비농경지의 잡초군락 천이

비농경지는 농경지와는 다르게 경운·정지작업이 되지 않기 때문에 잡초군락이 주로 다년생으로 되어 있으며, 경운·정지 후 휴한하면 처음에는 일년생 잡초가 주로 발생하다가 3~4년 지나면 다년생 초종으로 천이한다(표 15-15).

[표 15-15] 경운·정지된 토양을 휴한할 때 잡초군락의 천이

우점순위 \ 연차	1	2	3	4	수 년
1	일년생 잡초 (춘·하잡초)	월년생 잡초	월년생 잡초	다년생 잡초	관 목
2	-	일년생 잡초	일년생 잡초	월년생 잡초	다년생 잡초
	-	-	다년생 잡초	일년생 잡초	-
천이의 방향	자연상태 →				
	← 과학기술의 도입(잡초방제법 이용)				

(5) 비농경지의 잡초방제

자연상태에서는 잡초의 천이가 자발적으로 절정식생(絶頂植生, climax vegetation)화하는데, 작물에 있어서 잡초방제란 자연천이의 역방향으로 진행해야 하므로 우선 다년생부터 철저히 방제하고 그다음에 일년생순으로 방제한다. 주요 방제법은 다음과 같다.

① 소각하거나 예취 등의 방법으로도 방제 가능하나 이들 방법은 사용 장소에 제한이 있다.
② 일년생 잡초가 우점하는 비농경지에는 잡초 발생 전 토양처리용 제초제나 잡초 발생 후 생육기에 처리하는 경엽처리제를 사용한다. 외국에서는 토양처리용 제초제의 요소계 Diuron, 트리아진계의 Atrazine, Simazine 등을 사용하거나 과수원에 처리 가능한 제초제를 사용할 수 있다. 우리나라에서는 Dichlobenil, Dichlobenil+Butachlor, Oxyfluorfen, Dichlorbenil/Imazaquin 등의 토양처리제와 Dicamba, Glyphosate, Glufosinate, Imazapyr 등의 경엽처리제가 등록되어 있다.
③ 다년생 잡초의 발생 초종에 따라 특정 제초제에 대한 저항성 잡초를 방제하는 전문 제초제로는 경엽처리제인 피리딘계의 Fluroxypyr-meptyl+Triclopyr-TEA(상표명: 하늘아래 미탁제)와 비선택성의 Glufosinate, Glyphosate와 세포막 저해제(PPO)가 혼합된 형태의 비선택성 제초제가 효과가 있다.

15.9 임목지의 잡초방제

우리나라의 임야지(林野地) 총면적은 653만 ha로서 국토의 약 66%를 점유하고 있다. 따라서 이들을 경제림(經濟林)으로 조성하는 것은 큰 의미가 있다.

임목지는 작물재배지와는 달리 다양한 식생이 존재하므로 이들을 관리하면서 잡초방제를 해야 하는 어려움이 있고, 또 숙근성(宿根性)식물이 많은 것이 특징이다. 경제림의 조성과 관련된 잡초방제에 대하여 권 등(1987)은 ① 묘목생산 시의 잡초방제, ② 조림지에 묘목을 재식하기 위하여 실시하는 지존작업(地存作業, site of preparation)상의 잡초방제, ③ 유목이 성장할 수 있도록 수년간 실시하는 하예(下刈), 만절(蔓切)작업 및 지존 시 제거되었던 잡·관목의 재생방제, ④ 육림상 대경재(大徑材)를 얻기 위하여 실시하는 지타(枝打), 간벌(間伐) 작업에 있어서의 잡초방제, ⑤ 천연조림지에서의 벌채보조 또는 수종갱신, 임야에서의 벌채보조 내지 재생산관리 시의 잡초방제 등으로 나눴다.

1962년부터 1984년까지 육성된 묘목수는 9,028백만 주에, 식재된 면적은 356만 ha이나 불행히도 현재까지 임업 묘포용으로 등록허가된 제초제는 하나도 없다. 일반식생지에서 조림지를 조성하기 위해 Glyphosate를 살포하였더니 잡초의 90% 이상이 고사되어 하예 작업을 하지 않아도 되는 생력효과가 있었다고 한다(김 등, 1983). 조림지에서의 하예와 만절 작업은 묘목을 식재한 후 그해 여름 또는 이듬해부터 유목이 잘 자라도록 수년간 잡초, 잡·관목의 재상, 만경(蔓莖)식물과의 경합 압력을 없애 주는 것을 말한다(권 등, 1987).

2021년 현재 조림지 및 생활권 주변 수목류에 문제가 되고 있는 칡, 아까시나무, 산딸기, 찔레꽃 등을 방제할 때는 숲 가꾸기 덩굴 제거 관련법 중 '지속가능한 산림자원 관리지침'을 따라야 하는데, 이 지침에 등록된 제초제로는 Fluroxypyr-meptyl+Triclopyr-TEA(상표명: 하늘아래 미탁제)와 Glyphosate가 있다. 이 가운데 산림 내 경엽살포를 할 수 있는 약제는 Fluroxypyr-meptyl+Triclopyr-TEA가 유일하고, 칡을 방제하기 위해 원액을 주입할 수 있는 약제는 Fluroxypyr-meptyl+Triclopyr-TEA와 Glyphosate가 있다.

15.10 수생계의 잡초방제

수생계에 대해서는 이미 제10장 3절에서 언급하였으므로 앞 장을 참조하기 바란다. 수생계는 인간에게 없어서는 안 될 물을 공급해 주는 원천이고 또 그곳에는 유익한 수자원이 존재하므로 인간에게 무익한 식물은 방제되어야 할 것이다.

온대지방에 위치한 우리나라는 열대지방의 경우처럼 수생지에 발생하는 잡초가 심각한 문제가 되지는 않는다. 따라서 저수지의 유해잡초나 관개수로에 발생하는 잡초가 우리의 관심이자 방제의 대상이다. 특히 관개수로에는 나도겨풀, 물풀, 갈대, 여뀌, 고마리 등의 잡초가 많이 발생하고 물속에는 말, 붕어마름, 물수세미, 나사말, 마름 등이 주로 발생한다(卞 등, 1985).

그 밖에도 수로의 위치에 따라 논 및 논 주변에도 잡초가 발생한다. 이들 잡초는 적절히 방제되지 않으면 이듬해 관개 시에 논에 유입되어 잡초 발생원이 된다. 잡초의 예방적 방제법에서 이미 설명한 것처럼 잡초의 발생원을 없애는 것은 잡초방제에서 매우 중요하다.

관개수로나 수로 주변에 발생하는 잡초는 첫째로 예취(刈取, mowing)하는 방법이 있다. 이 방법은 생장을 절단하는 방제법으로, 특히 개화 전후에 잡초를 절단하면 이듬해의 발생원을 크게 억제시킨다. 둘째로 소각(燒却, burning)하는 방법이 있는데, 가을에 수로의 물이 마른 후 잡초가 건조되어 있는 시기에 잡초의 종자를 포함한 식물체 전부를 소각하므로 이듬해의 발생을 크게 억제시키는 예방적 방제법이 된다. 끝으로 제초제 사용 방법을 들 수 있다. 현재 관개수로 및 그 주변에 사용하기 위하여 추천된 제초제는 없는 실정이다.

외국에서는 수생지의 잡초방제용으로 Dichlobenil, Diquat, Diuron, Endothall, Fenac 등과 무기제초제인 Copper sulfate 등을 사용하고 있다. 우리나라에서는 수생지의 잡초방제에 대한 연구가 미진하므로 먼저 수생지별 잡초 발생 상태를 조사하고 이를 근거로 하여 환경보존 측면에서 문제가 없는 약제를 검토해야 할 것이다.

참고문헌

1. 농업사용지침서. 2006. 농약공업협회, pp.636-923.
2. Cho, C.Y. and B.K. Kim. 1968. Studies in the methods for promoting the germination of sod seeds. Korean J. Crop Sci. 4: 125-129.
3. 江口末馬. 1987. 水田多年生雜草の生態(ウソカワ). Du Pont Japan, Ltd., pp.13-18.
4. 엄기태. 1983. 벼 수확후 토양관리가 내년 수확량 좌우. 농약과 식물보호.
5. 伊藤一幸. 1987. 水田多年生雜草の生態(オモダカ). Du Pont Japan, Ltd., pp.33-38.
6. 笠原安夫. 1982. 日本雜草圖說. 養賢堂, p.356.
7. 김도경·김종원·박승걸·오민영·김태왕·이원열. 1983. 제초제에 의한 지도·하예만공작업의 성력화시험. 임업시업장보고 30: 89-107.
8. 김동암. 1987. 산지초지화의 문제점과 개선방향. 한국농업과학협회 8: 129-138.
9. 김길웅. 1983. 비농경지의 특성과 잡초방제. 농약과 식물보호 2: 7-14.
10. 김길웅·김달웅. 1981. 한국야생잔디의 재배기술확립을 위한 연구. 제1보 주요 잡초조사 및 방제법구명. 한국잡초학회지 1(1): 78-83.
11. 김길웅·변종영·구자옥·신동현. 1982. 과수원 주요 잡초 및 Oxyfluorfen의 방제 효과 한국잡초학회지. 2(1): 57-52.
12. 김길웅·손재근·신동현·김경민·이인중. 1998. RAPD Marker를 이용한 피수집 종의 유연관계 분석. 한국잡초학회 18(1): 76-83.
13. 김길웅·신동현·김동균. 1985. 답리작 양파 및 마늘포의 주요 잡초와 경합. 한국잡초학회지. 5(2): 114-120.
14. 권용웅. 1971. 한국의 사료작물재배상 잡초방제를 위한 小考. 한국작물학회지 23(3): 223-245.
15. 권용웅·황석중·전재철. 1987. 육림, 잡초관리 및 산지원운작물에서의 잡초방제. 한국농과학협회 8: 165-184.
16. 宮原益次·中山兼德. 1982. 除草劑の便い方便覽. 農山漁村文化協會. pp.243-346.
17. 박재읍 외 10명. 2002. 최근 논잡초 발생 특성 및 군락변동. 한국잡초학회지. 22(3): 272-279.
18. 박태식. 1987. 산림 자원화를 위한 다목적 산림생산. 한국농업과학협회 8: 62-78.

19. 변종영 · 이규승 · 이종식. 1985. 수생식물을 이용한 수자오염원제법에 관한 연구. 한국잡초학회지 5(2): 143-148.
20. Yabuno, T. 1983. Biology of Echinochloa species. In Weed Control in Rice IRRI/IWSS. pp.307-318.
21. 영남농업현장 보고서 1993, 1994, 1995, 1996. 영남농업시험장 발간.
22. 竹川昌和. 1987. 水田多年生雜草の生態(ヒルムツロ). Du Pont Japan, Ltd. pp.57-62.
23. 山岸淳. 1987. 水田多年生雜草の生態(ミスガセツリ). Du Pont Japan, Ltd. pp.25-32.
24. 渡辺寬明. 1987. 水田多年生雜草の生態(スツバイ). Du Pont Japan, Ltd. pp.19-24.
25. Michael, P. W. 2003. Taxonomy of Echinochloa spp. In K. U. Kim and R. Labrada (eds). Echinochloa Control in Rice. Kyungpook National University, Daegu, Korea.
26. 표준통계수치. 2000. 통계청.
27. 김길웅. 2004. 골프장 잡초방제의 이론과 실무. 2004년 골프장 관리장비 · 기자재 전시회 및 학술세미나 보고서.
28. 태현숙. 2004. 골프장 문제잡초의 특성과 방제전략. 2004년 골프장 관리장비 · 기자재 전시회 및 학술세미나 보고서.

찾아보기

[부록] 잡초방제용 제초제(2020년)

품목명		상품명	사용 적기	적용 병해충
감	글리포세이트이소프로필아민 액제	풀쎈	잡초가 충분히 자랐을 때 잡초 경엽에 처리	일년생잡초 및 숙근잡초
	글루포시네이트암모늄·티아페나실 액상수화제	티나골드	잡초생육기	일년생잡초 및 다년생잡초
	티아페나실·글리포세이트이소프로필아민 액상수화제	티나프로		
	글리포세이트이소프로필아민·트리클로피르티이에이 액제	풀다이		
감(단감 포함)	글리포세이트이소프로필아민 액제	근사미,근초대왕,금새미,대유글라신,몬산토클래식,선문뉴글라신,성보글라신,신농글라신,아리글라신,유원글라신,유일글라신,인바이오글라신,제이케이마간클래식,지심왕,초애신,케이글라신,티글라신,푸레원글라신,풀감초,풀마타,풀쎈,풀오버,풀자비	잡초가 충분히 자랐을 때	일년생잡초 및 숙근잡초
	글루포시네이트암모늄 액제	골따라,내비풀,네버풀	잡초생육기	일년생잡초 및 다년생잡초
	글리포세이트이소프로필아민·피라플루펜에틸 액상수화제	뉴풀마기		
	글리포세이트암모늄·옥시플루오르펜 입상수화제	대장군		
	글루포시네이트암모늄 액제	레드존,맨스타,바스타,밭다매,빨간풀,삭술이,신스타,잡초자비,잡초카트,제초스타,초전사,큐스타,풀제로,바로타,잡초탄		
감귤	글리포세이트암모늄 액제	강초타	잡초생육기	일년생잡초 및 다년생잡초
	글루포시네이트암모늄 액제	네버풀		
	글리포세이트이소프로필아민·피라플루펜에틸 액상수화제	뉴풀마기		
	글루포시네이트암모늄 액제	다보풀커트		
	글리포세이트이소프로필아민·메코프로프 액제	대유풀박멸		
	글리포세이트암모늄·옥시플루오르펜 입상수화제	대장군		
	글루포시네이트암모늄 액제	맨스타,발리간, 세라스타	잡초가 발생되었을 때	일년생잡초 및 다년생잡초
	글리포세이트암모늄 액제	스파크,위니아위드	잡초생육기	
	글루포시네이트암모늄 액제	신스타	잡초생육기	
	글루포시네이트암모늄 액제	빨간풀	잡초생육기	
	글루포시네이트암모늄 액제	잡초자비,잡초카트,잡초탄	잡초가 발생되었을 때	
	글루포시네이트암모늄 액제	제초스타	잡초생육기	
	글리포세이트이소프로필아민·옥시플루오르펜 액상수화제	줌머	잡초생육기	
	글루포시네이트암모늄 액제	초전사		
	글리포세이트이소프로필아민·옥시플루오르펜 미탁제	초토화		
	글리포세이트암모늄 액제	카라풀		
	글루포시네이트암모늄 액제	큐스타		
	글리포세이트이소프로필아민·옥시플루오르펜 액상수화제	태우미		
	글루포시네이트암모늄·티아페나실 액상수화제	티나골드		
	티아페나실·글리포세이트이소프로필아민 액상수화제	티나프로		
	글리포세이트암모늄 액제	티오피,하이로드	잡초생육기	일년생잡초 및 다년생잡초

<table>
<tr><th colspan="2">품목명</th><th>상품명</th><th>사용 적기</th><th>적용 병해충</th></tr>
<tr><td rowspan="10">감귤</td><td>글루포시네이트암모늄 액제</td><td>골따라,내비풀</td><td>잡초생육기</td><td rowspan="6">일년생잡초</td></tr>
<tr><td>나프로파마이드 수화제</td><td>노풀들,데브리놀골드</td><td>잡초 발생 전</td></tr>
<tr><td>글리포세이트포타슘 액제</td><td>터치다운아이큐</td><td>잡초생육기</td></tr>
<tr><td>글루포시네이트암모늄 액제</td><td>티아스타</td><td>잡초생육기</td></tr>
<tr><td>나프로파마이드 수화제</td><td>파미놀,팜한농파미드</td><td>잡초 발생 전</td></tr>
<tr><td>글루포시네이트암모늄 액제</td><td>풀제로,풀직방,프로비스타</td><td>잡초생육기</td></tr>
<tr><td>플루미옥사진·글리포세이트이소프로필아민 액상수화제</td><td>레이저</td><td rowspan="3">잡초생육기</td><td rowspan="3">일년생 및 다년생잡초</td></tr>
<tr><td>인다지플람·글루포시네이트암모늄 액상수화제</td><td>엑손</td></tr>
<tr><td>글루포시네이트암모늄 액제</td><td>타랑</td></tr>
<tr><td>이사-디 액제</td><td>이사디아민염</td><td>광엽잡초 생육초기</td><td>광엽잡초</td></tr>
<tr><td rowspan="30">감귤밭</td><td>티아페나실 액상수화제</td><td>건조엔테라도</td><td rowspan="3">잡초생육기</td><td rowspan="3">일년생잡초 및 다년생잡초</td></tr>
<tr><td>글루포시네이트암모늄 액제</td><td>굿팜</td></tr>
<tr><td>글루포시네이트-피 액제</td><td>바로바로</td></tr>
<tr><td>인다지플람 액상수화제</td><td>알리온</td><td>잡초 발생 전</td><td>일년생잡초 및 다년생잡초</td></tr>
<tr><td>글루포시네이트-피 액제</td><td>자쿠사</td><td rowspan="24">잡초생육기</td><td rowspan="24">일년생잡초 및 다년생잡초</td></tr>
<tr><td>글루포시네이트암모늄 액제</td><td>제초스타,지퍼,초전사</td></tr>
<tr><td>글루포시네이트암모늄·엠시피에이 액제</td><td>퀵스타</td></tr>
<tr><td>티아페나실 미탁제</td><td>테라도</td></tr>
<tr><td>글루포시네이트암모늄·티아페나실 액상수화제</td><td>테라도골드</td></tr>
<tr><td>글리포세이트이소프로필아민·티아페나실 액상수화제</td><td>테라도플러스</td></tr>
<tr><td>글리포세이트이소프로필아민·사플루페나실 액상수화제</td><td>푸레스타</td></tr>
<tr><td>벤타존소듐·글루포시네이트암모늄 액제</td><td>풀마름</td></tr>
<tr><td>글루포시네이트암모늄·트리클로피르티이에이 액제</td><td>풀약</td></tr>
<tr><td>글리포세이트이소프로필아민·엠시피에이 액제</td><td>풀파워</td></tr>
<tr><td>글루포시네이트암모늄 액제</td><td>하이스타플러스</td></tr>
<tr><td>글리포세이트암모늄 액제</td><td>하이펀치</td></tr>
<tr><td>글리포세이트포타슘 액제</td><td>맥스로드</td></tr>
<tr><td>글리포세이트암모늄·엠시피에이 액제</td><td>메가톡스</td></tr>
<tr><td>글루포시네이트암모늄·엠시피에이 액제</td><td>버너</td></tr>
<tr><td>글리포세이트암모늄·엠시피에이 액제</td><td>상장군</td></tr>
<tr><td>글리포세이트이소프로필아민·트리클로피르티이에이 액제</td><td>풀다이</td></tr>
<tr><td>글리포세이트암모늄 액제</td><td>하이펀치</td></tr>
<tr><td>플루티아셋메틸·글루포시네이트암모늄 미탁제</td><td>확타</td></tr>
<tr><td>트리클로피르티이에이 액제</td><td>뉴갈론</td><td>광엽잡초 생육초기</td><td>광엽잡초(들묵새)</td></tr>
<tr><td>메코프로프 액제</td><td>영일엠시피피</td><td>광엽잡초 생육초기</td><td>광엽잡초</td></tr>
<tr><td rowspan="4">감밭</td><td>티아페나실 액상수화제</td><td>건조엔테라도</td><td rowspan="2">잡초생육기</td><td rowspan="4">일년생잡초 및 다년생잡초</td></tr>
<tr><td>글루포시네이트-피 액제</td><td>바로바로,자쿠사</td></tr>
<tr><td>디클로베닐 입제</td><td>카소론</td><td>잡초 발생 전</td></tr>
<tr><td>글리포세이트포타슘 액제</td><td>터치다운아이큐</td><td>잡초생육기</td></tr>
</table>

품목명		상품명	사용 적기	적용 병해충
감밭	티아페나실 미탁제	테라도		
	글루포시네이트암모늄·티아페나실 액상수화제	테라도골드		
	글리포세이트이소프로필아민·티아페나실 액상수화제	테라도플러스		
	글리포세이트이소프로필아민·사플루페나실 액상수화제	푸레스타	잡초생육기	일년생잡초 및 다년생잡초
	글루포시네이트암모늄·트리클로피르티이에이 액제	풀약		
	글리포세이트포타슘 액제	맥스로드		
	플루티아셋메틸·글루포시네이트암모늄 미탁제	확타		
	인다지플람 액상수화제	알리온	잡초 발생 전	
감자	글루포시네이트암모늄 액제	골따라	잡초생육기 밭고랑(휴간) 잡초	일년생잡초(휴간)
	세톡시딤 유제	나브	화본과 잡초 2~4엽기	일년생잡초(화본과)
	플루아지포프-피-뷰틸 유제	뉴원싸이드	화본과잡초 3~5엽기	
	클레토딤 유제	셀렉트		
	플루아지포프-피-뷰틸 유제	젠스필드		
	알라클로르 입제	경농알라	직파재배작물은 씨앗을 덮은 다음 3~4일이내, 이식재배작물은 이식직전부터 이식후 3~4일이내	일년생잡초
	알라클로르 유제		직파재배작물은 씨앗을 덮은 다음 3~4일 이내, 이식재배작물은 이식 1~2일전 또는 이식후 5일 이내	
	나프로파마이드 수화제	노풀들	노지재배:1.직파작물:파종후, 3일이내(잡초 발생 전), 2.이식작물:이식 2~3일전(잡초 발생 전), 비닐피복재배:비닐피복전(잡초 발생 전)	
	펜디메탈린 유제	대유펜디, 데드라인	파종복토후 또는 정식후 3~4일이내	일년생잡초
	나프로파마이드 수화제	데브리놀골드	노지재배:1.직파작물:파종후 3일이내(잡초 발생 전), 2.이식작물:이식 2~3일전(잡초 발생 전), 비닐피복재배:비닐피복전(잡초 발생 전)	
	알라클로르 입제	동방알라	직파재배작물은 씨앗을 덮은 다음 3~4일이내, 이식재배작물은 이식직전부터 이식후 3~4일이내	
	알라클로르 유제		직파재배작물은 씨앗을 덮은 다음 3~4일 이내, 이식재배작물은 이식 1~2일전 또는 이식후 5일 이내	
	에스-메톨라클로르 유제	둥실,듀알골드,밭대장,손펴네,슈퍼장군,페넌트 매그넘	파종복토후 3일이내	
	메톨라클로르·펜디메탈린 유제	듀스,위드큐	파종복토 후(잡초 발생 전)	
	에스-메톨라클로르 입제	둥실,듀알골드,밭대장	파종복토후 3일이내	
	알라클로르 유제	라쏘,삼공알라,선문알라,아리알라	직파재배작물은 씨앗을 덮은 다음 3~4일 이내, 이식재배작물은 이식 1~2일전 또는 이식후 5일 이내	

품목명		상품명	사용 적기	적용 병해충
감자	알라클로르 입제		직파 재배작물은 씨앗을 덮은 다음 3~4일이내, 이식재배작물은 이식직전부터 이식후 3~4일이내	
	펜디메탈린 입제	마이웨이,스톰프	파종복토후 3일이내	
	옥사디아존·펜디메탈린 유제	맨티스	파종복토후	
	글루포시네이트암모늄 액제	바로타	잡초발생기	
	메톨라클로르 입제	바테스타,서두러,아리올킬,젠토풀제거	파종복토후	
	펜디메탈린 유제	바테풀,성보네,스톰프,아리펜디,인바이오펜디,펜디스타,푸레싹,풀나지마,피에스펜디	파종복토후 또는 정식후 3~4일이내	
	글루포시네이트암모늄 액제	삭술이,잡초탄	잡초발생기	
	디메테나미드-피·펜디메탈린 유제	상지기	파종복토후 3일이내	
	알라클로르 유제	성보알라,알쏘라	직파재배작물은 씨앗을 덮은 다음 3~4일 이내, 이식재배작물은 이식 1~2일전 또는 이식후 5일 이내	
	메트리뷰진 수화제	센코	감자를 심고 복토직후부터 감자싹이 지상부에 나오기 전까지	
	나프로파마이드 수화제	슈퍼데브리놀,영일파미드,인바이오파미드,파미놀,팜한농파미드	노지재배:1.직파작물:파종후 3일이내(잡초 발생 전), 2.이식작물:이식 2~3일전(잡초 발생 전), 비닐피복재배:비닐피복전(잡초 발생 전)	
	펜디메탈린 캡슐현탁제	스톰프	파종복토후 3일이내	
	에탈플루랄린 유제	쏘나란		
	리뉴론·티오벤카브 유제	아시매		
	리뉴론 수화제	아파론,한사리		
	글루포시네이트암모늄·티아페나실 액상수화제	티나골드	잡초생육기 밭고랑(휴간)	
	리뉴론·펜디메탈린 유제	파트너	파종복토후 3~4일이내	
	알라클로르·펜디메탈린 유제	풀손	파종복토후 3일이내	
	디메테나미드-피 유제	프론티어골드	파종복토후 3~4일이내	
	옥사디아존·펜디메탈린 유제	해도지	파종복토후	
	티아페나실 미탁제	테라도	수확 10일전	건조제
감자밭	플루아지포프-피-뷰틸 유제	그래스다운,신싸이드	화본과잡초 3~5엽기	일년생잡초(화본과)
	프로파퀴자포프 유제	아질	잡초 3~5엽기	
	에스-메톨라클로르 입제	미리처	파종복토후 3일이내	일년생잡초
	글루포시네이트-피 액제	바로바로,자쿠사	잡초생육기	
	메타자클로르 액상수화제	바태바태	파종복토후 3일이내	
	나프로파마이드·펜디메탈린 입제	블랙초		
	에스-메톨라클로르 유제	초간편,초깨비,풀에신	파종복토후 3일이내	
	플루티아셋메틸·글루포시네이트암모늄 미탁제	확타	잡초생육기	
	티아페나실 액상수화제	건조엔테라도	수확 10일전	건조효과
	펜디메탈린·티오벤카브 입제	달구지	파종복토후 3일이내	일년생잡초
	글루포시네이트암모늄·티아페나실 액상수화제	테라도골드	잡초생육기	
건답직파벼	펜디메탈린·프로파닐 유제	마르샤,샛별,길자비	피 2~3엽기시	일년생잡초(피,바랭이,여뀌,명아주,사마귀풀,가막사리)
	비페녹스·펜디메탈린 유제	자이언트	파종후 5일이내	일년생잡초(피,바랭이,속속이풀,알방동사니,여뀌)

품목명		상품명	사용 적기	적용 병해충
건답직파벼	벤타존·사이할로포프뷰틸 미탁제	정일품	피 4엽기이내	
	벤타존소듐·페녹사프로프-피-에틸 미탁제	단골	파종후 20일(피4엽기이내)	일년생잡초(피,바랭이,개기장,여뀌바늘,방동산이)및 다년생잡초(올챙이고랭이,너도방동산이,올방개)
	피리벤족심 유제	크린샷	파종후 20일	일년생잡초(피,물달개비,사마귀풀,알방동사니,가막사리,여뀌바늘,밭뚝외풀,자귀풀)
	비스피리박소듐 액제	나마니	파종후 20일(피 엽이내)	일년생잡초(피, 바랭이, 사마귀풀, 가막사리)
	페녹사프로프-피-에틸 유제	매드시,콜렉트	파종후 20일(피4엽기이내)	일년생잡초(피)
	프로폭시딤 유제	테트리스		
	뷰타클로르 유제	마세트,매끄란,부타,삼공부타,석권,아리부타,유일부타,풀헌터	파종후 3일 이내	일년생잡초
고구마	플루아지포프-피-뷰틸 유제	뉴원싸이드	화본과잡초 3~5엽기	일년생잡초(화본과)
	프로파퀴자포프 유제	아질	잡초 3~5엽기	
	알라클로르 유제	경농알라,동방알라,라쏘,삼공알라,선문알라,성보알라,아리알라,알쏘라	직파재배작물은 씨앗을 덮은 다음 3~4일 이내, 이식재배작물은 이식 1~2일전 또는 이식 후 5일 이내	일년생잡초
	알라클로르 입제	경농알라,동방알라,라쏘,삼공알라,선문알라,아리알라	직파 재배작물은 씨앗을 덮은 다음 3~4일이내 이식재배작물은 이식직전부터 이식후 3~4일 이내	
	펜디메탈린 유제	단초,데드라인,바테풀,성보네,스톰프,아리펜디,유원펜디,케이펜디,펜디스타,풀나지마,피에스펜디	삽식후 3일이내	
	글루포시네이트암모늄 액제	바스타	잡초생육기	
	글루포시네이트암모늄·티아페나실 액상수화제	테라도골드,티나골드	잡초생육기 밭고랑(휴간)	
고구마밭	글루포시네이트-피 액제	바로바로	잡초생육기 밭고랑(휴간)	일년생잡초
	메타자클로르 액상수화제	바태바태	삽식 후 3일이내	
	글루포시네이트암모늄 액제	삭술이	잡초생육기	
	글루포시네이트-피 액제	자쿠사	잡초생육기 밭고랑(휴간)	
	티아페나실 액상수화제	건조엔테라도	수확 7일전	건조효과
고추	펜디메탈린 유제	단초,대유펜디,데드라인,바테풀,스톰프,유원펜디,인바이오펜디,케이펜디,푸레싹,풀나지마,아리펜디,펜디스타,성보네,펜디스타,피에스펜디	정식 1~2일전	잡초, 일년생화본과 및 광엽잡초
	세톡시딤 유제	나브	화본과 잡초 3~5엽기	일년생잡초(화본과)
	프로파퀴자포프 유제	아질	잡초 3~5엽기	
	페녹사프로프-피-에틸 유탁제	푸로레	화본과잡초 3~5엽기	
	알라클로르 유제	경농알라,동방알라,라쏘,삼공알라,선문알라,성보알라,아리알라,알쏘라	직파재배작물은 씨앗을 덮은 다음 3~4일 이내, 이식재배작물은 이식 1~2일전 또는 이식 후 5일 이내	일년생잡초
	글루포시네이트암모늄 액제	골따라,바스타,삭술이,신스타,아리제스타,제초스타,초전사,풀제로	잡초생육기	
	나프로파마이드 수화제	노풀들,데브리놀골드,슈퍼데브리놀,영일파미드,인바이오파미드,파미놀,팜한농파미드	노지재배:1.직파작물:파종후 3일이내(잡초 발생 전),2.이식작물:이식 2~3일전(잡초 발생전), 비닐피복재배:비닐피복전(잡초 발생 전)	
	나프로파마이드 액상수화제	뉴데브리놀	정식전(비닐멀칭전)	
	펜디메탈린 입제	단초,마이웨이,스톰프	정식 1~2일전	

품목명		상품명	사용 적기	적용 병해충
고추	메톨라클로르·펜디메탈린 유제	듀스,위드큐	정식전(비닐멀칭전)	
	에스-메톨라클로르 입제	듀알골드	정식전(비닐피복전)	
	에스-메톨라클로르 유제	듀알골드	정식전(비닐피복전)	
	글루포시네이트암모늄 액제	맨스타	잡초생육기 밭고랑(휴간)	
	글루포시네이트암모늄 액제	바로타	잡초생육기 밭골(휴간)(비닐피복재배)(잡초)	
	메톨라클로르 입제	바테스타,서두러,아리올킬,전초전,젠토풀제거	정식전(비닐피복전)	
	메톨라클로르 유제	바테스타,전초전,젠토풀제거,풀타파		
	메톨라클로르 유탁제	밧가리		
	나프로파마이드 유제	블랙존,인바이오파미드	정식 또는 파종 복토 후 3일이내	
	나프로파마이드·펜디메탈린 입제	블랙초	정식전(비닐피복전)	
	삭술이,신스타,아리제스타,제초스타,초전사	티나골드	잡초생육기 밭고랑(휴간)	
	디메테나미드-피·펜디메탈린 유제	상지기	정식전(비닐피복전)	
	펜디메탈린 캡슐현탁제	스톰프	정식전(비닐피복전)	
	에탈플루랄린 유제	쏘나란	비닐멀칭(정식)전	
	글루포시네이트암모늄 액제	잡초탄,타랑	잡초발생기 밭고랑(휴간)(비닐피복처리)	
고추밭	페녹사프로프-피-에틸 유탁제	화본킬	화본과잡초 3~5엽기	일년생잡초(화본과)
	글루포시네이트암모늄 액제	굿팜,세라스타,제초스타,초전사,하이스타플러스	잡초생육기	일년생잡초
	펜디메탈린·티오벤카브 입제	달구지	정식전(비닐멀칭전)	
	나프로파마이드 입제	데브리놀골드		
	메톨라클로르·나프로파마이드 유제	롱런		
	메톨라클로르·나프로파마이드 입제	롱런		
	글루포시네이트-피 액제	바로바로,자쿠사	잡초생육기 밭고랑(휴간)	
	글리포세이트암모늄 액제	스파크	잡초생육기	
	플루티아셋메틸·글루포시네이트암모늄 미탁제	확타		
	페녹사프로프-피-에틸 분산성액제	푸레만	화본과잡초 3~5엽기	일년생 화본과잡초
고추밭(휴간)	글루포시네이트암모늄 액제	큐스타	잡초생육기 밭고랑(휴간)	일년생잡초
	글루포시네이트암모늄·티아페나실 액상수화제	테라도골드	잡초생육기	
	벤타존소듐·글루포시네이트암모늄 액제	풀마름	잡초생육기 밭고랑(휴간)	
과원	글리포세이트이소프로필아민 액제	근사미,근초대왕,금새미,대유글라신,선문뉴글라신,성보글라신,신농글라신,아리글라신,유원글라신,유일글라신,인바이오글라신,제이케이마간클래식,지심왕,초애신,케이글라신,티글라신,푸레원글라신,풀감초,풀마타,풀쎈,풀오버,풀자비	잡초가 충분히 자랐을때	잡초
구기자	펜디메탈린 입제	단초,마이웨이,스톰프	잡초발아전	일년생잡초
국화	글루포시네이트암모늄 액제	바스타	잡초생육기	일년생잡초
글라디올러스	펜디메탈린 입제	단초,마이웨이,스톰프	정식후 3일이내	일년생잡초
	메톨라클로르 입제	바테스타,서두러,아리올킬,전초전,젠토풀제거		
	오리잘린 액상수화제	써프란,오리팬디		
기계이앙벼	벤퓨러세이트·벤설퓨론메틸 입제	논풍	이앙후 10~13일	일년생잡초(피,물달개비,여뀌,밭뚝외풀,마디꽃)
	벤조비사이클론·펜트라자마이드·이마조설퓨론 입제	일다해	이앙동시	일년생잡초(피,가막사리,물달개비,밭뚝외풀,여뀌바늘,자귀풀) 및 다년생잡초(올방개,벗풀,올챙이고랭이)
	브로모뷰타이드·피리미설판 액상수	풀뚝	이앙후 15일	

품목명		상품명	사용 적기	적용 병해충
기계이앙 벼	화제			
	벤설퓨론메틸 · 벤조비사이클론 · 펜트라자마이드 입제	풀수색플러스	이앙동시	
	프레틸라클로르 입제	솔네트,솔네트엠,프레스토	이앙후 3~5일(써레질후 7일 이내)	일년생잡초(방동사니, 사마귀풀, 마디꽃)
	프레틸라클로르 유제	솔네트,프레스토	써레질직후(이앙전 2~3일)	일년생잡초(마디꽃,물달개비, 여뀌,피,사마귀풀,알방동사니, 밭뚝외풀)
	티오벤카브 입제	사단	이앙후 3~5일(써레질후 7일 이내)	일년생잡초
	벤퓨러세이트 · 벤설퓨론메틸 입제	논풍	이앙후 10~13일	다년생잡초(올방개,올챙이고랭이,너도방동사니,올미,벗풀, 가래)
	피리벤족심 유제	크린샷	이앙후 30일(피 4~5엽기 이내)	난방제잡초(피)
기계이앙 벼 (어린모)	메타조설퓨론 입상수화제	안타레스	이앙후 30일	후기 난방제잡초(올방개)
	메타조설퓨론 수화제	종지부		후기 난방제잡초(벗풀, 새섬매자기, 올방개)
	벤타존 · 엠시피에이 입제	승전보		저항성물달개비
	디메타메트린 · 할로설퓨론메틸 · 피리미노박메틸 입제	황금마패	이앙후 15일	일년생잡초(피,여뀌바늘,물달개비,사마귀풀,자귀풀) 및 다년생잡초(벗풀,올방개,올챙이고랭이)
	플루세토설퓨론 직접살포정제	단수매		일년생잡초(피,여뀌바늘,물달개비,사마귀풀,밭뚝외풀,자귀풀) 및 다년생잡초(벗풀,올방개,너도방동사니,올챙이고랭이)
	이마조설퓨론 · 인다노판 액상수화제	운수대통		일년생잡초(피,알방동사니,물달개비,사마귀풀,밭뚝외풀) 및 다년생잡초(올방개,너도방동사니,벗풀,올챙이고랭이)
	할로설퓨론메틸 · 프레틸라클로르 · 피리미노박메틸 입제	논보배		일년생잡초(피,알방동사니,물달개비,밭뚝외풀)
	펜트라자마이드 · 이마조설퓨론 액상수화제	메아리	이앙후 15일(써레질후 16~18일)	일년생잡초(피,사마귀풀,물달개비,여뀌바늘,알방동사미) 및 다년생잡초(올방개,너도방동사니,벗풀,올챙이고랭이)
	뷰타클로르 · 카펜트라존에틸 입제	선다리	이앙후 5~7일(써레질후 7~9일)	일년생잡초(피,사마귀풀,물달개비,여뀌바늘,알방동사니,밭뚝외풀) 및 다년생잡초(올방개,너도방동사니,벗풀,올챙이고랭이)
	뷰타클로르 · 에톡시설퓨론 입제	풀처리	이앙후 15일	
	다이뮤론 · 이마조설퓨론 · 옥사지클로메폰 액상수화제	동아리	이앙직후	
			이앙후 15일	일년생잡초(피,사마귀풀,물달개비,여뀌바늘,밭뚝외풀) 및 다년생잡초(올방개,벗풀,너도방동사니,올챙이고랭이,가래)
	이마조설퓨론 · 옥사지클로메폰 입제	올무	이앙후 15일(써레질후 16~18일)	
	사이할로포프뷰틸 · 이마조설퓨론 · 프레틸라클로르 유현탁제	손시운	이앙후 15일	
	이마조설퓨론 · 펜톡사존 입제	단칼	이앙직후	일년생잡초(피,사마귀풀,물달개비,여뀌)다년생잡초(올방개,벗풀,너도방동산이)
	펜톡사존 입제	미리매	이앙후 5~7일	일년생잡초(피,사마귀풀,물달개비,밭뚝외풀,알방동사니)
	펜톡사존 액상수화제		써레질후	일년생잡초(피,사마귀풀,가막사리,물달개비,알방동사니)
	브로모뷰타이드 · 이마조설퓨론 · 피라클로닐 입제	롱제로	이앙동시	일년생잡초(피,미국가막사리,물달개비,밭뚝외풀,여뀌바늘) 및 다년생잡초(벗풀,올방개,올챙이고랭이)

품목명		상품명	사용 적기	적용 병해충
기계이앙벼(어린모)	플루세토설퓨론 입상수화제	플럭소	이앙후 15일	일년생잡초(피,물달개비,자귀풀,여뀌바늘,밭뚝외풀,알방동사니,사마귀풀) 및 다년생잡초(올방개,벗풀,가래,너도방동사니,올챙이고랭이)
			이앙후 30일(피 4~5엽기)	
	사이클로설파뮤론·메페나셋 입제	영일크린앞	이앙후 15일	일년생잡초(피,물달개비,자귀풀,알방동사니,여뀌바늘,밭뚝외풀)및다년생잡초(벗풀,올방개,너도방동사니,올챙이고랭이)
	아짐설퓨론·벤설퓨론메틸·메페나셋 입제	영일팜		
	벤조비사이클론·메페나셋·프로피리설퓨론 액상수화제	손노네	이앙후 10~12일 원액적하	일년생잡초(피,물달개비,자귀풀,밭뚝외풀,알방동사니) 및 다년생잡초(올방개,올챙이고랭이)(무인항공)
	브로모뷰타이드·프로피리설퓨론 액상수화제	풀체인지		
	이마조설퓨론·페녹슐람 액상수화제	초심	이앙후 15일	일년생잡초(피,물달개비,여뀌바늘,자귀풀,알방동사니,사마귀풀) 및다년생잡초(올방개,벗풀,올챙이고랭이,너도방동사니)
	벤조비사이클론·펜트라자마이드·피라조설퓨론에틸 입제	쉬엄쉬엄	이앙동시	일년생잡초(피,물달개비,여뀌바늘,자귀풀,알방동사니,가막사리) 및다년생잡초(벗풀,올방개,올챙이고랭이)
	이마조설퓨론·피리미노박메틸 입제	다마타	이앙후 15일	일년생잡초(피,물달개비,여뀌바늘,자귀풀,밭뚝외풀,알방동사니,사마귀풀,마디꽃) 및 다년생잡초(올방개,벗풀,너도방동사니,올챙이고랭이,가래)
	이마조설퓨론·피리미노박메틸 액상수화제			
	이마조설퓨론·피리미노박메틸 대립제	투망		일년생잡초(피,물달개비,여뀌바늘,자귀풀,밭뚝외풀,알방동사니,사마귀풀) 및 다년생잡초(올방개,벗풀,올챙이고랭이,너도방동사니)
	벤조비사이클론·페녹슐람·피라조설퓨론에틸 입제	다메기	이앙후 10~12일	일년생잡초(피,물달개비,여뀌바늘,자귀풀,밭뚝외풀,알방동사니,사마귀풀) 및 다년생잡초(올방개,벗풀,올챙이고랭이)
	벤조비사이클론·메페나셋·페녹슐람 액상수화제	풀천왕		
	아짐설퓨론·벤설퓨론메틸·메페나셋 입제	한수레	이앙후 15일	일년생잡초(피,물달개비,여뀌바늘,자귀풀,밭뚝외풀,알방동사니) 및다년생잡초(올방개,벗풀,올챙이고랭이,너도방동사니)
	카펜트라존에틸·이마조설퓨론·피리미노박메틸 직접살포정제	뉴필드왕·이티		일년생잡초(피,물달개비,여뀌바늘,자귀풀,밭뚝외풀,알방동사니) 및다년생잡초(올방개,벗풀,올챙이고랭이)
	플루세토설퓨론 입제	논제로	이앙후 10~15일	일년생잡초(피,물달개비,여뀌바늘,자귀풀,밭뚝외풀,사마귀풀,알방동사니) 및 다년생잡초(올방개,벗풀,너도방동사니,올챙이고랭이)
	벤조비사이클론·이마조설퓨론·피리미노박메틸 액상수화제	다관왕	이앙후 10~12일	일년생잡초(피,물달개비,여뀌바늘,자귀풀,밭뚝외풀,사마귀풀)및 다년생잡초(올방개,벗풀,올챙이고랭이)(무인항공기)
	카펜트라존에틸·이마조설퓨론·피리미노박메틸 입제	필드왕	이앙후 15일	일년생잡초(피,물달개비,여뀌바늘,여뀌,자귀풀,밭뚝외풀,알방동사니,사마귀풀,마디꽃) 및 다년생잡초(올방개,벗풀,올챙이고랭이,너도방동사니,가래)

품목명		상품명	사용 적기	적용 병해충
기계이앙벼(어린모)	아짐설퓨론·페녹슐람·시메트린 입제	필사초		일년생잡초(피,물달개비,여뀌바늘,알방동사니,사마귀풀) 및 다년생잡초(올방개,벗풀,올챙이고랭이,너도방동사니)
	프레틸라클로르·피라조설퓨론에틸·시메트린 입제	들파내	이앙후 5~7일	일년생잡초(피,물달개비,여뀌바늘,알방동사니,사마귀풀) 및 다년생잡초(올방개,벗풀,너도방동사니,올챙이고랭이)
	펜퀴노트리온·페녹슐람 액상수화제	중기스타	이앙후 15일	일년생잡초(피,물달개비,여뀌바늘,알방동사니,밭뚝외풀) 및 다년생잡초(올방개,벗풀,올챙이고랭이)
	펜퀴노트리온·플루세토설퓨론 직접살포정제	슈퍼점보		
	벤조비사이클론·프로피리설퓨론 입제	논지기	이앙후 10~12일	일년생잡초(피,물달개비,여뀌바늘,알방동사니,가막사리,자귀풀,사마귀풀) 및 다년생잡초(올방개,올챙이고랭이벗풀,너도방동사니)
	벤조비사이클론·사이클로설파뮤론·펜트라자마이드 액상수화제	온동네		일년생잡초(피,물달개비,여뀌바늘,알방동사니,가막사리,자귀풀,사마귀풀) 및 다년생잡초(벗풀,올방개,올챙이고랭이)
	벤퓨러세이트·벤조비사이클론·펜트라자마이드 유현탁제	위버스	이앙후 15일	일년생잡초(피,물달개비,여뀌바늘,알방동사니,가막사리,자귀풀) 및 다년생잡초(올방개,올챙이고랭이,벗풀,너도방동사니)
	벤설퓨론메틸·페녹슐람 액상수화제	농장군	이앙후 30일(피5엽기 이내)	
	아짐설퓨론·페녹슐람 입상수화제	풀에이스		
	벤설퓨론메틸·카펜트라존에틸·페녹슐람 대립제	핵주먹	이앙 후 10~12일	
	카펜트라존에틸·사이클로설파뮤론·펜트라자마이드 입제	듀크		
	벤조비사이클론·페녹슐람·피라조설퓨론에틸 액상수화제	스마트원	이앙후 15일	일년생잡초(피,물달개비,여뀌바늘,알방동사니,가막사리,여뀌,자귀풀) 및 다년생잡초(올방개,벗풀,올챙이고랭이,너도방동사니)
	페녹슐람 입제	살초대첩	이앙후 10일	
	벤퓨러세이트·비페녹스 입제	한손	이앙후 7~12일	일년생잡초(피,물달개비,여뀌바늘,사마귀풀) 및 다년생잡초(올챙이고랭이,벗풀,너도방동사니,올미,올방개)
	아짐설퓨론·페녹슐람 수화제	마니또	이앙후 30일(피4~5엽기)	일년생잡초(피,물달개비,여뀌바늘,사마귀풀) 및 다년생잡초(올방개,벗풀,너도방동사니,올챙이고랭이)
	클로마존·옥사디아길 유제	노네초유	써레질직후~이앙2일전	일년생잡초(피,물달개비,여뀌바늘,밭뚝외풀,자귀풀,여뀌,미국가막사리)
	벤설퓨론메틸·벤조비사이클론·메페나셋 액상수화제	저격수	이앙후 15일	일년생잡초(피,물달개비,여뀌바늘,밭뚝외풀,자귀풀,사마귀풀) 및 다년생잡초(올방개,벗풀,올챙이고랭이,너도방동사니,가래)(무인항공기)
	이프펜카바존·피라조설퓨론에틸·테퓨릴트리온 입제	동방아그로 해결사	이앙동시	일년생잡초(피,물달개비,여뀌바늘,밭뚝외풀,자귀풀,미국가막사리) 및 다년생잡초(벗풀,올방개,올챙이고랭이)
	브로모뷰타이드·이마조설퓨론·메페나셋 입제	지름길		일년생잡초(피,물달개비,여뀌바늘,밭뚝외풀,알방동사니,자귀풀,미국외풀) 및 다년생잡초(벗풀,올방개,올챙이고랭이)

품목명		상품명	사용 적기	적용 병해충
기계이앙벼 (어린모)	아짐설퓨론·메페나셋 입제	만섬	이앙후 15일	일년생잡초(피,물달개비,여뀌바늘,밭뚝외풀,알방동사니,자귀풀) 및 다년생잡초(올방개,벗풀,너도방동사니,올챙이고랭이)
	벤조비사이클론·프로피리설퓨론 입제	논지기	이앙동시	일년생잡초(피,물달개비,여뀌바늘,밭뚝외풀,알방동사니,자귀풀) 및 다년생잡초(올방개,벗풀,올챙이고랭이)
	카펜트라존에틸·이마조설퓨론·페녹슐람 입제	대야망씨	이앙후 15일	일년생잡초(피,물달개비,여뀌바늘,밭뚝외풀,알방동사니,사마귀풀) 및 다년생잡초(올방개,벗풀,올챙이고랭이,너도방동사니)
	카펜트라존에틸·페녹슐람 입제	씨이저	이앙후 10~12일	일년생잡초(피,물달개비,여뀌바늘,밭뚝외풀,알방동사니,사마귀풀) 및 다년생잡초(올방개,벗풀,너도방동사니,올챙이고랭이)
	아짐설퓨론·카펜트라존에틸 입제	태양왕		
	브로모뷰타이드·이마조설퓨론·페녹슐람 대립제	논뚝탄		일년생잡초(피,물달개비,여뀌바늘,밭뚝외풀,알방동사니,가막사리,자귀풀,사마귀풀) 및 다년생잡초(올방개,올챙이고랭이,벗풀,너도방동사니)
	브로모뷰타이드·이마조설퓨론·피라클로닐 대립제	뿌려라		일년생잡초(피,물달개비,여뀌바늘,밭뚝외풀,알방동사니,가막사리,자귀풀,사마귀풀) 및 다년생잡초(올방개,벗풀,올챙이고랭이)
	브로모뷰타이드·펜트라자마이드·이마조설퓨론 입제	노네존	이앙후 5~7일	일년생잡초(피,물달개비,여뀌바늘,밭뚝외풀,알방동사니,가막사리,자귀풀) 및 다년생잡초(벗풀,올방개,올챙이고랭이)
	브로모뷰타이드·이마조설퓨론·페녹슐람 입제	오마쥬	이앙후 10~12일	
	브로모뷰타이드·펜트라자마이드·이마조설퓨론 입제	노네존		일년생잡초(피,물달개비,여뀌바늘,밭뚝외풀,알방동사니,가막사리,여뀌,자귀풀) 및 다년생잡초(벗풀,올방개,올챙이고랭이,너도방동사니)
	브로모뷰타이드·펜트라자마이드·이마조설퓨론 액상수화제	정면돌파		
	벤퓨러세이트·벤조비사이클론·펜트라자마이드 유현탁제	위버스		일년생잡초(피,물달개비,여뀌바늘,밭뚝외풀,알방동사니,가막사리,사마귀풀) 및 다년생잡초(벗풀,올방개,올챙이고랭이)
	벤조비사이클론 액상수화제	나지마	이앙후 5~7일	일년생잡초(피,물달개비,여뀌바늘,밭뚝외풀,사마귀풀,가막사리,자귀풀)
	에스프로카브·피라조설퓨론에틸 입제	풀박사	중부지방:이앙후5~15일(써레질후7~17일) 남부지방:이앙후5~12일(써레질후7~14일)	일년생잡초(피,물달개비,여뀌바늘,밭뚝외풀,방동사니) 및 다년생잡초(올방개,벗풀,올챙이고랭이,너도방동사니,가래,올미)
	벤조비사이클론·옥사지클로메폰 액상수화제	반들	이앙후 5~7일	
	벤조비사이클론·펜트라자마이드 액상수화제	아리안나풀		
	펜트라자마이드·이마조설퓨론 액상수화제	동방아그로초석		
	피라조설퓨론에틸·피리미노박메틸 대립제	퐁당퐁당	이앙후 15일(써레질후 15~20일)	일년생잡초(피,물달개비,여뀌바늘,밭뚝외풀,가막사리,알방동사니) 및 다년생잡초(올방개,벗풀,올챙이고랭이,너도방동사니)
	브로모뷰타이드·티오벤카브 액상수	반석	써레질직후~이앙2일전	일년생잡초(피,물달개비,여뀌

품목명		상품명	사용 적기	적용 병해충
기계이앙벼 (어린모)	화제			바늘, 밭뚝외풀, 알방동사니, 가막사리, 자귀풀, 사마귀풀)
	페녹슐람·티오벤카브 입제	자바내	이앙후 10~12일	일년생잡초(피, 물달개비, 여뀌바늘, 가막사리, 자귀풀, 밭뚝외풀, 알방동사니, 사마귀풀, 마디꽃)및 다년생잡초(올방개, 벗풀, 올챙이고랭이, 너도방동사니, 가래)
	메페나셋·페녹슐람 액상수화제	알부자	이앙후 15일	일년생잡초(피, 물달개비, 여뀌바늘, 가막사리, 자귀풀, 밭뚝외풀, 알방동사니, 사마귀풀) 및 다년생잡초(올방개, 벗풀, 올챙이고랭이, 너도방동사니)
	디메타메트린·에스프로카브·피라조설퓨론에틸 입제	논드림	이앙후 10~12일	일년생잡초(피, 물달개비, 여뀌바늘, 가막사리, 자귀풀, 밭뚝외풀, 알방동사니, 사마귀풀) 및 다년생잡초(올방개, 벗풀, 올챙이고랭이)
	디메타메트린·페녹슐람·피라조설퓨론에틸 입제	논크린골드	이앙후 10~12일	
	벤조비사이클론·페녹슐람·피라조설퓨론에틸 직접살포정제	풀다벤·이티	이앙후 15일	일년생잡초(피, 물달개비, 여뀌바늘, 가막사리, 자귀풀, 밭뚝외풀, 알방동사니) 및 다년생잡초(올방개, 벗풀, 올챙이고랭이)
	브로모뷰타이드·옥사디아길 액상수화제	킬스타	써레질직후~이앙2일전	일년생잡초(피, 물달개비, 여뀌바늘, 가막사리, 자귀풀, 밭뚝외풀, 알방동사니)
	다이뮤론·메페나셋·피라조설퓨론에틸 입제	갈채	이앙후 15일	일년생잡초(피, 물달개비, 여뀌바늘, 가막사리, 알방동사니, 사마귀풀)
	벤조비사이클론·피라조설퓨론에틸·피리미노박메틸 액상수화제	황금열쇠		일년생잡초(피, 물달개비, 여뀌바늘, 가막사리, 알방동사니) 및 다년생잡초(벗풀, 올방개, 올챙이고랭이)
	아짐설퓨론·페녹슐람 입상수화제	풀에이스		일년생잡초(피, 물달개비, 여뀌바늘, 가막사리, 사마귀풀)및 다년생잡초(올방개, 벗풀, 너도방동사니, 올챙이고랭이)
	벤조비사이클론·플로르피록시펜벤질·프로피리설퓨론 액상수화제	스리백	이앙후 10~12일	일년생잡초(피, 물달개비, 여뀌, 자귀풀, 알방동사니, 미국가막사리, 밭뚝외풀) 및 다년생잡초(벗풀, 올방개, 올챙이고랭이, 너도방동사니)
	옥사디아길·시메트린 유제	선제골	써레질직후~이앙2일전	일년생잡초(피, 물달개비, 여뀌, 여뀌바늘, 자귀풀, 미국가막사리)
	브로모뷰타이드·펜트라자마이드·이마조설퓨론 액상수화제	정면돌파	이앙후 5~7일	일년생잡초(피, 물달개비, 여뀌, 여뀌바늘, 밭뚝외풀, 알방동사니) 및 다년생잡초(벗풀, 올방개, 올챙이고랭이, 너도방동사니)
	브로모뷰타이드·펜트라자마이드·이마조설퓨론 액상수화제	정면돌파	써레질직후~이앙2일전	일년생잡초(피, 물달개비, 여뀌, 밭뚝외풀, 자귀풀) 및 다년생잡초(벗풀, 올방개, 올챙이고랭이)
	이프펜카바존·테퓨릴트리온 액상수화제	한버네		
	펜트라자마이드·피라조설퓨론에틸 입제	안나개	이앙후 15일	일년생잡초(피, 물달개비, 여뀌, 가막사리, 알방동사니, 사마귀풀, 밭뚝외풀) 및 다년생잡초(올방개, 올챙이고랭이, 벗풀, 가래, 너도방동사니)
	벤조비사이클론·메페나셋·피라조설퓨론에틸 대립제	바로논	이앙후 10~12일	일년생잡초(피, 물달개비, 여뀌바늘, 밭둑외풀, 알방동사니) 및 다년생잡초(너도방동사니, 올방개, 올챙이고랭이)

품목명		상품명	사용 적기	적용 병해충
기계이앙벼 (어린모)	벤조비사이클론 · 펜트라자마이드 · 페녹슐람 직접살포정제	피다벤 · 이티		일년생잡초(피,물달개비,여귀바늘,가막사리,밭뚝외풀) 및 다년생잡초(벗풀,올방개,올챙이고랭이)
	벤설퓨론메틸 · 메소트리온 · 프레틸라클로르 · 피리프탈리드 입제	하나처	이앙후 15일	일년생잡초(피,물달개비,알방동사니,여뀌바늘,사마귀풀,가막사리) 및 다년생 잡초(올방개,올챙이고랭이,벗풀,너도방사니)
	테퓨릴트리온 · 트리아파몬 액상수화제	카운실	이앙후 20일	일년생잡초(피,물달개비,알방동사니,여뀌바늘,미국외풀,밭뚝외풀) 및 다년생잡초(너도방동사니,올방개,올챙이고랭이,벗풀)
	펜트라자마이드 · 이마조설퓨론 액상수화제	동방아그로초석	써레질직후~이앙 2일전	일년생잡초(피,물달개비,알방동사니,여뀌바늘)
	메페나셋 · 피라조설퓨론에틸 입제	만냥,일꾼	이앙후 5~15일(써레질 후 7~17일)	일년생잡초(피,물달개비,알방동사니,밭뚝외풀,여뀌,마디꽃) 및 다년생잡초(올미,너도방동사니,가래,벗풀,올방개,올챙이고랭이)
	프레틸라클로르 유탁제	엘리얀	이앙후 5~7일	일년생잡초(피,물달개비,알방동사니,밭뚝외풀,여뀌바늘,사마귀풀)
	브로모뷰타이드 · 이마조설퓨론 · 페녹슐람 수면부상성입제	사초탄	이앙후 15일	일년생잡초(피,물달개비,알방동사니,가막사리,여뀌바늘) 및 다년생잡초(올방개,벗풀,올챙이고랭이)
	벤타존 · 페녹슐람 액상수화제	일등공신	이앙후 30일(피 5엽기 이내)	
	벤퓨러세이트 · 비페녹스 입제	한손	이앙후 7~12일	일년생잡초(피,물달개비,알방동사니,가막사리,사마귀풀,마디꽃) 및 다년생잡초(올방개,올챙이고랭이,벗풀)
	사이클로설파뮤론 · 페녹슐람 액상수화제	성보나이스	이앙후 15일	일년생잡초(피,물달개비,사마귀풀,여뀌바늘,자귀풀) 및 다년생잡초(벗풀,올방개,올챙이고랭이)
	브로모뷰타이드 · 이마조설퓨론 · 메페나셋 입제	지름길		
	카펜트라존에틸 · 플루세토설퓨론 · 이마조설퓨론 입제	아리농부손		
	벤설퓨론메틸 · 티오벤카브 입제	논대박	이앙후5~7일(써레질후7~9일)	일년생잡초(피,물달개비,사마귀풀,여뀌,밭뚝외풀) 및 다년생잡초(올방개, 너도방동사니, 가래, 올챙이고랭이)
	벤조비사이클론 · 카펜스트롤 · 피라조설퓨론에틸 입제	영일스타	이앙후 15일	일년생잡초(피,물달개비,사마귀풀,알방동사니,자귀풀) 및 다년생잡초(올방개,벗풀,올챙이고랭이)
	피라조설퓨론에틸 · 피리프탈리드 입제	아피로맥스		일년생잡초(피,물달개비,사마귀풀,알방동사니,여뀌바늘,자귀풀,밭뚝외풀) 다년생잡초(올챙이고랭이,벗풀,올방개,너도방동사니)
	사이클로설파뮤론 · 펜트라자마이드 액상수화제	골드논		일년생잡초(피,물달개비,사마귀풀,알방동사니,여뀌바늘) 및 다년생잡초(너도방동사니,벗풀,올방개,올챙이고랭이)
	벤조비사이클론 · 펜트라자마이드 액상수화제	아리안나풀	써레질직후~이앙2일전	일년생잡초(피,물달개비,사마귀풀,알방동사니,여뀌바늘)

품목명		상품명	사용 적기	적용 병해충
기계이앙벼(어린모)	벤퓨러세이트·이마조설퓨론·메페나셋 입제	삼관왕	이앙후 15일후	일년생잡초(피,물달개비,사마귀풀,알방동사니,여뀌)다년생잡초(올방개,벗풀,가래,올챙이고랭이)
	피리벤족심 유제	크린샷	이앙후 25일	일년생잡초(피,물달개비,사마귀풀,알방동사니,가막사리,여뀌바늘,받뚝외풀,자귀풀)
	벤퓨러세이트·엠시피에이·페녹슐람 입제	천하대왕	이앙후 20일	일년생잡초(피,물달개비,사마귀풀,알방동사니,가막사리) 및 다년생잡초(벗풀,올방개,올챙이고랭이)
	디메타메트린·피라조설퓨론에틸·티오벤카브 입제	새논	이앙후 10~12일	일년생잡초(피,물달개비,사마귀풀,받뚝외풀,여뀌바늘,자귀풀,가막사리) 및 다년생잡초(벗풀,올방개,올챙이고랭이)
	벤조비사이클론·이마조설퓨론·메페나셋 액상수화제	초킬왕		일년생잡초(피,물달개비,사마귀풀,받뚝외풀,여뀌바늘,자귀풀,가막사리) 및 다년생잡초(벗풀,올방개, 올챙이고랭이) (무인항공기)
	벤퓨러세이트·할로설퓨론메틸·인다노판 입제	정석	이앙후 20일	일년생잡초(피,물달개비,사마귀풀,받뚝외풀,알방동사니)
	카펜트라존에틸·피라조설퓨론에틸·피리미노박메틸 입제	안노처	이앙후 15일(써레질후 15~20일)	일년생잡초(피,물달개비,사마귀풀,마디꽃,여뀌바늘,받뚝외풀,알방동사니) 및 다년생잡초(올방개,너도방동사니,올챙이고랭이,벗풀)
	할로설퓨론메틸·엠시피에이·피리미노박메틸 입제	농부왕	이앙후 15일	일년생잡초(피,물달개비,사마귀풀,가막사리,알방동사니) 및 다년생잡초(올방개,너도방동사니,올챙이고랭이,벗풀)
	프레틸라클로르·피라조설퓨론에틸·피리미노박메틸 입제	휘모리	이앙후15일(써레질후15~18일)	일년생잡초(피,물달개비,받뚝외풀,자귀풀,알방동사니,여뀌바늘), 다년생잡초(올방개,올챙이고랭이,벗풀,가래,너도방동사니)
	벤설퓨론메틸·카펜트라존에틸·메타미포프 입제	감초논	이앙후 15일	일년생잡초(피,물달개비,받뚝외풀,자귀풀,가막사리,여뀌바늘) 및 다년생잡초(올방개,벗풀,올챙이고랭이)
	메페나셋·피라조설퓨론에틸 액상수화제	만냥		
	벤설퓨론메틸·메소트리온·페녹슐람 입제	손안대		
	카펜트라존에틸·펜트라자마이드·피라조설퓨론에틸 입제	손안매		
	벤설퓨론메틸·브로모뷰타이드·메페나셋 액상수화제	아리효자내		일년생잡초(피,물달개비,받뚝외풀,자귀풀,가막사리) 및 다년생잡초(올방개,벗풀,올챙이고랭이,너도방동사니)
	브로모뷰타이드·이마조설퓨론·페녹슐람 액상수화제	크리논		일년생잡초(피,물달개비,받뚝외풀,자귀풀,가막사리) 및 다년생잡초(올방개,벗풀,올챙이고랭이)
	벤조비사이클론·펜트라자마이드·피라조설퓨론에틸 수면부상성입제	던저탄		일년생잡초(피,물달개비,받뚝외풀,자귀풀) 및 다년생잡초(올방개,벗풀,올챙이고랭이)
	아짐설퓨론·벤설퓨론메틸·펜트라자마이드 입제	풀당번	이앙후 10~12일	일년생잡초(피,물달개비,받뚝외풀,여뀌바늘,자귀풀,알방동사니,사마귀풀,마디꽃)
	카펜트라존에틸·프레틸라클로르·피	논수비	이앙후 5~7일	일년생잡초(피,물달개비,받뚝

품목명		상품명	사용 적기	적용 병해충
기계이앙벼 (어린모)	라조설퓨론에틸 입제			외풀, 여뀌바늘, 자귀풀, 알방동사니, 사마귀풀, 가막사리, 마디꽃) 및 다년생잡초(올챙이고랭이, 올방개, 벗풀, 너도방동사니, 가래)
	페녹슐람 · 피라조설퓨론에틸 입제	산소엔	이앙후 15일	일년생잡초(피, 물달개비, 밭뚝외풀, 여뀌바늘, 자귀풀, 알방동사니, 사마귀풀, 가막사리) 및 다년생잡초(올챙이고랭이, 올방개, 벗풀, 너도방동사니, 가래)
	아짐설퓨론 · 카펜트라존에틸 · 피리미노박메틸 입제	관운장		일년생잡초(피, 물달개비, 밭뚝외풀, 여뀌바늘, 자귀풀, 알방동사니, 사마귀풀, 가막사리) 및 다년생잡초(올챙이고랭이, 올방개, 벗풀, 너도방동사니)
	브로모뷰타이드 · 이마조설퓨론 · 피리미노박메틸 입제	도마타	이앙후 10~12일	일년생잡초(피, 물달개비, 밭뚝외풀, 여뀌바늘, 자귀풀, 알방동사니, 사마귀풀,) 및 다년생잡초(올챙이고랭이, 올방개, 벗풀)
	벤조비사이클론 · 사이클로설파뮤론 · 페녹슐람 입제	천지창조	이앙후 15일	
	벤조비사이클론 · 이마조설퓨론 · 메페나셋 액상수화제	초킬왕	이앙후 10~12일	일년생잡초(피, 물달개비, 밭뚝외풀, 여뀌바늘, 자귀풀, 알방동사니) 및 다년생잡초(벗풀, 올방개, 올챙이고랭이)
	펜디메탈린 · 프레틸라클로르 유제	새보매	써레질 직후~이앙2일전	일년생잡초(피, 물달개비, 밭뚝외풀, 여뀌바늘, 자귀풀, 가막사리, 알방동사니)
	사이할로포프뷰틸 · 이마조설퓨론 · 프레틸라클로르 입제	멘토링	이앙후 15일	일년생잡초(피, 물달개비, 밭뚝외풀, 여뀌바늘, 여뀌, 사마귀풀) 및 다년생잡초(올챙이고랭이, 올방개, 벗풀, 너도방동사니, 가래)
	피라졸리네이트 · 피라조설퓨론에틸 · 시메트린 입제	직파탄	이앙후 10~12일	일년생잡초(피, 물달개비, 밭뚝외풀, 여뀌바늘, 알방동사니, 사마귀풀, 가막사리) 및 다년생잡초(올챙이고랭이, 올방개, 벗풀, 너도방동사니, 물고랭이)
	벤설퓨론메틸 · 메페나셋 액상수화제	푸름네	이앙후 15일	일년생잡초(피, 물달개비, 밭뚝외풀, 여뀌바늘, 알방동사니, 사마귀풀, 가막사리) 및 다년생잡초(올챙이고랭이, 올방개, 벗풀, 너도방동사니)
	피라조설퓨론에틸 · 피리미노박메틸 입제	내노내	이앙후 15일(써레질후 12~20일)	일년생잡초(피, 물달개비, 밭뚝외풀, 여뀌바늘, 알방동사니, 가막사리) 및 다년생잡초(올챙이고랭이, 올방개, 벗풀, 물고랭이)
	벤타존소듐 · 페녹사프로프-피-에틸 미탁제	단골	이앙후 25일	일년생잡초(피, 물달개비, 밭뚝외풀, 여뀌바늘, 알방동사니, 가막사리) 및 다년생잡초(올챙이고랭이, 올방개, 벗풀)
	브로모뷰타이드 · 피라조설퓨론에틸 · 피리미노박메틸 입제	삼박자	이앙후 15일	일년생잡초(피, 물달개비, 밭뚝외풀, 여뀌바늘, 알방동사니), 다년생잡초(벗풀, 올챙이고랭이, 올방개)
	벤타존 · 사이할로포프뷰틸 미탁제	정일품	이앙후 25일 낙수후	일년생잡초(피, 물달개비, 밭뚝외풀, 여뀌바늘, 알방동사니) 및 다년생잡초(올챙이고랭이, 올미, 올방개, 벗풀, 너도방동사니)
	벤퓨러세이트 · 벤설퓨론메틸 · 펜트라자마이드 입제	성보필드캅	이앙후 15일	일년생잡초(피, 물달개비, 밭뚝외풀, 여뀌바늘, 마디꽃, 사마귀

품목명		상품명	사용 적기	적용 병해충
기계이앙벼 (어린모)				풀,자귀풀,가막사리) 및 다년생잡초(벗풀,올방개,올챙이고랭이)
	카펜트라존에틸·플루세토설퓨론 입제	영일담수왕	이앙후10~12일(써레질후 13~15일)	일년생잡초(피,물달개비,밭뚝외풀,여뀌바늘,가막사리,알방동사니,마디꽃,사마귀풀) 및 다년생잡초(올챙이고랭이,올방개,너도방동사니,벗풀)
	벤설퓨론메틸·프레틸라클로르·피리프탈리드 액상수화제	아피로 프로	이앙후 15일	일년생잡초(피,물달개비,밭뚝외풀,여뀌바늘,가막사리) 및 다년생잡초(올방개,올챙이고랭이,벗풀)
	디티오피르 입제	나바라	이앙후5~7일(써레질후 7~9일)	일년생잡초(피,물달개비,밭뚝외풀,여뀌바늘, 사마귀풀)
	브로모뷰타이드·피라조설퓨론에틸·피리미노박메틸 입제	삼박자	이앙동시	일년생잡초(피,물달개비,밭뚝외풀,여뀌바늘)및 다년생잡초(벗풀,올방개,올챙이고랭이)
	메페나셋·피리미설판 입제	대장부		
	펜트라자마이드·피리미설판 액상수화제	수문장	이앙후 15일	
	디메타메트린·메페나셋·피라조설퓨론에틸 입제	희안타	이앙후 15일	일년생잡초(피,물달개비,밭뚝외풀,알방동사니,자귀풀,가막사리,여뀌바늘) 및 다년생잡초(올방개,벗풀,올챙이고랭이)
	벤조비사이클론·카펜트라존에틸·플루세토설퓨론 입제	여명		일년생잡초(피,물달개비,밭뚝외풀,알방동사니,자귀풀,가막사리) 및 다년생잡초(올방개,벗풀,올챙이고랭이,너도방동사니)
	벤퓨러세이트·브로모뷰타이드·페녹슐람 입제	만복래		일년생잡초(피,물달개비,밭뚝외풀,알방동사니,자귀풀) 및 다년생잡초(올방개,올챙이고랭이,벗풀)
	카펜트라존에틸·펜트라자마이드·피라조설퓨론에틸 수면부상성입제	발포탄		일년생잡초(피,물달개비,밭뚝외풀,알방동사니,자귀풀) 및 다년생잡초(올방개,벗풀,올챙이고랭이)
	프레틸라클로르 유제	솔네트,제로논	써레질직후(이앙전 2~3일)	일년생잡초(피,물달개비,밭뚝외풀,알방동사니,사마귀풀,마디꽃,여뀌)
	아짐설퓨론·벤조비사이클론 입상수화제	그린히트	이앙후 15일후	일년생잡초(피,물달개비,밭뚝외풀,알방동사니,마디꽃,자귀풀,가막사리,여뀌바늘) 및 다년생잡초(올방개,벗풀,올챙이고랭이)
	아짐설퓨론·카펜트라존에틸·펜트라자마이드 입제	여의주	이앙후 15일	
	카펜트라존에틸·사이클로설파뮤론·메페나셋 입제	한가람		
	벤조비사이클론·사이클로설파뮤론·피리미노박메틸 직접살포정제	바둑탄		일년생잡초(피,물달개비,밭뚝외풀,알방동사니,마디꽃,자귀풀) 및 다년생잡초(올방개,벗풀,올챙이고랭이)
	디메타메트린·메타조설퓨론 입제	필살기		일년생잡초(피,물달개비,밭뚝외풀,알방동사니,가막사리,여뀌바늘) 및 다년생잡초(올방개,올챙이고랭이,벗풀)
	카펜트라존에틸·펜트라자마이드·이마조설퓨론 입제	마님		일년생잡초(피,물달개비,밭뚝외풀,알방동사니,가막사리,여뀌바늘) 및 다년생잡초(올방개,벗풀,올챙이고랭이)
	벤조비사이클론·메페나셋·피라조설퓨론에틸 액상수화제	만냥골드		
	아짐설퓨론·브로모뷰타이드·페녹슐	황손	이앙후 10~12일	일년생잡초(피,물달개비,밭뚝

품목명		상품명	사용 적기	적용 병해충
기계이앙 벼 (어린모)	람 입제			외풀,알방동사니,가막사리,여뀌,자귀풀,사마귀풀)및다년생잡초(올방개,벗풀,올챙이고랭이)
	아짐설퓨론·카펜트라존에틸·페녹슐람 입제	노나내		
	벤타존·페녹슐람 입제	깔끄미	이앙후 20일	일년생잡초(피,물달개비,밭뚝외풀,알방동사니) 및 다년생잡초(올방개,올챙이고랭이,벗풀)
	벤조비사이클론·피라클로닐 입제	안나개	이앙동시	일년생잡초(피,물달개비,밭뚝외풀,알방동사니)
	카펜트라존에틸·티오벤카브 입제	엄선	이앙후 5~7일(써레질 5~10일)	일년생잡초(피,물달개비,밭뚝외풀,사마귀풀,자귀풀,여뀌바늘,알방동사니)
	벤퓨러세이트·사이클로설파뮤론·펜트라자마이드 입제	우리논	이앙후 15일	일년생잡초(피,물달개비,밭뚝외풀,사마귀풀,자귀풀,알방동사니,여뀌바늘) 및 다년생잡초(올방개,벗풀,올챙이고랭이)
	아짐설퓨론·벤퓨러세이트 입제	아주매		일년생잡초(피,물달개비,밭뚝외풀,사마귀풀,자귀풀,가막사리) 및 다년생잡초(올방개,벗풀,올챙이고랭이,너도방동사니)
	뷰타클로르·사이클로설파뮤론 입제	신초왕	이앙후 5~7일	일년생잡초(피,물달개비,밭뚝외풀,사마귀풀,여뀌바늘,알방동사니)
	사이클로설파뮤론·메페나셋 액상수화제	손아네	이앙후 10~12일(피 2.0엽기 이내)	일년생잡초(피,물달개비,밭뚝외풀,사마귀풀,여뀌바늘) 및 다년생잡초(올방개,벗풀,올챙이고랭이,너도방동사니)
	카펜스트롤·피라조설퓨론에틸 입제	풀앤콜	이앙후 15일	
	벤설퓨론메틸·벤조비사이클론·메페나셋 액상수화제	저격수		일년생잡초(피,물달개비,밭뚝외풀,사마귀풀,알방동사니,자귀풀) 및 다년생잡초(올방개,벗풀,올챙이고랭이)
	벤퓨러세이트·펜트라자마이드·할로설퓨론메틸 입제	정석골드		
	카펜트라존에틸·사이클로설파뮤론·피리미노박메틸 입제	풀마침		
	벤조비사이클론·이마조설퓨론·페녹슐람 대립제	벤조비		일년생잡초(피,물달개비,밭뚝외풀,사마귀풀,알방동사니,가막사리,여뀌바늘) 및 다년생잡초(올방개,벗풀,올챙이고랭이)
	옥사지클로메폰·피라조설퓨론에틸 입상수화제	간펴내		일년생잡초(피,물달개비,밭뚝외풀,사마귀풀,가막사리) 및 다년생잡초(올방개,올챙이고랭이,벗풀,가래,너도방동사니)
	이마조설퓨론·메페나셋 액상수화제	마그마	이앙후 15일(써레질후 16~17일)	일년생잡초(피,물달개비,밭뚝외풀,방동사니,여뀌바늘,사마귀풀,마디꽃) 및 다년생잡초(올챙이고랭이,올방개,벗풀,올미,가래)
	펜트라자마이드·이마조설퓨론 액상수화제	동방아그로초석	써레질직후~이앙2일전	일년생잡초(피,물달개비,밭뚝외풀,미국외풀,여뀌바늘)(무인항공기)
	벤조비사이클론·펜트라자마이드 액상수화제	아리안나풀		
	브로모뷰타이드·펜트라자마이드·이마조설퓨론 액상수화제	정면돌파	이앙후 10~12일	일년생잡초(피,물달개비,밭뚝외풀,미국외풀,여뀌바늘) 및 다년생잡초(너도방동사니,올방개,올챙이고랭이)(무인항공기)
	이프펜카바존·테퓨릴트리온 액상수화제	한버네	써레질직후~이앙2일전	
	티오벤카브 입제	사단	이앙후5~7일(써레질후 7~9일)	일년생잡초(피,물달개비,밭뚝외풀,마디꽃,여뀌,사마귀풀)

품목명		상품명	사용 적기	적용 병해충
기계이앙벼(어린모)	벤조비사이클론·카펜트라존에틸·플루세토설퓨론 입제	여명	이앙동시	일년생잡초(피,물달개비,밭뚝외풀,가막사리,자귀풀) 및 다년생잡초(올방개,올챙이고랭이,벗풀)
	벤조비사이클론·플로르피록시펜벤질·플루세토설퓨론 직접살포정제	청정들	이앙후 15일	일년생잡초(피,물달개비,밭뚝외풀,가막사리,여뀌바늘,자귀풀) 및 다년생잡초(올방개,올챙이고랭이,벗풀)
	벤설퓨론메틸·펜트라자마이드 액상수화제	파문		일년생잡초(피,물달개비,밭뚝외풀,가막사리,여뀌바늘,방동사니,자귀풀,사마귀풀) 및 다년생잡초(올방개,벗풀,올챙이고랭이,올미,너도방동사니)
	벤조비사이클론·플로르피록시펜벤질·페녹슐람 액상수화제	리파머	이앙후 15일(중기)	일년생잡초(피,물달개비,밭뚝외풀,가막사리,여뀌,여뀌바늘) 및 다년생잡초(올방개,올챙이고랭이, 벗풀)
	펜퀴노트리온·이마조설퓨론·피리미노박메틸 대립제	푸레캅	이앙후 10~12일	
	펜퀴노트리온·이마조설퓨론·피리미노박메틸 대립제	푸레캅	이앙후 15일	
	피라조설퓨론에틸·피리미노박메틸 입상수화제	내노내	이앙후 15일(써레질후 12~20일)	일년생잡초(피,물달개비,밭뚝외풀,가막사리,알방동사니,사마귀풀,여뀌) 및 다년생잡초(벗풀,올챙이고랭이,올방개,물고랭이)
	프레틸라클로르·시메트린 유제	도움꾼	써레질 직후(이앙전 2~3일)	일년생잡초(피,물달개비,밭뚝외풀,가막사리,사마귀풀)
	페녹사설폰·피리미설판 대립제	완파	이앙후 10~12일	일년생잡초(피,물달개비,밭둑외풀,알방동사니,여뀌바늘) 및 다년생잡초(올방개,벗풀,올챙이고랭이)
	벤퓨러세이트·메소트리온·페녹슐람 유현탁제	논그물	이앙후 15일	일년생잡초(피,물달개비,밭둑외풀,알방동사니) 및 다년생잡초(올챙이고랭이,올방개,벗풀)
	벤조비사이클론·플루세토설퓨론·이마조설퓨론 직접살포정제	딱풀	이앙후 15일(중기)	일년생잡초(피,물달개비,밭둑외풀,사마귀풀,가막사리,여뀌바늘,자귀풀) 및 다년생잡초(올방개,올챙이고랭이,벗풀)
	페녹슐람·피라조설퓨론에틸 입상수화제	풀키퍼	이앙후 30일(피4~5엽기)	일년생잡초(피,물달개비,방동사니,자귀풀) 및 다년생잡초(벗풀,올방개,올챙이고랭이)
	벤조비사이클론·플로르피록시펜벤질·플루세토설퓨론 직접살포정제	청정들	이앙후 10~12일	일년생잡초(피,물달개비,발뚝외풀,여뀌,여뀌바늘,자귀풀) 및 다년생잡초(올방개,올챙이고랭이,벗풀)
	벤설퓨론메틸·옥사지클로메폰·테퓨릴트리온 직접살포정제	풀수제비		
	옥사디아길·시메트린 유제	노내다	써레질직후~이앙3일전	일년생잡초(피,물달개비,미국외풀,밭뚝외풀,여뀌바늘,자귀풀,사마귀풀,방동사니,가막사리)
	벤설퓨론메틸·브로모뷰타이드·피라클로닐 입제	동방아그로하나만	이앙동시	일년생잡초(피,물달개비,미국가막사리,밭뚝외풀,알방동사니) 및 다년생잡초(올방개,벗풀,올챙이고랭이)
	프레틸라클로르·피라졸리네이트 입제	뉴-푸마시	이앙후5~7일(써레질후 7~9일)	일년생잡초(피,물달개비,마디꽃,여뀌바늘,밭뚝외풀,사마귀풀)
	벤조비사이클론·사이클로설파뮤론·플루세토설퓨론 대립제	콩알탄	이앙후 10~12일	일년생잡초(피,물달개비,가막사리,한련초,사마귀풀)및 다년

<table>
<tr><th colspan="2">품목명</th><th>상품명</th><th>사용 적기</th><th>적용 병해충</th></tr>
<tr><td rowspan="22">기계이앙벼
(어린모)</td><td></td><td></td><td></td><td>생잡초(올방개,벗풀,올챙이고랭이,매자기)(무인항공기)</td></tr>
<tr><td rowspan="2">페녹슐람 액상수화제</td><td rowspan="2">살초대첩</td><td rowspan="2">이앙후 30일(피 5엽기 이내)</td><td>일년생잡초(피,물달개비,가막사리,자귀풀,알방동사니,밭뚝외풀,마디꽃) 및 다년생잡초(올챙이고랭이,벗풀,올방개,너도방동사니)</td></tr>
<tr><td>일년생잡초(피,물달개비,가막사리,자귀풀,밭뚝외풀,알방동사니,마디꽃) 및 다년생잡초(올방개,벗풀,너도방동사니,올챙이고랭이)</td></tr>
<tr><td>옥사디아존·프레틸라클로르 유탁제</td><td>논로타리</td><td>써레질직후 이앙2일전</td><td>일년생잡초(피,물달개비,가막사리,자귀풀,밭뚝외풀,알방동사니)</td></tr>
<tr><td>피라클로닐·피라조설퓨론에틸·테퓨릴트리온 입제</td><td>금물결</td><td rowspan="2">이앙 후 10~12일</td><td rowspan="3">일년생잡초(피,물달개비,가막사리,자귀풀,밭뚝외풀,사마귀풀,여뀌바늘) 다년생잡초(올챙이고랭이,올방개,벗풀)</td></tr>
<tr><td>펜퀴노트리온·펜트라자마이드·이마조설퓨론 액상수화제</td><td>벼스타</td></tr>
<tr><td>메페나셋·피리미설판 액상수화제</td><td>청룡도</td><td>이앙후 15일 원액 수면</td></tr>
<tr><td>벤조비사이클론·옥사지클로메폰 액상수화제</td><td>반들</td><td>써레질후~이앙2일전</td><td>일년생잡초(피,물달개비,가막사리,여뀌바늘,자귀풀,알방동사니,사마귀풀)</td></tr>
<tr><td>페녹슐람·피라조설퓨론에틸 입상수화제</td><td>풀키퍼</td><td>이앙후 10~12일</td><td>일년생잡초(피,물달개비,가막사리,여뀌바늘,자귀풀,알방동사니) 및 다년생잡초(올방개,벗풀,올챙이고랭이,너도방동사니)</td></tr>
<tr><td>아짐설퓨론·메페나셋·시메트린 입제</td><td>주인장</td><td>이앙후 15일</td><td>일년생잡초(피,물달개비,가막사리,여뀌바늘,자귀풀,사마귀풀,일방동사니) 및 다년생잡초(올방개,벗풀,너도방동사니,올챙이고랭이)</td></tr>
<tr><td>벤조비사이클론·이마조설퓨론·페녹슐람 액상수화제</td><td>아리온노내</td><td>파종후 15일</td><td rowspan="2">일년생잡초(피,물달개비,가막사리,여뀌바늘,자귀풀,사마귀풀) 및 다년생잡초(올방개,벗풀,올챙이고랭이)</td></tr>
<tr><td>벤설퓨론메틸·벤조비사이클론·페녹슐람 대립제</td><td>아리던져라</td><td>이앙후 10~12일</td></tr>
<tr><td>브로모뷰타이드·프레틸라클로르·시메트린 유제</td><td>초푸레</td><td>써레질 직후~이앙 2일전</td><td>일년생잡초(피,물달개비,가막사리,여뀌바늘,자귀풀,밭뚝외풀)</td></tr>
<tr><td>브로모뷰타이드·이마조설퓨론·메페나셋 입제</td><td>지름길</td><td>이앙후 10~12일</td><td>일년생잡초(피,물달개비,가막사리,여뀌바늘,여뀌,자귀풀,알방동사니) 및 다년생잡초(벗풀,올방개,올챙이,고랭이)</td></tr>
<tr><td>할로설퓨론메틸·메소트리온·페녹슐람 입제</td><td>올고래</td><td rowspan="3">이앙 후 15일</td><td>일년생잡초(피,물달개비,가막사리,여뀌바늘,알방동사니,자귀풀) 및 다년생잡초(올방개,올챙이고랭이,벗풀)</td></tr>
<tr><td>할로설퓨론메틸·메페나셋 액상수화제</td><td>논사마</td><td rowspan="2">일년생잡초(피,물달개비,가막사리,여뀌바늘,알방동사니,밭뚝외풀,자귀풀)및 다년생잡초(올방개,올챙이고랭이,벗풀)</td></tr>
<tr><td>벤조비사이클론·펜트라자마이드·페녹슐람 액상수화제</td><td>천하태평</td></tr>
<tr><td>펜톡사존·프레틸라클로르 유현탁제</td><td>다몬나</td><td>써레질 직후~이앙 2일전</td><td>일년생잡초(피,물달개비,가막사리,여뀌바늘,알방동사니,밭뚝외풀,자귀풀)</td></tr>
<tr><td>브로모뷰타이드·플루세토설퓨론·이마조설퓨론 입제</td><td>천하센</td><td>이앙후 15일</td><td>일년생잡초(피,물달개비,가막사리,여뀌바늘,알방동사니,밭뚝외풀,사마귀풀) 및 다년생잡초(올방개,올챙이고랭이,벗풀)</td></tr>
</table>

품목명		상품명	사용 적기	적용 병해충
기계이앙벼 (어린모)	벤조비사이클론·메타조설퓨론 직접살포정제	마타킹		일년생잡초(피,물달개비,가막사리,여뀌바늘,알방동사니,밭뚝외풀) 및 다년생잡초(올방개,올챙이고랭이,벗풀)
	브로모뷰타이드·펜트라자마이드 입제	논스탑	이앙동시	일년생잡초(피,물달개비,가막사리,여뀌바늘,알방동사니,밭뚝외풀)
	디메타메트린·할로설퓨론메틸·페녹슐람 입제	나세지	이앙후 15일	일년생잡초(피,물달개비,가막사리,여뀌바늘,알방동사니) 및 다년생잡초(올방개,벗풀,올챙이고랭이)
	메타조설퓨론 입제	마타조		
	벤조비사이클론·페녹슐람 직접살포정제	문전옥답 점보		
	메소트리온·페녹슐람·프레틸라클로르 입제	하늘천		
	프레틸라클로르 유탁제	엘리얀	써레질 직후~이앙전 2일	일년생잡초(피,물달개비,가막사리,여뀌바늘,사마귀풀,밭뚝외풀)
	펜트라자마이드·옥사디아존 유제	안나지		일년생잡초(피,물달개비,가막사리,여뀌바늘,밭뚝외풀,자귀풀)
	벤설퓨론메틸·페녹슐람 액상수화제	농장군	이앙후15일	일년생잡초(피,물달개비,가막사리,여뀌바늘,밭뚝외풀,알방동사니,사마귀풀,자귀풀) 및 다년생잡초(올방개,벗풀,올챙이고랭이,너도방동사니)
	벤타존·플루세토설퓨론·시메트린 입제	안매도	이앙후 10~12일	일년생잡초(피,물달개비,가막사리,여뀌바늘,밭뚝외풀,알방동사니) 및 다년생잡초(벗풀,올방개,올챙이고랭이)
	펜트라자마이드·시메트린 유제	스워드	써레질 직후~이앙 2일전	일년생잡초(피,물달개비,가막사리,여뀌바늘,밭뚝외풀)
	피라조설퓨론에틸·티오벤카브 입제	슈퍼유나니	이앙후 5~7일(써레질 후 7~9일)	일년생잡초(피,물달개비,가막사리,여뀌바늘) 및 다년생잡초(올챙이고랭이,올방개,벗풀)
	벤조비사이클론·사이클로설파뮤론·플루세토설퓨론 대립제	콩알탄	이앙후 15일	일년생잡초(피,물달개비,가막사리,여뀌,여뀌바늘,자귀풀,알방동사니,사마귀풀) 및 다년생잡초(벗풀,올방개,올챙이,고랭이,너도방동사니)
	아짐설퓨론·메페나셋·시메트린 입제	주인장	이앙후 10~12일	일년생잡초(피,물달개비,가막사리,여뀌,여뀌바늘,자귀풀,밭뚝외풀,알방동사니) 및 다년생잡초(올방개,벗풀,올챙이고랭이)
	벤조비사이클론·사이클로설파뮤론·펜트라자마이드 액상수화제	온동네	이앙후 5~7일	일년생잡초(피,물달개비,가막사리,여뀌,여뀌바늘,밭뚝외풀,알방동사니) 및 다년생잡초(벗풀,올방개,올챙이고랭이,너도방동사니)
	할로설퓨론메틸·메페나셋 대립제	논사마	이앙후 15일	일년생잡초(피,물달개비,가막사리,알방동사니,자귀풀) 및 다년생잡초(올방개,너도방동사니,올챙이고랭이,벗풀)
	벤조비사이클론·펜디메탈린 유현탁제	루사트	이앙후 5~7일	일년생잡초(피,물달개비,가막사리,알방동사니,여뀌바늘,밭뚝외풀)
	벤조비사이클론·오르토설파뮤론·페녹슐람 직접살포정제	올고래점보	이앙후 15일	일년생잡초(피,물달개비,가막사리,알방동사니,밭뚝외풀)및 다년생잡초(올방개,올챙이고랭이,벗풀)
	브로모뷰타이드·펜트라자마이드·할로설퓨론메틸 입제	평양감사		

품목명		상품명	사용 적기	적용 병해충
기계이앙벼 (어린모)	벤조비사이클론·프레틸라클로르 유현탁제	초보매	써레질 직후~이앙 2일전	일년생잡초(피,물달개비,가막사리,사마귀풀,자귀풀,여뀌바늘)
	펜트라자마이드·메소트리온·피라조설퓨론에틸 입제	농초네	이앙 후 10~12일	일년생잡초(피,물달개비,가막사리,사마귀풀,자귀풀,밭뚝외풀,여뀌바늘) 및 다년생잡초(올챙이고랭이,올방개,너도방동사니,벗풀)
	아짐설퓨론·펜트라자마이드 수면부상성입제	수도왕	이앙후 15일	일년생잡초(피,물달개비,가막사리,사마귀풀,여뀌바늘)
	펜트라자마이드·옥사디아길 유제	오복	써레질직후~이앙2일전	일년생잡초(피,물달개비,가막사리,사마귀풀,여뀌나물,밭뚝외풀,자귀풀,알방동사니)
	벤조비사이클론·펜디메탈린 유현탁제	루사트		일년생잡초(피,물달개비,가막사리,사마귀풀,알방동사니,자귀풀,여뀌바늘,밭뚝외풀)
	클로마존·펜톡사존 유제	풍년초		일년생잡초(피,물달개비,가막사리,사마귀풀, 알방동사니,자귀풀,여뀌바늘,여뀌,밭뚝외풀)
	카펜트라존에틸·메페나셋·피라조설퓨론에틸 입제	삼정승	이앙후 15일	일년생잡초(피,물달개비,가막사리,밭뚝외풀,여뀌바늘,자귀풀,알방동사니) 및 다년생잡초(올방개,벗풀,올챙이고랭이,너도방동사니)
	벤설퓨론메틸·벤조비사이클론·펜트라자마이드 액상수화제	조아라		일년생잡초(피,물달개비,가막사리,밭뚝외풀,여뀌바늘,자귀풀,사마귀풀) 및 다년생잡초(올방개,올챙이고랭이,벗풀)
	피라조설퓨론에틸 입제	시리우스	이앙후 10~12일	일년생잡초(피,물달개비,가막사리,밭뚝외풀,여뀌바늘,알방동사니,사마귀풀,마디꽃) 및 다년생잡초(올방개,벗풀,올챙이고랭이,너도방동사니,가래)
	벤퓨러세이트·메소트리온·페녹슐람 입제	천상천하	이앙후 15일	일년생잡초(피,물달개비,가막사리,밭뚝외풀,알방동사니) 및 다년생잡초(올챙이고랭이,올방개,벗풀)
	이마조설퓨론·피라졸레이트·시메트린 입제	특효탄	이앙후 10~12일	일년생잡초(피,물달개비,가막사리,밭뚝외풀,사마귀풀,자귀풀,여뀌바늘,마디꽃,알방동사니)
	메페나셋·피리미설판 액상수화제	청룡도	이앙후 10~12일 원액 수면	일년생잡초(피,물달개비,가막사리,밭뚝외풀,사마귀풀,자귀풀,알방동사니) 및 다년생잡초(새섬매자기,올방개,올챙이고랭이,벗풀,올미)
		풀아웃	이앙후 10~12일	
	사이클로설파뮤론·메페나셋 액상수화제	손아네	이앙후 15일(써레질후 17~18일)	일년생잡초(피,물달개비,가막사리,밭뚝외풀,사마귀풀,여뀌바늘,자귀풀,마디꽃,알방동사니) 및 다년생잡초(올방개,벗풀,올챙이고랭이,가래,너도방동사니)
	메페나셋·피리미설판 액상수화제	풀아웃	이앙후 15일	일년생잡초(피,물달개비,가막사리,밭뚝외풀,사마귀풀,여뀌바늘,자귀풀) 및 다년생잡초(올챙이고랭이,벗풀,올방개)
	펜톡사존 유제	초사리	써레질 직후~이앙 2일전	일년생잡초(피,물달개비,가막사리,밭뚝외풀,사마귀풀,여뀌바늘)
	아짐설퓨론·벤설퓨론메틸·펜트라자마이드 입제	풀당번	이앙후 15일(써레질후 17~18일)	
	피라클로닐·테퓨릴트리온 직접살포정제	이티왕	이앙후 15일	일년생잡초(피,물달개비,가막

품목명		상품명	사용 적기	적용 병해충
기계이앙벼 (어린모)	아짐설퓨론·옥사지클로메폰·테퓨릴트리온 직접살포정제	피가탄·이티		사리,밭뚝외풀,여뀌바늘) 및 다년생 잡초(올방개,올챙이고랭이,벗풀)
	할로설퓨론메틸·메페나셋 대립제	논사마		일년생잡초(피,물달개비,가막사리) 및 다년생잡초(올방개,벗풀,올챙이고랭이)(무인항공기)
	벤조비사이클론·페녹슐람 액상수화제	문전옥답		
	메소트리온·프레틸라클로르 입제	다정토	이앙후 5~7일	일년생잡초(피,마디꽃,물달개비,밭뚝외풀,사마귀풀,알방동사니,여뀌바늘)
	옥사디아길 유제	톱스타	써레질직후~이앙3일전	일년생잡초(피,가막사리,여뀌바늘,물달개비,자귀풀,사마귀풀,알방동사니,밭뚝외풀,여뀌)
	할로설퓨론메틸·옥사지클로메폰 직접살포정제	이편한	이앙후 15일	일년생잡초(피,가막사리,여뀌바늘,물달개비,사마귀풀,알방동사니,자귀풀) 및 다년생잡초(너도방동사니,벗풀,올방개,올챙이고랭이)
	할로설퓨론메틸 입제	하나다	이앙후 10~12일	
	벤조비사이클론 액상수화제	나지마	써레질직후~이앙2일전	일년생잡초(피,가막사리,여뀌바늘,물달개비,사마귀풀,알방동사니,밭뚝외풀)
	할로설퓨론메틸·옥사지클로메폰 입상수화제	이편한	이앙후 15일	일년생잡초(피,가막사리,여뀌바늘,물달개비,사마귀풀,알방동사니) 및 다년생잡초(너도방동사니,벗풀,올방개,올챙이고랭이)
	벤설퓨론메틸·인다노판 액상수화제	일사천리		일년생잡초(피,가막사리,여뀌바늘,물달개비,사마귀풀,밭뚝외풀,자귀풀,알방동사니) 및 다년생잡초(너도방동사니,벗풀,올방개,올챙이고랭이)
	아짐설퓨론·페녹슐람 입제	강산에		일년생잡초(피,가막사리,여뀌바늘,물달개비,사마귀풀,밭뚝외풀) 및 다년생잡초(너도방동사니,벗풀,올방개,올챙이고랭이)
	아짐설퓨론·인다노판 입제	조은들		일년생잡초(피,가막사리,여뀌바늘,물달개비,사마귀풀,밭뚝외풀) 및 다년생잡초(너도방동사니,벗풀,올방개,올챙이고랭이)
	벤조비사이클론·페녹슐람 액상수화제	문전옥답	이앙후 10~12일	일년생잡초(피,가막사리,여뀌바늘,물달개비,사마귀풀) 및 다년생잡초(너도방동사니,벗풀,올방개,올챙이고랭이)
	펜트라자마이드 유제	써레매	써레질직후~이앙 2일전	일년생잡초(피,가막사리,알방동사니,물달개비,사마귀풀,여뀌바늘,자귀풀,밭뚝외풀)
	브로모뷰타이드·펜트라자마이드·이마조설퓨론 입제	노네존	이앙동시	일년생잡초(피,가막사리,사마귀풀, 물달개비, 여뀌바늘, 밭뚝외풀, 알방동사니)
	할로설퓨론메틸·피리미노박메틸 대립제	논키퍼	이앙후 15일	
	펜트라자마이드·이마조설퓨론 입제	풀처리	이앙동시	
	브로모뷰타이드·이마조설퓨론·피라클로닐 입제	롱제로	이앙후 10~12일	일년생잡초(피,가막사리,물달개비,자귀풀) 및 다년생잡초(벗풀,올챙이고랭이,올방개)
	피라클로닐·피라조설퓨론에틸·테퓨릴트리온 입제	금물결	이앙동시	일년생잡초(피,가막사리,물달개비,여뀌바늘,자귀풀,밭뚝외풀) 및 다년생잡초 (올방개,벗풀,올챙이고랭이)
	브로모뷰타이드·옥사지클로메폰·피라조설퓨론에틸 입제	동시로		일년생잡초(피,가막사리,물달개비,여뀌바늘,밭뚝외풀,자귀

품목명		상품명	사용 적기	적용 병해충
기계이앙벼 (어린모)				풀) 및 다년생잡초(벗풀,올방개,올챙이고랭이)
	펜퀴노트리온·피라조설퓨론에틸·피리미노박메틸 직접살포정제	단모리	이앙후 15일	일년생잡초(피,가막사리,물달개비,여뀌바늘,밭뚝외풀, 자귀풀) 및 다년생잡초(벗풀,올방개,올챙이고랭이)
	벤조비사이클론·메타미포프·피라조설퓨론에틸 입제	무논골드	이앙후 10~12일	
	벤설퓨론메틸·벤조비사이클론·페녹슐람 액상수화제	애니풀		
	메소트리온·메타조설퓨론 입제	백발백중	이앙 후 15일	일년생잡초(피,가막사리,물달개비,알방동사니,여뀌바늘) 및 다년생잡초(벗풀,올방개,올챙이고랭이)
	브로모뷰타이드·이마조설퓨론·메타미포프 액상수화제	제로초	이앙후 10~12일	
	아짐설퓨론·벤설퓨론메틸·프레틸라클로르 입제	만금		일년생잡초(피,가막사리,물달개비,사마귀풀,자귀풀,알방동사니,밭뚝외풀) 및 다년생잡초(벗풀,올방개,너도방동사니,올챙이고랭이)
	벤설퓨론메틸·벤조비사이클론·펜트라자마이드 액상수화제	조아라	이앙후 15일	일년생잡초(피,가막사리,물달개비,사마귀풀,자귀풀) 및 다년생잡초(너도방동사니,벗풀,올방개,올챙이고랭이)(무인항공기)
	벤조비사이클론·펜트라자마이드·이마조설퓨론 입제	논감독	이앙동시	일년생잡초(피,가막사리,물달개비,사마귀풀,여뀌바늘,한련초) 및 다년생잡초(벗풀,새섬매자기,올방개,올챙이고랭이)
	벤설퓨론메틸·벤조비사이클론·펜트라자마이드 입제	풀수색		
	벤설퓨론메틸·벤조비사이클론·펜트라자마이드 입제	풀수색	이앙후 10~12일	일년생잡초(피,가막사리,물달개비,사마귀풀,여뀌바늘,자귀풀) 및 다년생잡초(너도방동사니,벗풀,올방개,올챙이고랭이)
	뷰타클로르 입제	논맥	이앙후 5~7일	일년생잡초(피,가막사리,물달개비,사마귀풀,여뀌바늘,자귀풀)
	할로설퓨론메틸·메페나셋 입제	농이랑	이앙후 15일	일년생잡초(피,가막사리,물달개비,사마귀풀,여뀌바늘,밭뚝외풀,알방동사니) 및 다년생잡초(올방개,너도방동사니,벗풀,올챙이고랭이)
	할로설퓨론메틸·피리미노박메틸 직접살포정제	주먹탄		일년생잡초(피,가막사리,물달개비,사마귀풀,여뀌바늘) 및 다년생잡초(벗풀,올방개,너도방동사니,올챙이고랭이)
	벤조비사이클론·펜트라자마이드·이마조설퓨론 액상수화제	매직샷		일년생잡초(피,가막사리,물달개비,사마귀풀,여뀌바늘) 다년생잡초(벗풀,올방개,올챙이고랭이)(무인항공기)
	벤조비사이클론·피라조설퓨론에틸·피리미노박메틸 입상수화제	모두처		
	벤조비사이클론·피라조설퓨론에틸·피리미노박메틸 대립제	점저미		
	벤설퓨론메틸·벤조비사이클론·페녹슐람 액상수화제	애니풀	파종후 15일	
	벤설퓨론메틸·브로모뷰타이드·페녹슐람 액상수화제	끝판왕	이앙 후 10~12일	일년생잡초(피,가막사리,물달개비,사마귀풀,알방동사니,여뀌바늘,자귀풀) 및 다년생잡초(올방개,벗풀,올챙이고랭이)
	벤조비사이클론·프로피리설퓨론 액상수화제	명감독		
	벤조비사이클론·피라조설퓨론에틸·피리미노박메틸 입상수화제	모두처	이앙후 15일	일년생잡초(피,가막사리,물달개비,밭뚝외풀,여뀌바늘,자귀풀) 및 다년생잡초(벗풀,올방개,올챙이고랭이,올미)

품목명		상품명	사용 적기	적용 병해충
기계이앙벼 (어린모)	벤조비사이클론·프로피리설퓨론 액상수화제	명감독		일년생잡초(피,가막사리,물달개비,밭뚝외풀,여뀌바늘,자귀풀) 및 다년생잡초(벗풀,올방개,올챙이고랭이)
	벤조비사이클론·카펜트라존에틸·페녹슐람 입제	쾌속정		
	벤설퓨론메틸·펜트라자마이드·메소트리온 입제	필드마스터		
	벤설퓨론메틸·벤조비사이클론·피리미노박메틸 액상수화제	황금들		
	브로모뷰타이드·프로피리설퓨론 입제	무초지대		일년생잡초(피,가막사리,물달개비,밭뚝외풀,여뀌바늘,자귀풀) 및 다년생잡초(너도방동사니,올방개,올챙이고랭이)
	브로모뷰타이드·이마조설퓨론·메페나셋 액상수화제	제로지대		일년생잡초(피,가막사리,물달개비,밭뚝외풀,여뀌바늘,자귀풀) 및 다년생잡초(너도방동사니,벗풀,올방개,올챙이고랭이)
	아짐설퓨론·카펜트라존에틸·메타미포프 입제	논부자		일년생잡초(피,가막사리,물달개비,밭뚝외풀,여뀌바늘,자귀풀) 다년생잡초(벗풀,올방개,올챙이고랭이)
	아짐설퓨론·벤조비사이클론·메타미포프 입제	만능손		
	뷰타클로르 캡슐현탁제	논마트	써레질 직후~이앙 2일전	일년생잡초(피,가막사리,물달개비,밭뚝외풀,여뀌바늘,자귀풀)
		마세트300		
	벤조비사이클론·티오벤카브 유현탁제	초스탑	이앙후 5~7일	
	옥사디아존·펜디메탈린 유제	해도지	써레질직후~이앙2일전	
	벤조비사이클론·펜트라자마이드·이마조설퓨론 액상수화제	매직샷	이앙후 5~7일	일년생잡초(피,가막사리,물달개비,밭뚝외풀,여뀌바늘)다년생 잡초(벗풀,올방개,올챙이고랭이)
	벤조비사이클론·피리미설판 입제	돌파구	이앙후 15일	일년생잡초(피,가막사리,물달개비,밭뚝외풀,여뀌바늘) 및 다년생잡초(벗풀,올챙이고랭이,올방개)
	벤조비사이클론·피라조설퓨론에틸·피리미노박메틸 대립제	점저미		일년생잡초(피,가막사리,물달개비,밭뚝외풀,여뀌바늘) 및 다년생잡초(벗풀,올방개,올챙이고랭이,올미)
	벤퓨러세이트·피리미설판 입제	골드머니		일년생잡초(피,가막사리,물달개비,밭뚝외풀,여뀌바늘) 및 다년생잡초(벗풀,올방개,올챙이고랭이)
	벤퓨러세이트·카펜트라존에틸·페녹슐람 입제	논배미	이앙후 10~12일	
	벤설퓨론메틸·벤조비사이클론·펜트라자마이드 액상수화제	조아라	이앙후 5~7일	일년생잡초(피,가막사리,물달개비,밭뚝외풀,여뀌바늘) 및 다년생잡초(벗풀,올방개,올챙이고랭이)
	피라클로닐·피리미설판 액상수화제	직사포	이앙후 10~12일	일년생잡초(피,가막사리,물달개비,밭뚝외풀,알방동사니,여뀌바늘,자귀풀) 및 다년생잡초(올방개,벗풀,올챙이고랭이)
	브로모뷰타이드·이마조설퓨론·피라클로닐 입제	롱제로	이앙후 5~7일	일년생잡초(피,가막사리,물달개비,밭뚝외풀,알방동사니,여뀌바늘,자귀풀) 및 다년생잡초(벗풀,올챙이고랭이,올방개)
	메페나셋·피리미설판 입제	대장부	이앙 후 15일	일년생잡초(피,가막사리,물달개비,밭뚝외풀,알방동사니,여뀌바늘,자귀풀) 및 다년생잡초(너도방동사니,벗풀,올방개,올

품목명		상품명	사용 적기	적용 병해충
기계이앙벼(어린모)				챙이고랭이)
	메페나셋·피리미설판 수면부상성입제	막강탄	이앙후 10~12일 (써레질 후 12~15일)	일년생잡초(피,가막사리,물달개비,밭뚝외풀,알방동사니,여뀌바늘,자귀풀) 및 다년생잡초(너도방동사니,벗풀,올방개,올챙이고랭이)
	벤타존·메타미포프 미탁제	대다네	이앙후 30일(피 4~5엽기)	일년생잡초(피,가막사리,물달개비,밭뚝외풀,알방동사니) 및 다년생잡초(너도방동사니, 벗풀, 올방개, 올챙이고랭이)
	벤퓨러세이트·펜트라자마이드·피라조설퓨론에틸 입제	걸작	이앙후 15일	일년생잡초(피,가막사리,물달개비,밭뚝외풀,사마귀풀,여뀌바늘,자귀풀) 및 다년생잡초(벗풀,올방개,올챙이고랭이)
	아짐설퓨론·벤퓨러세이트·카펜트라존에틸 입제	삼점포	이앙 후 10~12일	
	아짐설퓨론·벤조비사이클론·펜트라자마이드 입제	클릭초	이앙후 15일	
	브로모뷰타이드·이마조설퓨론·메페나셋 액상수화제	제로지대	이앙후 15일	일년생잡초(피,가막사리,물달개비,밭뚝외풀,사마귀풀,여뀌바늘,자귀풀) 및 다년생잡초(너도방동사니,벗풀,올방개,올챙이고랭이)(무인항공기)
	아짐설퓨론·옥사지클로메폰 입제	미더미		일년생잡초(피,가막사리,물달개비,밭뚝외풀,사마귀풀,알방동사니,자귀풀) 및 다년생 잡초(너도방동사니,벗풀,올방개,올챙이고랭이)
	벤조비사이클론·펜트라자마이드·이마조설퓨론 입제	논감독	이앙후 10~12일	일년생잡초(피,가막사리,물달개비,밭뚝외풀,사마귀풀,알방동사니,여뀌바늘,자귀풀)다년생잡초(벗풀,올방개,올챙이고랭이)
	벤조비사이클론·이마조설퓨론·피리미노박메틸 액상수화제	다관왕		일년생잡초(피,가막사리,물달개비,밭뚝외풀,사마귀풀,알방동사니,여뀌바늘,자귀풀) 및 다년생 잡초(벗풀,올방개,올챙이고랭이)
	벤조비사이클론·피리미설판 액상수화제	풀코치		일년생잡초(피,가막사리,물달개비,밭둑외풀,여뀌바늘,자귀풀) 및 다년생잡초(벗풀,올방개,올챙이고랭이)
	아짐설퓨론·벤조비사이클론·피리미노박메틸 입제	통제사		일년생잡초(피,가막사리,물달개비,밭둑외풀,사마귀풀,알방동사니,여뀌바늘,자귀풀) 및 다년생잡초(너도방동사니,벗풀,올방개,올챙이고랭이)
	벤설퓨론메틸·브로모뷰타이드·페녹슐람 액상수화제	끝판왕	이앙후 15일	일년생잡초(피,가막사리,물달개비,밭둑외풀) 및 다년생잡초(올방개,벗풀,올챙이고랭이)
	벤조비사이클론·펜트라자마이드·이마조설퓨론 액상수화제	매직샷		일년생잡초(피,가막사리,마디꽃,물달개비,밭뚝외풀,사마귀풀,여뀌바늘,자귀풀) 및 다년생잡초(벗풀,올방개,올챙이고랭이)
	브로모뷰타이드·카펜스트롤·이마조설퓨론 입제	삼지창		
	벤설퓨론메틸·메페나셋·메타미포프 액상수화제	판정승		
	옥사디아길 유제	절찬리	써레질 직후~이앙3일전	일년생잡초(피,가막사리, 여뀌바늘, 물달개비, 자귀풀, 사마귀풀, 알방동사니, 밭뚝외풀)
		후리다		

품목명		상품명	사용 적기	적용 병해충
기계이앙벼 (어린모)	벤설퓨론메틸·벤조비사이클론·페녹슐람 액상수화제	애니풀	이앙후 15일	일년생잡초(피,가막사리, 물달개비, 사마귀풀, 여뀌바늘, 자귀풀) 및 다년생잡초(너도방동사니, 벗풀, 올방개, 올챙이골랭이,올미)
	할로설퓨론메틸·메페나셋 대립제	농이랑		일년생잡초(피, 사마귀풀, 물달개비, 여뀌바늘, 밭뚝외풀) 다년생잡초(올방개, 벗풀, 올챙이고랭이, 너도방동산이)
	벤조비사이클론·페녹슐람·피라졸레이트 입제	논조내		일년생잡초(피, 물달개비,여뀌바늘,가막사리,자귀풀,밭뚝외풀,알방동사니) 및 다년생잡초(올방개,벗풀,올챙이고랭이)
	메타조설퓨론 직접살포정제	이티스타		
	브로모뷰타이드·펜트라자마이드·이마조설퓨론 입제	노네존	이앙동시	일년생잡초(피, 물달개비, 여뀌바늘, 자귀풀, 알방동사니, 자귀풀) 및 다년생잡초(벗풀, 올방개, 올챙이고랭이)
	벤설퓨론메틸·엠시피에이·메페나셋 액상수화제	논펴난	이앙후 15일(써레질 직후 16~18일)	일년생잡초(피, 물달개비, 여뀌바늘, 자귀풀, 밭뚝외풀) 및 다년생잡초(올방개, 올챙이고랭이, 벗풀)
	메페나셋·메타조설퓨론 입제	일당백	이앙동시	일년생잡초(피, 물달개비, 여뀌바늘, 알방동사니, 밭뚝외풀, 미국가막사리, 자귀풀) 및 다년생잡초(올방개, 올챙이고랭이, 벗풀)
	브로모뷰타이드·프로피리설퓨론 액상수화제	풀체인지	이앙후 10~12일	일년생잡초(피, 물달개비, 여뀌바늘, 알방동사니, 가막사리, 자귀풀, 사마귀풀) 및 다년생잡초(올방개, 올챙이고랭이, 벗풀, 너도방동사니)
	브로모뷰타이드·프로피리설퓨론 액상수화제	풀체인지	이앙후 15일	일년생잡초(피,물달개비,여뀌바늘, 알방동사니,가막사리,자귀풀) 및 다년생잡초(올방개, 올챙이고랭이, 벗풀, 너도방동사니)
	펜트라자마이드·이마조설퓨론 입제	풀처리	이앙동시	일년생잡초(피, 물달개비, 여뀌바늘, 알방동사니) 및 다년생잡초(벗풀, 올방개, 올챙이고랭이)
	플루세토설퓨론·피라조설퓨론에틸 입제	풀타임	이앙후 15일	일년생잡초(피, 물달개비, 여뀌바늘, 밭뚝외풀, 자귀풀,사마귀풀) 다년생잡초(올발개, 벗풀, 너도방동사니,올챙이고랭이)
	브로모뷰타이드·프로피리설퓨론·티오벤카브 입제	오로지	이앙동시	일년생잡초(피, 물달개비, 여뀌바늘, 밭뚝외풀, 알방동사니, 미국가막사리, 미국외풀) 및 다년생잡초(벗풀, 올방개, 올챙이고랭이)
	벤조비사이클론·프로피리설퓨론 직접살포정제	한판	이앙 후 10~12일	일년생잡초(피, 물달개비, 여뀌바늘, 밭뚝외풀, 알방동사니, 미국가막사리) 및 다년생잡초(벗풀, 올방개, 올챙이고랭이)
	플루세토설퓨론·피라조설퓨론에틸 입	상록소	이앙후 30일	일년생잡초(피, 물달개비, 여뀌

품목명		상품명	사용 적기	적용 병해충
기계이앙벼(어린모)	상수화제	잔디애		바늘, 밭뚝외풀, 알방동사니, 마디꽃) 및 다년생잡초(올방개, 벗풀, 올챙이고랭이)
	브로모뷰타이드·펜트라자마이드·플루세토설퓨론 입제	농자왕	이앙후 15일	일년생잡초(피, 물달개비, 여뀌바늘, 가막사리, 알방동사니, 밭뚝외풀, 자귀풀) 및 다년생잡초(올방개, 올챙이고랭이, 벗풀)
	브로모뷰타이드·할로설퓨론메틸·옥사지클로메폰 입제	부자촌		
	메페나셋·메타조설퓨론 입제	일당백		
	프레틸라클로르·피라클로닐 유현탁제	피쓰리	써레질직후~이앙2일전	일년생잡초(피, 물달개비, 여뀌바늘, 가막사리, 알방동사니, 밭뚝외풀, 자귀풀)
	프레틸라클로르·테퓨릴트리온 유제	풀초상		일년생잡초(피, 물달개비, 여뀌바늘, 가막사리, 밭둑외풀)
	플로르피록시펜벤질 유제	로얀트	이앙후30일(피4~5엽기 이내)	일년생잡초(피, 물달개비, 여뀌, 밭뚝외풀, 자귀풀)
	메타조설퓨론 입상수화제	안타레스	이앙후 15일	일년생잡초(피, 물달개비, 알방동사니, 여뀌바늘, 자귀풀, 밭뚝외풀, 가막사리) 및 다년생잡초(올방개, 벗풀, 올챙이고랭이)
	디메타메트린·메타조설퓨론 입제	필살기	이앙동시	일년생잡초(피, 물달개비, 알방동사니, 가막사리, 자귀풀, 여뀌바늘) 및 다년생잡초(올방개, 올챙이고랭이, 벗풀)
	페녹슐람 액상수화제	살초대첩에스	이앙후 10~12일	일년생잡초(피, 물달개비, 사마귀풀, 알방동사니, 밭뚝외풀, 가막사리)다년생잡초(올방개, 너도방동사니, 벗풀, 올챙이고랭이)
	펜트라자마이드·메타조설퓨론 입제	푸른논	이앙후 15일	일년생잡초(피, 물달개비, 밭뚝외풀, 자귀풀, 여뀌, 알방동사니) 및 다년생잡초(벗풀, 올챙이고랭이, 올방개)
	브로모뷰타이드·피라클로닐 액상수화제	파워초	써레질 직후~이앙2일전	일년생잡초(피, 물달개비, 밭뚝외풀, 자귀풀, 알방동사니, 가막사리, 여뀌바늘)
	아짐설퓨론·메페나셋·메소트리온 입제	온들매	이앙후 15일	일년생잡초(피, 물달개비, 밭뚝외풀, 자귀풀, 알방동사니, 가막사리, 사마귀풀) 및 다년생잡초(올방개, 올챙이고랭이, 벗풀)
	펜트라자마이드·메타조설퓨론 입제	푸른논	이앙동시	일년생잡초(피, 물달개비, 밭뚝외풀, 자귀풀, 알방동사니, 가막사리) 및 다년생잡초(올방개, 올챙이고랭이, 벗풀)
	옥사지클로메폰·테퓨릴트리온 액상수화제	논무래	써레질 직후~이앙 2일전	일년생잡초(피, 물달개비, 밭뚝외풀, 자귀풀, 가막사리, 여뀌바늘)
	옥사디아길·옥사디아존 유제	두스타		
	아짐설퓨론·브로모뷰타이드·메페나셋 입제	거북선	이앙후 15일	일년생잡초(피, 물달개비, 밭뚝외풀, 자귀풀, 가막사리, 여뀌, 알방동사니) 및 다년생잡초(벗풀, 올챙이고랭이, 올방개)

품목명		상품명	사용 적기	적용 병해충
기계이앙 벼 (어린모)	메타조설퓨론 액상수화제	완결판		일년생잡초(피, 물달개비, 밭뚝외풀, 알방동사니, 자귀풀·가막사리) 및 다년생잡초(올방개, 벗풀, 올챙이고랭이)
	펜퀴노트리온·트리아파몬 입제	논대장		일년생잡초(피, 물달개비, 밭뚝외풀, 알방동사니, 여뀌바늘, 자귀풀) 및 다년생잡초(올방개, 올챙이고랭이,벗풀)
	프로피리설퓨론·메페나셋 액상수화제	단축키		일년생잡초(피, 물달개비, 밭뚝외풀, 알방동사니, 여뀌바늘) 및 다년생잡초(벗풀, 올방개, 올챙이고랭이)
	펜퀴노트리온·피라클로닐·피라조설퓨론에틸 입제	안나네	이앙동시	일년생잡초(피, 물달개비, 밭뚝외풀, 알방동사니, 여뀌바늘) 및 다년생잡초(올방개, 올챙이고랭이, 벗풀)
	브로모뷰타이드·프로피리설퓨론·티오벤카브 입제	오로지	이앙후 10~12일	일년생잡초(피, 물달개비, 밭뚝외풀, 알방동사니, 가막사리, 자귀풀, 사마귀풀), 다년생잡초(올방개, 벗풀, 올챙이고랭이)
	브로모뷰타이드·펜트라자마이드·피라조설퓨론에틸 입제	풀모리	이앙동시	일년생잡초(피, 물달개비, 밭뚝외풀, 알방동사니, 가막사리, 자귀풀) 및 다년생잡초(올방개, 올챙이고랭이, 벗풀)
	브로모뷰타이드·피라클로닐·피라조설퓨론에틸 입제	썬파워		일년생잡초(피, 물달개비, 밭뚝외풀, 알동방사니) 및 다년생잡초(벗풀, 올챙이고랭이, 올방개)
	벤타존·피리미노박메틸 입제	그린히트	이앙 20일 후	일년생잡초(피, 물달개비, 밭뚝외풀, 사마귀풀, 알방동사니) 및 다년생잡초(올방개, 올챙이고랭이, 벗풀)
	벤타존소듐·엠시피에이·트리아파몬 입제	밧사피	이앙 후 20일	일년생잡초(피, 물달개비, 밭둑외풀, 여뀌바늘, 미국외풀) 및 다년생잡초(올방개, 너도방동사니, 벗풀, 올챙이고랭이)
	옥사지클로메폰·테퓨릴트리온 액상수화제	올바로	이앙후 10~12일	일년생잡초(피, 물달개비, 밭둑외풀, 여뀌바늘) 및 다년생잡초(올방개, 올챙이고랭이, 벗풀)
	메타조설퓨론·테퓨릴트리온 액상수화제	보트론	이앙후 15일(중기)	일년생잡초(피, 물달개비, 밭둑외풀, 여뀌, 가막사리, 여뀌바늘)및 다년생 잡초(올방개, 올챙이고랭이, 벗풀)
			이앙후 10~12일(초중기)	일년생잡초(피, 물달개비, 밭둑외풀, 알방동사니, 여뀌바늘) 및 다년생 잡초(올방개, 올챙이고랭이, 벗풀)
	아짐설퓨론·벤조비사이클론·페녹사설폰 입제	풀청정	이앙후 10~12일	일년생잡초(피, 물달개비, 밭둑외풀, 알방동사니, 가막사리, 여뀌바늘) 및 다년생잡초(올방개, 올챙이고랭이, 벗풀, 너도방동사니)
	페녹사설폰·페녹슐람·테퓨릴트리온	두레박	이앙후 15일	일년생잡초(피, 물달개비, 밭둑

품목명		상품명	사용 적기	적용 병해충
	액상수화제			외풀, 알방동사니) 및 다년생잡초(올챙이고랭이, 올방개, 벗풀)
	벤설퓨론메틸·브로모뷰타이드·페녹슐람 액상수화제	끝판왕	이앙 후 15일	일년생잡초(피, 물달개비, 미국외풀, 밭뚝외풀, 알방동사니, 여뀌바늘) 및 다년생잡초(올방개, 벗풀, 올챙이고랭이)(무인항공기)
	피라클로닐·피리미설판 액상수화제	직사포	이앙후 10~12일	일년생잡초(피, 물달개비, 미국외풀, 밭뚝외풀) 및 다년생잡초(올방개, 너도방동사니, 올챙이고랭이)(무인항공기)
	테퓨릴트리온·트리아파몬 액상수화제	카운실	이앙후 15일 원액수면적하처리(무인항공)	일년생잡초(피, 물달개비, 미국가막사리, 밭뚝외풀, 알방동사니) 및 다년생잡초(벗풀, 올방개, 올챙이고랭이)
	펜퀴노트리온·메페나셋·피라조설퓨론에틸 대립제	산울림	이앙 후 10~12일	일년생잡초(피, 물달개비, 가막사리, 자귀풀, 여뀌바늘, 사마귀풀) 및 다년생잡초(벗풀, 올방개, 올챙이고랭이)
	메페나셋·테퓨릴트리온 액상수화제	보디가드	이앙후 15일	일년생잡초(피, 물달개비, 가막사리, 자귀풀, 밭뚝외풀, 여뀌바늘) 및 다년생잡초(올챙이고랭이, 올방개, 벗풀)
기계이앙벼 (어린모)	옥사디아길 유제	윈스타	써레질 직후~이앙 3일전	일년생잡초(피, 물달개비, 가막사리, 자귀풀, 밭뚝외풀, 알방동사니, 여뀌바늘, 한련초, 미국좀부처꽃, 사마귀풀)
	테퓨릴트리온·트리아파몬 액상수화제	카운실	이앙 후 15일	일년생잡초(피, 물달개비, 가막사리, 자귀풀, 밭뚝외풀) 및 다년생잡초(올챙이고랭이, 벗풀, 올미, 올방개)
	아짐설퓨론·벤조비사이클론·이프펜카바존 대립제	일시탄	이앙후 10~12일	일년생잡초(피, 물달개비, 가막사리, 여뀌바늘, 자귀풀, 밭뚝외풀, 알방동사니) 및 다년생잡초(올방개, 벗풀, 올챙이고랭이)
	벤조비사이클론·메페나셋·프로피리설퓨론 액상수화제	손노네		일년생잡초(피, 물달개비, 가막사리, 여뀌바늘, 자귀풀, 밭뚝외풀, 알방동사니) 및 다년생잡초(새섬매자기, 벗풀, 올방개, 올챙이고랭이)
	이프펜카바존·피라조설퓨론에틸·테퓨릴트리온 입제	동방아그로 해결사		일년생잡초(피, 물달개비, 가막사리, 여뀌바늘, 자귀풀, 밭뚝외풀, 알방동사니) 및 다년생잡초(벗풀, 올방개, 올챙이고랭이)
	비페녹스·펜디메탈린 유제	자이언트	써레질직후~이앙 2일전	일년생잡초(피, 물달개비, 가막사리, 여뀌바늘, 자귀풀, 밭뚝외풀, 사마귀풀)
	벤조비사이클론·이마조설퓨론·이프펜카바존 액상수화제	강사네	이앙후 10~12일	일년생잡초(피, 물달개비, 가막사리, 여뀌바늘, 알방동사니) 및 다년생잡초(올방개, 벗풀,올챙이고랭이)
	클로마존·펜트라자마이드 유제	초짱	써레질직후~이앙2일전	일년생잡초(피, 물달개비, 가막사리, 여뀌바늘, 밭뚝외풀, 알방동사니)
	메타조설퓨론 입제	마타조	이앙동시	일년생잡초(피, 물달개비, 가막사리, 알방동사니, 밭뚝외풀,

품목명		상품명	사용 적기	적용 병해충
기계이앙벼 (어린모)				여뀌바늘, 자귀풀, 사마귀풀) 및 다년생잡초(올방개, 올챙이고랭이, 벗풀)
	브로모뷰타이드·펜트라자마이드·할로설퓨론메틸 입제	평양감사	이앙동시	일년생잡초(피, 물달개비, 가막사리, 알방동사니, 밭뚝외풀) 및 다년생잡초(올방개, 올챙이고랭이, 벗풀)
	옥사지클로메폰·테퓨릴트리온 직접살포정제	화이트볼	이앙 후 15일	
	메타조설퓨론·프레틸라클로르 입제	마타동	이앙동시	일년생잡초(피, 물달개비, 가막사리, 알방동사니, 밭둑외풀, 여뀌바늘) 및 다년생잡초(올방개, 올챙이고랭이, 벗풀)
	옥사지클로메폰·페녹슐람·테퓨릴트리온 입제	데드풀	이앙 후 15일	일년생잡초(피, 물달개비, 가막사리, 알방동사니, 밭둑외풀) 및 다년생잡초(올방개, 올챙이고랭이, 벗풀)
	벤설퓨론메틸·벤조비사이클론·옥사지클로메폰 액상수화제	결승골		일년생잡초(피, 물달개비, 가막사리, 알방동사니, 밭둑외풀) 및 다년생잡초(벗풀, 올방개, 올챙이고랭이)
	메타조설퓨론·테퓨릴트리온 직접살포정제	간판스타	이앙후 10~12일	일년생잡초(피, 물달개비, 가막사리, 밭뚝외풀, 여뀌바늘, 자귀풀) 및 다년생잡초(올방개, 올챙이고랭이, 벗풀)
	메타조설퓨론·옥사지클로메폰 액상수화제	다맨논		일년생잡초(피, 물달개비, 가막사리, 밭뚝외풀, 여뀌바늘) 및 다년생잡초(올방개, 올챙이고랭이, 벗풀)
	펜트라자마이드·메타조설퓨론 직접살포정제	다맨논-이티		
	브로모뷰타이드·페녹슐람·피라클로닐 액상수화제	마당발	이앙후 15일	일년생잡초(피, 물달개비, 가막사리, 밭뚝외풀, 여뀌) 및 다년생잡초(올방개, 올챙이고랭이, 벗풀)
	메소트리온·페녹슐람 액상수화제	손중기		
	아짐설퓨론·플루세토설퓨론·메소트리온 직접살포정제	알통		일년생잡초(피, 물달개비, 가막사리, 밭뚝외풀, 알방동사니, 여뀌바늘) 및 다년생잡초(올챙이고랭이, 올방개, 벗풀)
	플루세토설퓨론·할로설퓨론메틸·메소트리온 직접살포정제	왕주먹		일년생잡초(피, 물달개비, 가막사리, 밭뚝외풀, 알방동사니) 및 다년생잡초(올방개, 올챙이고랭이, 벗풀)
	테퓨릴트리온·트리아파몬 입제	카운실		일년생잡초(피, 물달개비, 가막사리, 발뚝외풀, 여뀌) 및 다년생잡초(올챙이고랭이, 벗풀, 올방개)
	옥사디아길 유제	풀킬	써레질직후~이앙 2일전 원액 수면점적처리	일년생잡초(피, 물달개비, 가막사리, 미국외풀, 알방동사니, 밭뚝외풀, 자귀풀, 여뀌, 여뀌바늘, 사마귀풀)
	할로설퓨론메틸·피리미노박메틸 대립제	선구자	이앙후 15일	일년생잡초(피, 가막사리, 여뀌바늘, 물달개비, 사마귀풀, 밭뚝외풀, 자귀풀) 다년생잡초(벗풀, 올방개, 너도방동사니, 올챙이고랭이)
	할로설퓨론메틸·메페나셋·피리미노박메틸 입제	지초왕		
	할로설퓨론메틸·옥사지클로메폰 입제	만서미		일년생잡초(피, 가막사리, 여뀌바늘, 물달개비, 사마귀풀) 다

품목명		상품명	사용 적기	적용 병해충
기계이앙벼(어린모)	펜트라자마이드·할로설퓨론메틸 입제	농부랑		년생잡초(벗풀, 올방개, 너동방동사니, 올챙이고랭이)
	할로설퓨론메틸·메페나셋·티오벤카브 입제	모드매	이앙후 10~12일	일년생잡초(피, 가막사리, 알방동사니, 물달개비, 사마귀풀, 여뀌바늘,자귀풀,밭뚝외풀) 다년생잡초(벗풀, 올방개, 너도방동사니, 올챙이고랭이)
	이마조설퓨론·메페나셋·티오벤카브 입제	빅쓰리		일년생잡초(피, 가막사리, 알방동사니, 물달개비, 사마귀풀, 여뀌바늘, 밭뚝외풀) 다년생잡초(벗풀, 올방개, 너도방동사니, 올챙이고랭이)
	아짐설퓨론·벤조비사이클론·옥사지클로메폰 수면부상성입제	마침탄		일년생잡초(피, 가막사리, 물달개비, 여뀌바늘, 자귀풀) 및 다년생잡초(벗풀, 올방개, 올챙이고랭이)
	아짐설퓨론·벤퓨러세이트·펜트라자마이드 입제	올방피		
	아짐설퓨론·벤조비사이클론·페녹슐람 입제	다킬	이앙후 15일	일년생잡초(피, 가막사리, 물달개비, 여뀌바늘, 자귀풀) 다년생 잡초 (벗풀, 올방개, 올챙이고랭이, 올미)
	아짐설퓨론·벤조비사이클론·메타미포프 입제	만능손	이앙후 10~12일	일년생잡초(피, 가막사리, 물달개비, 여뀌바늘, 자귀풀) 다년생 잡초 (벗풀, 올방개, 올챙이고랭이)
	펜트라자마이드·프레틸라클로르 유제	써레풀	써레질 직후~이앙 2일전	일년생잡초(피, 가막사리, 물달개비, 여뀌바늘, 자귀풀)
	아짐설퓨론·벤조비사이클론·펜트라자마이드 수면부상성입제	던지고	이앙후 10~12일	일년생잡초(피, 가막사리, 물달개비, 여뀌바늘) 및 다년생잡초(벗풀, 올챙이고랭이, 올방개)
	펜톡사존·프레틸라클로르·피라조설퓨론에틸 입제	치트키	이앙동시	일년생잡초(피, 가막사리, 물달개비, 알방동사니, 여뀌바늘, 자귀풀) 및 다년생잡초(벗풀, 올방개, 올챙이고랭이)
	메타조설퓨론·피라클로닐 입제	이앙스타		일년생잡초(피, 가막사리, 물달개비, 알방동사니, 여뀌바늘) 및 다년생잡초(올방개,올챙이고랭이,벗풀)
	카펜트라존에틸·메타미포프·피라조설퓨론에틸 입제	동네방네	이앙후 10~12일	일년생잡초(피, 가막사리, 물달개비, 사마귀풀, 여뀌바늘, 자귀풀) 다년생 잡초 (벗풀, 올방개, 올미)
	아짐설퓨론·벤설퓨론메틸·인다노판 입제	한소리	이앙후 15일	일년생잡초(피, 가막사리, 물달개비, 사마귀풀, 여뀌바늘, 밭뚝외풀, 마디꽃))다년생잡초(올방개, 벗풀, 올챙이고랭이)
	벤설퓨론메틸·브로모뷰타이드·펜트라자마이드 입제	키로하나	이앙후 10~12일	일년생잡초(피, 가막사리, 물달개비, 밭뚝외풀, 여뀌바늘, 자귀풀) 및 다년생잡초(벗풀, 올챙이고랭이, 올방개)
	벤조비사이클론·오르토설파뮤론·페녹슐람 입제	파숫꾼	이앙후 15일	일년생잡초(피, 가막사리, 물달개비, 밭뚝외풀, 여뀌바늘, 자귀풀) 및 다년생잡초(벗풀, 올방개, 올챙이고랭이)
	아짐설퓨론·벤조비사이클론·옥사지클로메폰 입제	푸레왕	이앙후 10~12일	일년생잡초(피, 가막사리, 물달개비, 밭뚝외풀, 여뀌바늘) 및 다년생잡초(벗풀, 올챙이고랭

품목명		상품명	사용 적기	적용 병해충
기계이앙벼 (어린모)	벤조비사이클론·이마조설퓨론·옥사지클로메폰 액상수화제	화끄네	이앙후 15일	이, 올방개)
	브로모뷰타이드·페녹슐람 액상수화제	금누리	이앙후 10~12일	일년생잡초(피, 가막사리, 물달개비, 밭뚝외풀, 여뀌바늘) 및 다년생잡초(벗풀, 올방개, 올챙이고랭이)
	벤설퓨론메틸·벤조비사이클론·펜트라자마이드 수면부상성입제	던지는거장	이앙후 15일	
	벤설퓨론메틸·벤조비사이클론·페녹슐람 직접살포정제	던지는구원왕		
	펜트라자마이드·테퓨릴트리온 액상수화제	새손		
	펜트라자마이드·피리미설판 직접살포정제	신기전		
	카펜스트롤·이마조설퓨론 입제	보배논	이앙후 10~12일	일년생잡초(피, 가막사리, 물달개비, 밭뚝외풀, 알방동사니, 여뀌바늘) 다년생잡초(너도방동산이, 벗풀, 올방개, 올챙이고랭이)
	벤조비사이클론·사이클로설파뮤론·메페나셋 액상수화제	손아네골드	이앙후 15일	일년생잡초(피, 가막사리, 물달개비, 밭뚝외풀, 알방동사니) 및 다년생잡초(벗풀, 올방개, 올챙이고랭이)
	클로마존·프레틸라클로르 유탁제	논단속	써레질직후~이앙 2일전	일년생잡초(피, 가막사리, 물달개비, 밭둑외풀, 여뀌바늘, 자귀풀)
	펜트라자마이드·피리미설판 직접살포정제	신기전	이앙후 15일	일년생잡초(피, 가막사리, 물달개비, 밭둑외풀, 여뀌바늘) 및 다년생잡초(벗풀, 올방개, 올챙이고랭이)
	페녹사설폰·피리미설판 액상수화제	풀경비		
	벤조비사이클론·옥사디아존 유현탁제	도움손	써레질 직후~이앙2일전	일년생잡초(피, 가막사리, 물달개비, 발뚝외풀, 여뀌바늘)
	벤설퓨론메틸·브로모뷰타이드·펜트라자마이드 입제	키로하나	이앙 동시	일년생잡초(피, 가막사리, 물달개비, 미국외풀, 밭뚝외풀) 및 다년생잡초(올챙이고랭이, 올방개, 벗풀)
	벤조비사이클론·사이클로설파뮤론·메페나셋 액상수화제	손아네골드	이앙후 10~12일	일년생잡초(피, 가막사리, 물달개비) 및 다년생잡초(벗풀, 올챙이고랭이, 올방개)
	브로모뷰타이드·이마조설퓨론·옥사지클로메폰 입제	아이비오	이앙동시	일년생잡초(피, 물달개비, 여뀌바늘, 자귀풀) 및 다년생잡초(벗풀, 올방개, 올챙이고랭이)
	페녹사프로프-피-에틸 유제	매드시,콜렉트	이앙후 30일	일년생잡초(피)
	사이할로포프뷰틸 유제	크린처,풀에끝,피에끝	이앙후 30일(피 5엽기이내)	
	사이할로포프뷰틸·프로파닐 유제	피에스타		
	메타미포프 미탁제	피자바	이앙후 30(피 4~5엽기)	
	뷰타클로르 입제	동방부타,마세트,매끄란,삼공부타,선문특부타,아리부타	이앙후 5~7일 이내(써레질후 6~9일 이내)	일년생잡초(물달개비,밭뚝외풀,사마귀풀,여뀌바늘,피)
	피라조설퓨론에틸·티오벤카브 입제	슈퍼유나니	이앙후 10~12일(피 1.5엽기 이내)	일년생잡초(물달개비,방동사니,피,사마귀풀,여뀌바늘) 및 다년생잡초(너도방동사니,벗풀,올미,올방개,올챙이고랭이)
	프레틸라클로르·시메트린 유제	도움꾼	써레질직후~이앙2일전	일년생잡초(논조류)
	벤설퓨론메틸·메페나셋·프레틸라클로르 유현탁제	초대박		일년생잡초(가막사리,물달개비,여뀌바늘,자귀풀,피, 밭뚝외풀,알방동사니,한련초)

품목명		상품명	사용 적기	적용 병해충
기계이앙벼 (어린모)	브로모뷰타이드·엠시피에이·오르토설파뮤론·페녹슐람 입제	옥황상제	이앙후 15일	일년생잡초 및 다년생잡초(피, 물달개비, 가막사리, 알방동사니, 밭뚝외풀, 자귀풀, 여뀌바늘, 올방개, 벗풀, 올챙이고랭이)
	벤타존·엠시피에이·프로파닐 미탁제	휘나래	이앙후 30일(피 4~5엽기)	
	메타조설퓨론 직접살포정제	마타조점보	이앙후 15일	일년생잡초 및 다년생잡초(피, 물달개비, 가막사리, 알방동사니, 밭뚝외풀, 올방개, 올챙이고랭이, 벗풀)
	엠시피에이·메타조설퓨론 수화제	논자바	이앙 후 30일(피4~5엽기 이내)	일년생잡초 및 다년생잡초
	브로모뷰타이드·사이클로설파뮤론·펜톡사존 입제	동시오래	이앙동시	
	플로르피록시펜벤질·테퓨릴트리온 입제	중중후기	이앙 후 15일	
	벤설퓨론메틸·메페나셋·프레틸라클로르 유현탁제	초대박		
	벤조비사이클론·플루세토설퓨론·이마조설퓨론 직접살포정제	딱풀	이앙후 10~12일(초중기)	일년생잡초(피, 물달개비, 밭뚝외풀, 알방동사니, 여뀌바늘) 및 다년생잡초(올방개, 올챙이고랭이, 벗풀)
	페녹사설폰·메타조설퓨론 직접살포정제	논박사	이앙후 15일	일년생잡초(피, 물달개비, 가막사리, 알방동사니, 밭뚝외풀) 및 다년생잡초(올방개, 올챙이고랭이, 벗풀)
	이마조설퓨론·메페나셋·테퓨릴트리온 액상수화제	논대표		일년생잡초(피, 물달개비, 밭뚝외풀, 알방동사니, 자귀풀) 및 다년생잡초(올방개, 올챙이고랭이, 벗풀)
	브로모뷰타이드·카펜트라존에틸·페녹슐람 입제	여세		
	엠시피에이·메타조설퓨론 입제	논천하		일년생잡초(피, 물달개비, 가막사리, 알방동사니, 밭뚝외풀) 및 다년생잡초(올방개, 올챙이고랭이, 벗풀)
	페녹슐람·테퓨릴트리온 직접살포정제	이티의꿈	이앙후 10~12일	일년생잡초(피, 물달개비, 가막사리, 밭뚝외풀, 여뀌바늘, 자귀풀) 및 다년생잡초(올방개, 올챙이고랭이, 벗풀)
	아짐설퓨론·카펜트라존에틸·메타미포프 입제	논부자		
	벤설퓨론메틸·벤조비사이클론·펜트라자마이드 수면부상성입제	던지는거장		일년생잡초(피, 가막사리, 물달개비, 여뀌바늘, 자귀풀) 및 다년생잡초(벗풀, 올방개, 올챙이고랭이)
	아짐설퓨론·벤조비사이클론·펜트라자마이드 입제	클릭초		
	피리미설판·테퓨릴트리온 직접살포정제	무란타	이앙후 15일	일년생잡초(피, 가막사리, 물달개비, 밭뚝외풀, 여뀌바늘) 및 다년생잡초(벗풀, 올방개, 올챙이고랭이)
	옥사디아길 유제	영스타	써레질 직후~이앙 2일전	일년생잡초
	메타미포프 유제	피제로	이앙후 30일(피4~5엽기)	
	벤조비사이클론·플로르피록시펜벤질·페녹슐람 액상수화제	리파머	이앙후 10~12일(초중기)	일년생잡(피, 물달개비, 밭뚝외풀, 알방동사니, 여뀌바늘) 및 다년생잡초(올방개, 올챙이고랭이, 벗풀)
	아짐설퓨론·벤설퓨론메틸·티오벤카브 입제	논케어	이앙후 10~12일	일년생및다년생잡초(초중기)
	이마조설퓨론·메페나셋 액상수화제	마그마	이앙후 15일(무인헬기)	일년생및다년생잡초(중기)(무인항공기)

<table>
<tr><th colspan="2">품목명</th><th>상품명</th><th>사용 적기</th><th>적용 병해충</th></tr>
<tr><td rowspan="25">기계이앙벼
(어린모)</td><td>브로모뷰타이드·이마조설퓨론·피리미노박메틸 액상수화제</td><td>도마타</td><td>이앙후 10~12일</td><td>일년생(피,물달개비,여뀌바늘,자귀풀,밭뚝외풀,알방동사니,사마귀풀) 및 다년생잡초(올방개,벗풀,올챙이고랭이)</td></tr>
<tr><td>플루세토설퓨론·메소트리온·프레틸라클로르 입제</td><td>사또</td><td rowspan="3">이앙후 15일</td><td>일년생(피,물달개비,알방동사니,밭뚝외풀,사마귀풀,가막사리,자귀풀)및다년생잡초(올방개,올챙이고랭이,벗풀)</td></tr>
<tr><td>펜퀴노트리온·페녹슐람 액상수화제</td><td>중기스타</td><td>일년생(피,물달개비,밭뚝외풀,여뀌바늘,알방동사니) 및 다년생잡초(벗풀,올방개,올챙이고랭이)(무인항공기)</td></tr>
<tr><td>브로모뷰타이드·이마조설퓨론·메페나셋 액상수화제</td><td>제로지대</td><td>일년생(피,물달개비,밭뚝외풀,사마귀풀,여뀌바늘,자귀풀) 및 다년생잡초(벗풀,올방개,올챙이고랭이)</td></tr>
<tr><td>카펜트라존에틸·사이클로설파뮤론·피리미노박메틸 입제</td><td>풀마침</td><td>이앙동시</td><td>일년생(피,물달개비, 밭둑외풀,가막사리,여뀌바늘,미국외풀) 및 다년생잡초(올방개,올챙이고랭이, 벗풀)</td></tr>
<tr><td>벤조비사이클론·이마조설퓨론·메타미포프 액상수화제</td><td>파워탱크</td><td>이앙후 15일</td><td>일년생(피, 물달개비, 자귀풀, 마디꽃, 가막사리) 및 다년생잡초(올방개, 올챙이고랭이, 벗풀, 올미)</td></tr>
<tr><td>클로마존·프레틸라클로르 유제</td><td>영일제로원</td><td>잡초생육초기(바랭이 3엽기이내)</td><td rowspan="2">일년생 및 다년생잡초</td></tr>
<tr><td>메소트리온·메타조설퓨론 직접살포정제</td><td>바로매</td><td>이앙 후 10~12일</td></tr>
<tr><td>프레틸라클로르·피라졸리네이트 입제</td><td>뉴-푸마시</td><td>이앙후5~7일(써레질후 7~9일)</td><td>다년생잡초(올챙이고랭이,너도방동사니,올방개)</td></tr>
<tr><td>다이뮤론·메페나셋·피라조설퓨론에틸 입제</td><td>갈채</td><td>이앙후 15일</td><td>다년생잡초(올챙이고랭이,너도방동사니,벗풀,가래,올방개)</td></tr>
<tr><td>아짐설퓨론·벤설퓨론메틸·펜트라자마이드 입제</td><td>풀당번</td><td>이앙후 10~12일</td><td>다년생잡초(올방개,올챙이고랭이,벗풀,너도방동사니,가래)</td></tr>
<tr><td>뷰타클로르·사이클로설파뮤론 입제</td><td>신초왕</td><td>이앙후 5~7일</td><td rowspan="3">다년생잡초(올방개,벗풀,올챙이고랭이,너도방동사니)</td></tr>
<tr><td>이마조설퓨론·피라졸레이트·시메트린 입제</td><td>특효탄</td><td>이앙후 10~12일</td></tr>
<tr><td>아짐설퓨론·벤설퓨론메틸·펜트라자마이드 입제</td><td>풀당번</td><td>이앙후 15일(써레질후 17~18일)</td></tr>
<tr><td>아짐설퓨론·펜트라자마이드 수면부상성입제</td><td>수도왕</td><td>이앙후 15일</td><td>다년생잡초(올방개,벗풀,너도방동사니,올챙이고랭이)</td></tr>
<tr><td>벤퓨러세이트·할로설퓨론메틸·인다노판 입제</td><td>정석</td><td>이앙후 20일</td><td>다년생잡초(올방개,너도방동사니,벗풀,올챙이고랭이,가래)</td></tr>
<tr><td>할로설퓨론메틸·피리미노박메틸 대립제</td><td>논키퍼</td><td>이앙후 15일</td><td>다년생잡초(올방개, 벗풀,올챙이고랭이, 너도방동사니)</td></tr>
<tr><td>피라클로닐·피라조설퓨론에틸·테퓨릴트리온 입제</td><td>금물결</td><td>이앙동시</td><td rowspan="6">논조류(이끼)</td></tr>
<tr><td>브로모뷰타이드·이마조설퓨론·피라클로닐 입제</td><td>롱제로</td><td>이앙후 10~12일</td></tr>
<tr><td>브로모뷰타이드·페녹슐람·피라클로닐 액상수화제</td><td>마당발</td><td>이앙후 15일</td></tr>
<tr><td>펜트라자마이드·시메트린 유제</td><td>스워드</td><td>써레질직후 이앙2일전</td></tr>
<tr><td>브로모뷰타이드·피라클로닐·피라조설퓨론에틸 입제</td><td>썬파워</td><td>이앙동시</td></tr>
<tr><td>디메타메트린 입제</td><td>아비로산</td><td>이앙후 10~20일(조류발생초기~조류발생성기)</td></tr>
</table>

품목명		상품명	사용 적기	적용 병해충
기계이앙벼 (어린모)	피라클로닐·테퓨릴트리온 직접살포정제	이티왕	이앙 후 10~20일	
	벤조비사이클론·페녹슐람·피라클로닐 액상수화제	천년만년	이앙후 15일	
	브로모뷰타이드·프레틸라클로르·시메트린 유제	초푸레	써레질 직후~이앙2일전	
	프레틸라클로르·피라클로닐 유현탁제	피쓰리		
	디메타메트린·메타조설퓨론 입제	필살기	이앙후 15일	
	옥사디아길·시메트린 유제	선제골	써레질직후~이앙2일전	논조류
	디메타메트린·피라조설퓨론에틸·티오벤카브 입제	새논	조류발생초기~성기(이앙후 10~20일)	논조류(이끼)
	디메타메트린·할로설퓨론메틸·피리미노박메틸 입제	황금마패	이앙후 15일	
	퀴노클라민 입제	이끼탄	이앙후10~20일(논이끼발생초기~조류발생성기)	논이끼
	페녹사프로프-피-에틸 분산성액제	푸레만	이앙후 30일(피4~5엽기이내)	난방제잡초(피, 4~5엽기)
	프로파닐·피리미노박메틸 유제	피아웃		난방제잡초(피)(후기)
	사이할로포프뷰틸·피리벤족심 유제	뉴트렘퍼		난방제잡초(피)
	플루세토설퓨론 수화제	존플러스		
	사이할로포프뷰틸·피리벤족심 유제	푸래신		
	프로파닐·트리아파몬 유제	프로파몬		
	벤타존·테퓨릴트리온 입제	갑부촌	이앙후 30일(초장 30cm이내)	난방제잡초(올챙이고랭이)
	옥사지클로메폰·테퓨릴트리온 액상수화제	논무래	써레질 직후~이앙 2일전	
	프레틸라클로르·시메트린 유제	도움꾼		
	벤조비사이클론·옥사지클로메폰 액상수화제	반들		
	브로모뷰타이드·티오벤카브 액상수화제	반석		
	벤타존·엠시피에이 액제	사대초왕	이앙후 30일	
	벤타존·엠시피에이 입제	승전보	이앙후 30일(5엽기이내)	
	벤조비사이클론·펜트라자마이드 액상수화제	아리안나풀	써레질직후~이앙2일전	
	피라클로닐·테퓨릴트리온 직접살포정제	이티왕	이앙후 20일	
	피리미노박메틸·테퓨릴트리온 액상수화제	직파스타	써레질직후~이앙2일전	
	피라졸레이트 액상수화제	참일꾼	써레질직후~이앙2일전	
	벤타존소듐 입제	초강자	이앙후 20일(초장 30cm이내)	
	브로모뷰타이드·옥사디아길 액상수화제	킬스타	써레질직후~이앙2일전	
	프로파닐·트리아파몬 유제	프로파몬	이앙후 30일(초장30cm이내)	
	벤타존·엠시피에이 액제	골드그란S	이앙후 30일	난방제잡초(올방개, 벗풀)
		벗사그란엠60		
	메타조설퓨론·테퓨릴트리온 직접살포정제	간판스타	이앙후 20일	난방제잡초(올방개)
	벤타존·테퓨릴트리온 입제	갑부촌	이앙후 30일(초장 30cm이내)	
	벤퓨러세이트·피리미설판 입제	골드머니	이앙후 20일	
	벤타존·엠시피비 미탁제	그란피비-45	이앙후 30일(초장 30cm 이내)	
	벤퓨러세이트·카펜트라존에틸·페녹슐람 입제	논배미	이앙후 20일	
	벤타존·프로파닐 미탁제	단도리	이앙후 30일(초장 30cm이내)	
	벤타존·엠시피에이 액제	사대초왕	이앙후 30일	
	아짐설퓨론·벤퓨러세이트·카펜트라	삼점포	이앙 후 20일	

품목명		상품명	사용 적기	적용 병해충
기계이앙벼 (어린모)	존에틸 입제			
	벤타존·엠시피에이 입제	승전보	이앙후 30일(초장 30cm이내)	
	아짐설퓨론·벤퓨러세이트 입제	아주매	이앙 후 20일	
	메타조설퓨론 직접살포정제	이티스타	이앙후 20일	
	프로파닐·트리아파몬 유제	프로파몬	이앙후 30일(초장30cm이내)	
	메타조설퓨론·테퓨릴트리온 직접살포정제	간판스타	이앙후 15일	난방제잡초(새섬매자기)
	메타조설퓨론·옥사지클로메폰 액상수화제	다맨논		
	메타조설퓨론 입제	마타조		
	벤조비사이클론·메타조설퓨론 직접살포정제	마타킹		
	아짐설퓨론·벤조비사이클론·메타미포프 입제	만능손	이앙후 10~12일	
	벤조비사이클론·펜트라자마이드·이마조설퓨론 액상수화제	매직샷	이앙후 5~7일	
	벤조비사이클론·메타미포프·피라조설퓨론에틸 입제	무논골드	이앙후 10~12일	
	메타조설퓨론 입상수화제	안타레스	이앙후 30일	
	벤설퓨론메틸·벤조비사이클론·페녹슐람 액상수화제	애니풀	이앙후 10~12일	
	메타조설퓨론 액상수화제	완결판	이앙후 15일	
	메타조설퓨론 직접살포정제	이티스타		
	벤설퓨론메틸·벤조비사이클론·펜트라자마이드 액상수화제	조아라	이앙후 5~7일	
	펜트라자마이드·메타조설퓨론 입제	푸른논	이앙후 15일	
	디메타메트린·메타조설퓨론 입제	필살기		
	벤타존·테퓨릴트리온 입제	갑부촌	이앙후 30일(초장 15cm이내)	난방제잡초(벗풀)
	벤타존·엠시피비 미탁제	그란피비-45		
	벤타존·프로파닐 미탁제	단도리		
	플로르피록시펜벤질 유제	로얀트		
	벤타존·엠시피에이 액제	사대초왕		
	벤타존·엠시피에이 입제	승전보		
	메타조설퓨론 입상수화제	안타레스		
	피라클로닐·테퓨릴트리온 직접살포정제	이티왕	이앙후 20일	
	플로르피록시펜벤질 유제	로얀트	이앙 후 30일(초장 30cm이내)	난방제잡초(물옥잠)
	벤타존·테퓨릴트리온 입제	갑부촌	이앙후 30일(초장 15cm이내)	난방제잡초(물달개비)
	벤타존·엠시피에이 액제	골드그란S	이앙후 30일	
	벤타존·엠시피비 미탁제	그란피비-45	이앙후 30일(초장 15cm 이내)	
	플로르피록시펜벤질 입제	덱스바		
	벤타존·엠시피에이 액제	밧사그란엠60,벤타존엠60,사대초왕	이앙후 30일	
	피라클로닐·테퓨릴트리온 직접살포정제	이티왕	이앙후 20일	
	엠시피에이 액제	팜가드	이앙 후 30일(초장 15㎝ 이내)	
기계이앙벼 (어린모, 무인헬기) (초중기)	펜퀴노트리온·이마조설퓨론·피리미노박메틸 대립제	푸레캅	이앙후 10~12일	일년생잡초(피,물달개비,사마귀풀,밭뚝외풀,여뀌바늘,자귀풀,가막사리) 및 다년생잡초(벗풀,올방개, 올챙이고랭이) (무인항공기)
	벤조비사이클론·플로르피록시펜벤질·페녹슐람 액상수화제	리파머	이앙후 10~12일 원액수면점적처리	일년생잡초(피,물달개비,밭뚝외풀,여뀌바늘,자귀풀,알방동사니,사마귀풀,가막사리) 및 다년생잡초(올챙이고랭이,올방

품목명		상품명	사용 적기	적용 병해충
기계이앙벼 (어린모, 무인헬기) (초중기)				개,벗풀,너도방동사니)
	메타조설퓨론 액상수화제	완결판		일년생잡초(피, 물달개비, 밭뚝외풀, 알방동사니, 여뀌바늘) 및 다년생잡초(벗풀, 올방개, 올챙이고랭이)
	펜트라자마이드·메타조설퓨론 액상수화제	완결판플러스	이앙후 10~12일	일년생잡초(피, 물달개비, 사마귀풀, 알방동사니, 여뀌, 가막사리, 여뀌바늘) 및 다년생잡초(올방개, 올챙이고랭이, 벗풀)
	펜퀴노트리온·이마조설퓨론·피리미노박메틸 대립제	푸레캅		
	페녹사설폰·펜퀴노트리온·이마조설퓨론 액상수화제	풀세탁		일년생잡초(피, 물달개비, 사마귀풀, 알방동사니, 여뀌, 가막사리, 여뀌바늘) 및 다년생잡초(벗풀, 올방개, 올챙이고랭이)
(후기)	메타조설퓨론 액상수화제	완결판	이앙후 30일 경엽처리	난방제잡초(새섬매자기),난방제잡초(올방개)
기계이앙벼 (어린모, 중기)	펜트라자마이드·메타조설퓨론 액상수화제	완결판플러스	이앙후 15일	일년생잡초(피,물달개비,밭뚝외풀,알방동사니,가막사리,여뀌바늘) 및 다년생잡초(올방개, 올챙이고랭이,벗풀)
	펜퀴노트리온·이마조설퓨론·피리미노박메틸 대립제	푸레캅		
	페녹사설폰·펜퀴노트리온·이마조설퓨론 액상수화제	풀세탁		일년생잡초(피, 물달개비, 알방동사니, 가막사리, 여뀌바늘) 및 다년생잡초(벗풀, 올방개, 올챙이고랭이)
기계이앙벼 (중묘)	옥사디아존 유제	론400	써레질직후부터 이앙 2일전까지	일년생잡초(피,물달개비,밭뚝외풀,여뀌바늘,가막사리)
	브로모뷰타이드·옥사디아존 유제	트랙스타		일년생잡초(피,물달개비,가막사리,여뀌바늘,자귀풀,밭뚝외풀,사마귀풀)
	벤조비사이클론·메페나셋·프로피리설퓨론 액상수화제	손노네	이앙후 10~12일	일년생잡초(피,물달개비,가막사리,여뀌,여뀌바늘,자귀풀,밭뚝외풀,알방동사니)및다년생잡초(너도방동사니,벗풀,올방개,올챙이고랭이)
	페녹슐람 입제	살초대첩		일년생잡초(피,물달개비,가막사리,밭뚝외풀,여뀌바늘,자귀풀,알방동사니) 및 다년생잡초(올방개,벗풀,올챙이고랭이,너도방동사니)
	옥사디아존·프레틸라클로르 유탁제	논로타리	써레질 직후 이앙 2일전	일년생잡초(피,물달개비,가막사리,밭뚝외풀,여뀌바늘,자귀풀,사마귀풀)
	옥사디아존 유제	황금약속		일년생잡초
녹색꽃양배추	알라클로르 입제	라쏘	정식후 잡초발아전	일년생잡초
	뷰타클로르 입제	마세트		
	펜디메탈린 입제	단초	정식후 3일이내	일년생 및 다년생잡초
	나프로파마이드 입제	데브리놀골드		
	펜디메탈린 입제	마이웨이		
		스톰프		
논둑	글리포세이트이소프로필아민 액제	근사미	잡초생육기	일년생 및 다년생잡초
	카펜트라존에틸·글리포세이트이소프로필아민 미탁제	논둑킹		
	글루포시네이트암모늄 액제	바스타,삭술이,초전사		
	티아페나실 미탁제	테라도		
	글리포세이트이소프로필아민·티아페나실 액상수화제	테라도플러스		

품목명		상품명	사용 적기	적용 병해충
논둑	글루포시네이트암모늄 액제	하이스타플러스,잡초탄,골따라,바로타,신스타,풀제로	잡초 발생 전	
	뷰타클로르·디클로베닐 입제	동장군		
	글리포세이트암모늄 액제	스파크	잡초생육기	
	글루포시네이트-피 액제	자쿠사		
	글루포시네이트암모늄 액제	지퍼		
	글루포시네이트암모늄·티아페나실 액상수화제	테라도골드		
	카펜트라존에틸·글리포세이트이소프로필아민 미탁제	토북이		
	플루티아셋메틸·글루포시네이트암모늄 미탁제	확타		
	글루포시네이트-피 액제	바로바로		
	글루포시네이트암모늄 액제	바스타		
	카펜트라존에틸·글리포세이트이소프로필아민 미탁제	토북이		
	벤타존소듐·글루포시네이트암모늄 액제	풀마름		
단감	글리포세이트이소프로필아민 액제	풀쎈	잡초가 충분히 자랐을때 잡초 경엽에 처리	
	글루포시네이트암모늄 액제	티아스타,프로비스타,풀직방	잡초생육기	
	글리포세이트이소프로필아민·트리클로피르티이에이 액제	풀다이		
	글루포시네이트암모늄 액제	세라스타,쎄바스타		
	글리포세이트이소프로필아민·옥시플루오르펜 액상수화제	태우미		
단호박밭	글루포시네이트암모늄 액제	바스타	잡초생육기	일년생잡초
달래	펜디메탈린 유제	데드라인,바테풀,성보네,스톰프,아리펜디,펜디스타,풀나지마,피에스펜디	이식후 3일이내	
담배	나프로파마이드 수화제	노풀들,데브리놀골드,슈퍼데브리놀,영일파미드,인바이오파미드,파미놀,팜한농파미드	노지재배:1.직파작물:파종후 3일이내(잡초 발생 전), 2.이식작물:이식 2~3일전(잡초 발생전), 비닐피복재배:비닐피복전(잡초 발생 전)	
	나프로파마이드 액상수화제	뉴데브리놀	정식전(비닐멀칭전)	
	나프로파마이드 입제	데부놀,데브리놀골드	정식2~3일전(비닐멀칭전)	
	글루포시네이트암모늄 액제	맨스타	잡초생육기 밭고랑(휴간) 잡초경엽처리(비닐피복재배)	
		바스타,큐스타	잡초생육기	
		빨간풀,풀직방 삭술이,프로비스타	잡초생육기밭고랑(휴간)	
담배밭	글루포시네이트-피 액제	글루포시네이트-피 액제	잡초생육기 밭고랑(휴간)	
		글리포세이트암모늄 액제	잡초생육기	
	글리포세이트암모늄 액제	스파크		생잡초일년
담수직파(무논골뿌림,중기)	펜퀴노트리온·이마조설퓨론·피리미노박메틸 대립제	푸레캅	파종후 15일	일년생잡초(피, 물달개비, 밭뚝외풀, 여뀌바늘, 미국외풀) 및 다년생잡초(올방개, 올챙이고랭이, 벗풀)
담수직파(무논골뿌림,초중기)			파종후 10~12일	일년생잡초(피, 물달개비, 밭뚝외풀, 사마귀풀, 알방동사니, 미국가막사리, 여뀌바늘) 및 다년생잡초(올방개, 올챙이고랭이, 벗풀)
담수직파(무논점파,	펜트라자마이드·메타조설퓨론 액상수화제	완결판플러스	파종후 15일	일년생(피,물달개비,밭뚝외풀,여뀌바늘,미국외풀) 및 다년생

품목명		상품명	사용 적기	적용 병해충
중기)				(올방개,올챙이고랭이,벗풀)잡초
담수직파(무논점파, 초중기)			파종후 10~12일	일년생잡초(피, 물달개비, 밭뚝외풀, 사마귀풀, 알방동사니, 미국가막사리, 여뀌바늘) 및 다년생잡초(올방개, 올챙이고랭이, 벗풀)
담수직파(표면산파중기)	펜퀴녹트리온·이마조설퓨론·피리미노박메틸 대립제	푸레캅	파종후 15일	일년생잡초(피,물달개비,알방동사니,자귀풀,여뀌바늘) 및 다년생잡초(올방개,올챙이고랭이,벗풀)
	펜트라자마이드·메타조설퓨론 액상수화제	완결판플러스		일년생(피,물달개비,알방동사니,자귀풀,여뀌바늘) 및 다년생(올방개,올챙이고랭이,벗풀)잡초
담수직파(표면산파초중기)	펜퀴녹트리온·이마조설퓨론·피리미노박메틸 대립제	푸레캅	파종후 10~12일	일년생잡초(피, 물달개비, 밭뚝외풀, 여뀌바늘) 및 다년생잡초(올방개, 올챙이고랭이, 벗풀)
담수직파벼	벤조비사이클론·페녹슐람·프레틸라클로르 유현탁제	만사형통	파종후 15일	일년생잡초(피,물달개비,가막사리,여뀌바늘,사마귀풀) 및 다년생잡초(올방개,올챙이고랭이)(무인항공기)
	펜퀴녹트리온·플루세토설퓨론 직접살포정제	슈퍼점보		일년생및다년생잡초
담수직파벼(무논골뿌림)	티오벤카브 입제	사단	파종전 5일(써레질직후)	일년생잡초(피,여뀌,여뀌바늘,밭뚝외풀,마디꽃)
	피리미노박메틸·테퓨릴트리온 액상수화제	직파스타	써레질직후~파종5일전	일년생잡초(피,물달개비,여뀌,밭뚝외풀,미국외풀,여뀌바늘)
	펜퀴녹트리온·이마조설퓨론·피리미노박메틸 대립제	푸레캅	파종후 15일	일년생잡초(피,물달개비,밭뚝외풀,알방동사니,가막사리,여뀌바늘) 및 다년생잡초(올방개,올챙이고랭이,벗풀)
	브로모뷰타이드·이마조설퓨론·피라클로닐 대립제	뿌려라	일년생잡초(피,물달개비,가막사리,여뀌바늘,밭뚝외풀) 및 다년생잡초(너도방동사니,올챙이고랭이,벗풀,올방개)	파종후 10~12일
	벤설퓨론메틸·벤조비사이클론·페녹슐람 대립제	아리던져라		파종후 15일
	벤조비사이클론·이마조설퓨론·페녹슐람 액상수화제	아리온노내		
	피라졸레이트 액상수화제	참일꾼	써레질직후	일년생잡초(피,물달개비, 밭뚝외풀,알방동사니,여뀌바늘)
	벤조비사이클론·메타미포프·피라조설퓨론에틸 입제	무논골드	파종후 15일	일년생잡초(피,가막사리,물달개비,사마귀풀,자귀풀) 다년생잡초(벗풀,올방개,올챙이고랭이)
	벤설퓨론메틸·벤조비사이클론·페녹슐람 액상수화제	애니풀		일년생잡초(피,가막사리,물달개비,사마귀풀,여뀌바늘,자귀풀)다년생잡초(벗풀,올방개,올챙이고랭이)
	브로모뷰타이드·이마조설퓨론·메타미포프 액상수화제	제로초		
	벤조비사이클론·이마조설퓨론·페녹슐람 직접살포정제	근절탄		일년생잡초(피,가막사리,물달개비,밭뚝외풀,여뀌바늘) 및 다년생잡초(벗풀,너도방동사니,올챙이고랭이,올방개)
		던지는구원왕		
	메타조설퓨론 입제	마타조		일년생잡초(피, 물달개비, 여뀌바늘, 밭뚝외풀) 및 다년생잡초(올방개, 올챙이고랭이, 벗풀)
	벤조비사이클론·페녹슐람·프레틸라클로르 유현탁제	만사형통		

품목명		상품명	사용 적기	적용 병해충
담수직파벼(무논골뿌림)	벤조비사이클론·피라조설퓨론에틸·피리미노박메틸 액상수화제	황금열쇠		일년생잡초(피, 물달개비, 알방동사니, 가막사리, 여뀌바늘, 미국외풀, 밭둑외풀) 및 다년생잡초(벗풀, 올방개, 올챙이고랭이, 너도방동사니)
	아짐설퓨론·벤조비사이클론·페녹슐람 입제	다킬		일년생잡초(피, 가막사리, 물달개비, 사마귀풀, 자귀풀) 다년생 잡초 (벗풀, 올방개, 올챙이고랭이)
	아짐설퓨론·벤조비사이클론·메타미포프 입제	만능손		일년생잡초 (피, 가막사리, 물달개비, 사마귀풀, 자귀풀) 다년생 잡초 (벗풀, 올방개, 올챙이고랭이)
	벤조비사이클론·카펜트라존에틸·플루세토설퓨론 입제	여명		일년생(피,물달개비,밭뚝외풀,알방동사니,여뀌바늘,미국외풀)및다년생잡초(올방개,올챙이고랭이,벗풀)
	벤타존·페녹슐람 입제	깔끄미	파종후 20일	일년생(피,물달개비, 밭뚝외풀, 여뀌바늘, 미국외풀, 사마귀풀) 및 다년생 잡초(올방개, 올챙이고랭이, 벗풀)
	브로모뷰타이드·이마조설퓨론·페녹슐람 액상수화제	크리논	파종후 15일	일년생(피, 물달개비, 밭뚝외풀, 미국외풀, 알방동사니, 여뀌바늘) 및 다년생 잡초(올방개, 벗풀, 올챙이고랭이)
	페녹슐람·테퓨릴트리온 직접살포정제	이티의꿈	파종 후 10~12일	일년생 및 다년생잡초
담수직파벼(무논점파, 철분코팅)	브로모뷰타이드·이마조설퓨론·메타미포프 입제	무논	파종시	일년생잡초(피,물달개비,밭뚝외풀,여뀌바늘,미국외풀)및 다년생잡초(올방개,너도방동사니,벗풀,올챙이고랭이)
담수직파벼(무논직파)	벤조비사이클론·메타미포프·피라조설퓨론에틸 입제	무논골드	파종	일년생잡초(피, 가막사리, 물달개비, 알방동사니, 여뀌바늘) 및 다년생잡초(올방개, 벗풀, 올챙이고랭이)
	플로르피록시펜벤질 유제	로얀트	파종 후 30일	일년생잡초
	펜퀴노트리온·페녹슐람 액상수화제	중기스타	파종후 15일	일년생및다년생잡초
	벤조비사이클론·플루세토설퓨론·이마조설퓨론 직접살포정제	딱풀	파종후 15일	일년생(피,물달개비,밭뚝외풀,여뀌바늘,미국외풀) 및 다년생(올방개,올챙이고랭이,벗풀)잡초
담수직파벼(무논직파 중기)	벤조비사이클론·플로르피록시펜벤질·페녹슐람 액상수화제	리파머	파종후 15일 원액수면점적처리	일년생잡초(피,물달개비,밭뚝외풀,여뀌바늘,자귀풀,알방동사니,사마귀풀,가막사리) 및 다년생잡초(올챙이고랭이,올방개,벗풀,너도방동사니)
담수직파벼(표면산파)	아짐설퓨론·카펜트라존에틸·페녹슐람 입제	노나내	파종후 15일	일년생잡초(피물달개비,여뀌바늘,알방동사니,가막사리,여뀌,자귀풀,사마귀풀) 및 다년생잡초(올방개,벗풀,올챙이고랭이)
	브로모뷰타이드·이마조설퓨론·메타미포프 입제	무논		일년생잡초(피·가막사리·물달개비·사마귀풀·알방동사니·여뀌바늘)및 다년생 잡초(너도방동사니·벗풀·올방개·올챙이고랭이)
	이마조설퓨론·피리미노박메틸 액상수화제	다마타		일년생잡초(피,여뀌바늘,자귀풀,밭뚝외풀,알방동사니,사마

품목명		상품명	사용 적기	적용 병해충
담수직파벼 (표면산파)				귀풀,마디꽃) 다년생잡초(올방개,벗풀,너도방동사니,올챙이고랭이,가래)
	플루세토설퓨론 직접살포정제	단수매		일년생잡초(피,여뀌바늘,물달개비,알방동사니) 및 다년생잡초(벗풀,올방개,너도방동사니,올챙이고랭이)
	아짐설퓨론·브로모뷰타이드·피리미노박메틸 입제	펴나네		일년생잡초(피,알방동사니,가막사리,물달개비,사마귀풀,여뀌바늘) 및 다년생잡초(벗풀,올방개,너도방동사니,올챙이고랭이)
	아짐설퓨론·플루세토설퓨론 직접살포정제	마왕		일년생잡초(피,사마귀풀,여뀌바늘,밭뚝외풀,물달개비,가막사리,자귀풀) 및 다년생잡초(올방개,벗풀,올챙이고랭이)
	벤조비사이클론·플루세토설퓨론·할로설퓨론메틸 직접살포정제	이편한점보		
	벤설퓨론메틸·벤조비사이클론·피리미노박메틸 액상수화제	황금들		일년생잡초(피,밭뚝외풀,물달개비,사마귀풀,여뀌바늘) 및 다년생잡초(올방개,올챙이고랭이, 벗풀)
	피라졸리네이트·피라조설퓨론에틸·시메트린 입제	직파탄		일년생잡초(피,물달개비,여뀌바늘,자귀풀,알방동사니,사마귀풀,가막사리) 및 다년생잡초(올챙이고랭이,올방개,벗풀,너도방동사니)
	벤설퓨론메틸·페녹술람 액상수화제	농장군		일년생잡초(피,물달개비,여뀌바늘,자귀풀,알방동사니,사마귀풀) 및 다년생잡초(올챙이고랭이,올방개,너도방동사니)
	브로모뷰타이드·이마조설퓨론·피리미노박메틸 입제	도마타	파종후 10~12일	일년생잡초(피,물달개비,여뀌바늘,자귀풀,사마귀풀,) 및 다년생잡초(올챙이고랭이,올방개,벗풀,)
	벤조비사이클론·페녹술람·피라조설퓨론에틸 직접살포정제	풀다벤·이티	파종후 15일	일년생잡초(피,물달개비,여뀌바늘,자귀풀,밭뚝외풀,알방동사니,사마귀풀,마디꽃) 및 다년생잡초(올방개,벗풀,올챙이고랭이)
	이마조설퓨론·피리미노박메틸 입제	다마타		일년생잡초(피,물달개비,여뀌바늘,자귀풀,밭뚝외풀,알방동사니,사마귀풀,마디꽃) 및 다년생잡초(올방개,벗풀,너도방동사니,올챙이고랭이,가래)
	카펜트라존에틸·이마조설퓨론·피리미노박메틸 직접살포정제	뉴필드왕·이티		일년생잡초(피,물달개비,여뀌바늘,자귀풀,밭뚝외풀,알방동사니,사마귀풀) 및 다년생잡초(올방개,벗풀,올챙이고랭이)
	벤조비사이클론·페녹술람 액상수화제	문전옥답		일년생잡초(피,물달개비,여뀌바늘,자귀풀,밭뚝외풀,사마귀풀,알방동사니) 및 다년생잡초(올방개,벗풀,가래,올챙이고랭이)
	이마조설퓨론·피리미노박메틸 대립제	투망		일년생잡초(피,물달개비,여뀌바늘,자귀풀,밭뚝외풀,사마귀풀) 및 다년생잡초(올방개,벗풀,너도방동사니,올챙이고랭이,가래)
	벤설퓨론메틸·벤조비사이클론·메타미포프 액상수화제	가람휘		일년생잡초(피,물달개비,여뀌바늘,알방동사니,가막사리, 사마귀풀)및 다년생잡초(올방개,올챙이고랭이,벗풀)

품목명		상품명	사용 적기	적용 병해충
담수직파벼(표면산파)	벤설퓨론메틸·벤조비사이클론·페녹슐람 대립제	아리던져라		일년생잡초(피,물달개비,여뀌바늘,밭뚝외풀,자귀풀,알방동사니,사마귀풀) 및 다년생잡초(올챙이고랭이,벗풀,올방개)
	아짐설퓨론·페녹슐람·시메트린 입제	필사초		일년생잡초(피,물달개비,여뀌바늘,밭뚝외풀,자귀풀,사마귀풀) 및 다년생잡초(올방개,벗풀,올챙이고랭이,너도방동사니,가래)
	아짐설퓨론·카펜트라존에틸 입제	태양왕	파종후 10~12일	일년생잡초(피,물달개비,여뀌바늘,밭뚝외풀,여뀌,가막사리,자기풀) 및 다년생잡초(올방개,벗풀,너도방동사니,올챙이고랭이)
	카펜트라존에틸·플루세토설퓨론·이마조설퓨론 입제	아리농부손	파종후 15일	일년생잡초(피,물달개비,여뀌바늘,밭뚝외풀,알방동사니,자귀풀,사마귀풀)및다년생잡초(올방개,너도방동사니,올챙이고랭이)
	브로모뷰타이드·이마조설퓨론·피라클로닐 대립제	뿌려라	파종후 10~12일	일년생잡초(피,물달개비,여뀌바늘,밭뚝외풀,알방동사니,사마귀풀,미국외풀) 및 다년생잡초(벗풀,올방개,올챙이고랭이)
	사이할로포프뷰틸·이마조설퓨론·프레틸라클로르 입제	멘토링	파종후 15~20일(입모형성후·착근후, 써레질후 15~20일)	일년생잡초(피,물달개비,여뀌바늘,밭뚝외풀,사마귀풀) 및 다년생잡초(올챙이고랭이, 벗풀,올방개)
	피라조설퓨론에틸·피리미노박메틸 입제	내노내	파종후15일(써레질후15~20일)	일년생잡초(피,물달개비,여뀌바늘,밭뚝외풀) 및 다년생잡초(올방개,벗풀,올챙이고랭이)
	카펜트라존에틸·플루세토설퓨론 입제	영일담수왕	파종후10~12일(써레질후13~15일)	일년생잡초(피,물달개비,여뀌바늘,마디꽃,밭뚝외풀,알방동사니,가막사리) 및 다년생잡초(올방개,벗풀,올챙이고랭이,너도방동사니)
	브로모뷰타이드·티오벤카브 액상수화제	반석	써레질직후(파종5일)	일년생잡초(피,물달개비,여뀌바늘,가막사리,자귀풀,사마귀풀)
	브로모뷰타이드·이마조설퓨론·페녹슐람 입제	오마쥬	파종후 15일	일년생잡초(피,물달개비,여뀌바늘,가막사리,자귀풀) 및 다년생잡초 (올방개,벗풀,올챙이고랭이)
	플루세토설퓨론·이마조설퓨론 대립제	허바허바		일년생잡초(피,물달개비,여뀌바늘,가막사리,사마귀풀) 및 다년생잡초(올방개,벗풀,너도방동사니,올챙이고랭이)
	벤조비사이클론·페녹슐람·피라조설퓨론에틸 입제	다메기	파종후 10~12일	일년생잡초(피,물달개비,여뀌바늘,가막사리,밭뚝외풀,알방동사니), 다년생잡초(올방개,벗풀,올챙이고랭이)
	벤타존·사이할로포프뷰틸 미탁제	정일품	파종후 25~30일 낙수후	일년생잡초(피,물달개비,여뀌바늘,가막사리) 및 다년생잡초(올챙이고랭이,올방개,벗풀)
	펜퀴노트리온·피라조설퓨론에틸·피리미노박메틸 직접살포정제	단모리	파종후 15일	일년생잡초(피,물달개비,여뀌바늘, 밭뚝외풀, 알방동사니) 및 다년생잡초(벗풀,올방개,올챙이고랭이)
	플루세토설퓨론·메소트리온·프레틸라클로르 입제	사또		일년생잡초(피,물달개비,알방동사니,여뀌바늘,사마귀풀,밭

품목명		상품명	사용 적기	적용 병해충
담수직파벼 (표면산파)				뚝외풀,자귀풀)및 다년생 잡초(올방개,올챙이고랭이,벗풀)
	벤조비사이클론·이마조설퓨론·페녹슐람 액상수화제	아리온노내		일년생잡초(피,물달개비,사마귀풀,여뀌바늘,자귀풀) 및 다년생 잡초(너도방도사니,벗풀,올방개,올챙이고랭이)
	프레틸라클로르·피라조설퓨론에틸·피리미노박메틸 입제	휘모리	파종후 15일(써레질후 15~20일)	
	벤조비사이클론·페녹슐람·프레틸라클로르 유현탁제	만사형통	파종후 15일	일년생잡초(피,물달개비,사마귀풀,알방동사니,여뀌바늘,자귀풀,가막사리) 및 다년생잡초(벗풀,올방개,올챙이고랭이)
	벤조비사이클론·플루세토설퓨론 직접살포정제	황금볼점보		
	카펜트라존에틸·피라조설퓨론에틸·피리미노박메틸 입제	안노처	파종후 15일(써레질후 15~20일)	일년생잡초(피,물달개비,사마귀풀,마디꽃,여뀌바늘,밭뚝외풀,알방동사니) 및 다년생잡초(올방개,너도방동사니,올챙이고랭이,벗풀)
	벤설퓨론메틸·메소트리온·페녹슐람 입제	손안대	파종후 15일	일년생잡초(피,물달개비,밭뚝외풀,자귀풀,가막사리,여뀌바늘,사마귀풀) 및 다년생잡초(올방개,벗풀,올챙이고랭이)
	페녹슐람·티오벤카브 입제	자바내	파종후 10~12일	일년생잡초(피,물달개비,밭뚝외풀,여뀌바늘,자귀풀,알방동사니,사마귀풀,가막사리,마디꽃) 및 다년생잡초(올챙이고랭이,올방개,벗풀,너도방동사니,가래)
	피라조설퓨론에틸 입제	시리우스	이앙후 10~12일	일년생잡초(피,물달개비,밭뚝외풀,여뀌바늘,자귀풀,가막사리,여뀌) 및 다년생잡초(올방개, 올챙이고랭이, 벗풀, 너도방동사니)
	벤조비사이클론·피라조설퓨론에틸·피리미노박메틸 대립제	점저미	파종후 15일	일년생잡초(피,물달개비,밭뚝외풀,여뀌바늘,마디꽃,자귀풀,사마귀풀) 및 다년생잡초(벗풀,올방개,올챙이고랭이)
	벤조비사이클론·피라조설퓨론에틸·피리미노박메틸 입상수화제	모두처	파종후 15일	
	브로모뷰타이드·이마조설퓨론·페녹슐람 대립제	논뚝탄	파종후 15일	일년생잡초(피,물달개비,밭뚝외풀,여뀌바늘,가막사리) 및 다년생잡초(올방개,벗풀,올챙이고랭이)
	피리미노박메틸·테퓨릴트리온 액상수화제	직파스타	써레질직후~파종2일전	일년생잡초(피,물달개비,밭뚝외풀,여뀌바늘)
	벤설퓨론메틸·카펜트라존에틸·메타미포프 입제	감초논	파종후 15일	일년생잡초(피,물달개비,밭뚝외풀,사마귀풀,자귀풀,가막사리,여뀌바늘) 및 다년생잡초(올방개,벗풀,올챙이고랭이)
	아짐설퓨론·벤조비사이클론 입상수화제	그린히트	파종후 10~12일	
	페녹슐람·피라조설퓨론에틸 입제	산소엔	파종후 15일	
	피라조설퓨론에틸·티오벤카브 입제	슈퍼유나니	파종후10~12일(써레질후 10~15일)	일년생잡초(피,물달개비,밭뚝외풀,마디꽃,가막사리,알방동사니,여뀌바늘,사마귀풀) 및 다년생잡초(올방개,벗풀,올챙이고랭이,너도방동사니,가래)
	벤조비사이클론·이마조설퓨론·메타미포프 액상수화제	파워탱크	파종 후 15일	일년생잡초(피,물달개비,밭뚝외풀,마디꽃) 및 다년생잡초(올방개, 벗풀, 올챙이고랭이)
	펜퀴노트리온·이마조설퓨론·피리미노박메틸 대립제	푸레캅	파종후 10~12일	일년생잡초(피,물달개비,밭뚝외풀,가막사리,여뀌,여뀌바늘) 및 다년생 잡초(올방개,올챙이고랭이, 벗풀)

품목명		상품명	사용 적기	적용 병해충
담수직파벼 (표면산파)	브로모뷰타이드·페녹슐람 액상수화제	금누리	파종후 10~12일	일년생잡초(피,물달개비,미국외풀,밭뚝외풀,사마귀풀,알방동사니,여뀌바늘)다년생잡초(벗풀,올챙이고랭이,올방개)
	브로모뷰타이드·이마조설퓨론·피리미노박메틸 입제	도마타	파종후 10~12일	일년생잡초(피,물달개비,가막사리,자귀풀,밭뚝외풀,알방동사니,사마귀풀) 및 다년생잡초(올방개,벗풀,올챙이고랭이)
	페녹슐람 액상수화제	살초대첩	파종후 30일(피 5엽기 이내)	일년생잡초(피,물달개비,가막사리,자귀풀,밭뚝외풀,알방동사니,마디꽃) 및 다년생잡초(올방개,벗풀,너도방동사니,올챙이고랭이,가래)
	벤조비사이클론·이마조설퓨론·페녹슐람 액상수화제	아리온노내	파종후 15일	일년생잡초(피,물달개비,가막사리,여뀌바늘,자귀풀,사마귀풀) 및 다년생잡초 (올방개,너도방동사니, 벗풀, 올챙이고랭이)(무인항공기)
	벤조비사이클론·사이클로설파뮤론·페녹슐람 입제	천지창조		일년생잡초(피,물달개비,가막사리,여뀌바늘,알방동사니,사마귀풀) 및 다년생잡초(올방개,올챙이고랭이,벗풀)
	벤조비사이클론·페녹슐람 입제	문전옥답플러스		
	벤조비사이클론·사이클로설파뮤론·페녹슐람 액상수화제	천지창조		
	카펜트라존에틸·할로설퓨론메틸·피리미노박메틸 입제	논짱		일년생잡초(피,물달개비,가막사리,여뀌바늘,사마귀풀) 및 다년생잡초(올방개,벗풀,올챙이고랭이)
	메타미포프·피라조설퓨론에틸 입제	온고을	파종후 15일	일년생잡초(피,물달개비,가막사리,밭뚝외풀,여뀌바늘,자귀풀) 및 다년생잡초(올방개,너도방동사니,올챙이고랭이,벗풀)
	이마조설퓨론·피라졸레이트·시메트린 입제	특효탄	이앙후 10~12일	일년생잡초(피,물달개비,가막사리,밭뚝외풀,여뀌바늘,마디꽃,알방동사니)
	티오벤카브 유제	초크린	써레질직후(파종5일전)	일년생잡초(피,물달개비,가막사리,밭뚝외풀,사마귀풀,자귀풀,여뀌바늘,)
	아짐설퓨론·카펜트라존에틸·피리미노박메틸 입제	관운장	파종후 15일	일년생잡초(피,물달개비,가막사리,밭뚝외풀,사마귀풀,여뀌바늘,마디꽃,알방동사니) 및 다년생잡초(올방개,벗풀,올챙이고랭이,가래,너도방동사니)
	벤조비사이클론 액상수화제	나지마	써레질직후~파종5일전	일년생잡초(피,마디꽃,물달개비,밭뚝외풀,사마귀풀,알방동사니)
	할로설퓨론메틸·피리미노박메틸 대립제	논키퍼	파종후 15일	일년생잡초(피,가막사리,사마귀풀,자귀풀)
	벤타존·메타미포프 미탁제	대다네	파종후 30일(피4~5엽기)	일년생잡초(피,가막사리,밭뚝외풀,물달개비,사마귀풀,여뀌바늘) 및 다년생잡초(벗풀,올방개,너도방동사니,올챙이고랭이)
	카펜트라존에틸·이마조설퓨론·피리미노박메틸 입제	필드왕	파종후 15일	일년생잡초(피,가막사리,물달개비,사마귀풀,여뀌바늘,자귀풀,알방동사니,밭뚝외풀) 및 다년생잡초(벗풀,올방개,너도방동사니,올챙이고랭이,가래)
	브로모뷰타이드·이마조설퓨론·메타미포프 액상수화제	제로초		일년생잡초(피,가막사리,물달개비,사마귀풀,여뀌바늘,자귀풀)다년생잡초(너도방동사니,벗풀,올방개,올챙이고랭이)(무인항공기)
	아짐설퓨론·브로모뷰타이드·피리미	펴나네		

품목명		상품명	사용 적기	적용 병해충
담수직파벼 (표면산파)	노박메틸 입제			
	벤조비사이클론·플루세토설퓨론·피라조설퓨론에틸 입제	온들녘		일년생잡초(피,가막사리,물달개비,사마귀풀,여뀌바늘) 및 다년생잡초(벗풀,올방개,올챙이고랭이)
	아짐설퓨론·브로모뷰타이드·페녹슐람 입제	황손		
	비스피리박소듐 액제	나마니	파종후 30일(피 4~5엽기)	일년생잡초(피,가막사리,물달개비,사마귀풀,여뀌,자귀풀) 및 다년생잡초(너도방도사니,벗풀,올방개,올챙이고랭이)
	할로설퓨론메틸·피리미노박메틸 직접살포정제	주먹탄	파종후 15일	일년생잡초(피,가막사리,물달개비,사마귀풀,알방동사니,여뀌바늘) 및 다년생잡초(너도방동사니,벗풀,올방개,올챙이고랭이)
	플루세토설퓨론·할로설퓨론메틸 직접살포정제	점보탄		
	할로설퓨론메틸·프레틸라클로르·피리미노박메틸 입제	논보배		
	아짐설퓨론·브로모뷰타이드·피리미노박메틸 입제	펴나네		일년생잡초(피,가막사리,물달개비,밭뚝외풀,자귀풀) 및 다년생잡초(벗풀,올방개,올챙이고랭이,새섬매자기)
	벤설퓨론메틸·벤조비사이클론·페녹슐람 액상수화제	애니풀		일년생잡초(피,가막사리,물달개비,밭뚝외풀,여뀌바늘,자귀풀) 및 다년생잡초(벗풀,올방개,올챙이고랭이)
	브로모뷰타이드·이마조설퓨론·메타미포프 액상수화제	제로초		
	벤조비사이클론·카펜트라존에틸·페녹슐람 입제	쾌속정		
	아짐설퓨론·카펜트라존에틸·피리미노박메틸 수면부상성입제	축포		일년생잡초(피,가막사리,물달개비,밭뚝외풀,여뀌바늘,자귀풀) 및 다년생 잡초(너도방동사니,벗풀,올방개,올챙이고랭이)
	메타미포프·피라조설퓨론에틸 입제	속공		
	벤조비사이클론·메타미포프·피라조설퓨론에틸 입제	무논골드		일년생잡초(피,가막사리,물달개비,밭뚝외풀,여뀌바늘) 및 다년생잡초(벗풀,올방개,올챙이고랭이)
	아짐설퓨론·벤설퓨론메틸·티오벤카브 입제	논케어	파종후 10~12일	
	아짐설퓨론·벤조비사이클론·피리미노박메틸 입제	통제사	파종후 15일	일년생잡초(피,가막사리,물달개비,밭뚝외풀,사마귀풀,여뀌바늘,자귀풀)및 다년생잡초(벗풀,올방개,올챙이고랭이)
	아짐설퓨론·페녹슐람 입제	강산에		
	아짐설퓨론·벤조비사이클론·페녹슐람 입제	다킬		
	아짐설퓨론·벤조비사이클론·메타미포프 입제	만능손		
	할로설퓨론메틸·메페나셋·티오벤카브 입제	모드매		
	카펜트라존에틸·페녹슐람 입제	씨이저	파종후 10~12일	
	아짐설퓨론·벤조비사이클론·메타미포프·프레틸라클로르 입제	천군만마	파종후 15일	
	아짐설퓨론·카펜트라존에틸·플루세토설퓨론 입제	논도사		일년생잡초(피,가막사리,물달개비,밭뚝외풀,사마귀풀,여뀌바늘,자귀풀) 및 다년생잡초(너도방도사니,벗풀,올방개,올챙이고랭이)
	벤조비사이클론·이마조설퓨론·피리미노박메틸 액상수화제	다관왕	파종후 10~12일	일년생잡초(피,가막사리,물달개비,밭뚝외풀,사마귀풀,여뀌바늘,자귀풀) 및 다년생 잡초(벗풀,올방개,올챙이고랭이)

품목명		상품명	사용 적기	적용 병해충
담수직파벼 (표면산파)	벤조비사이클론 · 피라조설퓨론에틸 · 피리미노박메틸 액상수화제	황금열쇠	파종후 15일	일년생잡초(피,가막사리,물달개비,밭뚝외풀,사마귀풀,여뀌바늘) 및 다년생잡초(벗풀,올방개,올챙이고랭이)
	사이할로포프뷰틸 · 이마조설퓨론 · 프레틸라클로르 유현탁제	손시운		일년생잡초(피,가막사리,물달개비,밭뚝외풀,사마귀풀,여뀌,여뀌바늘) 및 다년생잡초(올방개,너도방동사니,벗풀,올챙이고랭이,미나리)
	벤조비사이클론 · 티오벤카브 유현탁제	초스탑	써레질직후(파종5일)	일년생잡초(피,가막사리,마디꽃,물달개비,밭뚝외풀,여뀌바늘)
	피라졸레이트 액상수화제	참일꾼	써래질직후(파종 2일전)	일년생잡초(피,가막사리,마디꽃,물달개비,밭뚝외풀,사마귀풀,여뀌바늘)
	플루세토설퓨론 · 피라조설퓨론에틸 입제	풀타임	파종후 15일	일년생잡초(피, 여뀌바늘, 밭뚝외풀, 알방동사니, 사마귀풀, 마디꽃) 다년생잡초(올방개, 벗풀, 너도방동사니, 올챙이고랭이)
	이마조설퓨론 · 페녹슐람 액상수화제	초심		일년생잡초(피, 물달개비, 여뀌바늘, 자귀풀, 알방동사니, 사마귀풀) 및 다년생잡초(올방개, 너도방동사니, 올챙이고랭이)
	카펜트라존에틸 · 이마조설퓨론 · 페녹슐람 입제	대야망씨		일년생잡초(피, 물달개비, 여뀌바늘, 자귀풀, 사마귀풀) 및 다년생잡초(올방개, 벗풀, 너도방동사니, 올챙이고랭이)
	플루세토설퓨론 · 할로설퓨론메틸 · 메소트리온 직접살포정제	왕주먹		일년생잡초(피, 물달개비, 알방동사니, 밭뚝외풀,미국가막사리, 자귀풀) 및 다년생잡초(올방개, 올챙이고랭이, 벗풀)
	아짐설퓨론 · 벤조비사이클론 · 페녹슐람 직접살포정제	던지는다킬		일년생잡초(피, 가막사리, 물달개비, 사마귀풀, 여뀌마늘)및 다년생잡초(벗풀, 올방개, 올챙이고랭이)
	할로설퓨론메틸 · 피리미노박메틸 대립제	선구자		일년생잡초(피, 가막사리, 물달개비, 사마귀풀, 알방동사니, 여뀌, 여뀌바늘) 다년생잡초(너도방동사니, 벗풀, 올방개, 올챙이고랭이)
	벤조비사이클론 · 카펜트라존에틸 · 페녹슐람 캡슐액상수화제	쾌속정골드		일년생잡초(피, 가막사리, 물달개비, 밭뚝외풀, 여뀌바늘) 및 다년생잡초(벗풀, 올챙이고랭이, 올방개)
	벤조비사이클론 · 이마조설퓨론 · 페녹슐람 직접살포정제	근절탄		일년생잡초(피, 가막사리, 물달개비, 밭뚝외풀, 여뀌바늘) 및 다년생잡초(벗풀, 올방개, 올챙이고랭이)
	벤조비사이클론 · 메타미포프 · 프레틸라클로르 · 피라조설퓨론에틸 입제	제초단		일년생잡초(피, 가막사리, 물달개비, 밭뚝외풀, 사마귀풀, 여뀌바늘, 자귀풀) 및 다년생잡초(벗풀, 올방개, 올챙이고랭이)
	페녹사프로프-피-에틸 유제	매드시	파종후30일(피4~5엽기 이내)	일년생잡초(피)
	사이할로포프뷰틸 유제	크린처,풀에끝,피에끝		

품목명		상품명	사용 적기	적용 병해충
담수직파벼 (표면산파)	메타미포프 미탁제	피자바		
	메타미포프 유제	피제로		
	디메타메트린·피라조설퓨론에틸·피리미노박메틸 입제	유이란	파종후 15일	일년생잡초 (피,물달개비,사마귀풀,밭뚝외풀,여뀌바늘,가막사리,마디꽃)및 다년생잡초(벗풀,올방개,올챙이고랭이)
	벤설퓨론메틸·브로모뷰타이드·페녹슐람 액상수화제	끝판왕	파종후 15일	일년생잡초 (피, 가막사리, 물달개비, 밭둑외풀, 여뀌바늘) 및 다년생잡초(벗풀, 올방개, 올챙이고랭이)
	플로르피록시펜벤질 유제	로얀트	파종 후 30일	일년생잡초
	펜퀴노트리온·페녹슐람 액상수화제	중기스타	파종후 15일	일년생및다년생잡초
	브로모뷰타이드·이마조설퓨론·피리미노박메틸 액상수화제	도마타	파종 후 10~12일	일년생(피,물달개비,여뀌바늘,자귀풀,사마귀풀) 및 다년생잡초(올방개,벗풀,올챙이고랭이)
	벤조비사이클론·플루세토설퓨론·이마조설퓨론 직접살포정제	딱풀	파종후 15일	일년생(피,물달개비,알방동사니,자귀풀,여뀌바늘) 및 다년생(올방개,올챙이고랭이,벗풀)잡초
	브로모뷰타이드·피라조설퓨론에틸·피리미노박메틸 입제	삼박자		일년생(피,물달개비,알방동사니)및 다년생 잡초(벗풀,올챙이고랭이,올방개)
	브로모뷰타이드·피라조설퓨론에틸·피리미노박메틸 대립제	장군봉		
	벤조비사이클론·사이클로설파뮤론·페녹슐람 액상수화제	천지창조		일년생(피,물달개비,미국외풀,여뀌바늘) 및 다년생잡초(벗풀,올방개,올챙이고랭이,너도방사니)(무인항공기)
	카펜트라존에틸·메타미포프·피라조설퓨론에틸 입제	동네방네		일년생(피,가막사리,물달개비,사마귀풀,알방동사니,여뀌바늘)및 다년생 잡초(너도방동사니,벗풀,올방개,올챙이고랭이)
	아짐설퓨론·카펜트라존에틸·메타미포프 입제	논부자		
	벤타존·페녹슐람 입제	깔끄미	파종후 20일	일년생(피, 물달개비, 밭뚝외풀, 자귀풀, 여뀌바늘, 미국외풀, 사마귀풀) 및 다년생 잡초(올방개, 올챙이고랭이, 벗풀)
	벤조비사이클론·카펜트라존에틸·플루세토설퓨론 입제	여명	파종후 15일	
	벤설퓨론메틸·티오벤카브 입제	논대박	파종후10~12일(써레질후 10~15일)	일년생 및 다년생잡초(피,물달개비,밭뚝외풀,여뀌바늘,올방개,벗풀,올챙이고랭이)
	페녹슐람·테퓨릴트리온 직접살포정제	이티의꿈	파종 후 10~12일	일년생 및 다년생잡초
	브로모뷰타이드·피라조설퓨론에틸·피리미노박메틸 대립제	장군봉	파종 후 15일	
	브로모뷰타이드·이마조설퓨론·페녹슐람 액상수화제	크리논	파종후 15일	
	이마조설퓨론·피라졸레이트·시메트린 입제	특효탄	이앙후 10~12일	다년생잡초(올방개,벗풀,올챙이고랭이,너도방동사니)
	할로설퓨론메틸·피리미노박메틸 대립제	논키퍼	파종후 15일	다년생잡초(너도방동사니,벗풀,올방개)
	퀴노클라민 입제	이끼탄	파종후10~20일(논이끼 발생초기~성기)	논이끼
	프로파닐·트리아파몬 유제	프로파몬	파종후30일(피4~5엽기)	난방제잡초(피)
	메타조설퓨론 직접살포정제	이티스타	파종후 20일	난방제잡초(올방개)
담수직파벼	메타조설퓨론 액상수화제	완결판	파종후 10~12일 원액수면점적처리	일년생잡초(피, 물달개비, 사마귀풀, 알방동사니, 여뀌, 가막

품목명		상품명	사용 적기	적용 병해충
(표면산파, 무인헬기 초중기)				사리, 여뀌바늘) 및 다년생잡초(올방개, 올챙이고랭이, 벗풀)
답리작보리	트리플루랄린 유제	동방트리린	파종복토후 3~4일이내	일년생잡초
		삼공트리린		
당귀(뿌리)	세톡시딤 유제	나브	화본과 잡초 3~5엽기	일년생잡초(화본과)
	플루아지포프-피-뷰틸 유제	뉴원싸이드		
	펜디메탈린 입제	단초	잡초발아전	일년생잡초
		마이웨이		
	글루포시네이트암모늄 액제	바스타	잡초생육기	
	펜디메탈린 입제	스톰프	잡초발아전	
	리뉴론·티오벤카브 유제	아시매	정식후 잡초 발생 전	
	리뉴론 수화제	아파론		
		한사리		
당근	펜디메탈린 유제	데드라인,바테풀,스톰프,풀나지마,아리펜디,펜디스타	파종직후	잡초, 일년생화본과 및 광엽잡초
	세톡시딤 유제	나브	화본과 잡초 3~5엽기	일년생잡초(화본과)
	플루아지포프-피-뷰틸 유제	뉴원싸이드,신싸이드		
	프로파퀴자포프 유제	아질	잡초 3~5엽기	
	펜디메탈린 입제	마이웨이	파종복토후 3일이내	일년생잡초
	펜디메탈린 유제	성보네	파종직후	
	펜디메탈린 입제	스톰프	파종복토후 3일이내	
	에탈플루랄린 유제	쏘나란		
	리뉴론 수화제	아파론	씨앗을 뿌리고흙으로 덮은 다음 3일이내	
	글루포시네이트암모늄·티아페나실 액상수화제	테라도골드,티나골드	잡초생육기 밭고랑(휴간)	
	펜디메탈린 유제	펜디스타,한사리	파종직후	
	리뉴론 수화제	피에스펜디	씨앗을 뿌리고흙으로 덮은 다음 3일이내	
당근밭	글루포시네이트암모늄 액제	바스타	잡초생육기	
대추		바스타,맨스타,빨간풀,삭술이,신스타,제초스타,초전사		일년생잡초 및 다년생잡초
	글루포시네이트암모늄·티아페나실 액상수화제	티나골드		
	티아페나실·글리포세이트이소프로필아민 액상수화제	티나프로		
대추밭	티아페나실 액상수화제	건조엔테라도		
	글루포시네이트-피 액제	바로바로		
	인다지플람 액상수화제	알리온	잡초 발생 전	
	벤타존소듐·글루포시네이트암모늄 액제	풀마름	잡초생육기	
	글루포시네이트-피 액제	자쿠사		
	글루포시네이트암모늄·티아페나실 액상수화제	테라도골드		
	글리포세이트이소프로필아민·티아페나실 액상수화제	테라도플러스		
	플루티아셋메틸·글루포시네이트암모늄 미탁제	확타		
	글루포시네이트암모늄 액제	풀제로		
대파	메톨라클로르·펜디메탈린 입제	듀스	정식후(잡초 발생 전)	일년생잡초
더덕	플루아지포프-피-뷰틸 유제	뉴원싸이드	화본과잡초 3~5엽기	일년생잡초(화본과)
더덕(이식재배)	나프로파마이드 수화제	노풀들,데브리놀골드,슈퍼데브리놀,영일파미드,인바이오파미드,파미놀,팜한	이식 복토후	일년생잡초

품목명		상품명	사용 적기	적용 병해충
		농파미드		
도라지	세톡시딤 유제	나브	화본과 잡초 3~5엽기	일년생잡초(화본과)
	플루아지포프-피-뷰틸 유제	뉴원싸이드	잡초 3~5엽기	
	클레토딤 유제	셀렉트	화본과잡초 3~5엽기	
	할록시포프-아르-메틸 유제	슈퍼갤런트		
	플루아지포프-피-뷰틸 유제	젠스필드,풀명장		
	펜디메탈린 입제	단초,마이웨이,스톰프	2년생부터	일년생잡초
두릅나무	글루포시네이트암모늄 액제	맨스타,골따라,굿팜,내비풀,네버풀,다보풀커트,레드존,바로타,바스타,발리간,밭다매,빨간풀,삭술이,세라스타,신스타,쎄바스타,아리제스타,위드스탑,잡초자비,잡초카트,잡초탄,제초스타,지퍼,초전사,큐스타,티아스타,풀제로,풀직방,프로비스타,하이스타플러스	잡초생육기	일년생 및 다년생잡초
	티아페나실 액상수화제	건조엔테라도		
	글리포세이트이소프로필아민 액제	근사미,근초대왕,금새미,대유글라신,몬산토클래식,선문뉴글라신,성보글라신,신농글라신,아리글라신,유원글라신,인바이오글라신,제이케이마간클래식,지심왕,초애신,케이글라신,티글라신,티글라신,풀감초,풀마타,풀쎈,풀오버,풀자비		
	글루포시네이트-피 액제	바로바로,자쿠사		
	플루티아셋메틸·글루포시네이트암모늄 미탁제	확타		
들깨(잎)	플루아지포프-피-뷰틸 유제	뉴원싸이드	화본과잡초 3~5엽기	일년생잡초(화본과)
들깨밭	세톡시딤 유제	나브		
	벤타존소듐·페녹사프로프-피-에틸 미탁제	단골	잡초생육기(화본과 3엽기이내)	일년생잡초
딸기	세톡시딤 유제	나브	화본과 잡초 2~4엽기	일년생잡초(화본과)
	클레토딤 유제	셀렉트	화본과잡초 3~5엽기	
	알라클로르 유제	경농알라,동방알라,라쏘,삼공알라,선문알라,성보알라,아리알라,알쏘라,	직파재배작물은 씨앗을 덮은 다음 3~4일 이내, 이식재배작물은 이식 1~2일전 또는 이식 후 5일 이내	일년생잡초
	펜디메탈린 유제	단초,데드라인,바테풀,성보네,스톰프,아리펜디,유원펜디,케이펜디,펜디스타,풀나지마,피에스펜디	정식직후	
	나프로파마이드 입제	데브리놀골드	정식2~3일전(비닐멀칭전)	
딸기밭	글루포시네이트암모늄 액제	바스타	잡초생육기	
	글루포시네이트-피 액제	자쿠사		
땅콩	알라클로르 유제	경농알라,동방알라,라쏘,삼공알라,성보알라,아리알라,알쏘라,	직파재배작물은 씨앗을 덮은 다음 3~4일 이내, 이식재배작물은 이식 1~2일전 또는 이식 후 5일 이내	
	나프로파마이드 수화제	노풀들,데브리놀골드,슈퍼데브리놀,영일파미드,인바이오파미드,파미놀,풀타파	비닐멀칭전	
	메톨라클로르 유제	바테스타,젠토풀제거	파종복토후(비닐피복전)	
	메톨라클로르 입제	바테스타,서두러,아리올킬,전초전,팜한농파미드,		
마(산약)	펜디메탈린 입제	스톰프	파종복토후 3일이내	일년생잡초
	에탈플루랄린 유제	쏘나란		
	리뉴론 수화제	아파론		일년생잡초(화본과)
		한사리		

품목명		상품명	사용 적기	적용 병해충
마늘	플루아지포프-피-뷰틸 유제	그래스다운	잡초 3~5엽기	일년생잡초(화본과)
	세톡시딤 유제	나브	화본과 잡초 2~4엽기	
	플루아지포프-피-뷰틸 유제	뉴원싸이드	잡초 3~5엽기	
	페녹사프로프-피-에틸 유제	매드시	화본과 3~5엽기이내	
	클레토딤 유제	셀렉트	화본과잡초 3~5엽기	
	할록시포프-아르-메틸 유제	슈퍼갤런트		
	프로파퀴자포프 유제	아질	잡초 3~5엽기	
	플루아지포프-피-뷰틸 유제	젠스필드	잡초 3~5엽기	
	페녹사프로프-피-에틸 유탁제	푸로레	화본과잡초 3~5엽기	
	플루아지포프-피-뷰틸 유제	풀명장	잡초3~5엽기	
	메타벤즈티아주론 수화제	트리부닐,노지심	잡초발아전부터 2~3엽기이내	일년생잡초(광엽및화본과)
	옥시플루오르펜 유제	고올,꼭부터,	파종복토후 비닐피복전	일년생잡초
	펜디메탈린 유제	단초,대유펜디,데드라인	파종복토후 3~4일이내	
	에스-메톨라클로르 유제	둥실	파종복토 후(비닐멀칭전)	
	알라클로르 입제	라쏘	파종복토후 3일이내	
	알라클로르 유제	라쏘		
	옥사디아존·펜디메탈린 유제	맨티스,해도지	파종복토후	
	메톨라클로르 입제	바테스타,전초전,젠토풀제거	파종복토후(비닐피복전)	
	메톨라클로르 유제	바테스타,전초전		
	펜디메탈린 유제	바테풀,성보네,스톰프,아리펜디,유원펜디,인바이오펜디,케이펜디,펜디스타,푸레싹,풀나지마,피에스펜디	파종복토후 3~4일이내	
	디메테나미드-피·펜디메탈린 유제	상지기	파종복토후 비닐멀칭전	
	메톨라클로르 입제	서두러,아리올킬		
	펜디메탈린 입제	스톰프	파종복토후 3일이내	
	에탈플루랄린 유제	쏘나란	파종복토후 비닐멀칭전	
	리뉴론·티오벤카브 유제	아시매	파종복토후(비닐 멀칭전)	
	리뉴론 수화제	아파론,한사리		
	글루포시네이트암모늄 액제	타랑	잡초생육기 밭고랑(휴간)(비닐피복재배)	
	글루포시네이트암모늄·티아페나실 액상수화제	테라도골드	잡초생육기	
	리뉴론·펜디메탈린 유제	파트너	파종복토후 비닐멀칭전	
	나프로파마이드·옥시플루오르펜 수화제	푸르메	파종 복토후(비닐피복전)	
	옥시플루오르펜 유제	풀마크	파종복토 후 비닐피복전	
마늘밭(휴간)	플루티아셋메틸·글루포시네이트암모늄 미탁제	확타	화본과잡초 3~5엽기	일년생 하본과 잡초
마밭	글루포시네이트암모늄 액제	바스타	잡초생육기	일년생잡초
매실	글루포시네이트암모늄 액제	삭술이,신스타,잡초탄,바로타	잡초생육기	
	글리포세이트이소프로필아민·티아페나실 액상수화제	테라도플러스	잡초생육기	
	글루포시네이트암모늄·티아페나실 액상수화제	티나골드		
	티아페나실·글리포세이트이소프로필아민 액상수화제	티나프로		
매실밭	티아페나실 액상수화제	건조엔테라도		
	글루포시네이트-피 액제	바로바로		일년생잡초 및 다년생잡초
	인다지플람 액상수화제	알리온		
	글루포시네이트-피 액제	자쿠사		
	글루포시네이트암모늄 액제	큐스타		일년생및다년생잡초
	글루포시네이트암모늄·티아페나실 액상수화제	테라도골드		

품목명		상품명	사용 적기	적용 병해충
매실밭	플루티아셋메틸·글루포시네이트암모늄 미탁제	확타		
	글루포시네이트암모늄 액제	풀제로		
맥문동	펜디메탈린 입제	단초 마이웨이 스톰프	이식복토후 3일이내	일년생잡초
머위	펜디메탈린 유제	대유펜디,데드라인,바테풀,성보네,스톰프,아리펜디,인바이오펜디,펜디스타,푸레싹,풀나지마,피에스펜디	이식후 3일이내	일년생잡초
목초지	펜디메탈린 유제	바테풀,스톰프,펜디스타,스톰프	잡초 발생 전	일년생잡초(화본과)
	디캄바 액제	반벨	잡초생육초기	광엽잡초
묘포	옥시플루오르펜 유제	고올,꼭부터	이식 후	일년생잡초
	펜디메탈린 유제	단초,대유펜디,데드라인,바테풀,성보네,스톰프,아리펜디,유원펜디,인바이오펜디,케이펜디,펜디스타,푸레싹,풀나지마,피에스펜디	이식직후	
묘포(철쭉,소나무,회향목,은행나무)	오리잘린 액상수화제	써프란	이식후 3일이내	
묘포밭	세톡시딤 유제	나브	화본과잡초 3~5엽기	일년생잡초(화본과)
	글루포시네이트-피 액제	바로바로,자쿠사	잡초생육기	일년생잡초
묘포밭(철쭉,소나무,은행나무)	플루아지포프-피-뷰틸 유제	뉴원싸이드	화본과잡초 3~5엽기	일년생잡초(화본과)
무	클레토딤 유제	셀렉트	화본과잡초 3~5엽기	일년생화본과잡초
	세톡시딤 유제	나브		일년생잡초(화본과)
	플루아지포프-피-뷰틸 유제	뉴원싸이드		
	알라클로르 유제	경농알라,동방알라,라쏘,삼공알라,선문알라,성보알라,아리알라,알쏘라	직파재배작물은 씨앗을 덮은 다음 3~4일 이내, 이식재배작물은 이식 1~2일전 또는 이식 후 5일 이내	일년생잡초
	에스-메톨라클로르 유제	둥실,듀알골드,밭대장,슈퍼장군,페넌트매그넘	파종복토후 3일이내	
	에스-메톨라클로르 입제	둥실,듀알골드,밭대장		
	알라클로르 입제	라쏘		
	글루포시네이트-피 액제	바로바로	잡초생육기 밭고랑(휴간)(비닐피복재배)	
	글루포시네이트암모늄 액제	바스타	잡초생육기	
	티오벤카브 입제	사단	파종복토후 3일이내	
	메톨라클로르 입제	젠토풀제거	파종복토 후 3일이내	
	글루포시네이트암모늄·티아페나실 액상수화제	테라도골드	파종후 40일이내 잡초생육기 밭고랑(휴간)	
		티나골드		
무밭	플루아지포프-피-뷰틸 유제	신싸이드	화본과잡초 3~5엽기	일년생잡초(화본과)
	에스-메톨라클로르·티오벤카브 유제	다지기	파종복토후 3일이내	일년생잡초
	에스-메톨라클로르·티오벤카브 입제	밭대왕		
	나프로파마이드 입제	데부놀,파워리놀		
	에스-메톨라클로르 입제	미리처		
	글루포시네이트암모늄 액제	삭술이	잡초생육기	
	글루포시네이트-피 액제	자쿠사		
	에스-메톨라클로르 유제	초간편,초깨비,풀에신	파종복토후 3일이내	
	플루티아셋메틸·글루포시네이트암모늄 미탁제	확타	잡초생육기	

품목명		상품명	사용 적기	적용 병해충
무화과	글루포시네이트암모늄 액제	골따라,굿팜,내비푸르네버풀,다보풀커트,레드존,맨스타,바로스타,바스타,발리간,밭다메,빨간풀,삭술이,세라스타,신스타,쎄바스타,아리제스타,위드스탑,잡초자비,잡초카트,잡초탄,제초스타,지퍼,초전사,큐스타,티아스타,풀제로,풀직방,프로비스타,하이스타플러스	잡초생육	일년생 및 다년생잡초
	글루포시네이트-피 액제	바로바로,자쿠사		
밀	뷰타클로르 입제	마세트	파종복토 후 3일이내	일년생잡초
밀 (답리작추파)	뷰타클로르 유제	매끄란,부타,삼공부타,석권,아리부타,유일부타,풀헌터	파종후 3일 이내	
밀 (전작추파)	뷰타클로르 유제	석권		
밀밭	펜디메탈린·티오벤카브 입제	달구지		
밤	글루포시네이트암모늄 액제	바스타,삭술이,신스타	잡초생육기	일년생잡초 및 다년생잡초
	글루포시네이트암모늄·티아페나실 액상수화제	티나골드		
	티아페나실·글리포세이트이소프로필아민 액상수화제	티나프로		
	글리포세이트이소프로필아민 액제	근사미,근초대왕,금새미,대유글라신,몬산토클래식,선문뉴글라신,성보글라신,신농글라신,아리글라신,유원글라신,유일글라신,인바이오글라신,제이케이마간클래식,지심왕,초애신,케이글라신,티글라신,푸레원글라신,풀감초,풀마타,풀쎈,풀오버,풀자비	잡초가 충분히 자랐을때	일년생잡초
	글루포시네이트암모늄 액제	잡초탄,바로타	잡초생육기	일년생및다년생잡초(중기)(무인항공기)
밤밭	티아페나실 액상수화제	건조엔테라도	잡초생육기	일년생잡초 및 다년생잡초
	글루포시네이트-피 액제	바로바로,자쿠사		
	글리포세이트포타슘 액제	터치다운아이큐		
	티아페나실 미탁제	테라도		
	글루포시네이트암모늄·티아페나실 액상수화제	테라도골드		
	글리포세이트이소프로필아민·티아페나실 액상수화제	테라도플러스		
	디클로베닐 입제	카소론	잡초 발생 전	
	글리포세이트이소프로필아민·사플루페나실 액상수화제	푸레스타	잡초생육기	
배	글리포세이트이소프로필아민 액제	근사미,근초대왕,금새미,대유글라신,선문뉴,제이케이마간클래식,글라신,성보글라신,신농글라신,아리글라신,유원글라신,인바이오글라신,지심왕,티글라신,풀감초,풀마타,풀쎈,풀자비,유일글라신,초애신,케이글라신,푸레원글라신,풀오버	잡초가 충분히 자랐을때	일년생잡초 및 숙근잡초
	글루포시네이트암모늄 액제	맨스타,바스타,빨간풀,삭술이,신스타,제초스타,초전사	잡초생육기	일년생잡초 및 다년생잡초
	글루포시네이트암모늄·티아페나실 액상수화제	티나골드		
	티아페나실·글리포세이트이소프로필아민 액상수화제	티나프로		
	시마진 수화제	동방씨마네,씨마진,영일씨마네	이미 나온 잡초를 제거한 후	일년생잡초
	글리포세이트이소프로필아민·트리클로피르트티이에이 액제	풀다이	잡초생육기	일년생잡초 및 다년생잡초
	글리포세이트이소프로필아민·피라플루펜에틸 액상수화제	뉴풀마기		
	글리포세이트암모늄·옥시플루오르펜	대장군		

품목명		상품명	사용 적기	적용 병해충
배	입상수화제			
	글루포시네이트암모늄 액제	바로타,잡초탄		
	글리포세이트암모늄 액제	스파크		
	글리포세이트포타슘 액제	터치다운아이큐		
	플루티아셋메틸·글루포시네이트암모늄 미탁제	확타		
	인다지플람·글루포시네이트암모늄 액상수화제	엑손		
	글리포세이트이소프로필아민·옥시플루오르펜 액상수화제	태우미		
	글리포세이트포타슘 액제	풀은퇴	잡초가 충분히 자랐을 때	
	글리포세이트이소프로필아민 액제	유일글라신,초애신,케이글라신,푸레원글라신,풀오버	잡초가 충분히 자랐을 때	숙근잡초
		몬산토클래식		산야초 및 잡관목
배밭	티아페나실 액상수화제	건조엔테라도	잡초생육기	일년생잡초 및 다년생잡초
	글루포시네이트암모늄 액제	네버풀,큐스타,풀제로		
	글리포세이트이소프로필아민·엠시피에이 액제	레드샷,풀파워		
	글루포시네이트-피 액제	바로바로		
	글루포시네이트암모늄·엠시피에이 액제	버너,퀵스타		
	인다지플람 액상수화제	알리온		
	티아페나실 미탁제	테라도		
	글루포시네이트암모늄·티아페나실 액상수화제	테라도골드		
	글리포세이트이소프로필아민·티아페나실 액상수화제	테라도플러스		
	벤타존소듐·글루포시네이트암모늄 액제	풀마름		
	글리포세이트이소프로필아민·엠시피에이 액제	풀샷		
	글루포시네이트암모늄·트리클로피르티이에이 액제	풀약		
	글리포세이트이소프로필아민·메코프로프 액제	대유풀박멸		
	글리포세이트포타슘 액제	맥스로드		
	글루포시네이트-피 액제	자쿠사		
	디클로베닐 입제	카소론		
	글리포세이트이소프로필아민·사플루페나실 액상수화제	푸레스타		
	글리포세이트이소프로필아민·메코프로프-피 액제	풀난타		
배추	펜디메탈린 유제	대유펜디,데드라인,바테풀,스톰프,인바이오펜디,푸레싹,풀나지마,성보네,스톰프,펜디스타,피에스펜디	정식 1~2일전	잡초
		펜디스타		일년생화본과 및 광엽잡초
	플루아지포프-피-뷰틸 유제	그래스다운,뉴원싸이드,젠스필드,풀명장	잡초 3~5엽기	일년생잡초(화본과)
	세톡시딤 유제	나브	화본과 잡초 3~5엽기	
	나프로파마이드 수화제	노풀들,데브리놀골드,슈퍼데브리놀,영일파미드,인바이오파미드,파미놀,팜한농파미드	노지재배:1.직파작물:파종후 3일이내(잡초 발생 전), 2.이식작물:이식 2~3일전(잡초 발생 전), 비닐피복재배:비닐피복전(잡초 발생 전)	일년생잡초
	나프로파마이드 액상수화제	뉴데브리놀	정식전	
	트리플루랄린 유제	동방트리린	파종복토직후	

품목명		상품명	사용 적기	적용 병해충
배추	알라클로르 유제	라쏘	정식전(잡초 발생 전)	
	알라클로르 입제	라쏘	정식후 잡초 발아전	
	뷰타클로르 유제	마세트	정식전(잡초 발생 전)	
	펜디메탈린 입제	마이웨이,스톰프	정식복토후	
	트리플루랄린 유제	삼공트리린	파종복토직후	
	펜디메탈린 캡슐현탁제	스톰프	정식전	
	알라클로르 유제	알쏘라	직파재배작물은 씨앗을 덮은 다음3~4일 이내 이식재배작물은 이식 1~2일전 또는 이식후 5일 이내	
	글루포시네이트암모늄·티아페나실 액상수화제	티나골드	잡초생육기 밭고랑(휴간)	
배추밭	플루아지포프-피-뷰틸 유제	신싸이드	화본과잡초 3~5엽기	일년생잡초(화본과)
	프로파퀴자포프 유제	아질	잡초 3~5엽기	
	펜디메탈린·티오벤카브 입제	달구지	정식전(비닐멀칭전)	일년생잡초
	나프로파마이드 입제	데브리놀골드		
	글루포시네이트-피 액제	바로바로	잡초생육기 밭고랑(휴간)	
	글루포시네이트암모늄 액제	바스타	잡초생육기	
	티오벤카브 입제	사단	정식전(비닐멀칭전)	
	글루포시네이트암모늄 액제	삭술이	잡초생육기밭고랑(휴간)	
	글루포시네이트-피 액제	자쿠사	잡초생육기	
	나프로파마이드 입제	파워리놀	정식전(비닐 피복전)	
	플루티아셋메틸·글루포시네이트암모늄 미탁제	확타	잡초생육기	
배추밭(휴간)	글루포시네이트암모늄·티아페나실 액상수화제	테라도골드	잡초생육기	
벼	브로모뷰타이드·할로설퓨론메틸·피리미노박메틸 대립제	금수강산	파종후 15일	일년생잡초(피,물달개비,사마귀풀,여뀌바늘,가막사리) 및 다년생잡초(벗풀,올방개,올챙이고랭이)
	벤조비사이클론·할로설퓨론메틸·피리미노박메틸 입상수화제	가가호호		일년생잡초(피,물달개비,사마귀풀,알방동사니,여뀌바늘,자귀풀,가막사리) 및 다년생잡초(벗풀,올방개,올챙이고랭이)
	인다노판·피라조설퓨론에틸 입제	풀도사	이앙 후15일	일년생잡초(피,물달개비,밭뚝외풀,여뀌바늘,사마귀풀,가막사리) 및 다년생잡초(올챙이고랭이,올방개,벗풀,너도방동사니,물고랭이)
	옥사지클로메폰·테퓨릴트리온 입제	올방사		일년생잡초(피, 물달개비, 여뀌바늘, 가막사리, 알방동사니, 밭뚝외풀, 자귀풀) 및 다년생잡초(올방개, 올챙이고랭이, 벗풀)
	벤조비사이클론·페녹슐람·피라클로닐 액상수화제	천년만년		일년생잡초(피, 물달개비, 여뀌, 가막사리, 밭뚝외풀, 알방동사니) 및 다년생잡초(올방개, 올챙이고랭이, 벗풀, 너도방동사니)
벼(물못자리)	티오벤카브 입제	사단	파종후 10~14일	일년생잡초(피,방동사니,물달개비,밭뚝외풀,마디꽃,사마귀풀)
벼(어린모)	사이클로설파뮤론·펜디메탈린 입제	풀단속	이앙 후 5일	일년생잡초(피,물달개비,밭뚝외풀,알방동사니,사마귀풀,가

품목명		상품명	사용 적기	적용 병해충
벼 (어린모)				막사리) 및 다년생잡초(올챙이고랭이,올방개,벗풀,너도방동사니)
벼 (어린모기계이앙답) (후기)	메타조설퓨론 액상수화제	완결판	이앙후 30일 경엽처리	난방제잡초(벗풀)
벼 (중묘)	사이클로설파뮤론·펜디메탈린 입제	풀단속	이앙 직후	일년생잡초(피,가막사리,물달개비,여뀌바늘,밭뚝외풀) 및 다년생잡초(벗풀,올방개,너도방동사니,올챙이고랭이)
벼 담수직파	브로모뷰타이드·할로설퓨론메틸·피리미노박메틸 대립제	금수강산	파종후 15일	일년생잡초(피,물달개비,가막사리,여뀌바늘,사마귀풀) 및 다년생잡초(올방개,올챙이고랭이)(무인항공기)
보리	펜디메탈린 유제	단초,데드라인,바테풀,스톰프,유원펜디,케이펜디,아리펜디	파종복토후 3~4일이내	잡초
		펜디스타		일년생화본과 및 광엽잡초
	페녹사프로프-피-에틸 유제	매드시,콜렉트	화본과 3~5엽기 이내	일년생잡초(화본과)
	티펜설퓨론메틸 입상수화제	하모니	화본과 잡초 2~3엽기	일년생잡초(화본과 및 광엽)
	뷰타클로르 유제	마세트,아리부타,유일부타,풀헌터	파종후 3일 이내	일년생잡초
	뷰타클로르 입제	마세트	파종복토 후 3일이내	
	펜디메탈린 유제	성보네,스톰프,피에스펜디	파종복토후 3~4일이내	
	에탈플루랄린 유제	쏘나란	파종복토후 3일이내	
	리뉴론·티오벤카브 유제	아시매	파종복토후 3일이내	
	리뉴론 수화제	아파론,한사리	씨앗을 뿌리고 흙으로 덮은 다음 3일이내	
	리뉴론·펜디메탈린 유제	파트너	파종후 3일 이내	
	펜디메탈린 유제	펜디스타		
	티펜설퓨론메틸 입상수화제	하모니	화본과잡초 2~3엽기	
	벤타존 액제	경농벤타존,밧사그란,벤타존,선문벤타존,아리벤타존,알파초,이비엠벤타존,펜타킬,풀망치,하이벤타존	월동후 광엽잡초 3~5엽기	광엽잡초
보리 (답리작)	뷰타클로르 유제	석권	파종복토후 3일이내	일년생잡초
보리 (전작)				
보리밭	티오벤카브 유제	초크린		
복분자	글루포시네이트암모늄 액제	바스타,삭술이,신스타	잡초생육기	일년생잡초 및 다년생잡초
복분자밭	티아페나실 액상수화제	건조엔테라도		
복숭아	글루포시네이트암모늄 액제	맨스타,바스타,빨간풀,삭술이,신스타,제초스타,초전사,바로타,잡초탄,타랑		
	글리포세이트이소프로필아민·트리클로피르티이에이 액제	풀다이		
	글루포시네이트암모늄·티아페나실 액상수화제	티나골드		
	티아페나실·글리포세이트이소프로필아민 액상수화제	티나프로		
복숭아밭	티아페나실 액상수화제	건조엔테라도	잡초생육기	일년생잡초 및 다년생잡초
	글루포시네이트-피 액제	바로바로,자쿠사		
	글루포시네이트암모늄·엠시피에이 액제	버너		
	티아페나실 미탁제	테라도		
	글루포시네이트암모늄·트리클로피르티이에이 액제	풀약		
	글리포세이트포타슘 액제	맥스로드,터치다운아이큐		
	디클로베닐 입제	카소론		

품목명		상품명	사용 적기	적용 병해충
복숭아밭	글루포시네이트암모늄 액제	큐스타,풀제로		
	글루포시네이트암모늄·티아페나실 액상수화제	테라도골드		
	글리포세이트이소프로필아민·티아페나실 액상수화제	테라도플러스		
	글리포세이트이소프로필아민·사플루페나실 액상수화제	푸레스타		
	플루티아셋메틸·글루포시네이트암모늄 미탁제	확타		
	인다지플람 액상수화제	알리온		
비농경지	비스피리박소듐 액제	나마니	칡 생육초기(2~3m이내)	칡
	글루포시네이트암모늄·엠시피에이 액제	퀵스타		
	트리클로피르티이에이 액제	뉴갈론,키타	아까시 생육초기	잡목(아까시) 제거
	디캄바 액제	반벨	4월하순~5월상순	
	글루포시네이트암모늄·엠시피에이 액제	퀵스타	생육초기	잡관목(산딸기,아카시아,찔레)
	플루록시피르멥틸·트리클로피르티이에이 미탁제	하늘아래		잡관목
	글리포세이트암모늄 액제	강초타	잡초생육기	일년생잡초 및 다년생잡초
	티아페나실 액상수화제	건조엔테라도		
	글루포시네이트암모늄 액제	골따라	잡초생육기	
		굿팜	잡초가 발생되었을 때	
		내비풀,네버풀	잡초생육기	
	카펜트라존에틸·글리포세이트이소프로필아민 미탁제	논두킹		
	글루포시네이트암모늄 액제	다보풀커트		
	글루포시네이트암모늄·엠시피에이 액제	다타네		
	글루포시네이트암모늄·글리포세이트이소프로필아민 액제	더푸레쎈		
	글리포세이트이소프로필아민·엠시피에이 액제	레드샷		
	글루포시네이트암모늄·엠시피에이 액제	레츠고		
	글루포시네이트암모늄 액제	맨스타		
	글리포세이트암모늄·엠시피에이 액제	메가톡스		
	비페녹스·글리포세이트이소프로필아민 미탁제	미코스라		
	글루포시네이트-피 액제	바로바로		
	글루포시네이트암모늄 액제	바로타,바스타,밭다매		
		발리간	잡초가 발생되었을 때	
	글루포시네이트암모늄·엠시피에이 액제	버너	잡초생육기	
	글리포세이트이소프로필아민 액제	번다운		
	글루포시네이트암모늄 액제	빨간풀,삭술이		
	글리포세이트암모늄·엠시피에이 액제	상장군		
	글루포시네이트암모늄 액제	신스타		
	글리포세이트암모늄 액제	위니아위드		
	글루포시네이트암모늄 액제	위드스탑		
	글리포세이트포타슘·엠시피에이 액제	위드킬	잡초가 충분히 자랐을 때	
	디플루페니칸·글리포세이트이소프로필아민 액상수화제	재퍼	잡초 생육기	
	글루포시네이트암모늄 액제	제초스타	잡초가 발생되었을 때	

품목명		상품명	사용 적기	적용 병해충
비농경지	글리포세이트이소프로필아민 · 옥시플루오르펜 액상수화제	줌머	잡초생육기	
	글루포시네이트암모늄 액제	초전사		
	글리포세이트암모늄 액제	카라풀		
	디클로베닐 · 이마자퀸 입제	카이저	잡초 발생 전	
	글루포시네이트암모늄 액제	큐스타,타랑	잡초생육기	
	글리포세이트이소프로필아민 · 옥시플루오르펜 액상수화제	태우미		
	티아페나실 미탁제	테라도		
	글루포시네이트암모늄 · 티아페나실 액상수화제	테라도골드		
	글리포세이트이소프로필아민 · 티아페나실 액상수화제	테라도플러스		
	글루포시네이트암모늄 · 티아페나실 액상수화제	티나골드		
	티아페나실 · 글리포세이트이소프로필아민 액상수화제	티나프로		
	글루포시네이트암모늄 액제	티아스타		
	글리포세이트암모늄 액제	티오피		
	글리포세이트이소프로필아민 · 엠시피에이 액제	풀간다,풀베라,풀샷		
	글루포시네이트암모늄 · 트리클로피르티이에이 액제	풀약		
	글루포시네이트암모늄 액제	풀직방		
	글리포세이트암모늄 액제	풀타		
	글루포시네이트암모늄 · 메코프로프-피 액제	풀타그라		
	글리포세이트포타슘 액제	풀한방		
	글루포시네이트암모늄 액제	프로비스타		
	글리포세이트암모늄 액제	하이로드		
	글루포시네이트암모늄 액제	하이스타플러스	잡초가 발생되었을 때	
	글리포세이트암모늄 액제	하이펀치	잡초생육기	
	옥시플루오르펜 유제	고올,꼭부터	잡초 발생 전	일년생잡초
	글루포시네이트암모늄 액제	내비풀	잡초생육기	일년생잡초 및 다년생잡초
	글루포시네이트암모늄 · 글리포세이트이소프로필아민 액제	뉴속사포		
	글리포세이트이소프로필아민 · 피라플루펜에틸 액상수화제	뉴풀마기		
	글리포세이트이소프로필아민 · 메코프로프 액제	대유풀박멸		
	글리포세이트암모늄 · 옥시플루오르펜 입상수화제	대장군		
	글루포시네이트암모늄 액제	레드존		
		발리간,세라스타	잡초가 발생되었을 때	
	글리포세이트암모늄 액제	스파크	잡초생육기	
	글루포시네이트암모늄 액제	쎄바스타		
	플루록시피르멥틸 · 글리포세이트이소프로필아민 액제	유니바	잡초가 발생되었을때	
	글루포시네이트암모늄 액제	잡초카트	잡초가 발생되었을때	
		잡초탄	잡초생육기	
	이마자피르 입제	차퍼	잡초의 생육초기부터 생육성기	
	디클로베닐 입제	카소론	잡초 발생 전	
	글루포시네이트암모늄 · 엠시피에이 액제	퀵스타	잡초생육기	

품목명		상품명	사용 적기	적용 병해충
비농경지	글리포세이트포타슘 액제	터치다운아이큐		
	카펜트라존에틸 · 글리포세이트이소프로필아민 미탁제	토북이		
	글리포세이트이소프로필아민 · 메코프로프-피 액제	풀난타		
	벤타존소듐 · 글루포시네이트암모늄 액제	풀마름		
	벤타존소듐 · 글리포세이트이소프로필아민 액제	풀벤		
	플루티아셋메틸 · 글루포시네이트암모늄 미탁제	확타		
	카펜트라존에틸 · 글리포세이트이소프로필아민 미탁제	논둑킹		
	뷰타클로르 · 디클로베닐 입제	동장군	잡초 발생 전	
	글리포세이트포타슘 액제	레드초,맥스로드	잡초생육기	
	글루포시네이트암모늄 액제	세라스타	잡초가 발생되었을 때	
		아리제스타	잡초생육기	
	인다지플람 액상수화제	알리온	잡초 발생 전	
	글루포시네이트-피 액제	자쿠사	잡초생육기	
	글루포시네이트암모늄 액제	잡초자비	잡초가 발생되었을 때	
	글리포세이트포타슘 액제	전성기	잡초생육기	
	글루포시네이트암모늄 액제	지퍼	잡초생육기	
		초전사	잡초가 발생되었을 때	
	글루포시네이트암모늄 · 에스-메톨라클로르 유탁제	컷오프	잡초생육기	
	글리포세이트포타슘 액제	터치다운아이큐		
	카펜트라존에틸 · 글리포세이트이소프로필아민 미탁제	토북이		
	글리포세이트이소프로필아민 · 사플루페나실 액상수화제	푸레스타		
	글리포세이트이소프로필아민 · 트리클로피르티이에이 액제	풀다이		
	글리포세이트암모늄 액제	풀은퇴	잡초가 충분히 자랐을 때	
	글루포시네이트암모늄 액제	풀제로	잡초생육기	
	글리포세이트이소프로필아민 · 엠시피에이 액제	풀파워		
	글리포세이트암모늄 액제	하이펀치		
비농경지 및 초지조성 예정지	글리포세이트이소프로필아민 액제	근사미,근초대왕,금새미,대유글라신,선문뉴글라신,성보글라신,신농글라신,아리글라신,인바이오글라신,제이케이마간클래식,지심왕	잡초가 충분히 자랐을때	관목(개암나무,싸리,아카시아)
		인바이오글라신,티글라신,풀감초,풀쎈,근사미,근초대왕,금새미,대유글라신,선문뉴글라신,성보글라신,신농글라신,아리글라신,인바이오글라신,제이케이마간클래식,지심왕,풀마타,풀자비		산야초(새,실새풀,청사초,고사리,제비쑥,산쑥,여뀌)
		인바이오글라신,초애신,케이글라신,티글라신,풀감초,풀쎈,풀오버,풀마타,풀오버,풀자비		관목(개암나무,싸리,아카시아)
		몬산토클래식		산야초 및 잡관목
비트	티오벤카브 입제	사단	정식후 3일이내	일년생잡초
뽕나무	펜디메탈린 유제	단초,대유펜디,데드라인,바테풀,스톰프,유원펜디,인바이오펜디,케이펜디,푸레싹,풀나지마,아리펜디,펜디스타	월하순과 하벌직후	일년생화본과 및 광엽잡초
	알라클로르 유제	경농알라,동방알라,라쏘,삼공알라,선문알라,성보알라,아리알라		일년생잡초

품목명		상품명	사용 적기	적용 병해충
	시마진 수화제	과수풀, 동방씨마네, 씨마진, 영일씨마네, 알쏘라		
	펜디메탈린 유제	스톰프, 펜디스타, 피에스펜디		
뽕나무 (비닐피복)	펜디메탈린 유제	성보네		
사과	글리포세이트이소프로필아민 액제	근사미, 근초대왕, 금새미, 대유글라신, 선문뉴글라신, 성보글라신, 신농글라신, 아리글라신, 유원글라신, 인바이오글라신, 제이케이마간클래식, 지심왕, 초애신, 케이글라신, 티글라신, 풀감초, 풀마타, 풀쎈, 풀오버, 풀자비	잡초가 충분히 자랐을때	일년생잡초 및 숙근잡초
	글리포세이트암모늄 액제	강초타	잡초생육기	일년생잡초 및 다년생잡초
	글루포시네이트암모늄 액제	네버풀	잡초생육기	일년생잡초 및 다년생잡초
	카펜트라존에틸·글리포세이트이소프로필아민 미탁제	논둑킹	잡초생육초기	일년생잡초 및 다년생잡초
	글루포시네이트암모늄 액제	다보풀커트, 맨스타	잡초생육기	일년생잡초 및 다년생잡초
	글리포세이트암모늄 액제	바이풀	잡초생육기	일년생잡초 및 다년생잡초
	글루포시네이트암모늄 액제	발리간	잡초가 발생되었을 때	일년생잡초 및 다년생잡초
	글리포세이트이소프로필아민 액제	번다운	잡초생육기	일년생잡초 및 다년생잡초
	글루포시네이트암모늄 액제	빨간풀, 신스타	잡초생육기	일년생잡초 및 다년생잡초
	글리포세이트암모늄 액제	위니아위드	잡초생육기	일년생잡초 및 다년생잡초
	글루포시네이트암모늄 액제	제초스타	잡초생육기	일년생잡초 및 다년생잡초
	글리포세이트이소프로필아민·옥시플루오르펜 액상수화제	줌머	잡초생육기	일년생잡초 및 다년생잡초
	글루포시네이트암모늄 액제	초전사	잡초생육기	일년생잡초 및 다년생잡초
	글리포세이트암모늄 액제	카라풀	잡초생육기	일년생잡초 및 다년생잡초
	글루포시네이트암모늄 액제	큐스타, 타랑	잡초생육기	일년생잡초 및 다년생잡초
	글리포세이트이소프로필아민·옥시플루오르펜 액상수화제	태우미	잡초생육기	일년생잡초 및 다년생잡초
	글루포시네이트암모늄·티아페나실 액상수화제	티나골드	잡초생육기	일년생잡초 및 다년생잡초
	티아페나실·글리포세이트이소프로필아민 액상수화제	티나프로	잡초생육기	일년생잡초 및 다년생잡초
	글리포세이트암모늄 액제	티오피, 풀타, 하이로드, 하이펀치	잡초생육기	일년생잡초 및 다년생잡초
	옥시플루오르펜 유제	고올, 꼭부터	잡초발생 직전(과수눈트기 2주전까지)	일년생잡초
	글루포시네이트암모늄 액제	골따라, 내비풀, 바로타, 바스타, 밭다매, 삭술이, 쎄바스타, 티아스타, 풀제로, 프로비스타, 레드존	잡초생육기	일년생잡초
	펜디메탈린 유제	데드라인, 아리펜디, 펜디스타	잡초 발아전	일년생잡초
	시마진 수화제	동방씨마네, 씨마진, 영일씨마네	이미 나온 잡초를 제거한 후	일년생잡초
	펜디메탈린 유제	바테풀, 성보네, 스톰프	잡초 발아전	일년생잡초
	오리잘린 액상수화제	써프란, 오리팬디	잡초 발아전	일년생잡초
	글리포세이트암모늄·옥시플루오르펜 입상수화제	대장군	잡초생육기	일년생잡초 및 다년생잡초
	플루미옥사진·글리포세이트이소프로필아민 액상수화제	레이저	잡초생육기	일년생잡초 및 다년생잡초
	글리포세이트이소프로필아민 액제	몬산토클래식	잡초가 충분히 자랐을때	일년생잡초 및 다년생잡초
	글루포시네이트암모늄 액제	발리간, 세라스타	잡초가 발생되었을 때	일년생잡초 및 다년생잡초
	글리포세이트암모늄 액제	스파크, 잡초탄	잡초생육기	일년생잡초 및 다년생잡초
	글리포세이트이소프로필아민 액제	유일글라신	잡초가 충분히 자랐을때	일년생잡초 및 다년생잡초
	디클로베닐 입제	카소론	잡초발아전	일년생잡초 및 다년생잡초
	글리포세이트포타슘 액제	터치다운아이큐	잡초생육기	일년생잡초 및 다년생잡초
	카펜트라존에틸·글리포세이트이소프로필아민 미탁제	토북이	잡초생육초기	일년생잡초 및 다년생잡초

품목명		상품명	사용 적기	적용 병해충
사과	글리포세이트암모늄 입상수용제	풀그만	잡초생육기	
	카펜트라존에틸·글리포세이트이소프로필아민 미탁제	논둑킹		
	글리포세이트이소프로필아민·피라플루펜에틸 액상수화제	뉴풀마기		
	펠라르곤산 유제	싸이티		
	글루포시네이트암모늄 액제	아리제스타		
	인다지플람·글루포시네이트암모늄 액상수화제	엑손		
	글루포시네이트암모늄 액제	잡초자비	잡초가 발생되었을 때	
		잡초카트	잡초생육기	
	글루포시네이트암모늄·에스-메톨라클로르 유탁제	컷오프		
	글리포세이트포타슘 액제	터치다운아이큐		
	카펜트라존에틸·글리포세이트이소프로필아민 미탁제	토북이	잡초생육초기	
	글리포세이트이소프로필아민 액제	푸레원글라신	잡초가 충분히 자랐을때	
	글리포세이트암모늄 액제	풀은퇴	잡초가 충분히 자랐을 때	
사과밭	티아페나실 액상수화제	건조엔테라도	잡초생육기	일년생잡초 및 다년생잡초
	글루포시네이트암모늄·엠시피에이 액제	다타네		
	글리포세이트이소프로필아민·엠시피에이 액제	레드샷		
	글루포시네이트암모늄·엠시피에이 액제	레츠고		
	글루포시네이트-피 액제	바로바로		
	글루포시네이트암모늄·엠시피에이 액제	버너		
	인다지플람 액상수화제	알리온		
	글루포시네이트암모늄·엠시피에이 액제	퀵스타		
	티아페나실 미탁제	테라도		
	글루포시네이트암모늄·티아페나실 액상수화제	테라도골드		
	글리포세이트이소프로필아민·티아페나실 액상수화제	테라도플러스		
	글리포세이트이소프로필아민·엠시피에이 액제	풀간다		
	벤타존소듐·글루포시네이트암모늄 액제	풀마름		
	글리포세이트이소프로필아민·엠시피에이 액제	풀샷		
	글루포시네이트암모늄·트리클로피르티이에이 액제	풀약		
	글리포세이트이소프로필아민·엠시피에이 액제	풀파워		
	글리포세이트포타슘 액제	풀한방		
	글루포시네이트암모늄 액제	굿팜		
	글루포시네이트암모늄·글리포세이트이소프로필아민 액제	뉴속사포		
	글리포세이트이소프로필아민·메코프로프 액제	대유풀박멸		
	글리포세이트포타슘 액제	맥스로드		
	글리포세이트암모늄·엠시피에이 액제	메가톡스		
	글루포시네이트-피 액제	자쿠사		

품목명		상품명	사용 적기	적용 병해충
사과밭	글루포시네이트암모늄 액제	제초스타		
	글리포세이트이소프로필아민·사플루페나실 액상수화제	푸레스타		
	글리포세이트이소프로필아민·메코프로프-피 액제	풀난타		
	글루포시네이트암모늄 액제	하이스타플러스		
	플루티아셋메틸·글루포시네이트암모늄 미탁제	확타		
	글루포시네이트암모늄·글리포세이트이소프로필아민 액제	더푸레쎈		
	글리포세이트포타슘 액제	레드초		
	글리포세이트암모늄·엠시피에이 액제	상장군		
	글리포세이트포타슘 액제	전성기		
	글루포시네이트암모늄 액제	지퍼,초전사		
	글리포세이트이소프로필아민·트리클로피르티이에이 액제	풀다이		
	글루포시네이트암모늄·메코프로프-피 액제	풀타그라		
산딸기	글루포시네이트암모늄 액제	맨스타,골따라,굿팜,내비풀,다보풀커트,레드존,바로타,바스타,발리간,밭다매,빨간풀,삭술이,세라스타,신스타,쎄바스타,아리제스타,위드스탑,잡초자비,잡초카트,잡초탄,제초스타,지퍼,초전사,큐스타,티아스타,풀제로,풀직방,프로비스타,하이스타플러스	잡초생육기	일년생잡초 및 다년생잡초
	글루포시네이트-피 액제	바로바로,자쿠사		
산마늘	플루아지포프-피-뷰틸 유제	뉴원싸이드	잡초 3~5엽기	일년생잡초(화본과)
생강	펜디메탈린 유제	단초,데드라인,바테풀,성보네,스톰프,아리펜디,유원펜디,케이펜디,펜디스타,풀나지마,피에스펜디	파종 복토후 볏짚 피복전	
	에탈플루랄린 유제	쏘나란	파종복토후 3일이내	
	글루포시네이트암모늄·티아페나실 액상수화제	티나골드	잡초생육기 밭고랑(휴간)	
생강밭	글루포시네이트암모늄 액제	바스타	잡초생육기	일년생잡초(화본과)
	디메테나미드-피·펜디메탈린 유제	상지기	파종 복토후 볏짚 피복전	
생강밭(휴간)	글루포시네이트암모늄·티아페나실 액상수화제	테라도골드	잡초생육기	
소나무(묘포)	시마진 수화제	과수풀,동방씨마네,씨마진,영일씨마네	해빙직후	
손이앙	펜디메탈린 입제	단초	이앙후 3~5일(써레질후 5~7일)	일년생잡초(마디꽃,피,방동사니,물달개비,밭뚝외풀,사마귀풀)
손이앙 및 기계이앙 벼	벤설퓨론메틸·프레틸라클로르 입제	복도리	이앙후 5~7일(써레질 후7~9일)	일년생잡초(피,물달개비,밭뚝외풀,알방동사니) 및 다년생잡초(올챙이고랭이,벗풀,올미,가래,너도방동사니,올방개)
	뷰타클로르·피라조설퓨론에틸 입제	한들		일년생잡초(피,물달개비)
	옥사디아존 유제	론스타	써레질 직후(이앙전 2일 이상)	일년생잡초(피, 방동사니,물달개비, 밭뚝외풀, 마디꽃, 사마귀풀)
	벤타존 액제	아리벤타존	잡초의 발생성기부터 다년초의 증식기(이앙후 20~30일)	일년생잡초(방동산이,물달개비,밭뚝외풀,마디꽃,사마귀풀) 및 다년생잡초(올미,벗풀,올방개,너도방동산이,올챙이고랭이)
		벤타그란		일년생잡초(방동산이, 물달개비, 밭뚝외풀, 마디꽃, 사마귀풀)

품목명		상품명	사용 적기	적용 병해충
손이앙 및 기계이앙 벼		하이벤타존		일년생잡초(방동사니,물달개비,밭뚝외풀,마디꽃,사마귀풀)및 다년생잡초(올미,벗풀,올방개,너도방동산이,올챙이고랭이)
		펜타킬		
		벤타존		일년생잡초(방동사니,물달개비,밭뚝외풀,마디꽃,사마귀풀)
		선문벤타존		
		이비엠벤타존		
		풀망치		
		하이벤타존		일년생잡초(방동사니, 물달개비, 밭뚝외풀, 마디꽃, 사마귀풀) 및 다년생잡초(올미,벗풀,올방개,너도방동산이,올챙이고랭이)
		경농벤타존		
	이사-디 액제	이사디아민염	유효분얼(참새끼치기) 끝날때부터 유수형성기(이삭꽃생김때) 이전까지	일년생잡초(방동사니, 물달개비, 밭뚝외풀, 마디꽃, 사마귀풀)
	벤타존 액제	밧사그란	잡초의 발생성기부터 다년초의 증식기(이앙후 20~30일	일년생잡초(물달개비,밭뚝외풀,방동사니,사마귀풀, 마디꽃) 및 다년생잡초(올챙이고랭이,올방개,벗풀,너도방동사니,올미)
	이사-디에틸에스터 수화제	경농이사피,수중이사디	유효분얼(참새끼치기) 끝날때부터 유수형성기(이삭꽃생김때) 이전까지	일년생잡초(물달개비, 밭뚝외풀, 마디꽃, 방동사니, 사마귀풀)
	벤설퓨론메틸·뷰타클로르 입제	만드리	써레질 후 7~9일(이앙후 5~7일, 피 0.7엽기)	일년생잡초(마디꽃,밭뚝외풀)
	옥사디아존 유제	노네는,론스타,윈스타,한스타,론스타	써레질 직후(이앙전 2일 이상)	일년생잡초(마디꽃,물달개비,방동사니,밭뚝외풀,사마귀풀,피)
	벤타존 액제	알파초	잡초의 발생성기부터 다년초의 증식기(이앙후 20~30일)	일년생잡초 (방동사니, 물달개비, 밭뚝외풀, 마디꽃, 사마귀풀) 및 다년생잡초(올미,벗풀,올방개,너도방동산이,올챙이고랭이)
	뷰타클로르·피라조설퓨론에틸 입제	한들	이앙후 5~7일(써레질7~9일)	다년생잡초(올챙이고랭이,벗풀,올미,가래,너도방동사니)
	벤설퓨론메틸·뷰타클로르 입제	만드리	써레질 후 7~9일(이앙후 5~7일, 피 0.7엽기)	다년생잡초(올방개,올챙이고랭이,가래,너도방동사니)
	벤타존 액제	벤타그란,벤타존,선문벤타존,이비엠벤타존,풀망치	잡초의 발생성기부터 다년초의 증식기(이앙후 20~30일)	다년생잡초(올미,올챙이고랭이,벗풀,올방개,너도방동사니)
				다년생잡초(올미,벗풀,올방개,너도방동사니,올챙이고랭이)
	벤설퓨론메틸·뷰타클로르 입제	만드리	써레질 후 7~9일(이앙후 5~7일, 피 0.7엽기)	다년생잡초(올미,벗풀)
손이앙 벼	펜디메탈린 입제	마이웨이	이앙후 3~5일(써레질후 5~7일)	일년생잡초(피,방동사니,물달개비,밭뚝외풀,마디꽃,사마귀풀)
	티오벤카브 입제	사단		
	프레틸라클로르 입제	솔네트		일년생잡초(피,물달개비,밭뚝외풀)
	벤설퓨론메틸·뷰타클로르 입제	만드리		일년생잡초(피,물달개비)
	펜디메탈린 입제	스톰프		일년생잡초(피, 방동사니, 물달개비, 밭뚝외풀, 마디꽃, 사마귀풀)
	프레틸라클로르 입제	솔네트엠		일년생잡초(물달개비,밭뚝외풀,피)
		프레스토		
	펜디메탈린 입제	스톰프		일년생잡초(마디꽃,피,방동사니,물달개비,밭뚝외풀,사마귀풀)

품목명		상품명	사용 적기	적용 병해충
	옥사디아존 유제	황금약속	써레질 직후 이앙2일전	일년생잡초
수박	세톡시딤 유제	나브	화본과 잡초 2~4엽기	일년생잡초(화본과)
	플루아지포프-피-뷰틸 유제	뉴원싸이드	잡초 3~5엽기	
	에탈플루랄린 유제	쏘나란	비닐멀칭전	일년생잡초
	글루포시네이트암모늄·티아페나실 액상수화제	테라도골드	잡초생육기 밭고랑(휴간)	
		티나골드		
수박밭	글루포시네이트암모늄 액제	바스타	잡초생육기	
		삭술이		
	글루포시네이트-피 액제	자쿠사		
수수,*수단그라스 교잡종	트리클로피르티이에이 액제	뉴갈론,키타	잡초생육기	일년생잡초(광엽)
순무양배추(콜라비)	펜디메탈린 입제	단초,마이웨이,스톰프	정식후 3일이내	일년생잡초
시금치	알라클로르 유제	라쏘	파종복토후	일년생잡초
	알라클로르 입제	라쏘	잡초발아전	
	뷰타클로르 유제	마세트		
시금치밭	세톡시딤 유제	나브	화본과 잡초 3~5엽기	일년생화본과잡초
시호	펜디메탈린 입제	단초,마이웨이,스톰프	파종복토후 3일이내	일년생잡초
양배추	펜디메탈린 유제	단초,성보네,유원펜디,데드라인,아리펜디,펜디스타,풀나지마,피에스펜디	정식 1~2일전	
	알라클로르 입제	라쏘	정식후 잡초발아전	
	뷰타클로르 입제	마세트		
	펜디메탈린 입제	마이웨이,스톰프	정식 1~2일전	
	글루포시네이트-피 액제	바로바로	잡초생육기 밭고랑(휴간)(비닐피복재배)	
	글루포시네이트암모늄 액제	바스타	잡초생육기	
	펜디메탈린 유제	바테풀	정식 1~2일전	
	디메테나미드-피·펜디메탈린 유제	상지기	정식전	
	메톨라클로르 입제	젠토풀제거	정식전(비닐피복전)	
	펜디메탈린 유제	케이펜디	정식 1~2일전	
	글루포시네이트암모늄·티아페나실 액상수화제	티나골드	잡초생육기 밭고랑(휴간)	
양배추(노지재배)	나프로파마이드 수화제	노풀들,데브리놀골드,슈퍼데브리놀,영일파미드,인바이오파미드,파미놀,팜한농파미드	정식전	
양배추밭	글루포시네이트-피 액제	자쿠사	잡초생육기	
양배추밭(휴간)	글루포시네이트암모늄·티아페나실 액상수화제	테라도골드		
양상추밭	글루포시네이트암모늄 액제	바스타		
양파	플루아지포프-피-뷰틸 유제	그래스다운	잡초 3~5엽기	일년생잡초(화본과)
		그래스다운		
	세톡시딤 유제	나브	화본과 잡초 2~4엽기	
	플루아지포프-피-뷰틸 유제	뉴원싸이드	잡초 3~5엽기	
	클레토딤 유제	셀렉트	화본과잡초 3~5엽기	
	할록시포프-아르-메틸 유제	슈퍼갤런트		
	프로파퀴자포프 유제	아질	잡초 3~5엽기	
	플루아지포프-피-뷰틸 유제	젠스필드	잡초 3~5엽기	
	페녹사프로프-피-에틸 유탁제	푸로레	화본과잡초 3~5엽기	
	플루아지포프-피-뷰틸 유제	풀명장	잡초 3~5엽기	
	알라클로르 유제	경농알라,성보알라·알쏘라	직파재배작물은 씨앗을 덮은 다음 3~4일 이내, 이식재배작물은 이식 1~2일전 또는 이식	일년생잡초

품목명		상품명	사용 적기	적용 병해충
양파			후 5일 이내	
	옥시플루오르펜 유제	고올	정식전(비닐 멀칭전)	
	펜디메탈린 유제	단초,데드라인	정식후 잡초 발아전	
	에스-메톨라클로르 유제	둥실	정식전(비닐멀칭전)	
	메톨라클로르·펜디메탈린 입제	듀스	정식후(잡초발아전)	
	뷰타클로르 입제	마세트	정식전(비닐피복전)	
	뷰타클로르 유제	마세트		
	글루포시네이트-피 액제	바로바로	잡초생육기 밭고랑(휴간)(비닐피복재배)	
	펜디메탈린 유제	바테풀	정식후 잡초 발아전	
	디메테나미드-피·펜디메탈린 유제	상지기	정식전(비닐피복전)	
	펜디메탈린 유제	성보네	정식후 잡초 발아전	
	펜디메탈린 유제	스톰프	정식후 잡초 발아전	
	펜디메탈린 입제		정식전(비닐피복전)	
	펜디메탈린 유제		정식후 잡초 발아전	
	에탈플루랄린 유제	쏘나란	정식전(비닐멀칭전)	
	펜디메탈린 유제	아리펜디	정식후 잡초 발아전	
	리뉴론 수화제	아파론	정식전(비닐멀칭전)	
	메톨라클로르·펜디메탈린 입제	위드큐	정식후(잡초발아전)	
	펜디메탈린 유제	유원펜디		
	펜디메탈린 유제	케이펜디		
	글루포시네이트암모늄·티아페나실 액상수화제	테라도골드	잡초생육기	
	리뉴론·펜디메탈린 유제	파트너	정식전(비닐피복전)	
	펜디메탈린 유제	펜디스타	정식후 잡초 발아전	
		풀나지마		
	옥시플루오르펜 유제	풀마크	정식전(비닐멀칭전)	
	펜디메탈린 유제	피에스펜디	정식후 잡초 발아전	
	리뉴론 수화제	한사리	정식전(비닐멀칭전)	
양파(본파)	알라클로르 유제	선문알라	직파재배작물은 씨앗을 덮은 다음 3~4일 이내, 이식재배작물은 이식 1~2일전 또는 이식 후 5일 이내	
양파(본포)	알라클로르 입제	경농알라,동방알라,삼공알라,선문알라,	직파 재배작물은 씨앗을 덮은 다음 3~4일이내, 이식재배작물은 이식직전부터 이식후 3~4일이내	
	알라클로르 유제	동방알라,라쏘,삼공알라,아리알라	직파재배작물은 씨앗을 덮은 다음 3~4일 이내, 이식재배작물은 이식 1~2일전 또는 이식 후 5일 이내	
양파밭	글루포시네이트암모늄 액제	골따라	잡초생육기	일년생잡초(휴간)
	플루아지포프-피-뷰틸 유제	신싸이드	화본과잡초 3~5엽기	일년생잡초(화본과)
	에스-메톨라클로르·티오벤카브 유제	다지기	정식전(비닐멀칭전)	일년생잡초
	펜디메탈린·티오벤카브 입제	달구지		
	메톨라클로르·펜디메탈린 유제	듀스		
	글루포시네이트-피 액제	자쿠사	잡초생육기	
	플루티아셋메틸·글루포시네이트암모늄 미탁제	확타		
	페녹사프로프-피-에틸 분산성액제	푸레만	화본과잡초 3~5엽기	일년생 화본과 잡초

품목명		상품명	사용 적기	적용 병해충
오미자밭	글루포시네이트암모늄 액제	바스타	잡초생육기	밭골(휴간)일년생잡초
오이밭	글루포시네이트-피 액제	자쿠사		일년생잡초
옥수수	벤타존 액제	경농벤타존, 벤타그란, 벤타존, 선문벤타존, 아리벤타존, 알파초, 이비엠벤타존, 펜타킬, 풀망치, 하이벤타존	광엽잡초 3~5엽기	일년생잡초(광엽)
	알라클로르 유제	경농알라, 동방알라, 라쏘, 삼공알라, 선문알라, 성보알라, 아리알라, 알쏘라	직파재배작물은 씨앗을 덮은 다음 3~4일 이내, 이식재배작물은 이식 1~2일전 또는 이식후 5일 이내	일년생잡초
	알라클로르 입제	경농알라, 동방알라, 라쏘, 삼공알라, 선문알라, 아리알라	직파 재배작물은 씨앗을 덮은 다음 3~4일이내, 이식재배작물은 이식직전부터 이식후 3~4일이내	
	펜디메탈린 유제	단초, 성보네 데드라인, 스톰프	파종복토후 3~4일이내	
	에스-메톨라클로르 입제	둥실, 듀알골드, 밭대장	파종복토후 3일이내	
	에스-메톨라클로르 유제	둥실, 듀알골드, 밭대장, 손펴네, 슈퍼장군, 페넌트 매그넘		
	메톨라클로르·펜디메탈린 유제	듀스	파종복토후 3일이내(잡초 발생 전)	
	메톨라클로르·펜디메탈린 입제	듀스		
	니코설퓨론 액상수화제	리치가드	옥수수 3~5엽기	
	메톨라클로르 입제	바테스타, 아리올킬, 서두러, 전초전, 젠토풀제거	파종복토후(잡초 발생 전)	
	펜디메탈린 유제	바테풀, 아리펜디, 유원펜디, 케이펜디, 펜디스타, 풀나지마, 피에스펜디	파종복토후 3~4일이내	
	메톨라클로르 유탁제	밧가리	파종복토후 3일이내	
	벤타존 액제	밧사그란	광엽잡초 3~5엽기	
	디메테나미드-피·펜디메탈린 유제	상지기	파종복토후 3일이내	
	에탈플루랄린 유제	쏘나란	파종복토 후 3일이내	
	리뉴론·티오벤카브 유제	아시매	파종복토후 3일이내	
	리뉴론 수화제	아파론, 한사리	씨앗을 뿌리고 흙으로 덮은 다음 3일이내	
	니코설퓨론 액상수화제	원호프	옥수수 3~5엽기	
	메소트리온 액상수화제	테너시티	파종복토후 3일 이내	
	톨피라레이트 유상수화제	톨피라	잡초생육초기(옥수수 3~5엽기)	
	글루포시네이트암모늄·티아페나실 액상수화제	티나골드	잡초생육기 밭고랑(휴간)	
	리뉴론·펜디메탈린 유제	파트너	파종복토후 3일이내	
	디메테나미드-피 유제	프론티어골드	파종복토후 3일이내	
옥수수밭	에스-메톨라클로르 입제	미리처	파종복토후 3일이내	
	글루포시네이트암모늄 액제	바스타	잡초생육기	
	메타자클로르 액상수화제	바태바태	파종복토후 3일이내	
	글루포시네이트암모늄 액제	삭술이	잡초생육기	
	에스-메톨라클로르 유제	초간편, 초깨비, 풀에신	파종복토후 3일이내	
	플루티아셋메틸·글루포시네이트암모늄 미탁제	확타	잡초생육기	
옥수수밭(휴간)	글루포시네이트암모늄·티아페나실 액상수화제	테라도골드	잡초생육기	
유자	글루포시네이트암모늄 액제	바스타, 삭술이, 바스타, 신스타	잡초생육기	일년생잡초 및 다년생잡초
유자밭	티아페나실 액상수화제	건조엔테라도	잡초생육기	
	글루포시네이트암모늄 액제	풀제로		
	플루티아셋메틸·글루포시네이트암모늄 미탁제	확타		

품목명		상품명	사용 적기	적용 병해충
	글루포시네이트-피 액제	자쿠사		
율무	에탈플루랄린 유제	쏘나란	파종복토후 3일이내	일년생잡초
	리뉴론·티오벤카브 유제	아시매		
	이사-디 액제	이사디아민염	율무 5~6엽기	광엽잡초
인삼	클레토딤 유제	셀렉트	화본과잡초 3~5엽기	일년생잡초(화본과)
	글루포시네이트암모늄 액제	타랑	잡초생육기 밭고랑(휴간)(볏짚피복재배)	일년생잡초
인삼(이식재배)	세톡시딤 유제	나브	화본과 잡초 3~5엽기	일년생잡초(화본과)
인삼밭	글루포시네이트-피 액제	바로바로	잡초생육기 밭고랑(휴간)	일년생잡초
	글루포시네이트암모늄 액제	바스타	잡초생육기	
	글루포시네이트-피 액제	자쿠사		
	플루티아셋메틸·글루포시네이트암모늄 미탁제	확타		
자두	글루포시네이트암모늄 액제	바스타,삭술이,신스타,잡초탄,바로타,풀제로	잡초생육기	일년생잡초 및 다년생잡초
	글루포시네이트암모늄·티아페나실 액상수화제	티나골드		
	티아페나실·글리포세이트이소프로필아민 액상수화제	티나프로		
자두밭	티아페나실 액상수화제	건조엔테라도		
	인다지플람 액상수화제	알리온		
	글루포시네이트-피 액제	자쿠사		
	글루포시네이트암모늄·티아페나실 액상수화제	테라도골드		
	글리포세이트이소프로필아민·티아페나실 액상수화제	테라도플러스		
	플루티아셋메틸·글루포시네이트암모늄 미탁제	확타		
작약	펜디메탈린 입제	단초,마이웨이,스톰프	이식복토후 3일이내	일년생잡초
잔디	메티오졸린 유제	포아박사	잡초 발생 전	화본과잡초
	디캄바 액제	반벨	크로바 생육초기(4월말까지)	잡초(크로바)
	메코프로프 액제	영일엠시피피	크로바 생육기(4~5)	잡초
	메타미포프 유제	그린손	잡초생육기(바랭이3~5엽기)	일년생잡초(화본과)
	페녹슐람 액상수화제	살초대첩	잡초생육초기(바랭이 3엽기이내)	일년생잡초 및 다년생잡초
	플루세토설퓨론 수화제	존플러스	잡초생육초기(바랭이 3엽기이내)	
	플라자설퓨론 입제	파란들	잡초 생육초기	
	페녹슐람·피라조설퓨론에틸 입상수화제	풀키퍼	잡초 생육초기(바랭이 3엽기이내)	
	옥시플루오르펜 유제	고올	춘기 잔디 발아전	일년생잡초
	벤플루랄린·아이속사벤 수화제	그린스타	잡초 발생 전	
	피라조설퓨론에틸 입상수화제	그린키퍼	잡초생육초기	
	플루세토설퓨론 입제	금초	잡초생육초기(바랭이 3엽기이내)	
	옥시플루오르펜 유제	꼭부터	춘기 잔디 발아전	
	나프로파마이드 수화제	노풀들	잡초 발생 전	
		데브리놀골드		
	프로디아민 입상수화제	마름새		
	사이클로설파뮤론 수화제	매끄니	잡초발생초기	
	옥사디아존·펜디메탈린 유제	맨티스	잡초 발생 전	

품목명		상품명	사용 적기	적용 병해충
잔디	나프로파마이드 유제	블랙존		
	페녹슐람 액상수화제	살초대첩		
	벤플루랄린 유제	새그린		
	나프로파마이드 수화제	슈퍼데브리놀		
	펜디메탈린 유제	스톰프		
	오리잘린 액상수화제	써프란	잡초발아전	
	리뉴론·티오벤카브 유제	아시매		
	카펜트라존에틸 입상수화제	애임	잡초생육초기	
	카펜트라존에틸 유탁제	애임 에이스		
		어피니티		
	나프로파마이드 수화제	영일파미드	잡초 발생 전	
	프로디아민 입상수화제	위드블럭		
	나프로파마이드 수화제	인바이오파미드		
	나프로파마이드 유제			
	피리벤족심 유제	크린샷	잡초발생초기(바랭이 3엽기 이내)	
	피리뷰티카브 수화제	터프그린	잡초 발생 전	
	플라자설퓨론 수화제	파란들	잡초 생육초기(바랭이 3엽기)	
	나프로파마이드 수화제	파미놀	잡초 발생 전	
		팜한농파미드		
	프로디아민 입상수화제	한목		
	옥사디아존·펜디메탈린 유제	해도지		
	피라조설퓨론에틸 수화제	아그린	잡초생육초기	일년생광엽잡초
	디클로베닐 입제	카소론	잡초 발생 전(잔디휴면기)	일년생 및 다년생잡초
	비페녹스·플루세토설퓨론 입상수화제	클리어	잡초생육초기(바랭이 3엽기 이내)	
	트리클로피르티이에이 액제	뉴갈론	광엽잡초 생육기	일년생 및 다년생 광엽잡초
		키타		
	퀴노클라민 입상수화제	헬시론	이끼 발생초기	이끼
	아이속사벤 액상수화제	캐치풀	잡초발아전(봄 및 가을처리)	광엽잡초
잔디 (켄터키블루그래스)	에토퓨메세이트 액상수화제	켄포아	잡초 발생 전	일년생잡초
	메소트리온 액상수화제	테너시티	잡초 생육 초기	
잔디밭	플라자설퓨론·엠시피에이 입상수화제	그래스킬	잡초 생육초기(바랭이 3엽기)	일년생잡초 및 다년생잡초
	인다지플람 액상수화제	스펙티클	잡초 발생 전	
	메코프로프-피·메타미포프 미탁제	풀방패	잡초생육초기	
	오리잘린 액상수화제	써프란	잡초발아전	일년생잡초
		오리팬디		
	프로디아민 액상수화제	탑건	잡초 발생 전	
	에스-메톨라클로르 유제	페넌트 매그넘		
정식배추	펜디메탈린 유제	단초,유원펜디,케이펜디,	정식 1~2일전	잡초
		아리펜디		일년생화본과 및 광엽잡초
조림지	글리포세이트이소프로필아민 액제	근사미,근초대왕,금새미,대유글라신,몬산토클래식,선문뉴글라신,성보글라신,신농글라신,아리글라신,유원글라신,인바이오글라신,제이케이마간클래식,지심왕,초애신,케이글라신,티글라신,푸레원글라신,풀감초,풀마타,풀쎈,풀오버,풀자비	잡초가 충분히 자랐을때	잡초
지치밭	나프로파마이드 수화제	노풀들,데브리놀골드,슈퍼데브리놀,영일파미드,인바이오파미드,파미놀,팜한농파미드	파종복토후 3일 이내	일년생잡초
진주조 (청예사료)	시마진 수화제	과수풀,동방씨마네,씨마진,영일씨마네		

품목명		상품명	사용 적기	적용 병해충
쪽파밭	알라클로르 유제	라쏘	종구 파종후 3일이내	일년생잡초
차	글루포시네이트암모늄 액제	맨스타,바스타,빨간풀,삭술이,신스타,제초스타,초전사	잡초생육기	일년생잡초 및 다년생잡초
참깨	나프로파마이드 수화제	노풀들,슈퍼데브리놀,인바이오파미드,팜한농파미드	노지재배:1.직파작물:파종후 3일이내(잡초 발생 전), 2.이식작물:이식 2~3일전(잡초 발생 전), 비닐피복재배:비닐피복전(잡초 발생 전)	잡초
	세톡시딤 유제	나브	화본과 잡초 3~5엽기	일년생잡초(화본과)
	플루아지포프-피-뷰틸 유제	뉴원싸이드	잡초 3~5엽기	
	클레토딤 유제	셀렉트	화본과잡초 3~5엽기	
	알라클로르 유제	경농알라,동방알라,라쏘,삼공알라,선문알라,성보알라,아리알라,알쏘라	직파재배작물은 씨앗을 덮은 다음 3~4일 이내, 이식재배작물은 이식 1~2일전 또는 이식후 5일 이내	일년생잡초
	나프로파마이드 액상수화제	뉴데브리놀	파종복토후(비닐피복전)	
	나프로파마이드 입제	데부놀	비닐피복전(잡초 발생 전)	
	나프로파마이드 수화제	데브리놀골드,영일파미드,파미놀	노지재배 : 1·직파작물:파종후 3일이내(잡초 발생 전) 2·이식작물:이식 2~3일전(잡초 발생 전) 비닐피복재배:비닐피복전(잡초 발생 전)	
	알라클로르 입제	라쏘	정식전(잡초 발생 전)	
	글루포시네이트암모늄·티아페나실 액상수화제	티나골드	잡초생육기 밭고랑(휴간)	
참깨밭	글루포시네이트-피 액제	바로바로	잡초생육기	일년생잡초
	글루포시네이트암모늄 액제	바스타	잡초생육기	
	나프로파마이드 유제	인바이오파미드	파종복토후(비닐피복전)	
	플루티아셋메틸·글루포시네이트암모늄 미탁제	확타	잡초생육기	
참깨밭(휴간)	글루포시네이트암모늄·티아페나실 액상수화제	테라도골드		
참다래(키위)	글루포시네이트암모늄 액제	바스타,삭술이,신스타,바로타,잡초탄		일년생잡초 및 다년생잡초
참외	플루아지포프-피-뷰틸 유제	뉴원싸이드	잡초 3~5엽기	일년생잡초(화본과)
	할록시포프-아르-메틸 유제	슈퍼갤런트	화본과잡초 3~5엽기	
천궁(일천궁)	세톡시딤 유제	나브	화본과잡초 3~5엽기	
	플루아지포프-피-뷰틸 유제	뉴원싸이드	잡초 3~5엽기	
	프로파퀴자포프 유제	아질		
	리뉴론 수화제	아파론	잡초 발생 전	일년생잡초
		한사리		
청예사료(수수, 수단그라스, 진주조)	메타벤즈티아주론 수화제	트리부닐,노지심	파종복토후 3일이내	일년생잡초(광엽및화본과)
취나물	플루아지포프-피-뷰틸 유제	뉴원싸이드	잡초 3~5엽기	일년생잡초(화본과)
	나프로파마이드 유제	블랙존,인바이오파미드	파종 복토후	일년생잡초
	플루아지포프-피-뷰틸 유제	그래스다운,뉴원싸이드,신싸이드,젠스필드,풀명장	화본과잡초3~5엽기	
켄터키블루그래스	에토퓨메세이트 액상수화제	포아그라스	잡초 발생 전	일년생잡초
콩	플루아지포프-피-뷰틸 유제	그래스다운,뉴원싸이드,젠스필드,풀명장	잡초 3~5엽기	일년생잡초(화본과)

품목명		상품명	사용 적기	적용 병해충
콩	세톡시딤 유제	나브	화본과 잡초 2~4엽기	
	클레토딤 유제	셀렉트	화본과잡초 3~5엽기	
	할록시포프-아르-메틸 유제	슈퍼갤런트		
	프로파퀴자포프 유제	아질	잡초 3~5엽기	
	페녹사프로프-피-에틸 유탁제	푸로레,화본킬	화본과잡초 3~5엽기	
	에탈플루랄린 입제	쏘나란	파종복토후 3일이내	일년생잡초(광엽 및 화본과)
	알라클로르 입제	경농알라,동방알라,라쏘,삼공알라,선문알라,아리알라	직파 재배작물은 씨앗을 덮은 다음 3~4일이내, 이식재배작물은 이식직전부터 이식후 3~4일이내	일년생잡초
	알라클로르 유제	경농알라,동방알라,라쏘,삼공알라,선문알라,성보알라,아리알라,알쏘라	직파재배작물은 씨앗을 덮은 다음 3~4일 이내, 이식재배작물은 이식 1~2일전 또는 이식후 5일 이내	일년생잡초
	트리플루랄린 유제	동방트리린	파종복토직후	
	에스-메톨라클로르 입제	둥실,듀알골드,밭대장	파종복토후 3일이내	
	에스-메톨라클로르 유제	둥실,듀알골드,밭대장,손편네,슈퍼장군		
	메타자클로르 입제	바태바태	파종복토후 3일이내	
	메톨라클로르 유제	바테스타,젠토풀제거	파종복토후	
	메타자클로르 입제	바테스타	파종복토후(잡초 발생 전)	
	메톨라클로르 세립제	밧가리	파종복토후 3일이내	
	메톨라클로르 유탁제			
	트리플루랄린 유제	삼공트리린	파종복토직후	
	디메테나미드-피·펜디메탈린 유제	상지기	파종복토후 3일 이내	
	메톨라클로르 입제	서두러,아리올킬,전초전,젠토풀제거	파종복토후(잡초 발생 전)	
	에탈플루랄린 유제	쏘나란	파종복토 후 3일이내	
	리뉴론·티오벤카브 유제	아시매	파종복토후 3일이내	
	리뉴론 수화제	아파론	씨앗을 뿌리고 흙으로 덮은 다음 3일이내	
	클로마존 입제	콩맨드	파동복토후 5일 이내	
	글루포시네이트암모늄·티아페나실 액상수화제	티나골드	잡초생육기 밭고랑(휴간)	
	에스-메톨라클로르 유제	페넌트 매그넘	파종복토후 3일이내	
	메톨라클로르 유제	풀타파	파종복토후	
	디메테나미드-피 유제	프론티어골드	파종복토후 3일이내	일년생 화본과 잡초
	리뉴론 수화제	한사리	씨앗을 뿌리고 흙으로 덮은 다음 3일이내	
	페녹사프로프-피-에틸 미탁제	콩풀	화본과 잡초 3~5엽기	
	티아페나실 액상수화제	건조엔테라도	수확 10일전	건조효과
콩밭	플루아지포프-피-뷰틸 유제	신싸이드	화본과잡초 3~5엽기	일년생잡초(화본과)
	에스-메톨라클로르·티오벤카브 유제	다지기	파종복토후 3일이내	일년생잡초
	메톨라클로르·나프로파마이드 입제	롱런		
	에스-메톨라클로르 입제	미리처		
	글루포시네이트-피 액제	바로바로	잡초생육기	
	글루포시네이트암모늄 액제	바스타		
	메타자클로르 액상수화제	바태바태	파종복토후 3일이내	
	에스-메톨라클로르·티오벤카브 입제	밭대왕		
	글루포시네이트암모늄 액제	삭술이	잡초생육기	
	글루포시네이트-피 액제	자쿠사		
	에스-메톨라클로르 유제	초간편	파종복토후 3일이내	
		초깨비		

품목명		상품명	사용 적기	적용 병해충
콩밭	나프로파마이드 입제	파워리놀		
	에스-메톨라클로르 유제	풀에신		
	플루티아셋메틸·글루포시네이트암모늄 미탁제	확타	잡초생육기	
	페녹사프로프-피-에틸 분산성액제	푸레만	화본과잡초 3~5엽기	일년생 화본과잡초
	벤타존소듐·페녹사프로프-피-에틸 미탁제	단골	잡초생육기(화본과 3엽기이내)	밭고랑(휴간) 일년생잡초
콩밭 (휴간)	글루포시네이트암모늄 액제	신스타	잡초생육기 밭고랑(휴간)잡초 경엽처리(비닐피복재배)	일년생잡초
	글루포시네이트암모늄·티아페나실 액상수화제	테라도골드	잡초생육기	
토란	알라클로르 입제	경농알라,동방알라,라쏘,삼공알라,선문알라,아리알라	정식후3일이내	일년생 및 다년생잡초
토마토	나프로파마이드 수화제	노풀들,데브리놀골드,영일파미드,인바이오파미드,파미놀,팜한농파미드	노지재배:1.직파작물:파종후 3일이내(잡초 발생 전), 2.이식작물:이식 2~3일전(잡초 발생전), 비닐피복재배:비닐피복전(잡초 발생 전)	일년생잡초
	메트리뷰진 수화제	센코	정식활착후(잡초 발생 전~2,3엽기)	
토마토밭	글루포시네이트암모늄 액제	바스타	잡초생육기	
파	플루아지포프-피-뷰틸 유제	뉴원싸이드,젠스필드,풀명장	잡초 3~5엽기	일년생잡초(화본과)
	클레토딤 유제	셀렉트	화본과잡초 3~5엽기	
	할록시포프-아르-메틸 유제	슈퍼갤런트		
	플루아지포프-피-뷰틸 유제	신싸이드		
	프로파퀴자포프 유제	아질	잡초 3~5엽기	
	에스-메톨라클로르 유제	동실,서두러,스톰프,전초전	정식후(잡초 발생 전)	일년생잡초
	에스-메톨라클로르 입제	밧가리,스톰프		
	듀알골드	밭대장		
	메톨라클로르 유탁제	슈퍼장군		
	메톨라클로르 입제	아리올킬		
	펜디메탈린 입제	젠토풀제거		
	펜디메탈린 유제			
	메톨라클로르 입제	페넌트 매그넘	파종복토후 3일이내	일년생잡초(화본과)
파 (대파)	세톡시딤 유제	나브	화본과 잡초 3~5엽기	
파 (이식파)	메톨라클로르 입제	바테스타	정직후(잡초 발생 전)	일년생잡초
파 (쪽파 포함)	펜디메탈린 유제	스톰프	정식후 잡초 발아전	
	펜디메탈린 입제			
파밭	에스-메톨라클로르 입제	미리처		
	글루포시네이트-피 액제	바로바로	잡초생육기	
	글루포시네이트암모늄 액제	바스타		
		삭술이		
	글루포시네이트-피 액제	자쿠사		
	에스-메톨라클로르 유제	초간편,초깨비,풀에신	정식후 잡초 발생 전	
	플루티아셋메틸·글루포시네이트암모늄 미탁제	확타	잡초생육기	
팥밭	알라클로르 유제	라쏘	파종복토후	
	알라클로르 입제	라쏘	잡초발아전	
포도	글리포세이트이소프로필아민 액제	유일글라신,근사미,근초대왕,금새미,대유글라신,몬산토클래식,선문뉴글라신,성보글라신,신농글라신,아리글라신,유	잡초가 충분히 자랐을때 잡초 경엽에 처리	일년생잡초 및 숙근잡초

품목명		상품명	사용 적기	적용 병해충
포도		원글라신,인바이오글라신,제이케이마간클래식,지심왕,초애신,케이글라신,티글라신,푸레원글라신,풀감초,풀마타,풀쎈,풀오버,풀자비		
	글리포세이트암모늄 액제	강초타,위니아위드,카라풀,티오피,하이로드,스파크	잡초생육기	
	글루포시네이트암모늄 액제	골따라,내비풀,다보풀커트,맨스타,바로타,바스타,밭다매,빨간풀,삭술이,신스타,제초스타,초전사,큐스타,티아스타,풀직방,프로비스타,내비풀,레드존,쎄바스타,잡초탄		
	디클로베닐 입제	카소론	이른봄 포도눈이 나오기 1개월 전(3월)	일년생잡초
	글루포시네이트암모늄·엠시피에이 액제	버너	잡초생육기	일년생 및 다년생잡초
	글리포세이트암모늄·옥시플루오르펜 입상수화제	대장군	잡초생육기	
	글루포시네이트암모늄 액제	세라스타	잡초가 발생되었을 때	
	글루포시네이트암모늄·티아페나실 액상수화제	티나골드	잡초생육기	
	티아페나실·글리포세이트이소프로필아민 액상수화제	티나프로	잡초생육기	
	글루포시네이트암모늄 액제	세라스타	잡초가 발생되었을 때	
		아리제스타	잡초생육기	
		잡초자비	잡초가 발생되었을 때	
		잡초카트	잡초생육기	
	글리포세이트암모늄 액제	풀은퇴	잡초가 충분히 자랐을 때	
포도밭	티아페나실 액상수화제	건조엔테라도	잡초생육기	일년생 및 다년생잡초
		퀵스타		
	글루포시네이트암모늄·엠시피에이 액제	테라도		
	티아페나실 미탁제	굿팜		
	글루포시네이트암모늄 액제	맥스로드		
	글리포세이트포타슘 액제	자쿠사		
	글루포시네이트-피 액제	제초스타		
	글루포시네이트암모늄 액제	테라도골드		
	글루포시네이트암모늄·티아페나실 액상수화제	테라도플러스		
	글리포세이트이소프로필아민·티아페나실 액상수화제	풀마름		
	벤타존소듐·글루포시네이트암모늄 액제	풀파워		
	글리포세이트이소프로필아민·엠시피에이 액제	하이스타플러스		
	글루포시네이트암모늄 액제	바로바로		
	글루포시네이트-피 액제	초전사		
한국잔디	페녹사프로프-피-에틸 유제	매드시	화본과 3~5엽기이내	일년생잡초(화본과)
		콜렉트		
	플루록시피르멥틸·트리클로피르티이에이 미탁제	하늘아래	잡초생육초기(쑥 10cm이내)	일년생잡초(별꽃, 망초, 개망초) 및 다년생잡초(쑥, 민들레, 토끼풀)
	글리포세이트암모늄·옥시플루오르펜 입상수화제	대장군	잔디 휴면기(잔디 발아 30일 전까지)	일년생잡초 및 다년생잡초
	다이뮤론·이마조설퓨론·옥사지클로메폰 액상수화제	동아리	잡초 발생 전(잔디휴면기)	
	림설퓨론 수화제	림플러스	잡초 생육초기(바랭이 3엽기 이내)	

품목명		상품명	사용 적기	적용 병해충
한국잔디	트리플록시설퓨론소듐 입상수화제	모뉴먼트		일년생잡초 및 다년생 광엽잡초
	이마자퀸 입제	산소로	잡초 발생 전	
	사이클로설파뮤론·페녹슐람 액상수화제	성보나이스	잡초생육초기(바랭이 3엽기이내)	
	메코프로프-피 액제	초병	잡초생육초기	
	디클로베닐·이마자퀸 입제	카이저	잡초 발생 전	
	아이오도설퓨론메틸소듐 입상수화제	커빅스디	잡초생육초기(바랭이 3엽기 이내)	
	엠시피에이 액제	팜가드	잡초생육초기	
	디티오피르·페녹슐람 수화제	그린캅	잡초 발생 전	일년생잡초
	오리잘린·펜디메탈린 유제	나가초		
	비스피리박소듐 액제	나마니	잡초생육초기(바랭이 3엽기이내)	
	나프로파마이드 액상수화제	뉴데브리놀	잡초 발생 전	
		데브리놀플러스		
	디티오피르 유제	디멘존		
	디티오피르 수화제			
	디티오피르 유탁제			
	카펜스트롤 액상수화제	롱패스		
	트리플록시설퓨론소듐 입제	모뉴먼트	잡초 생육초기(바랭이 3엽기 이내)	
		바른손		
	플라자설퓨론 입상수화제	버디샷	잡초 생육초기(바랭이 3엽기)	
	페녹슐람·피라조설퓨론에틸 입제	산소엔	잡초 발생 전	
	펜디메탈린 액상수화제	샤프트		
	나프로파마이드 액상수화제	슈퍼샷		
	펜디메탈린 캡슐현탁제	스톰프		
	플라자설퓨론 입상수화제	시바겐	잡초 생육초기(바랭이 3엽기)	
	아슐람소듐 액제	아지란	잡초생육초기(바랭이 3엽기 이내 5월 상순~6월 상순)	
	비페녹스·펜디메탈린 유제	자이언트	잡초 발생 전	
	플루폭삼 입상수화제	컨클루드	잡초 발생 전(잔디 휴면기)	
	피록사설폰 입상수화제	터프너스	잡초 발생 전	
	나프로파마이드·옥시플루오르펜 수화제	푸르메		
	옥사디아길 액상수화제	훼낙스		
	피록사설폰 입상수화제	터프너스	잡초생육초기(바랭이 3엽기 이내)	일년생 화본과잡초
	페녹사프로프-피-에틸 분산성액제	푸레만	화본과잡초 3~5엽기	
	벤타존·엠시피에이 액제	사대초왕	잡초생육기	일년생 및 다년생잡초 광엽잡초
	디클로베닐 입제	마운드	잡초 발생 전(잔디휴면기)	일년생 및 다년생 잡초
	플루세토설퓨론·피라조설퓨론에틸 입상수화제	상록소	잡초생육초기(바랭이 3엽기 이내)	
		잔디애		
	이마조설퓨론·엠시피에이 입상수화제	잡초엔	잡초생육초기	
	플루록시피르멥틸 유제	쿼터백		
	이마자퀸 액제	톤앞		
	포람설퓨론 유상수화제	트리뷰트	잡초생육초기(바랭이 3엽기 이내)	
	벤타존·엠시피에이 입상수화제	골드그란S	잡초생육 초기(쑥 10cm이내)	일년생 및 다년생광엽잡초
	뷰타클로르·디클로베닐 입제	동장군	잡초 발생 전(잔디휴면기)	일년생 및 다년생 잡초
	이마자퀸·펜디메탈린 입제	스토풀	잡초 발생 전	

<table>
<tr><th colspan="2">품목명</th><th>상품명</th><th>사용 적기</th><th>적용 병해충</th></tr>
<tr><td rowspan="4">한국잔디</td><td>이마자퀸·펜디메탈린 유현탁제</td><td></td><td>잡초 생육초기(바랭이 3엽기 이내)</td><td rowspan="3"></td></tr>
<tr><td>카펜트라존에틸·플루세토설퓨론·이마조설퓨론 입제</td><td>아리농부손</td><td>잡초생육초기(쑥 10cm이내)</td></tr>
<tr><td>이마조설퓨론·옥사지클로메폰 입제</td><td>올무</td><td>잡초 발생 전(잔디휴면기)</td></tr>
<tr><td>벤타존·엠시피에이 액제</td><td>골드그란S,밧사그란엠60,벤타존엠60</td><td>잡초생육초기</td><td>일년생 및 다년생 광엽잡초</td></tr>
<tr><td rowspan="2">한국잔디 잡초 (발생 전)</td><td>플루세토설퓨론·이마자퀸 입상수화제</td><td rowspan="4">잔디로</td><td rowspan="2">잡초 발생 전</td><td>일년생잡초 및 다년생잡초</td></tr>
<tr><td>플루세토설퓨론·이마자퀸 입제</td><td>일년생잡초</td></tr>
<tr><td rowspan="2">한국잔디 잡초 (생육초기)</td><td>플루세토설퓨론·이마자퀸 입상수화제</td><td rowspan="2">잡초생육초기(바랭이3엽기)</td><td rowspan="2">일년생잡초 및 다년생잡초</td></tr>
<tr><td>플루세토설퓨론·이마자퀸 입제</td></tr>
<tr><td rowspan="2">한국 잔디밭</td><td>플라자설퓨론·이마자퀸 입상수화제</td><td>자란디</td><td rowspan="2">잡초생육초기(바랭이3엽기)</td><td rowspan="2">일년생잡초 및 다년생잡초</td></tr>
<tr><td>플라자설퓨론·엠시피에이 입상수화제</td><td>파란들플러스</td></tr>
<tr><td>홍화</td><td>펜디메탈린 유제</td><td>데드라인,바테풀,성보네,스톰프,아리펜디,펜디스타</td><td>파종복토후 3일이내</td><td>일년생잡초</td></tr>
<tr><td rowspan="2">화본과목초지</td><td>펜디메탈린 유제</td><td>데드라인,성보네,아리펜디,펜디스타</td><td>잡초 발생 전</td><td>일년생잡초, 잡초</td></tr>
<tr><td>메코프로프 액제</td><td>영일엠시피피</td><td>광엽잡초 생육초기</td><td>광엽잡초</td></tr>
<tr><td>황기</td><td>나프로파마이드 수화제</td><td>노풀들,데브리놀골드,슈퍼데브리놀,영일파미드,인바이오파미드,파미놀,팜한농파미드</td><td>파종복토 후</td><td>일년생잡초</td></tr>
</table>

◎ 본 자료는 한국작물보호협회가 발간한 2020년 농약사용지침서를 참조함.

지은이

김길웅(金吉雄) 경북대학교 농업생명과학대학 졸업(1966)
국립 Philippine대 대학원(농학박사)(1970~1973)
국제미작연구소(IRRI)연구원(1973~1974)
농촌진흥청 작물시험장 농업연구관(1974~1976)
국제미작연구소 종자증식파견 책임연구관(1974~1976)
미국 Ohio 주립대 연구원(1978)
일본 이화학연구소 초빙 연구원(1982)
경북대 농업생명과학대 학장겸 농업개발대학원장 역임(1996~1998)
한국잡초학회회장 역임(2000~2002)
한림원 정회원(1995~2013) 및 종신회원(2013~현재)
전) 경북대학교 농업생명과학대학 응용생명과학부(식물생명과학전공) 교수
현재 경북대학교 명예교수

[저서 및 논문]
잡초의 곤충서식처 역할에 관한 연구논문 요약집(영문·공저)(1981)
잡초 및 잡초방제에 관한 연구논문 요약집(1982, 1993)
한국의 논잡초(공저)(농진청, 1979)
한국의 밭잡초(공저)(농진청, 1992)
잡초방제학실험(공저)(형설출판사, 1988)
잡초론(공저)(한국통신대학출판사, 1992)
Weed Management in Rice(co-editor)(FAO, 1996)
Rice Allelopathy(editor)(2000)
Echinochloa Control in Rice(editor)(2003)
Management of Sedge(Cypreaceae) Weed in Rice(editor)(2006)
잡초방제기술과 Allelopathy 등에 관한 연구논문 300여 편

신동현(申東賢) 경북대학교 농업생명과학대학 졸업(1981)
경북대학교 대학원 농학과(농학박사)(1983~1987)
국제미작연구소(IRRI) 연구원(1985~1987)
일본 농업생물자원연구소 Post-Doc.(1988~1990)
미국 켄터키대학교(UK) 방문교수(1994~1995)
미국 캘리포니아대학교(UC-Davis) 방문교수(2003~2005)
현재 경북대학교 농업생명과학대학 응용생명과학부(식물생명과학전공) 교수

[저서 및 논문]
농업과 환경(편집자 대표)(2000, 2003)
생물자원과 환경(공저)(1999)
Rice Allelopathy(co-editor)(2000)
친환경생물생산학(공저)(2006)
식물의 생체방어기작과 식물자원개발 등에 관한 연구논문 240여 편

이인중(李仁中) 경북대학교 농과대학 농학과 졸업(농학사)(1986)
경북대학교 대학원 농학과 석사과정 졸업(농학석사)(1988)
Texas A&M Univ. 박사과정 졸업(농학박사)(1992~1996)
Texas A&M Univ. 방문교수(2012)
현재 경북대학교 농업생명과학대학 응용생명과학부(식물생명과학전공) 교수

[저서 및 논문]
작물생리학(향문사)(2014)
식물호르몬 및 스트레스 반응 등에 관한 연구 400여 편